特种设备作业人员培训教程

大型游乐设施安全管理与作业人员培训教程

主　编　李向东　张新东
主　审　杨跃清

机 械 工 业 出 版 社

本书是特种设备作业人员培训教程之一，是根据大型游乐设施安全管理人员与作业人员考核大纲编写的，主要内容包括：概论、基础知识、大型游乐设施的结构与原理、大型游乐设施的安全保护装置、大型游乐设施的监督管理、大型游乐设施的操作、大型游乐设施的安装与修理、大型游乐设施的维护保养、大型游乐设施的失效分析、大型游乐设施的事故预防和大型游乐设施的应急管理。

　　本书可作为大型游乐设施作业人员的培训教材，也可作为大型游乐设施工程技术人员的参考用书。

图书在版编目（CIP）数据

大型游乐设施安全管理与作业人员培训教程/李向东，张新东主编.
—北京：机械工业出版社，2018.2（2023.2 重印）
特种设备作业人员培训教程
ISBN 978 - 7 - 111 - 59105 - 4

Ⅰ.①大… Ⅱ.①李…②张… Ⅲ.①游乐场 - 设施 - 安全管理 - 岗位培训 - 教材 Ⅳ.①TS952.8

中国版本图书馆 CIP 数据核字（2018）第 023812 号

机械工业出版社（北京市百万庄大街22 号　邮政编码100037）
策划编辑：王振国　责任编辑：王振国
责任校对：刘丽华　李锦莉
责任印制：李　昂
北京捷迅佳彩印刷有限公司印刷
2023 年 2 月第 1 版·第 3 次印刷
184mm×260mm·34.25 印张·844 千字
标准书号：ISBN 978 - 7 - 111 - 59105 - 4
定价：98.00 元

前　言

自 20 世纪 80 年代以来，我国的游乐设施行业从无到有，发展十分迅猛。截至 2017 年年底，我国大型游乐设施制造企业近百家，在用大型游乐设施数量已达 2 万台。与此同时，游乐设施作业人员的数量也在不断地增加。为满足游乐设施作业人员的学习需求，我们根据《大型游乐设施安全管理人员和作业人员考核大纲》（TSG Y6001—2008）编写了本书，以便于大型游乐设施作业人员学习与使用。本书对从事大型游乐设施施工的工程技术人员也有一定的参考价值。

本书共分为 11 章：第 1 章为概论；第 2 章为基础知识；第 3 章为大型游乐设施的结构与原理；第 4 章为大型游乐设施的安全保护装置；第 5 章为大型游乐设施的监督管理；第 6 章为大型游乐设施的操作；第 7 章为大型游乐设施的安装与修理；第 8 章为大型游乐设施的维护保养；第 9 章为大型游乐设施的失效分析；第 10 章为大型游乐设施的事故预防；第 11 章为大型游乐设施的应急管理。

本书由李向东、张新东主编，常安俊、朱志飞参加编写。第 1 章、第 5 章、第 9 章、第 10 章和第 11 章由李向东编写；第 2 章由李向东、张新东、朱志飞编写；第 3 章、第 4 章、第 6 章和第 8 章由张新东编写；第 7 章由常安俊、朱志飞编写。本书由江苏省质量技术监督局特种设备局副调研员、江苏省特种设备管理协会秘书长杨跃清同志主审。

由于编者的水平、经验有限，再加上时间仓促，书中难免有不足之处，恳请读者批评指正。

编　者

目　　录

第1章

概　　论

1.1　游乐设施的产生和发展

游乐行业的产生和发展是社会经济发展的必然结果，也是现代社会文明的重要标志。游乐行业作为新兴产业在现代社会得到迅速发展，其在旅游业和国民经济中的地位日益增强，在国民经济中所占比重也在不断提高。

1.1.1　国外游乐设施概况

1. 国外游乐设施的产生与发展

游乐设施的雏形出现在大约公元 1550 年的欧洲。那时供人娱乐的室外项目有喷泉、花园、保龄球、游戏、音乐、舞蹈和原始的娱乐乘骑等。公元 1650 年，俄罗斯首都圣彼得堡出现了"雪橇"，这种游乐活动实际上是现代滑行车的雏形。随着人们对游戏、娱乐需求的不断增加，直到 18 世纪，在法国、英国、美国等地才诞生了真正意义上的游乐园。特别是电动游乐设施的出现，使得游乐业得到了快速的发展。国外现代游乐业的发展距今已有 100 多年的历史，期间由于受 20 世纪 30 年代经济危机和第二次世界大战的影响，真正快速发展阶段是在 20 世纪 50 年代以后。1955 年美国的经济得到恢复和发展，首先在洛杉矶建成世界上第一个"迪士尼"乐园。此后"迪士尼"乐园接二连三地在世界各地涌现。此外，国外水上乐园的发展也比较迅速，现代意义上的水上乐园起源于西方。水上乐园行业虽然 1940～1950 年即在北美出现，但是被世界水乐园协会（WWA）正式承认的第一个水上乐园是乔治·米莱在 20 世纪 80 年代在奥兰多创建的 Wet'N Wild 水上乐园。

这些大型游乐园的成功经营和发展，使全世界范围内掀起了建造主题乐园的热潮。到目前为止，世界各地已建成 100 多个大型游乐园。主题公园是近 60 年由游乐园发展出的新概念，而 1955 年建成的迪士尼乐园则标志着主题公园的诞生。游乐公园发展已有 500 年的历史，整体发展可分为 4 个阶段：

1）1583—1850 年，起源阶段：人们对公众娱乐、社交和公共教育的需求。

2）1850—1920 年，黄金年代：由于工业技术发展带来交通便捷和骑乘系统的不断创新，因此经济发展带来闲暇时间和可支配收入不断增多。

3）1930—1950 年，衰退时期：人口由城市向乡村转移，电视机出现并成为新的娱乐需求。

4）1950 年至今，文化需求和娱乐需求同时实现，是文化创新、技术创新、需求升级的结果。

从游乐公园到主题公园的发展历史来看，游乐公园的发展主要来自于社会公众对娱乐的需求，而公众的娱乐需求来源于 3 个方面：

1) 良好的城市环境和公共交通建设：吸引了大量的外来人口。

2) 较多的居民可支配收入：带来强烈的消费意愿。

3) 较高的文化教育和科学技术发展水平：带来了设备和技术的不断创新。

2. 国外发达国家主题公园经营现状

国外发达国家主题公园在经营方式、发展规模和客源市场上都存在差别。美国的主题公园无论是公园数量、年接待人次、人均花费和每个公园平均年收入都名列前茅，日本次之，欧洲最少，分述如下：

（1）英国——发展潜力巨大　英国的主题公园始发于海滨度假区，然后向内陆发展。随着英国居民对主题公园需求的不断增加，只要产品对口味，英国主题公园的发展将保持低速发展的趋势。英国的主题公园大多是私人所有，近年的明显趋势是大的娱乐公司参与主题公园的开发。

（2）日本——注重家庭和团体导向　日本人的传统文化特征影响了日本人的休闲行为，这包括注重家庭、团体导向，注重内省与修身。日本的主题公园设计注重独特的家庭经历，而且这种家庭经历适合亚洲人的口味。

（3）美国——世界主题公园的先驱　据统计，美国居民1993年在主题公园方面的花费达140亿美元，超过电影和录像带的收入。国家和私有企业在主题公园的投资达到130亿美元。

3. 国外主题公园发展经验

（1）选址的重要性　国外主题公园的发展特别强调地理位置对经营成败的关键作用。西班牙的经验证明，主题公园在旅游目的地有着良好的发展前景。英国则认为主题公园的理想位置必须邻近两个商业广告密集区而不与其他主题公园相临近，同时在2h车程的地域内有1200万以上的居民或离大的旅游度假区不到1h车程等。

（2）充分展现主题　主题公园与一般的休闲公园不同之处在于它的主题魅力。完美的主题能够给予游客难以忘怀的体验。西方许多主题公园是多板块、复合式主题。这些公园一般采用连续不断的视觉提示使总主题体现在公园每一个板块和部分之中。

（3）强调游客参与　没有顾客参与的主题公园是没有生命的，主题公园的娱乐活动应是游客不断去主动参与。例如日本的主题公园纷纷引进儿童、成人都能参与的娱乐设施与活动，如海盗船、水滑梯、过山车等，亲子同乐的娱乐设施在日本呈较快增长趋势。

（4）娱乐与教育相结合　成功的主题公园使游客在得到欢乐的同时也获得了知识的增长，学习并获得知识是吸引游客的重要方面，主题公园教育功能的拓展将成为未来主题公园建设的重要方面。

（5）主题公园与零售业相结合　主题公园发展零售业务是现今世界上一大趋势。主题公园发展零售业务可延长顾客滞留时间，增加收入，同时还有利于吸引投资。

（6）价格策略多元化　近年世界主题公园的经营价格包括单一票价、优质优价、低门票多服务和廉价策略。单一票价是主题公园的传统价格策略，尤其是那些缺乏设施与服务、活动较单一的主题公园；优质优价是近年高科技、高投资综合性主题公园普遍采用的价格策略；低门票多服务则主张以低门票来吸引游客，以众多的相关服务来增加利润，这将成为未来综合性主题公园经营的普遍策略；廉价策略适合在度假区附近的主题公园，这种区位的廉价娱乐活动竞争十分激烈。

（7）完善的服务系统　国外主题公园的服务设施非常完善。各种服务咨询台分布于公园的主要街道，有娱乐问讯、住宿问讯、晚餐预定问讯等。公园从各个方面给予游客方便，满足游客的需求，其中人员的服务是最为重要的。

（8）经营规模化　国外主题公园的规模经济主要通过两种方式来实现：一是指经营主题公园的投资公司在不同地域分散的投资建园，并涉足各种行业的经营，如电影、饭店、广播、动画等；二是通过扩大区域内某一主题公园的规模，提高吸引力，扩大客流量，达到降低单位成本，加强竞争力的目的。

国外主题公园规模经济的形成是一个渐进的过程，规模化经营一方面是出于竞争的需要，另一方面则与国外主题公园度假模式的发展有着密切的联系。

4. 国外游乐设施制造企业

游乐业的发展推动了游乐设施生产企业的发展。国外的游乐设施生产企业以意大利、英国、法国、荷兰、瑞士、美国、日本居多。美国的艾利桥公司就是一个具有 100 年历史的游乐设施制造企业，其产品行销 20 多个国家和地区。这家企业开发创新能力强，生产技术先进，广泛应用计算机技术和微电子技术，产品惊险刺激有创意。其他知名的游乐设施公司有美国的普雷米尔、阿隆、强斯；意大利的赞培拉、摩梭、SDC、奔法利；德国的兹尔乐、麦克、胡斯；瑞士的因塔明；荷兰的威克玛；日本的东娱、泉阳、佐野安、菱野、明昌、冈本等。这些世界知名企业运用现代先进技术，积极开发创新，不断推陈出新，把游乐设施的发展推向新的阶段。

1.1.2 国内游乐设施概况

1. 国内游乐设施的产生与发展

我国游乐设施行业起步较晚，大型现代游乐设施从 20 世纪 80 年代才开始出现。1980年，日本东洋娱乐株式会社赠送给中国一台"登月火箭"，安装在北京中山公园。这是我国第一台大型现代游乐设施，标志着中国有了真正意义上的游乐设施。

国外游乐设施的出现和国人对游乐设施的企盼，推动我国出现了第一批有志于游乐设施的科研人员。1980 年，北京有色冶金设计研究总院的一批科研设计人员开始投身到游乐设施的设计行列之中，开发设计了登月火箭、游龙戏水、自控飞机、转马、飞象、空中转椅、架空单轨列车、双人飞天、滑行龙、翻滚过山车等数十种现代游乐设施，填补了国内游乐设施设计制造的空白，为我国游乐业的诞生和发展做出了杰出的贡献。1981 年，我国自行设计制造的第一批现代大型游乐设施首先在大庆儿童公园安装，受到了广大游客，特别是青少年和儿童的热烈欢迎，国产游乐设施的设计、制造和使用由此揭开了序幕。

随着改革开放的不断深入和经济的快速发展，国内游乐园（场）也逐步兴起。我国的京津沪及广东地区陆续投资或合资兴建了一大批游乐园，比较大的有广东中山市"长江乐园"、广州"东方乐园"、北京密云"国际游乐园"、上海"锦江乐园"。这些游乐园引进了一批国外游乐设施，给我国的游乐设施设计、制造单位提供了不可多得的学习和借鉴的机会。由此开始，游乐业进入了迅速发展的时期，它极大地丰富了人民的娱乐生活，陶冶了人们的情操，美化了城市环境，推动了社会主义精神文明的建设。如今，苏州乐园、深圳欢乐谷、桂林乐满地、广东长隆欢乐世界（番禺）等已成为我国主题公园的佼佼者。数据显示，仅 2015 年和 2016 年已开业及在建的主题公园就约有 40 家，其中 2015 年开业的重大项目包括浙江安吉的 Hello Kitty 主题乐园、安徽和山东的方特东方神画乐园等，而 2016 年上海迪士尼、各地的万达主题乐园等也陆续开园。预计到 2020 年，共有 64 个大型主题公园建设运营。目前，全国已累计开发主题乐园式旅游点 2800 多个，是美国近 60 年开发数量的 70 多倍。

我国目前各种主题公园类型丰富，包括各种森林公园、动植物园、地质公园、温泉公园、文化公园、海洋公园、水乐园、历史文化公园等。我国主题公园基本呈三级阶梯结构：东部沿海地区分布较多且规模较大，中部地区分布次多且规模不大，西部地区分布较少且规模较小。

目前，我国主题公园按主题内容大致可分七类：

1）以中华传统民族文化为主题，如深圳锦绣中华、昆明云南民族村等。

2）以动物观赏为主题，如广州番禺香江野生动物园、长隆夜间动物世界等。

3）以文学文化遗产为主题，如北京大观园、无锡三国城等。

4）以影视文化为主题，如广东南海影视城、无锡唐城等。

5）以异国文化为主题，如深圳世界之窗、北京世界公园等。

6）以科学、科幻、欢乐等为主题，如深圳欢乐谷、大连海洋馆等。

7）以水为主题，如水魔方、水立方等。

2. 我国主题公园的特点

1）发展历程相对较短。20 世纪 80 年代初，主题公园开始进入我国旅游业，至今不过 20 年左右的时间，产品和行业特征的把握和经验的积累远远不够。

2）在相当长的一段时期内，我国主题公园业同其他企业一样存在着不同程度的产权不清、经营管理不健全的现象。直到 20 世纪 90 年代中后期才出现了一批非国有资本的投资项目。

3）相对于国外成熟发展的主题公园而言，我国的许多主题公园产品在经营管理理念和体制方面相对落后，主要表现为经营者在主题的选取和塑造、品牌建设、市场营销、服务管理、人力资源开发等方面缺乏创新意识和能力，导致规模与经营脱节、盈利方式非常有限、综合收益低等问题。

随着我国经济的高速发展，人民生活水平的不断提高，人们游乐的需求被激发出来，沉浸于设备奇特的主题乐园代表着一种新奇的游玩体验，中国主题公园今后几年将继续蓬勃发展。未来，随着国际游乐巨头纷纷进入亚洲市场，这一地区的主题乐园行业竞争将变得异常激烈。

主题乐园正呈现出与文化产业、房地产、住宿业、度假疗养、商业等产业融合发展的趋势，大型化、高质量、品牌化的主题乐园将更受游客青睐，而科技带来的创新体验将主导产业的竞争格局。

3. 主题公园的经营模式

从我国主题公园的经营模式来看，主要有五种模式：迪士尼模式、华侨城模式、吴文化园模式、水文化模式和第五极模式。

（1）迪士尼模式　迪士尼有句口号叫"永远建不完的迪士尼"，在经营项目上一直采用"三三制"，即每年都要淘汰 1/3 的硬件设备，新建 1/3 的新概念项目，不断给游客新鲜感。

在盈利方式上，迪士尼是多元化的，包括吃、住、行、游、购、娱，由电影、日用品、音像、图书出版物、电脑游戏等多个产业组成的产业链又正在给迪士尼创造源源不断的商机。

用文化加上资本，造一个"清醒的梦"，围绕这个梦开发一系列商品，再用文化的名义推向社会，这就是迪士尼的经营生态链。

迪士尼的进入，重新定义主题公园管理服务标准，在此之前中国的主题公园管理更多是以华侨城为代表，代表了中国主题公园发展高度和水平，从锦绣中华开始，创造为中国服务，创造了一个又一个奇迹，我们至今看到原来锦绣中华、民俗文化村的故事令我们感到自豪。一个外国人写信给华侨城领导，你们会建一个好的景区，但是你们连一个厕所都管不好。所有人都怕上洗手间，特别是外国人，但是我们华侨城创造了锦绣中华第 81 个景点。恐怕以后这个标准会被迪士尼标准所取代，不仅仅是行业标准，更关键是深刻影响了中国人对于服务的理解和对于服务的要求。迪士尼最著名的标准就是它的安全、礼貌、表演和效率。

（2）华侨城模式　华侨城模式是在东部深圳这个自然资源比较缺乏、但经济发达的城市，运用强大的经济手段，把国内和国外的世界著名景点移到一起，形成世界微缩景观的一种模式。华侨城模式以深圳及广州为代表，典型作品有：锦绣中华·民俗文化村、世界之窗、世界大观等，其成功的关键是区位优势和市场优势。本身具有巨大的客源市场：富裕的珠江三角洲居民、打工移民，以及比邻的港澳台及东南亚游客。其自然旅游资源及历史人文旅游资源十分贫乏。在这种情况下，采用移植国外的人文景观及国内的文化风俗，借助其优越的市政设施及接待能力，经营得非常成功。可以说广东模式的主要特征是移植。

（3）吴文化园模式　吴文化园模式是利用自身的深厚文化底蕴，挖掘地方文化因子。吴文化园模式以挖掘地方文化而成功。吴文化园是其典型代表，依托吴学研究所，挖掘吴国建筑、饮食、歌舞、蚕桑、纺织、水利、舟桥等传统地方文化来吸引游客。

（4）水文化模式　自 21 世纪，特别是 2010 年以来，我国水上乐园进入快速规模化发展的轨道。当前我国大中型水上乐园共约 600 余家，其中，2010 年以后建成运营的占 80%以上。大中型水上乐园，往往和主题公园、观光景区、温泉酒店、体育设施、城市综合体乃至演艺等集合在一起，形成水上娱乐、文化产业、创意产业、媒体行业、房地产和旅游度假等在一个地段不断集群和集聚。

就目前来看，水上乐园作为主题乐园及旅游景区和度假区的配套比较普及，其比例约占整个大中型水上乐园总量的 50% 以上。而另外一些配套形式，如城市配套、综合体配套，虽然目前数量不多，但发展趋势十分惊人。与此同时，传统的相对功能比较单一的水上乐园，其产业和经营方向也开始逐步多元化，向综合性旅游度假休闲综合体进行转变。

（5）第五极模式　这种模式实际上是指我国其他大多数主题公园的经营模式：通过简单的关起门来收门票的模式。

4. 国内主题公园的运营与盈利模式

主题公园的盈利模式即主题公园通过投入相关经济要素后获取经济收入的方式和获取其他物质利益手段的结合，其核心是主题公园获得现金流入的途径组合。从对主题公园产品系列的挖掘深度来看，主要有以下几种盈利模式：

（1）旅游门票盈利模式　即通过简单的圈起来收取门票的模式，这是主题公园最基本和最初级的盈利模式。

（2）游憩产品服务盈利模式　即提供有助于丰富体验（经历）的游憩服务以及相应的服务体验来实现盈利的模式，它是主题公园的核心盈利模式。

（3）旅游综合服务盈利模式　即是在主题公园区，通过旅游者的餐饮、住宿、购物等相关外延服务来获取盈利。

（4）公园商业盈利模式　即通过自身的节庆活动和对外招商以及其他会展、广告等一系列对外服务而达到盈利目的的盈利模式的组合。这是主题公园的深度开发盈利模式。

5. 我国主题公园的发展趋势

我国主题公园客源市场定位一般比较广泛，随着市场竞争的加剧，需要不断研究市场变化，创新游乐项目，以满足市场的需求。

一些开发商开始面对特定市场量身设计制作主题公园，在主题选择、项目设计上也有意识地加强了客源市场针对性。同时，景区建设之初同步进行市场开发和建设，做好宣传促销工作，才能顺利进入市场，吸引足够多的游客。

（1）主题选择的文化性和多元化　主题的选择在空间维度、时间维度、要素维度的架构中将日益多元化，总体趋势表现为：在本土文化与异域文化之间，趋向异域文化；在传统文化、现代文化与未来文化之间，趋向传统文化；在生态文化、器物文化与哲学文化之间，趋向器物文化。

（2）娱乐内容的创意性和多样化　主题公园在产品内容上将更加追求娱乐性。随着文化的多元化、技术的现代化以及游客娱乐需求的多样化，主题公园将在导游系统、餐饮系统、购物系统、表演系统、乘骑系统、氛围营造系统等方面丰富表演性内容、强化参与性内容、增加互动性内容，甚至推出创意性内容。构建新场景——"用户＋场景"，利用互联网实现线上线下互动。

（3）活动项目的参与性和个性化　主题公园的知名度和游客满意度在很大程度上是由有效的产品供给决定的。参与性和娱乐性是决定产品有效性供给的基本条件，因为产品只有具有了参与性和娱乐性，才能形成感召力和亲合力，从而促进主题公园与游客之间的良性互动关系。随着现代科技手段的全方位应用，主题公园产品形态演变的总体趋势表现为：参与性越来越强，个性化越来越突出。

（4）游乐过程的安全性和舒适化　主题公园在游乐产品、娱乐内容、活动方式、氛围渲染等方面的设计、制造、安装、运行、维护、经营、管理等过程中将充分体现安全理念和落实保障措施，全程化地确保游客的生命安全。园区内游客动线的安排、服务设施的配置、游乐项目的组合、园林环境的建设等方面将更加注重游客休闲娱乐的方便性和舒适性，使主题公园真正成为人们实现欢乐理想的旅游目的地。

（5）旅游与城市（区域）发展一体化　新时期主题乐园发展的典型特点是，从过去的独立事件转变为从更广阔的城市或区域角度，深入促进旅游与城市、区域发展的一体化。地方政府，尤其是那些缺少垄断性旅游资源的城市，开始考虑如何通过主题乐园促进经济结构转型和升级。

6. 我国游乐设施设计制造能力

自改革开放后30年，我国游乐设施行业经过业内人士的不断努力，从无到有，从小到大，从不完善到完善，已逐步形成了包括设计、制造、安装、使用、维修保养、检验检测和安全监察等一整套比较完善的体系，各项工作正朝着科学化、标准化、规范化的方向发展。

游乐设施的设计创新能力也得到了极大提高，已从测绘仿制走向了独立研发。生产企业由开始的几家发展到目前的近百家，这些企业主要分布在广东、河北、浙江、陕西和北京等地。

1.1.3 游乐设施的发展趋势

随着现代科学技术的迅速发展以及新技术在游乐设施上的不断应用，国内外游乐设施的发展正在日新月异。在发展方向上主要呈现五个特点：

1. 向更快、更高、更刺激发展

一是改变滑行方式。被国际游艺机、游乐园行业称为"游艺机之王"的滑行车（翻滚过山车）是大型游乐园的主要设施之一。国外的过山车从主体材质上分，有钢结构的，也有木质结构的；从乘坐形式上看，早已不限于座椅式固定车厢，而是向站立式、活动车厢和悬挂座舱（吊椅）式方向发展，如悬挂座舱式滑行车的乘坐装置悬吊在轨道下面，当车体滑行到轨道上端时，乘客头下脚上被甩在轨道上方，有被甩飞出去的感觉，并且承受由势能转变为动能的加速刺激。滑行车的运行速度也越来越快，目前滑行最高速度早已超过150km/h，单台最多的环数可达十环。如美国俄亥俄州过山车（14 台）"千年力"最高峰91m，倾斜角度80°，轨道全长2010m，最高速度达147km/h。

有一种轨道呈"L"形，名为"直冲云霄"的游乐设施，游客坐在车厢里，在通过水平段轨道的加速后，呼啸着冲上高高耸立的垂直轨道，给人的感觉是直冲云霄，游客此时是面朝蓝天，车厢再沿轨道垂直向下，游客由此体验自由落体的感受，再滑回起点，整个过程给人以极其惊险和刺激的感受。

二是改变人在空中的"飞翔"模式。美国洛杉矶六旗公园的"空中飞人"，当游客呈俯卧状穿戴好安全装备后，用钢丝绳将游客提升到60m的高空，再突然松开锁扣，使游客如大鹏展翅的样子从高空俯冲而下，任凭重力在高空中摆荡，尽情享受"自由飞翔"的美妙瞬间。

三是改进人的旋转和弹射形式。有一种多自由度旋转的勇敢者转盘，当人在空中呈倒立位置的同时，其乘坐装置还可单独任意摆动。弹射式游乐设施更是只用1.8s就将游客"发射"至60m的高空，使游客亲历火箭升空时雷霆万钧的速度和九天揽月的高度，尽情享受3～5倍重力加速度的刺激。

四是提升人的观览高度。作为游乐园标志的高空观览车，近年来其高度不断被刷新。日本是百米以上巨型观览车最集中的国家，主要有熊本的三井游乐园的107m"彩虹"观览车，福冈西区小户的120m观览车，大阪海边的108m观览车，东京湾的120m观览车，东京迪士尼乐园附近葛西临海公园的117m观览车等。2000年2月开放的为迎接新世纪到来的"伦敦眼"观览车，全高已达135m，共有32个装有空调设备的透明胶囊型吊厢，载客定员800人，转动一周用时30min，每小时最大载客量可达1600人，设备总投资高达3500万英镑。新加坡于2009年投入运营了目前世界上最高的165m观览车。与此同时，我国国产观览车也得到快速发展，如上海游艺机工程公司已于2002年设计制造了高度为108m的巨型观览车，首台安装在上海锦江公园，江西建成"南昌之星"158m观览车。可见，提升巨型观览车的高度，已经成为一种发展趋势。

2. 高新技术越来越多地得到应用

随着现代科学技术的迅猛发展，高新技术在游乐设施中越来越多的得到广泛应用，如

VR（Virtual Reality 虚拟现实）技术、激光技术、网络技术等。新型的游乐设施常常融声、光、电于一体，并结合游人的主动参与，给人一种全新的体验。

目前运用的 VR 技术就是一种可以创建和体验虚拟世界的计算机系统。利用这种技术，人们可以在小型的仿真运动场上，选择自己崇拜的足球、网球、高尔夫球等明星大腕为对手，用真球与其对垒较量，通过逼真的现场声像的气氛烘托，使人犹如身临真实的比赛场。其他像模拟跳伞、漫游世界、F1 方程式赛车等都引人入胜，使人流连忘返。

由于新技术的出现，动感电影已不再是简单的多维座椅和立体声像，而是集逼真的观感、声感、嗅感、动感、风感、雷鸣电闪及各种触感于一身的全方位体验。在美国好莱坞，舞台中真实的演员与银幕中的演员融为一体，使游客如梦如幻，神奇之处令人感到不可思议。

3. 组合式游乐设施层出不穷

通过游乐设施运动方式多种复合，把不同类型的游乐设施组合在一起，构成一种全新的游乐设施，这种创新模式在国外已经成为一种新的发展方向。

近几年出现了国外称为"搅拌机"、国内称为"阿波罗船"的游乐设施。其特点是将大臂升降、座舱升降、公转和自转等各种运动方式组合在一起，通过计算机编程控制，以不同的组合方式使游客得到不同的感受。还有一种是将"激流勇进"与"观览车"组合在一起。游客乘坐的船体沿水道运行一段后，再通过特殊的装置，将船体平稳过渡到观览车形状的转盘上，提升到一定的高度后，再沿水道走完其余行程。美国普雷米尔公司的流体滑行车也是把"滑行车"和"激流勇进"组合在一起，成为一种新的运动模式。

4. 主题乐园和社区游乐设施互为补充

主题乐园是现代游乐业的新兴产物，它体现着一个时代、一个地域的文明程度。国外的"迪士尼"、好莱坞环球影城已向我们展示了主题乐园迷人的风采。国内的深圳"欢乐谷""苏州乐园""桂林乐满地"等，已成为国内当今综合性主题乐园的代表。国内的这些主题公园学习并运用了中国古代的造园布置手法和艺术，一方面充分利用当地的自然资源，创造出适合东方人特点的休闲性、观赏性强的园林环境，另一方面又揉合了适合年轻人活动和思维的西方迪士尼式的强烈参与感，制造出既刺激又欢快的气氛，使其成为一座集西方迪士尼乐园风采，又把现代化游乐设施和千变万化的自然景观融合在一起的综合性的主题乐园。这是一种东方文化和西方文化的结合，观赏性和参与性的结合，充分体现了此类乐园的鲜明个性和"中国特色"。

另一方面，随着社会的发展和新的居民生活小区的建成，一些地方在居民社区建设有许多适合老人、儿童活动的社区娱乐中心。在这些活动场地一般都有攀爬架、翻斗乐、小型娱乐设备等。作为主题乐园和大型游乐园的补充，这些社会游乐活动的设施将因更方便大众而长期存在下去。

5. 环保型与移动式游乐设施得到发展

为了适应环保的要求，一些游乐设施已向环保方向发展，比如娱乐型卡丁车，国外非燃油、无废气的电动卡丁车已自成系列，占娱乐型卡丁车的 1/3 左右。用于观光、游览的电动游览车，目前也已大部分采用环保型电池驱动。

从经营方便和使用灵活的角度出发，近年来出现了许多移动式中小型游乐设施。这些移动设施一般做成折叠式、自行式或拖挂式，可在不同的地点，根据不同季节情况，灵活地置于公园、广场、商店门前以及各种临时的集会上，深受游客们欢迎。这些为主题游乐项目带来了社会效益，增添了欢乐的气氛，也为运营商带来更好的经济效益。

6. 水上游乐设施快速发展

与水上乐园大国相比，我国的水上乐园总体数量和人均拥有量还具有相当大的差距。以世界第一水上乐园大国美国为例，美国拥有全球最大、最集中的水上乐园市场，现在，整个美国有 800 余家水上乐园，并且每年还有十家以上的水上乐园开业。对比我国的人口规模、快速增长的人均收入以及井喷发展的普通民众的休闲娱乐需求，显然，我国的水上乐园行业还有十分广阔的潜力可以发掘。

与数量迅速增长相对应的是建设面积的迅速扩张。根据资料统计，2010 年以前，我国大中型水上乐园的建设面积接近 6000 亩（1 亩 ≈666.7m²），而 2010～2015 年 6 年间这一数据达到 35000 余亩，是之前建设面积的 5 倍多，数量到 2017 年年底能达到 600 多家水上乐园。

从发展阶段看，我国水上乐园正处于快速发展阶段。其特点是数量快速增长，规模越来越大，地域上靠近发达大城市，主要满足家庭和本地市场的休闲娱乐需求，以中产阶级的迅速壮大和城市化的快速发展为支撑。

1.2　游乐设施的基本概念

1.2.1　游乐设施的定义

游乐设施是人们为达到娱乐和健身目的，利用机、电、光、声、水力等原理制造的提供游客进行游戏和娱乐活动的机电一体化设备。它的发展阶段按照运用的先进技术和设备结构，可以划分为游艺机和游乐设施并存的阶段以及现在的全部统称为游乐设施的阶段。游乐设施被列为特种设备后，又提出了大型游乐设施的概念。对它们的具体定义，相关法规和标准已有具体的明确的表述。

1. 《游乐设施术语》（GB/T 20306—2017）对有关游乐设施的定义

（1）游乐设施（amusement device）　用于人们游乐（娱乐）的设备或设施。

（2）大型游乐设施（large-scale amusement device）　用于经营目的，承载游客游乐的设施，其范围规定为最大运行线速度大于或等于 2m/s，或者运行高度距地面高于或等于 2m 的大型载人游乐设施。

（3）小型游乐设施（small-scale amusement device）　在公共场所使用，承载儿童游乐的设施，且不属于《特种目录》中规定的大型游乐设施。如滑梯、秋千、摇马、跷跷板、攀网、转椅等游乐设施。

（4）移动式游乐设施（traveling amusement device）　这是一种无专用土建基础，方便拆装、移动和运输的游乐设施。

（5）有动力类游乐设施（have power type of amusement device）　具有人力、电力、内燃机或蒸汽机等动力驱动，承载游客进行游乐的设施。

（6）无动力类游乐设施（no power type of amusement device）　这是一种游客无需动力驱动，由乘客操作或娱乐体验的游乐设施。

（7）水上游乐设施（water amusement device）　这是一种为达到娱乐目的借助水域、水流或其他载体而建造的水上设施。

2.《特种设备安全监察条例》对有关游乐设施的定义

（1）特种设备　特种设备是指国家规定的涉及生命安全、危险性较大的机械设备。这些机械设备包括锅炉、压力容器（含气瓶，下同）、压力管道、电梯、起重机械、客运索道、大型游乐设施和场（厂）内专用机动车辆等。

（2）大型游乐设施　这是一种用于经营目的，承载游客游乐的设施，设计最大运行线速度大于或等于 2m/s，或者运行高度距地面高于或等于 2m 的载人游乐设施。

1.2.2　游乐设施的功能和构成

（1）功能　游乐设施的主要功能是娱乐，有些游乐设施还具有健身的功能。

（2）构成　游乐设施种类繁多，是典型的机电一体化产品。游乐设施主要由机械、结构、电气、液压和气动等部分组成。其中，机械用于实现运动，结构用于解决承载能力，电气起到控制与拖动的作用，液压和气压则是实现传动的又一种方式。

游乐设施虽然结构和运动方式各异，规格大小不一，外观各式各样，但常见的游乐设施主要由以下部分组成。

1）基础部分：地基、支脚、地脚等组成。

2）支撑部分：支柱、梁等组成。

3）驱动部分：电力、内燃机、人力等组成。

4）传动部分：机械传动、液压传动、气动传动等组成。

5）运行部分：座舱、轮系、转臂等组成。

6）操作部分：操作室、操作台、操作手柄等组成。

7）控制部分：控制系统、控制程序、控制元件等组成。

8）装饰部分：外观装饰、灯饰等组成。

9）转台部分：乘客站台、乘客阶梯组成等。

10）隔离部分：安全栅栏、过渡栅栏等组成。

1.2.3　游乐设施的主要参数

为了充分体现游乐设施的各项功能，科学设计游乐设施的各项技术参数十分重要。这些技术参数是游乐设施的设计、使用和管理的依据。《游乐设施术语》（GB/T 20306—2017）对游乐设施的主要参数做出如下说明和界定：

（1）圆周速度（circumferential velocity）　在额定载荷作用下，游乐设施的乘人部分（座舱外侧）绕中心轴回转的切线方向的速度称为圆周速度。

（2）运行速度（traveling speed）　沿规定的轨道或地面行驶的游艺机，在额定载荷下行驶的速度称为运行速度。

（3）升降速度（lifting and lowing speed）　游艺机的乘人部分在额定载荷作用下，垂直上、下位移速度称为升降速度。

（4）提升速度（lift up speed）　沿带有坡度的轨道，靠外力向上牵引游艺机的运行速度称为提升速度。

（5）运行高度（traveling altitude） 游艺机运行过程中乘人部分距离上客平台或地面的高度称为运行高度。

（6）摆角（simple pendulum angle） 游乐设施乘人部分的中心线与垂直中心线间的夹角称为摆角。

（7）翻滚（tumbled） 游乐设施乘人部分运行时的角度大于360°的运动称为翻滚。

（8）加速度系数（acceleration factor） 游艺机在运行过程中，瞬间加速度与重力加速度之比值称为加速度系数。

（9）动载系数（dynamic load factor） 游艺机在运行过程中，实际受到的动载荷（真实工况）和静载荷之比值称为动载系数。

（10）大臂倾角（big jib angel） 游艺机大臂端部升至最高处时，其大臂轴心线和水平面的夹角称为大臂倾角。

（11）座舱深度（gondolas depth） 游乐设施非封闭式座舱的脚踏面到座舱顶面（或扶手处顶面）高度称为座舱深度。

（12）座席靠背高度（chair-back height） 游乐设施非封闭式座舱座席的坐面到靠背顶面的距离称为座席靠背高度。

（13）座位净宽（seat net width） 游乐设施座舱座位的有效宽度称为座位净宽。

（14）车辆最小转弯半径（cars minimum turning radius） 游乐设施运载车辆转弯时，其前外轮（四轮）或前轮（三轮）外侧运行轨迹的最小圆弧半径称为车辆最小转弯半径。

（15）制动距离（braking distance） 游乐设施从开始制动到车辆停住所经过的距离称为制动距离。

（16）轮压（wheel load） 游乐设施车轮传递到轨道或地面上的最大垂直载荷称为轮压。

（17）轮距（track gauge） 游乐设施两轨道中心线或行走轮踏面中心线之间的距离称为轮距。

（18）轨道曲率半径（track curvature radius） 游乐设施车辆运行线路的曲线段双轨的内轨或单轨内侧的曲率半径称为轨道曲率半径。

（19）车道（轨道、滑道、路面）坡度（lane（track, skidway, skidway, pavement）slope）车道坡度为游乐设施运载车辆爬坡高度与坡道段长之比值，其计算公式为 $i = h/B$，其中：i 为坡度；B 为坡道段长；h 为爬坡高度（相应坡道段长）。

（20）滑道平均坡度（average inclination of summer toboggan run） 游乐设施滑道全程高程差与滑道展开总长度的水平投影的比值称为滑道平均坡度。

1.3 游乐设施的分类和代号

1.3.1 游乐设施的分类

游乐设施种类繁多，而且运动形式也各有不同，这就给管理工作提出了更高要求。单从游乐设施法规和标准制定的角度讲，不可能每种游乐设施都各制定一个标准。目前主要是按游乐设施的结构及运动形式进行分类管理，即把结构及运动形式类似的游乐设施划为一类，每类游乐设施用一种常见的有代表性的游乐设施名字命名，作为该类型游乐设施的基本型。如："转马类游艺机"，"转马"即为基本型，与"转马"结构及运动形式类似的游乐设施均属于"转马"类。根据当前游乐设施的品种和结构、运动形式，可将其分为15大类，即：转马类、滑行车类、陀螺类、飞行塔类、赛车类、碰碰车类、自控飞机类、观览车类、小火车类、架空游览车类、光电打靶类、水上游乐设施、电池车类、无动力类及其他类等。

1.3.2 游乐设施代号及示例

1. 游乐设施的代号

游乐设施的结构和运动形式千差万别，而游乐设施代号就是识别游乐设施结构和运动特征的重要标识。这些标识是根据游乐设施的主要特征确定的，不会因为制造厂家和游乐园（场）出于商业目的对设备命名的混乱所困扰。为了规范游乐设施的命名，国家标准《游乐设施代号》（GB/T 20049—2006）对游乐设施的代号做出规定，即分别以 X—DY、RY、VY、HY、QY 和 SZ 来进行标识。

1）X 是游乐设施不同运动形式总的数字代号。

X01：乘人部分绕水平轴回转的游乐设施，如观览车、海盗船、太空船、飞毯、流星锤等。

X02：乘人部分绕垂直轴回转、升降的游乐设施，如自控飞机、章鱼、超级秋千、转马、浪卷珍珠等。

X03：乘人部分绕可变倾角的轴回转的游乐设施，如陀螺、双人飞天、勇敢者转盘、飞身靠壁等。

X04：乘人部分用挠性件悬吊绕垂直轴旋转、升降的游乐设施，如飞行塔、空中转椅、观览塔、青蛙跳等。

X05：沿架空轨道运行的游乐设施，如过山车、疯狂老鼠、滑行龙、单轨空中列车、架空自行车等。

X06：在地面上运行的游乐设施，如碰碰车、赛车、电池车、小火车等。

X07：在特定水域运行的游乐设施，如水滑梯、峡谷漂流、水上自行车、碰碰船、游乐池等。

X08：弹射或提升后自由坠落（摆动）的游乐设施，如探空飞梭、空中飞人等。

X09：无动力游乐设施，如摇摆机、蹦极、人力驱动转盘、翻斗乐、蹦床、充气弹跳、攀岩等。

X10：其他游乐设施。

2）D 是游乐设施最大回转直径代号。

3）R 是游乐设施最大回转半径代号。

4）V 是游乐设施乘人部分最大运行速度代号。

5）H 是游乐设施乘人部分距地面最大高度代号。

6）Q 是游乐设施乘人部分最大可变倾角代号。

7）S 是游乐设施乘人部分可升降代号。

8）Z 是游乐设施乘人部分可自转代号。

9）Y 则分别代表最大回转直径、最大回转半径、乘人部分最大运行速度、乘人部分距地面最大高度、乘人部分最大可变倾角。

2. 游乐设施代号示例

（1）绕水平轴回转的游乐设施

1）观缆车：最大回转直径 50m，最大圆周速度 16m/min，乘人部分距地面最大高度 52m。代号为：X01—D50V16H52。

2）太空船：最大回转直径 8m，最大运行速度 320m/min，乘人部分距地面最大高度 10m。代号为：X01—D8V320H10。

3）海盗船：最大回转半径 4m，最大圆周速度 300m/min，最大摆角 45°。代号为：X01—R4V300Q45°。

（2）绕垂直轴回转的游乐设施

1）自控飞机：最大回转直径 15m，最大运行速度 230m/min，乘人部分距地面最大高度 5m，乘人部分可升降。代号为：X02—D15V230H5S。

2）浪卷珍珠：最大回转直径 10m，最大运行速度 180m/min，乘人部分距地面最大高度 1.5m，乘人部分可自转。代号为：X02—D10V180H5Z。

（3）绕可变倾角轴回转的游乐设施

1）勇敢者转盘：最大回转直径 12m，最大运行速度 600m/min，最大倾角 80°。代号为：X03—D12V600Q80。

2）陀螺：最大回转直径 8m，最大运行速度 300m/min，最大倾角 45°，乘人部分可升降。代号为：X03—D8V300Q45°。

（4）乘人部分用挠性件悬吊绕垂直轴旋转、升降的游乐设施

1）观览塔：最大回转直径 10m，最大运行速度 50m/min，乘人部分距地面最大高度 60m，乘人部分可升降。代号为：X04—D10V50H60S。

2）飞行塔：最大回转直径 10m，最大运行速度 300m/min，乘人部分距地面最大高度 8m，乘人部分可升降。代号为：X04—D10V300H8S。

（5）沿轨道运行的游乐设施

1）过山车：最大运行速度 75km/h，乘人部分距地面最大高度 30m。代号为：X05—V75H30。

2）滑行龙：运行速度 20km/h，乘人部分距地面最大高度 30m。代号为：X05—V20H5。

（6）沿地面运行的游乐设施

1）碰碰车：最大运行速度 6km/h。代号为：X06—V6。

2）电池车：运行速度 4km/h。代号为：X06—V4。

（7）在特定水域运行的游乐设施

1）水滑梯：最大下滑速度 15km/h，最大高度 10m。代号为：X07—V15H10。

2）峡谷漂流：漂流速度 6km/h，最大高度 4m。代号为：X07—V6H4。

（8）弹射或提升后乘人部分自由坠落（摆动）的游乐设施示例

1）探空飞梭：弹射最大速度 1800m/min，乘人部分距地面最大高度 50m。代号为：X08—V1800H50。

2）空中飞人：最大飞行速度 300m/min，最大飞行高度 25m。代号为：X08—V300H25。

（9）无动力游乐设施　代号为：X09—DY RY VY HY QY SZ。根据游乐设施的具体情

况，分别填写其中的代号和数值。

1.3.3 游乐设施的特点及示例

1. 转马类游艺机（merry-go-round type of rides）

（1）特点　乘人部分绕垂直轴旋转。

（2）示例

1）乘人部分绕垂直轴或倾斜轴回转的游乐设施：转马、旋风、浪卷珍珠、荷花杯、蹬月火箭、咖啡杯、滚摆舱、浑天球、小飞机（座舱不升降）、小飞象（座舱不升降）及儿童游玩的各种小型旋转游乐设施。

2）乘人部分绕垂直轴转动的同时有小幅摆动的游乐设施：宇航车、大青虫、大苹果等。

2. 滑行车类游艺机（coaster type of rides）

（1）特点　沿轨道运行，有惯性滑行特征。

（2）示例　过山车、疯狂老鼠、滑行龙、激流勇进、弯月飞车、矿山车等。

3. 陀螺类游艺机（space-gyro type of rides）

（1）特点　座舱绕可变倾角的轴做回转运动，主轴大都安装在可升降的大臂上。

（2）示例　陀螺、双人飞天、勇敢者转盘、飞身靠壁、橄榄球等。

4. 飞行塔类游艺机（fly-tower type of rides）

（1）特点　乘人部分用挠性件吊挂，边升降边绕垂直轴回转。

（2）示例　飞行塔、空中转椅、小灵通、观览塔、青蛙跳、探空飞梭等。

5. 赛车类游艺机（racing car type of rides）

（1）特点　沿地面指定线路运行。

（2）示例　赛车、小跑车、高速赛车。

6. 自控飞机类游艺机（astro fighter type of rides）

（1）特点　乘人部分绕中心垂直轴回转并升降。

（2）示例　自控飞机、自控飞碟、金鱼戏水、章鱼、海陆空、波浪秋千。
有升降及摆动多维运动的游乐设施，如：时空穿梭机、动感电影平台。

7. 观览车类游艺机（wonder wheel type of rides）

（1）特点　乘人部分绕水平轴回转。

（2）示例　观览车、大风车、太空船、海盗船、飞毯、流星锤、遨游太空等。

8. 小火车类游艺机（fairy train type of rides）

（1）特点　沿地面轨道运行，适用于电力、内燃机驱动。

（2）示例　小火车、龙车、猴抬轿等。

9. 架空游览车类游艺机（monorail type of rides）

（1）特点　沿架空轨道运行，适用于人力、内燃机和电力等驱动。

（2）示例　架空脚踏车、空中列车。

10. 滑道类游艺机（summer toboggan run type of rides）

（1）特点　用管材或槽型材料制成的，呈坡形铺设或架设在地面上的由乘坐者操纵滑车滑行的一种游乐设施。

（2）示例 槽式滑道、管轨式滑道等。

11. 水上游乐设施（water amusement equipments）

（1）特点 借助于水域、水流或其他载体，达到娱乐目的。

（2）示例 游乐池、水滑梯、造浪机、水上自行车、游船、水上漫游、峡谷漂流、碰碰船、水上滑索等。

12. 碰碰车类游艺机（bumper car type of rides）

（1）特点 在固定的车场内运行，用电力、内燃机及人力动力驱动，车体可相互碰撞。

（2）示例 电力碰碰车、电池碰碰车等。

13. 电池车类游艺机（battery car type of rides）

（1）特点 在规定的车场或车道内运行，以蓄电池为电源，电动机驱动。

（2）示例 电池车、马拉车等。

14. 无动力类游乐设施

（1）特点 游乐设施本身无动力，由乘客自行在其上操作和游乐。

（2）示例 各种蹦极、滑索、空中飞人、观光气球等。

15. 其他类游乐设施（other type of amusement devices）

不适用于上述类别或由上述类别组合而成的游乐设施。

注意：游乐设施的分类除按结构及运动形式进行分类外，还可按工作场所分为陆地游乐设施和水上游乐设施；按驱动方式分为人力驱动和动力驱动等。

第2章

基 础 知 识

2.1 材料

2.1.1 游乐设施常用材料

游乐设施常用材料由金属材料和非金属材料两部分组成。金属材料有黑色金属和有色金属；非金属材料有橡胶、玻璃钢、尼龙、聚氨酯、塑料和硬木等。《游乐设施安全技术监察规程（试行）》和《游乐设施安全规范》（GB 8408—2008）都对游乐设施常用材料做出了规定和要求。

2.1.1.1 金属材料

常用的金属材料以黑色金属为主，包括生铁、铁合金、铸铁和钢。游乐设施中常用的材料是钢，主要用于结构件和零部件。钢是以铁为主要元素，含碳量一般在2%以下，并含有其他元素的材料。

1. 钢的分类

（1）按品质分类 可分为普通钢（含磷量≤0.045%，含硫量≤0.050%）、优质钢（含磷量与含硫量均≤0.035%）、高级优质钢（含磷量≤0.035%，含硫量≤0.030%）。

（2）按化学成分分类

1）碳素钢：低碳钢 $[w(C)≤0.25\%]$、中碳钢 $[0.25<w(C)≤0.60\%]$、高碳钢 $[w(C)>0.60\%]$。

2）合金钢：低合金钢（合金元素总含量≤5%）、中合金钢（5%<合金元素总含量≤10%）、高合金钢（合金元素总含量>10%）。

（3）按成形方法分类 可分为锻钢、铸钢、热轧钢、冷拉钢。

（4）综合分类

1）普通钢：碳素结构钢（Q195、Q215、Q235、Q275）、低合金结构钢、特定用途的普通结构钢。

2）优质钢（包括高级优质钢）：

①结构钢：优质碳素结构钢、合金结构钢、弹簧钢、易切钢、轴承钢、特定用途优质结构钢。

②工具钢：碳素工具钢、合金工具钢、高速工具钢。

③特殊性能钢：不锈耐酸钢、耐热钢、电热合金钢、电工用钢、高锰耐磨钢。

（5）按冶炼方法分类

1）按炉种分：

①平炉钢：酸性平炉钢、碱性平炉钢。

②转炉钢：酸性转炉钢、碱性转炉钢，或底吹转炉钢、侧吹转炉钢、顶吹转炉钢。

③电炉钢：电弧炉钢、电渣炉钢、感应炉钢、真空自耗炉钢、电子束炉钢。

2）按脱氧程度和浇注制度分：沸腾钢、半镇静钢、镇静钢、特殊镇静钢。

①沸腾钢为脱氧不完全的钢。钢在冶炼后期不加脱氧剂（如硅、铝等），浇注时钢液在钢锭模内产生沸腾现象（气体逸出），钢锭凝固后，蜂窝气泡分布在钢锭中，在轧制过程中这种气泡空腔会被黏合起来。这类钢的特点是钢中含硅量很低，标准规定为痕量或不大于0.07%，通常浇注成不带保温帽口的上小下大的钢锭。其优点是钢的成品率高（约提高15%），生产成本低，表面质量和深冲性能好。其缺点是钢的杂质多，成分偏析较大，质量不均匀。

②镇静钢为完全脱氧的钢。通常浇注成上大下小带保温帽口的锭型，浇注时钢液镇静不沸腾。由于锭模上部有保温帽口（在钢液凝固时用于补充钢液），这节帽头在轧制开坯后需切除，故钢的成品率低，但组织致密，成分偏析小，质量均匀。优质钢和合金一般都是镇静钢。

③半镇静钢为脱氧较完全的钢。脱氧程度介于沸腾钢和镇静钢之间，浇注时有沸腾现象，但较沸腾钢弱。这类钢具有沸腾钢和镇静钢的某些优点，在冶炼操作上较难掌握。

④特殊镇静钢比镇静钢脱氧程度更充分彻底，代号为"TZ"。特殊镇静钢的质量最好，适用于特别重要的结构工程。

2. 游乐设施金属结构件常用材料

游乐设施金属结构件常用材料主要有Q235A、Q235B等。

（1）化学成分和力学性能 分别见表2-1、表2-2（按《碳素结构钢》GB/T 700—2006）。

表2-1 钢的牌号和化学成分

牌号	统一数字代号[①]	等级	厚度（或直径）/mm	脱氧方法	化学成分（质量分数,%）不大于				
					C	Si	Mn	P	S
Q195	U11952	—	—	F、Z	0.12	0.30	0.50	0.035	0.040
Q215	U12152	A	—	F、Z	0.15	0.35	1.20	0.045	0.050
	U12155	B							0.045
Q235	U12352	A	—	F、Z	0.22	0.35	1.40	0.045	0.050
	U12355	B			0.20[②]				0.045
	U12358	C		Z	0.17			0.040	0.040
	U12359	D		TZ				0.035	0.035
Q275	U12752	A	—	F、Z	0.24	0.35	1.50	0.045	0.050
	U12755	B	≤40	Z	0.21			0.045	0.045
			>40		0.22				
	U12758	C		Z	0.20			0.040	0.040
	U12759	D		TZ				0.035	0.035

① 表中为镇静钢、特殊镇静钢牌号的统一数字，沸腾钢牌号的统一数字代号为：Q195F—U11950；Q215AF—U12150，Q215BF—U12153；Q235AF—U12350，Q235BF—U12353；Q275AF—U12750。

② 经需求方同意，Q235B的碳质量分数可不大于0.22%。

表 2-2　碳素结构钢的力学性能

牌号	等级	屈服强度[①]R_{eH}/（N/mm²），不小于						抗拉强度[②]R_m/（N/mm²）	断后伸长率 A（%），不小于					冲击试验(V 型缺口)	
		厚度（或直径）/mm							厚度（或直径）/mm					温度/℃	冲击吸收能量（纵向）/J，不小于
		≤16	>16~40	>40~60	>60~100	>100~150	>150~200		≤40	>40~60	>60~100	>100~150	>150~200		
Q195	—	195	185	—	—	—	—	315~430	33	—	—	—	—	—	—
Q215	A	215	205	195	185	175	165	335~450	31	30	29	27	26	—	—
	B													+20	27
Q235	A	235	225	215	215	195	185	370~500	26	25	24	22	21	—	—
	B													+20	27[③]
	C													0	
	D													-20	
Q275	A	275	265	255	245	225	215	410~540	22	21	20	18	17	—	—
	B													+20	27
	C													0	
	D													-20	

① Q195 的屈服强度值仅供参考。

② 厚度大于 100mm 的钢材，抗拉强度下线允许降低 20N/mm²。宽带钢（包括剪切钢板）抗拉强度上限仅供参考。

③ 厚度小于 25mm 的 Q235B 级钢材，如供方能保证冲击吸收能量的数值合格，经需求方同意，可不做检验。

（2）材料的选用　法规和标准对游乐设施材料选用的主要要求如下。

1）优质碳素结构钢含碳量在 0.8% 以下，低合金钢的碳当量应小于 0.4%。机械零部件所用金属材料需考虑其力学性能、热处理性能、冲击韧性等方面的要求。焊接结构需用焊接性好的钢材。锻件、铸造件及有色金属材料应满足国家标准或行业标准要求。

2）以下情况的承重结构和构件不宜采用 Q235 沸腾钢。

①对于焊接结构，其直接承受动力载荷或振动载荷且需要验算疲劳的结构；工作温度等于或低于 -20℃ 直接承受动力载荷或振动载荷，但可不验算疲劳的结构；承受静力载荷的受弯及受拉的重要承重结构。工作温度等于或低于 -30℃ 的所有承重结构。

②对于非焊接结构，工作温度等于或低于 -20℃ 的直接承受动力载荷且需要验算疲劳的结构。

3. 轴类常用材料

游乐设施的轴属于重要零件，由于轴所受的载荷情况较为复杂，其横截面上的应力多为交变应力，所以要求其材料具有良好的综合力学性能。

轴的材料常采用优质碳素结构钢和合金结构钢。优质碳素结构钢比合金结构钢价格低廉，强度也低一些，但优质碳素结构钢对应力集中的敏感性低。常用的优质碳素结构钢有 35、40、45 和 50 等（具体牌号和化学成分见表 2-3），其中以 45 钢最为常用。为保证材料的力学性能，通常都要进行调质或正火处理，对于重要的轴还要进行表面强化处理。

当对轴的强度和耐磨性要求较高，或在高温或腐蚀性介质等条件下工作时，必须采用合金结构钢。对于耐磨性和韧性要求较高的轴，可选用 20Cr、20CrMnTi 等低碳合金结构钢，轴颈部位还要进行渗碳淬火处理。对于在高速和重载下工作的轴，可选用 38CrMoAlA、

40CrNi 等合金结构钢。对于中碳合金结构钢，一般采用调质处理，以提高其综合力学性能。

表 2-3　优质碳素结构钢的牌号和化学成分

序号	统一数字代号	牌号	化学成分（质量分数,%）					
			C	Si	Mn	Cr	Ni	Cu
						不大于		
1	U20352	35	0.32 ~ 0.39	0.17 ~ 0.37	0.50 ~ 0.80	0.25	0.30	0.25
2	U20402	40	0.37 ~ 0.44	0.17 ~ 0.37	0.50 ~ 0.80	0.25	0.30	0.25
3	U20452	45	0.42 ~ 0.50	0.17 ~ 0.37	0.50 ~ 0.80	0.25	0.30	0.25
4	U20502	50	0.47 ~ 0.55	0.17 ~ 0.37	0.50 ~ 0.80	0.25	0.30	0.25
5	U20552	55	0.52 ~ 0.60	0.17 ~ 0.37	0.50 ~ 0.80	0.25	0.30	0.25
6	U20602	60	0.57 ~ 0.65	0.17 ~ 0.37	0.50 ~ 0.80	0.25	0.30	0.25
7	U20652	65	0.62 ~ 0.70	0.17 ~ 0.37	0.50 ~ 0.80	0.25	0.30	0.25
8	U20702	70	0.67 ~ 0.75	0.17 ~ 0.37	0.50 ~ 0.80	0.25	0.30	0.25
9	U20752	75	0.72 ~ 0.80	0.17 ~ 0.37	0.50 ~ 0.80	0.25	0.30	0.25
10	U20802	80	0.77 ~ 0.85	0.17 ~ 0.37	0.50 ~ 0.80	0.25	0.30	0.25
11	U20852	85	0.82 ~ 0.90	0.17 ~ 0.37	0.50 ~ 0.80	0.25	0.30	0.25
12	U21152	15Mn	0.12 ~ 0.18	0.17 ~ 0.37	0.70 ~ 1.00	0.25	0.30	0.25
13	U21202	20Mn	0.17 ~ 0.23	0.17 ~ 0.37	0.70 ~ 1.00	0.25	0.30	0.25
14	U21252	25Mn	0.22 ~ 0.29	0.17 ~ 0.37	0.70 ~ 1.00	0.25	0.30	0.25
15	U21302	30Mn	0.27 ~ 0.34	0.17 ~ 0.37	0.70 ~ 1.00	0.25	0.30	0.25
16	U21352	35Mn	0.32 ~ 0.39	0.17 ~ 0.37	0.70 ~ 1.00	0.25	0.30	0.25
17	U21402	40Mn	0.37 ~ 0.44	0.17 ~ 0.37	0.70 ~ 1.00	0.25	0.30	0.25
18	U21452	45Mn	0.42 ~ 0.50	0.17 ~ 0.37	0.70 ~ 1.00	0.25	0.30	0.25
19	U21502	50Mn	0.48 ~ 0.56	0.17 ~ 0.37	0.70 ~ 1.00	0.25	0.30	0.25
20	U21602	60Mn	0.57 ~ 0.65	0.17 ~ 0.37	0.70 ~ 1.00	0.25	0.30	0.25
21	U21652	65Mn	0.62 ~ 0.70	0.17 ~ 0.37	0.90 ~ 1.20	0.25	0.30	0.25
22	U21702	70Mn	0.67 ~ 0.75	0.17 ~ 0.37	0.90 ~ 1.20	0.25	0.30	0.25

2.1.1.2　非金属材料

随着科技的发展，有许多非金属材料的性能已大大提高，可用于游乐设施的制造中。下面介绍的是比较常见的几种材料。

1. 橡胶

橡胶是高弹性聚合物，橡胶按原料分为天然橡胶和合成橡胶。天然橡胶就是由三叶橡胶树割胶时流出的胶乳经凝固、干燥后制得的。合成橡胶是由人工合成方法制得的，采用不同的原料（单体）可以合成出不同种类的橡胶。橡胶在游乐设施中主要应用在赛车的轮胎，液压和气压系统中的胶管，电气施工中的胶带、电缆以及部分防撞缓冲装置上。

1）采用橡胶材料时，应充分考虑其耐候性、耐蚀性以及有害物质含量的控制，还要根据具体使用情况定期更换橡胶零件。

2）驱动轮和支承轮采用橡胶时，其力学性能应符合表2-4的规定。采用橡胶充气轮时，充气压力应适度。

表2-4　橡胶材料的力学性能

项　目	指　标	项　目	指　标
抗拉强度/MPa	≥12	橡胶与铁心附着强度/MPa	≥1.30
扯断伸长率（%）	≥400	邵氏硬度（推荐值）	70～85
磨耗减量/（cm³/1.61km）	≤0.9		

2. 玻璃钢材料

玻璃钢学名为玻璃纤维增强塑料。它是一种以玻璃纤维及其制品（玻璃布、带、毡、纱等）作为增强材料，用合成树脂作基体材料的复合材料。在游乐设施中，玻璃钢主要用于水上游乐设施、座舱及装饰物等，有关玻璃钢和玻璃钢制件应满足《游乐设施安全技术监察规程（试行）》和《游乐设施安全规范》（GB 8408—2008）的有关要求。

1）玻璃钢表面应光滑无裂纹，色调均匀。水滑梯用玻璃钢应符合以下要求：树脂应有良好的耐水性和良好的抗老化性能；玻璃纤维应采用无碱玻璃纤维，纤维表面必须有良好的浸润性；厚度应不小于6mm，法兰厚度应不小于9mm。

2）水滑梯滑道内表面不允许存在小孔、皱纹、气泡、固化不良、浸渍不良、裂纹、缺损等缺陷；背面不允许存在固化不良、浸渍不良、缺损、毛刺等缺陷，切割面不允许存在分层、毛刺等缺陷；距600mm处用肉眼观察，不能明显看出修补痕迹、伤痕、颜色不均、布纹、凸凹不平、集合等缺陷。

3）玻璃钢制件应符合的要求：不允许有浸渍不良、固化不良、气泡、切割面分层、厚度不均等缺陷；表面不允许有裂纹、破损、明显修补痕迹、布纹显露、皱纹、凸凹不平、色调不一致等缺陷，转角处过渡要圆滑，不得有毛刺；玻璃钢件与受力件直接连接时应有足够的强度，否则应预埋金属件；玻璃钢件的力学性能应符合表2-5的规定。

表2-5　玻璃钢件的力学性能

项　目	指　标	项　目	指　标
抗拉强度/MPa	≥78	弹性模量度/MPa	≥7.3×10³
抗弯强度/MPa	≥147	冲击韧度/（J/cm）	≥11.7

3. 尼龙材料

聚酰胺俗称尼龙，英文名称Polyamide（简称PA），是分子主链上含有重复酰胺基团"—［NHCO］—"的热塑性树脂总称。它是一种韧性角状半透明或乳白色结晶树脂。尼龙具有很高的机械强度，软化点高，耐热，摩擦因数低，耐磨损，自润滑性、吸振性和消音性好，耐油、耐弱酸、耐碱、电绝缘性好，以及有自熄性、无毒、无臭、耐候性好、染色性差等优点。其缺点是吸水性大，影响尺寸稳定性和电性能。尼龙与玻璃纤维的亲合力良好，而玻璃纤维与尼龙结合，可降低树脂吸水率，增加强度，并使其能在高温、高湿的条件下工作。

游乐设施使用的尼龙材料主要有：尼龙材料编织的安全带、安全网和尼龙棒制成的车轮和轴套，其力学性能应符合表2-6的规定。

表 2-6 尼龙材料的力学性能

项 目	指 标	项 目	指 标
抗拉强度/MPa	>73.6	硬度 HBW	>21
抗弯强度/MPa	>138	热变形温度/℃	>70
冲击韧度/(J/cm²)	>39.2		

4. 聚氨酯材料

聚氨酯是一种新型的有机高分子材料，被誉为"第五大塑料"，因其卓越的性能而被广泛应用于国民经济各领域。聚氨酯是一种很特别的聚合物。它由硬段和软段组成，硬段部分玻璃化转变温度很低，具有塑料的特性；软段部分玻璃化转变温度高于室温很多，具有橡胶的特性。在聚氨酯的合成过程中，通过控制聚合反应，可以调节聚合物的硬段和软段的比例，从而使聚氨酯表现为塑料或橡胶。

游乐设施中采用聚氨酯材料时，其力学性能应符合表 2-7 的规定。

表 2-7 聚氨酯材料的力学性能

邵氏硬度	300% 定伸强度 /MPa	断裂强度 /MPa	断裂伸长率 （%）	永久变形 （%）	剥离强度 /（N/m）
80±5	≥10	≥35	≥450	≤15	40×10³
90±5	≥12	≥40	≥450	≤20	50×10³
≥95	≥14	≥45	≥400	≤30	60×10³

5. 硬木材料

在游乐设施中，硬木主要用作地板和座椅材料，但它也常作为大型过山车的结构组件材料。

《游乐设施安全技术监察规程（试行）》和《游乐设施安全规范》（GB 8408—2008）中都要求：游乐设施使用木材时，应选用强度高、不易开裂的硬木，木材的含水率应小于18%，并且必须进行阻燃和防腐处理。

6. 塑料

塑料是具有塑性行为的材料。所谓塑性，是指受外力作用时发生形变，外力取消后，仍能保持受力前的状态。塑料的弹性模量介于橡胶和纤维之间，受力能发生一定形变。软塑料接近橡胶，硬塑料接近纤维。塑料是一种利用单体原料通过合成或缩合反应聚合而成的可以自由改变形体样式的高分子化合物。它由合成树脂及填料、增塑剂、稳定剂、润滑剂、色料等添加剂组成，主要成分是合成树脂。根据塑料的特性，通常将塑料分为通用塑料、工程塑料和特种塑料三种类型。游乐设施中主要用的是工程塑料，主要用于按钮、开关、仪表等。

2.1.2 游乐设施常用工艺

2.1.2.1 热处理

1. 金属学与热处理基本知识

（1）金属的晶体结构　物质是由原子构成的。根据原子在物质内部的排列方式不同，可将物质分为晶体和非晶体两大类。凡内部原子呈规则排列的物质称为晶体，凡内部原子呈不规则排列的物质称为非晶体、所有固态金属都是晶体。

晶体内部原子的排列方式称为晶体结构。常见的晶体结构有体心立方晶格、面心立方晶格和密排六方晶格3种，如图2-1所示。

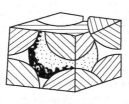  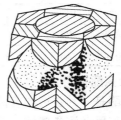

a) 体心立方晶格　　　　　b) 面心立方晶格　　　　　c) 密排六方晶格

图2-1　三种典型晶格示意图

不同晶体结构的材料具有不同特性：体心立方晶格的金属均具有较高的强度、硬度、熔点，而塑性、韧性较差；面心立方晶格的金属具有较好的塑性、韧性，没有冷脆性；密排六方晶格的金属强度低且韧性差，一般不用作结构材料。

金属是由许多晶粒组成的，叫作多晶体。每一个晶粒相当于一个单晶体，晶粒内的原子排列是相同的，但不同晶粒的原子排列的位向是不同的。晶粒之间的界面称为晶界。

高温的液态金属冷却转变为固态金属的过程是一个结晶过程，即原子由不规则状态（液态）过渡到规则状态（固态）的过程。

实际晶体的原子排列并非完美无缺，由于种种原因使晶体的许多部位的原子排列受到破坏，金属主体原子中存在的另类原子称为杂质；杂质和晶体中的原子错误排列统称为"缺陷"，包括点缺陷、线缺陷、面缺陷、体缺陷四类。常见的晶体缺陷有空位、间隙原子、置换原子、位错等。

（2）铁碳合金的组织　结构与化学成分均匀，并有明显的界面与周围分开的区域组织称为相。不同的相，其结构、性质截然不同。其排列组合具有各种特征的显微组织。钢由多相显微组织构成，其物理、化学特性，以及力学性能在很大程度上取决于相的种类、比例、尺寸和空间分布等。

通常把钢和铸铁统称为铁碳合金，这是因为钢和铸铁的成分虽然复杂，但基本上是铁和碳两种元素组成的。一般把含碳量为0.02%～2%的称为钢，含碳量大于2%的称为铸铁。

可以通过$Fe-Fe_3C$图（见图2-2）来分析钢铁的有关特性。铁存在着同素异构转变，即在固态下有不同的结构。不同结构的铁与碳可以形成不同的固溶体，$Fe-Fe_3C$相图上的固溶体都是间隙固溶体。

1）铁碳合金中的基本相：

①铁素体（F）：碳溶于α铁或δ铁中的固溶体（固溶体是指组成合金的两种或两种以上的元素相互溶解形成的单一均匀的物质）。α铁和δ铁都是体心立方晶格，前者是指温度低于910℃的铁，后者是温度在1390～1535℃的铁。铁素体的溶碳能力极差，在727℃溶碳量最大时也仅有0.0218%。铁素体的强度、硬度不高，具有良好的塑性和韧性，在770℃以下具有铁磁性，超过770℃则丧失铁磁性。

②奥氏体（A）：碳溶于γ铁中的固溶体。γ铁是面心立方晶格，奥氏体溶碳能力较大，最大可达2.11%（1148℃），在727℃溶碳量为0.77%。奥氏体不具有铁磁性。

③渗碳体（Fe_3C）：铁和碳的金属化合物，其含碳量为6.69%。渗碳体的硬度很高，而

塑性和韧性几乎为零，脆性很大，渗碳体在低温下有弱磁性，高于217℃磁性消失。渗碳体分为一次渗碳体、二次渗碳体和三次渗碳体3种。

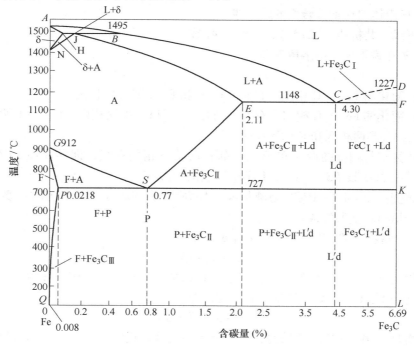

图2-2 Fe-Fe₃C 相图

2）Fe-Fe₃C 相图的分析：

①主要特性点：见表2-8。

表2-8 Fe-Fe₃C 相图的特性点

特性点符号	温度/℃	含碳量（%）	含 义
A	1538	0	熔点：纯铁的熔点
C	1148	4.3	共晶点：发生共晶转变 L4.30% $\longrightarrow$ Ld（A2.11% + Fe₃C 共晶）
D	1227	6.69	熔点：渗碳体的熔点
E	1148	2.11	碳在 γ 铁中的最大溶解度点
G	912	0	同素异构转变点
S	727	0.77	共析点：发生共析转变 A0.77% $\longrightarrow$ P（P0.0218% + Fe₃C 共析）
P	727	0.0218	碳在 α 铁中的最大溶解度点
Q	室温	0.0008	室温下碳在 α 铁中的溶解度

②主要特性线：

BC 线：液体向奥氏体转变的开始线，即 L $\longrightarrow$ A。

CD 线：液体向渗碳体转变的开始线，即 L $\longrightarrow$ Fe₃C$_I$。*ABCD* 线统称为液相线，在此线之上合金全部处于液相状态，用符号 L 表示。

JE 线：液体向奥氏体转变的终了线。

ECF 水平线：共晶线。*AHJECF* 线统称为固相线，液体合金冷却至此线全部结晶为固体，此线以下为固相区。

ES 线：又称为 A_{cm} 线，是碳在奥氏体中的溶解度曲线，即 $L \longrightarrow Fe_3C_{II}$。

GS 线：又称为 A_3 线。

GP 线：奥氏体向铁素体转变的终了线。

PSK 水平线：共析线（727℃），又称为 A_1 线。

PQ 线：碳在铁素体中的溶解度曲线。

③相区：

单相区：简化的 $Fe\text{-}Fe_3C$ 相图中有 F、A、L 和 Fe_3C 四个单相区。

两相区：简化的 $Fe\text{-}Fe_3C$ 相图中有五个两相区，即 L + A 两相区、L + Fe_3C 两相区、A + Fe_3C 两相区、A + F 两相区和 F + Fe_3C 两相区。

每个两相区都与相应的两个单相区相邻；两条三相共存线，即共晶线 *ECF*，L、A 和 Fe_3C 三相共存，共析线 *PSK*，A、F 和 Fe_3C 三相共存。

④三个转变：图 2-2 中 *ABCD* 为液相线，*AHJECF* 为固相线。整个相图主要由包晶、共晶和共析三个恒温转变所组成。

在 *HJB* 水平线（1495℃）发生包晶转变，即

$$L_B + \delta_H \rightarrow A_J$$

转变产物是 A。此转变仅发生在含碳量为 0.09% ~ 0.53% 的铁碳合金中。

在 *ECF* 水平线（1148℃）发生共晶转变，即

$$L_C \rightarrow A_E + Fe_3C$$

转变产物是 A 和 Fe_3C 的机械混合物，称为莱氏体，用符号 Ld 表示。含碳量为 2.11% ~ 6.69% 的铁碳合金都发生此转变。

在 *PSK* 水平线（727℃）发生共析转变，即

$$A \rightarrow F_P + Fe_3C$$

转变产物是 F 和 Fe_3C 的机械混合物，称为珠光体，用符号 P 表示。所有含碳量超过 0.0218% 的铁碳合金都发生这个转变。共析转变温度通常称为 A_1 温度。

此外，$Fe\text{-}Fe_3C$ 相图中还有三条重要的固态转变线：

1）*GS* 线：A 中开始析出 F，常称此温度为 A_3 温度。

2）*ES* 线：碳在 A 中的溶解度线，常称此温度为 A_{cm} 温度。低于此温度时，A 中将析出 Fe_3C，称为二次渗碳体 Fe_3C_{II}，以区别于从液体中经 CD 线结晶出的一次渗碳体 Fe_3C_I。

3）*PQ* 线：碳在 F 中的溶解度线。F 从 727℃ 冷却下来时，也将析出 Fe_3C，称为三次渗碳体 Fe_3C_{III}。

（3）特种设备用钢常见金相组织和性能　铁素体（F）、奥氏体（A）和渗碳体（Fe_3C）是特种设备用钢常见的金相组织，下面介绍其他几种金相组织：

①珠光体（P）：铁素体和渗碳体的混合物，是含碳量为 0.77% 的碳钢共析转变的产物，金相组织为层片状铁素体与渗碳体构成的机械混合物。珠光体的硬度和强度较高，塑性也较好。

含碳量为 0.77% 的铁碳合金只发生共析转变，其组织是 100% 的珠光体，称为共析钢。含碳量大于 0.77% 的铁碳合金称为过共析钢，其组织是珠光体 P + 渗碳体 Fe_3C；含碳量小于 0.77% 的铁碳合金称为亚共析钢，其组织是铁素体 F + 珠光体 P。

低碳钢是亚共析钢，所以在缓慢冷却条件下，低碳钢的正常组织是铁素体 F + 珠光体

P。碳含量越低，组织中铁素体的含量就越多，塑性和韧性也就越好，但强度和硬度却随之降低。

②马氏体（M）：是碳溶于 α 铁中的过饱和固溶体。它是钢被高温奥氏体化之后快速冷却至马氏体点以下发生无扩散性相变的产物。金相组织为互成一定角度的白色针状结构，正常的淬火工艺下，获得的马氏体大部分为细针或隐针状。马氏体具有很高的硬度（640 ~ 760HBW），很脆，冲击韧性差，断面收缩率和断后伸长率几乎等于零。

按含碳量可将马氏体分为高碳马氏体和低碳马氏体。高碳马氏体又称为片状（针状）马氏体或孪晶马氏体、棱镜状马氏体和低温马氏体；低碳马氏体又称为板条状马氏体或位错马氏体、大块马氏体、定向马氏体和高温马氏体。

③贝氏体（B）：过冷奥氏体在中温区间（250 ~ 450℃）相变产生的过饱和的铁素体和渗碳体混合物。贝氏体形成的温度不同，组织特性也不相同。在接近珠光体形成温度所生成的组织叫作"上贝氏体"，在金相组织中呈羽毛状，可对称或不对称。在 300℃ 附近形成的组织叫作"下贝氏体"，在金相组织中呈黑针状。上、下贝氏体只是形状和碳化物分布不同，没有质的区别。上贝氏体的强度小于同一温度形成的细片状珠光体，脆性也较大。下贝氏体与相同温度的回火马氏体强度相近，下贝氏体的性能优于上贝氏体，有时甚至优于回火马氏体。

④魏氏组织：亚共析钢因为过热而形成的粗晶奥氏体。魏氏组织的产生与奥氏体晶粒大小（取决于过热程度）、钢的含碳量、冷却速度等因素有关。魏氏组织严重时会使钢的冲击韧性、断面收缩率和断后伸长率下降，使钢变脆。可用完全退火使之消除。

2. 热处理一般过程

在实际生产过程中，热处理过程是比较复杂的，但其基本工艺过程由加热、保温和冷却三个阶段构成，温度和时间是影响热处理的主要因素。任何热处理过程都可以用温度—时间曲线来说明，图 2-3 所示为热处理基本工艺。

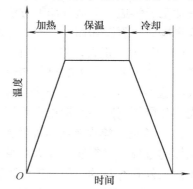

图 2-3 热处理基本工艺

由 Fe-Fe₃C 相图可知，随着温度的变化，钢在固体状态下能够发生相变。图 2-4 为铁碳 Fe-Fe₃C 相图中钢的固态部分，与低碳钢相关的固态相变温度为 GS 线和 PSK 线，分别称为 A_3 线和 A_1 线。在实际加热和冷却时，由于存在过热和过冷现象，加热时钢的相变温度将高于 A_3 线和 A_1 线，所以在加热时相变临界点用 Ac_3 线和 Ac_1 线表示；冷却钢的相变温度将低于 A_3 线和 A_1 线，所以冷却时相变临界点用 Ar_3 线和 Ar_1 线表示。

钢在热处理过程中的组织变化由几个过程组成：一是加热时，钢的常温组织转变为奥氏体；二是钢在加热后之所以需要有保温时间，不仅是为了把工件烧透，使其心部达到与表面同样的温度，还为了获得成

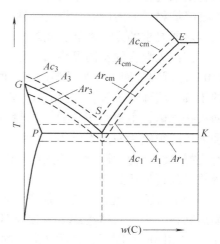

图 2-4 加热和冷却时 Fe-Fe₃C
相图上临界点位置

分均匀的奥氏体组织，以便在冷却后得到良好的组织与性能；三是冷却时奥氏体分解，随着冷却速度不同，得到不同形态组分的珠光体、铁素体或马氏体等转变产物。

3. 常用热处理工艺

根据钢在加热和冷却时的组织与性能变化规律，热处理工艺分为退火、正火、淬火、回火等。

（1）退火　将钢试件加热到适当温度，保温一定时间后缓慢冷却，以获得接近平衡状态组织的热处理工艺称为退火。根据钢的成分和目的的不同，退火又分为完全退火、不完全退火、去应力退火、等温退火、球化退火等。

1）完全退火又称为重结晶退火，其方法是将工件加热到 Ac_3 以上 $30\sim50℃$，保温后在炉内缓慢冷却。其目的在于均匀组织，消除应力，降低硬度，改善切削性能。

2）不完全退火是将工件加热到 Ac_1 以上 $30\sim50℃$，保温后缓慢冷却。其目的是降低硬度，改善切削性能，消除内应力。

3）去应力退火的加热温度因材料不同而不同，一般是将工件加热到 Ac_1 以下 $100\sim200℃$，对碳钢和低合金钢大致在 $500\sim650℃$，保温然后缓慢冷却。其目的是消除焊接、冷变形加工、铸造、锻造等加工方法所产生的内应力，同时还能使焊缝中的氢较完全地扩散，提高焊缝的抗裂性和韧性，此外对改善焊缝及热影响区的组织，稳定结构形状也有作用。

（2）正火　正火是将工件加热到 Ac_3 或 Ac_1 以上 $30\sim50℃$，保持一定时间后在空气中冷却的热处理工艺。正火的目的与退火基本相同，主要是细化晶粒，均匀组织，降低内应力。正火与退火的不同之处在于前者的冷却速度较快，过冷度较大，使组织中珠光体量增多，且珠光体片层厚度减小。钢正火后的强度、硬度、韧性都较退火后高。

（3）淬火　淬火是将钢加热到临界温度以上，经过适当保温后快冷，使奥氏体转变为马氏体的过程。材料通过淬火获得马氏体组织，可以提高其硬度和强度，这对于轴承、模具之类的工件是有益的；但马氏体硬而脆，韧性很差，内应力很大，容易产生裂纹。

（4）回火　回火是将经过淬火的钢加热到 Ac_3 以下的适当温度，保持一定时间，然后用符合要求的方法冷却（通常是空冷），以获得所需组织和性能的热处理工艺。回火的主要目的是降低材料的内应力，提高韧性。通过调整回火温度，可获得不同的硬度、强度和韧性，以满足所要求的力学性能。此外，回火还可稳定零件尺寸，改善加工性能。

按回火温度的不同可将回火分为低温回火、中温回火、高温回火三种：淬火后在 $350\sim250℃$ 范围内的回火称为低温回火，回火后的组织为回火马氏体，主要用于各种高碳钢制成的工具、滚珠轴承等；淬火后在 $350\sim500℃$ 范围内的回火称为中温回火，回火后的组织为回火托氏体，主要用于模具、弹簧等；淬火后在 $500\sim650℃$ 范围内的回火称为高温回火，回火后的组织为回火索氏体，其特点是具有一定的强度同时又有较高的塑性和冲击韧性，即有良好的综合力学性能。淬火加高温回火的热处理又称为调质，许多机械零件如齿轮、曲轴等均需经过调质处理。

（5）调质　通常将淬火加高温回火相结合的热处理工艺称为调质处理，简称调质。调质后获得回火索氏体组织，可使钢件得到强度与韧性相配合的良好的综合性能。与正火相比，在相同的硬度下，调质处理后的钢的强度、塑性和韧性较正火有明显的提高。

2.1.2.2　焊接

焊接又称为冶金连接成形，是通过加热或加压（或两者并用）使两个分离表面的原子达到晶格距离，并形成金属键而获得不可拆接头的工艺过程。

1. 焊接方法

焊接方法发展到今天，其数量已不下几十种。我们可以从不同的角度对其进行分类，有族系法、一元坐标法、二元坐标法等分类，其中最常用的是族系法，它是按照焊接工艺特征来进行分类的，即按照焊接过程中母材是否熔化以及对母材是否施加压力进行分类。按照这种分类方法，可以把焊接方法分为熔焊、压焊和钎焊三大类，在每一大类方法中又分为了若干小类，如图 2-5 所示。

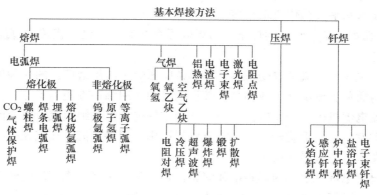

图 2-5 焊接方法分类

（1）熔焊 熔焊是在不施加压力的情况下，将待焊处的母材加热熔化形成焊缝的焊接方法。焊接时母材熔化而不施加压力是其基本特征。根据焊接热源的不同，熔焊方法又可分为：以电弧作为主要热源的电弧焊（包括焊条电弧焊、埋弧焊、无极惰性气体保护焊、熔化极氩弧焊、CO_2 气体保护焊、等离子弧焊等）；以化学能作为热源的气焊；以熔渣电阻热作为热源的电渣焊；以高能束作为热源的电子束焊和激光焊等。

（2）压焊 利用摩擦、扩散和加压等物理作用克服两个连续表面的不平度，除去氧化膜及其他污染物，使两个连续表面上的原子相互接近到晶格位置，从而在固态条件下实现的连接统称为压焊。焊接时施加压力是其基本特征，这类方法有两种形式：一种是将被焊材料与电极接触的部分加热至塑性状态或局部熔化状态，然后施加一定的压力，使其形成牢固的焊接接头，如电阻焊、摩擦焊、气压焊、扩散焊和锻焊等；第二种是不加热，仅在被焊材料的接触面上施加足够大的压力，使接触面产生塑性变形而形成牢固的焊接接头，如冷压焊、爆炸焊、超声波焊等。

（3）钎焊 钎焊是焊接时采用比母材熔点低的钎料，将焊件和钎料加热到高于钎料熔点，但低于母材熔点的温度，利用液态钎料润湿母材，填充接头间隙，并与母材相互扩散而实现连接的方法。其特征是焊接时母材不发生熔化，仅钎料发生熔化。根据使用钎料的熔点，钎焊可分为硬钎焊和软钎焊，其中硬钎焊使用的钎料熔点高于 450℃，软钎焊使用的钎料熔点低于 450℃。另外，根据钎焊热源和保护条件的不同也可分为火焰钎焊、感应钎焊、炉中钎焊和盐浴钎焊等几种。

2. 游乐设施常用的焊接方法

游乐设施制造中常用到的焊接方法有焊条电弧焊、气体保护焊和埋弧焊。

（1）焊条电弧焊

1）焊条电弧焊的特点。焊条电弧焊是利用焊条与焊件之间的电弧热，将焊条及部分焊件熔化而形成焊缝的焊接方法。焊接过程中焊条药皮熔化分解生成气体和熔渣，在气体和熔渣的共同保护下，可以有效排除周围空气对熔化金属的有害影响。通过高温下熔化金属与熔渣间的冶金反应，还原并净化焊缝金属，从而得到优质焊缝。

焊条电弧焊设备简单，便于操作，维修方便；工艺灵活，适应性强，适用于室内外各种位置的焊接，可以焊接碳钢、低合金钢、耐热钢、不锈钢等各种材料；与气焊相比，质量好；易于通过工艺调整来控制变形和改善应力。焊条电弧焊的缺点是生产效率低，劳动强度大，对焊工的技术水平及操作要求较高。

2）焊条电弧焊设备。常用的焊条电弧焊电源有交流电焊机、旋转式直流电焊机和硅整流式电焊机三种。

交流电焊机也叫作交流电焊变压器，是焊条电弧焊中应用最广泛的一种供电设备。交流电焊机具有结构简单，成本低，效率高，节省电能和使用维护方便等特点。

旋转式直流电焊机由一个发电机和一个拖动它的电动机机组组成，由交流网路供电使电动机旋转，带动发电机电枢旋转发出直流电供焊接用。焊接电流可在较大范围内均匀调节以满足焊接工艺要求，电弧燃烧稳定。

硅整流式直流电焊机也称为焊条电弧焊整流器，是一种将工频交流电转变为直流电的焊条电弧焊设备。与旋转式直流电焊机相比较，它具有噪声小、效率高、用料少、成本低等优点。

直流电焊机的特点是直流电弧燃烧很稳定，所以用小电流焊接时常常选用，在焊接合金钢、不锈钢时，也常选用直流电源。直流电源又分为正接、反接两种接法。正接是指工件接正极、焊条接负极；否则，就是反接。

3）焊条电弧焊焊条的种类。涂有药皮的供焊条电弧焊用的熔化电极称为焊条。它由焊芯和药皮两部分组成。

焊条根据用途可分为碳钢焊条、低合金钢焊条、不锈钢焊条、铬和铬钼耐热钢焊条、低温钢焊条、堆焊焊条、铝及铝合金焊条、镍及镍合金焊条、铜及铜合金焊条、铸铁焊条和特殊用途焊条等。

按焊条药皮熔化后所形成熔渣的酸碱性不同可分为碱性焊条（熔渣碱度>1.5）和酸性焊条（熔渣碱度<1.5）两大类。

酸性焊条施焊时药皮中合金元素烧损量较大，焊缝金属的氧氮含量较高，故焊缝金属的力学性能（特别是冲击韧度）较低；酸性渣难于脱硫脱酸，因而焊条的抗裂性较差；酸性渣较黏，在冷却过程中渣的黏度增加缓慢，称为"长渣"。但其焊条工艺性能良好，成形美观，特别是对锈、油、水分等的敏感度不大，抗气孔能力强。酸性焊条广泛用于一般结构的焊接。

碱性焊条有足够的脱氧能力。碱性渣流动性好，在冷却过程中渣的黏度增加很快，称为"短渣"。碱性焊条的最大特点是焊缝金属中含氢量低，所以也叫作"低氢焊条"。碱性焊条药皮中的某些成分能有效地脱硫脱磷，故其抗裂性能良好，焊缝金属的力学性能，特别是冲击韧度较高。碱性焊条多用于焊接重要结构。

碱性焊条的缺点是对锈、油、水分较敏感，容易在焊缝中产生气孔缺陷；电弧稳定性差，一般只用于直流电源施焊，但药皮中加入稳弧组成物时可用于交流；在深坡口中施焊时，脱渣性不好；发尘量较大，焊接中需要加强通风。

4）焊条电弧焊焊接规范。焊接规范是焊接质量和焊接生产率的各个焊接参数的总称。焊条电弧焊时，焊接规范主要包括焊接电流、电弧电压、焊条种类和直径、焊机种类和极性、焊接速度、焊接层数等。

①焊接电流。焊接电流是影响焊接质量和生产效率的主要因素之一。增大电流，可增大焊缝熔深，提高生产率，但电流过大，会使焊芯过热，药皮脱落，又会造成咬边、烧穿、焊瘤等缺陷，同时金属组织也会因过热而发生变化；若电流过小，则容易造成未焊透、夹渣等缺陷。

②电弧电压。电弧电压主要影响焊缝熔化宽度，电压越高，熔化宽度越大。而电弧电压是由电弧长度决定的，电弧长则电弧电压高，电弧短则电弧电压低。焊条电弧焊时电弧不宜过长，因而电弧电压不高，变化范围不大，一般为 20～25V。

③焊条直径。焊条直径主要根据被焊工件的厚度来选择：工件越薄，所用焊条越细；工件越厚，所用焊条越粗。直径为 3～5mm 的焊条用得最广。

④焊接速度。焊接速度是指焊条沿焊接方向移动的速度。焊条电弧焊的焊接速度一般不作特殊的规定，而由焊工根据焊缝尺寸和焊条特性自行掌握。

⑤焊接层数。在中厚钢板焊条电弧焊时，应采用多层焊，对同一厚度的钢材，其他条件不变时，焊接层数增加，有利于提高焊接接头的塑性和韧性。焊接层数根据实践经验决定，大约是钢材厚度与焊条直径的比值（取整数）。

（2）气体保护焊　气体保护焊是一种利用气体来保护熔滴和熔池金属不受空气作用的熔接方法，常用的保护气体为惰性气体（如氩气和氦气）、还原气体（如氮气）、氧化性气体（如二氧化碳）。焊接过程中依靠这些保护气体，在电弧周围造成局部气体保护层，防止对熔滴和熔池有害的气体侵入，保证焊接过程趋于稳定。它属于明弧操作，焊接质量容易保证。由于保护气体对弧柱有压缩作用，使电弧热量集中，熔池体积小，因而其焊接热影响区和焊接变形都比其他电弧焊和气焊小。同时，由于焊接中没有熔渣，省去了除渣工序，减少了辅助劳动，便于实现自动化、机械化，提高了工效，较低了成本。

按照保护气体焊的种类，在实践工作中应用较多的气体保护焊是氩弧焊和 CO_2 气体保护焊。混合气体保护焊也正在得到越来越广泛的应用。

1）氩弧焊。氩弧焊是以氩气作为保护气体的一种电弧焊接方法。电弧发生在电极与焊件之间，在电弧周围通以氩气，形成连续封闭多氩气气流，保护电弧和熔池不受空气的侵害。而氩气即使在高温下，也不与金属发生化学作用，且不溶解于液态金属，因此焊接质量较高。氩弧焊根据电极是否熔化可分为不熔化极氩弧焊和熔化极氩弧焊两种。

不熔化极氩弧焊通常叫作钨极氩弧焊，它以钨棒作电极，在氩气保护下，靠钨极与工件间产生的电弧热熔化母材金属进行焊接。必要时，也可另加填充焊丝。在焊接过程中钨极不发生明显的熔化和消耗，只起发射电子引燃电弧及传导电流的作用。钨极氩弧焊电弧稳定，可使用小电流焊接薄板。

熔化极氩弧焊是采用连续送进的焊丝作电极，在氩气保护下，依靠焊丝与工件之间产生的电弧热，熔化母材金属与焊丝形成焊缝。

氩弧焊所用的焊丝，其化学成分应与母材金属相同，焊丝直径一般不大于 3mm；所用氩气一般是瓶装供应，通过管道和喷嘴送至焊接区，要求氩气的纯度大于 99.95%。

氩弧焊的优点是，焊接质量优良，适于焊接各种钢材、有色金属及合金；电弧和熔池用气体保护，清晰可见，便于实现全位置自动化焊接；焊接速度较快，热影响区较小，工件焊接变形较小；电弧稳定，飞溅小，焊缝致密，成形美观。

氩弧焊的缺点是，氩弧焊的设备和控制系统比较复杂，氩气成本较昂贵，钨极氩弧焊的生产效率较低。氩弧焊可用于各种焊接接头形式，但不同接头形式下氩气的保护效果不同，对于对接接头和T形接头，氩气流具有良好的保护效果；对角接接头的保护作用较差，空气容易侵入焊缝区，所以应预加挡板以提高氩气流的保护效果。

氩弧焊的焊接参数主要有焊接电流、电弧电压、焊接速度、焊接直径、氩气流量和喷嘴直径等，这些参数的大小又因焊接形式的不同而不同。

2）CO_2 气体保护焊。CO_2 气体保护焊是以 CO_2 气体作为保护气体的电弧焊接方法。它以焊丝作为一个电极，靠焊丝与工件之间产生的电弧热熔化焊丝和工件，形成焊接接头。

CO_2 气体保护焊的主要优点是：

①焊接成本低。用 CO_2 保护电弧和熔池，不仅比氩气便宜，也比采用焊剂及焊条药皮保护焊接区便宜。

②焊接质量好。电弧和熔池都在 CO_2 气体保护之下，不易受空气侵害。焊接速度快，焊接热影响区小。

③生产效率高。由于焊丝送进操作已实现自动化，所以电流密度大，热量集中，焊接速度快。

④操作性能好。明弧焊接，便于发现和处理问题，具有手工焊接的灵活性，适宜于进行全位置焊接。

CO_2 气体保护焊的缺点是：采用较大的电流焊接时，飞溅较大，烟雾较多，弧光强，焊缝表面成形不够光滑美观；控制或操作不当时，容易产生气孔；焊接设备比较复杂。

（3）埋弧焊　埋弧焊按照机械化程度，可分为自动焊和半自动焊两种。两者的区别是：前者焊丝送进和电弧相对移动都是自动的，而后者仅焊丝送进是自动的，电弧移动是手动的。由于自动焊的应用远比半自动焊广泛，因此，通常所说的埋弧焊一般指的是自动埋弧焊。

1）埋弧焊的工作原理：焊接电源的两极分别接至导电嘴和焊件。焊接时，颗粒状焊剂由焊剂漏斗经软管均匀地堆敷到焊件的待焊处，焊丝由焊丝盘经送丝机构和导电嘴送入焊接区，电弧在焊剂下面的焊丝与母材之间燃烧（见图2-6）。电弧热使焊丝、焊剂及母材局部熔化和部分蒸发。金属蒸气、焊剂蒸气和冶金过程中析出的气体在电弧周围形成一个空腔，熔化的焊剂在空腔上部形成一层熔渣膜。这层熔渣膜如同一个屏障，使电弧、液体金属与空气隔离，而且能将弧光遮蔽在空腔中。在空腔的下部，母材局部熔化形成熔池；空腔的上部，焊丝熔化形成熔滴，

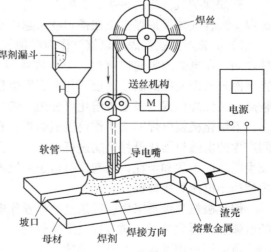

图 2-6　埋弧焊的工作原理

并以渣壁过渡的形式向熔池中过渡，只有少数熔滴采取自由过渡。

2）埋弧焊的特点：

①埋弧焊有以下优点：

a. 生产效率高。埋弧焊所用的焊接电流可达到 1000A 以上，因而电弧的熔深能力和焊丝熔敷效率都比较高。

b. 焊接质量好。一方面由于埋弧焊的焊接参数通过电弧自动调节系统的调节能够保持稳定，对焊工操作技术要求不高，因而焊缝成形好、成分稳定；另一方面也采用熔渣进行保护，隔离空气的效果好。

c. 劳动条件好。采用埋弧自动焊时，没有刺眼的弧光，也不需要手工操作，既能改善作业环境，也能减轻劳动强度。

d. 节约金属及电能。对于厚度在 25mm 以下的焊件可以不开坡口焊接，这样既可节省由于加工坡口而损失的金属，也可使焊缝中焊丝的填充量大大减少。同时，由于焊剂的保护，金属的烧损和飞溅也大大减少。由于埋弧焊的电弧热量能得到充分的利用，单位长度焊缝上所消耗的电能也大大降低。

②埋弧焊具有的缺点：

a. 焊接适用的位置受到限制。由于采用颗粒状焊剂进行焊接，因此一般只适用于平焊位置（俯位）的焊接，如平焊位置的对接接头、平焊位置和横焊位置的角接接头以及平焊位置的堆焊等。对于其他位置，则需要采用特殊的装置以保证焊剂对焊缝区的覆盖。

b. 焊接厚度受到限制。由于埋弧焊时，焊接电流小于 100A 时电弧的稳定性通常变差，因此不适于焊接厚度小于 1mm 的薄板。

c. 对焊件坡口加工与装配要求较严。因为埋弧焊不能直接观察电弧与坡口的相对位置，故必须保证坡口的加工和装配精度，或者采用焊缝自动跟踪装置，才能保证不发生偏焊。

3. 熔焊的冶金过程

熔焊的焊接过程是利用热源先把工件局部加热到熔化状态，形成熔池，然后随着热源向前移动，熔池液体金属冷却结晶，形成焊缝。其焊接过程包括热过程、冶金过程和结晶过程。根据热源的不同可分为：气焊、电弧焊、电渣焊、激光焊、电子束焊、等离子弧焊等，以下以电弧焊为例进行介绍。

（1）焊接电弧

1）焊接电弧的产生。焊接电弧是在焊条与工件之间产生的强烈、持久且稳定的气体放电现象。焊接引弧时，焊条和工件瞬间接触形成短路，强大的电流产生强烈电阻热使接触点熔化甚至蒸发，当焊条提起时，在电场作用下，热金属发射大量电子，电子碰撞气体使之电离，正、负离子和电子构成电弧。

2）焊接电弧的结构。电弧由阴极区、阳极区和弧柱区三部分组成，如图 2-7 所示。

①阴极区：电子发射区，热量约占 36%，平均温度为 2400K。

②阳极区：受电子轰击的区域，热量约占 43%，平均温度为 2600K。

③弧柱区：阴、阳两极间的区域，几乎等于电弧长度，热量占 21%，弧柱中心温度可达 6000 ~ 8000K。

（2）焊接过程 焊接过程如图 2-8 所示，母材、焊条受电弧高温作用熔化后形成金属熔池，将进行熔化、氧化、还原、造渣、精炼及合金化等物理、化学过程。

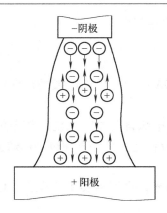

图 2-7 埋弧焊的工作原理

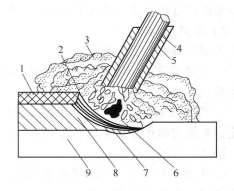

图 2-8 焊条电弧焊焊接过程

1—固态渣壳 2—液态渣壳 3—气体 4—焊芯
5—焊条药皮 6—金属熔滴 7—熔池
8—焊缝 9—工件

金属与氧的作用对焊接质量影响最大，氧与多种金属发生氧化反应：

$$Fe + O \longrightarrow FeO \qquad\qquad Mn + O \longrightarrow MnO$$

$$Si + 2O \longrightarrow SiO_2 \qquad\qquad 2Cr + 3O \longrightarrow Cr_2O_3$$

$$2Al + 3O \longrightarrow Al_2O_3$$

能溶解在液态金属中的氧化物（如氧化亚铁），冷凝时因溶解度下降而析出，严重影响焊缝质量；而大部分金属氧化物（如硅、锰化合物）不溶于液态金属，可随渣浮出，净化熔池，提高焊缝质量。

氢易溶入熔池，在焊缝中形成气孔，或聚集在焊缝缺陷处造成氢脆。

其次空气中的氮气在高温时大量溶于液体金属，冷却结晶时，氮溶解度下降；析出的氮在焊缝中形成气孔，部分还以针状氮化物形式析出；焊缝中含氮量提高，使焊缝的强度和硬度增加，塑性和韧性剧烈下降。

焊缝的冶金过程与一般冶金过程比较，具有以下特点：

1）金属熔池体积小，熔池处于液态时间短，冶金反应不充分。

2）熔池温度高，使金属元素强烈地烧损和蒸发，冷却速度快，易产生应力和变形，甚至开裂。

为保证焊缝质量，可从两方面采取措施：

1）减少有害元素进入熔池，主要采用机械保护，如焊条药皮、埋弧焊焊剂和气体保护焊的保护气体（二氧化碳、氩气等）。

2）清除已进入熔池的有害元素，增加合金元素，如焊条药皮里加合金元素进行脱氧、去氢、去硫、渗合金等。

（3）焊接热循环 在焊接加热和冷却过程中，焊接接头上某点的温度随时间变化的过程如图 2-9 所示。

不同的点，其热循环不同，即最高加热温度、加热速度和冷却速度均不同。

对焊接质量起重要影响的参数有：最高加热温度、在过热温度 1100°C 以上停留时间和冷却速度等。其特点是加热和冷却速度都很快。对易淬火钢，焊后发生空冷淬火，对其他材料，易产生焊接变形、应力及裂纹。

（4）焊接接头组织和性能　以低碳钢为例，说明焊接过程造成金属组织和性能的变化。如图 2-10 所示，焊接接头由焊缝区、熔合区和热影响区组成。

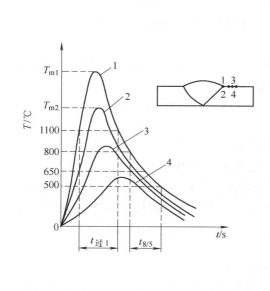

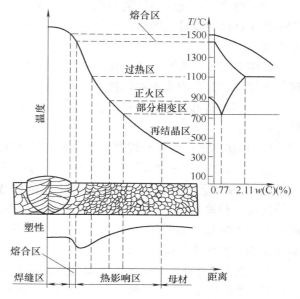

图 2-9　焊接热循环曲线

图 2-10　低碳钢焊接接头的组织变化

①受焊接热循环的影响，焊缝附近的母材组织或性能发生变化的区域，叫作焊接热影响区。

②熔焊焊缝和母材的交界线叫作熔合线。

③熔合线两侧有一个很窄的焊缝与热影响区的过渡区，叫作熔合区。

1）焊缝区。焊接热源向前移去后，熔池液体金属迅速冷却结晶，结晶从熔池底部未熔化的半个晶粒开始，垂直于熔合线向熔池中心生长，呈柱状树枝晶，如图 2-11 所示；结晶过程中将在最后结晶部位产生成分偏析。

焊缝组织是液体金属结晶的铸态组织，晶粒粗大，成分偏析，组织不致密。但是由于熔池小，冷却快，化学成分控制严格，碳、硫、磷都含量较低，并含有一定合金元素，故可使焊缝金属的力学性能不低于母材。

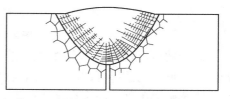

图 2-11　焊缝的柱状树枝晶

2）熔合区。化学成分不均匀，组织粗大，往往是粗大的过热组织或粗大的淬硬组织，使强度下降，塑性、韧性极差，产生裂纹和脆性破坏，性能是焊接接头中最差的。

3）热影响区。热影响区各点的最高加热温度不同，其组织变化也不相同。如图 2-10 所示，热影响区可分为：

①过热区：最高加热到 1100℃ 以上的区域，晶粒粗大，甚至产生过热组织。塑性和韧性明显下降，是热影响区中力学性能最差的部位。

②正火区：最高加热温度从 Ac_3 至 1100℃ 的区域，焊后空冷得到晶粒较细小的正火组织，力学性能较好。

③部分相变区：最高加热温度从 Ac_1 至 Ac_3 的区域，只有部分组织发生相变，晶粒不均匀，性能较差。

④再结晶区：此区温度范围在 Ac_1 至 $450 \sim 500℃$。焊前经过冷变形加工的焊件，由于母材中有晶格畸变及碎晶组织，当加热到该温度时，就会产生回复及再结晶而细化，其力学性能提高。

低碳钢焊接接头的组织、性能变化如图2-10所示，熔合区和过热区性能最差，热影响区越小越好，其影响因素有焊接方法、焊接规范、接头形式等。

（5）影响焊接接头性能的因素　焊接接头的力学性能取决于它的化学成分和组织。具体有：

1）焊接材料：焊丝和焊剂都要影响焊缝的化学成分。

2）焊接方法：一方面影响组织粗细，另一方面影响有害杂质含量。

3）焊接工艺：焊接时，为保证焊接质量而选定的各物理量（如焊接电流、电弧电压、焊接速度、热输入等）的总称，叫焊接参数；热输入是指熔焊时，焊接能源输入给单位长度焊缝上的能量。显然焊接参数，影响焊接接头输入能量的大小，影响焊接热循环，从而影响热影响区的大小和接头组织粗细。

4）焊后热处理：如正火，能细化接头组织，改善性能。

5）接头形式：工件厚度、施焊环境温度和预热等均会影响焊后冷却速度，从而影响接头的组织和性能。

（6）焊接接头　焊接接头类型通常可分为对接接头、搭接接头、角接接头及T形接头等，如图2-12所示。

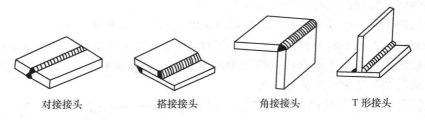

对接接头　　　搭接接头　　　角接接头　　　T形接头

图2-12　焊接接头的基本形式

焊接坡口形式指被焊金属件相连处预先被加工成的结构形式，一般由焊接工艺本身来决定。坡口形式的选择考虑的主要因素是：保证焊透；填充于焊缝部位的金属尽量少；便于施焊，改善劳动条件；减少焊接变形量。

1）对接接头。将两金属件放置于同一平面内（或曲面内）使其边缘相对，沿边缘直线（或曲线）进行焊接的接头叫作对接接头。对接接头的坡口形式可分为不开坡口、V形坡口、X形坡口、单U形坡口及双U形坡口等几种。

2）搭接接头。两块板料相叠，而在端部或侧面角焊的接头称为搭接接头。搭接接头不需要开坡口即可施焊，对装配要求也相对松一些。

3）角接接头及T形接头。两构件成直角或一定角度，而在其连接边缘焊接的接头称为角接接头。两构件呈T形焊接在一起的接头叫T形接头。角接接头和T形接头都形成角焊缝，形式相近。单面焊的角接接头及T形接头承受反向弯矩的能力极低，应当避免采用。

角接接头及T形接头有V形、单边V形、U形、K形等坡口形式，应根据板厚及工作重要性进行选取。

4. 焊接应力与变形

焊接过程中，工件因受电弧热的不均匀加热而产生的内应力及变形是暂时的。当工件冷却后，仍然保留在工件内部的内应力及变形叫作残余内应力及残余变形。通常所说的焊接应力及变形是指焊接的残余内应力和焊接的残余变形。

由于焊接接头类型，工件的厚度和形状，焊缝的长度及其位置不同，焊接时会出现各种形式的变形，大体上可分为纵向变形、横向变形、弯曲变形、角变形、波浪变形及扭曲变形等，如图 2-13 所示。

纵向缩短和横向缩短   角变形   弯曲变形   波浪变形

图 2-13 常见的焊接变形

（1）焊接变形和应力的形成 焊接变形和应力是由许多因素同时作用造成的。其中最主要的因素有：焊件上温度分布不均匀；熔敷金属收缩；焊接接头金属组织转变及焊件的刚性约束等。

1）焊件上温度分布不均匀。由于电弧的作用，焊件局部被加热到熔化温度，焊缝与母材之间形成了很大的温度梯度。按热胀冷缩的原理，物体受热要伸长，不同的温度其伸长量不同，接头的高温区域要求伸长量大而受阻，形成了压应力，而温度较低的区域伸长量小的部分因抵抗高温区的伸长，形成了拉伸应力。

冷却过程中，熔化金属的体积要收缩，而接头以外的母材则限制了它的收缩，便在焊缝区焊件内形成了拉伸应力，而母材临近焊缝区承受了压缩应力。

焊缝及近缝区在高温时几乎丧失了屈服强度，在应力作用下便会产生塑性变形，冷却后，焊件内便形成了残余应力和残余变形。

2）熔敷金属收缩。焊缝金属在凝固及随后冷却过程中，体积要收缩，在焊件内引起变形与应力，其变形和应力的大小取决于熔敷金属的收缩量，而熔敷金属的收缩量又取决于熔化金属的数量。如 V 形坡口的角变形，就是由于焊缝上部熔敷金属的数量多，收缩量大，而焊缝下部的截面积小，熔敷金属的数量小，收缩量小，上下收缩不一致而造成的。

3）金属组织转变。在焊接热循环的作用下，金属内部显微组织发生转变，各种组织的密度不同，便伴随了体积的变化，出现了称为组织应力的内应力，如易淬火钢在焊接热循环的作用下由高温奥氏体（相对密度为 0.1275）冷却后转变为马氏体（相对密度为 0.1310），体积变化近 10%。

4）焊件刚性约束。如果焊件本身的刚性很大，或在紧固条件下施焊，拘束条件限制了焊件在热循环作用下的自由伸长和缩短，这可控制焊接变形，但焊件中却形成了较大的内应力。

焊接变形和应力还与焊接方法及焊接工艺有关。如气焊时，热源不集中，焊件上的热影响区面积较电弧焊大，所以产生的焊接变形和应力也较大。又如电弧焊时，电流大或焊接速度慢导致热影响区增大，产生的焊接变形和应力也增大。

（2）焊接应力的控制措施 焊件内残留内应力是不可避免的，但可以根据其产生机理和规律寻找一些措施进行有效控制，使其危害程度降至最低。

控制内应力的基本要点有两个：使焊件上热量尽量均匀；尽量减少对焊缝自由收缩的限制。通常采用的工艺措施如下：

（1）合理的装配与焊接顺序　在装配和施焊的顺序安排上尽量使焊缝比较自由地收缩；在焊接结构的设计上采取措施，例如，对称布置焊缝、避免封闭焊缝等；对阻碍焊接接头自由收缩的部位加热，使之与焊缝同步伸缩，这种方法称为"减应法"，可有效控制焊接应力。

（2）焊前预热　被焊工件各部位的温差越大，焊缝的冷却速度越快，则焊接接头的残余应力便越大。预热既能减少工件各部位的温差，又能减缓冷却速度，所以是降低焊接残余应力的有力措施之一。预热可局部预热或整体预热。对刚性大、厚度大的工件，应整体预热，这样降低残余应力的效果更佳。

（3）消除焊接应力的方法　消除焊接应力的方法主要有热处理法、机械法和振动法三种。

1）热处理法。焊后热处理是消除残余应力的有效方法，也是广泛采用的方法，它可分为整体热处理和局部热处理。一般是将被焊工件加热到 A_1 线以下，保温均温，再缓慢冷却，以达到消除残余应力的目的。

2）机械法。用机械的方法施加外力使冷却后的焊缝金属产生延展，以达到消除应力的目的，这种方法叫机械法消除应力，如锤击焊缝。

3）振动法。以低频振动整个构件以达到消除应力的目的，一般钢结构件消除应力时常常采用。

5. 焊接缺陷

焊接缺陷是指在焊接接头中因焊接产生的金属不连续、不致密或连接不良的现象。

焊接缺陷可以根据特征、性质分为以下六大类：

（1）裂纹（代号 100）　一种在固态下由局部断裂产生的缺陷，它可能源于冷却或应力效果。根据裂纹的位置和状态又分为：

1）微观裂纹（代号 1001）：在显微镜下才能观察到的裂纹。

2）纵向裂纹（代号 101）：基本与焊缝轴线相平行的裂纹（见图 2-14）。它可能位于：焊缝金属（代号 1011）、熔合线（代号 1012）、热影响区（代号 1013）、母材（代号 1014）。

3）横向裂纹（代号 102）：基本与焊缝轴线相垂直的裂纹（见图 2-15）。它可能位于：焊缝金属（代号 1021）、热影响区（代号 1023）、母材（代号 1024）。

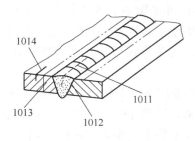

图 2-14　纵向裂纹

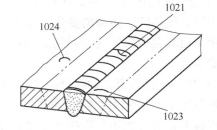

图 2-15　横向裂纹

4）放射状裂纹（代号 103）：具有某一公共点的放射状裂纹（见图 2-16）。它可能位于：焊缝金属（代号 1031）、热影响区（代号 1033）、母材（代号 1034）。

5）弧坑裂纹（代号104）：在焊缝弧坑处的裂纹（见图2-17）。它可能是纵向的（代号1045）、横向的（代号1046）、放射状的（星形裂纹，代号1047）。

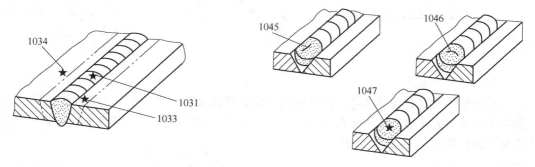

图 2-16　放射状裂纹　　　　　　　　　图 2-17　弧坑裂纹

6）间断裂纹群（代号105）：一群在任意方向间断分布的裂纹（见图2-18）。它可能位于焊缝金属（代号1051）、热影响区（代号1053）、母材（代号1054）。

7）枝状裂纹（代号106）：源于同一裂纹并连接在一起的裂纹群，它和间断裂纹群及放射状裂纹明显不同（见图2-19）。它可能位于：焊缝金属（代号1061）、热影响区（代号1063）、母材（代号1064）。

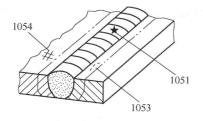

图 2-18　间断裂纹群

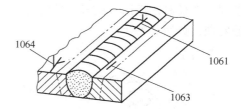

图 2-19　枝状裂纹

（2）孔穴（代号200）　孔穴分为气孔和缩孔。

1）气孔（代号201）：残留气体形成的孔穴。具体分为以下几种：

①球形气孔（代号2011）：近似球形的孔穴（见图2-20）。

②均布气孔（代号2012）：均匀分布在整个焊缝金属中的一些气孔（见图2-21），有别于链状气孔（代号2014）和局部密集孔（代号2013）。

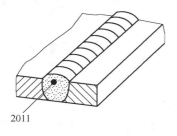

图 2-20　球形气孔

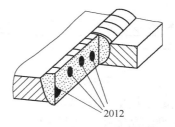

图 2-21　均布气孔

③局部密集气孔（代号2013）：呈任意几何分布的一群气孔，如图2-22所示。

④链状气孔（代号2014）：与焊缝轴线平行的一串气孔，如图2-23所示。

⑤条形气孔（代号2015）：长度与焊缝轴线平行的非球形长气孔，如图2-24所示。

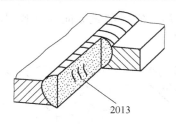

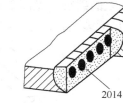

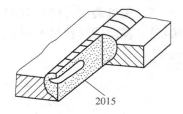

图 2-22 局部密集气孔   图 2-23 链状气孔   图 2-24 条形气孔

⑥虫形气孔（代号 2016）：因气体逸出而在焊缝金属中产生的一种管状气孔穴。其形状和位置由凝固方式和气体的来源决定。通常这种气孔成串聚集并呈鲱骨形状。有些虫形气孔可能暴露在焊缝表面上，如图 2-25 所示。

⑦表面气孔（代号 2017）：暴露在焊缝表面的气孔，如图 2-26 所示。

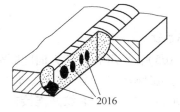

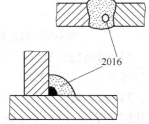

2）缩孔（代号 202）：凝固时收缩造成的孔穴。

图 2-25 虫形气孔

①结晶缩孔（代号 2021）：冷却过程中在枝晶之间形成的长形收缩孔，可能残留有气体。这种缺陷通常可在焊缝表面的垂直处发现，如图 2-27 所示。

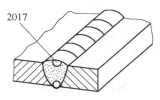

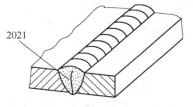

图 2-26 表面气孔   图 2-27 结晶缩孔

②弧坑缩孔（代号 2024）：焊道末端的凹陷孔穴，未被后续焊道消除，如图 2-28 所示。

③末端弧坑缩孔（代号 2025）：减少焊缝横截面的外露缩孔，如图 2-29 所示。

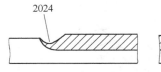

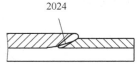

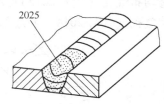

图 2-28 弧坑缩孔   图 2-29 末端弧坑缩孔

3）微型缩孔（代号 203）：仅在显微镜下可以观察到的缩孔。

①微型结晶缩孔（代号 2031）：冷却过程中沿晶界在树枝晶之间形成的长形缩孔。

②微型穿晶缩孔（代号 2032）：凝固时穿过晶界形成的长形缩孔。

（3）固体夹杂（代号 300） 在焊缝金属中残留的固体杂物。

1）夹渣（代号 301）：残留在焊缝金属中的熔渣。根据其形成的情况，这些夹渣可能是：线状的（代号 3011）、孤立的（代号 3012）、成簇的（代号 3014），如图 2-30 所示。

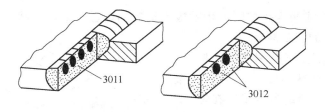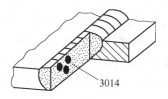

图 2-30 夹渣

2）焊剂夹渣（代号 302）：残留在焊缝金属中的焊剂渣。根据其形成的情况，这些夹渣可能是：线状的（代号 3021）、孤立的（代号 3022）、成簇的（代号 3024）。

3）氧化物夹杂（代号 303）：凝固时残留在焊缝金属中的金属氧化物。这种夹杂可能是：线状的（代号 3031）、孤立的（代号 3032）、成簇的（代号 3033）。

4）皱褶（代号 3034）：在某些情况下，特别是铝合金焊接时，因焊接熔池保护不善和紊流的双重影响而产生大量的氧化膜。

5）金属夹杂（代号 304）：残留在焊缝金属中的外来金属颗粒。其可能是：钨（代号 3041）、铜（代号 3042）或其他金属（代号 3043）。

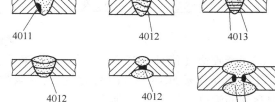

图 2-31 未熔合

（4）未熔合及未焊透 包含未熔合、未焊透和钉尖。

1）未熔合（代号 401）：焊缝金属和母材或焊缝金属各焊层之间未结合的部分。其可能形式有：侧壁未熔合（代号 4011）、焊道间未熔合（代号 4012）、根部未熔合（代号 4013），如图 2-31 所示。

2）未焊透（代号 402）：实际熔深与公称熔深之间的差异，如图 2-32 所示。根部未焊透（代号 4021）是指根部的一个或两个熔合面未熔化，如图 2-33 所示。

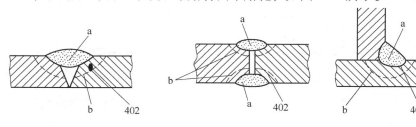

图 2-32 未焊透

a—实际熔深　b—公称熔深

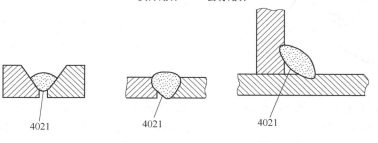

图 2-33 根部未焊透

3）钉尖（代号403）：电子束或激光焊接时产生的极不均匀的熔透，呈锯齿状。其可能形式包括孔穴、裂纹、缩孔等，如图2-34所示。

（5）形状和尺寸不良 形状不良（代号500）是指焊缝的外表面形状或接头的几何形状不良。

1）咬边（501）：母材（或前一道熔敷金属）在焊趾处因焊接而产生的不规则缺口。

①连续咬边（代号5011）：具有一定长度且无间断的咬边，如图2-35所示。

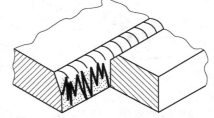

图2-34 钉尖

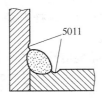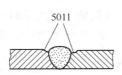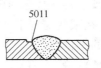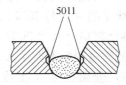

图2-35 连续咬边

②间断咬边（代号5012）：沿着焊缝间断、长度较短的咬边，如图2-36所示。

③缩沟（代号5013）：在根部焊道的每侧都可观察到的沟槽，如图2-37所示。

④焊道间咬边（代号5014）：焊道之间纵向的咬边，如图2-38所示。

⑤局部交错咬边（代号5015）：在焊道侧边或表面上，呈不规则间断的、长度较短的咬边，如图2-39所示。

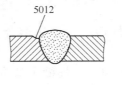

图2-36 间断咬边

2）焊缝超高（代号502）：对接焊接表面上焊缝金属过高，如图2-40所示。

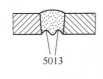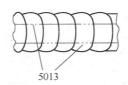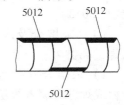

图2-37 缩沟　　　　　　图2-38 焊道间咬边

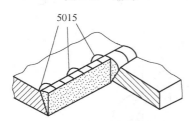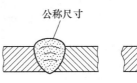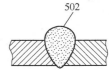

图2-39 局部交错咬边　　　　　图2-40 焊缝超高

3）凸度过大（代号503）：角焊缝表面上焊缝金属过高，如图2-41所示。

4）下塌（代号504）：过多的焊缝金属伸出到了焊缝的根部。下塌可能是：局部下塌（代号5041）、连续下塌（代号5042）、熔穿（代号5043），如图2-42所示。

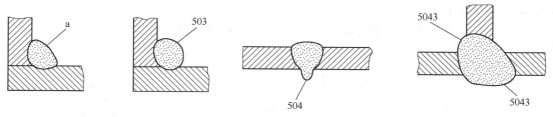

图 2-41 凸度过大
a—公称尺寸

图 2-42 下塌

5）焊缝形面不良（代号 505）：母材金属表面与靠近焊趾处焊缝表面的切面之间的夹角 α 过小，如图 2-43 所示。

6）焊瘤（代号 506）：覆盖在母材金属表面，但未与其熔合的过多焊缝金属。焊瘤可能是焊趾焊瘤（代号 5061，即在焊趾处的焊瘤）、根部焊瘤（代号 5062，即在焊缝根部的焊瘤），如图 2-44 所示。

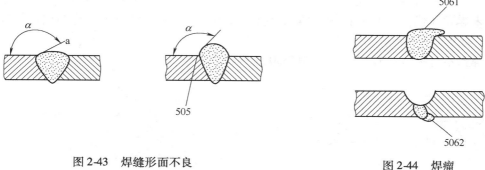

图 2-43 焊缝形面不良
a—公称尺寸

图 2-44 焊瘤

7）错边（代号 507）：两个焊件表面应平行对齐时，未达到规定的平行对齐要求而产生的偏差。错边可能是：板材的错边（代号 5071，焊件为板材）、管材错边（代号 5072，焊件为管子），如图 2-45 所示。

8）角度偏差（代号 508）：两个焊件未平行（或未按规定角度对齐）而产生偏差，如图 2-46 所示。

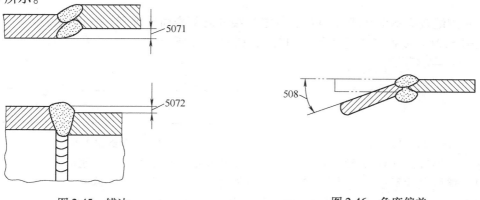

图 2-45 错边

图 2-46 角度偏差

9）下垂（代号 509）：由于重力而导致焊缝金属塌落。下垂可能是：水平下垂（5091）、平面位置或过热位置下垂（5092）、角焊缝下垂（5093）、焊缝边缘熔化下垂

（5094），如图 2-47 所示。

10）烧穿（代号 510）：焊接熔池塌落导致焊缝内产生孔洞，如图 2-48 所示。

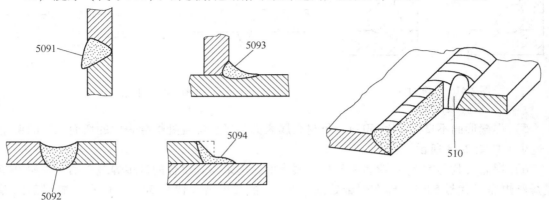

图 2-47　下垂　　　　　　　　　　　　　图 2-48　烧穿

11）未焊满（代号 511）：因焊接填充金属堆敷不充分，在焊缝表面产生纵向连续或间断的沟槽，如图 2-49 所示。

12）焊脚不对称（代号 512）：如图 2-50 所示。

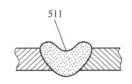
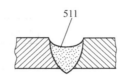

图 2-49　未焊满　　　　　　　　　　图 2-50　焊脚不对称

13）焊缝宽度不齐（代号 513）：焊缝宽度变化过大。

14）表面不规则（代号 514）：表面过度粗糙。

15）根部收缩（代号 515）：由于对接焊缝根部收缩而产生的浅沟槽，如图 2-51 所示。

16）根部气孔（代号 516）：在凝固瞬间焊缝金属析出气体而在焊缝根部形成的多孔状孔穴。

17）焊缝接头不良（代号 517）：焊缝衔接处局部表面不规则。它可能发生在：盖面焊道（代号 5171）或打底焊道（代号 5172），如图 2-52 所示。

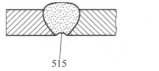

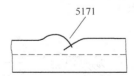

图 2-51　根部收缩　　　　　　　　　图 2-52　焊缝接头不良

18）变形过大（代号 520）：由于焊接收缩和变形而导致尺寸偏差超标。

19）焊缝尺寸不正确（代号 521）：与预先规定的焊缝尺寸产生偏差。

①焊缝厚度过大（代号 5211）：焊缝厚度超过规定尺寸，如图 2-53 所示。

②焊缝宽度过大（代号 5212）：焊缝宽度超过规定尺寸，如图 2-53 所示。

③焊缝有效厚度不足（代号 5213）：角焊缝的实际有效厚度过小，如图 2-54 所示。

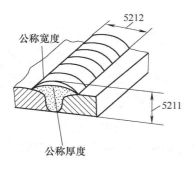

图 2-53　焊缝宽度过大

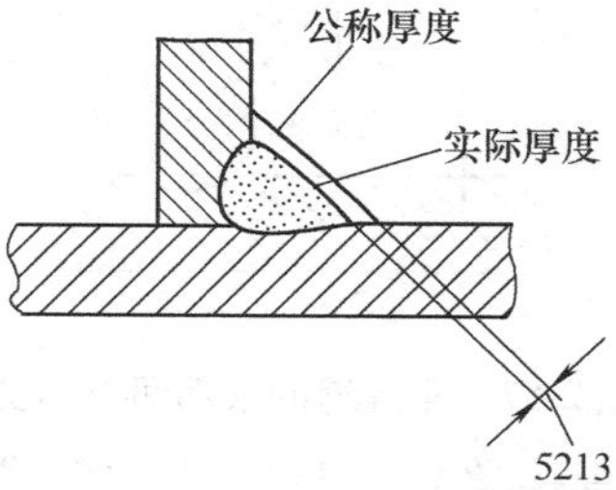

图 2-54　焊缝有效厚度不足

④焊缝有效厚度过大（代号 5214）：角焊缝的实际有效厚度过大，如图 2-55 所示。

（6）其他缺欠（代号 600）　以上未包含的所有其他缺欠。

1）电弧擦伤（代号 601）：由于在坡口外引弧或起弧而造成焊缝邻近母材表面处局部损伤。

2）飞溅（代号 602）：焊接（或焊缝金属凝固）时，焊缝金属或填充材料崩溅出的颗粒。钨飞溅（代号 6021）：从钨电极过渡到母材表面或凝固焊缝金属的钨颗粒。

3）表面撕裂（代号 603）：拆除临时焊接附件时造成的表面损坏。

4）磨痕（代号 604）：研磨造成的局部损害。

5）凿痕（代号 605）：使用扁铲或其他工具造成的局部损坏。

6）打磨过量（代号 606）：过度打磨造成工件厚度不足。

7）定位焊缺陷（代号 607）：定位焊不当造成的缺陷，如：焊道破损或未熔合（代号 6071），定位未达到要求就施焊（代号 6072）。

8）双焊道错开（代号 608）：在接头两面施焊的焊道中心线错开，如图 2-56 所示。

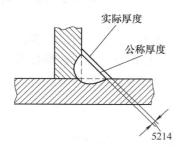

图 2-55　焊缝有效厚度过大

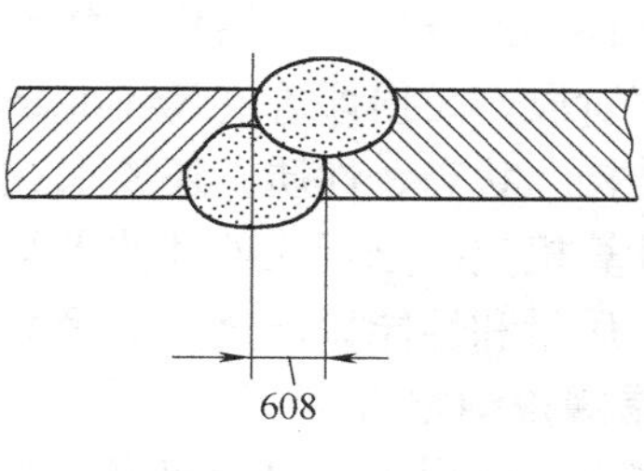

图 2-56　双焊道错开

9）回火色（可观察到氧化膜）（代号 610）：在不锈钢焊接区产生的轻微氧化表面。

10）表面鳞片（代号 613）：焊接区严重的氧化表面。

11）焊剂残留物（代号 614）：焊剂残留物未从表面完全消除。

12）残渣（代号 615）：残渣未从焊缝表面完全消除。

13）角焊缝的根部间隙不良（代号 617）：被焊工件之间的间隙过大或不足，如图 2-57 所示。

14）膨胀（代号 618）：凝固阶段保温时间加长使轻金属接头发热而造成的缺陷，如图 2-58 所示。

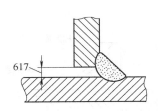

图 2-57　角焊缝的根部间隙不良

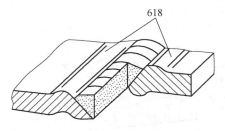

图 2-58　膨胀

国际焊接学会（IIW）评估射线底片时，对在焊接过程中或焊接后出现的裂纹，一般采用相应的参照代码体系，见表 2-9。

表 2-9　焊接裂纹的种类及说明

参照代码	名称及说明	参照代码	名称及说明	参照代码	名称及说明	参照代码	名称及说明
E	焊接裂纹	Ed	沉淀硬化裂纹	Eh	收缩裂纹	El	时效裂纹（氮扩散裂纹）
Ea	热裂纹	Ee	时效硬化裂纹	Ei	氢致裂纹		
Eb	凝固裂纹	Ef	冷裂纹	Ej	层状撕裂		
Ec	液化裂纹	Eg	脆性裂纹	Ek	焊趾裂纹		

2.1.2.3　无损检测

无损检测是指在不损坏试件的前提下，对试件进行检查和测试的方法，又称为非破坏性检验。现代无损检测的定义是：在不破坏试件的前提下，以物理或化学方法为手段，借助现代的技术和设备器材，对试件内部及表面的结构、性质、状态进行检查和测试的方法。无损检测发展的三个阶段：

第一阶段，无损探伤（Non-distructive Inspection，简称 NDI），探测和发现缺陷。

第二阶段，无损检测（Non-distructive Testing，简称 NDT），不仅要探测发现缺陷，还包括探测试件其他信息，如结构、状态、性质等。

第三阶段，无损评价（Non-distructiv Evaluation，简称 NDE），不仅要求发现缺陷，探测试件的结构、状态、性质，还要求获取更全面、准确和综合的信息，辅以成像技术、自动化技术、计算机数据分析或处理技术等，与材料力学、断裂力学等学科综合应用，以期对试件或产品的质量和性能做出全面准确的评价。

1. 常规检测方法

常规无损检测方法包括超声波检测、射线检测、磁粉检测和渗透检测。

（1）超声波检测　超声波检测主要用于探测试件的内部缺陷，它的应用十分广泛。所谓超声波是指超过人耳听觉，频率大于 20kHz 的声波。用于检测的超声波，频率为 0.4～25MHz，其中用得最多的是 1～5MHz。

在金属探测中用的是高频率的超声波。这是因为：一是超声波的指向性好，能形成较窄的波束；二是波长短，小的缺陷也能够较好地反射；三是距离分辨力好，分辨缺陷的能力高。

1）超声波检测的原理：超声波检测可以分为超声波探伤和超声波测厚，以及超声波测晶体粒度和应力等。在超声波探伤中，有根据缺陷的回波和底面的回波进行判断的脉冲反射法；有根据缺陷的阴影来判断缺陷情况的穿透法，还有由被检物产生驻波来判断缺陷情况或者判断板厚的共振法。目前用得最多的方法是脉冲反射法。脉冲反射法在垂直探伤时用纵波，在斜入射探伤时大多用横波。把超声波射入被检物的一面，然后在同一面接受从缺陷处反射回来的回波，根据回波情况来判断缺陷的情况。纵波垂直探伤和横波倾斜入射探伤是超声波探伤中两种主要探伤方法。两种方法各有用途，互为补充。纵波探伤容易发现与探测面平行或稍有倾斜的缺陷，主要用于钢板、锻件、铸件的探伤，而斜射的横波探伤，容易发现垂直于探测面或倾斜较大的缺陷，主要用于焊缝的探伤。

2）超声波检测的特点：

①面积型缺陷的检出率较高，而体积型缺陷的检出率较低。从理论上说，反射超声波的缺陷面积越大，回波越高，越容易检出，因为面积型缺陷反射面积大而体积型缺陷反射面积小，所以面积型缺陷的检出率高。实践中，对较厚的（约 30mm 以上）焊缝的裂纹和未熔合缺陷检测，超声波检测确实比射线照相灵敏。但在较薄的焊缝中，这一结论不一定成立。

必须注意，面积型缺陷反射波并不总是很高的，有些细小裂纹和未熔合反射波并不高，因而也有漏检的例子。此外，厚焊缝中的未熔合缺陷反射面如果光滑，单探头检测可能接收不到回波，也会漏检。对厚焊缝中的未熔合缺陷检测可采用一些特殊超声波检测技术，例如TOFD 技术、串列扫查技术等。

②适于检验厚度较大的工件。超声波对钢材有足够的穿透能力，检测直径达几米的锻件和厚度达上百毫米的焊缝并不太困难。另外，对厚度大的工件进行检测时，表面回波与缺陷波容易区分。因此，相对于射线检测来说，超声波更加适宜检验厚度较大的工件；但对较薄的工件，例如厚度小于 8mm 的焊缝和 6mm 的板材，进行超声波检测则存在困难。薄焊缝检测困难是因为上下表面形状回波容易与缺陷波混淆，难以识别；另外，还因为超声波探伤存在盲区以及脉冲宽度影响纵向分辨率。

③应用范围广，可用于各种试件。超声波探伤应用范围包括对接焊缝、角焊缝、T 形焊缝、板材、管材、棒材、锻件及复合材料等。与对接焊缝检测相比，角焊缝、T 形焊缝检测工艺相对不成熟，有关标准也不够完善。板材、管材、棒材、锻件及复合材料的内部缺陷检测，超声波是首选方法。

④检测成本低，速度快，仪器体积小，重量轻，现场使用较方便。

⑤无法得到缺陷直观图像，定性困难，定量精度也不高。

超声波探伤是通过观察脉冲回波来获得缺陷信息的。缺陷位置根据回波位置来确定，小缺陷（一般 10mm 以下）可直接用波高测量大小，所得结果称为当量尺寸；大缺陷需要移动探头进行测量，所得结果称为指示长度或指示面积。由于无法得到缺陷图像，缺陷的形状、表面状态等特征也很难获得，因此判定缺陷性质是困难的。在定量方面，所谓缺陷当量尺寸、指示尺寸或指示面积与实际缺陷尺寸都有误差，因为波高变化受很多因素影响。超声波对缺陷定量的尺寸与实际缺陷尺寸误差几毫米甚至更大，一般认为是正常的。

近年来，在超声波定性和定量技术方面有一些进展。例如用不同扫查方法结合动态波形观察对缺陷定性，采用聚焦探头结合数字式探伤仪对缺陷定量，以及各种自动扫查、信号处理和成像技术等，但实际应用效果还不能令人十分满意。

⑥检测结果无直接见证记录。由于不能像射线照相那样留下直接见证记录，超声波检测结果的真实性、直观性、全面性和可追踪性都比不上射线照相。超声波检测的可靠性在很大程度上受检测人员责任心和技术水平的影响，如果检测方法选择不当，或工艺制订不当，或

操作方面失误，都有可能导致大缺陷漏检。而对超声波检测结果的审核或复查是困难的，因其错误的检测结果不像射线照相那样容易发现和纠正，这是超声波检测的一大不足。

近年来发展的数字式超声波探伤仪虽然能记录波形，但仍不能作为检测结果的直接记录。只有做到对检测全过程的探头位置、回波反射点位置、回波信号三者关联记录，才能算真正的检测直接记录，而这对于便携式超声波仪器和手工探伤方法来说，是很困难的。

⑦对缺陷在工件厚度方向上的定位较准确。相对于射线照相来说，由于射线照相无法对缺陷在工件厚度方向上定位，通常对射线照相发现的缺陷用超声波检测定位。

⑧材质、晶粒度对探伤有影响。晶粒粗大的材料，例如铸钢、奥氏体不锈钢焊缝，未经正火处理的电渣焊焊缝等，一般认为不宜用超声波进行探伤。这是因为粗大晶粒的晶界会反射声波，在屏幕上出现大量"草状回波"，容易与缺陷波混淆，因而影响检测可靠性。

近年来对奥氏体不锈钢焊缝超声波探伤技术进行了专门研究，如果采用特殊的探头（纵波窄脉冲探头）降低信噪比，并制订专门工艺，可以实施奥氏体不锈钢焊缝超声波检测，其精度和可靠性基本上是能够保证的。

⑨工件不规则的外形和一些结构会影响检测。例如台、槽、孔较多的锻件，不等厚削薄的焊缝，管板与筒体的对接焊缝，直边较短的封头与筒体连接的环焊缝，高颈法兰与管子对接焊缝等，会使检测变得困难。

⑩不平或粗糙的表面会影响耦合和扫查。探头扫查面的平整度和粗糙度对超声波检测有一定影响。一般轧制表面或机加工表面即可满足要求，严重腐蚀的表面和铸、锻原始表面无法实施检测。用砂轮打磨处理的表面要特别注意平整度，防止沟槽和凹坑的产生，否则会严重影响耦合以及检测。

（2）射线检测　射线的种类很多，其中易于穿透物质的有 X 射线、γ 射线和中子射线三种。这三种射线都被用于无损检测，其中中子射线仅用于一些特殊场合。

射线检测最主要的应用是探测试件内部的宏观集合缺陷。按照不同特征可将射线检测分为许多种不同的方法。

射线照相法是指用 X 射线或 γ 射线穿透试件，以胶片作为记录信息的无损检测方法。这种方法是最基本的、应用最广泛的射线检测方法。

1）射线照相法的原理：X 射线和 γ 射线都是波长极短的电磁波。从现代物理学波粒二相性的观点看也可将其视为一种能量极高的光子束流。

射线的重要性质就是能使胶片感光，当 X 射线或 γ 射线照射胶片时，与普通光线一样，能使胶片乳剂层中的卤化银产生潜像中心，经过显影和定影后发生黑化，接收射线越多的部位黑化程度越高，这个作用叫作射线的照相作用。因为 X 射线或 γ 射线使卤化银感光作用比普通光线小得多，所以必须使用特殊的 X 射线胶片，这种胶片的两面都涂敷了较厚的乳胶。此外，还使用一种能加强感光作用的增感屏，增感屏通常用铅箔做成。

材料中如有缺陷存在会影响射线的吸收，使透过射线强度发生变化，用胶片可测量出这一变化。对工件进行射线探伤，当厚度为 T 的物体中有厚度为 ΔT 的缺陷时，把曝过光的胶片在暗室中经过显影、定影、水洗和干燥，再将底片放在观片灯上观察，根据底片上的黑度变化所形成的图像，就可判断出有无缺陷，以及缺陷的种类、数量、大小等。

2）射线检测设备：射线照相设备可分为 X 射线探伤机、高能射线探伤设备（包括高能直线加速器、电子回旋加速器）和 γ 射线探伤机三大类。X 射线探伤机的管电压在 450kV

以下。高能加速器的能量在 $1 \sim 24\mathrm{MeV}$，而 γ 射线探伤机的射线能量取决于放射性同位素。

①X 射线探伤机。X 射线探伤机可分为携带式和移动式两类。移动式 X 射线探伤机用于透照室内的射线探伤。移动式 X 射线探伤机具有较高的管电压和管电流，最大穿透厚度可达 100mm，它的高压发生装置、冷却装置与机头都分别独立安装。携带式 X 射线探伤机主要用于现场射线照相，管电压一般小于 320kV，最大穿透厚度约 50mm。X 射线探伤机主要组成部分包括机头、高压发生装置、供电及控制系统、冷却和防护设施四部分。

②高能射线探伤设备。为了满足大厚度工件射线探伤的要求，20 世纪 40 年代以来，设计制造了各种高能 X 射线探伤装置，使对钢件的 X 射线探伤厚度扩大到 500mm，它们是直线加速器、电子回旋加速器。其中直线加速器可产生大剂量射线，效率高，透照厚度大，目前应用最多。

③γ 射线探伤机。γ 射线探伤机因射线源体积小，不需要电源，可在狭窄场地、高空、水下工作，并可全景曝光等特点，已成为射线探伤重要的和广泛使用的设备。γ 射线探伤机由射线源、源容器、操作机构、支撑和移动机构四部分构成。

3）射线的安全防护：

①射线的危害：射线具有生物效应，超辐射剂量可能引起放射性损伤，破坏人体的正常组织。辐射具有积累作用，超辐射剂量照射是致癌因素之一，并且可能殃及下一代，造成婴儿畸形和发育不全等。

②射线防护方法：射线防护是指在尽可能的条件下采取各种措施，在保证完成射线探伤任务的同时，使操作人员接受的剂量当量不超过限值，并尽可能降低操作人员和其他人员的吸收剂量。

主要的防护措施有屏蔽防护、距离防护和时间防护等三种：屏蔽防护就是在射线源与操作人员及其他邻近人员之间加上有效合理的屏蔽物来降低辐射的方法；距离防护是在没有屏蔽物或屏蔽物厚度不够时，用增大射线源与操作人员距离的方法达到防护的目的；时间防护就是减少操作人员与射线接触的时间，以减少射线损伤，这是因为人体吸收射线量与人接触射线的时间成正比。

以上三种防护方法，各有优缺点，在实际探伤中，可根据当时的条件加以选择。为了得到更好的效果，往往是三种防护方法同时使用。

4）射线照相法的特点

①射线检测的结果是直接记录在底片上的，由于底片上记录的信息十分丰富，而且可以长期保存，从而使射线照相法成为各种无损检测方法中记录最真实、最直观、最全面、可追踪性最好的检测方法。

②可以获得缺陷的投影图像，缺陷定性定量准确。各种无损检测方法中，射线照相对缺陷的定性是最准确的。在定量方面，对体积型缺陷（气孔、夹渣类缺陷）的长度、宽度尺寸的确定也很准，其误差大致在零点几毫米。但对面积型缺陷（如裂纹、未熔合类缺陷），如缺陷端部尺寸（高度和张口宽度）很小，则底片上影响尖端延伸可能辨别不清，此时定量数据会偏小。

③体积型缺陷检出率很高，而面积型缺陷的检出率受到多种因素的影响。体积型缺陷是指气孔、夹渣类缺陷。一般情况下，射线照相大致可以检出直径在工件厚度 1% 以上的体积型缺陷，但对于薄工件，受人眼分辨率的限制，可检出缺陷的最小尺寸在 0.5mm 左右。面

积型缺陷是指裂纹、未熔合类缺陷，其检出率的影响因素包括缺陷形态尺寸、透照厚度、透照角度、透照几何条件、源和胶片种类等。由于厚工件影响细节显示，所以一般来说厚试件中的裂纹检出率较低，但对薄试件，除非裂纹或未熔合的高度和张口极小，否则只要照相角度适当，底片灵敏度符合要求，裂纹检出率还是足够高的。

④适宜检验较薄的工件而不适宜较厚的工件。因为检验厚工件需要高能量的射线探伤设备。300kV 便携式 X 射线探伤机透照厚度一般小于 40mm，420kV 移动式 X 射线探伤机和 Ir192 γ 射线透照厚度均小于 100mm，对厚度大于 100mm 的工件照相需使用加速器或 Co60，因此是比较困难的。此外，板厚增大，射线照相绝对灵敏度是下降的，也就是说对厚工件采用射线照相，小尺寸缺陷以及一些面积型缺陷漏检的可能性增大。

⑤适宜检测对接焊缝，检测角焊缝效果较差，不适宜检测板材、棒材、锻件。用射线检测角焊缝时，透照布置比较困难，且摄得底片的黑度变化大，成像质量不够好。射线照相不适宜检验板材、棒材、锻件的原因是板材、锻件中的大部分缺陷与板平行，也就是与射线束垂直，因此射线照相无法检出。此外，棒材、锻件厚度较大，射线穿透比较困难，效果也不好。

⑥有些试件结构和现场条件不适合射线照相。这是因为用穿透法检验时，检测设备需要接近工件的两面，有时结构和现场条件会限制检测的进行。

⑦对缺陷在工件中厚度方向的位置、尺寸（高度）的确定比较困难。除了一些根部缺陷可结合焊接知识和规律来确定其在工件中厚度方向的位置外，大多数缺陷无法用底片提供的信息定位。缺陷高度可通过黑度对比的方法做出判断，但精确度不高，尤其影像细小的裂纹类缺陷，其黑度无法准确测定，用黑度对比方法测定缺陷高度的误差较大。

⑧射线照相检测速度慢。一般情况下定向 X 射线探伤机一次透照长度不超过 300mm，拍一张片子需要 10min，γ 射线源的曝光时间一般更长。一般情况下，射线照相从透照开始到评定出结果需要数小时，与其他无损检测方法相比，射线照相的检测速度很慢，效率很低。但特殊场合除外，例如周向 X 射线探伤机周向曝光或 γ 射线源全景曝光技术应用则可以大大提高检测效率。

⑨射线对人体有伤害。射线会对人体组织造成多种损伤，因此对职业放射性工作人员剂量当量规定了限值。要求在保证完成射线探伤任务的同时，使操作人员接受的剂量当量不超过限值，应尽可能降低操作人员和其他人员的吸收剂量。

现场照相因防护会给施工组织带来一些问题，尤其是 γ 射线，对放射同位素的严格管理规定将影响工作效率和成本。

（3）磁粉检测

1）磁粉检测的原理：铁磁性材料被磁化后，其内部产生很强的磁感应强度，磁力线密度增大几百倍到几千倍，如果材料中存在不连续性（包括缺陷造成的不连续性和结构、形状、材质等原因造成的不连续性），磁力线会发生畸变，部分磁力线有可能逸出材料表面，从空间穿过，形成漏磁场，漏磁场的局部磁极能够吸引铁磁物质，如图 2-59 所示。

试件中裂纹造成的不连续性使磁力线发生

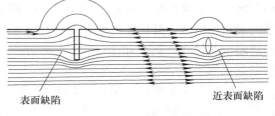

表面缺陷　　　　　　　　近表面缺陷

图 2-59　缺陷漏磁场

畸变，由于裂纹中空气介质的磁导率远远低于试件的磁导率，使磁力线受阻，一部分磁力线被挤到缺陷的底部，一部分穿过裂纹，一部分被排挤出工件的表面后再进入工件。如果这时在工件表面撒上磁粉，漏磁场就会吸附磁粉，形成与缺陷形状相近的磁粉堆积。我们称其为磁痕，从而显示缺陷。当裂纹方向平行于磁力线的传播方向时，磁力线的传播不会受到影响，这时缺陷也不可能检出。

2）影响漏磁场的因素：外加磁场强度越大，形成的漏磁场强度也越大。在一定外加磁场强度下，材料的磁导率越高，工件越易被磁化，材料的磁感应强度越大，漏磁场强度也越大。

当缺陷的延伸方向与磁力线的方向成 90° 角时，由于缺陷阻挡磁力线穿过的面积最大，形成的漏磁场强度也最大。随着缺陷的方向与磁力线的方向从 90° 逐渐减小（或增大），漏磁场强度明显下降。因此，磁粉探伤时，通常需要在两个（两次磁力线的方向互相垂直）或多个方向上进行磁化。

随着缺陷的埋藏深度增加，溢出工件表面的磁力线迅速减小。缺陷的埋藏深度越大，漏磁场就越小。因此，磁粉检测只能检测出铁磁材料制成的工件表面或近表面的裂纹及其他缺陷。

3）磁粉检测设备及器材：磁粉检测设备及器材为磁力探伤机和与其配套使用的灵敏度试片、磁粉及磁悬液等材料。

①磁力探伤机。磁力探伤机按设备体积和重量不同，可分为固定式、移动式、携带式三类。便携式探伤机体积小、重量轻；适合野外和高空作业，多用于焊缝和大型工件局部探伤，最常使用的是电磁轭探伤机。

电磁轭探伤机是一个绕有线圈的 U 形铁心，若线圈中通过电流，铁心中产生大量磁力线，轭铁放在工件上，两极之间的工件局部被磁化，轭铁两极可做成活动式的，极间距和角度可调，磁化强度指标是磁轭能吸起的铁块重量（称为提升力）。其标准要求为：使用磁轭的最大间距时，交流电磁轭的提升力至少为 45N，直流电磁轭的提升力至少为 177N，交叉磁轭的提升力至少为 118N。

②灵敏度试片。灵敏度试片用于检查磁粉探伤设备、磁粉、磁悬液的综合性能。

灵敏度试片通常是由一侧刻有一定深度的直线和圆形细槽的薄铁片制成的。标准试片有 A1 型、C 型、D 型和 M1 型。常用 A1 型试片是用 $100\mu m$ 或 $50\mu m$ 厚的软磁材料制成的，一般选用 A1—30/100 型标准试片，数字含义为：分子表示槽深 $30\mu m$，分母表示片厚 $100\mu m$。

使用时，将试片刻有人工槽的一侧与被检工件表面贴紧；然后对工件进行磁化并施加磁粉，如果磁化方法、操作规范选择得当，在试片表面上应能看到与人工刻槽相对应的清晰显示。

③磁粉与磁悬液。磁粉是具有高磁导率和低剩磁的四氧化三铁或三氧化二铁粉末。按加入的染料可将磁粉分为荧光磁粉和非荧光磁粉，非荧光磁粉有黑、红、白几种颜色。由于荧光磁粉的显示对比度比非荧光磁粉高得多，所以采用荧光磁粉进行检测具有磁痕观察容易，检测速度快，灵敏度高的优点。但荧光磁粉检测需一些附加条件，如暗环境、黑光灯。

4）磁粉检测的特点：

①适宜铁磁材料检测，不能用于非铁磁材料的检测。用于制造特种设备的材料中，属于铁磁材料的有各种碳钢、低合金钢、马氏体不锈钢、铁素体不锈钢，镍及镍合金等，不具有

铁磁性质的材料有奥氏体不锈钢、钛及钛合金、铝及铝合金、铜及铜合金等。

②可以检出表面和近表面的缺陷，不能用于检查内部缺陷。可检出的缺陷埋藏深度与工件状况以及工艺条件有关，对光洁表面，例如经磨削加工的轴，一般可检出深度为 $1 \sim 2mm$ 的近表面缺陷，采用强直流磁场可检出深度达 $3 \sim 5mm$ 的近表面缺陷。但对焊缝检测来说，因为表面粗糙不平，背景噪声高，弱信号难以识别，近表面缺陷漏检概率很高。

③检测灵敏度很高，可以发现极细小的裂纹及其他缺陷。有关理论研究和试验结果认为，磁粉检测可检出的最小裂纹尺寸，宽度为 $1\mu m$，深度为 $10\mu m$，长度为 $1mm$，但实际现场应用时可检出的裂纹尺寸达不到这一水平，比上述数值要大得多。

④检测成本很低，速度很快。

⑤工件的形状和尺寸对探伤有影响，有时因其难以磁化而无法探伤。磁粉检测的磁化方法有很多种，根据工件的形状、尺寸和磁化方向的要求，选取合适的磁化方法是磁粉检测工艺的重要内容。如果磁化方法选择不当，有可能导致检测失败。对不利于磁化的某些结构，可通过连接辅助块加长或形成闭合回路来改善磁化条件。对没有合适的磁化方法且无法改善磁化条件的结构，应考虑采用其他检测方法。

（4）渗透检测

1）渗透检测的原理：零件表面被施涂含有荧光染料或着色染料的渗透液后，在毛细管的作用下，经过一定时间，渗透液能够渗进表面开口的缺陷中；去除零件表面多余的渗透液后，再在零件表面施涂显像剂，同样，在毛细管作用下，显像剂将吸引缺陷中保留的渗透液，渗透液回渗到显像剂中；在一定的光源下（紫外线光或白光），缺陷处的渗透液痕迹被显示（黄绿色荧光或鲜艳红色），从而探测出缺陷的形貌及分布状态。

渗透检测操作有渗透、清洗、显像和观察四个基本步骤。具体操作时，除上述基本步骤外，还有可能增加另外一些工序，例如：有时为了渗透容易进行，要进行预处理；使用某些种类的显像剂时，要进行干燥处理；为了使渗透液容易洗掉，对某些渗透液要进行乳化处理。

2）渗透检测的分类：根据渗透液所含染料成分，渗透检测可分为荧光法、着色法两大类；根据渗透液去除方法，渗透检测可分为水洗型、后乳化型和溶剂去除型三大类。而其显像方法又有湿式显像、快干式显像、干式显像和无显像剂式显像四种。

3）渗透检测的特点：

①渗透检测可以用于检测除了疏松多孔性材料外的任何种类的材料。工程材料中，疏松多孔性材料很少，绝大部分材料，包括黑色金属、有色金属、陶瓷材料和塑料等都是非多孔性材料，所以渗透检测对承压类特种设备材料的适应性是最广的。但考虑到方法特性、成本、效率等因素，一般对铁磁材料工件首选磁粉检测，渗透检测只是作为替代方法。而但对非铁磁材料，渗透检测是表面缺陷检测的首选方法。

②形状复杂的部件也可用渗透检测，并一次操作就可大致做到全面检测。工件几何形状对磁粉检测影响较大，但对渗透检测的影响很小。对因结构、形状、尺寸不利于实施磁化的工件，可考虑用渗透检测代替磁粉检测。

③同时存在几个方向的缺陷，一次操作就可完成检测。为保证缺陷不漏检，磁粉检测需要进行至少两个方向的磁化检测，而渗透检测只需一次检测操作。

④不需要大型的设备，可不用水、电。对无水源、电源或高空作业的现场，使用携带式喷罐着色渗透检测剂十分方便。

⑤工件表面粗糙度影响大，检测结果往往容易受操作人员水平的影响。工件表面粗糙度高会导致本底很高，影响缺陷识别，所以表面粗糙度越低，渗透检测效果越好。由于渗透检测是手工操作，检测工序多，如果操作不当，就会造成漏检。

⑥可以检出表面开口的缺陷，但对埋藏缺陷或闭合型的表面缺陷无法检出。由渗透检测原理可知，渗透液渗入缺陷并在清洗后能保留下来，才能产生缺陷显示，缺陷空间越大，保留的渗透液越多，检出率越高。埋藏缺陷渗透液无法渗入，闭合型的表面缺陷没有容纳渗透液的空间，所以无法检出。

⑦检测工序多，速度慢。渗透检测至少包括以下步骤：预清洗、渗透、去除、显像、观察。即使很小的工件，完成全部工序也要 20～30min。对大型工件大面积渗透检测是非常麻烦的，每一道工序，包括预清洗、渗透、去除、显像都很花费时间。

⑧检测灵敏度比磁粉检测低。从实际应用的效果评价，渗透检测的灵敏度比磁粉检测要低很多，可检出缺陷尺寸要大 3～5 倍。即便如此，与射线照相或超声波检测相比，渗透检测的灵敏度还是很高的，至少要高一个数量级。

⑨材料较贵、成本较高。由于检测工序多，速度慢，人工成本也是很高的。

⑩渗透检测所用的检测剂大多易燃、有毒，必须采取有效措施保证安全。为确保操作安全，必须充分注意工作场所通风，以及对眼睛和皮肤的保护。

2. 其他方法

目前特种设备行业还用到其他无损检测方法，技术相对成熟，国家也在开展相关无损检测人员的资格考核，只是游乐设施行业暂时还没有用到。这些检测方法包括涡流检测、声发射检测、红外/热像、超声波衍射时差法。

（1）涡流检测　涡流检测是运用电磁感应原理，将载有正弦波电流的线圈接近金属表面，线圈周围的交变磁场在金属表面产生感应电流（此电流称为涡流），也产生一个与原磁场方向相反的相同频率的磁场，同时，又反射到探头线圈，导致检测线圈阻抗电阻和电感发生变化，进而改变线圈的电流大小及相位。探头在金属表面移动，遇到缺陷或材质、尺寸等变化时，使涡流磁场对线圈的反作用不同，引起线圈阻抗变化，通过涡流检测仪器测量出这种变化量就能鉴别金属表面有无缺陷或其他物理性质变化。

1）涡流检测的原理：当载有交变电流的检测线圈靠近导电工件时，由于线圈磁场的作用，工件中将会感生出涡流（其大小与工件中的缺陷等有关），而涡流产生的反作用磁场又将使检测线圈的阻抗发生变化（见图 2-60）。因此，在工件形状尺寸及探测距离等固定的条件下，通过测定探测线圈阻抗的变化，可以判断被测工件有无缺陷存在。

2）涡流检测的优点和缺点：

①涡流检测的优点：

a. 检测时，线圈不需要接触工件，也无须耦合介质，所以检测速度很快。

b. 对工件表面或近表面的缺陷具有很高的检出灵敏度，而且在一定范围内可实现良好的线性指

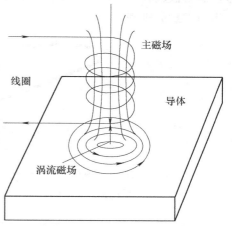

图 2-60　磁场线圈与涡流磁场

示，并用于质量管理与控制。

c. 可在高温状态、工件的狭窄区域、深孔壁（包括管壁）等条件下进行检测。

d. 能测量金属覆盖层或非金属涂层的厚度。

e. 可检验能产生感应涡流的非金属材料，如石墨等。

f. 检测信号为电信号，可进行数字化处理，便于存储、再现及进行数据比较和处理。

②涡流检测的缺点：

a. 对象必须是导电材料，只适用于检测金属表面的缺陷。

b. 检测深度与检测灵敏度是相互矛盾的，对一种材料进行涡流检测时，必须根据材质、表面状态、检验标准做综合考虑，然后再确定检测方案与技术参数。

c. 采用穿过式线圈进行涡流检测时，对缺陷所处圆周上的具体位置无法判定。

d. 旋转探头式涡流检测可定位，但检测速度慢。

3）涡流检测的应用：按工件的形状和检测目的的不同，可采用不同形式的线圈，通常有穿过式、探头式和插入式三种。穿过式线圈用来检测管材、棒材和线材，它的内径略大于被检物件，使用时使被检物体以一定的速度在线圈内通过，可发现裂纹、夹杂、凹坑等缺陷。探头式线圈适用于对工件进行局部探测。应用时线圈置于金属板、管或其他零件上，可检查飞机起落撑杆内筒上和涡轮发动机叶片上的疲劳裂纹等。插入式线圈也称为内部探头，放在管子或零件的孔内用来做内壁检测，可用于检查各种管道内壁的腐蚀程度等。为了提高检测灵敏度，探头式和插入式线圈大多装有磁芯。涡流法主要用于生产线上的金属管、棒、线的快速检测以及大批量零件如轴承钢球等的检测（这时除涡流仪器外尚需配备自动装卸和传送的机械装置）、材质分选和硬度测量，也可用来测量镀层和涂膜的厚度。

（2）声发射检测　材料中局域源快速释放能量产生瞬态弹性波的现象称为声发射。声发射是一种常见的物理现象，大多数材料变形和断裂时有声发射发生，但许多材料的声发射信号强度很弱，人耳不能直接听见，需要借助灵敏的电子仪器才能检测出来，用仪器探测、记录、分析声发射信号和利用声发射信号推断声发射源的技术称为声发射技术。

1）声发射的原理：如图2-61所示，从声发射源发射的弹性波最终传播并到达材料的表面，引起可以用声发射传感器检测的表面位移，这些传感器将材料的机械振动转化为电信号，然后被放大、处理和记录，人们根据观察到的声发射信号进行分析与推断，以了解材料产生声发射的机制。

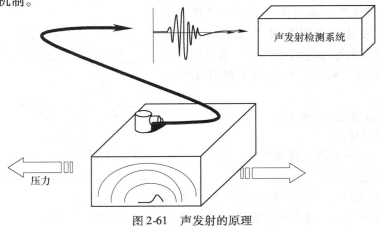

图2-61　声发射的原理

2）声发射的来源：

①晶体材料，包括金属的塑性变形、断裂、相变、磁效应，以及岩石、陶瓷等非金属主要为微裂纹开裂和宏观开裂。

②复合材料的声发射源包括基体开裂、纤维和基体脱开、纤维拔出、纤维断裂和纤维松弛等。

③在声发射检测过程还可能遇到其他声源如流体介质的泄漏、氧化物和氧化层的开裂、摩擦源液化和固化、原件松动和间歇接触等。

3）声发射检测的优点和缺点：

①声发射检测的优点：

a. 声发射是一种动态检验方法，声发射检测到的能量来自被测试物体本身，而不像超声或射线检测那样由无损检测仪器提供。

b. 声发射检测方法对线性缺陷较为敏感，它能检测到在外加结构应力下这些缺陷的活动情况，稳定的缺陷不产生声发射信号。

c. 在一次试验过程中，声发射检验能够整体检测和评价整个结构中活性缺陷的状态。

d. 可提供活性缺陷随载荷、时间、温度等变量而变化的实时或连续信息，适用于工业过程在线监控及早期或临近破坏预报。

e. 由于对被检件的接近要求不高，故而适于其他方法难于或不能接近环境下的检测，如高低温、核辐射、易燃、易爆及极毒等环境。

f. 对于在用设备的定期检验，声发射检验方法可以缩短检验的停产时间或者不需要停产。

g. 对于设备的加载试验，声发射检验方法可以预防由未知不连续缺陷引起系统的灾难性失效和限定系统的最高工作载荷。

h. 由于对构件的几何形状不敏感，故而适于检测其他方法受到限制的形状复杂的构件。

②声发射检测的缺点：

a. 声发射特性对材料敏感，又易受到机电噪声的干扰，对数据的正确解释要有更为丰富的数据库和现场检测经验。

b. 声发射检测一般需要适当的加载程序。多数情况下，可利用现成的加载条件，但还需要特别准备。

c. 由于声发射的不可逆性，试验过程的声发射信号不可能通过多次加载重复获得，因此，每次检测过程的信号获取是非常宝贵的，不可因人为疏忽而造成宝贵数据的丢失。

4）声发射检测的应用：

①石油化工工业：各种压力容器、压力管道和海洋石油平台的检测和结构完整性评价，常压贮罐底部、各种阀门和埋地管道的泄漏检测等。

②电力工业：高压蒸汽汽包、管道和阀门的检测和泄漏监测，汽轮机叶片的检测，汽轮机轴承运行状况的监测，变压器局部放电的检测。

③材料试验：材料的性能测试、断裂试验、疲劳试验、腐蚀监测和摩擦测试，铁磁性材料的磁声发射测试等。

④民用工程：楼房、桥梁、起重机、隧道、大坝的检测，水泥结构裂纹开裂和扩展的连续监视等。

⑤航天和航空工业：航空器壳体和主要构件的检测和结构完整性评价，航空器的失效试验、疲劳试验检测和运行过程中的在线连续监测等。

⑥金属加工：工具磨损和断裂的检测，打磨轮或整形装置与工件接触的检测，修理整形的验证，金属加工过程的质量控制，焊接过程监测，振动检测，锻压测试，加工过程的碰撞检测和预防。

⑦交通运输业：长管拖车、公路和铁路槽车及船舶的检测和缺陷定位，铁路材料和结构的裂纹检测，桥梁和隧道的结构完整性检测。

（3）红外热成像　红外热成像技术是一门基础理论复杂、应用领域广泛的无损检测技术。其原理是：根据不同材料的结构特性、缺陷性质等，设计不同种类的热激励源，如超声波、高能热灯、热风等，并将其调制成方波或正弦波函数形式，对被测材料进行主动式加热，根据红外热成像理论，材料表面热波信号的传播将发生变化，用红外热像仪记录该变化，并将其转化为红外热图像序列，开发专门的图像处理及信号提取软件，最终显示检测结果。

红外热成像技术广泛应用于工业领域，适于大的温度范围、各种材料及各种试验模式。较成熟的应用如下：

1）复合材料和结构：使用纤维增强型复合材料制造的元件和结构特别适合进行红外热成像的无损检测。这些材料损伤的特点是缺陷平行于材料的表面，而且热传导率较低。由于复合材料的各向异性，因此人们用红外热成像技术测量复合材料的热传导特性来评价复合材料的特性。

2）热传导分析：主要用于对热量交换设备进行热交换效率的分析，也可对材料特性进行评价。

3）建筑物检测：用于评价新建建筑物的加热、通风和制冷系统是否满足设计规范的要求，探测建筑物结构墙体或屋顶的潮湿状况，也用于测试屋门、窗的密封和墙内的线路管路布局及开孔等。

4）电力传输系统：电力传输系统的检测是红外热成像应用最普遍的领域之一，其主要目的是测量电路接头部位的高温区，以发现接触不良的部位。

5）路面、桥面和地下通道的探测：用于探测路面和桥面表面铺设材料与基体的分层缺陷。

6）汽车发动机：用于评价汽车发动机运行过程等。

7）粘接材料和结构：用于检测粘接材料和构件粘接界面的质量。

8）焊接和焊接结构：检测焊接过程中焊件的冷却率，用于指导焊接工艺的制订。

9）应力分析：热成像应力分析基于材料的热弹效应原理，即材料由应力引起的动力学变化可以引起温度的改变。这一方法可以非接触测量材料的应力，也可以检测材料或结构内的损伤和缺陷，也有人尝试检测压力容器上的缺陷。

（4）超声波衍射时差法　超声波衍射时差法简称衍射时差法。检测时使用一对或多对宽声束探头，每对探头相对焊缝对称分布，声束覆盖检测区域，遇到缺陷时产生反射波和衍射波。探头同时接收反射波和衍射波，通过测量衍射波传播时间和利用三角方程来确定出缺陷的尺寸和位置。

1）波形衍射：当超声波作用于一条长裂纹缺陷时，在裂纹缝隙产生衍射，另外在裂纹表面还会产生反射（见图 2-62）。超声波衍射时差法就是利用声束在裂纹两个端点或端角产生的衍射波来对缺陷进行定位定量的。

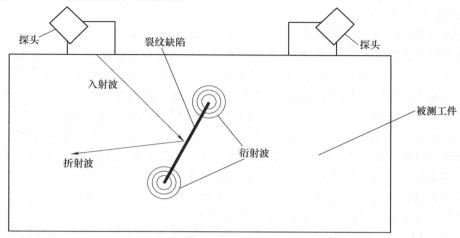

图 2-62 衍射现象

2）超声波衍射时差法的优点和局限性：

①超声波衍射时差法有很多优点：

a. 可靠性好，由于利用的是波的衍射信号，不受声束角度的影响，缺陷的检出率比较高。

b. 定量精度高。

c. 检测过程方便快捷。一般一人就可以完成超声波衍射时差法检测，探头只需要沿焊缝两侧移动即可。

d. 拥有清晰可靠的超声波衍射时差法扫查图像，与 A 型扫描信号比起来，超声波衍射时差法扫查图像更利于缺陷的识别和分析。

e. 超声波衍射时差法检测使用的都是高性能数字化仪器，记录信号的能力强，可以全程记录扫查信号，而且扫查记录可以长久保存并进行处理。

f. 除了用于检测外，还可用于缺陷变化的监控，尤其对裂纹高度扩展的测量精度很高。

②超声波衍射时差法也有它自身的局限性：

a. 对近表面缺陷检测的可靠性不够。上表面缺陷信号可能被埋藏在直通波下面而被漏检，而下表面缺陷则会因为被底面反射波信号掩盖而漏检。

b. 缺陷定性比较困难。

c. 超声波衍射时差法扫查图像的识别和判读比较难，需要丰富的经验。

d. 不容易检出横向缺陷。

e. 对复杂形状的缺陷的检测比较难。

f. 点状缺陷的尺寸测量不够精确。

3. 新技术

随着现代科学技术的发展，激光、红外、微波、液晶等技术都被应用于无损检测领域，而传统的常规无损检测技术也因为现代科技的发展，大大丰富了应用方法。

（1）X 射线照相　工业 X 射线检测是 X 射线照相技术在工业上的重要应用，其图像的数字化是未来工业探伤的发展方向。目前，图像数字化处理主要有计算机 X 射线摄影（Computed Radiography，CR）和数字 X 射线摄影（Digital Radiography，DR）。

1）计算机 X 射线摄影：

①成像原理：CR 摄影脱离了传统的屏胶系统，不再把 X 射线信息记录在胶片上，而是应用磷光体构成的影像板（Image Plate，IP）替代胶片吸收穿过物体的 X 射线信息。记录在 IP 上的影像信息先经过激光扫描读取，然后经过光电转换，把信息输入到计算机系统并重新建成数字矩阵，再显示出数字化图像。CR 的应用实现了常规 X 射线摄影从近百年的模拟成像向数字化成像的转变，使 X 射线摄影也可以具备其他数字化射影的各种优势。

②图像处理：CR 图像是数字图像，经图像处理系统处理后，可以根据不同的要求在一定范围内调节图像。这是优于常规 X 射线照片之处。图像处理主要包括：灰阶处理、窗位处理、数字减影处理和 X 射线吸收率（能量）减影处理等。

a. 灰阶处理：通过图像处理系统的调节，使数字信号转换为黑白影像，并在人眼能辨别的范围内选择合适的密度，以达到最佳的视觉效果。

b. 窗位处理：即在一定的灰阶范围内，以某一数字信号为中心零点，即窗中心，使一定灰阶范围内的组织结构，依其对 X 射线吸收率的差别得到最佳的显示，同时可对这些数字信号进行增强处理。

c. 数字减影处理：选择 CR 图像中的一帧无对比剂的数字化图像为蒙片和一帧有对比剂的作为减影对，进行数字减影处理，可得到 DSA 图像。但减影速度慢。

d. X 射线吸收率（能量）减影处理：在两个不同的 X 射线摄影条件下摄影，得到两帧 CR 图像，选择其中任何一帧做成负片与另一帧作为减影对，进行减影处理。

③CR 的优点和缺点：

a. 优点：实现常规 X 射线摄影信息数字化；提高图像的密度分辨力；多信息显示，通过后处理技术，可以分别显示不同层次的影像信息；辐射剂量降低；实现 X 射线摄影信息的数字化储存、调阅及传输。

b. 缺点：时间分辨力较差；空间分辨力不足。

2）数字 X 射线摄影：

①成像原理：DR 成像原理与 CR 相比，同为数字化摄影，但成像方式不同。DR 接收 X 射线的既不是普通胶片，也不是需要经激光扫描读取信息的成像板，而是各种类型的平板探测器，它们可以把 X 射线直接转化成电信号或先转换成可见光，然后通过光电转换，把电信号传输到中央处理系统进行数字成像。由于不再需要显影与定影处理，也不需要把成像板送到读取系统进行处理，而是直接在荧光屏上显示图像，检查速度大大提高。

②平板探测器的分类：

a. 电荷耦合器件（CCD）阵列方式：采用近百个性能一致的 CCD 整齐排列在同一平面上，每一 CCD 摄取一定范围的荧光影像，并转换成数字信号，再由计算机进行处理后形成一幅完整的图像。CCD 探测器虽然量子检测效率不高，但是其噪声系数较低，动态范围较大。

b. 直接方式（非晶体硒）：直接把 X 射线转换成电信号，然后传输到计算机系统组成数字图像。

c. 间接方式（非晶体硅）：先把 X 射线转换成可见光，然后经过光敏二极管完成光电转换，再传输到计算机系统组成数字图像。有人认为，由于多一道转换成可见光的步骤，增加了可见光的散射而降低了分辨力，但是反方认为间接方式平板的量子检测效率要高于直接方式平板。

③DR 的优势与不足：

a. 优势：空间分辨力进一步提高、信噪比高、成像速度快、曝光量（辐射剂量）进一步降低、探测器寿命更长。

b. 不足：CR 可以与任何一种常规 X 射线设备匹配，DR 则难以与原 X 射线设备匹配，对于一些特殊位置的投照不如 CR 灵活。

（2）超声波相控阵检测　超声波相控阵就是采用一个探头多个晶片的有机排列，利用计算机技术在不同时间对每个晶片发出激励信号和接收声波，使合成的超声波形受计算机的控制，产生不同的方向和聚焦点，从而完成检测。普通超声波聚焦探头可以将超声波聚焦在某一点处，从而可以在该点处获得最佳的分辨率和灵敏度，但对不处于该位置的缺陷就没有这么好的分辨率和灵敏度了。而相控阵探头的聚集位置是可以由计算机控制的，是动态可变化的，所以可在声程范围内设定聚集的范围，计算机可自动控制探头各个晶片发射和接收超声波，从而在该范围内进行动态聚集，所以聚集是一条线。

超声波相控阵可以由计算机控制不同晶片发射和接收超声波的时间点，从而可以合成不同的发射波的角度。可以在仪器中设定超声波扫描的角度范围，计算机就驱动扫描晶片以合适的方式，使超声波在某一角度范围内进行扫描检测，如图 2-63 所示。

在每个重复脉冲周期里，在晶片电子扫描过程中同时被激发和接收的组，按预定程序移动，无须光栅移动，就能全面覆盖被检区域，如图 2-64 所示。

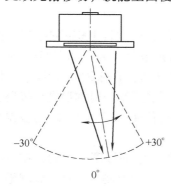

图 2-63　扫描角度范围　　　　　　　　图 2-64　覆盖被检区域

超声波相控阵换能器的设计基于惠更斯原理。换能器由多个相互独立的压电晶片组成阵列，每个晶片称为一个单元，按一定的规则和时序用电子系统控制激发各个单元，使阵列中各单元发射的超声波叠加形成一个新的波阵面。同样，在反射波的接收过程中，按一定规则和时序控制接收单元的接收并进行信号合成，再将合成结果以适当形式加以显示。由其原理可知，相控阵换能器最显著的特点是可以灵活、便捷而有效地控制声束形状和声压分布。其声束角度、焦柱位置、焦点尺寸及位置在一定范围内连续、动态可调，而且探头内可快速平移声束。

因此，与传统超声波检测技术相比，相控阵技术的优势是：

1）单轴扇形扫查替代栅格形扫查可提高检测速度。

2）不移动探头或尽量少移动探头可扫查厚大工件和形状复杂工件的各个区域，成为解决可达性差和空间限制问题的有效手段。

3）通常不需要复杂的扫查装置，不需更换探头就可实现整个体积或所关心区域的多角度多方向扫查，因此在核工业设备检测中可减少受辐照时间。

4）优化控制焦柱长度、焦点尺寸和声束方向，在分辨力、信噪比、缺陷检出率等方面具有一定的优越性。

超声波相控阵还不是十分完美，还有需要进一步改进的地方：

1）探头体积太大，很多地方难以运用。

2）探头导线非常精密，容易损坏。

3）仪器参数的设置非常复杂。

4）相应的标准规范还没有跟上。

（3）导波检测　　无限大体中的波可分为纵波 L 和横波 S（剪切波），其模式固定，速度固定，不随频率发生变化。纵波的速度约为横波速度的两倍。而在一弹性半空间表面处或两个弹性半空间表面处，由于介质性质的不连续性，超声波将经受一次反射或透射而发生波形转换。

对于有限体中的波，位于板内的纵波、横波将在两个平行边界上产生来回反射，而沿平行于板面的方向行进，即平行边界制导弹性波在板内传播。这样的系统称为平板波导，在平板波导中传播的弹性波是超声波无损检测中最常用的一种导波形式——板波（或 Lamb 波）。除此之外，圆柱壳、棒状及层状的弹性体都是典型的波导。

导波检测技术就是利用了导波在传播过程中遇到缺陷或边界会被部分反射回来的原理。

超声导波与传统超声波检测的区别是：

1）超声导波可以在一个测试点对一个大的长距离管道的材质进行 100% 的检测，而传统的超声波在一个测试点只能对该点进行检测。超声导波的频率范围为 5～60kHz，传播速度为 3260m/s，检测时不需要液体进行耦合。它采用机械或气体施加到探头的背面以确保探头与管道表面接触，达到与超声波良好的耦合。为了使声波以管道轴心对称地进行传播，管道环向的超声波探头均匀地间隔排列，如此环向声波沿着管道传播，能使整个管道被振动的声波而"激励"，使其作为波导的媒体而处于"工作"状态中。

2）传统超声波对壁厚进行测量时，只能检测到传感器下管壁的厚度。因此，在检测大范围管线时速度很慢，而且常常要找出几个有代表性的特征点进行检测。一旦遇到埋地或绝缘的管道，则束手无策。而使用特制安装在管道上的传感器环进行检测，操作人员利用 WAVEMAKER（WPSS）检测系统就可完成单项测试，而且能够对传感器环两侧数十米内的管道进行有效的检测。传感器两侧的有效检测距离是受到多种因素制约的，条件好的情况下，可达几十米，条件不好或有某种覆盖层情况时，只能检测几米。

无损检测领域内刚刚兴起的超声导波技术，利用其检测距离长、操作简单和灵敏度高等优势，通过与其相配的检测装置，不但适宜于在役管道的腐蚀检测、新建管道基线检测，而且对埋地、穿越、架空等管道进行腐蚀情况检测也更具优势。这项技术可用于化工、石油、天然气输送、电力建设以及战场、密闭系统所涉及的各种工业管道、压力管道等领域。

（4）磁记忆检测　　磁机械效应使铁磁性金属工件在应力作用区表面的磁场增强，增强后的磁场"记忆"了部件应力集中的位置，这就是磁记忆效应。磁记忆检测的工作原理是：

处于地磁环境下的铁制工件受工作载荷的作用时，其内部会发生具有磁致伸缩性质的磁畴组织定向的和不可逆的重新取向，并在应力与变形集中区形成最大的漏磁场 H_p 的变化。该磁场的切向分量 $H_{p(x)}$ 具有最大值，而法向分量 $H_{p(y)}$ 改变符号且具有零值点。这种磁状态的不可逆变化在工作载荷的消除后继续保留，从而通过漏磁场法向分量的测定，便可以准确推断工件的应力集中。磁记忆检测技术主要用于检测焊接接头损伤根源（即应力集中区）。

在被检测焊接接头表面上测量磁场强度 H_p 的分布来确定应力集中区。测量的磁场矢量方向与测定残余应力向量的方向吻合，确定压力容器表面上 H_p 值为零的线段。H_p 零值线与应力集中线符合。该方法广泛用于铁磁钢材制造的焊接接头，主要有以下用途：

1）检测焊接接头处的应力集中区。

2）不需要切割样品而完成对应力集中区金属状态的评估。

3）与其他无损探伤及理化检验方法相结合，可以更有效地对焊接接头进行诊断。

4）对焊接接头的结构是否合理进行评定。

在确定焊接接头应力集中区的基础上，磁记忆技术可更客观地评估焊接接头的强度，及时制定并采取提高可靠性的措施。

金属磁记忆检测技术作为一种新兴的检测手段，与其他传统的检测方法相比，有着其自身所特有的一些优点，弥补了传统无损检测方法的一些不足：

1）可准确可靠地检测出被检对象上以应力集中区为特征的危险部件和部位，是迄今为止对金属部件进行早期诊断的唯一行之有效的无损检测方法。

2）不需要专门的磁化设备，而是利用地磁场这一天然磁场源对工件进行磁化，从而能对铁制工件进行可靠的检测。

3）不需要对被检工件的表面进行清理或其他预处理，对工件表面的检测可在线进行。

4）检测重复性和可靠性好。

5）能实现快速检测，提高检测效率。

（5）漏磁检测　漏磁检测是一项自动化程度较高的磁学检测技术，其工作原理是：铁磁材料被磁化后，其表面和近表面缺陷在材料表面形成漏磁场，通过检测漏磁场来发现缺陷。从这个意义上讲，压力容器检测中常用的磁粉检测技术也是一种漏磁检测，但习惯上人们把用传感器测量漏磁通的方法称为漏磁检测，而把用磁粉检测漏磁通的方法称为磁粉检测，而且将它们并列为两种检测方法。

磁粉检测只能发现表面和近表面裂纹缺陷，而且检测时需要进行表面打磨，仅适合工件停产的检测；漏磁检测除能发现表面和近表面裂纹的缺陷外，还可从外部发现工件内部的腐蚀坑等缺陷，而且不需要对工件表面进行打磨处理，适用于工件在线检测。而工件在线检测是目前用户最急需的方法，它可以减少不必要的停产，降低检验成本。另外，漏磁检测还能对缺陷深度和长度等进行定量。虽然目前在工件检测中，漏磁检测技术的应用较少，但它具有磁粉检测所不具备的优点，所以其应用前景非常广阔。

利用励磁源对被检工件进行局部磁化，若被测工件表面光滑，内部没有缺陷，磁通将全部通过被测工件；若材料表面或近表面存在缺陷，则会导致缺陷处及其附近区域磁导率降低，磁阻增加，从而使缺陷附近的磁场发生畸变（见图 2-65），此时磁通的形式分为 3 部分：大部分磁通在工件内部绕过缺陷；少部分磁通穿过缺陷；还有部分磁通离开工件的上、下表面经空气绕过缺陷，这部分即为漏磁通，可通过传感器检测到。对检测到的漏磁信号进行去噪、分析和显示，就可以建立漏磁场和缺陷的量化关系，达到无损检测和评价的目的。

由于漏磁检测是用磁传感器检测缺陷，相对于磁粉、渗透等方法，有以下优点：

1）易于实现自动化。漏磁检测是由传感器获取信号，然后由软件判断有无缺陷，因此非常适合构成自动检测系统。在实际工业生产中，漏磁检测被大量应用于钢坯、钢棒、钢管的自动化检测。

2）较高的检测可靠性。漏磁检测一般采用计算机自动进行缺陷的判断和报警，减少了人为因素的影响。

3）可实现缺陷的初步定量。缺陷的漏磁信号与缺陷形状尺寸具有一定的对应关系，从而可实现对缺陷的初步量化，这个量化不仅可实现缺陷的有无判断，还可对缺陷的危害程度进行初步评价。

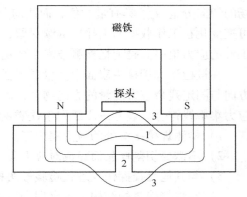

图 2-65　漏磁检测的工作原理
1—工件内部绕过缺陷的磁通　2—部分穿过缺陷的磁通　3—经空气绕过缺陷的磁通

4）高效能、无污染。漏磁检测采用传感器获取信号，检测速度快且无任何污染。

漏磁检测的缺点是：除了跟磁粉检测相似外，由于检测传感器不可能像磁粉那样紧贴被检测表面，不可避免地存在一定的提离值，从而降低了检测灵敏度；另一方面，由于采用传感器检测漏磁场，不适合检测形状复杂的试件。对形状复杂的工件，需要有与其形状匹配的检测器件。

（6）激光全息无损检测　激光全息无损检测利用激光全息照相来检测物体表面和内部缺陷。物体受到外界载荷作用会产生变形，这种变形与物体是否含有缺陷直接相关，在不同的外界载荷作用下，物体表面变形的程度是不相同的。

激光全息照相是将物体表面和内部的缺陷，通过外界加载的方法，使其在相应的物体表面制造局部的变形，用全息照相来观察和比较这种变形，并记录在不同外界载荷作用下物体表面的变形情况，进行观察和分析，然后判断物体内部是否存在缺陷。

1）激光全息检测的特点：

①检测灵敏度高，基于干涉计量技术，其干涉计量的精度与波长同数量级。

②一次检测面积大，激光相干长度大，只要激光能充分照射到的物体表面，就能一次检验完毕。

③对被检对象没有特殊要求，可以对任何材料、任意粗糙的表面进行检测。

④便于对缺陷进行定量分析，可借助干涉条纹的数量和分布状况确定缺陷的大小、部位和深度。

2）激光全息检测的方法：

①物体表面微差位移的观察方法：激光全息无损检测基本原理是，物体内部缺陷在外力作用下，使物体表面产生与其周围不相同的微差位移，通过激光全息照相法进行比较，从而检测物体内部的缺陷。

观察物体表面微差位移的三种方法：

a. 实时法：先拍摄不受力时的全息图，冲洗处理后，把全息图精确地放回到原来拍摄位置上，用同样参考光照射，则全息图就再现出物体三维立体像（虚像），再现虚像完全重合在物体上。

它的缺点是：需要附加机构，以使全息图位移不超过几个光波波长；全息干版在冲洗过程中乳胶层要产生一些收缩，全息图放回原位时，虽然物体没有变形，但仍有少量位移干涉条纹出现；显示的干涉条纹图样不能长久保留。

b. 两次曝光法：将物体在两种不同受载情况下的物体表面光波摄制在同一张全息图上，再现两个光波叠加时产生干涉现象。

c. 时间平均法：在物体振动时摄制全息图；曝光时间远大于物体振动循环周期，即在整个曝光时间内，物体要能够进行若干个周期的振动。

②激光全息检测的加载方法：

激光全息照相缺陷检测的实质是比较物体在不同受载情况下的表面光波。常用的加载方式有：内部充气法、表面真空法、热加载法。

（7）声振检测 声振检测是激励被测件产生机械振动，通过测量被测件振动的特征来判定其质量的一种无损检测技术。

1）声振检测的原理：声振检测就是用声换能器激发样品振动，而反映样品振动特性的力阻抗反作用于换能器，构成换能器的负载。当负载有变化时，换能器的某些特性也随着变化。换能器不同特性的测量方法有振幅法、频率法和相位法等。

2）声振检测的方法

①频率检测法：对构件施加一个冲击力，它将在其所有的振动形态下振荡，为所有形态自然频率和阻尼的函数。通过频谱分析，可将构件受冲击产生的响应时间记录变换成相应的频谱，从而在频谱中辨认被检构件的自然频率。

②局部激振法：对被测结构的一点或多点施加激励，使其发生振动，并对所有欲检测的各点测量其结构的局部性能。

a. 单点激振法：

振动热图法：对损伤的复合材料施加周期应力时，在各种裂缝和边缘之间会发生相对运动（阻尼）而产生热量。采用扫描红外线照相机或其他方式检测周期应力形成的局部温升可以判断结构的质量。振动热图法适用于检测热扩散率低的工件，以便有效地阻止损伤区的热量快速传导，很少用于热导率高的金属。

振幅测量法：使构件振动至谐振，构件内局部损伤使振动模态形式改变，通过观察分析构件振动的时间平均全息图可发现构件缺陷。它的特点是：可实现快速检测；一次能检测的构件面积较大；必须建立无振动环境；设备的价格较高。

b. 多点激振法：在每一被测点施加激励，并在同一点上测量输入的力或振动的响应。它的特点是：可用来测量胶接结构的脱粘、分层，叠层构件的气孔，以及蜂窝结构中的"平面"状缺陷。

c. 声阻法：声阻法是利用测量结构件被测点振动力阻抗的变化来确定是否有异常的结构件存在的方法。声阻法又分为双片声阻法和单片声阻法。

双片声阻法：利用由两个压电晶片组成的检测器（一个晶片激振，另一个接收信号），以点源形式激发样品做弯曲振动，并将样品振动的力阻抗通过触头转移为检测器的负载，通过对检测器特性的测量，来检测样品力阻抗的变化，达到检验目的。

单片声阻法：采用一个晶片激振和接收返回信号，主要用来检测粘接质量。

3）声振检测的应用：蜂窝结构检测、复合材料检测和胶接强度检测。

（8）微波无损检测　微波指频率为 300MHz ~ 300GHz 的电磁波，是无线电波中一个有限频带的简称，即波长在 1mm ~ 1m 的电磁波，是分米波、厘米波、毫米波的统称。微波频率比一般的无线电波频率高，通常也称为"超高频电磁波"。微波作为一种电磁波也具有波粒二象性。微波量子的能量为 $1.99 \times 10^{-25} ~ 1.99 \times 10^{-22}$ J。

微波比其他电磁波，如红外线、远红外线等波长都长，因此具有更好的穿透性。

由于微波能够贯穿介电材料，能够穿透声衰减很大的非金属材料，所以微波检测技术在大多数非金属和复合材料内部的缺陷检测及各种非电量测量等方面获得了广泛的应用。

1）微波检测的原理：微波检测是通过研究微波反射、透射、衍射、干涉、腔体微扰等物理特性的改变，以及微波作用于被检测材料时的电磁特性——介电常数的损耗正切角的相对变化，并通过测量微波基本参数如微波幅度、频率、相位的变化，来判断被测材料或物体内部是否存在缺陷以及测定其他物理参数的检测方法。

微波从表面透入到材料内部，功率随透入的距离以指数形式衰减。理论上把功率衰减到只有表面处 13.6% 的深度，称为穿透深度。

2）微波检测的方法：

①穿透法：将发射和接收天线分别放在工件的两边，从接收喇叭探头取得的微波信号可以直接和微波源的微波信号进行幅值和相位的比较，用于检测材料厚度、密度和固化程度。可分为固定频率连续波穿透法、可变频率连续波穿透法、脉冲调制波穿透法。

②反射法：材料内部或背面反射的微波随材料内部或表面状态的变化而变化。可分为连续波反射法、脉冲反射法、调频波反射法。

③散射法：散射法通过测试回波强度变化来确定散射特性。检测时微波经过有缺陷的部位时被散射，因而使被接收到的微波信号比无缺陷部位要小，根据这些特性来判断工件内部是否存在缺陷。

3）微波检测应用：

①检测增强塑料、陶瓷、树脂、玻璃、橡胶、木材以及各种复合材料。

②检测各种胶接结构和蜂窝结构件中的分层、脱粘，金属加工工件表面粗糙度、裂纹等。

2.2　机械基础

2.2.1　机械零件与机械传动

2.2.1.1　机械零件

在游乐设施中，常会包含机械、电气、液压、气动、润滑、冷却、信号、控制、检测等系统的部分或全部，但是游乐设施的主体，仍然是它的机械系统。无论分解哪一台机器，它的机械系统总是由一些机构组成的，每个机构又由许多零件组成。所以，游乐设施的基本组成要素就是机械零件。

1. 机械零件总论

（1）机械零件的基本要求　机器是由机械零件组成的。因此，设计的机器是否满足前述基本要求，零件设计的好坏将起着决定性的作用。为此应对机械零件提出以下基本要求。

1）强度、刚度及寿命要求。强度是指零件抵抗破坏的能力。零件强度不足，将导致过大的塑性变形甚至断裂破坏，使机器停止工作甚至发生严重事故。

刚度是指零件抵抗弹性变形的能力。零件刚度不足，将导致过大的弹性变形，引起载荷集中，影响机器工作性能，甚至造成事故。

寿命是指零件正常工作的期限。材料的疲劳、腐蚀、相对运动零件接触表面的磨损以及高温下零件的蠕变等，是影响零件寿命的主要因素。

2）结构工艺性要求。零件应具有良好的结构工艺性。这就是说，在一定的生产条件下，零件应能方便而经济地生产出来，并便于装配成机器。

3）可靠性要求。零件可靠性的定义和机器可靠性的定义是相同的。机器的可靠性主要是由其组成零件的可靠性来保证的。

4）经济性要求。零件的经济性主要取决于零件的材料和加工成本。

5）质量小的要求。尽可能减小质量对绝大多数机械零件都是必要的。减小质量首先可节约材料，另一方面对运动零件可减小其惯性力，从而改善机器的动力性能。

（2）机械零件的主要失效形式及设计准则

1）主要失效形式：机械零件在规定的时间内和规定的条件下不能完成规定的功能称为失效。机械零件的主要失效形式有以下几种：

①整体断裂。在载荷的作用下，零件因危险截面上的应力大于材料的极限应力而引起的断裂称为整体断裂，如螺栓的断裂、齿轮轮齿的折断、轴的折断等。

②过大的弹性变形或塑性变形。机械零件受载荷时会产生弹性变形。当弹性变形量超过许可范围时，零件或机器便不能正常工作了。

③零件的表面破坏。表面破坏是发生在机械零件工作表面上的一种失效，分为磨损、点蚀和腐蚀。磨损是两个接触表面相对运动的过程中，因摩擦而引起零件表面材料丧失或转移的现象。点蚀是在变接触应力作用下发生在零件表面的局部疲劳破坏现象。腐蚀是发生在金属表面的一种电化学或化学侵蚀现象。

④破坏正常工作条件引起的失效。有些零件只有在一定的工作条件下才能正常工作，若破坏了这些必备条件则将发生不同类型的失效。

2）设计准则：为了避免机械零件的失效，设计机械零件时就应使其具有足够的工作能力。针对各种不同的零件失效形式，分别提出了相应的计算准则。常用的计算准则有：强度准则、刚度准则、寿命准则和振动稳定性准则。

（3）机械零件的标准化

对于机械零件，标准化的作用是很重要的。所谓零件的标准化，就是通过对零件的尺寸、结构、材料、检验方法等，制定出大家共同遵守的标准。标准化的优点有以下几点：

1）有利于设计人员将主要精力用于关键零部件的设计。

2）有利于合理使用原材料、节约能源、降低成本、提高质量和可靠性、提高劳动生产率。

3）增加互换性，便于进行设备维修。

4）便于产品改进，增加产品品种数量。

5）采用与国际标准一致的国家标准，有利于产品走向国际市场。

2. 机械零件的强度

（1）载荷与应力的分类

1）载荷的分类：作用在机械零件上的载荷，按其大小和方向是否随时间变化而分为静载荷和变载荷。不随时间变化或变化缓慢的载荷称为静载荷，如物体的重力；随时间做周期性或非周期性变化的载荷称为变载荷。

在机械零件的设计计算中，又将载荷分为名义载荷和计算载荷。名义载荷是根据原动机或负载的额定功率，用力学公式计算所得到的作用在零件上的载荷，它没有反映载荷随时间而变化的特征、载荷在零件上作用的不均匀性及其他影响零件载荷的因素等。严格地说，它不能作为零件设计计算时的真实载荷。计算载荷则是综合考虑了各种实际影响因素之后用于零件设计计算的载荷。

2）应力的分类：按应力的大小和方向是否随时间变化，将应力分为静应力和变应力。不随时间变化或变化缓慢的应力称为静应力，静应力只能在静载荷作用下产生，零件的失效形式主要是断裂破坏或塑性变形；随时间变化的应力称为变应力，变应力可由变载荷产生，也可由静载荷产生（见图2-66），零件的失效形式主要是疲劳失效。

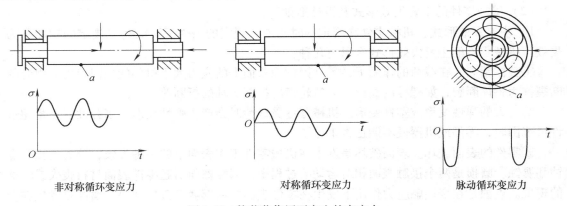

非对称循环变应力　　　　　　对称循环变应力　　　　　　脉动循环变应力

图 2-66　静载荷作用下产生的变应力

变应力可归纳为非对称循环变应力、脉动循环变应力和对称循环变应力三种基本形式。

（2）机械零件的整体强度

1）静应力下的强度：在静应力作用下，零件材料有两种损坏形式：断裂或塑性变形。对于塑性材料，可按不发生塑性变形的条件进行计算。这时应取材料的屈服极限 σ_s 作为极限应力，故许用应力 $[\sigma]$ 为

$$[\sigma] = \frac{\sigma_s}{S} \tag{2-1}$$

式中 S 为安全系数。

对于用脆性材料制成的零件，应取抗拉强度 σ_b 作为极限应力，故许用应力 $[\sigma]$ 为

$$[\sigma] = \frac{\sigma_b}{S} \tag{2-2}$$

2）许用安全系数的选择：合理选择许用安全系数是强度计算中的一项重要工作。许用

安全系数过大，机器显得笨重，而且不符合经济性原则；过小则机器可能不安全。合理选择许用安全系数的原则是：在保证安全可靠的前提下，尽可能选用较小的许用安全系数。

（3）机械零件的疲劳强度　在变应力条件下，零件的损坏形式是疲劳断裂。疲劳断裂具有以下特征：疲劳断裂的最大应力远比静应力下材料的强度极限低；不管脆性材料还是塑性材料，其疲劳断口都表现为无明显塑性变形的脆性突然断裂；疲劳断裂是损伤的积累，它的初期现象是在零件表面或表层形成微裂纹，这种微裂纹随着应力循环次数的增加而逐渐扩展，直至余下的未裂开的截面积不足以承受外载荷时，零件就突然断裂。在零件的断口上可清晰地看到这种情况（见图 2-67）。在断口上明显地有两个区域：一个是在变应力重复作用下裂纹两边相互摩擦形成的表面光滑区，另一个是最终发生脆性断裂的粗粒状区。

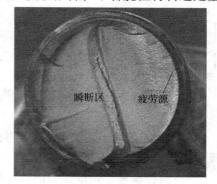

图 2-67　疲劳断裂

影响机械零件疲劳强度的主要因素有：

1）应力集中：零件受载时，其剖面几何形状突然变化处（如圆角、孔、槽、螺纹等处）的局部应力要远远大于其名义应力，这种现象称为应力集中。

2）几何尺寸：其他条件相同时，尺寸越大的零件疲劳强度越低。这是由于尺寸越大，材料晶粒越粗，出现缺陷的概率就越大，以及机加工后表面冷作硬化层相对减薄等原因引起的。

3）表面状态：当其他条件相同时，零件表面越粗糙，其疲劳强度越低。

3. 摩擦、磨损及润滑

正压力作用下相互接触的两个物体，在受到切向外力的作用而发生相对运动或有相对运动趋势时，接触面上就会产生抵抗运动的阻力，这一现象称为摩擦，产生的阻力叫作摩擦力。

摩擦引起发热、温度升高及能量损耗，同时导致接触表面物质的损失和转移，即造成接触表面的磨损。磨损将使零件的表面形状和尺寸遭到缓慢而连续破坏，使机械效率及可靠性逐渐降低，直至丧失原有的工作性能，甚至导致零件突然破坏，故摩擦导致的磨损是机械设备失效的主要原因。

为了控制摩擦、减少磨损、减少能量损失、提高机械效率、降低材料消耗、保证机器工作的可靠性，最有效的手段是将润滑剂施加于做相对运动的接触表面之间，这就是润滑。

（1）摩擦　摩擦分为内摩擦和外摩擦两大类。发生在物质内部阻碍分子间相对运动的摩擦称为内摩擦；相互接触的两个物体做相对运动或有相对运动趋势时，在接触表面上产生的阻碍相对运动的摩擦称为外摩擦。仅有相对运动趋势时的摩擦称为静摩擦；相对运动时的摩擦称为动摩擦。按摩擦性质的不同，动摩擦又分为滑动摩擦和滚动摩擦，两者的机理与规律完全不同。

根据摩擦面间摩擦状态的不同，即润滑油量及油层厚度的不同，滑动摩擦又分为干摩擦、边界摩擦、流体摩擦和混合摩擦，如图 2-68 所示。

1）干摩擦。干摩擦是指两摩擦表面间无任何润滑剂或保护膜而直接接触的纯净表面间的摩擦。真正的干摩擦只有在真空中才能见到，工程实际中并不存在，因为任何零件表面不仅会因氧化而形成氧化膜，而且或多或少会被含有润滑剂分子的气体所湿润。机械设计中通常把未经人为润滑的摩擦状态当作干摩擦处理（见图2-68a）。干摩擦的摩擦性质取决于配对材料的性质，其摩擦阻力和摩擦功耗最大，磨损最严重，零件使用寿命最短，应尽可能避免。

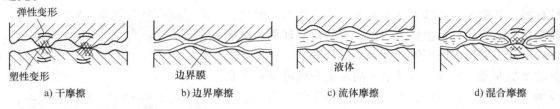

弹性变形

塑性变形　　边界膜　　液体

a) 干摩擦　　　b) 边界摩擦　　　c) 流体摩擦　　　d) 混合摩擦

图2-68　摩擦状态

2）边界摩擦。摩擦表面被吸附在表面上的边界膜隔开，摩擦性质取决于边界膜和表面吸附性能时的摩擦，称为边界摩擦，如图2-68b所示。

3）流体摩擦。两摩擦表面被流体层（液体或气体）隔开，摩擦性质取决于流体内部分子间黏性阻力的摩擦，称为流体摩擦，如图2-68c所示。流体摩擦的摩擦阻力最小，理论上没有磨损，零件使用寿命最长，对滑动轴承来说是一种最为理想的摩擦状态。但流体摩擦必须在载荷、速度和流体黏度等合理匹配的情况下才能实现。

4）混合摩擦。摩擦状态处于边界摩擦和流体摩擦的混合状态时的摩擦称为混合摩擦，如图2-68d所示。

（2）磨损　一个零件的磨损过程大致可分为三个阶段，即磨合阶段、稳定磨损阶段及剧烈磨损阶段。磨合阶段包括摩擦表面轮廓峰的形状变化和表面材料被加工硬化两个过程。在稳定磨损阶段内，零件在平稳而缓慢的速度下磨损，它标志着摩擦条件保持相对恒定。这个阶段的长短就代表使用寿命的长短。

目前磨损大体可概括为两类：一类是根据磨损结果对磨损表观的描述，如点蚀磨损、胶合磨损、擦伤磨损等；另一类是根据摩擦机理，分为磨粒磨损、粘着磨损、疲劳磨损、腐蚀磨损等。本节按后一种分类依次作简要介绍。

1）黏着磨损。在切向力的作用下，摩擦副表面的吸附膜和脏污膜遭到破坏，使表面轮廓峰在相互作用的各点处发生冷焊，由于相对运动，材料从一个表面转移到另一个表面，形成黏着磨损。在此过程中，有时材料也会再次附着回原表面，出现逆转移，或脱离所黏附的表面而成为游离颗粒。载荷越大，表面温度越高，黏附现象也越严重。严重的黏着磨损会造成运动副咬死。黏着磨损是金属摩擦副之间最普遍的一种磨损形式。

2）磨粒磨损。从外部进入摩擦面间的游离硬质颗粒（如尘土或磨损造成的金属微粒）或硬的轮廓峰尖，在较软材料表面划出很多沟纹而引起材料脱落的现象，称为磨粒磨损。磨粒磨损与摩擦副材料的硬度和磨粒的硬度有关。有时选用较便宜的材料，定期更换易磨损的零件，更符合经济原则。

3）疲劳磨损。在变接触应力的作用下，如果该应力超过材料相应的接触疲劳极限，就会在摩擦副表面或表面以下一定深度处形成疲劳裂纹，随着裂纹的扩展及相互连接，金属微粒便会从零件工作表面上脱落，导致表面出现麻点状损伤现象，即形成疲劳磨损或称为疲劳点蚀。

4）腐蚀磨损。摩擦过程中，金属与周围介质（如空气中的酸、润滑油等）发生化学或电化学反应而引起的表面损伤，称为腐蚀磨损。其中氧化磨损最为常见，这是金属摩擦副在氧化介质中工作时，接触表面反复生成、磨去氧化膜的磨损现象，实际上是化学氧化和机械磨损两种作用相继进行的过程。氧化磨损的大小取决于氧化膜的连接强度和氧化速度。

除上述 4 种基本磨损类型外，还有一些磨损现象可视为基本磨损类型的派生或复合。

（3）润滑剂　润滑剂是改善摩擦状态以减小摩擦减轻磨损的介质，同时具有防锈蚀功能。液体润滑剂采用循环润滑时，还能起到散热降温的作用。此外，润滑油膜具有缓冲、吸振的能力。润滑脂还具有密封的功能。

润滑剂可分为液体润滑剂、半固体润滑剂、固体润滑剂和气体润滑剂 4 种基本类型。

1）液体润滑剂：液体润滑剂中应用最广泛的是润滑油，它包括有机油、矿物油和合成油。

2）半固体润滑剂（润滑脂）：润滑脂是在润滑油中加入稠化剂（如钙、锂、钠的金属皂）而制成的膏状混合物，俗称黄油或干油。按用途的不同润滑脂可分为：抗磨润滑脂（主要用于改善摩擦副的摩擦状态以减缓磨损）、防护润滑脂（用于防止零件和金属制品的腐蚀）、密封润滑脂（主要用于密封真空系统、管道配件、螺纹联接等）。

3）固体润滑剂：是利用固体粉末或薄膜将摩擦表面隔开，以达到降低摩擦、减轻磨损的目的。其主要用于怕污染、不易维护和特殊工况（如载荷极大、速度极低、低温、高温、抗辐射、太空或真空等）中。

4）气体润滑剂：通过动压或静压方式由具有足够压力的气膜将运动副摩擦表面分隔开并承受外加载荷作用，从而降低运动时的摩擦阻力与表面磨损。用作润滑剂的气体主要是空气，也可以使用氮、氦、一氧化碳和水蒸气等。

4. 螺纹联接

螺纹有内螺纹和外螺纹之分，内、外螺纹共同组成螺旋副。螺纹联接和螺旋传动都是利用螺纹副零件进行工作的，但两者的工作性质并不相同，技术要求上也存在差别。起联接作用的螺纹称为联接螺纹，联接螺纹零件属于紧固件，要求保证联接强度（有时还要求紧密性）；起传动作用的螺纹称为传动螺纹，传动螺纹零件是传动件，要求保证螺旋副的传动精度、效率和使用寿命。

在通过螺纹轴线的剖面上，螺纹的轮廓形状称为螺纹牙型。按螺纹牙型不同，常用的螺纹有三角形螺纹、矩形螺纹、梯形螺纹和锯齿形螺纹。

常用的螺纹类型主要有普通螺纹、管螺纹、米制螺纹、矩形螺纹、梯形螺纹和锯齿形螺纹。前 3 种主要用于连接，后 3 种主要用于传动。各类螺纹的基本尺寸、特点及应用可查机械设计手册。

按螺纹的旋向不同，顺时针旋转时旋入的螺纹称为右旋螺纹；逆时针旋转时旋入的螺纹称为左旋螺纹。螺纹的旋向可以用右手来判定：如图 2-69 所示，伸展右手，掌心对着自己，四指并拢与螺杆的轴线平行，并指向旋入方向，若螺纹的旋向与拇指的指向一致，则为右旋螺纹，反之则为左旋螺纹。一般常用右旋螺纹。按螺旋线的数目不同，又可分成单线螺纹（沿一条螺旋线所

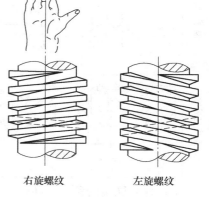

右旋螺纹　　　　左旋螺纹

图 2-69　螺纹的旋向

形成的螺纹）和多线螺纹（沿两条或两条以上的螺旋线所形成的螺纹，该螺旋线在轴向等距分布）。

（1）螺纹联接的主要类型及应用　螺纹联接的主要类型有螺栓联接、双头螺柱联接、螺钉联接和紧定螺钉联接。它们的构造、主要尺寸关系、特点及应用见表2-10。

表 2-10　螺纹联接的构造、主要尺寸关系、特点及应用

类型	构造	主要尺寸关系	特点及应用
螺栓联接	普通螺栓 铰制孔用螺栓	螺纹余留长度： ①普通螺栓联接 　静载荷 $l_1 \geq (0.3 \sim 0.5)d$ 　变载荷 $l_1 \geq 0.75d$ 　冲击、弯曲载荷 $l_1 \geq d$ ②铰制孔用螺栓联接 　l_1 尽可能小 螺纹伸出长度： 　$a \approx (0.2 \sim 0.3)d$ 螺栓轴线到边缘的距离： 　$e = d + (3 \sim 6)\text{mm}$	无须在被连接件上切制螺纹，故不受被连接件材料的限制，构造简单，装拆方便，应用广泛 用于通孔并能从连接的两边进行装配的场合
双头螺柱联接		座端拧入深度 H： 　钢或青铜 $H \approx d$ 　铸铁 $H \approx (1.25 \sim 1.5)d$ 　铝合金 $H \approx (1.5 \sim 2.5)d$ 螺纹孔深度： 　$H_1 \approx H + (2 \sim 2.5)P$ 钻孔深度： 　$H_2 \approx H_1 + (0.5 \sim 1)d$ l_1、a、e 的值同螺栓联接	双头螺柱旋紧在被连接件之一的螺孔中，用于因结构限制不能用螺栓联接的地方（如被连接零件之一太厚）或希望结构较紧凑的场合
螺钉联接			不用螺母，重量较轻，螺钉尾端的被连接件外部能有光整的外露表面，应用与双头螺柱相似，但经常拆卸易使螺孔损坏，故不宜用于经常拆卸处
紧定螺钉联接			紧固螺钉旋入一零件的螺纹孔中，并用其末端顶住另一零件的表面或顶入相应的凹坑中，以固定两零件的相对位置，并可传递不大的力和转矩

（2）螺纹联接的预紧与防松　通常螺纹联接在装配时都必须拧紧，使螺纹在承受工作载荷之前受到力的作用，这种力称为预紧力。对于重要的联接，螺纹的预紧力既不能太大也

不能太小，因为预紧力的大小对螺纹联接的可靠性、强度和密封性有着很大的影响。

1）螺纹联接的预紧。实际应用中，绝大多数的螺纹联接在装配时都必须拧紧，以使联接件在承受工作载荷前，预先受到力的作用。这种在装配时需要预紧的螺纹联接称为紧联接。

对于重要的螺纹联接，为了能够保证装配质量，装配时需要使用专用的工具，如测力矩扳手或定力矩扳手，以达到控制预紧力的目的。

2）螺纹联接的防松。螺纹联接防松的基本原理是防止螺纹副的相对转动。防松的方法有很多，常用方法如图 2-70 所示。

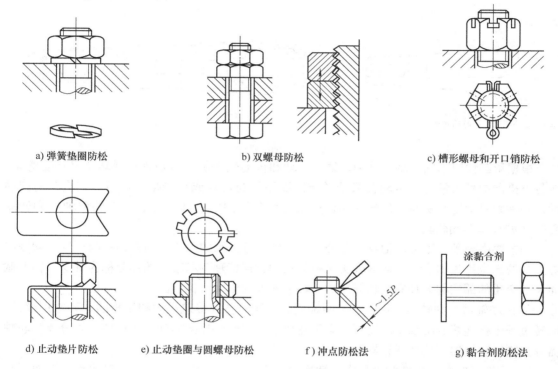

图 2-70　螺纹防松常用方法

①利用摩擦力防松。利用摩擦力防松的原理是：在螺纹副中产生正压力，以形成阻止螺纹副相对转动的摩擦力。这种防松方法适用于机械外部静止构件的联接，以及防松要求不严格的场合。一般可采用弹簧垫圈或双螺母等来实现螺纹副的摩擦力防松。

两个螺母拧紧后，利用两个螺母之间产生的对顶作用，使螺栓始终受到附加的轴向拉力，而螺母则受压，这就增大了螺纹之间的摩擦力和变形，从而达到防止螺母自动松脱的目的。

②机械方法防松。机械方法防松是指采用各种专用的止动元件来限制螺纹副的相对转动。这种防松方法比较可靠，但装拆麻烦，适用于机械内部运动构件的联接，以及防松要求较高的场合。

常用的止动元件有：槽形螺母和开口销（这种方法适用于承受冲击载荷或载荷变化加大的联接）、止动垫片防松（这种方法只能用于被联接件边缘部位的联接）、止动垫圈和圆螺母防松。

③破坏螺纹副防松。破坏螺纹副防松是在螺纹副拧紧之后，采用某种措施使螺纹副变为非螺纹副而成为不可拆联接的一种防松方法，适用于装配之后不再拆卸的场合。常用的破坏

螺纹副的方法有冲点防松法和黏合剂防松法等。

5. 轴、联轴器、离合器

（1）轴　轴主要用于支承转动的带毂零件（如齿轮、带轮等）并传递运动和动力，同时它又被滑动轴承或滚动轴承所支承。轴是机械传动中必不可少的重要零件之一。

根据轴线形状的不同，轴的种类如图 2-71 所示。

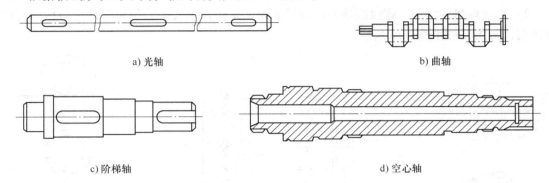

a) 光轴　　　　　　　　　　　　　　　b) 曲轴

c) 阶梯轴　　　　　　　　　　　　　　d) 空心轴

图 2-71　轴的种类

根据承载情况不同，轴可分为转轴、心轴和传动轴 3 类。转轴既传递转矩又承受弯矩，在各类机器中最为常见；传动轴只传递转矩而不承受弯矩或承受很小弯矩，如汽车的传动轴；心轴则只承受弯矩而不传递转矩。心轴又可分为固定心轴（如自行车的前轴）和转动心轴（如火车车厢轮轴）。

轴主要由轴颈、轴头、轴身 3 部分组成。轴上被支承的部位称为轴颈；与齿轮、联轴器等配合的部位称为轴头，外伸的轴头又称为轴伸；连接轴颈和轴头的部分称为轴身。轴上截面尺寸变化的部位称为轴肩或轴环，用于轴上零件的轴向定位与固定。

（2）联轴器　联轴器是用来连接两轴使其一同回转并传递运动和转矩的一种常用部件。回转过程中被连接的两轴不能脱开，必须在机器停车时将连接拆卸后才能使两轴分离。联轴器分为刚性联轴器、挠性联轴器和安全联轴器 3 大类。

1）刚性联轴器。刚性联轴器由刚性连接元件组成，元件之间不能相对运动，因而不具有补偿两轴间相对位移和缓冲减振的能力，只能用于被连接两轴在安装时能严格对中和工作中不会发生相对位移的场合。刚性联轴器主要有凸缘联轴器（见图 2-72）、套筒联轴器（见图 2-73）和夹壳联轴器等，其中凸缘联轴器的应用最为广泛。

2）挠性联轴器。挠性联轴器可分为无弹性元件挠性联轴器、非金属元件挠性联轴器、金属弹性元件挠性联轴器和组合挠

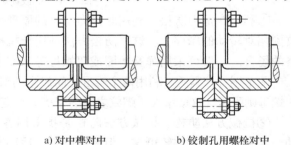

a) 对中榫对中　　　　　b) 铰制孔用螺栓对中

图 2-72　凸缘联轴器

性联轴器。挠性联轴器对两轴间相对位移的补偿方式有两种。一种是依靠连接元件间的相对可移性使两半联轴器发生相对运动，从而补偿被连接两轴安装时的对中误差以及工作时的相对位移。

另一种是在联轴器中安置弹性元件，弹性元件在受载时能产生显著的弹性变形，从而使两

半联轴器发生相对运动，以补偿两轴间的相对位移，同时弹性元件还具有一定的缓冲减振能力。制造弹性元件的材料有非金属和金属两类。非金属材料有橡胶、塑料等，其特点是质量轻，价格低，减振能力强，特别适用于工作载荷有较大变化的场合。金属材料制成的弹性元件（主要为各种弹簧）则强度高，尺寸小，寿命较长。

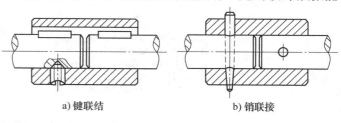

a) 键联结　　　　　　b) 销联接

图 2-73　套筒联轴器

①无弹性元件挠性联轴器。这类联轴器的组成零件间具有相对可移性，因而可以补偿两轴间的相对位移，但因为无弹性元件，故不能缓冲减振。图 2-74～图 2-78 所示为几种典型的无弹性元件挠性联轴器。

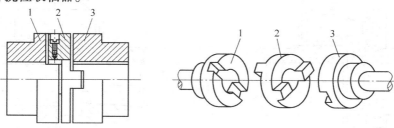

图 2-74　金属滑块联轴器

1、3—半联轴器　2—中间圆盘

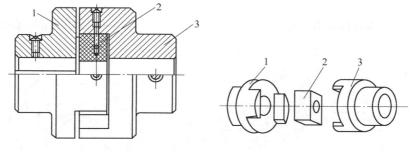

图 2-75　酚醛层压布材滑块联轴器

1、3—半联轴器　2—方形滑块

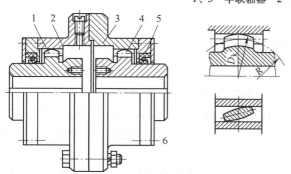

图 2-76　鼓形齿式联轴器

1、4—内套筒　2、3—外套筒　5—密封圈　6—螺栓

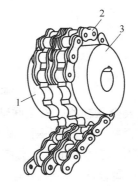

图 2-77　双排滚子链联轴器

1、3—链轮　2—双排滚子链

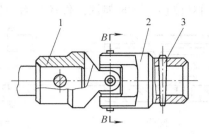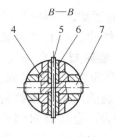

图 2-78　十字轴万向联轴器

1、2—半联轴器　3—圆锥销　4—十字轴　5—销钉　6—套筒　7—圆柱销

②非金属弹性元件挠性联轴器。非金属弹性元件挠性联轴器的类型很多，如图 2-79～图 2-82 所示。

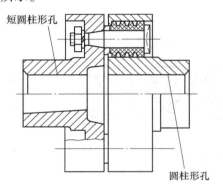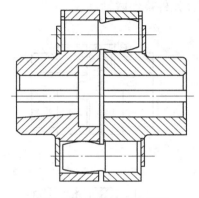

图 2-79　弹性套柱销联轴器　　　　　　　　　图 2-80　弹性柱销联轴器

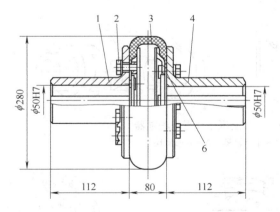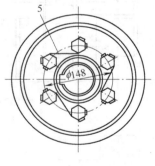

图 2-81　骨架轮胎式联轴器

1、4—半联轴器　2—螺栓　3—轮胎环　5—止退垫板　6—骨架

3）安全联轴器。安全联轴器在所传递的转矩超过规定值时，其中的连接元件便会折断、分离或打滑，使传动中断，从而保护其他重要零件不致损坏。安全联轴器可分为挠性安全联轴器和刚性安全联轴器（见图 2-83）两大类。

（3）离合器　离合器是在传递运动和动力过程中通过各种操作方式使连接的两轴随时接合或分离的一种常用机械装置。其可分为操纵离合器和自控离合器两大类。

自控离合器工作过程中，在其主动部分或从动部分的某些性能参数（如转速、转矩、转向等）发生变化时，接合元件能自行接合或分离。接合频率高，控制动作准确。自控离合器又分为超越离合器、离心离合器和安全离合器 3 类。

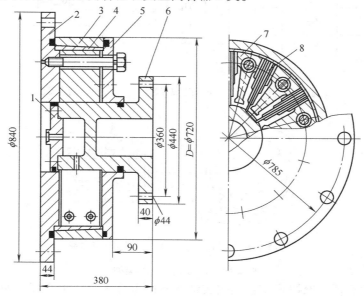

图 2-82　簧片联轴器

1—单向阀座　2—连接盘　3—外套圈　4—弹性锥环

5—侧板　6—花键槽轴　7—支承块　8—簧片组

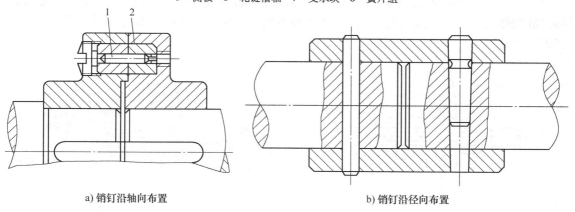

a) 销钉沿轴向布置　　　　　　　　　　　b) 销钉沿径向布置

图 2-83　刚性安全联轴器

1—销钉　2—钢套

对离合器的基本要求是：接合平稳，分离彻底，动作准确可靠；结构简单，质量轻，外形尺寸小，从动部分转动惯量小；操纵省力、方便，容易调节和维护，散热性好；接合元件耐磨损，使用寿命长。

1）操纵离合器。操纵离合器附加有操纵机构，必须通过人为操纵才能使其接合元件具有接合或分离的功能，其接合频率低，控制动作不准确。根据不同的操纵方法，操纵离合器又分为机械离合器、电磁离合器、液压离合器、气压离合器 4 种。

2）嵌合式离合器。根据组成嵌合副的接合元件的结构形状，嵌合式离合器可分为牙嵌离合器、齿形离合器、销式离合器和键式离合器等，如图 2-84 所示。

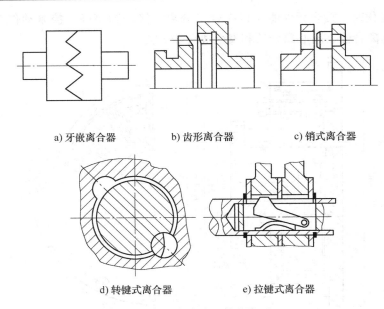

a) 牙嵌离合器　　　b) 齿形离合器　　　c) 销式离合器

d) 转键式离合器　　　e) 拉键式离合器

图 2-84　嵌合式元件的类型

3）摩擦式离合器。摩擦式离合器按其结构不同可分为片式离合器（见图 2-85 和图 2-86）、圆锥离合器、摩擦块离合器和鼓式离合器等。与嵌合式离合器相比，摩擦式离合器的优点是：接合或分离不受主、从动轴转速的限制，接合过程平稳，冲击、振动较小，过载时可发生打滑以保护其他重要零件不致损坏。其缺点是：在接合、分离过程中会发生滑动摩擦，故发热量较大，磨损较大，在接合产生滑动时不能保证被连接两轴精确同步转动，有时其外形尺寸较大。

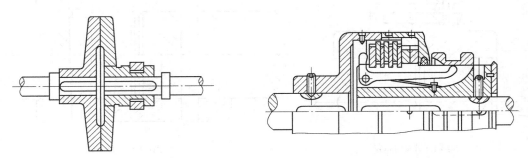

图 2-85　干式单片离合器　　　　　　　　图 2-86　多片离合器

4）电磁离合器。电磁离合器利用电磁原理实现接合与分离功能。图 2-87 所示为干式多片电磁离合器，平时该离合器的内、外片相互分离，不传递转矩。电流经过导线接头进入线圈时产生电磁力，吸引衔铁向右移动将内、外片压紧，离合器处于接合状态。

5）自控离合器。自控离合器的种类很多，这里只介绍超越离合器和安全离合器。

①超越离合器。大部分超越离合器只能按照某一转向传递转矩，反向时即自行分离。图 2-88 所示为内星轮滚柱离合器，这是一种常用的定向超越离合器，主要由星轮、外环、滚柱和弹簧顶杆等组成。

②安全离合器。当传递的转矩超过某一限定值时，离合器便自动分离，故称为安全离合器。图 2-89 所示为钢球安全离合器，它是一种较常用的安全离合器。

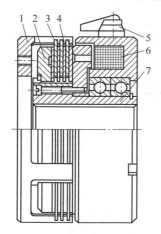

图 2-87　干式多片电磁离合器

1—鼓轮　2—衔铁　3—外片　4—内片

5—导线接头　6—线圈　7—套筒

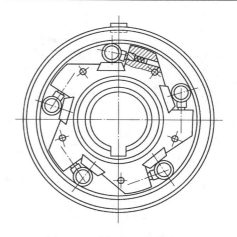

图 2-88　内星轮滚柱离合器

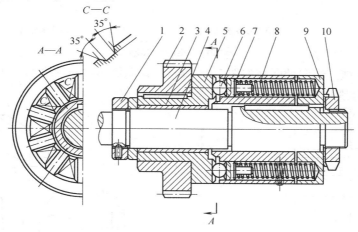

图 2-89　钢球安全离合器

1、10—螺母　2—主动齿轮　3—轴套　4—轴　5—套筒（半联轴器）　6—钢球

7—壳体（半联轴器）　8—弹簧　9—弹簧座圈

6. 轴毂联接

轴与轴上零件（如齿轮、带轮等）的连接称为轴毂联接，其功能主要是实现轴上零件的周向固定并传递转矩，有些还能实现轴向固定或轴向滑移。

（1）键联结　键联结是应用最多的轴毂联接方式，它结构简单、拆装方便、工作可靠。键联结分为平键联结、半圆键联结、楔键联结和切向键联结等 4 类。

1）平键联结。常用的平键有普通平键（见图 2-90）、薄型平键、导向平键和滑键四种。其中普通平键和薄型平键用于静联结，导向平键和滑键用于动联结。

2）半圆键联结。半圆键是一种半圆板状零件，如图 2-91 所示，也是靠键的侧面来传递转矩。

3）楔键联结。楔键联结如图 2-92 所示。楔键的上下面都是工作面，键的上表面和与它相配合的轮毂键槽底面均有 1：100 的斜度。

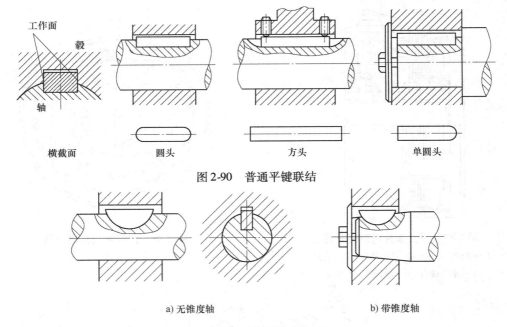

图 2-90　普通平键联结

a) 无锥度轴　　　　　　　　　b) 带锥度轴

图 2-91　半圆键联结

4）切向键联结。切向键联结如图 2-93 所示。切向键由一对斜度为 1∶100 的楔键组成，装配时，两楔键分别从轮毂两端打入并楔紧。

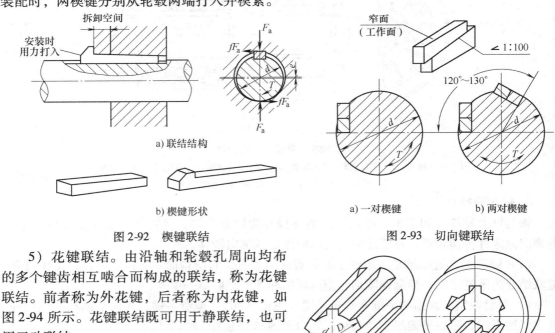

a) 联结结构

b) 楔键形状

图 2-92　楔键联结

a) 一对楔键　　　　b) 两对楔键

图 2-93　切向键联结

5）花键联结。由沿轴和轮毂孔周向均布的多个键齿相互啮合而构成的联结，称为花键联结。前者称为外花键，后者称为内花键，如图 2-94 所示。花键联结既可用于静联结，也可用于动联结。

（2）销联接　销的主要用途是定位，即固定两零件间的相对位置（见图 2-95a），这是组合加工和装配时必不可少的。销也可用于轴毂联接（见图 2-95b），可传递不大的载荷。销还

外花键　　　　　　内花键

图 2-94　花键联结

可用作安全装置中的过载剪断元件（见图 2-95c），保护机器中的重要零件。

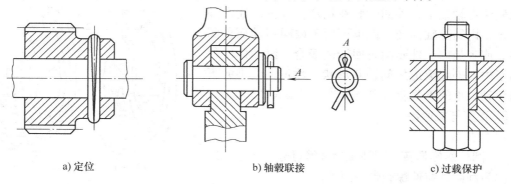

a) 定位　　　　　　　　　b) 轴毂联接　　　　　　　　　c) 过载保护

图 2-95　销的用途

销的类型很多，图 2-96 给出了 10 种销的简图，这些销均已标准化，其中以圆柱销和圆锥销应用最多。

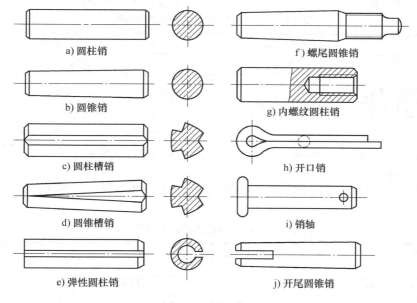

a) 圆柱销　　　　　　　　　f) 螺尾圆锥销

b) 圆锥销　　　　　　　　　g) 内螺纹圆柱销

c) 圆柱槽销　　　　　　　　h) 开口销

d) 圆锥槽销　　　　　　　　i) 销轴

e) 弹性圆柱销　　　　　　　j) 开尾圆锥销

图 2-96　销的类型

7. 轴承

（1）滑动轴承　滑动轴承按其所能承受的载荷方向的不同，可分为径向滑动轴承（承受径向载荷）、止推滑动轴承（承受轴向载荷）和径向止推滑动轴承（同时承受径向载荷和轴向载荷）。

滑动轴承按其滑动表面间摩擦状态的不同，可分为干摩擦轴承、不完全油膜轴承（处于边界摩擦和混合摩擦状态）和流体膜轴承（处于流体摩擦状态）。根据流体膜轴承中流体膜形成原理的不同，又可分为流体（液体、气体）动压轴承和流体静压轴承。

（2）滚动轴承　滚动轴承依靠元件间的滚动接触来承受载荷，相对于滑动轴承，滚动轴承具有摩擦阻力小、效率高、起动容易、润滑简便等优点，在现代机器中应用很广。按照轴承能承受的主载荷方向的不同，滚动轴承可分为向心轴承和推力轴承两大类。能承受的主载荷为径向载荷的轴承称为向心轴承；主载荷为轴向载荷的称为推力轴承。

滚动轴承的基本结构如图 2-97 所示，它由内圈、外圈、滚动体、保持架等部分组成。内圈安装在轴颈上，外圈安装在轴承座孔内。通常外圈固定，内圈随轴回转，但也可用于内圈不动而外圈回转，或者是内、外圈同时回转的场合。滚动体均匀分布于内、外圈滚道之间，其形状、数量、大小的不同对滚动轴承的承载能力和极限转速有很大的影响。

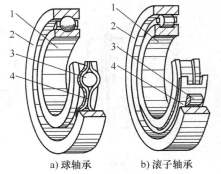

图 2-97 滚动轴承的基本结构
1—内圈 2—外圈 3—滚动体 4—保持架

8. 弹簧与减速器

（1）弹簧

1）圆柱螺旋弹簧。圆柱螺旋弹簧可分为圆柱压缩螺旋弹簧和圆柱拉伸螺旋弹簧两种。

在自由状态下，圆柱压缩螺旋弹簧各圈之间应有适当的间距存在，以便弹簧受压时有产生变形的空间。弹簧的端部可分为磨平与不磨平、相邻圈之间有并紧与不并紧等多种结构，见表 2-11。

表 2-11 圆柱压缩螺旋弹簧的端部结构

类型	冷卷压缩弹簧			热卷压缩弹簧	
代号	Y I	Y II	Y III	RY I	RY I
简图					
端圈结构形式	两端圈并紧并磨平	两端圈并紧不磨	两端圈不并紧	两端圈并紧并磨平	两端圈制扁并紧不磨平或磨平

圆柱拉伸螺旋弹簧空载时各圈相互并拢，为便于连接和加载，其两端应做出钩环，见表 2-12。

表 2-12 圆柱拉伸螺旋弹簧的端部结构

简图	代号	结构说明	简图	代号	结构说明
	L I RL I	半圆钩环		L V	长臂半圆钩环
	L II RL II	圆钩环		L VI	长臂小圆钩环
	L III RL III	圆钩环压中心		L VII（附加）	可调式钩环
	L IV	偏心圆钩环		L VIII（附加）	可转钩环

注：代号中有 R 的为热卷弹簧，其余为冷卷弹簧。

2）圆柱扭转螺旋弹簧。扭转弹簧常用于压紧、储能或传递扭矩。它的两端带有用于安装或加载的杆臂或挂钩，如图 2-98 所示。

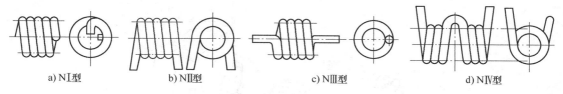

a) NⅠ型　　　b) NⅡ型　　　c) NⅢ型　　　d) NⅣ型

图 2-98　圆柱扭转螺旋弹簧

3）板弹簧。板弹簧是将多片钢板重叠在一起、具有很大刚度的一种强力弹簧。它主要用于各种车辆的减振装置和某些锻压设备中。按形状和传递载荷方式的不同，板弹簧分为椭圆形、弓形、伸臂形、悬臂形和直线形等几种。

（2）减速器　减速器是指原电动机与工作机之间独立封闭式传动装置，用来降低转速并相应地增大转矩。此外，在某些场合，也有用作增速的装置，被称为增速器。

减速器的种类很多，这里仅讨论由齿轮传动、蜗杆传动以及由它们组成的减速器。若按传动和结构特点来划分，这类减速器包括：齿轮减速器（主要有圆柱齿轮减速器、圆锥齿轮减速器和圆锥-圆柱齿轮减速器）、蜗杆减速器（主要有圆柱蜗杆减速器、环面蜗杆减速器和蜗杆-齿轮减速器）、行星齿轮减速器、摆线针轮减速器和谐波齿轮减速器，如图 2-99 所示。

上述五种减速器均有标准系列产品，使用时只需结合所需传动速率、转速、传动比、工作条件和机器的总体布置等具体要求，从产品目录或有关手册中选取即可。只有在选取不到合适的产品时，才自行设计制造。

2.2.1.2　机械传动

工作机械一般都要靠原动机供给一定形式的能量（多数是机械能）才能工作。但是，把原动机和工作机械直接连接起来的情况是很少的，往往需要在二者之间加入传递动力或者改变运动状态的传动装置。根据工作原理的不同，可将传动分为两类：机械传动（机械能不能改变为另一种形式能的传动）和电传动（机械能改变为电能，或电能改变为机械能的传动）。

在工业生产中，机械传动是一种最基本的传动方式。分析一台机器时，不论是车床、内燃机还是液压机等，其工作过程实际上包含着多种机构和部件的运动过程。例如：经常应用摩擦轮、带轮、齿轮、链轮、螺杆和蜗杆等，组成各种形式的传动装置来传递能量。

用来传递运动和动力的机械装置叫作机械传动装置。按其传递运动和动力的方式，机械传动可分为摩擦传动、啮合传动、液力传动和气力传动。按运动副构件的接触方式可分为直接接触传动和有中间挠性件（带、链等）的传动两种。

这里仅介绍几种常见的传动方式。

1. 带传动

（1）概述　根据工作原理的不同，带传动可分为摩擦传动和啮合传动两类。

带传动的工作原理是利用带作为中间挠性件，依靠带与带轮之间的摩擦力或啮合来传递运动和（或）动力的。如图 2-100 所示，把一根或几根闭合成环形的带张紧在主动轮和从动轮上，使带与两带轮之间的接触面产生正压力（或使同步带与两同步带轮上的齿相啮合），

当主动轴 O_1 带动主动轮回转时，依靠带与两带轮接触面之间的摩擦力（或齿的啮合）使从动轮带动从动轴 O_2 回转，实现两轴间运动和（或）动力的传递。

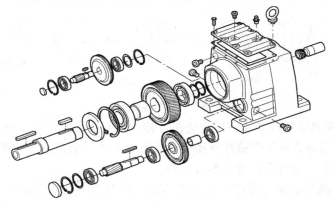

a) 齿轮减速器

b) 蜗杆减速机　　　　　　　c) 行星齿轮减速器

图 2-99　减速器

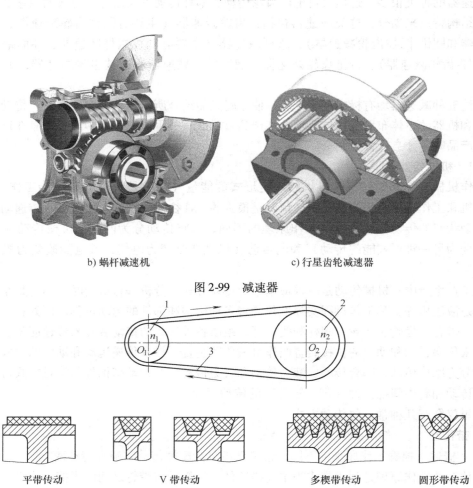

平带传动　　　　V 带传动　　　　多楔带传动　　　　圆形带传动

图 2-100　带传动
1—主动轮　2—从动轮　3—传动带

（2）带传动的主要类型和特点

1）摩擦式带传动。如图 2-100 所示，平带的横截面为扁平矩形，内表面为工作面。而 V 带的横截面为等腰梯形，两侧面为工作面。根据楔形面的受力分析可知，在相同压紧力和相同摩擦因数的条件下，V 带产生的摩擦力要比平带约大 3 倍，所以 V 带传动能力强，结构更紧凑，应用最广泛。圆带的横截面为圆形，只用于小功率传动，如缝纫机、仪器等。摩擦式带传动的带工作一段时间后，会由于松弛而使初拉力降低，需重新张紧以保证带传动的正常工作。

2）啮合式带传动。啮合式带传动是靠带的齿与带轮上的齿相啮合来传递动力的，较典型的同步带传动如图 2-101 所示。

2. 链传动

（1）链传动及其传动比　链传动是由链条和具有特殊齿形的链轮组成的传递运动和（或）动力的传动。它是一种具有中间挠性件（链条）的啮合传动。如图 2-102 所示，当主动链轮 1 回转时，依靠链条 3 与两链轮之间的啮合力，使从动链轮 2 回转，进而实现运动和（或）动力的传递。

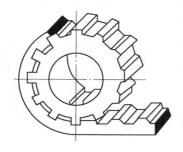

图 2-101　同步带传动

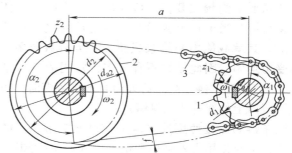

图 2-102　链传动简图

（2）链传动的常用类型　链传动的类型很多，如图 2-103 所示，最常用的是滚子链和齿形链。

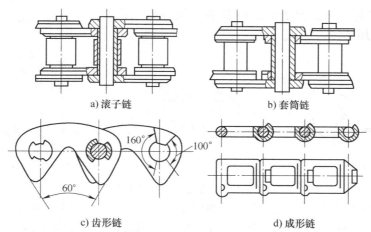

a) 滚子链　　　　　　　　b) 套筒链

c) 齿形链　　　　　　　　d) 成形链

图 2-103　链传动的类型

图 2-104 所示为滚子链（套筒滚子链），由外链板、内链板、销轴、套筒和滚子组成。销轴与外链板、套筒与内链板分别采用过盈配合连接组成外链节、内链节，销轴与套筒之间

采用间隙配合构成外、内链节的铰链副（转动副），当链条屈伸时，内、外链节之间就能相对转动。滚子装在套筒上，可以自由转动，当链条与链轮啮合时，滚子与链轮轮齿相对滚动，两者之间主要是滚动摩擦，从而减小了链条和链轮轮齿的磨损。

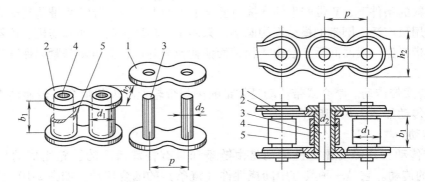

图 2-104　滚子链的结构

1—外链板　2—内链板　3—销轴　4—套筒　5—滚子

当需要承受较大载荷、传递较大功率时，可使用多排链。多排链相当于几个普通的单排链彼此之间用长销轴连接而成。其承载能力与排数成正比，但排数越多，越难使各排受力均匀，因此排数不宜过多，常用的有双排链（见图 2-105）和三排链。当载荷大而要求排数多时，可采用两根或两根以上的双排或三排链。

滚子链的连接使用连接链节或过渡链节：当链条两端均为内链节时使用由外链板和销轴组成的可拆卸连接链节，用开口销（钢丝锁销）或弹性锁片连接（见图 2-106a、b），连接后链条的链节数为偶数。当链条一端为内链节另一端为外链节时，使用过渡链节连接（见图 2-106c），连接后链条的链节数为奇数。由于过渡链节的抗拉强度较低，因此应尽量不采用。

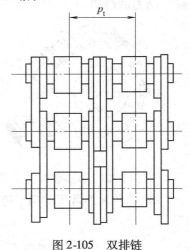

图 2-105　双排链

　　a) 开口销　　　　　　b) 弹性锁片　　　　　　c) 过渡链节

图 2-106　链条接头处的固定形式

链轮的结构如图 2-107 所示。小直径的链轮制成实心式（见图 2-107a）；中等直径的链轮可制成孔板式（见图 2-107b）；大直径的链轮可采用组合式（见图 2-107c）。

（3）链传动的应用特点　链传动中，链条的前进速度和上下抖动速度是周期性变化的，链轮的节距越大，齿数越少，链速的变化就越大。当主动链轮匀速转动时，从动链轮的角速度以及链传动的瞬时传动比都是周期性变化的，因此链传动不宜用于对运动精度有较高要求的场合。链传动的不均匀性特征，是由于围绕在链轮上的链条形成了正多边形这一特点所造成的，故称为链传动的多边形效应。

链轮的转速越高、节距越大、齿数越少，则传动的动载荷就越大。链节和链轮啮合瞬间的相对速度，也将引起冲击和动载荷。链节距越大，链轮的转速越高，则冲击越强烈。

 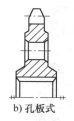 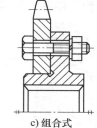

a) 实心式　　　　b) 孔板式　　　　c) 组合式

图 2-107　链轮的结构

3. 齿轮传动

（1）齿轮传动的应用特点

1）齿轮、齿轮副与齿轮传动。齿轮是任意一个有齿的机械元件，它利用齿与另一个有齿元件连续啮合，从而将运动传递给后者，或者从后者接受运动。

齿轮副是由两个互相啮合的齿轮组成的基本机构，两齿轮轴线相对位置不变，并各绕其自身的轴线转动。

齿轮传动是利用齿轮副来传递运动和（或）动力的一种机械传动，如图 2-108 所示。齿轮副的轮齿依次交替地接触，从而实现一定规律的相对运动的过程和形态称为啮合。齿轮传动属于啮合传动。当齿轮副工作时，主动轮 O_1 的轮齿 1，2，3，4，…，通过啮合点（两齿轮轮齿的接触点）处的法向作用力 F_n，逐个推动从动轮 O_2 的轮齿 1′，2′，3′，4′，…，使从动轮转动并带动从动轴回转，从而实现将主动轴的运动和动力传递给从动轴。

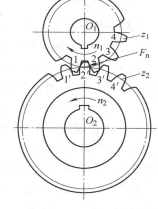

2）传动比。齿轮传动的传动比是指主动齿轮与从动齿轮角速度（或转速）的比值，也等于两齿轮齿数的反比，即

$$i_{12} = \frac{\omega_1}{\omega_2} = \frac{n_1}{n_2} = \frac{z_2}{z_1} \qquad (2\text{-}3)$$

图 2-108　齿轮传动

式中，ω_1，n_1 为主动齿轮的角速度和转速；ω_2，n_2 为从动齿轮的角速度和转速；z_1 为主动齿轮齿数；z_2 为从动齿轮齿数。

齿轮副的传动比不宜过大，否则会使结构尺寸过大，不利于制造和安装。通常，圆柱齿轮副的传动比 $i \leqslant 8$，圆锥齿轮副的传动比 $i \leqslant 5$。

（2）齿轮传动的常用类型　齿轮的种类很多，齿轮传动可以按不同方法进行分类。

1）根据齿轮副两传动轴的相对位置不同，齿轮传动可分为平行轴齿轮传动（见图 2-109）、相交轴齿轮传动（见图 2-110）和交错轴齿轮传动三种。平行轴齿轮传动属于平面传动，相交轴齿轮传动和交错轴齿轮传动属于空间传动。

2）根据齿轮分度曲面不同，齿轮传动可分为圆柱齿轮传动（见图 2-109）和锥齿轮传动（见图 2-110）。

3）根据齿线形状不同，齿轮传动可分为直齿齿轮传动（见图 2-109a、d、e 和图 2-110a）、斜齿齿轮传动（见图 2-109b、图 2-110b）和曲线齿齿轮传动（见图 2-110c）。

4）根据工作条件不同，齿轮传动可分为闭式齿轮传动、开式齿轮传动和半开式齿轮传动。前者齿轮副封闭在刚性箱体内，并能保证良好的润滑。后者齿轮副外露，易受灰尘及有害物质侵袭，且不能保证良好的润滑。

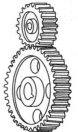
a) 直齿圆柱齿轮

b) 斜齿圆柱齿轮

c) 人字齿圆柱齿轮

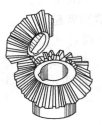
a) 直齿圆锥齿轮

b) 斜齿圆锥齿轮

d) 内啮合圆柱齿轮

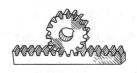
e) 齿轮齿条啮合

c) 曲齿圆锥齿轮

图 2-109　平行轴齿轮传动　　　　图 2-110　相交轴齿轮传动

5）按使用情况不同，齿轮传动可分为动力齿轮传动（以动力传输为主，常为高速重载或低速重载传动）和传动齿轮传动（以运动准确为主，一般为轻载高精度传动）。

6）按齿面硬度不同，齿轮传动可分为软齿面齿轮（齿面硬度≤350HBS）传动和硬齿面齿轮（齿面硬度＞350HBS）传动。

7）根据轮齿齿廓曲线不同，齿轮传动可分为渐开线齿轮传动、摆线齿轮传动和圆弧齿轮传动等，其中渐开线齿轮传动应用最广。

齿轮的基本参数包括模数、中心距、基本齿廓、变位系数等。其中，直齿圆柱齿轮的几何要素如图 2-111 所示。

4. 蜗杆传动

（1）蜗杆、蜗轮及其传动

1）蜗杆、蜗轮、蜗杆副等有关术语：

①蜗杆：一个齿轮，当它只具有一个或几个螺旋齿，并且与蜗轮啮合而组成交错轴齿轮副时，称为蜗杆。蜗杆的分度曲面可以是圆柱面、圆锥面或圆环面。

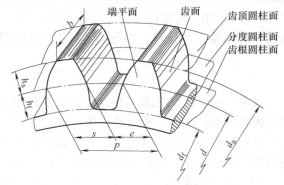
图 2-111　直齿圆柱齿轮的几何要素

②蜗轮：一个齿轮，它作为交错轴齿轮副中的大轮而与配对蜗杆相啮合时，称为蜗轮。蜗轮的分度曲面可以是圆柱面、圆锥面或圆环面。通常，它和配对的蜗杆呈线接触状态。

③蜗杆副：由蜗杆及其配对蜗轮组成的交错轴齿轮副称为蜗杆副。

④圆柱蜗杆：分度曲面为圆柱面的蜗杆。

⑤圆柱蜗杆副：由圆柱蜗杆及其配对的蜗轮组成的交错轴齿轮副。

除常用的圆柱蜗杆和圆柱蜗杆副外，还有环面蜗杆（分度曲面是圆环面的蜗杆）和环面蜗杆副（见图 2-112）；锥蜗杆（分度曲面为圆锥面的蜗杆）和锥蜗杆副（见图 2-113）。

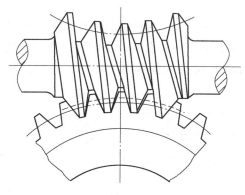

图 2-112 环面蜗杆副

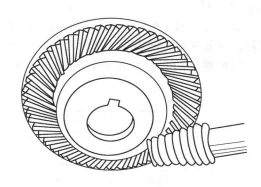

图 2-113 锥蜗杆和锥蜗杆副

2）圆柱蜗杆的分类：

①阿基米德蜗杆（ZA 蜗杆）：齿面为阿基米德螺旋面的圆柱蜗杆，其端面齿廓是阿基米德螺旋线，轴向齿廓是直线，所以又称为轴向直廓蜗杆（见图 2-114）。

②渐开线蜗杆（ZI 蜗杆）：齿面为渐开螺旋面的圆柱蜗杆，其端面齿廓是渐开线。

③法向直廓蜗杆（ZN）蜗杆：在垂直于齿线的法平面内，或垂直于齿槽中点螺旋线的法平面内，或垂直于齿厚中点螺旋线的法平面内的齿廓为直线的圆柱蜗杆，均称为法向直廓蜗杆。

④锥面包络圆柱蜗杆（ZK 蜗杆）。

⑤圆弧圆柱蜗杆（ZC 蜗杆）。

注意：阿基米德蜗杆的加工方法与车削梯形螺纹的方法类似，工艺性能较好，制造和测量均很方便，是应用最为广泛的一种圆柱蜗杆。

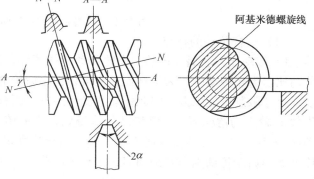

图 2-114 阿基米德蜗杆

3）蜗杆传动：

①蜗杆传动的组成。蜗杆传动是

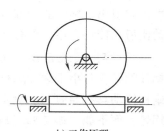

a）基本组成　　　　　b）工作原理

图 2-115 蜗杆传动

利用蜗杆副传递运动和（或）动力的一种机械传动。蜗杆传动是由交错轴斜齿轮传动演变而成。蜗杆与蜗轮的轴线在空间互相垂直交错成 90°，即轴交角 $\Sigma = 90°$（见图 2-115），通常情况下，蜗杆是主动件，蜗轮是从动件。

蜗杆传动类似于螺旋传动。按蜗杆轮齿的螺旋方向不同，蜗杆有右旋和左旋之分，蜗杆螺旋线符合螺旋右手定则，即为右旋（R），反之为左旋（L），常用的为右旋蜗杆。蜗杆副中配对的蜗轮，其旋向与蜗杆相同。蜗杆轮齿的总数（蜗杆的齿数）称为蜗杆头数 z_1。只有 1 个齿的蜗杆称为单头蜗杆，有两个或两个以上齿的蜗杆称为多头蜗杆（通常蜗杆头数 $z_1 = 1 \sim 4$）。

②回转方向的判定。蜗杆传动时，蜗轮的回转方向不仅与蜗杆的回转方向有关，而且与蜗杆轮齿的螺旋方向有关。蜗轮回转方向的判定方法如下：蜗杆右旋时用右手，左旋时用左手。半握拳，四指指向蜗杆回转方向，蜗轮的回转方向与大拇指指向相反，如图 2-116 所示。

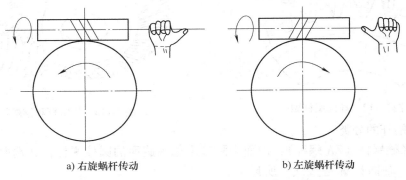

a) 右旋蜗杆传动　　　　　　　　b) 左旋蜗杆传动

图 2-116　蜗杆传动中蜗轮回转方向的判定

（2）蜗杆传动的特点

1）传动比大。蜗杆传动与齿轮传动一样能够保证准确的传动比，而且可以获得很大的传动比。齿轮传动中，为了避免发生根切，小齿轮的齿数不能太少，大齿轮的齿数又受传动装置尺寸限制不能太多，因此传动比受到限制。蜗杆传动中，蜗杆的头数 $z_1 = 1 \sim 4$，在蜗轮齿数 z_2 较少的情况下，单级传动就能得到很大的传动比。用于动力传动的蜗杆副，通常传动比 $i = 10 \sim 30$；一般传动时 $i = 8 \sim 60$；用于分度机构时可达 $i = 600 \sim 1000$，这样大的传动比，如用齿轮传动则需要采用多级传动才能获得。因此，在传动比较大时，蜗杆传动具有结构紧凑的特点。

2）传动平稳及噪声小。蜗杆的齿为连续不断的螺旋面，传动时与蜗轮间的啮合是逐渐进入和退出，蜗轮的齿基本上是沿螺旋面滑动的，而且同时啮合的齿数较多，因此，蜗杆传动比齿轮传动平稳，没有冲击，噪声小。

3）容易实现自锁。和螺旋传动一样，当蜗杆的导程角小于蜗杆副材料的当量摩擦角时，蜗杆传动具有自锁性。此时，只能由蜗杆带动蜗轮，而不能由蜗轮带动蜗杆。这一特性用于机械设备中，能起到安全保险的作用。图 2-117 所示的手动起重装置，就是利用蜗杆的自锁特性使重物 G 停留在任意位置上，而不会自动下落。单头蜗杆的导程角较小，一般 $\gamma < 5°$，大多具有自锁性，而多头蜗杆随头数增多导程角增大，不一定具有自锁能力。例如：采用蜗轮蜗杆传动的电梯，为了提高传动的效率，常使用多头蜗杆，不一定具有自锁能力。

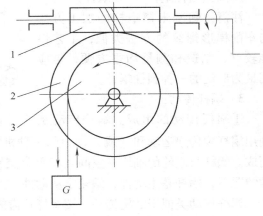

图 2-117　蜗杆自锁的应用
1—蜗杆　2—蜗轮　3—卷筒

4）承载能力大。蜗杆传动中，蜗轮的分度圆柱面的素线由直线改为弧线，使蜗杆与蜗轮的啮合是线接触，同时进入啮合的齿数较多，因此与点接触的交错轴斜齿轮传动相比，承载能力大。

5）传动效率低。蜗杆传动时，啮合区相对滑动速度很大，磨损损失较大，因此传动效率较齿轮传动低。一般蜗杆传动的效率 $\eta = 0.7 \sim 0.8$，具有自锁性的蜗杆传动，其效率 $\eta < 0.5$。传动效率低限制了传递功率，一般蜗杆传动的功率不超过 50kW。为了提高蜗杆传动的效率，减少传动中的摩擦，除应具有良好的润滑和冷却条件外，蜗轮还常采用青铜等减摩材料制造，因而成本较高。

6）制造和安装要求高　对制造和安装误差很敏感，安装时对中心距的尺寸精度要求较高。

5. 摩擦轮传动

利用两个或两个以上互相压紧的轮子间的摩擦力传递动力和运动的机械传动称为摩擦轮传动。摩擦轮传动可分为定传动比传动和变传动比传动两类。传动比基本固定的定传动比摩擦轮传动又分为圆柱平摩擦轮传动、圆柱槽摩擦轮传动和圆锥摩擦轮传动3 种型式，如图 2-118 所示。前两种型式用于两平行轴之间的传动，后一种型式用于两交叉轴之间的传动。工作时摩擦轮之间必须有足够的压紧力，以免发生打滑现象，损坏摩擦轮影响正常传动。在相同径向压力的条件下，槽摩擦轮传动可以产生较大的摩擦力，比平摩擦轮具有较高的传动能力，但槽轮易于磨损。变传动比摩擦轮传动易实现无级变速，并具有较大的调速幅度。机械无级变速器如图 2-119 所示，图中主动轮按箭头方向移动时，从动轮的转速便连续地变化；当主动轮移过从动轮轴线时从动轮就反向转动。摩擦轮传动结构简单、传动平稳、传动比调节方便、过载时尚能产生打滑而避免损坏装置；但其传动比不大、效率低、磨损大，而且通常轴上受力大，所以主要用于传递动力不大或需要无级调速的情况。

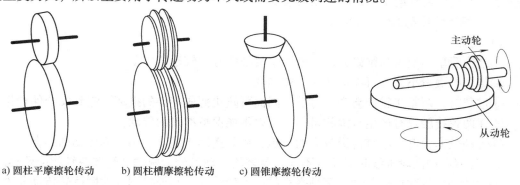

a) 圆柱平摩擦轮传动　　b) 圆柱槽摩擦轮传动　　c) 圆锥摩擦轮传动

图 2-118　摩擦轮传动　　　　　　　　　图 2-119　无级变速器

对摩擦材料的主要要求是，耐磨性好、摩擦因数大和接触疲劳强度高。在高速、高效率和要求尺寸紧凑的传动中，摩擦轮常采用淬火钢对淬火钢，并放在油中运行。而干式摩擦传动常采用铸铁对铸铁、钢铁对木材或布质酚醛层压板，或在从动轮面覆盖一层皮革、石棉基材料或橡胶等。

摩擦轮传动的设计主要是根据所需传递的圆周力计算压紧力。用金属作为摩擦材料时应限制工作面的接触应力；用非金属时则限制单位接触线上的压力。

（1）摩擦轮传动的工作原理　摩擦轮传动是利用两轮直接接触所产生的摩擦力来传递运

动和动力的一种机械传动。图 2-120a 所示为最简单的外接圆柱式摩擦轮传动，由两个相互压紧的圆柱形摩擦轮组成。在正常传动时，主动轮依靠摩擦力的作用带动从动轮转动，并保证两轮面的接触处有足够大的摩擦力，使主动轮产生的摩擦力矩足以克服从动轮上的阻力矩。如果摩擦力矩小于阻力矩，两轮面接触处在传动中会出现相对滑移现象，这种现象称为"打滑"。

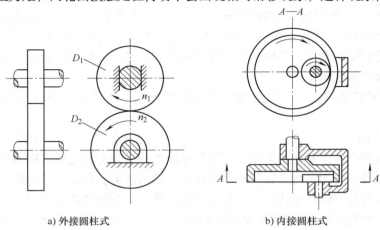

a) 外接圆柱式　　　　　　　　　　b) 内接圆柱式

图 2-120　两轴平行的摩擦轮传动

增大摩擦力的两种途径：一是增大正压力，二是增大摩擦因数。增大正压力可以在摩擦轮上安装弹簧或其他施力装置。但这样会增加作用在轴与轴承上的载荷，导致增大传动件的尺寸，使机构笨重。因此，正压力只能适当增加。增大摩擦因数的方法，通常是将其中一个摩擦轮用钢或铸铁材料制造，在另一个摩擦轮的工作表面，粘上一层石棉、皮革、橡胶布、塑料或纤维材料等。轮面较软的摩擦轮宜作主动轮，这样可以避免传动中产生打滑，致使从动轮的轮面遭受局部磨损而影响传动质量。

（2）摩擦轮传动的特点和类型

1）特点：

①结构简单，使用与维修方便，适用于两轴中心距较近的传动。

②传动时噪声小，并可在运转中变速和变向。

③过载时，两轮接触处会产生打滑，因而可防止薄弱零件的损坏，起到安全保护作用。

④在两轮接触处有产生打滑的可能，所以不能保持准确的传动比。

⑤传动效率较低，不宜传递较大的转矩，主要适用于高速、小功率传动的场合。

2）类型：按两轮轴线相对位置不同，摩擦轮传动可分为两轴平行和两轴相交两类。

①两轴平行的摩擦轮传动。两轴平行的摩擦轮传动，有外接圆柱式摩擦轮传动和内接圆柱式摩擦轮传动两种，如图 2-120 所示。前者两轴转动方向相反，后者两轴转动方向相同。

②两轴相交的摩擦轮传动。两轴相交的摩擦轮传动，其摩擦轮多为圆锥形，并有外接圆锥式和内接圆锥式两种。此外，还有圆柱圆盘式结构。圆锥形摩擦轮安装时，应使两轮的锥顶重合，以保证两轮锥面上各接触点处的线速度相等。

（3）常见故障及其排除方法　摩擦轮传动的失效形式除打滑外，主要是摩擦副及加压装置的表面点蚀、塑性变形、磨损、胶合或烧伤。

湿式工作且两轮均为金属材料时，主要失效为传动打滑及表面点蚀。可按保证有一定的滑动安全系数条件下对传动进行接触强度计算，一般还要进行热平衡计算，以防油漏过高润滑剂失效引起胶合。

干式工作且两轮均为金属材料时，主要失效为传动打滑及磨损和点蚀，一般仍按保证有一定滑动安全系数条件下对传动进行接触强度计算。而当有一轮为软性非金属材料时，主要失效则为打滑、磨损与发热，特别是橡胶的曲挠应力使内部迅速发热，其散热能力较差易形成内部烧伤。

6. 螺旋传动

利用螺杆和螺母的啮合来传递动力和运动的机械传动称为螺旋传动。它主要用于将旋转运动转换成直线运动，将转矩转换成推力。按工作特点，螺旋传动用的螺旋分为传力螺旋、传导螺旋和调整螺旋。传力螺旋是以传递动力为主，它用较小的转矩产生较大的轴向推力，一般为间歇工作，工作速度不高，而且通常要求自锁。传导螺旋是以传递运动为主，常要求具有高的运动精度，一般在较长时间内连续工作，工作速度也较高，如机床的进给螺旋（丝杠）。调整螺旋是用于调整并固定零件或部件之间的相对位置，一般不经常转动，要求自锁，有时也要求很高精度，如机器和精密仪表微调机构的螺旋。

（1）螺旋传动的分类　按螺纹间摩擦性质，螺旋传动可分为滑动螺旋传动和滚动螺旋传动。滑动螺旋传动又可分为普通滑动螺旋传动和静压螺旋传动。

1）滑动螺旋传动。通常所说的滑动螺旋传动就是普通滑动螺旋传动。滑动螺旋通常采用梯形螺纹和锯齿形螺纹，其中梯形螺纹应用最广，锯齿形螺纹用于单面受力。矩形螺纹由于工艺性较差，强度较低等原因应用很少；对于受力不大和精密机构的调整螺旋，有时也采用三角螺纹。一般螺纹升程和摩擦因数都不大，因此虽然轴向力 F 相当大，而转矩 T 则相当小。传力螺旋就是利用这种工作原理获得机械增益的。升程越小则机械增益的效果越显著。滑动螺旋传动的效率低，一般为 30%～40%，能够自锁。而且其磨损大、寿命短，还可能出现爬行等现象。

2）滚动螺旋传动。用滚动体在螺纹工作面间实现滚动摩擦的螺旋传动叫作滚动螺旋传动，又称为滚珠丝杠传动。滚动体通常为滚珠，也有用滚子的。滚动螺旋传动的摩擦因数、效率、磨损、寿命、抗爬行性能、传动精度和轴向刚度等虽比静压螺旋传动稍差，但远比滑动螺旋传动为好。滚动螺旋传动的效率一般在 90% 以上。它不能实现自锁，具有传动的可逆性；但结构复杂，制造精度要求高，抗冲击性能差。它已广泛应用于机床、飞机、船舶和汽车等要求高精度或高效率的场合。滚动螺旋传动的结构型式，按滚珠循环方式分为外循环和内循环。外循环的导路为一导管，将螺母中几圈滚珠联成一个封闭循环。内循环用反向器，一个螺母上通常有 2～4 个反向器，将螺母中滚珠分别联成 2～4 个封闭循环，每圈滚珠只在本圈内运动。外循环的螺母加工方便，但径向尺寸较大。为提高传动精度和轴向刚度，除采用滚珠与螺纹选配外，常用各种调整方法以实现预紧。

3）静压螺旋传动。螺纹工作面间形成液体静压油膜润滑的螺旋传动称为静压螺旋传动。静压螺旋传动的摩擦因数小，传动效率可达 99%，无磨损和爬行现象，无反向空程，轴向刚度很高，不自锁，具有传动的可逆性，但螺母结构复杂，而且需要有一套压力稳定、温度恒定和过滤要求高的供油系统。静压螺旋常被用作精密机床进给和分度机构的传导螺旋。这种螺旋采用牙型较高的梯形螺纹。在螺母每圈螺纹中径处开有 3～6 个间隔均匀的油腔。同一母线上同一侧的油腔连通，用一个节流阀控制。油泵将精滤后的高压油注入油腔，油经过摩擦面间缝隙后再由牙根处回油孔流回油箱。当螺杆未受载荷时，牙两侧的间隙和油压相同。当螺杆受向左的轴向力作用时，螺杆略向左移，当螺杆受径向力作用时，螺杆略向下移。当螺杆受弯矩作用时，螺杆略偏转。由于节流阀的作用，在微量移动后各油腔中油压发生变化，螺杆平衡于某一位置，保持某一油膜厚度。

（2）螺旋传动的特点　螺旋运动是构件的一种空间运动，它由具有一定制约关系的转动及沿转动轴线方向的移动两部分组成。组成运动副的两构件只能沿轴线作相对螺旋运动的运动副称为螺旋副。

螺旋传动是利用螺旋副来传递运动和（或）动力的，可以方便地把主动件的回转运动转变为从动件的直线运动。

与其他将回转运动转变为直线运动的传动装置（如曲柄滑块机构）相比，螺旋传动具有结构简单，工作连续、平稳，承载能力大，传动精度高等优点，因此广泛应用于各种机械和仪器中。它的缺点是摩擦损失大，传动效率较低；但滚动螺旋传动的应用，已使螺旋传动摩擦大、易磨损和效率低的缺点得到了很大程度的改善。一般螺旋传动都具有自锁作用。

2.2.2　液压传动

液压系统是以液体为工作介质，以液体的压力能进行运动和动力传递的一种传动方式，其传动模型如图2-121所示。与机械传动相比，液压系统具有传递动力大、体积小、重量轻、结构紧凑、易于调速控制和实现自动化等许多优点，因此在游乐设施中广泛应用。

2.2.2.1　常见液压元件

液压系统主要是由动力元件（液压泵）、执行元件（液压缸或液压马达）、控制元件（各种阀）、辅助元件等液压元件和工作介质（液压油）构成。

1. 液压元件分类

液压元件有动力元件、执行元件、控制元件和辅助元件等4类。

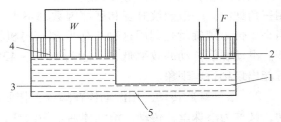

图2-121　液压系统的传动模型
1，3—缸体　2，4—活塞　5—连通管

（1）动力元件　是利用液体把原动机的机械能转换成液压能，也是液压系统中的动力部分。它主要包括齿轮泵、叶片泵、柱塞泵、螺杆泵等。

（2）执行元件　是将液体的液压能转换成机械能的部分。它主要包括液压缸和液压马达。液压缸有活塞液压缸、柱塞液压缸、摆动液压缸、组合液压缸等；马达有齿轮式液压马达、叶片液压马达、柱塞液压马达等。

（3）控制元件　是根据需要无级调节液动机的速度，并对液压系统中工作液体的压力、流量和流向进行调节与控制。它包括方向控制阀、压力控制阀和流量控制阀。方向控制阀有单向阀、换向阀等；压力控制阀有溢流阀、减压阀、顺序阀、压力继电器等；流量控制阀有节流阀、调速阀、分流阀等。

（4）辅助元件　是指除上述三部分以外的其他元件，包括蓄能器、过滤器、冷却器、加热器、油管、管接头、油箱、压力计、流量计和密封装置等。

2. 液压动力元件

液压泵是液压系统中主要的动力装置，即动力源，在系统中的作用十分重要。

（1）液压泵的分类

1）单柱塞液压泵。柱式液压泵都是依靠密封容积变化的原理进行工作的，故一般称为容积式液压泵。图 2-122 所示为单柱塞液压泵的工作原理，图中柱塞 2 装在缸体 3 中形成一个密封油腔 7，柱塞在弹簧 4 的作用下始终压紧在偏心轮 1 上。原动机驱动偏心轮 1 旋转使柱塞 2 作往复运动，使密封油腔 7 的大小发生周期性的交替变化。当油腔 7 由小变大时就形成部分真空，使油腔中油液在大气压作用下，经吸油管顶开单向阀 6 进入油腔 7 而实现吸油；反之，当油腔 7 由大变小时，油腔 7 中吸满的油液将顶开单向阀 5 流入系统而实现压油。这样液压泵就将原动机输入的机械能转换成液体的液压能，原动机驱动偏心轮不断旋转，液压泵就不断地吸油和压油。

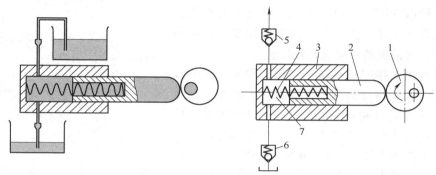

图 2-122　液压泵的工作原理

1—偏心轮　2—柱塞　3—缸体　4—弹簧　5—排油单向阀　6—吸油单向阀
7—密封油腔

2）齿轮泵。齿轮泵是液压系统中广泛采用的一种液压泵，它一般做成定量泵，按结构不同，齿轮泵分为外啮合齿轮泵和内啮合齿轮泵，而以外啮合齿轮泵应用最广。下面以外啮合齿轮泵为例来剖析齿轮泵。

图 2-123 所示为外啮合齿轮泵的结构。这种齿轮泵主要由一对几何参数完全相同的主动齿轮 4 和从动齿轮 8、传动轴 6、泵体 3、前泵盖 5、后泵盖 1 等零件组成。

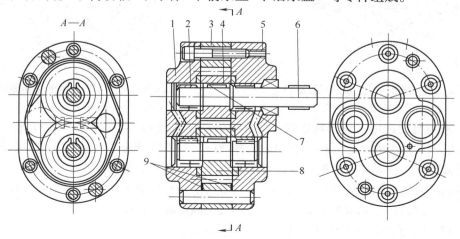

图 2-123　外啮合齿轮泵的结构

1—后泵盖　2—滚针轴承　3—泵体　4—主动齿轮　5—前泵盖　6—传动轴　7—键　8—从动齿轮　9—O 形密封圈

图 2-124 为外啮合齿轮泵的工作原理。原动机带动齿轮按图示方向旋转时，右侧的齿轮不断退出啮合，而左侧的齿轮不断进入啮合，因啮合点的啮合半径小于齿顶圆半径，右侧退出啮合的轮齿露出齿间，其密封工作腔容积逐渐增大，形成局部真空，油箱中的油液在大气压力的作用下经泵的吸油口进入这个密封油腔——吸油腔。随着齿轮的转动，吸入的油液被齿间转移到左侧的密封工作腔。左侧进入啮合的轮齿使使密封油腔的压油腔容积逐渐减少，把齿间油液挤出，从压油口输出，压入液压系统。齿轮连续旋转，泵连续不断地吸油和压油。

3）叶片泵。叶片泵的结构较齿轮泵复杂，但其工作压力较高，且流量脉动小，工作平稳，噪声较小，寿命较长。所以它被广泛应用于机械制造中的专用机床、自动线等中低液压系统中，但其结构复杂，吸油特性不太好，对油液的污染也比较敏感。

根据各密封工作容积在转子旋转一周吸、排油液次数的不同，叶片泵分为两类，即完成一次吸、排油液的单作用叶片泵（见图 2-125）和完成两次吸、排油液的双作用叶片泵（见图 2-126）。单作用叶片泵多为变量泵，工作压力最大为 7.0MPa，双作用叶片泵均为定量泵，一般最大工作压力为 7.0MPa，结构经改进的高压叶片泵最大的工作压力可达 16.0～21.0MPa。

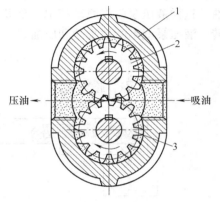

图 2-124　外啮合齿轮泵的工作原理
1—壳体　2—主动齿轮　3—从动齿轮

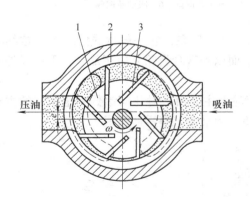

图 2-125　单作用叶片泵的工作原理
1—定子　2—转子　3—叶片

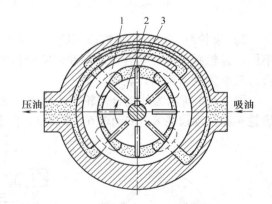

图 2-126　双作用叶片泵的工作原理
1—定子　2—转子　3—叶片

（2）液压泵的选用　液压泵是液压系统提供一定流量和压力的油液动力元件，它是每个液压系统不可缺少的核心元件，合理地选择液压泵对于降低液压系统的能耗、提高系统的效率、降低噪声、改善工作性能和保证系统的可靠工作都十分重要。

选择液压泵的原则是：根据主机工况、功率大小和系统对工作性能的要求，首先确定液压泵的类型，然后按系统所要求的压力、流量大小确定其规格型号。

表 2-13 列出了液压系统中常用液压泵的性能比较。

一般来说，由于各类液压泵各自突出的特点，其结构、功用和动转方式各不相同，因此应根据不同的使用场合选择合适的液压泵。

表 2-13　液压系统中常用液压泵的性能比较

性能	外啮合齿轮泵	双作用叶片泵	限压式变量叶片泵	径向柱塞泵	轴向柱塞泵	螺杆泵
输出压力	低压	中压	中压	高压	高压	低压
流量调节	不能	不能	能	能	能	不能
效率	低	较高	较高	高	高	较高
输出流量脉动	很大	很小	一般	一般	一般	最小
自吸特性	好	较差	较差	差	差	好
对油污的敏感性	不敏感	较敏感	较敏感	很敏感	很敏感	不敏感
噪声	大	小	较大	大	大	最小

3. 执行元件

它是将液体的液压能转换成机械能器件，如液压缸和马达等。其中，液压缸做直线运动，马达做旋转运动。

（1）液压缸

1）液压缸的类型和特点：按运动方式分，液压缸可分为直线运动（活塞式、柱塞式）液压缸、摆动（摆动液压缸）液压缸；按作用方式分，它又可分为单作用液压缸和双作用液压缸。单作用液压缸又分为活塞单向作用（由弹簧使活塞复位）的液压缸和柱塞单向作用（由外力使柱塞返回）的液压缸两种。双作用液压缸又分为活塞双作用左右移动速度不等的液压缸和双柱塞双作用的液压缸；按结构形式分为活塞式、柱塞式、摆动式 3 种液压缸。

2）液压缸的结构：液压缸由缸体组件、活塞组件、密封装置等部分组成。常用的缸体组件结构如图 2-127 所示。另外，还有缸筒和端盖采用拉杆连接和焊接式连接的结构。活塞组件由活塞、活塞杆组成，它又分为整体式和分体式两种。

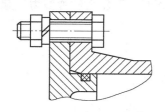 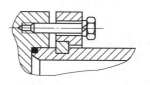 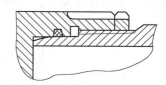

a) 缸筒和端盖采用法兰连接　　　　b) 筒和盖采用半圆连接　　　　c) 筒和盖采用螺纹连接

图 2-127　缸体组件结构

密封装置，液压缸中的密封主要指活塞和缸体之间，活塞杆和端盖之间的密封，用于防止内、外泄漏。密封装置的要求是：在一定工作压力下，具有良好的密封性能；相对运动表面之间的摩擦力要小，且稳定；要耐磨，工作寿命长，或磨损后能自动补偿；使用维护简单，制造容易，成本低。

密封形式有间隙密封、活塞环密封和密封圈密封 3 种。一般使用密封圈密封。其优点是，结构简单，制造方便，成本低；能自动补偿磨损；密封性能可随压力加大而提高，密封可靠；被密封的部位，表面不直接接触，所以加工精度可以降低；既可用于固定件，也可用于运动件。

（2）液压马达　液压马达是把液压能转变为机械能的一种能量转变装置。从能量互相转换的观点看，泵和马达可以依据一定条件而转化。当马达带动其转动时，即为泵，输出液压油（流量和压力）；当向其通入液压油时，即为马达，输出机械能（转矩和转速）。从工作原理上讲，它们是可逆的，但由于用途不同，故在结构上各有其特点。因此，在实际工作中大部分泵和马达是不可逆的。

4. 液压控制元件

阀类元件的作用是调节与控制液压系统油液的压力、油流的方向和流量，使系统在安全的条件下按规定的要求平稳而协调地工作。

（1）控制阀的分类　液压阀一般分为压力控制阀、方向控制阀和流量控制阀3大类，但若按控制方式不同可分为如下3类。

1）开关或定值控制阀：借助于手调机构或通断电磁铁，控制液流通路的开闭，或定值控制液流的压力流量。这类阀最为常见，称为普通液压阀。

2）比例控制阀：这类阀的输出量与输入量成正比，即输出量可按输入量的变化规律连续成比例地进行调节。如比例压力阀、比例流量阀、比例方向阀。

3）伺服控制阀：输入信号对输出信号（流量、压力）进行连续、成比例的控制。与比例阀不同的是，其动态性能和静态性能好，主要用于快速、高精度的控制系统中。

（2）方向控制阀　方向控制阀在液压系统中起阻止和引导油液按规定的流向进出通道，即在油路中起控制油液流动方向的作用。其可分为单向阀和换向阀两类。

1）单向阀：单向阀的作用是控制油液的单向流动（单向导通，反向截止）。其性能要求是，正向流动阻力损失小，反向时密封性好，动作灵敏。它可分为普通单向阀和液控单向阀两种。

①普通单向阀。图2-128所示为一种管式普通单向阀，液压油从阀体左端的通口流入时克服弹簧3作用在阀芯上的力，使阀芯向右移动，打开阀口，并通过阀芯上的径向孔a、轴向孔b从网体右端的通口流出；但是液压油从阀体右端的通口流入时，液压力和弹簧力一起使阀芯压紧在阀座上，使阀口关闭，油液无法通过。

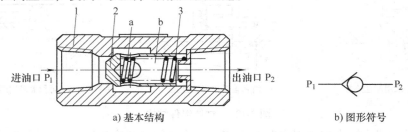

进油口 P_1　　　　出油口 P_2　　　　P_1　　P_2

a) 基本结构　　　　　　　　b) 图形符号

图2-128　单向阀

1—阀套　2—阀芯　3—弹簧

②液控单向阀。如图2-129所示，当控制口K处有液压油通入时，控制活塞1右侧a腔通泄油口（图中未画出），在液压力作用下活塞向右移动，推动顶杆2顶开阀芯，使油口 P_1 和 P_2 接通，油液就可以从 P_2 口流向 P_1 口。

2）换向阀：利用阀芯对阀体的相对运动，使油路接通、关断或变换油流的方向，从而实现液压执行元件及其驱动机构的启动、停止或变换运动方向。按阀芯相对于阀体的运动方式，换向阀可分为滑阀和转阀。按阀芯工作时在阀体中所处的位置，换向阀分为二位和三位等；按换向阀所控制的通路数不同，换向阀分为二通、三通、四通和五通等。

①工作原理。滑阀式换向阀的工作原理如图 2-130a 所示，当阀芯向右移动一定距离时，由液压泵输出的液压油从阀的 P 口经 A 口流向液压缸左腔，液压缸右腔的油经 B 口流回油箱，液压缸活塞向右运动；反之，若阀芯向左移动某一距离时，液流反向，活塞向左运动。

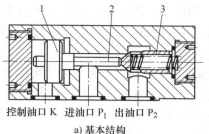

a) 基本结构　　　　　　　b) 图形符号

控制油口 K　进油口 P_1　出油口 P_2

图 2-129　液控单向阀

1—活塞　2—阀芯　3—弹簧

②控制方式。换向阀按换向方法不同，换向阀可分为手动、机动、电磁、液动和电液 5 种类型。

a. 手动换向阀：是利用手动杠杆来改变阀芯位置实现换向的阀门。它又分为弹簧自动复位和弹簧钢珠定位两种。

图 2-131a 所示为自动复位式换向阀，可用手操作使换向阀左位或右位工作，但当操纵力取消后，阀芯便在弹簧力作用下自动恢复至中位，停止

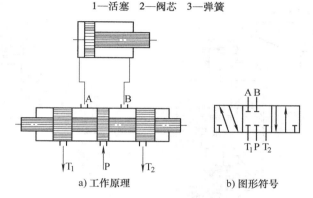

a) 工作原理　　　　　　　b) 图形符号

图 2-130　换向阀

工作。因而适用于换向动作频繁，工作持续时间短的场合。图 2-131b 所示为钢球定位式换向阀，其阀芯端部的钢球定位装置可使阀芯分别停止在左、中、右三个位置上，当松开手柄后，阀仍保持在所需的工作位置上，因而可用于工作持续时间较长的场合。

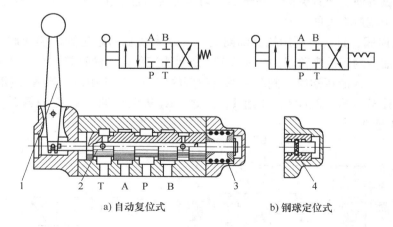

a) 自动复位式　　　　　　b) 钢球定位式

图 2-131　手动换向阀

1—手柄　2—阀芯　3—弹簧　4—钢球

b. 机动换向阀：又称为行程阀，主要用来控制机械运动部件的行程，借助于安装在工作台上的挡铁或凸轮迫使阀芯运动，从而控制液流方向。图 2-132 所示为二位二通机动换向阀。在图示位置，阀芯 3 在弹簧 4 作用下处于上位，P 与 A 不相通；当运动部件上的行程挡

块 1 压住滚轮 2 使阀芯移至下位时，P 与 A 相通。

机动换向阀结构简单，换向时阀口逐渐关闭或打开，故换向平稳、可靠、位置精度高。但它必须安装在运动部件附近，一般油管较长。常用于控制运动部件的行程，或进行快、慢速度的转换。

c. 电磁换向阀：是一种利用电磁铁的通电吸合与断电释放而直接推动阀芯来控制液流方向的液压阀。它是电气系统和液压系统之间的信号转换元件。图 2-133 所示为三位四通电磁换向阀。阀两端有两根对中弹簧 4，使阀芯在常态时（两端电磁铁均断电时）处于中位，P、A、B、T 互不相通；当右端电磁铁通电时，右衔铁 1 通过推杆 2 将阀芯 3 推至左端，控制油口 P 与 B 通，A 与 T 通；当左端电磁铁通电时，其阀芯移至右端，油口 P 通 A、B 通 T。

a) 基本结构　　b) 图形符号

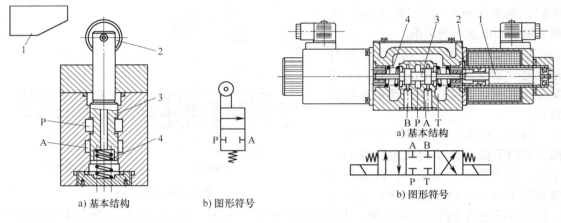

图 2-132　机动换向阀

1—挡铁　2—滚轮　3—阀芯　4—弹簧

a) 基本结构

b) 图形符号

图 2-133　三位四通电磁换向阀

1—衔铁　2—推杆　3—阀芯　4—弹簧

电磁阀操纵方便，布置灵活，易于实现动作转换的自动化。但因电磁铁吸力有限，所以电磁阀只适用于流量不大的场合。

d. 液动换向阀：是一种利用控制油路的压力油来改变阀芯位置的换向阀。阀芯是由其两端密封腔中油液的压差来移动的。图 2-134 所示为三位四通液动换向阀。当其两端控制油口 K_1 和 K_2 均不通入液压油时，阀芯在两端弹簧的作用下处于中位；当 K_1 进液压油，K_2 接油箱时，阀芯移至右端，P 通 A，B 通 T；反之，K_2 进液压油，K_1 接油箱时，阀芯移至左端，P 通 B，A 通 T。

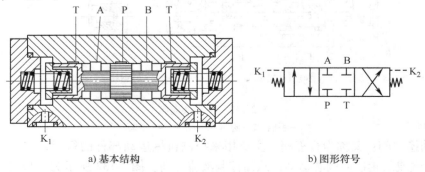

a) 基本结构

b) 图形符号

图 2-134　液动换向阀

液动换向阀结构简单、动作可靠、平稳，由于液压驱动力大，故可用于流量大的液压系统中，但它不如电磁阀控制方便。

e. 电液换向阀：它是由电磁滑阀和液动滑阀组成的复合阀。电磁阀起先导作用，可以改变控制液流方向，从而改变液动滑阀阀芯的位置；这种阀综合了电磁阀和液动阀的优点，具有控制方便、流量大的特点，常用于大中型液压设备中。图 2-135 所示为三位四通电液换向阀。

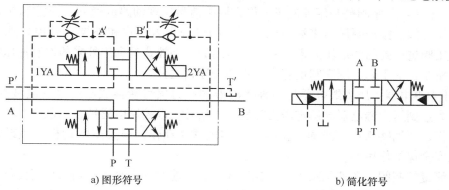

a) 图形符号   b) 简化符号

图 2-135　电液动换向阀

（3）压力控制阀　在液压系统中，控制油液压力高低的液压阀称为压力控制阀，简称压力阀。主要有溢流阀、减压阀、顺序阀和压力继电器等，它们的共同点是利用作用在阀芯上的液压力和弹簧力相平衡的原理工作的。

1）溢流阀：主要作用是对液压系统定压或进行安全保护。常用的溢流阀按其结构形式和基本动作方式可归结为直动式和先导式两种。

①直动式溢流阀。图 2-136 是低压直动式溢流阀，它是依靠系统中的液压油直接作用在阀芯上与弹簧力等相平衡，以控制阀芯的启闭动作，来达到定压目的的。

②先导式溢流阀。图 2-137 所示为先导式溢流阀，由于先导阀的阀芯一般为锥阀，受压面积较小，所以用一个刚度不太大的弹簧即可调整较高的开启压力，用螺钉调节弹簧的预紧力，就可调节溢流阀的压力。

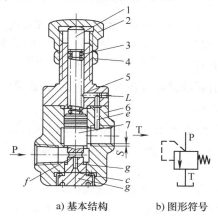

a) 基本结构　　b) 图形符号

图 2-136　直动式溢流阀

1—调节杆　2—调节螺母　3—调压弹簧
4—锁紧螺母　5—上盖　6—阀体　7—阀芯

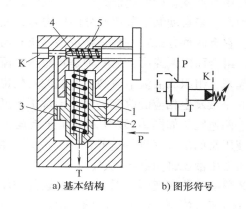

a) 基本结构　　　b) 图形符号

图 2-137　先导式溢流阀

1—主弹簧　2—阀芯　3—阻尼孔　4—调压杆　5—调压弹簧
K—遥控口　P—进油口

2）减压阀：减压阀是使出口压力（二次压力）低于进口压力（一次压力）的一种压力控制阀。其作用是减低液压系统中某一回路的油液压力，使用一个油源能同时提供两个或几个不同压力的输出。其主要用于各种液压设备的夹紧系统、润滑系统和控制系统中。此外，当油压不稳定时，在回路中串入一个减压阀可得到一个稳定的较低压力。根据减压阀所控制的压力不同，它可分为定值输出减压阀、定差减压阀和定比减压阀。

3）顺序阀：顺序阀是利用油液压力作为控制信号实现油路的通断，以控制执行元件顺序动作的压力阀。按控制压力来源不同，顺序阀可分为内控式和外控（液控）式。内控式是直接利用阀进口处的油液压力来控制阀口启闭的；外控式是利用外来的控制油压控制阀口启闭的。按结构的不同，顺序阀也有直动式和先导式之分。

4）压力继电器：压力继电器是一种将油液的压力信号转换成电信号的电液控制元件，当油液压力达到压力继电器的调定压力时发出电信号，以控制电磁铁、电磁离合器、继电器等元件动作，使油路卸压、换向、执行元件实现顺序动作，或关闭电动机，使系统停止工作，起到安全保护作用等。

（4）流量控制阀　在液压系统中，执行元件运动速度的大小是由输入执行元件的油液流量的大小确定的。流量控制阀就是依靠改变阀口通流面积（节流口局部阻力）的大小或通流通道的长短来控制流量的一种阀体。常用的流量控制阀有普通节流阀、压力补偿和温度补偿调速阀、溢流节流阀和分流集流阀等。

1）流量控制原理及节流口形式：节流阀是一种可以在较大范围内以改变液阻来调节流量的元件。因此可以通过调节节流阀的液阻，来改变进入液压缸的流量，从而调节液压缸的运动速度，故又称为调速阀。

2）普通节流阀：图 2-138 所示为一种普通节流阀。这种节流阀的节流通道是轴向三角槽式，而且其进出油口可互换。

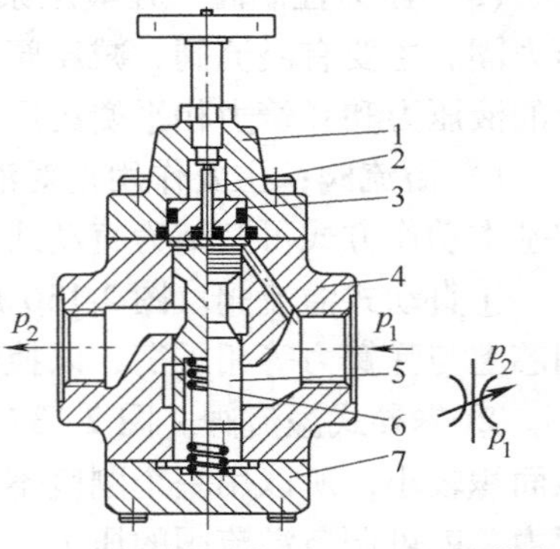

3）节流阀的压力和温度补偿：节流阀的压力补偿方式是利用流量变动所引起油路压力的变化，通过阀芯的负反馈动作，来自动调节节流部分的压力差，使其基本保持不变。它有两种方式：一种是将定差减压阀与节流阀串联起来，组合而成调速阀；另一种是将稳压溢流阀与节流阀

a) 基本结构　　　b) 图形符号

图 2-138　轴向三角槽式节流阀
1—顶盖　2—推杆　3—导套　4—阀体
5—阀芯　6—弹簧　7—底盖

并联起来，组织成溢流节流阀。油温的变化也必然会引起油液黏度的变化，从而导致通过节流阀的流量发生相应的改变，为此出现了温度补偿调速阀。

①调速阀。如图 2-139 所示，调速阀是在节流阀 2 前面串接一个定差减压阀 1 组合而成的。液压泵的出口（即调速阀的进口）压力由溢流阀调定，基本上保持恒定。调速阀出口处的压力由液压缸负载 F_L 决定。

②温度补偿调速阀。温度补偿调速阀的压力补偿原理部分与普通调速阀相同。

③溢流节流阀。溢流节流阀是由定差溢流阀与节流阀并联而成的。在进油路上设置溢流节流阀，通过溢流阀的压力补偿作用达到稳定流量的效果。溢流节流阀也称为旁通调速阀。

5. 辅助元件

液压系统中的液压辅件是指动力元件、执行元件和控制元件以外的其他配件，如管件、油箱、过滤器、密封件、压力表和蓄能器等。

2.2.2.2 常见液压系统

应用于各种机械设备上的液压系统可能极其复杂，但都是由若干个液压基本回路构成的。

1. 液压系统的分类

液压系统可按照工作介质（液压油）的循环方式、执行元件类型和系统回路的组合方式等进行分类。液压系统按工作介质的循环方式可分为开式系统和闭式系统。

（1）开式系统　泵从油箱中吸油，执行元件的回油返回油箱的系统称为开式系统（见图 2-140）。在开式系统中，执行元件的开、停和换向是由换向阀操纵的。

（2）闭式系统　执行元件的回油直接接至泵吸入口的系统称为闭式系统（见图 2-141）。在闭式系统中，为了补充系统的泄漏，进行热交换以及供给低压控制油液，

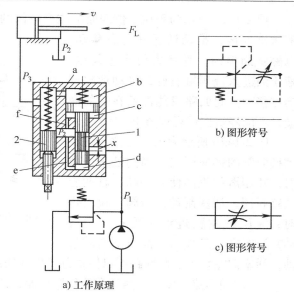

图 2-139　调速阀
1—定差减压阀　2—节流阀
P_1—液压泵输出液压油　P_2—减压阀输出液压油
P_3—节流阀输出液压油　a—减压阀口
b、c、d—减压阀油箱　e—孔道

必须设置辅助泵。辅助泵的流量视系统的容积损失，热平衡要求和低压控制的需要而定。闭式系统中一般采用双向变量泵来进行调速和换向。

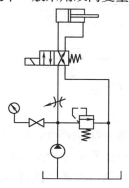

图 2-140　开式系统

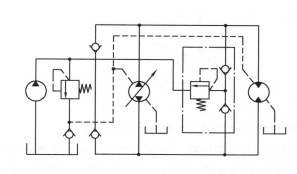

图 2-141　闭式系统

2. 液压系统基本回路

液压系统基本回路是由一些液压元件组成，用来完成某项特定功能的油路结构。液压基本回路可以分为方向控制回路、压力控制回路、速度控制回路和多缸动作控制回路等多种类型。

（1）方向控制回路　控制液流的通、断和流动方向的回路称为方向控制回路。在液压系统中用于实现执行元件的启动、停止以及改变运动方向。

1）换向回路。液压系统中执行元件运动方向的变换一般由换向阀实现，根据执行元件的换向要求，可采用二位（或三位）四通（或五通）控制阀，控制方式可以是人力、机械、电动、液动和电液动等。

图 2-142a 所示为采用二位四通电磁换向阀的换向回路。当电磁铁通电时，液压油进入液压缸左腔，推动活塞杆向右移动；电磁铁断电时，弹簧力使阀芯复位，液压油进入液压缸右腔，推动活塞杆向左移动。此回路只能停留在缸的两端，不能停留在任意位置上。

图 2-142b 所示为采用三位四通手动换向阀的换向回路。当阀处于中位时，M 型滑阀机能使泵卸荷，缸两腔油路封闭，活塞制动；当阀左位工作时，液压缸左腔进油，活塞向右移动；当阀右位工作时，液压缸右腔进油，活塞向左移动。此回路可以使执行元件在任意位置停止运动。

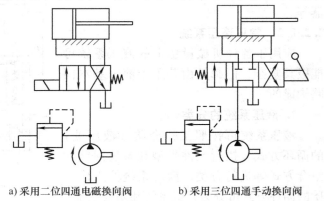

a) 采用二位四通电磁换向阀　　b) 采用三位四通手动换向阀

图 2-142　换向回路

2）闭锁回路。闭锁回路又称为锁紧回路，用以实现使执行元件在任意位置上停止，并防止停止后蹿动。常用的闭锁回路有两种：采用 O 型或 M 型滑阀机能三位换向阀的闭锁回路（见图 2-143）；采用液控单向阀的闭锁回路（见图 2-144）。

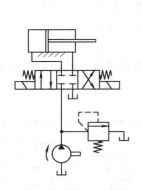 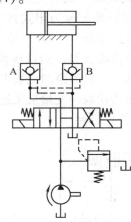

图 2-143　采用换向阀滑阀机能的闭锁回路　　　图 2-144　采用液控单向阀的闭锁回路

（2）压力控制回路　利用各种压力阀控制系统或系统某一部分油液压力的回路称为压力控制回路。在系统中用来实现调压、减压、增压、卸荷、平衡等控制，以满足执行元件对力或转矩的要求。

1）调压回路。根据系统负载的大小来调节系统工作压力的回路叫作调压回路。调压回路的核心元件是溢流阀。除油量和补偿系统泄漏外，还有油液经溢流阀流回油箱，所以这种回路效率较低，一般用于流量不大的场合。

图 2-145b 为用远程调压阀的单级调压回路。将远程调压阀 2 接在先导式主溢流阀 1 的远程控制口上，液压泵的压力即由阀 2 进行远程调节。这时，远程调压阀起到调节系统压力的作用，绝大部分油液仍从主溢流阀 1 溢走。回路中，远程调压阀的调定压力应低于溢流阀的调定压力。

2）减压回路。在定量液压泵供油的液压系统中，溢流阀按照主系统的工作压力进行调定。若系统中某个执行元件或某个支路所需要的工作压力低于溢流阀所调定的主系统压力（如控制系统、润滑系统等），这时就要采用减压回路。减压回路主要由减压阀组成。

图 2-146 所示为采用减压阀组成的减压回路。减压阀出口的油液压力可以在 $5 \times 10^5 \mathrm{Pa}$ 以上到低于溢流阀调定压力 $5 \times 10^5 \mathrm{Pa}$ 的范围内调节。

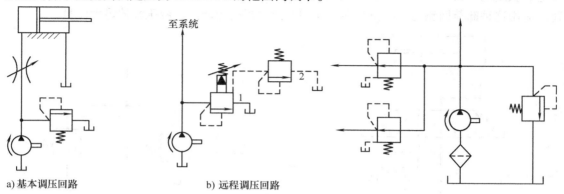

a) 基本调压回路   b) 远程调压回路

图 2-145　调压回路

图 2-146　采用减压阀的减压回路

图 2-147 所示为采用单向减压阀组成的减压回路。液压泵输出的压力油液，以溢流阀调定的压力进入液压缸 2，以经减压阀减压后的压力进入液压缸 1。采用带单向阀的减压阀是为了液压缸 1 活塞返程时，油液可经单向阀直接回油箱。

3）增压回路。增压回路是用来使局部油路或个别执行元件得到比主系统油压高得多的压力。图 2-148 所示为采用增压液压缸的增压回路。

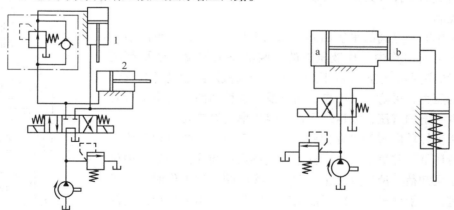

图 2-147　采用单向减压阀的减压回路

图 2-148　采用增压缸的增压回路

增压原理：因为作用在大活塞左端和小活塞右端的液压作用力相平衡，即 $F_a = F_b$，又因 $F_a = p_a A_a$，$F_b = p_b A_b$，所以 $p_a A_a = p_b A_b$，则 $p_b = p_a A_a / A_b$。由于 $A_a > A_b$，则 $p_b > p_a$，所以起到增压作用。

4）卸荷回路。当液压系统中执行元件停止运动或需要长时间保持压力时，卸荷回路可以使液压泵输出的油液以最小的压力直接流回油箱，以减小液压泵的输出功率，降低驱动液压泵电动机的动力消耗，减小液压系统的发热，从而延长液压泵的使用寿命。下面介绍两种常用的卸荷回路。

图 2-149 为采用三位四通换向阀的 H 型中位滑阀机能实现卸荷的回路。中位时，进油口

与回油口相连通，液压泵输出的油液可以经换向阀中间通道直接流回油箱，实现液压泵卸荷，M 型中位滑阀机能也有类似功用。

图 2-150 为采用二位二通换向阀的卸荷回路。当执行元件停止运动时，使二位二通换向阀电磁铁断电，其右位接入系统，这时液压泵输出的油液通过该阀流回油箱，使液压泵卸荷。应用这种卸荷回路时，二位二通换向阀的流量规格应能流过液压泵的最大流量。

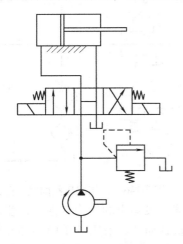
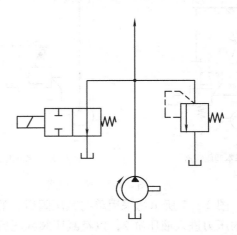

图 2-149　采用三位四通换向阀的卸荷回路　　　　图 2-150　采用二位二通换向阀的卸荷回路

5）平衡回路。为防止垂直放置的液压缸及其工作部件因自重自行下落或在下行过程中因自重造成的失控或失速，可设计平衡回路。平衡回路通常用单向顺序阀或液控单向阀来实现平衡控制。

①用单向顺序阀的平衡回路。如图 2-151 所示，由单向顺序阀组成的平衡回路中，在液压缸的下腔油路上加设一个平衡阀（即单向顺序阀），使液压缸下腔形成一个与液压缸运动部分重量相平衡的压力，可防止其因自重而下滑。这种回路在活塞下行时回油腔有一定的背压，故运动平稳，但功率损失较大。

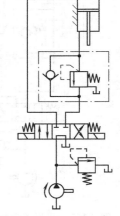

②用液控单向阀的平衡回路。图 2-152 中，当换向阀右位工作时，液压缸下腔进油，液压缸上升至终点；当换向阀处于中位时，液压泵卸荷，液压缸停止运动；当换向阀左位工作时，液压缸上腔进油，液压缸下腔的回油由节流阀限速，由液控单向阀锁紧，当液压缸上腔压力足以打开液控单向阀时，液压缸才能下行。由于液控单向阀泄漏量极小，故其闭锁性能较好，回油路上的单向节流阀可用于保证活塞向下运动的平稳性。

图 2-151　单向顺序阀的
平衡回路

（3）速度控制回路　速度控制回路包括调节执行元件工作行程速度的调速回路和使不同速度相互转换的速度换接回路。

1）调速回路。改变输入液压执行元件的流量 q（或液压马达的排量 V_M）可以达到改变速度的目的。调速方法有三种：节流调速（采用定量泵供油，由流量阀改变进入执行元件的流量以实现调速）、容积调速（采用变量泵或变量马达实现调速）、容积节流调速（采用变量泵和流量阀联合调速）。

①节流调速回路。节流调速回路在定量液压泵供油的液压系统中安装了流量阀，调节进入液压缸的油液流量，从而调节执行元件工作行程速度。该回路结构简单，成本低，使用维修方便，但它的能量损失大，效率低，发热大，故一般只用于小功率场合。

根据流量阀在油路中安装位置的不同，可分为进油路节流调速、回油路节流调速、旁油路节流调速等形式。

a. 进油路节流调速回路：把流量控制阀串联在执行元件的进油路上的调速回路，如图2-153 所示。

b. 回油路节流调速回路：把流量控制阀安装在执行元件通往油箱的回油路上的调速回路，如图 2-154 所示。回油节流调速回路广泛应用于功率不大、负载变化较大或运动平稳性要求较高的液压系统中。

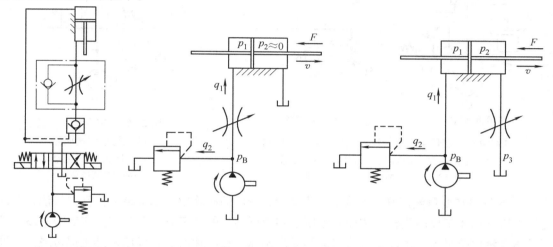

图 2-152　液控单向阀 　　图 2-153　进油路节流调速回路
　　 的平衡回路　　　　　　　　　　　　　　　　　　　　 图 2-154　回油路节流调速回路

c. 旁油路节流调速回路：将节流阀设置在与执行元件并联的旁油路上的调速回路，如图 2-155 所示。该回路中只有节流损失，无溢流损失，功率损失较小，系统效率较高。

②容积调速回路。容积调速回路通过改变变量泵或变量马达排量以调节执行元件的运动速度。按油液的循环方式不同，容积调速回路可分为开式和闭式。图 2-156a 所示为开式回路，泵从油箱吸油，执行元件的油液返回油箱，油液在油箱中便于沉淀杂质、析出空气，并得到良好的冷却，但油箱尺寸较大，污物容易侵入。图 2-156b 所示为闭式回路，液压泵的吸油口与执行元件的回油口直接连接，油液在系统内封闭循环，其结构紧凑、油气隔绝、运动平稳、噪声小，但散热条件较差。闭式回路中需设置补油装置，由辅助泵及与其配套的溢流阀和油箱组成，绝大部分容积调速回路的油液循环采用闭式循环方式。

根据液压泵和执行元件组合方式不同，容积调速回路有以下三种形式：

a. 变量泵和定量执行元件组合。图 2-156a 所示为变

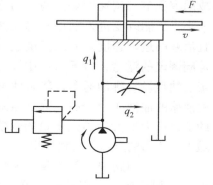

图 2-155　旁油路节流调速回路

量泵 1 和液压缸组成的容积调速回路，图 2-156b 所示为变量泵 1 和定量液压马达 4 组成的容积调速回路。这两种回路均采用改变变量泵 1 输出流量的方法来调速的。工作时，溢流阀 2 起安全阀的作用，它可以限定液压泵的最高工作压力，起到过载保护作用。溢流阀 3 作为背压阀使用，溢流阀 6 用于调定辅助泵 5 的供油压力，补充系统泄漏油液。

b. 定量泵和变量液压马达组合。在图 2-157 所示的回路中，定量泵 1 的输出流量不变，调节变量液压马达 3 的流量，便可改变其转速，溢流阀 2 可作安全阀用。

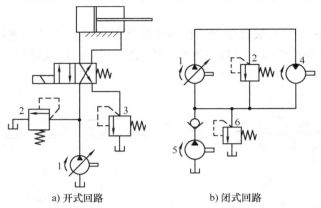

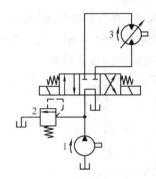

a) 开式回路　　　　　　　b) 闭式回路

图 2-156　变量泵和定量执行元件容积调速回路
1—变量泵　2—安全阀　3—背压阀　4—定量
液压马达　5—辅助泵　6—溢流阀

图 2-157　定量泵和变量
液压马达调速回路
1—定量泵　2—溢流阀
3—变量液压马达

c. 变量泵和变量液压马达组合。在图 2-158 所示的回路中，变量泵 1 正反向供油，双向变量液压马达 3 正反向旋转，调速时液压泵和液压马达的排量分阶段调节。在低速阶段，液压马达排量保持最大，由改变液压泵的排量来调速；在高速阶段，液压泵排量保持最大，通过改变液压马达的排量来调速。这样就扩大了调速范围。单向阀 6、7 用于使辅助泵 4 双向补油，单向阀 8、9 使安全阀 2 在两个方向都能起过载保护作用，溢流阀 5 用于调节辅助泵的供油压力。

③容积节流调速回路。用变量液压泵和节流阀（或调速阀）相配合进行调速的方法称为容积节流调速。

图 2-159 所示为由限压式变量叶片泵和调速阀组成的容积节流调速回路。调节调速阀节流口的开口大小，就能改变进入液压缸的流量，从而改变液压缸活塞的运动速度。如果变量液压泵的流量大于调速阀调定的流量，由于系统中没有设置溢流阀，多余的油液没有排油通路，势必使液压泵和调速阀之间油路的油液压力升高，但是当限压式变量叶片泵的工作压力增大到预先调定的数值后，泵的流量会随工作压力的升高而自动减小。

在这种回路中，泵的输出流量与通过调速阀的流量是相适应的，因此效率高，发热量小。同时，采用调速阀，液压缸的运动速度基本不受负载变化

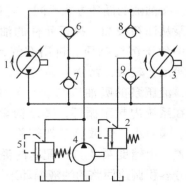

图 2-158　变量泵和变量液压马达调速回路
1—变量泵　2—安全阀　3—变量液压马达
4—辅助泵　5—溢流阀　6~9—单向阀

的影响，即使在较低的运动速度下工作，运动也较稳定。

2）快速运动回路。执行元件在一个工作循环的不同阶段要求有不同的运动速度和承受不同的负载，在空行程阶段其速度较高负载较小。采用快速回路，可以在尽量减少液压泵流量损失的情况下使执行元件获得较快的速度，以提高生产率。常见的快速运动回路有以下几种。

①差动连接快速运动回路。图 2-160 所示的差动回路是利用差动液压缸的差动连接来实现的。当二位三通电磁换向阀处于右位时，液压缸呈差动连接，液压泵输出的油液和液压缸小腔返回的油液合流，进入液压缸的大腔，实现活塞的快速运动。这种回路比较简单、经济，但液压缸的速度加快有限。

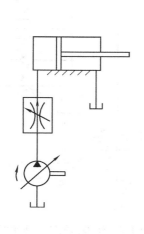

图 2-159　容积节流调速回路

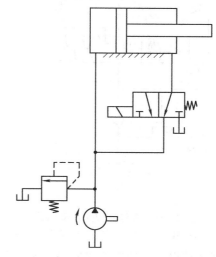

图 2-160　差动连接快速运动回路

②双泵供油快速运动回路。图 2-161 所示的回路中采用了低压大流量泵 1 和高压小流量泵 2 并联，它们同时向系统供油时可实现液压缸的空载快速运动；进入工作行程时，系统压力升高，液控顺序阀 3（卸荷阀）打开，使大流量液压泵 1 卸荷，仅由小流量液压泵 2 向系统供油，液压缸的运动变为慢速工作行程，工进时压力由溢流阀 5 调定。

③蓄能器快速运动回路。在图 2-162 所示的用蓄能器辅助供油的快速回路中，用蓄能器使液压缸实现快速运动。当换向阀处于左位或右位时，液压泵 1 和蓄能器 3 同时向液压缸供油，实现快速运动。当换向阀处于中位时，液压缸停止工作，液压泵经单向阀向蓄能器供油，随着蓄能器内油量的增加，压力升高，至液控顺序阀 2 的调定压力时，液压泵卸荷。

这种回路适用于短时间内需要大流量的场合，并可用小流量的液压泵使液压缸获得较大的运动速度，但蓄能器充油时，液压缸必须有

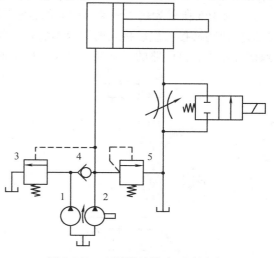

图 2-161　双泵供油快速运动回路

1—低压大流量泵　2—高压小流量泵　3—顺序阀
4—单向阀　5—溢流阀

足够的停歇时间。

3）速度换接回路。速度换接回路可使执行元件在一个工作循环中，从一种运动速度变换到另一种运动速度。

①快速与慢速的速度换接回路。如图 2-163 所示，在用行程阀控制的快慢速换接回路中，活塞杆上的挡块未压下行程阀时，液压缸右腔的油液经行程阀回油箱，活塞快速运动；当挡块压下行程阀时，液压缸回油经节流阀回油箱，活塞转为慢速工进。

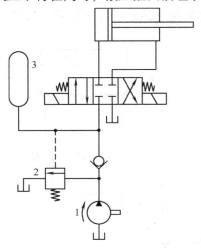

图 2-162　蓄能器快速运动回路
1—液压泵　2—顺序阀　3—蓄能器

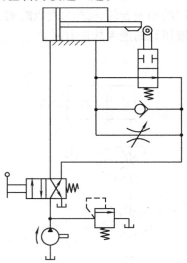

图 2-163　快慢速的速度换接回路

②两种慢速的速度换接回路。如图 2-164 所示，在两个调速阀并联实现两种进给速度的换接回路中，两调速阀由二位三通换向阀换接，它们各自独立调节流量，互不影响，一个调速阀工作时，另一个调速阀没有油液通过。在速度换接过程中，由于原来没工作的调速阀中的减压阀处于最大开口位置，速度换接时大量油液通过该阀，将使执行元件突然前冲。

图 2-165 所示为用两调速阀串联的方法实现两种不同速度的换接回路，两调速阀由二位二通换向阀换接，但后接入的调速阀的开口要小，否则，换接后得不到所需要的速度，起不到换接作用。该回路的速度换接平稳性比调速阀并联的速度换接回路好。

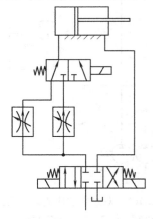

图 2-164　调速阀并联的慢速转换回路

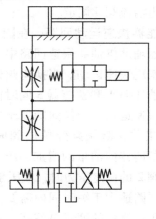

图 2-165　调速阀串联的慢速转换回路

（4）多缸动作控制回路 当液压系统有两个或两个以上的执行元件时，一般要求这些执行元件作顺序动作或同步动作。

1）顺序回路。控制液压系统中执行元件动作的先后次序的回路称为顺序动作回路。按照控制的原理和方法不同，顺序动作的方式分为压力控制、行程控制和时间控制三种。时间控制的顺序动作回路控制准确性较低，应用较少。常用的是压力控制和行程控制的顺序动作回路。

①用压力控制的顺序动作回路。压力控制是利用油路本身压力的变化来控制阀口的启闭，使执行元件按顺序动作的一种控制方式。其主要控制元件是顺序阀和压力继电器。

a. 采用顺序阀控制的顺序动作回路。图 2-166 为采用顺序阀控制的顺序动作回路。阀 1 和阀 2 是由顺序阀与单向阀构成的组合阀——单向顺序阀。系统中有两个执行元件：夹紧液压缸 A 和加工液压缸 B。两液压缸按夹紧→工作进给→快退→松开的顺序动作。

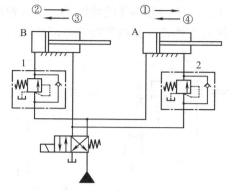

图 2-166　采用顺序阀控制的顺序动作回路

b. 采用压力继电器控制的顺序动作回路。图 2-167 是采用压力继电器控制的顺序动作回路。按下按钮，使二位四通换向阀 1 电磁铁通电，左位接入系统，液压油液进入液压缸 A 左腔，推动活塞向右运动，回油经换向阀 1 流回油箱，完成动作①；当活塞碰上定位挡铁时，系统压力升高，使安装在液压缸 A 进油路上的压力继电器动作，发出电信号，使二位四通换向阀 2 电磁铁通电，左位接入系统，液压油液进入液压缸 B 左腔，推动活塞向右运动，完成动作②；实现 A、B 两液压缸先后顺序作。

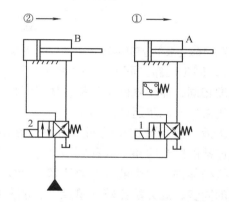

图 2-167　采用压力继电器控制的顺序动作回路

采用压力继电器控制的顺序动作回路，简单易行，应用较普遍。使用时应注意，压力继电器的压力调定值应比先动作的液压缸 A 的最高工作压力高 $3 \times 10^5 \sim 5 \times 10^5 Pa$，同时又应较溢流阀调定压力低 $3 \times 10^5 \sim 5 \times 10^5 Pa$，以防止压力继电器误发信号。

②用行程控制的顺序动作回路。行程控制是利用执行元件运动到一定的位置时发出控制信号，启动下一个执行元件的动作，使各液压缸实现顺序动作的控制过程。

a. 采用行程阀控制的顺序动作回路。图 2-168 是采用行程阀控制的顺序动作回路。循环开始前，两液压缸活塞处于图示位置。二位四通换向阀电磁铁通电后，左位接入系统，液压油液经换向阀进入液压缸 A 右腔，推动活塞向左移动，实现动作①；到达终点时，活塞杆上的挡块压下二位四通行程阀的滚轮，使阀芯下移，液压油液经行程阀进入液压缸 B 的右腔，推动活塞向左运动，实现动作②；当二位四通换向阀电磁铁断电时，弹簧复位，使右位接入系统，液压油经换向阀进入液压缸 A 左腔，推动活塞向右退回，实现动作③；当挡块离开行程阀滚轮时，行程阀复位，液压油经行程阀进入液压缸 B 左腔，使活塞向右运动，实现动作④。

　　这种回路动作灵敏，工作可靠，其缺点是行程阀只能安装在执行元件的附近，调整和改变动作顺序也较为困难。

　　b. 采用行程开关控制的顺序动作回路。图 2-169 为用行程开关控制的顺序动作回路，液压缸按①→②→③→④的顺序动作。这种回路使用方便，调节行程和动作顺序也方便，但顺序转换时有冲击，且电气控制电路比较复杂，回路的可靠性取决于电器元件的质量。

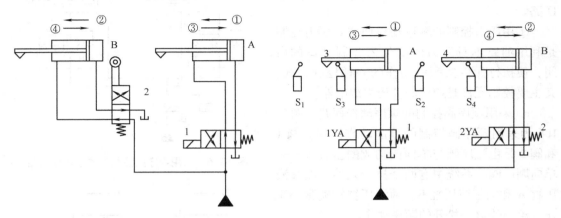

图 2-168　采用行程阀控制的顺序动作回路　　　　图 2-169　采用行程开关控制的顺序动作回路

　　2）同步回路。同步运动包括速度同步和位置同步两类。速度同步是指各执行元件的运动速度相同，而位置同步是指各执行元件在运动中或停止时都保持相同的位移量。同步回路就是用来实现同步运动的回路。

　　①液压缸机械连接的同步回路。图 2-170 所示为液压缸机械连接的同步回路，这种同步回路是用刚性梁、齿轮、齿条等机械零件在两个液压缸的活塞杆间实现刚性连接以实现位移的同步，此方法比较简单经济，能基本上保证位置同步的要求。

　　②采用调速阀的同步回路。图 2-171 所示是采用调速阀的单向同步回路。两个液压缸是并联的，在它们的进（回）油路上，分别串接一个调速阀，调节两个调速阀的开口大小，便可控制或调节进入或流出液压缸的流量，使两个液压

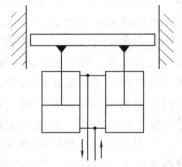

图 2-170　用机械连接的同步回路

缸在一个运动方向上实现同步，即单向同步。这种同步回路结构简单，但是两个调速阀的调节比较麻烦，而且还受油温、泄漏等的影响，故同步精度不高，不宜用在偏载或负载变化频繁的场合。

　　③用串联液压缸的同步回路。图 2-172 所示为带有补偿装置的两个液压缸串联的同步回路。这种回路允许较大偏载，偏载所造成的压差不影响流量的改变，只会导致微小的压缩和泄漏，因此同步精度较高，回路效率也较高。

　　④用同步马达的同步回路。图 2-173 所示为采用相同结构、相同排量的两个液压马达作为等流量分流装置的同步回路。两个马达轴刚性连接，把等量的油分别输入两个尺寸相同的液压缸中，使两液压缸实现同步。图中的节流阀用于消除行程终点两缸的位置误差。

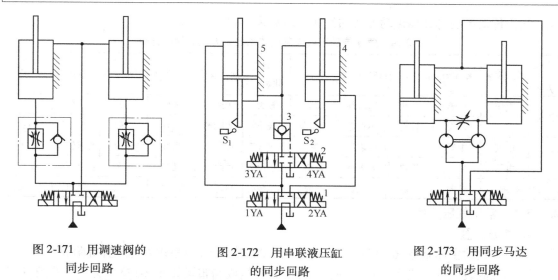

图 2-171　用调速阀的
同步回路

图 2-172　用串联液压缸
的同步回路

图 2-173　用同步马达
的同步回路

影响这种回路同步精度的主要因素有：马达由于存在制造误差而引起排量上的差别；作用于液压缸活塞上的负载不同引起的漏油以及摩擦阻力的不同等。

2.2.3　气压传动

气压传动系统的工作原理是利用气体压缩机，以压缩气体作为工作介质，把电动机或其他原动机输出的机械能转换为空气的压力能，然后在控制元件的作用下，通过执行元件把压力能转换为直线或回转运动形式的机械能而做功；通过气动逻辑元件或射流元件以实现传递信息、逻辑运算等功能。

气压传动系统由气源装置、执行元件、控制元件和辅助元件四部分组成。气源装置一般由电动机、空气压缩机、贮气罐等组成，并为系统提供符合一定质量要求的压缩气体。气动执行元件把压缩气体的压力能转换为机械能，用来驱动工作部件，包括气缸和气动马达。控制元件用来调节气流的方向、压力和流量，相应地分为方向控制阀、压力控制阀和流量控制阀。辅件元件包括：净化空气用的分水滤气器，改善空气润滑性能的油雾器，消除噪声的消声器及管子联接件等。在气压传动系统中还有用来感受和传递各种信息的气动传感器，如图 2-174 所示。

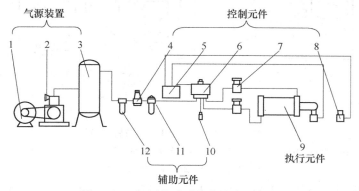

图 2-174　气压传动系统的组成示意图

1—电动机　2—空气压缩机　3—贮气罐　4—压力控制阀　5—逻辑元件　6—方向控制阀
7—流量控制阀　8—行程阀　9—气缸　10—消声器　11—油雾器　12—分水滤气器

气压传动系统与其他传动方式的性能比较见表2-14。

表2-14　气压传动系统与其他传动控制方式的性能比较

方式	项目	操作力	动作快慢	环境要求	构造	负载变化影响	远程操作	无级调速	工作寿命	维护	价格
流体	气压	中等	较快	适应性	简单	较大	中距离	较好	长	一般	便宜
	液压	最大	较慢	不怕振	稍复杂	较小	短距离	良好	一般	要求高	稍贵
电	电气	中等	快	要求高	稍复杂	几乎没有	远距离	良好	较短	要求较高	稍贵
	电子	最小	最快	要求特	复杂	几乎没有	远距离	良好	短	要求更高	很贵
机械系统		较大	一般	一般	一般	几乎没有	短距离	较困难	一般	简单	一般

2.2.3.1　常见气压元件

1. 气源装置

气源装置的主体是空气压缩机，有的还配有贮气罐、气源净化处理装置等附属设备。

（1）气源装置的组成和布置　一般气源装置的组成和布置如图2-175所示。空气压缩机1产生一定压力和流量的压缩空气，其吸气口装有空气过滤器，以减少进入压缩空气内的污染杂质量；冷却器2（又称为后冷却器）用以将压缩空气温度从140～170℃降至40～50℃，使高温汽化的油分、水分凝结出来；油水分离器3使降温冷凝出的油滴、水滴杂质等从压缩空气中分离出来，并从排污口除去；贮气罐4和7贮存的压缩空气用于平衡空气压缩机流量和设备用气量，并稳定压缩空气压力，同时还可以除去压缩空气中的部分水分和油分；干燥器5进一步吸收并排除压缩空气中的水分、油分等，使之变成干燥空气；过滤器6（又称为一次过滤器）进一步过滤及除去压缩空气中的灰尘颗粒杂质。贮气罐4中的压缩空气用于一般要求的气压传动系统，贮气罐7输出的压缩空气可用于要求较高的气动系统（如气动仪表、射流元件等组成的系统）。

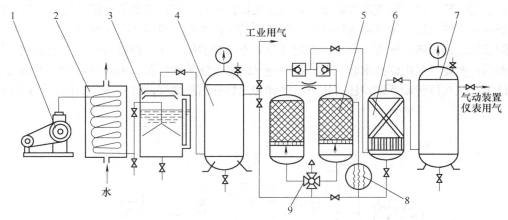

图2-175　气源装置的组成和布置示意图

1—空气压缩机　2—冷却器　3—油水分离器　4、7—贮气罐　5—干燥器
6—过滤器　8—加热器　9—四通阀

（2）空气压缩机　空气压缩机简称空压机，是气源装置的核心，用以将原动机输出的机械能转化为气体的压力能。

气压传动系统最常用的空气压缩机是往复活塞式压缩机，其工作原理如图2-176所示。

当活塞 5 向右运动时，气缸容积增大，形成部分真空，外界空气在大气压力 p_a 的作用下推开吸气阀 2 进入气缸，这就是吸气过程；当活塞 5 向左运动时，吸气阀 2 在缸内压缩气体的作用下关闭，随着活塞的左移，缸内气体受到压缩后压力升高，这就是压缩过程；当气缸内压力增高到略高于输气管路内压力 p 时，排气阀 1 打开，压缩空气排入输气管路内，这就是排气过程。曲柄 9 旋转一周，活塞往复行程一次，即完成"吸气—压缩—排气"一个工作循环。活塞的往复运动由电动机带动曲柄 9 转动，通过连杆 8、滑块 7、活塞杆 6 转化成直线往复运动。图只表示一个活塞一个气缸的空气压缩机，而大多数空气压缩机是多缸多活塞的组合。

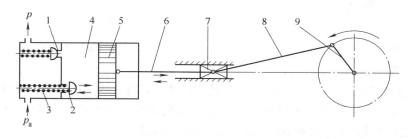

图 2-176　往复活塞式空气压缩机的工作原理

1—排气阀　2—吸气阀　3—弹簧　4—气缸　5—活塞　6—活塞杆　7—滑块　8—连杆　9—曲柄

（3）冷却器　冷却器安装在空压机输出管路上，用于降低压缩空气的温度，并使压缩空气中的大部分水汽、油汽冷凝成水滴、油滴，以便经油水分离器析出。其结构形式有列管式、套管式、散热片式和蛇管式等。蛇管式冷却器结构简单，使用维护方便，适于流量较小的任何压力范围，应用最广泛。图 2-177 为蛇管式后冷却器。

（4）油水分离器　油水分离器主要是用离心、撞击、水洗等方法使压缩空气中凝聚的水分、油分等杂质从压缩空气中分离出来，让压缩空气得到初步净化。其结构形式有环形回转式、撞击并折回式（见图 2-178）、离心旋转式、水浴式以及以上形式的组合使用等。

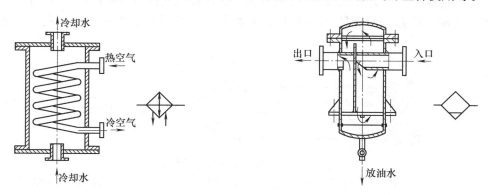

图 2-177　后冷却器　　　　　　图 2-178　撞击折回并回式油水分离器

（5）贮气罐　它的作用是消除压力波动，保证输出气流的连续性，储存一定数量的压缩空气，调节用气量或以备发生故障和临时需要应急使用，并可进一步分离压缩空气中的水分和油分，如图 2-179 所示。

（6）干燥器　它的功能是进一步吸收和排除压缩空气中的水分、油分，使之变为干燥空气，以供对气源品质要求较高的系统使用。图 2-180 为吸附式干燥器。

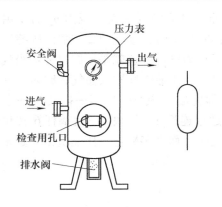

图 2-179　贮气罐

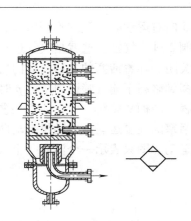

图 2-180　吸附式干燥器

2. 执行元件

执行元件是以压缩空气为工作介质产生机械运动，并将气体的压力能转换成机械能以实现往复、回转或摆动运动的一种能量转换装置。实现直线往复运动的气动执行元件称为气缸；实现回转运动或往复摆动的称为气动马达或摆动马达。

（1）气缸　气缸能够实现直线往复运动并做功，是气压传动系统中使用最广泛的一种气动执行元件。除几种特殊气缸外，普通气缸及结构形式与液压缸基本相同。

气缸按压缩空气对活塞作用力的方向可分为单作用式和双作用式；按气缸的结构特征可分为活塞式、薄膜式、柱塞式和无杆气缸；按气缸的功能可分为普通气缸（包括单作用和双作用气缸）、薄膜气缸、冲击气缸、气液阻尼缸、缓冲气缸和摆动气缸等。

1）普通气缸。图 2-181 所示为单杆双作用气缸的结构，它由缸筒、前后缸盖、活塞、活塞杆、密封件和紧固件等零件组成。缸筒在前后缸盖之间固定连接，有活塞杆侧的缸盖为前缸盖，缸底侧则为后缸盖。一般在缸盖上开有进气排气通口，有的还设有气缓冲结构。前缸盖上设有密封圈、防尘圈，同时还有导向套，以提高气缸的导向精度。活塞杆与活塞紧固连接，活塞上除有密封圈防止活塞左右两腔相互串气外，还有耐磨环以提高气缸的导向性。

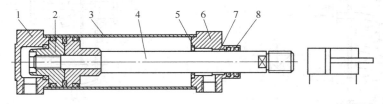

图 2-181　双作用普通气缸的结构

1—后缸盖　2—活塞　3—缸筒　4—活塞杆　5—缓冲密封圈　6—前缸盖　7—导向套　8—防尘圈

2）气液阻尼缸。普通气缸工作时，由于气体的压缩性，当外部载荷变化较大时，会产生"爬行"或"自走"现象，使气缸的工作不稳定。为了使气缸运动平稳，普遍采用气液阻尼缸。其工作原理如图 2-182 所示。气液阻尼缸将气缸和液压缸串联成一个整体，两个活塞固定在一根活塞杆上。当气缸右端供气时，气缸克服外负载并带动液压缸同时向左运动，此时液压缸左腔排油，单向阀关闭，油液只能经节流阀缓慢流入液压缸右腔，对整个活塞的运动起到阻尼作用。调节节流阀的阀口大小就能达到调节活塞运动速度的目的。当压缩空气从气缸左腔进入时，油缸右腔排油，此时因单向阀开启，活塞能快速返回原来位置。

3）薄膜气缸。薄膜气缸是一种利用压缩空气通过膜片推动活塞杆作往复直线运动的气缸，由缸体、膜片、膜盘和活塞杆等主要零件组成，其功能类似于活塞式气缸，分为单作用式和双作用式两种，如图 2-183 所示。

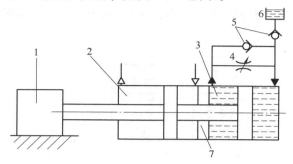

图 2-182 气液阻尼缸的工作原理
1—负载 2—气缸 3—液压缸 4—节流阀
5—单向阀 6—油杯 7—隔板

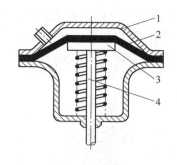

图 2-183 薄膜气缸的结构
1—缸体 2—膜片 3—膜盘 4—活塞杆

（2）气动马达 气动马达分为摆动式和回转式两类，前者实现有限回转运动，后者实现连续回转运动。表 2-15 所示是各种气马达的特点及应用范围。

表 2-15 各种气马达的特点及应用范围

型式	转矩	转速	功率 /kW	每千瓦耗气量 $q/(\mathrm{m^3/min})$	特点及应用范围
叶片式	低转矩	高转速	≤3	小型：1.0~1.4 大型：1.8~2.3	制造简单，结构紧凑，但低速起动转矩小，低速性能不好，适用于要求低或中功率的机械，如手提工具、复合工具传送带、升降机、泵、拖拉机等
活塞式	中高转矩	低速或中速	≤17	小型：1.0~1.4 大型：1.9~2.3	在低速情况下有较大的输出功率和较好的转矩特性，起动准确，且起动和停止特性均较叶片式好，适用于载荷较大和要求低速度转矩的机械，如起重机、绞车、绞盘、拉管机等
薄膜式	高转矩	低速度	<1	1.2~1.4	适用于控制要求很精确、起动转矩极高速度低的机械

图 2-184 和图 2-185 分别是叶片式和活塞式气马达的工作原理。

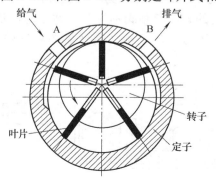

图 2-184 叶片式气马达的工作原理

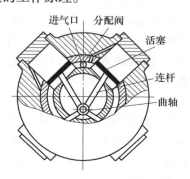

图 2-185 活塞式气马达的工作原理

3. 控制元件

气压传动系统中的气动控制元件与液压控制元件类似，按照功能和用途可分为方向控制阀、压力控制阀和流量控制阀。此外，还有通过改变气流方向和通断以实现各种逻辑功能的气动逻辑元件。

（1）压力控制阀　根据控制作用不同，压力控制阀可分为减压阀（见图 2-186）、溢流阀（见图 2-187）和顺序阀（见图 2-188）。

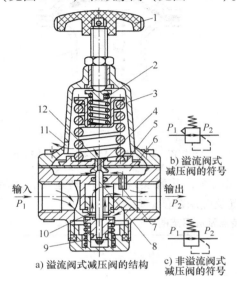

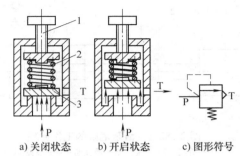

a) 关闭状态　　b) 开启状态　　c) 图形符号

图 2-187　溢流阀的工作原理

1—调节手轮　2—调压弹簧　3—阀芯

b) 溢流阀式减压阀的符号

c) 非溢流阀式减压阀的符号

a) 溢流阀式减压阀的结构

图 2-186　直动式减压阀

1—调节旋钮　2、3—调压弹簧　4—溢流阀座
5—膜片　6—膜片气室　7—阻尼管　8—阀杆
9—复位弹簧　10—进气阀
11—排气孔　12—溢流孔

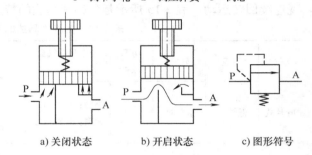

a) 关闭状态　　b) 开启状态　　c) 图形符号

图 2-188　顺序阀的工作原理

（2）流量控制阀　流量控制阀是通过改变阀的流通面积来实现流量控制的元件。流量控制阀包括节流阀、单向节流阀和排气节流阀等。排气节流阀是节流阀装在排气口调节排入大气的流量，以改变气动执行元件的运动速度的气阀。排气节流阀常带有消声器以减小排气噪声，并能防止环境中的粉尘通过排气口污染元件。

（3）方向控制阀　按气流在阀内的作用方向，方向控制阀可分为单向型方向控制阀和换向型方向控制阀两类。只允许气流沿一个方向流动的方向控制阀称为单向型方向控制阀，如或门型梭阀（见图 2-189）、与门型梭阀（见图 2-191）、快速排气阀（见图 4-193）等。可以改变气流流动方向的方向控制阀称为换向型方向控制阀，简称换向阀。

1）或门型梭阀。或门型梭阀常用于选择信号，如手动和自动控制并联的回路，如图 2-190 所示。电磁阀通电，梭阀阀芯推向一端，A 口有输出，气控阀被切换，活塞杆伸

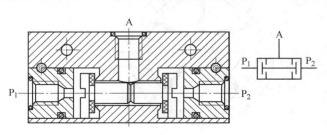

图 2-189　或门型梭阀

出；电磁阀断电，则活塞杆收回。电磁阀断电后，按下手动阀按钮，梭阀阀芯推向一端，A口有输出，活塞杆伸出；放开按钮，则活塞杆收回。此回路手动或电控均能使活塞杆伸出。

2）与门型梭阀（双压阀）。与门型梭阀（双压阀）有两个输入口，一个输出口。当输入口 P_1、P_2 同时都有输入时，A 口才会有输出，因此具有逻辑"与"的功能。图 2-191 所示为与门型梭阀。当 P_1 输入时，A 无输出；当 P_2 输入时，A 无输出；当 P_1 和 P_2 同时有输入时，A 有输出。

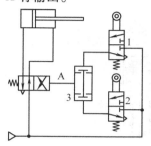

图 2-190　或门型梭阀应用
于手动-自动换向回路
1、2—手动换向阀　3—或门型梭阀

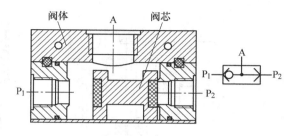

图 2-191　与门型梭阀

与门型梭阀应用较广，如用于钻床控制回路中，如图 2-192 所示。只有工件定位信号压下行程阀 1 和工件夹紧信号压下行程阀 2 之后，与门型梭阀 3 才会有输出，使气控阀换向，钻孔缸进给。定位信号和夹紧信号仅有一个时，钻孔缸不会进给。

3）快速排气阀。快速排气阀是用于给气动元件或装置快速排气的阀，简称快排阀。通常气缸排气时，气体从气缸经过管路，由换向阀的排气口排出。如果气缸到换向阀的距离较长，而换向阀的排气口又较小时，排气时间就会较长，气缸运动速度较慢。若采用快速排气阀，则气缸内的气体就能直接由快排阀排出，从而加快气缸的运动速度。

图 2-193 所示为快速排气阀。当 P 腔进气时，膜片被压下封住排气孔 O，气流经膜片四周小孔从 A 腔输出；当 P 腔排空时，A 腔压力将膜片顶起，隔断 P、A 通路，A 腔气体经排气孔 O 迅速排向大气。

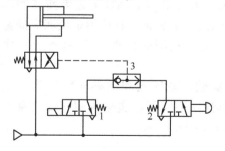

图 2-192　与门型梭阀的应用回路
1、2—行程阀　3—与门型梭阀

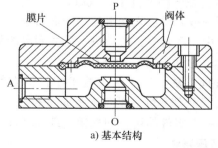

a) 基本结构　　b) 图形符号

图 2-193　快速排气阀

（4）气动逻辑元件　气动逻辑元件是一种采用压缩空气为工作介质，通过元件内部可动部件（如膜片、阀芯）的动作，改变气体流动方向，从而实现了一定逻辑功能的气动控制元件。在结构原理上，气动逻辑元件基本上和方向控制阀相同，仅仅是体积和通径较小，一般用来实现信号的逻辑运算功能。

4. 辅助元件

辅助元件是净化压缩空气、润滑、消声以及用于元件间连接等所需要的一些装置，如过滤器、油雾器、气源处理三联件、消声器及管件等。

（1）过滤器　过滤器用以除去压缩空气中的油污、水分和灰尘等杂质。过滤器分为一次过滤器、二次过滤器和高效过滤器 3 种。图 2-194a 是一次过滤器的结构，图 2-194b 是普通分水过滤器的结构。

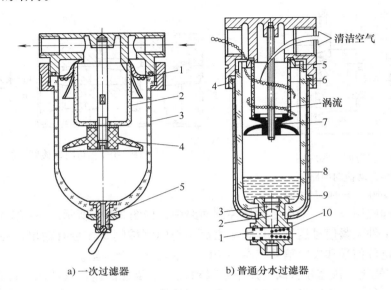

a) 一次过滤器　　b) 普通分水过滤器

图 2-194　过滤器

a)

1—导流叶片　2—滤芯　3—水杯　4—挡水板　5—放水阀

b)

1—手动放水按钮　2—阀芯　3—锥形弹簧　4—卡圈　5—导流片
6—滤芯　7—挡水板　8—水杯　9—保护罩　10—复位弹簧

（2）油雾器　在气动元件中，气缸、气马达或气阀等内部常有滑动部分，为使其动作灵活、经久耐用一般需要加入润滑油。油雾器是一种特殊的注油装置，其作用是使润滑油雾化后注入空气流中，随着空气流动进入需要润滑的部件，达到润滑的目的。图 2-195 是一次油雾器（也称为普通油雾器）的结构。

（3）气源处理三联件　在气动技术中，将空气过滤器、减压阀和油雾器统称为气动"三大件"，它们虽然都是独立的气源处理元件，可以单独使用，但在实际应用时却又常常组合在一起作为一个组件使用，即气源处理三联件，如图 2-196 所示。

2.2.3.2　常见气压系统

气压系统也是由一些回路所组成的。能够实现某种特定功能的气动元件的组合称为气动基本回路。按照作用不同，气动基本回路分为速度控制回路、压力控制回路、方向控制回路和其他基本回路等。

1. 速度控制回路

速度控制回路有执行元件的调速、差动快速和速度换接等回路。

（1）调速回路　气动执行元件运动速度的调节和控制大多采用节流调速原理。调速回路有节流调速回路、慢进快退调速回路、快慢速进给回路及气液复合调速回路等。

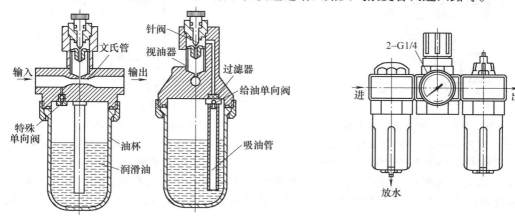

图 2-195　普通油雾器　　　　　　　　　图 2-196　气源处理三联件

1）节流调速回路。节流调速回路有进口节流、出口节流和双向节流调速等，而进口和出口节流调速回路的组成及工作原理与液压节流调速回路相同。

图 2-197 所示为单作用缸双向节流调速回路，两个单向节流阀 1 和 2 反向串接在单作用气缸 4 的进气路上，由二位三通电磁换向阀 3 控制气缸换向。图 2-198 所示为双作用缸双向节流调速回路，采用二位五通气控换向阀 3 对气缸换向，采用单向节流阀 1，2 进行双向调速。在换向阀 3 的排气口安装排气节流阀也可实现双向调速。

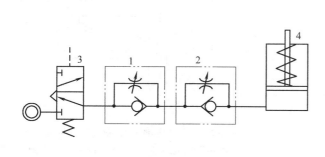

图 2-197　单作用缸双向节流调速回路　　　　图 2-198　双作用缸双向节流调速回路
1，2—单向节流阀　3—二位三通电磁换向阀　4—单作用气缸　　1，2—单向节流阀　3—二位五通气控换向阀

2）气液复合调速回路。为了改善气缸运动的平稳性，工程上有时采用气液复合调速回路。常见的回路有气液阻尼缸和气液转换器的两种调速回路。

图 2-199 所示为一种气液阻尼缸调速回路，其中气缸 1 为负载缸，液压缸 2 为阻尼缸。当二位五通气控换向阀 3 切换至左位时，气缸的左腔进气、右腔排气，活塞杆向右伸出口液压虹右腔容积减小，排出的液体经节流阀 5 返回容积增大的左腔。

图 2-200 所示为一种气液转换器调速回路，当二位五通气控换向阀 1 切换至左位时，气液缸单向阀 4 的左腔进气，右腔液体经单向节流阀 3 的节流阀排入气液转换器 2 的下腔。缸的活塞杆向右伸出，伸出速度由节流阀调节。

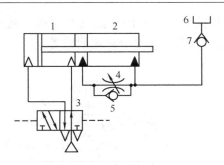

图 2-199　气液阻尼缸调速回路

1—气缸　2—液压缸　3—二位五通气控换向阀

4—单向阀　5—节流阀　6—油杯　7—单向阀

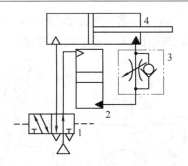

图 2-200　气液转换器调速回路

1—二位五通气控换向阀　2—气液转换器

3—单向节流阀　4—气液缸单向阀

（2）差动快速回路（增速回路）　与液压差动回路相同，气压差动回路也可在气缸结构尺寸和形式已定、不增大气源供气量的情况下实现气缸的快速运动。图 2-201 所示为二位三通手动换向阀的差动快进回路。图示为气缸有杆腔进气、无杆腔排气的退回状态。当压下二位三通手动换向阀 1 使其切换至右位时，气缸 2 的无杆腔进气推动活塞右行，有杆腔排出的气体经换向阀 1 的右位反馈进入气缸无杆腔。由于气缸无杆腔流量增大，故活塞右行进给速度加大。

（3）速度换接回路　速度换接回路的功用是使执行元件从一种速度转换为另一种速度。图 2-202 为用行程阀实现气缸空程快进、接近负载时转慢进的一种常用回路。

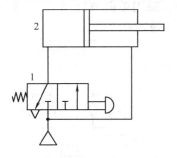

图 2-201　差动快速回路

1—二位三通手动换向阀　2—气缸

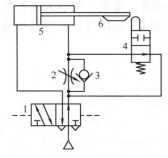

图 2-202　用行程阀的快慢速换接回路

1—二位五通气控换向阀　2—节流阀　3—单向阀

4—行程阀　5—气缸　6—活动挡块

图 2-203 所示是常见的一种慢进转快退回路，当二位五通气控换向阀 1 切换至左位时，气源通过换向阀 1、快速排气阀 2 进入气缸 4 无杆腔，有杆腔经单向节流阀 3 和换向阀 1 排气，此时，气缸活塞慢速进给（右行），进给速度由节流阀 3 调节。当换向阀 1 在图示右位时，压缩空气经换向阀 1、节流阀 3 的单向阀进入气缸有杆腔，推动活塞退回。当气缸无杆腔气压增高并开启排气阀 2 时，无杆腔的气体通过排气阀 2 直接排向大气，活塞快速退回，实现了慢进快退的换接控制。

2. 压力控制回路

压力控制回路的主要功用是调节与控制气动系统的供气压力以及过载保护。

（1）一次压力控制回路　用于控制气源的压力，使其不超过规定值，常采用的元件为外控式溢流阀，如图 2-204 所示。这种回路结构简单，但在溢流阀开启过程中无功能耗较大。

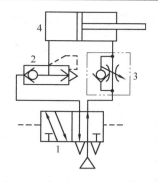

图 2-203 慢进转快退回路
1—二位五通气控换向阀 2—快速排气阀
3—单向节流阀 4—气缸

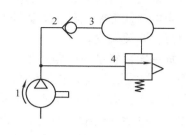

图 2-204 一次压力控制回路
1—空压机 2—单向阀 3—储气罐 4—溢流阀

（2）二次压力控制回路　它的作用是输出被控元件所需的稳定压力气体。如图 2-205 所示，它是在一次压力控制回路的出口（气罐右侧排气口）上串接带压力表 4 的气动三联件（分水过滤器 2，减压阀 3、油雾器 5）而成的。

（3）过载保护回路　用于防止系统过载而损坏元件。如图 2-206 所示，当二位三通手动换向阀 1 切换至左位时，压缩气体使二位三通气控换向阀 4 和 5 切换至左位，气缸 6 进给（活塞杆伸出）。若活塞杆遇到较大负载或行程到右端点时，气缸无杆腔压力急速上升。当气压升高至顺序阀 3 的设定值时顺序阀开启，高压气体推动二位二通气控换向阀 2 切换至上位，使阀 4 和阀 5 控制腔的气体经阀 2 排空，阀 4 和阀 5 复位，活塞退回，从而实现了系统保护。

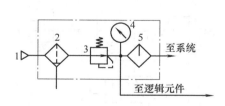

图 2-205 二次压力控制回路
1—气源 2—分水过滤器 3—减压阀
4—压力表 5—油雾器

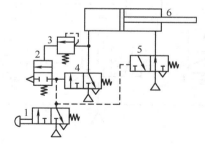

图 2-206 过载保护回路
1—二位三通手动换向阀 2—二位二通气控换向阀
3—顺序阀 4、5—二位三通气控换向阀 6—气缸

（4）方向控制回路（换向回路）　它的功用是通过各种通用气动换向阀改变压缩气体的流动方向，从而改变气动执行元件的运动方向。

1）单作用气缸换向回路：单作用气缸可直接采用二位三通电磁阀控制换向，但二位三通阀控制气缸只能换向而不能在任意位置停留。如需在任意位置停留，则必须使用三位四通阀或三位五通阀控制。

2）双作用气缸换向回路：

①用电磁阀的双作用缸往复换向回路。双作用气缸可以采用一个四通电磁换向阀实现换向，也可以采用两个二位三通电磁阀组合控制其往复换向，如图 2-207 所示，在图示位置，压力气体经电磁换向阀 2 的右位进入气缸 3 的有杆腔，并推动活塞退回，无杆腔经电磁换向

阀1的右位排气。当阀1和阀2的电磁铁都通电时，气缸的无杆腔进气，有杆腔排气，活塞杆伸出。当电磁铁都断电时，活塞杆退回。电磁铁的通断电可采用行程开关触发。

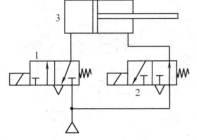

②气缸一次往复换向回路。如图2-208所示，利用手动换向阀1、气控换向阀2和行程阀3控制气缸实现一次往复换向。阀2具有双稳态功能。当按下阀1时，阀2切换至左位，气缸活塞进给（右行）。当活动挡块5压下阀3时，阀2右位工作。气缸有杆腔进气、无杆腔排气，推动活塞退回，从而手动阀发出一次控制信号，气缸往复动作一次。

图2-207　双作用缸往复换向回路

1、2—电磁换向阀　3—气缸

③气缸连续往复换向回路。图2-209所示为气缸连续往复换向回路，图示状态，气缸5的活塞退回（左行），当行程阀3被活塞杆上的活动挡块6压下时，气路处于排气状态。当按下具有定位机构的手动换向阀1时，控制气体经阀1的右位、阀3的上位作用在气控换向阀2的右控制腔，阀2切换至右位，气缸的无杆腔进气、有杆腔排气，实现右行进给。当挡块6压下行程阀4时。气路经阀4上位排气，阀2在弹簧力作用下回到图示左位。此时，气缸有杆腔进气，无杆腔排气，作退回运动。当挡块压下阀3时，控制气体又作用在阀2的右控制腔，使气缸换向进给。周而复始，气缸自动往复运动。当拉动阀1至左位时，气缸停止运动。

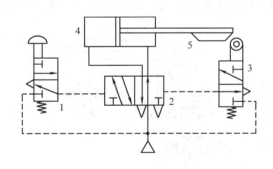

图2-208　气缸一次往复换向回路

1—手动换向阀　2—气控换向阀

3—行程阀　4—气缸　5—活动挡块

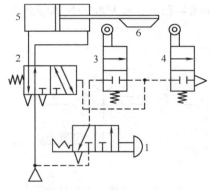

图2-209　气缸连续往复换向回路

1—手动换向阀　2—气控换向阀　3、4—行程阀

5—气缸　6—活动挡块

2.3　电气基础

2.3.1　常用低压电器

低压电器是指工作在交流电压1200V、直流电压1500V以下的各种电器。低压电器种类繁多，按用途和控制对象不同，可将低压电器分为配电电器和控制电器。用于电能输送和分配的电器称为配电电器，这类电器包括刀开关、转换开关、低压断路器和熔断器等。用于各种控制电路和控制系统的电器称为控制电器，这类电器包括接触器、起动器和继电器等。

2.3.1.1 主令电器

主令电器是用作闭合或断开控制电路,以发出指令或作程序控制的开关电器,是一种用于辅助电路的控制电器。主令电器应用广泛、种类繁多,按其作用可分为按钮、行程开关、接近开关、万能转换开关、脚踏开关和主令控制器等。

1. 按钮

按钮是一种最常用的主令电器,其结构简单,应用广泛。在低压控制电路中,用于发布手动指令。

(1) 按钮的结构 按钮由按钮帽、复位弹簧、桥式触点和外壳等组成,其结构及图形符号如图 2-210 所示。按钮在外力作用下,首先断开常闭触头,然后再接通常开触头。复位时,常开触头先断开,常闭触头后闭合。

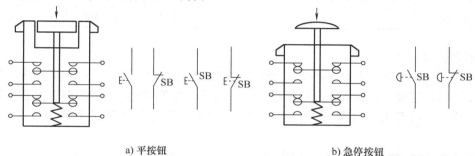

a) 平按钮 b) 急停按钮

图 2-210 按钮的结构及图形符号

(2) 按钮的种类 按钮从外形和操作方式上可以分为平按钮和急停按钮,急停按钮也叫作蘑菇头按钮。除此之外还有钥匙钮、旋钮、拉式钮、万向操纵杆式、带灯式等多种类型。

从按钮的触头动作方式可以分为直动式和微动式两种,直动式按钮触头的动作速度和手按下的速度有关。而微动式按钮的触头动作变换速度快,和手按下的速度无关,其动作原理如图 2-211 所示。动触头由变形簧片组成,当弯簧片受压向下运动低于平簧片时,弯簧片迅速变形,将平簧片触头弹向上方,实现触头瞬间动作。

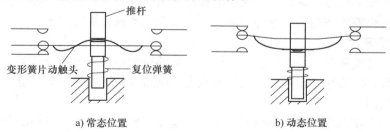

a) 常态位置 b) 动态位置

图 2-211 微动式按钮的动作原理

小型微动式按钮也叫作微动开关,微动开关还可以用于各种继电器和限位开关中,如时间继电器、压力继电器和限位开关等。

按钮一般为复位式,也有自锁式按钮,最常用的按钮为复位式平按钮,如图 2-210a 所示。其按钮与外壳平齐,可防止异物误碰。

(3) 按钮的颜色 按钮颜色的含义见表 2-16。

表 2-16　按钮颜色的含义

颜　色	含　义	举　例
红	处理事故	紧急停机；扑灭燃烧
	"停止"或"断电"	正常停机；停止一台或多台电动机；装置的局部停机；切断一个开关；带有"停止"或"断电"功能的复位
绿	"起动"或"通电"	正常起动；起动一台或多台电动机；装置的局部起动；点动或缓行
黄	参与	防止意外情况；参与抑制反常的状态；避免不需要的变化（事故）；取消预置功能
蓝	上述颜色未包含的任何指定用意	凡红、黄和绿色未包含的用意，皆可用蓝色
黑、灰、白	无特定用意	除单功能的"停止"或"断电"按钮外的任何功能

2. 行程开关

行程开关是一种利用设备某些运动部件的碰撞来发出控制指令的主令电器，用于控制设备的运动方向、速度、行程大小和位置保护等。当行程开关用于位置保护时，又称为限位开关。从结构上，行程开关主要分为：操作机构、触头系统和外壳三个部分，如图 2-212 所示。

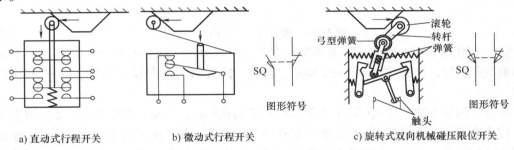

a) 直动式行程开关　　　　b) 微动式行程开关　　　　c) 旋转式双向机械碰压限位开关

图 2-212　行程开关结构示意图及图形符号

当设备的运动部件撞击触杆时，触杆下移使常闭触头断开，常开触头闭合；当运动部件离开后，在复位弹簧的作用下，触杆回复到原来位置，各触头恢复常态。

3. 万能转换开关

万能转换开关实际是一种多档位、多触点、能够控制多回路的组合开关。它主要用于各种控制设备中线路的换接、远距离控制和电流表、电压表的换相测量等，也可用于小功率电动机的起动、换向、调速控制。

转换开关的工作原理和凸轮控制器一样，只是使用地点不同：凸轮控制器主要用于主电路，直接对电动机等电气设备进行控制；而转换开关主要用于控制电路，通过继电器和接触器间接控制电动机。常用的转换开关类型主要有两大类，即万能转换开关和组合开关。两者的结构和工作原理基本相似，在某些应用场合下两者可相互替代。转换开关按结构类型分为普通型、开启组合型和防护组合型等；按用途又分为主令控制用和控制电动机用两种。转换开关的图形符号和凸轮控制器一样，如图 2-213b 所示。

2. 3. 1. 2　熔断器

熔断器在电路中主要起短路保护作用，用于保护线路。熔断器的熔体串接于被保护的电路中，熔断器以其自身产生的热量使熔体熔断，从而自动切断电路，实现短路保护及过载保护。熔断器具有结构简单、体积小、重量轻、使用维护方便、价格低廉、分断能力较高、限流能力良好等优点，因此在电路中得到广泛应用。

1. 熔断器的结构及原理

熔断器由熔体和安装熔体的绝缘底座（或称熔管）组成。熔体由易熔金属材料铅、锌、锡、铜、银及其合金制成，形状常为丝状或网状。由铅锡合金和锌等低熔点金属制成的熔体，因不易灭弧，多用于小电流电路；由铜、银等高熔点金属制成的熔体，易于灭弧，多用于大电流电路。

熔断器串接于被保护电路中，电流通过熔体时产生的热量与电流二次方和电流通过的时间成正比，电流越大，则熔体熔断时间越短，这种特性称为熔断器的反时限保护特性或安秒特性，如图2-214所示。图中，I_N为熔断器额定电流，熔体允许长期通过额定电流而不熔断。

a) 基本结构	b) 图形符号

图 2-213 万能转换开关   图 2-214 熔断器的反时限保护特性

2. 熔断器的主要参数

熔断器的主要参数包括额定电压、熔体额定电流、熔断器额定电流、极限分断能力等。额定电压是指保证熔断器能长期正常工作的电压。熔体额定电流是指熔体长期通过而不会熔断的电流。熔断器额定电流是指保证熔断器能长期正常工作的电流。极限分断能力是指熔断器在额定电压下所能开断的最大短路电流。在电路中出现的最大电流一般是指短路电流值，所以，极限分断能力也反映了熔断器分断短路电流的能力。

3. 熔断器的类型

（1）插入式熔断器 插入式熔断器如图2-215a所示。常用产品有RC1A系列，主要用于低压分支电路的短路保护，因其分断能力较小，多用于照明电路和小型动力电路中。

（2）螺旋式熔断器 螺旋式熔断器如图2-215b所示。熔芯内装有熔丝，并填充硅砂，用于熄灭电弧，分断能力强。熔体的上端盖有一熔断指示器，一旦熔体熔断，指示器马上弹出，可透过瓷帽上的玻璃孔观察到。

（3）密封管式熔断器 该种熔断器分为无填料、有填料和快速三种。RM10型密封管式熔断器为无填料管式熔断器，如图2-215c所示，主要用于供配电系统作为线路的短路保护及过载保护，它采用变截面片状熔体和密封纤维管。由于熔体较窄处的电阻小，在短路电流通过时产生的热量最大，先熔断，因而可产生多个熔断点使电弧分散，以利于灭弧。短路时其电弧燃烧密封纤维管产生高压气体，以便将电弧迅速熄灭。其特点是可拆卸，当熔体熔断后，用户可按要求自行拆开，重新装入新的熔体。RT型有填料密封管式熔断器如图2-215d

所示。熔断器中装有硅砂，用来冷却和熄灭电弧，熔体为网状，短路时可使电弧分散，由硅砂将电弧冷却熄灭，可将电弧在短路电流达到最大值之前迅速熄灭，以限制短路电流。此为限流式熔断器，常用于大容量电力网或配电设备中。

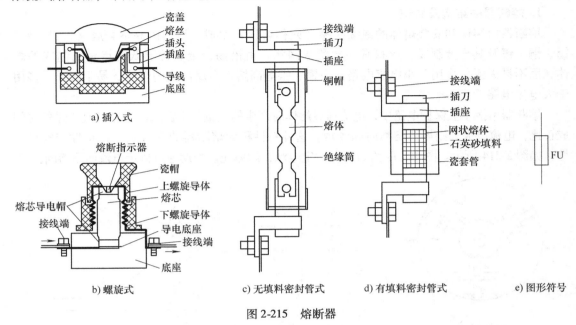

图 2-215　熔断器

2.3.1.3　低压断路器

低压断路器用于低压配电电路中不频繁的通断控制，在电路发生短路、过载或欠电压等故障时能自动分断故障电路，是一种控制兼保护电器。

断路器的种类繁多，按其用途和结构特点可分为 DW 型万能式断路器、DZ 型塑料外壳式断路器、DS 型直流快速断路器和 DWX 型、DWZ 型限流断路器等。万能式断路器（俗称框架式断路器）主要用作配电线路的保护开关，而塑料外壳式断路器除可用作配电线路的保护开关外，还可用作电动机、照明电路及电热电路的控制开关。

下面以塑料外壳式断路器为例，简单介绍断路器的结构、工作原理、使用与选用方法。

1. 断路器的结构和工作原理

断路器主要由三部分组成，即触头、灭弧系统和各种脱扣器，包括过电流脱扣器、失电压（欠电压）脱扣器、热脱扣器、分励脱扣器和自由脱扣器。

图 2-216 是其工作原理示意图及图形符号。断路器是靠操作机构手动或电动合闸的，触头闭合后，自由脱扣机构将触头锁在合闸位置上。当电路发生上述故障时，通过各自的脱扣器使自由脱扣机构动作，自动跳闸以实现保护作用。分励脱扣器则作为远距离控制分断电路之用。

过电流脱扣器用于线路的短路和过电流保护，当线路的电流大于整定的电流值时，过电流脱扣器所产生的电磁力使挂钩脱扣，动触头在弹簧的拉力下迅速断开，断路器的跳闸。

热脱扣器用于线路的过载保护，工作原理和热继电器相同。

失电压（欠电压）脱扣器用于失电压保护，失电压脱扣器的线圈并联在进线端线路上，处于吸合状态时，断路器可以正常合闸；当停电或电压很低时，失电压脱扣器的吸力小于弹簧的反力，弹簧使动铁心向上使挂钩脱扣，断路器跳闸。

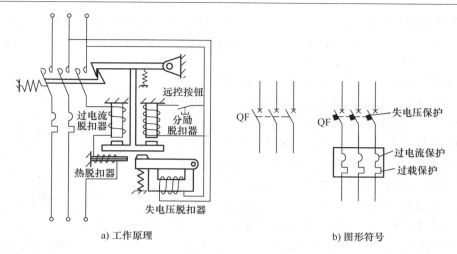

a) 工作原理　　　　　　　　　　　　b) 图形符号

图 2-216　断路器

分励脱扣器用于远距离控制分断电路之用，当在远方按下按钮时，分励脱扣器得电产生电磁力，使其脱扣跳闸。

不同断路器的保护是不同的，使用时应根据需要选用。在图形符号中也可以标注其保护方式。例如，图 2-216 所示的断路器，断路器图形符号中标注了失电压、过载、过电流 3 种保护方式。

2. 低压断路器的选择原则

低压断路器的选择应从以下几方面考虑：

1）断路器的类型应根据使用场合和保护要求来选择：一般可选用塑料外壳式断路器；短路电流相当大时选用限流断路器；额定电流比较大或有选择性保护要求时，选用万能式断路器；控制和保护含有半导体器件的直流电路时，应选用直流快速断路器等。

2）断路器额定电压应大于或等于线路、设备的正常工作电压。

3）断路器额定电流应大于或等于线路、设备的正常工作电流。

4）断路器极限通断能力大于或等于电路最大短路电流。

5）欠电压脱扣器额定电压等于线路额定电压。

6）过电流脱扣器的额定电流大于或等于线路的最大负载电流。

2.3.1.4　继电器

继电器是一种当输入量的变化达到规定值时，输出量将发生阶跃变化的开关电器。其输入量可以是电流、电压等电量，也可以是时间、速度、压力等非电量，而输出则是触头动作或者是电路参数的变化。继电器是一种电子控制器件，它具有控制系统（又称为输入回路）和被控制系统（又称为输出回路），通常应用于自动控制电路中，它实际上是用较小的电流去控制较大电流的一种"自动开关"。故在电路中起着自动控制、安全保护、转换电路等作用。

继电器的种类很多，按输入量可分为电压继电器、电流继电器、时间继电器、速度继电器和压力继电器等；按工作原理可分为电磁式继电器、感应式继电器、电动式继电器、热继电器和电子式继电器等；按用途可分为控制继电器和保护继电器等；按输入量变化形式可分为有触点继电器和无触点继电器。

1. 电磁式继电器

电磁式继电器具有结构简单、价格低廉、使用维护方便、触头容量小（一般在 5A 以下）、触头数量多且无主、辅之分、无灭弧装置、体积小、动作迅速、准确、控制灵敏、可靠等特点，广泛应用于低压控制系统中。常用的电磁式继电器有电流继电器、电压继电器、中间继电器及各种小型通用继电器等。

电磁式继电器的结构和工作原理与接触器相似，主要由电磁机构和触头组成。两者的主要区别在于：继电器可以对多种输入量的变化做出反应，主要用于切换小电流的控制电路和保护电路，而接触器只能有在一定的电压信号下动作，是用来控制大电流电路。电磁式继电器有直流和交流两种。图 2-217 为直流电磁式继电器结构示意图，在线圈两端加上电压或通入电流，产生电磁力，当电磁力大于弹簧反力时，吸动衔铁使常开常闭触头动作；当线圈的电压或电流下降或消失时衔铁释放，触头复位。

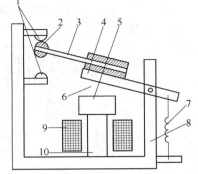

图 2-217　电磁式继电器结构示意图
1—静触点　2—动触点　3—簧片　4—衔铁　5—极靴　6—空气气隙　7—反力弹簧　8—铁轭　9—线圈　10—铁芯

（1）电流继电器　电流继电器的线圈与被测电路串联，以反映电路中的电流变化，它的图形符号如图 2-218 所示。其线圈匝数少，导线粗，线圈阻抗小。电流继电器又分为欠电流继电器和过电流继电器两种。欠电流继电器的吸引电流为线圈额定电流的 30% ~65%，释放电流为额定电流的 10% ~20%。用于电路的欠电流保护（如失磁保护）或控制。其在正常工作时衔铁吸合，当电流下降到某一设整定值时，继电器动作，衔铁释放，输出信号。过电流继电器则是在电流超过某一整定值时，继电器动作输出，其整定范围为 1. 1 ~4. 0 倍的额定电流。

a) 线圈　b) 常开触头　c) 常闭触头

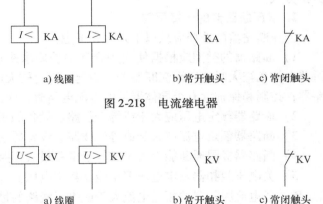

图 2-218　电流继电器

（2）电压继电器　电压继电器的图形符号如图 2-219 所示。根据动作电压值的不同，电压继电器可分为过电压继电器、欠电压继电器和零电压继电器，分别用作过电压、欠电压和零电压保护。过电压继电器动作电压为额定电压的 105% ~120%；欠电压继电器动作电压为额定电压的 40% ~70%；零电压继电器当电压降低至额定电压的 5% ~25%时动作。

a) 线圈　b) 常开触头　c) 常闭触头

图 2-219　电压继电器

（3）中间继电器　中间继电器是一种将一个输入信号扩展（中继）为多个输出信号的控制电器，其图形符号如图 2-220 所示。它实际上是一种电压继电器，当其他继电器的触头数量或容量不够时，可以借助中间继电器进行扩展，起到信号中继作用。中间继电器一般用于控制电路中，其结构与原理和接触器基本相同，触头无主辅之分，各触头电流容量相等，额定值一般为

a) 线圈　b) 常开触头　c) 常闭触头

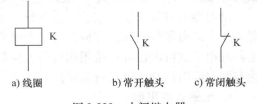

图 2-220　中间继电器

5～10A。

2. 时间继电器

时间继电器是电路中控制动作时间的继电器，是一种利用电磁或机械动作原理来实现触头延时接通或断开的控制电器。其种类很多，按其动作原理可分为电磁式、空气阻尼式、电动式和电子式等；按延时方式可分为通电延时型和断电延时型。

(1) 直流电磁式时间继电器　在直流电磁式电压继电器的铁心上增加一个阻尼铜（铝）套，即可构成电磁式时间继电器。其工作原理是当继电器通电时，由于衔铁处于释放位置，气隙大，磁阻大，磁通小，所以阻尼铜（铝）套的作用很小，衔铁吸合延时作用不明显，故延时可以不计；而当线圈断电时，磁通变化量大，铜（铝）套阻尼作用也大，使衔铁延时释放而起到延时作用。因此，这种时间继电器只能用作断电延时。

直流电磁式时间继电器具有结构简单、可靠性高等优点，其缺点是延时较短，准确度较低，只能用作断电延时，一般用于要求不高的场合，如电动机的延时起动等。

(2) 空气阻尼式时间继电器　这种继电器是利用空气阻尼原理获得延时的，它由电磁机构、延时机构和触头系统 3 部分组成。电磁机构为直动式双 E 型铁心，触头系统采用微动开关，延时机构采用气囊式阻尼器。空气阻尼式时间继电器可以做成通电延时型，也可改成断电延时型，电磁机构可以是直流的，也可以是交流的，如图 2-221 所示。下面以通电延时型时间继电器为例介绍其工作原理。

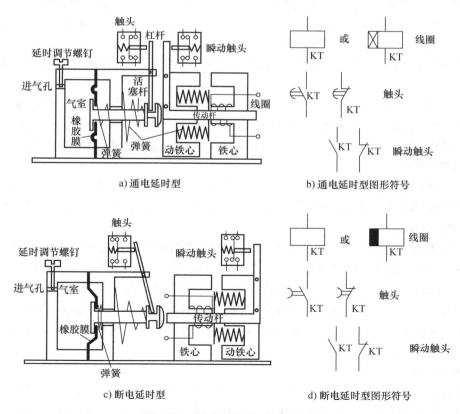

图 2-221　空气阻尼式时间继电器

图 2-221a 是线圈未得电时的情况，当线圈通电后，动铁心吸合，带动 L 型传动杆向右运动，使瞬动触头瞬时动作。活塞杆在弹簧的作用下，带动橡胶膜向右移动，弱弹簧将橡胶膜压在活塞上，橡胶膜左方的空气不能进入气室，形成负压，只能通过进气孔进气，因此活塞杆缓慢地向右移动，其移动的速度和进气孔的大小有关（通过延时调节螺钉调节进气孔的大小可改变延时时间）。经过一定的延时后，活塞杆移动到右端，通过杠杆压动微动开关（通电延时触头），使其常闭触头断开，常开触头闭合，起到通电延时作用。当线圈断电时，电磁吸力消失，动铁心在反力弹簧的作用下释放，并通过活塞杆将活塞推向左端，这时气室内的空气通过橡胶膜和活塞杆之间的缝隙排掉，瞬动触头和延时触头迅速复位，无延时。

如果将通电延时型时间继电器的电磁机构反向安装，就可以改为断电延时型时间继电器，如图 2-221c 所示。时间继电器触头闭合情况见表 2-17。

表 2-17　时间继电器触头闭合情况

触头类型	动 作 特 点		触头类型	动 作 特 点	
	线圈通电时	线圈断电时		线圈通电时	线圈断电时
通电延时型常开触头	延时闭合	立即断开	断电延时型常闭触头	立即断开	延时闭合
通电延时型常闭触头	延时断开	立即闭合	瞬动型常开触头	立即闭合	立即断开
断电延时型常开触头	立即闭合	延时断开	瞬动型常闭触头	立即断开	立即闭合

空气阻尼式时间继电器的优点是延时范围大、结构简单、寿命长、价格低廉，且不受电源电压及频率波动的影响，其缺点是延时误差大、无调节刻度指示，难以精确整定延时时间。一般适用延时精度要求不高的场合。

在使用空气阻尼式时间继电器时，应保持延时机构的清洁，防止因进气孔堵塞而失去延时作用。

（3）电动式时间继电器　这种继电器由微型同步电动机拖动，也分为通电延时和断电延时两种。其结构由同步电动机、减速齿轮、差动齿轮、离合电磁铁、触头、脱扣机构、凸轮和复位游丝等组成。通过改变凸轮的初始位置，可以改变延时的设定时间。整定时离合电磁铁的线圈要求断电。

电动式时间继电器的优点是延时时间长，整定偏差和重复偏差小，精度高，延时时间不受电源电压波动和环境温度变化的影响等。其缺点是机构复杂、价格昂贵、延时时间精度受电源频率的影响等。

（4）电子式时间继电器　这种继电器由晶体管或集成电路和电子元器件等构成。目前已有采用单片机控制的时间继电器。电子式时间继电器具有延时范围广、精度高、体积小、耐冲击和耐振动、调节方便及寿命长等优点，所以发展很快，应用广泛。目前，在时间继电器中已成为主流产品。晶体管式时间继电器利用电容充放电原理来达到延时目的，其输出形式有两种：有触点式和无触点式，前者是用晶体管驱动小型磁式继电器，后者是采用晶体管或晶闸管输出。

3. 热继电器

热继电器主要用于电气设备（主要是电动机）的过负荷（过载）保护。热继电器是利用电流热效应原理工作的，它具有与电动机容许过载特性相近的反时限动作特性，它与接触器配合使用，用于对三相异步电动机的过负荷和断相保护。三相异步电动机在实际运行中，常会遇到因电气或机械原因等引起的过电流（过载和断相）现象。如果过电流不严重，持续时间短，绕组不超过允许温升，这种过电流是允许的；如果过电流情况严重，持续时间较长，则会加快电动机绝缘老化，甚至烧毁电动机，因此，在电动机回路中应设置电动机保护装置。常用的电动机保护装置种类很多，使用最多、最普遍的是双金属片式热继电器。目前，双金属片式热继电器均为三相式，有带断相保护和不带断相保护两种。

（1）工作原理　图 2-222b 为双金属片式热继电器的基本结构，图 2-222c 为其图形符号。由图可见，热继电器主要由双金属片、热元件、复位按钮、动作机构、调节旋钮、复位按钮、触头和接线端子等组成。

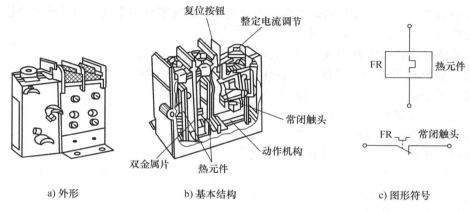

a) 外形　　　　　　b) 基本结构　　　　　　c) 图形符号

图 2-222　热继电器

双金属片是将两种线膨胀系数不同的金属用机械辗压方法使之形成一体的。膨胀系数大的（如铁镍铬合金、铜合金或高铝合金等）称为主动层，膨胀系数小的（如铁镍类合金）称为被动层。由于两种线膨胀系数不同的金属紧密地贴合在一起，当产生热效应时，使得双金属片向膨胀系数小的一侧弯曲，由弯曲产生的位移带动触头动作。

热元件一般由铜镍合金、镍铬铁合金或铁铬铝等合金电阻材料制成，其形状有圆丝、扁丝、片状和带材几种。热元件串接于电动机的定子电路中，通过热元件的电流就是电动机的工作电流（大容量的热继电器装有速饱和互感器，热元件串接在其二次回路中）。当电动机正常运行时，其工作电流通过热元件产生的热量不足以使双金属片变形，热继电器不会动作。当电动机发生过电流且超过整定值时，双金属片的热量增大而发生弯曲，经过一定时间后，使触头动作，通过控制电路切断电动机的工作电源。同时，热元件也因失电而逐渐降温，经过一段时间的冷却，双金属片恢复到原来状态。

热继电器动作电流的调节是通过旋转调节旋钮来实现的。调节旋钮为一个偏心轮，旋转调节旋钮可以改变传动杆和动触头之间的传动距离，距离越长动作电流就越大，反之动作电流就越小。

热继电器复位方式有自动复位和手动复位两种，将复位螺钉旋入，使常开的静触头向动触头靠近，这样动触头在闭合时处于不稳定状态，在双金属片冷却后动触头也返回，为自动复位方式。如将复位螺钉旋出，触头不能自动复位，为手动复位置方式。在手动复位置方式下，需要在双金属片恢复原状时按下复位按钮才能使触头复位。

（2）选用原则　热继电器主要用于电动机的过载保护，使用中应考虑电动机的工作环境、起动情况、负载性质等因素，具体应按以下几个方面来选用：

1）热继电器结构型式的选择：星形联结的电动机可选用两相或三相结构热继电器，三角形联结的电动机应选用带断相保护装置的三相结构热继电器。

2）热继电器的动作电流整定值一般为电动机额定电流的 1.05～1.1 倍。

3）热继电器一般适用于连续工作的电动机。对于重复短时工作的电动机（如起重机电动机），由于电动机不断重复升温，热继电器双金属片的温升跟不上电动机绕组的温升，电动机将得不到可靠的过载保护。因此，不宜选用双金属片热继电器，而应选用过电流继电器或能反映绕组实际温度的温度继电器来进行保护。

4. 速度继电器

速度继电器又称为反接制动继电器，主要用于三相笼型异步电动机的反接制动控制。在游乐设施中也可用于超速保护。图 2-223 为速度继电器的工作原理及图形符号，它主要由转子、定子和触头 3 部分组成。转子是一个圆柱形永久磁铁，定子是一个笼型空心圆环，由硅钢片叠成，并装有笼型绕组。其转子轴与被控电动机的轴相连接，当电动机转动时，转子（圆柱形永久磁铁）随之转动产生一个旋转磁场，定子中的笼型绕组切割磁力线而产生感应电流和磁场，两个磁场相互作用，使定子受力而跟随转动，当达到一定转速

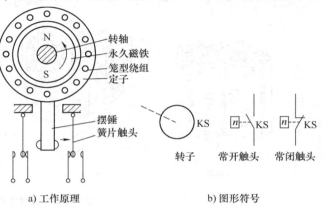

图 2-223　速度继电器的工作原理及图形符号

时，安装在定子轴上的摆锤推动簧片触头运动，使常闭触头断开，常开触头闭合。当电动机转速低于某一数值时，定子产生的转矩减小，触头在簧片作用下复位。

5. 固态继电器

固态继电器是采用半导体器件代替传统电触头作为切换装置的，具有开关速度快、工作频率高、质量轻、使用寿命长、噪声低和动作可靠等优点，固态继电器按其负载类型分类，可分为直流型和交流型。固态继电器用于控制直流电动机时，应在负载两端接入二极管，以阻断反电势。控制交流负载时，则必须估计过电压冲击的程度，并采取相应保护措施（如加装 RC 吸收电路或压敏电阻等）。当控制电感性负载时，固态继电器的两端还需加压敏电阻。交流型固态继电器的结构原理及图形符号如图 2-224 所示。

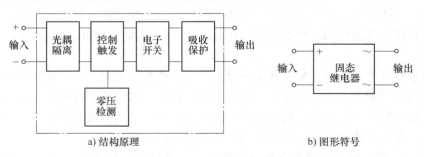

图 2-224　交流型固态继电器的结构原理及图形符号

6. 压力继电器

压力继电器主要用于对液体或气体压力的高低进行检测并发出开关量信号，以控制电磁阀、液泵等设备对压力的高低进行控制。图 2-225 为压力继电器的基本结构及图形符号。

压力继电器主要由压力传送装置和微动开关等组成，液体或气体压力经压力入口推动橡胶膜和滑杆，克服弹簧反作用力向上运动，当压力达到给定压力时，触动微动开关，发出控制信号，旋转调压螺母可以改变给定压力。

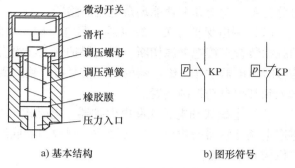

a) 基本结构　　　　　b) 图形符号

图 2-225　压力继电器

2.3.1.5　漏电电流动作保护器

漏电电流动作保护器又称为剩余电流保护器（RCD），简称漏电保护器，主要是用来对有致命危险的人身触电进行保护。它的功能是提供间接接触保护。额定漏电动作电流不超过 30mA 的漏电保护器，在其他保护措施失效时，也可作为直接接触的补充保护，但不能作为唯一的直接接触保护。

1. 工作原理

漏电保护器按工作原理可分为电压型和电流型两大类，电压型漏电保护器应用面窄，且缺点较多，这里不作介绍。下面介绍常用的电流型漏电保护器的原理。

电流型漏电保护器的工作原理如图 2-226 所示，它由零序电流互感器、电子放大器、晶闸管和脱扣器等部分组成。零序电流互感器是关键器件，制造要求很高，其构造和原理跟普通电流互感器基本相同，零序电流互感器的一次线圈是绞合在一起的 4 根线，3 根相线 1 根零线，而普通电流互感器的一次线圈只是 1 根相线。一次线圈的 4 根线要全部穿过互感器的铁心，4 根线的一端接电源的主开关，另一端接负载。正常情况下，不管三相负载平衡与否，同一时刻 4 根线的电流和（矢量

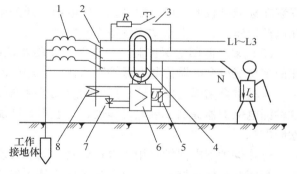

图 2-226　电流型漏电保护器的工作原理

1—供电变压器　2—主开关　3—试验按钮　4—零序电流互感器　5—压敏电阻　6—放大器　7—晶闸管　8—脱扣器

和）都为零，4 根线的合成磁通也为零，故零序电流互感器的二次线圈没有输出信号。

当相线对地漏电时，如图 2-226 中的人体发生触电事故时，触电电流经大地和接地装置回到中性点。这样同一时刻 4 根线的电流和不再为零，产生了剩余电流，剩余电流使铁心中有磁通通过，从而互感器的次级线圈有电流信号输出。互感器输出的微弱电流信号输入到放大器 6 进行放大，放大器的输出信号用作晶闸管 7 的触发信号，触发信号使晶闸管导通，晶闸管的导通电流流过脱扣器线圈 8 使脱扣器动作而将主开关 2 断开。压敏电阻 5 的阻值随其端电压的升高而降低，压敏电阻的作用是稳定放大器 6 的电源电压。

上述电路是针对三相四线制、中性点接地供电系统的，这种漏电保护器也适用于三相三线制、双相两线制和单相两线制，也适用于不接地系统。

2. 主要分类

漏电保护器按功能可分为漏电保护开关和继电器；按原理可分为电磁式和电子式；按动作时间可分为瞬时动作式和延迟动作式；按使用方式可分为固定式和移动式；按功能多样性可分为单一功能和多功能剩余电流断路器。

（1）漏电保护开关和继电器　漏电保护开关装有脱扣装置，当检测到漏电信号时能利用脱扣装置直接把电源切断。漏电保护继电器没有脱扣装置，但装有继电器，当检测到漏电信号时继电器动作，继电器的动作信号可以输入到报警器报警，提示工作人员排除故障，或输入到其他自动控制装置。

（2）电磁式和电子式漏电保护器　电磁式漏电保护器只采用电磁机构，没有电子电路。零序电流互感器的输出信号直接输入到脱扣器或继电器。而电子式漏电保护器同时采用了电磁机构和电子电路。

（3）瞬时式和延迟式漏电保护器　瞬时式漏电保护器检测到漏电信号时能立刻动作，其动作时间要求在 $0.1s$ 以内。瞬时式漏电保护器用于末级（终端）保护场合，如施工现场的开关箱、家庭配电箱。

延迟式漏电保护器检测到漏电信号后延迟一定时间动作，其延迟动作时间有 $0.2s$、$0.4s$、$0.8s$、$1.0s$、$1.5s$ 和 $2s$，新型漏电保护器的延迟动作时间无级可调。延迟式漏电保护器用于分级保护场合，如施工现场的总配电箱、楼宇的总配电箱。

（4）固定式和移动式漏电保护器　固定式漏电保护器已经实现了模块化和模数化，能安装在标准导轨上，用于配电室、配电箱、开关箱中。移动式漏电保护器有电源插头，能插在电源插座上，可供移动式设备临时使用。

（5）多功能漏电保护器　漏电保护断路器是将漏电保护器和小型低压断路器结构一体化的多功能组合电器称漏电保护断路器，已经广泛采用。

自动重合闸漏电保护器是指跳闸后几秒钟内能自动重新合闸一次或二次的漏电保护器。这种漏电保护器提高了供电可靠性，一般不会增加人体触电的危害性，因为跳闸后人体即可摆脱电源。

过热保护漏电保护器用于电热器具，同时实现了漏电和过热保护。

智能漏电保护器正常漏电电流的变化是缓慢的，而触电电流是突然产生的，根据这个规律智能漏电保护器能把正常漏电电流和触电电流区分开来，能随着正常漏电电流的变化自动调整漏电动作电流，从而减少了误动和拒动现象，提高了供电可靠性。

3. 基本特点

（1）漏电保护器的优点　漏电保护器在反应触电方面具有高灵敏性和快速性，而且只反应系统的剩余电流。漏电保护器不但能预防人体触电，还能预防电气设备接地故障电弧引起的火灾或爆炸，接地故障电弧引起的火灾约占电气火灾总数的 $1/2$。

（2）漏电保护器的缺点

1）不能预防人体两相触电：由于零序电流互感器只有当相线和地之间存在漏电流时才有输出信号，漏电保护器也才会动作；而当人体两相触电（相线之间，相线和零线之间有漏电）时，这时的触电电流相当于正常的负载电流，零序电流互感器没有输出信号，漏电保护器并不动作。

2）影响供电的可靠性：人体触电电流、设备漏电电流和其他不明原因都可能造成漏电保护器动作，其中触电电流造成的漏电保护器动作只占少数（约10%），从而降低了供电的可靠性。

3）误动或拒动：漏电保护器构造复杂、比较容易出故障，漏电保护器（特别是电子式）的动作可靠性受电源电压、环境条件（温度、湿度等）等因素影响较大，而有误动或拒动现象。

4. 主要参数

（1）额定电压　漏电保护器正常工作时承受的合适电压值称为额定电压，一般为220V或380V。

（2）额定电流　漏电保护器正常工作时能承受的最大电流值称为额定电流，优先系列值为：6A、10A、16A、20A、25A、32A、40A、50A、63A、80A、100A、125A、160A、200A。

（3）额定漏电动作电流　是指使漏电保护器必须动作的最小漏电电流。它体现了漏电保护器的保护灵敏度，优先系列值为：6mA、10mA、30mA、50mA、100mA、300mA、500mA、1A、3A、5A、10A、20A。额定漏电动作电流有的是固定的，有的分级可调或连续可调。

（4）机械寿命和电气寿命　额定电流不大于25A时，操作循环次数为4000次，其中有载操作次数为2000次，无载操作次数为2000次。额定电流大于25A时，操作循环次数为3000次，其中有载操作次数为2000次，无载操作次数为1000次。

（5）额定漏电动作时间　从发生漏电到保护器动作的最长时间称为额定漏电动作时间。当额定漏电动作电流小于或等于30mA时要求小于0.1s，当额定漏电动作电流大于30mA时要求小于0.2s。

（6）额定漏电不动作电流　不能造成漏电保护器动作的最大漏电电流称为额定漏电不动作电流，一般规定为额定漏电动作电流的1/2。电气设备正常情况下也有很小的漏电电流，正常漏电电流可能造成漏电保护器的误动作。为减少这种误动作，提高供电的可靠性，特规定了这一指标。

5. 与保护接零（地）的比较

漏电保护器和保护接零（地）的保护原理不同。保护接零（地）属于事前预防型措施，即保护接零（地）能将设备漏电现象消灭在萌芽状态，以免人体接触到漏电设备外壳造成人体触电。而漏电保护器属于事后保护措施，只有人体触电后且触电电流达到一定数值时漏电保护器才可能发挥作用，漏电保护器虽然是事后措施，但能迅速将人体触电现象扼杀在萌芽状态。漏电保护器和保护接零（地）各有优缺点，同时采用漏电保护器和保护接零（地）能使二者取长补短、互为备用，大大提高安全系数，但不得用漏电保护器代替保护接零（地）。

2.3.1.6　接触器

接触器是一种适用于远距离频繁接通和分断交直流主电路和控制电路的自动控制电器。它具有低电压释放保护功能，在电力拖动自动控制电路中被广泛应用。接触器有交流接触器和直流接触器两大类型。

1. 交流接触器

图2-227所示为交流接触器，它由电磁机构、触头系统、灭弧装置和其他部件等部分

组成。

（1）电磁机构　电磁机构由线圈、动铁心（衔铁）和静铁心组成。

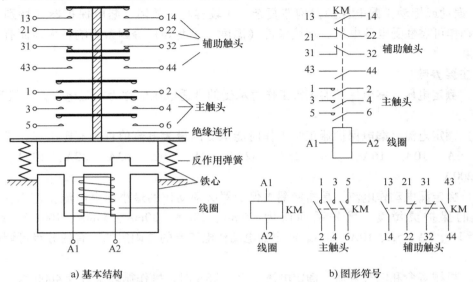

a) 基本结构　　　　　　　b) 图形符号

图 2-227　交流接触器

（2）触头系统　交流接触器的触头系统包括主触头和辅助触头。主触头用于通断主电路，有三对或四对常开触头；辅助触头用于控制电路，起电气联锁或控制作用，通常有两对常开两对常闭触头。

（3）灭弧装置　容量在 10A 以上的接触器都有灭弧装置。对于小容量的接触器，常采用双断口桥形触头以利于灭弧；对于大容量的接触器，常采用纵缝灭弧罩及栅片灭弧结构。

（4）其他部件　包括反作用弹簧、缓冲弹簧、触头压力弹簧、传动机构及外壳等。

如图 2-227 所示，接触器上标有端子标号，线圈为 A1、A2，主触头 1、3、5 接电源侧，2、4、6 接负荷侧。辅助触头用两位数表示，前一位为辅助触头顺序号，后一位的 3、4 表示常开触头，1、2 表示常闭触头。

接触器的控制原理很简单，当线圈接通额定电压时，产生电磁力，克服弹簧反作用力，吸引动铁心向下运动，动铁心带动绝缘连杆和动触头向下运动使常开触头闭合，常闭触头断开。当线圈失电或电压低于释放电压时，电磁力小于弹簧反作用力，常开触头断开，常闭触头闭合。

2. 直流接触器

直流接触器的结构和工作原理与交流接触器基本相同。但也有不同之处，主要区别有：

1）交流接触器有三对或四对主触头；直流接触器两对主触头。

2）交流接触器的铁心是用硅钢片叠铆而成；直流接触器是用整块软铁制成。

3）交流接触器的线圈有骨架，形状为矮胖型；直流接触器的线圈无骨架，形状为细长型。

4）交流接触器的操作频率低；直流接触器的操作频率高。

5）由于直流电弧比交流电弧难以熄灭，直流接触器常采用磁吹式灭弧装置灭弧。

3. 接触器的主要参数

（1）额定电压　接触器的额定电压是指主触头的额定电压。交流接触器有 220V、380V 和 660V，在特殊场合应用的额定电压高达 1140V；直流接触器主要有 110V、220V 和 440V。

（2）额定电流　接触器的额定电流是指主触头的额定工作电流。它是在一定的条件（额定电压、使用类别和操作频率等）下规定的，目前常用的电流等级为 10 ~ 800A。

（3）吸引线圈的额定电压　交流接触器有 36V、127V、220V 和 380V，直流接触器有 24V、48V、220V 和 440V。

（4）机械寿命和电气寿命　接触器是频繁操作电器，应有较高的机械和电气寿命，该指标是产品质量的重要指标之一。

（5）额定操作频率　接触器的额定操作频率是指每小时允许的操作次数，一般为 300 次/h、600 次/h 和 1200 次/h。

（6）动作值　动作值是指接触器的吸合电压和释放电压。规定接触器的吸合电压大于线圈额定电压的 85% 时应可靠吸合，释放电压不高于线圈额定电压的 70%。

4. 接触器的选择

1）根据负载性质选择接触器的类型。

2）额定电压应大于或等于主电路工作电压。

3）额定电流应大于或等于被控电路的额定电流。对于电动机负载，还应根据其运行方式适当增大或减小。

4）吸引线圈的额定电压与频率要与所在控制电路的选用电压和频率相一致。

2.3.2　电气控制

1. 继电接触器控制

通过开关、按钮、继电器、接触器等电器触头的接通或断开来实现的各种控制叫作继电接触器控制。这种控制方式构成的自动控制系统称为继电接触器控制系统。典型的控制环节有点动控制、单向自锁运行控制、正反转控制、自动往复行程控制和时间控制等。

电动机在使用过程中由于各种原因可能会出现一些异常情况，如电源电压过低、电动机电流过大、电动机定子绕组相间短路或电动机绕组与外壳短路等，如不及时切断电源则可能会对设备或人身带来危险，因此必须采取保护措施。常用的保护环节有短路保护、过载保护、零电压保护和欠电压保护等。

下面以常见的交流异步电动机正反转控制电路来进行说明其控制原理。

电动机在使用过程中往往需要实现可逆运行，这就需要电动机可以正反转。由电动机的原理可知，将接至电动机的三相电源进线中的任意两相对调，即可实现电动机反转。因此，正反转控制电路实质是两个方向相反的单向运行电路。同时，为了避免误动作引起电源相间短路，需要在其中加入必要的互锁措施。

图 2-228a 为用手操作按钮实现电动机正反转控制电路。SB1 控制正转，SB2 控制反转，SB3 用于停止控制。按下 SB1，交流接触器 KM1 线圈通电，接触器主触头闭合，电动机正转运行。同时，与 SB1 并联的常开辅助触头 KM1 闭合，这样，当 SB1 复位时，接触器 KM1 线圈仍可通过 KM1 的辅助触头通电，从而保持电动机的连续运行。这种依靠接触器自身辅助触头而保持其自身通电的现象称为自锁。起自锁作用的辅助触头称为自锁触头。为了避免

误动作引起的电源相间短路，利用 KM1 和 KM2 两个接触器的常闭触头起相互控制，即一个接触器通电时，利用其常闭辅助触头的断开来锁住对方线圈的电路。这种利用两个接触器的常闭辅助触头相互控制的方法叫作互锁，而两对起互锁作用的触头叫作互锁触点。

图 2-228a 所示控制电路要进行实现正反转操作时，必须先按下停止按钮 SB3，再进行反向起动，操作比较麻烦。图 2-228b 使用按钮互锁，首先使用和按钮常开触头联动的常闭触头的断开对方支路线圈电流，再利用常开触头的闭合接通通电线圈电流，可以很方便地使电动机由正转进入反转，或由反转进入正转。

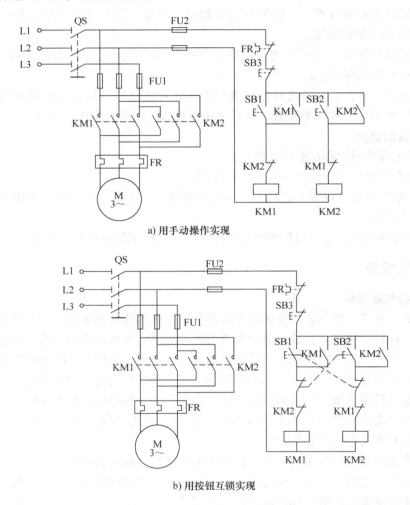

a) 用手动操作实现

b) 用按钮互锁实现

图 2-228　电动机正反转控制电路

2. PLC 控制

可编程序控制器是一种专门为在工业环境下应用而设计的数字运算操作的电子装置。它采用可以编制程序的存储器，用来在其内部存储执行逻辑运算、顺序运算、计时、计数和算术运算等操作的指令，并能通过数字式或模拟式的输入和输出，控制各种类型的机械或生产过程。PLC 及其有关的外围设备都应该按易于与工业控制系统形成一个整体，易于扩展其功能的原则而设计。

（1）PLC 概述　在继电接触器控制中提到的例子是简单的工业控制，实际的工业控制系统要复杂得多。例如几十台电动机及控制电器组成的生产线，或者是具有复杂逻辑或关联变化的模拟量控制系统。这些系统如果采用继电接触器构成，则可能需要几十甚至数百的继电器、接触器、成千上万根导线以及对应的成千上万的接线点。这样的系统往往容易出现故障，任何一只电器或连接点的故障都会导致整个系统不能正常运行，而且大量的电器和连接点导致维修困难，同时，也使得系统的功能变化异常困难，不利于产品的升级换代。

（2）PLC 的特点

1）可靠性高，抗干扰能力强。高可靠性是电气控制设备的关键性能。PLC 由于采用现代大规模集成电路技术，大量的开关动作是由无触点的半导体电路来完成的，加上采用严格的生产工艺制造，内部电路采取了先进的抗干扰技术，具有很高的可靠性。某些品牌的 PLC 平均无故障时间高达 30 万小时。一些使用冗余 CPU 的 PLC 的平均无故障工作时间则更长。从 PLC 的机外电路来说，使用 PLC 构成控制系统，和同等规模的继电接触器系统相比，电气接线及开关触头已减少到数百甚至数千分之一，故障也就大大降低。此外，PLC 带有硬件故障自我检测功能，出现故障时可及时发出报警信息。在应用软件中，应用者还可以编入外围器件的故障自诊断程序，使系统中除 PLC 以外的电路及设备也获得故障自诊断保护。这样，整个系统具有极高的可靠性。

2）应用灵活，适用性强。PLC 发展到今天，已经形成了大、中、小各种规模的系列化产品。可以用于各种规模的工业控制场合。除了逻辑处理功能以外，现代 PLC 大多具有完善的数据运算能力，可用于各种数字控制领域。近年来 PLC 的功能单元大量涌现，使 PLC 渗透到了位置控制、温度控制等各种工业控制中。加上 PLC 通信能力的增强及人机界面技术的发展，使用 PLC 组成各种控制系统变得非常容易。用户可以根据自己的需求灵活选择，以满足各种控制要求。

3）易学易用，编程方便。PLC 作为通用工业控制计算机，是面向工矿企业的工控设备。其采用的梯形图语言的图形符号与表达方式和继电器电路相当接近，只用 PLC 的少量开关量逻辑控制指令就可以方便地实现继电器电路的功能，深受工程技术人员欢迎。

4）功能强，扩展性好。现代 PLC 具有数字和模拟量输入输出、逻辑和算术运算、定时、计数、顺序控制、功率驱动、通信、人机对话、自检、记录和显示功能，使用设备水平大提高。同时具有各种扩充单元，可以方便地适应不同工业控制需要的不同输入输出点及不同输入输出方式的系统。

5）系统开发周期短，维护方便，容易改造。PLC 用存储逻辑代替接线逻辑，大大减少了控制设备外部的接线，使控制系统设计及建造的周期大为缩短，同时维护也变得容易起来。另外，PLC 有完善的自我诊断及监控功能，便于工作人员查找故障原因。更重要的是使同一设备经过改变程序改变生产过程成为可能。适合多品种、小批量的生产场合。

6）体积小，重量轻，能耗低。由于 PLC 采用了半导体集成电路，体积小、重量轻、结构紧凑、功耗低，并且由于具备很强的抗干扰能力，使其容易装入机械内部，是实现机电一体化的理想控制设备。

（3）PLC 的基本工作原理　PLC 采用循环顺序扫描的工作方式，如图 2-229 所示。其工作过程的特点是：

1）每次扫描过程集中对输入信号进行采样，集中对输出信号进行刷新。

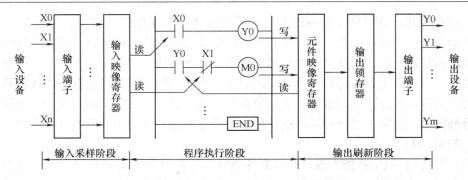

图 2-229　PLC 扫描工作过程

2）对于输入刷新过程，当输入端口关闭时，程序在进行执行阶段时，输入端有新状态，新状态不能被读入。只有程序进行下一次扫描时，新状态才被读入。

3）一个扫描周期分为输入采样、程序执行、输出刷新等阶段。

4）元件映像寄存器的内容是随着程序的执行变化而变化的。

5）扫描周期的长短由 CPU 执行指令的速度、指令本身占有的时间和指令条数三条决定。

6）由于采用集中采样、集中输出的方式，存在输入/输出滞后的现象，即输入/输出响应延迟。

PLC 采用的这种周期循环扫描，集中输入与输出的工作方式可以提高可靠性，增强抗干扰能力。但也存在速度较慢、响应滞后的特点。可以说，PLC 是用降低速度来保障高可靠性。

（4）PLC 的编程语言　PLC 是一种工业控制计算机，主要使用者是工厂的电气技术人员，为了适应他们的传统习惯以及方便掌握，PLC 的编程语言不同于一般的计算机汇编语言。国际电工委员会（IEC）1994 年 5 月颁布的 IEC1131-3《可编程控制器语言标准》为 PLC 制定了 5 种标准的编程语言，包括图形化编程语言和文本化编程语言。图形化编程语言包括：梯形图、功能块图、顺序功能图。文本化编程语言包括：指令表和结构化文本。IEC 1131-3 的编程语言是 IEC 工作组对世界范围的 PLC 厂家的编程语言合理地吸收、借鉴的基础上形成的一套针对工业控制系统的国际编程语言标准，它不但适用于 PLC 系统，而且还适用于更广泛的工业控制领域。

1）顺序功能图（Sequential function charts，SFC）：不仅仅是一种语言，SFC 更是一种图形化的方法。

2）梯形图（Ladder diagram，LD）：以图形化的方式表达了多层连接和特殊指令模块，它起源于继电梯形逻辑（relay-ladder logic）。

3）指令集（Instruction list，IL）：一种基于文本的语言，类似于汇编。

4）结构化文本（Structured text，ST）：基于文本的语言，类似于 Pascal 语言。

5）功能模块图（Function block diagram，FBD）：一种图形语言，广泛应用在过程工业中。

3. 微机控制

计算机控制系统是应用计算机参与控制并借助一些辅助部件与被控对象相联系，以获得一定控制目的而构成的系统。这里的计算机通常指数字计算机，可以有各种规模，如从微型到大型的通用或专用计算机。辅助部件主要指输入输出接口、检测装置和执行装置等。与被控对象的联系和部件间的联系，可以是有线方式，如通过电缆的模拟信号或数字信号进行联系；也可以是无线方式，如用红外线、微波、无线电波、光波等进行联系。被控对象的范围很广，包括各行各业的生产过程、机械装置、交通工具、机器人、实验装置、仪器仪表、家庭生活设施、家用电器等。控制目的可以是使被控对象的状态或运动过程达到某种要求，也可以达到某种最优化目标。

随着半导体技术的快速发展，微型机的功能和性能不断得到增强和提到，广泛应用于工业控制领域。在许多大型的游乐设施中，为了让游客得到更好的体验以及更高的可靠性，对电动机的综合调速性能提出了更高的要求，因此也采用了微机控制的电动机调速系统。采用微机控制不但控制手段灵活、可靠性高，同时还可以利用计算机的逻辑判断和数值运算功能，对实时采样的数据进行必要的处理和分析，利用故障诊断模型或专家库进行推理，对故障类型或故障发生处做出正确判断。

那么微机控制和 PLC 控制的区别是什么呢？

简而言之，微型计算机是通用的专用机，而 PLC 则是专用的通用机。从微型计算机的应用范围来说，微型计算机是通用机，而 PLC 是专用机。微型计算机是在以往计算机与大规模集成电路的基础上发展起来的，其最大特征是运算快，功能强，应用范围广。例如，近代科学计算、科学管理和工业控制等都离不开它。所以说，微型计算机是通用计算机；而 PLC 是一种为适应工业控制环境而设计的专用计算机，选配对应的模块便可适用于各种工业控制系统。而用户只需改变用户程序即可满足工业控制系统的具体控制要求。如果采用微型计算机作为某一设备的控制器，就必须根据实际需要考虑抗干扰问题和硬件软件设计，以适应设备控制的专门需要。这样，势必把通用的微型计算机转化为具有特殊功能的控制器而成为一台专用机。

PLC 与微型计算机的主要差异及各自的特点主要表现为以下几个方面：

（1）应用范围　微型计算机除了控制领域外，还大量用于科学计算、数据处理、计算机通信等方面。而 PLC 主要用于工业控制。

（2）工作环境　微型计算机对环境要求较高，一般要在干扰小，具有一定的温度和湿度要求的机房内使用。PLC 则使适用于工业现场环境。

（3）输入/输出　微型计算机系统的 I/O 设备与主机之间采用微电联系，一般不需要电气隔离。而 PLC 一般控制强电设备，需要电气隔离，输入输出均用光耦合，输出还采用继电器晶闸管或大功率晶体管进行功率放大。

（4）程序设计　微型计算机具有丰富的程序设计语言，如汇编、FORTRAN、COBOL、PASCAL、C 语言等，其语句多，语法关系复杂，要求使用者必须具有一定水平的计算机硬件知识和软件知识。而 PLC 提供给用户的编程语句数量少，逻辑简单，易于学习和掌握。

（5）系统功能　微型计算机系统一般配有较强的系统软件，例如操作系统，能进行设备管理、文件管理、存储器管理等。它还配有许多应用软件，以方便用户。而 PLC 一般只有简单的监控程序，能完成故障检查，用户程序的输入和修改，用户程序的执行与监视。

（6）运算速度和存储容量　微型计算机运算速度快，一般为微秒级，因有大量的系统软件和应用软件，故存储容量大。而 PLC 因接口的响应速度慢而影响数据处理速度。PLC软件少，所编程序也简短，故内存容量小。

（7）硬件成本　微型计算机机是通用机，功能完善，故价格较高；而 PLC 是专用机，功能较少，其价格是微型计算机的 1/10 左右。

2.3.3　电动机

电动机是把电能转换成机械能的设备，它是利用通电线圈在磁场中受力转动的原理制成。电动机按使用电源不同分为直流电动机和交流电动机两种。直流电动机根据励磁方式的不同，又可分为他励直流电动机、并励直流电动机、串励直流电动机和复励直流电动机等种。交流电动机按工作原理分为同步电动机和异步电动机。交流异步电动机按照转子结构又可分为笼型异步电动机、绕线转子异步电动机。由于异步电动机的使用范围最广，以下将以三相交流异步电动机为例进行介绍。

2.3.3.1　电动机的起动

1. 笼型异步电动机的起动

对于功率较小的笼型异步电动机可以进行全压直接起动，而较大功率的笼型异步电动机（大于 10kV）因起动电流较大，会对电网产生冲击，一般采用减压起动方式来起动，即起动时降低加在电动机定子绕组上的电压，起动后再将电压回复到额定值。由于电枢电流和电压成正比，所以降低电压可以减小起动电流，不致在电路中产生过大的电压降，较少对线路电压的影响。

笼型异步电动机常见的减压起动方式有定子串联电阻、星形-三角形换接、自耦变压器和延边三角形起动等几种。

（1）定子串联电阻减压起动控制电路　图 2-230 是定子串联电阻减压起动控制电路。电动机起动时，在三相定子电路中串接电阻，让定子绕组电压降低，起动结束后，将电阻短接，电压恢复到额定值。

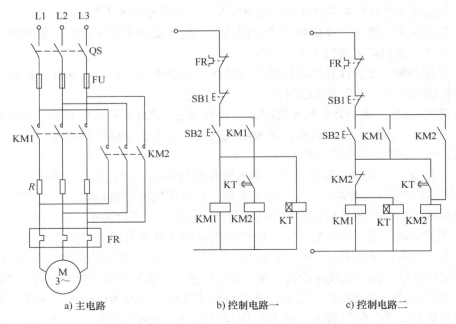

a) 主电路　　　　　　　　b) 控制电路一　　　　　　　c) 控制电路二

图 2-230　定子串联电阻减压起动控制电路

图 2-231b 所示电路的工作原理是：合上电源开关 QS，按起动按钮 SB2，KM1 得电吸合并自锁，电动机串联电阻 *R* 起动。接触器 KM1 得电同时，时间继电器 KT 得电吸合，其延时闭合常开触头使接触器 KM2 经延时后得电，主电路电阻 *R* 被短接，电动机在全压下进入正常稳定运转。从主电路看，只要 KM2 得电就能使电动机正常运行。但该电路的缺点是电动机起动后 KM1 和 KT 一直得电，而且缩短了元件的使用寿命。图 2-231c 解决了这一问题，接触器 KM2 得电后，用其常闭触头将 KM1 及 KT 的线圈电路切断，同时 KM2 自锁。这样，在电动机起动后，只有 KM2 得电使之正常运行。

（2）星形-三角形（Y-△）换接减压起动控制电路　这种控制电路是在游乐设施中经常采用的。如图 2-231 所示，起动时，定子绕组首先接成星形，等转速上升到接近额定转速时，将定子绕组的接线由星形接成三角形，电动机便进入全压正常运行状态。

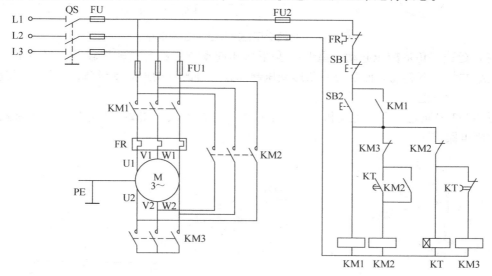

图 2-231　星形-三角形换接减压起动控制电路

图 2-231 所示电路的工作原理是：合上电源开关 QS，按下起动按钮 SB2，KM1、KT 和 KM3 线圈通电，电动机接成星形并减压起动。随着电动机的转速升高，起动电流下降，此时时间继电器 KT 的延时时间到达，其延时断开的常闭触头断开，延时闭合的常开触头闭合，因此 KM3 线圈断电，KM3 的触头释放。KM2 线圈得电，KM2 触头吸合。电动机接成三角形正常运行。此时 KT 也断电复位。

定子绕组星形联结状态下的起动电压为三角形联结直接起动电压的 $1/\sqrt{3}$。起动转矩为三角形联结直接起动转矩的 1/3，起动电流也为三角形直接起动电流的 1/3。因此适用于轻载或空载起动。

（3）自耦变压器减压起动　这种起动方式是依靠自耦变压器的降压作用来限制起动电流的。起动时电动机定子绕组接自耦变压器的二次侧，起动完毕后，电动机定子绕组接三相交流电源，并将自耦变压器从电网切除。

图 2-232 为利用自耦变压器降压起动原理制成成品的补偿降压起动器的控制电路，利用时间继电器切换能可靠地完成由起动到运行的转换过程，不会造成起动时间的长短不一的情况，也不会因起动时间过长造成烧毁自耦变压器事故。

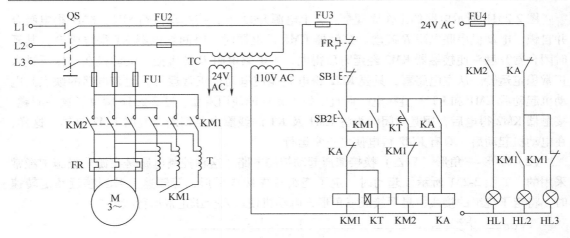

图 2-232　自耦变压器减压起动控制电路

（4）延边三角形减压起动　星形-三角形减压起动方式的起动转矩较低，仅适用于空载或者轻载的状态下起动。而延边三角形减压起动是一种既不增加起动设备，又能得到较高起动转矩的起动方法。

图 2-233 为延边三角形电动机定子绕组抽头的连接方式，图 2-234 为延边三角形减压起动的控制电路。

a）原始状态　　　　b）延边三角形联结　　　　c）三角形联结

图 2-233　延边三角形-三角形电动机绕组联结

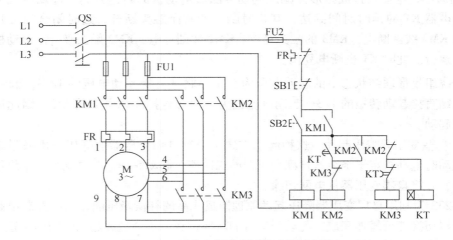

图 2-234　延边三角形减压起动控制电路

由图 2-234 可知，按下起动按钮 SB2 后，接触器 KM1 和 KM3 通电，电动机接成延边三角形，待经过一段时间，起动电流达到一定值时，时间继电器 KT 动作，KM3 断电释放，KM2 通电吸合，电动机接成三角形正常运行。

虽然延边三角形减压起动的起动转矩比星形-三角形起动的起动转矩大，但仍然小于自耦变压器起动时的最高转矩，同时延边三角形接线的电动机制造工艺复杂。因此未能得到广泛的运用。

2. 绕线转子异步电动机的起动

绕线转子异步电动机可以通过集电环在转子中串接电阻起动，以减小起动电流，提高转子电路功率因数和起动转矩。因此，在一般要求起动转矩较高的场合，绕线转子异步电动机得到了广泛应用。绕线转子异步电动机常见起动电路有转子回路串接电阻起动和转子回路串频敏变阻器起动。

（1）转子回路串接电阻起动控制电路　电路中串接的起动电阻一般接成星形。在起动前全部接入电路，起动过程中逐步分段短接。短接的方法分为三相电阻不平衡短接法和三相电阻平衡短接法两种。不平衡短接法是每相的起动电阻轮流被短接，而平衡短接法是指三相的起动电阻同时被短接。

图 2-235 是采用不平衡短接法，利用时间继电器控制自动短接起动电阻的控制电路。转子回路中的三段起动电阻的短接依靠三只时间继电器 KT1、KT2、KT3 和接触器 KM1、KM2、KM3 的相互配合来实现。通电后，KT1、KT2、KT3 的常开触头依次延时闭合，则对应的 KM1、KM2、KM3 依次通电吸合，逐级短接起动电阻。

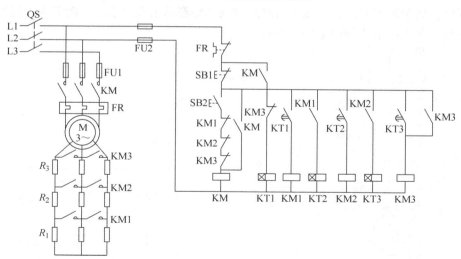

图 2-235　转子回路串接电阻起动控制电路

采用时间控制逐级短接电阻起动时，由于电阻被逐段短接，电流和转矩会突然增大，产生不必要的机械冲击。图 2-236 是一种利用转子电流的大小来控制串电阻起动控制电路。转子电阻采用平衡短接法，三个过电流继电器 KA1、KA2、KA3 根据电动机转子电流的变化，控制接触器 KM1、KM2、KM3 依次得电动作，来逐级切除外加电阻 R_1、R_2、R_3。

转子回路串接电阻除了用于起动外，还可以用于调速，这种起动方式适用于要求起动转矩大，并有调速要求的负载。但是也存在控制电路复杂，串接电阻体积大、能耗大等缺点。

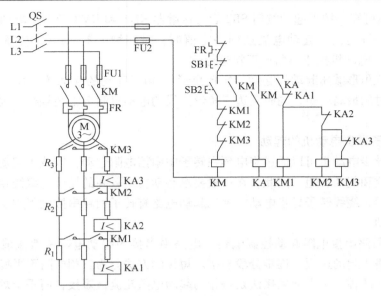

图 2-236　采用电流控制的串电阻起动控制电路

（2）转子回路串频敏变阻器起动控制电路　频敏变阻器的阻抗能够随着转子电流频率的下降自动减小，是一种较理想的用于绕线转子异步电机的起动设备。起动开始，转子电路频率高，频敏变阻器等效电阻及感抗都增大，限制起动电流也增大起动转矩，随着转速升高，转子电路频率减小，等效阻抗也自动减小、起动完毕，切除频敏变阻器。由此可见，在起动过程中，转子的等效阻抗和转子回路感应电动势都是由大到小，从而实现了近似恒转矩的起动特性。其控制电路如图 2-237 所示。

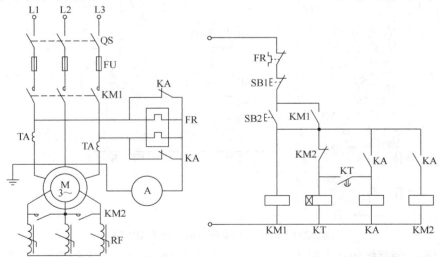

图 2-237　转子回路串频敏变阻器起动控制电路

2.3.3.2　电动机的制动

电动机的制动方法一般分为两大类：机械制动和电气制动。机械制动是利用机械装置使电动机断开电源后迅速停转的方法。机械制动分为通电制动和断电制动两种。电气制动多用于电动机的快速停车。电气制动的实质是在电动机停车时，产生一个与原来旋转方向相反的制动转矩，迫使电动机转速迅速下降。

下面将重点介绍电气制动中的反接制动和能耗制动。

1. 反接制动控制电路

反接制动依靠改变电动机定子绕组中三相电源的相序，使电动机旋转磁场反转，从而产生一个与转子惯性转动方向相反的电磁转矩，使电动机转速迅速下降；待电动机制动到接近零转速时，再将反接电源切除。通常采用速度继电器检测速度的过零点。在 $120 \sim 3000 r/min$ 范围内速度继电器触头动作，当转速低于 $100 r/min$ 时，其触头恢复原位。

图 2-238 是一种单向反接制动控制电路，主电路中接触器 KM1 用于电动运行；KM2 通入反相序电源，用于反接制动。R 为限制反接制动电流的电阻。起动时，按下 SB2，KM1 通电并自锁，电动机通电运行。同时速度继电器 KS 的常开触头闭合。停车时，按下停止按钮 SB1，KM1 线圈断电，电动机脱离电源，此时由于电动机惯性转速还很高，KS 的常开触头还处于闭合状态，因此 KM2 通电并自锁，电动机得到与正常运行相反相序的三相交流电源，进入反接制动状态，转速迅速下降。当电动机转速接近零时，速度继电器触头复位，KM2 断电复位，反接制动结束。

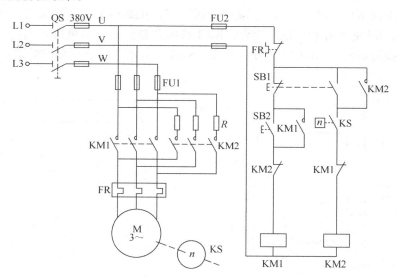

图 2-238　单向反接制动控制电路

2. 能耗制动控制电路

所谓能耗制动，就是在电动机切除三相交流电源之后，定子绕组通入直流电流，在定子、转子之间的气隙中产生静止磁场，惯性转动的转子导体切割该磁场，形成感应电流，产生与惯性转动方向相反的电磁力矩而使电动机迅速停转，并在制动结束后将直流电源切除。

能耗制动可以分为按时间控制原则和速度控制原则两类。

（1）单向能耗制动控制电路　图 2-239 是采用时间控制原则的单向能耗制动控制电路。停止时，按下停止按钮 SB1，KM1 断电释放，电动机脱离三相交流电源，而直流电源则由 KM2 的接通加入定子绕组。时间继电器 KT 线圈与 KM2 线圈同时接通并自锁，于是电动机进入能耗制动状态。当转子的惯性速度接近零时，时间继电器延时打开的常闭触头断开 KM2 的线圈。KM2 断电复位，KT 的线圈也断电复位。电动机能耗制动结束。

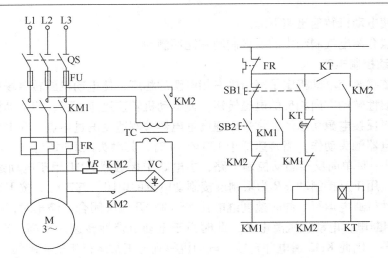

图 2-239　采用时间控制原则的单向能耗制动控制电路

图 2-240 是采用速度控制原则的单向能耗控制电路。该图与图 2-241 基本相同，仅仅是取消了时间继电器 KT，并用速度继电器 KS 取代了 KT 的延时触头。制动时，由于电动机的惯性速度较高，KS 的常开触头依然闭合，KM2 得电并自锁，电动机进入能耗制动状态。当电动机的转速接近零时，KS 的常开触头复位，KM2 线圈断电，能耗制动结束。

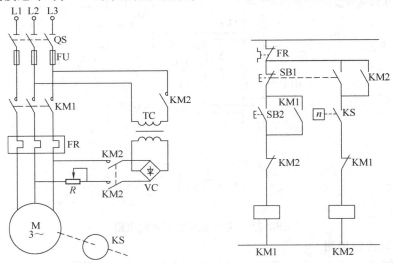

图 2-240　采用速度控制原则的单向能耗控制电路

（2）可逆运行能耗制动控制电路　图 2-241 是采用时间原则控制的可逆运行能耗制动电路，其制动原理与图 2-239 相同。当然，也可采用速度控制原则，用速度继电器替代时间继电器。

（3）无变压器能耗制动控制电路　前面介绍的能耗制动均采用了带变压器的桥式整流电路，其制动效果较好，但也存在所需设备多，成本高的缺点。对于 10kW 以下电动机，在制动要求不高的场合，可采用无变压器的能耗制动，如图 2-242 所示。

通过上述分析可知，能耗制动比反接制动消耗的能量少，其制动电流也比反接制动电流要小，但制动效果没有反接制动明显，同时需要提供直流电源，控制电路也相对复杂。因此，通常情况下能耗制动适用于电动机功率较大的起动、制动频繁的场合，而反接制动适用于电动机功率较小而制动要求迅速的场合。

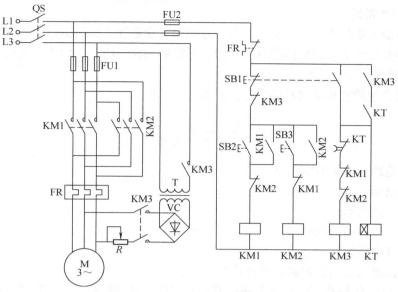

图 2-241　可逆运行能耗制动控制电路

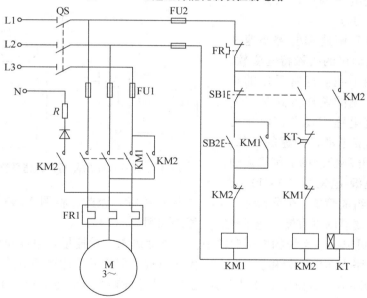

图 2-242　无变压器能耗制动控制电路

2.3.3.3　电动机的调速

　　电动机调速是指在机械传动系统中人为或自动改变电动机的转速，以满足工作机械对不同转速的要求。而用于完成这一功能的自动控制系统就被称为是调速系统。目前调速系统分为交流调速系统和直流调速系统，由于直流调速系统的调速范围广、静差率小、稳定性好以及具有良好的动态性能。因此在相当长的时期内，高性能的调速系统几乎都采用了直流调速系统。但近年来，随着电子工业与科学技术的发展，采用变频调速的交流调速系统在性能上已经能够和直流调速系统相匹敌，加上交流电动机固有的结构简单、造价低、易于维护等优点，使得交流调速系统应用范围逐渐扩大并大有取代直流调速系统的发展趋势。

1. 直流调速系统

转速调节的主要技术指标是调速范围、静差率、稳定性和经济指标等。直流电动机的主要优点就是能在很大的调速范围内具有平滑、平稳的调速性能。下面将以他励直流电动机为例，介绍直流调速系统。

我们知道，他励直流电动机的转速公式为

$$n = \frac{E}{C_e \Phi} = \frac{U - IR}{C_e \Phi}$$

式中　U——他励电动机的电枢电压；

　　　I——电枢电流；

　　　E——电枢电动势；

　　　R——电枢回路的总电阻；

　　　Φ——励磁磁通；

　　　C_e——由电机结构决定的电动势系数。

由公式可见，他励直流电动机的调速方式有三种：电枢回路串联电阻的变电阻调速，改变电枢电压的变电压调速以及减小气隙磁通量的弱磁调速。

由于串联电阻调速和弱磁调速都会使他励直流电动机的机械特性变软，所以在实际应用中我们通常采用的是变电压调速。常见的调压方式是采用晶闸管触发整流电路实现电枢电压可调，从而达到改变电动机转速的目的。图 2-243 是采用开环控制的晶闸管调速系统，也称为电源-电动机（V-M）调

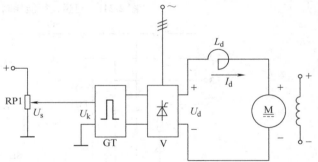

图 2-243　开环控制的晶闸管调速系统的工作原理

速系统。该系统组成简单，但实际中很难完成调速指标。因此，将图 2-243 改为闭环控制，就变成转速负反馈晶闸管直流调速系统，其原理如图 2-244 所示。

由图 2-244 可见，该系统的控制对象是直流电动机 M，被控量是电动机的转速 n，晶闸管触发及整流电路为功率放大和执行环节，由运算放大器构成的比例调节器为电压放大和电压（综合）比较环节，电位器 RP1 为给定元件，测速发电机 TG 与电位器 RP2 为转速检测元件。

采用晶闸管调压的优点是晶闸管整流装置不但经济可靠而且其功率放大倍数在 10^4 以上，门极可直接采用电子电路控制，响应速度为毫秒级。但是由于晶闸管的单向导电性，它不允许电流反向，给系统的可逆运行造成困难。另一问题是当晶闸管导通角很小时，系统的功率因数很低，并产生较大的谐波电流，从而引起电网电压波动影响同电网中的用电设备，造成"电力公害"。

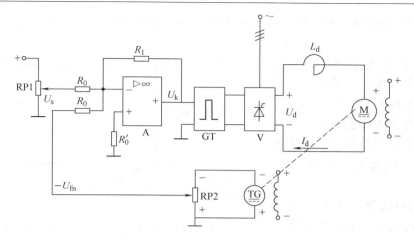

图 2-244 转速负反馈晶闸管直流调速系统的工作原理

2. 交流调速系统

三相交流异步电动机由于其结构简单、坚固以及价格便宜、易于维护等特点，广泛应用于拖动领域，特别是近些年来新的交流调速方法的出现，使得交流调速运用更加广泛。

我们知道，交流异步电动机的转速公式为

$$n = n_0 - sn_0 = \frac{60f_1}{p}（1 - s）$$

式中　n——转子转速；

　　　n_0——同步转速；

　　　f_1——电源频率；

　　　p——极对数；

　　　s——转差率。

由上述公式可见，改变交流异步电动机转速可以通过改变电源频率、改变极对数和改变转差率来实现。与之对应的调速方法有变频调速、变极调速、串级调速、转子串电阻调速和定子调压调速等。

（1）变频调速　变频调速是改变电动机定子电源的频率，从而改变其同步转速的调速方法。然而只调节电源频率 f_1 是不行的。由 $U_1 \approx E_1 = 4.44K_1N_1f_1\Phi_m$（$U_1$ 为定子相电压；E_1 为定子每相由气隙磁通感应的电动势；K_1 为与电动机绕组有关的常数；N_1 为定子相绕组有效匝数；f_1 为电源频率；Φ_m 为每极磁通量）可知，当定子电压不变时，Φ_m 与 f_1 成反比，调节 f_1 会影响磁通 Φ_m 的变化，从而使电动机最大转矩减小，严重时将导致电动机堵转；或者使磁路饱和，铁耗急剧增加。因此，进行频率调节的同时要调节电压的大小，以维持磁通的恒定，使最大转矩不变。

变频调速系统主要设备是提供变频电源的变频器，变频器可分为交流-直流-交流变频器和交流-交流变频器两大类，目前国内大都使用交流-直流-交流变频器。变频器一般采用的调速方式是基频以下，采取恒转矩控制方式；基频以上，采取恒功率控制方式。

图 2-245 是交流-直流-交流变频器的工作原理，先将电源的三相（或单相）交流电经整流桥整流成直流电，又经逆变桥把直流电逆变成三相交流电。由于输出电压和频率均要求是可变的，又称为 VVVF（Variable Voltage and Variable Frequency）。当然，也可以输出电压和

频率均不变的恒压恒频（CVCF，Constant Voltage and Constant Frequency），主要用于不间断电源（UPS）。

交流-直流-交流变频器根据变频器输出频率和电压的控制方式不同，可以分为可控整流器调压、逆变器变频，直流斩波器调压、逆变器变频，逆变器自身调压、逆变器变频 3 种，其结构型式如图 2-246 所示。

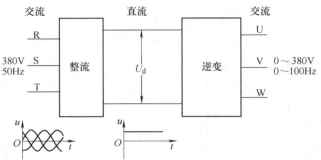

图 2-245 交流-直流-交流变频器的工作原理

1）可控整流器调压-逆变器变频。这种结构的变频调压和调频分别在两个环节上进行，两者要在控制电路上协调配合。这种装置结构简单，控制方便，输出环节用由晶闸管（或其他电子元器件）组成 3 相 6 拍变频器；但由于输入环节采用可控整流器，在低压全控时电网端的功率因数较低，还将产生较大的谐波成分，一般用于电压变化不太大的场合。

2）斩波器调压-逆变器变频。这种结构的变频采用不可控整流器，保证变频器的电网侧有较高的功率因数，在直流环节上设置直流斩波器完成电压调节。这种调压方法可以有效提高变频器电网侧的功率因数，并能方便灵活地调节电压，但增加了一个电能变换环节——斩波器，该方法仍有谐波较大的问题。

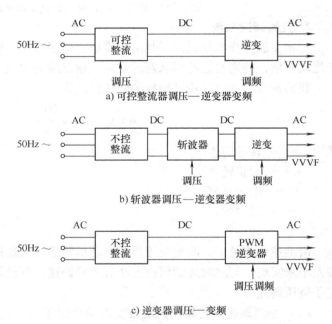

a) 可控整流器调压—逆变器变频

b) 斩波器调压—逆变器变频

c) 逆变器调压—变频

图 2-246 交流-直流-交流变频器的三种结构型式

3）逆变器调压-变频。这种结构的变频采用不可控整流器产生直流电压，然后通过逆变器自身的电子开关进行斩波控制，使输出电压为脉冲列。改变输出电压脉冲列的脉冲宽度，便可达到调节输出电压的目的。这种方法称为脉宽调制（PWM）。因采用不可控整流，功率因数高；因用 PWM 逆变，谐波可以大大减少。谐波减少的程度取决于开关频率，而开关频率则受器件开关时间的限制。采用全控型器件，开关频率得以大大提高，输出波形几乎可以得到非常逼真的正弦波，因而又称为正弦波脉宽调制（SPWM）变频器。该变频器将变频和调节功能集于一身，主电路不用附加其他装置，结构简单，性能优良，成为当前最有发展前途的一种结构形式。

现代通用变频器大都是采用二极管整流器和由全控开关器件组成的 PWM 逆变器，构成交流-直流-交流电压源型变压变频器，广泛用于中、小容量的变频调速装置。这里的"通用"包含两方面意思：一是可以和通用笼型异步电动机配套使用；二是具有多种可供选择的功能，适用于各种不同性质的负载。图 2-247 是通用交流-直流-交流变频器主电路，各部分的作用如下：

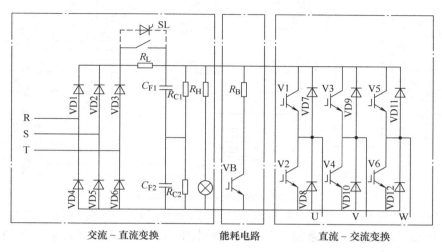

图 2-247　通用交流-直流-交流变频器主电路

①交流-直流变换部分。VD1 ~ VD6 组成三相整流桥，将交流变换为直流。滤波电容器 C_{F1} 和 C_{F2} 作用是滤除全波整流后的电压纹波及负载变化引起的电压波动，使直流电压保持平衡。因为受电容量和耐压的限制，滤波电路通常由若干个电容器并联成一组，又由两个电容器组串联而成（如图中的 C_{F1} 和 C_{F2}）。由于两组电容特性不可能完全相同，在每组电容组上并联一个阻值相等的分压电阻 R_{C1} 和 R_{C2}。限流电阻 R_L 的作用是变频器刚合闸瞬间冲击电流比较大，其作用就是在合上闸后的一段时间内，用 R_L 限制冲击电流，将电容 C_F 的充电电流限制在一定范围内。开关 SL 的作用是当 C_F 充电到一定电压，SL 闭合，将 R_L 短路。一些变频器使用晶闸管代替（如虚线所示）。电源指示的作用是除作为变频器通电指示外，还作为变频器断电后，变频器是否有电的指示（灯灭后才能进行拆线等操作）。

②能耗电路部分。变频器在频率下降的过程中，将处于再生制动状态，回馈的电能将存贮在电容 C_F 中，使直流电压不断上升，甚至达到十分危险的程度。制动电阻 R_B 的作用就是将这部分回馈能量消耗掉。一些变频器此电阻是外接的，都有外接端子（如 DB +，DB －）。制动单元 V_B 由 GTR 或 IGBT 及其驱动电路构成。其作用是为放电电流 I_B 流经 R_B 提供通路。当然如果交流-直流部分采用全控器件构成，可以将再生制动产生的电能回馈到电网中，不需要消耗在制动电阻上。

③直流-交流变换部分。逆变管 V1 ~ V6 组成逆变桥，把 VD1 ~ VD6 整流的直流电逆变为交流电。这是变频器的核心部分。逆变管采用全控型电力电子器件，如 GTO、GTR、IGBT 和 MOSFET 等。续流二极管 VD7 ~ VD12 的作用是：电动机是感性负载，其电流中有无功分量，为无功电流返回直流电源提供"通道"；频率下降，电动机处于再生制动状态时，再生电流通过 VD7 ~ VD12 整流后返回给直流电路；V1 ~ V6 逆变过程中，同一桥臂的两个逆变管不停地处于导通和截止状态。在这个换相过程中，也需要 VD7 ~ VD12 提供通路。

当然，完整的变频器还有其他部分，如控制、检测和保护等部分，如图 2-248 所示。

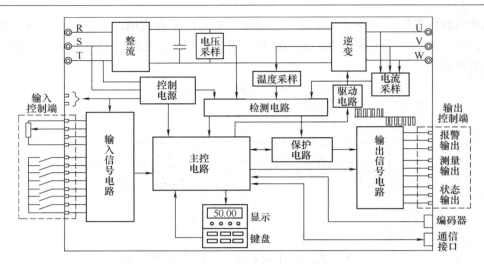

图 2-248　通用变频器的主要结构

为实现电压与频率协调控制，可以采用转速开环恒压频比带低频电压补偿的控制方案，这就是常用的通用变频器控制系统。由于频率和电压由同一给定值（转速）控制，因此可以保证压频比为恒定值。

变频调速的优点是：效率高，调速过程中没有附加损耗；应用范围广，可用于笼型异步电动机；调速范围大，特性硬，精度高。其缺点是：技术复杂，造价高，维护检修困难。它适用于要求精度高、调速性能较好场合。

（2）变极调速　改变异步电动机定子绕组的连接方式，可以改变磁极对数，从而得到不同的转速。由于绕线转子异步电动机在定子绕组极对数变化后必须变更转子绕组，因此变极调速一般仅适用于笼型异步电动机。常见的交流变极调速电动机有双速电动机和多速电动机。

变极调速的优点是：具有较硬的机械特性，稳定性良好，无转差损耗，效率高，接线简单、控制方便，价格低。其缺点是：一台电动机最多只能安装两套绕组，每套绕组最多只能有两种接法，所以最多只能得到 4 种转速，与所要求的无级调速相去甚远。

（3）串级调速　串级调速是指绕线转子异步电动机转子回路中串入可调节的附加电动势来改变电动机的转差，达到调速的目的。大部分转差功率被串入的附加电动势所吸收，再利用产生附加的装置，把吸收的转差功率返回电网或转换能量加以利用。根据转差功率吸收利用方式，串级调速可分为电动机串级调速、机械串级调速及晶闸管串级调速形式，多采用晶闸管串级调速。

串级调速的优点是：可将调速过程中的转差损耗回馈到电网或生产机械上，工作效率较高；装置容量与调速范围成正比，投资成本低，调速装置故障时可以切换至全速运行，避免停产。实际上，串级调速在效率、机械特性等方面和变频调速几乎是完全一致的，而且高压串级调速的经济性明显优于变频调速。其缺点是：晶闸管串级调速功率因数偏低，谐波影响较大。它适合在风机、水泵及轧钢机、矿井提升机上使用。

（4）转子串电阻调速　转子串电阻调速只适用于绕线转子异步电动机，绕线转子异步电动机的转子可以通过集电环串入附加电阻，使电动机的转差率加大，电动机在较低的转速下运行。串入的电阻越大，电动机的转速越低。此方法设备简单，控制方便，还可用于减压起动。其缺点是：转差功率以发热的形式消耗在电阻上，能耗大；串接电阻体积大，属于有级调速，机械特性较软。

（5）定子调压调速　当改变电动机的定子电压时，可以得到一组不同的机械特性曲线，从而获得不同转速。由于电动机的转矩与电压二次方成正比，因此最大转矩下降很多，其调速范围较小，使一般笼型电动机难以应用。为了扩大调速范围，调压调速应采用转子电阻值大的笼型异步电动机，如专供调压调速用的力矩电动机，或者在绕线转子异步电动机上串联频敏电阻。

调压调速的主要装置是一个能提供电压变化的电源，目前常用的调压方式有串联饱和电抗器、自耦变压器和晶闸管调压等。定子调压调速的优点是调压调速电路简单，易实现自动控制；不足之处在于调压过程中转差功率以发热形式消耗在转子电阻中，效率较低。一般适用于 100kW 以下的游乐设施。

第3章

大型游乐设施的结构与原理

3.1 转马类和观览车类游乐设施的结构与原理

3.1.1 转马类游乐设施

转马类游乐设施是指整个设备绕一个垂直于水平面的中心轴做旋转运动，外形像木马、荷花杯等的游乐机，儿童和青少年是这类设备最多的娱乐人群。此类设备比较成熟，与其他游乐机相比，较为安全。其典型的代表有旋转木马（图3-1）、滚摆舱（图3-2）、美人鱼（图3-3）、荷花杯（图3-4）、海豚戏水（图3-5）、浑天球（图3-6）和幸福快车（图3-7）等。这类游乐设施可分为转马、荷花杯、滚摆轮和爱情快车等四大系列。

图3-1　旋转木马

图3-2　滚摆舱

图3-3　美人鱼

图3-4　荷花杯

3.1.1.1 转马系列

这里以旋转木马为例介绍其结构和工作原理。旋转木马是游乐园中非常普遍的游艺机之一，目前许多公园都安装有双层转马。旋转木马在运行时，各种形式的转马和马车在转盘上旋转，此起彼伏，模仿骏马的跳跃动作，并伴以动听的音乐，置身其中，像处在一幅欢乐活泼、愉快的海洋中，深受广大青少年的喜爱。

图 3-5　海豚戏水

图 3-6　浑天球

图 3-7　幸福快车

1. 主要结构

旋转木马的结构根据中间支柱形式一般分为两种：圆柱结构（图 3-8）和桁架结构（图 3-9）。它主要由转盘、顶棚、木马、驱动机构、传动机构、操作控制台等部分组成。

图 3-8　圆柱结构

图 3-9　桁架结构

（1）转盘　一般由型钢和花纹板或者型钢和木板制成。型钢制成一个个扇形的框架，然后由扇形框架组成一个圆，最后安装上花纹板或木板。

（2）顶棚　一般由桁架和棚布或玻璃钢制成，如图 3-10 和图 3-11 所示。

图 3-10　顶棚桁架

图 3-11　玻璃钢结构

（3）驱动机构　一般由电动机和减速机构成，主要提供设备运转所需要的动力。

（4）传动机构　一般由齿轮副、曲轴、轴承和轴构成，它的作用是把电动机提供的动力转化成旋转木马所需要的运动，完成旋转木马所要求的转动和上下运动。

（5）操作控制台　控制台表面面板上分布各种按钮和指示灯，内部安装各种控制元件和电器开关，主要是方便操作人员控制设备运转。

2. 工作原理

首先，先介绍旋转木马（简称转马）的机械运动原理。转马按传动结构划分，可分为上传动和下传动两种形式。

（1）上传动转马的工作原理　上传动转马的工作原理是：起动后，首先由电动机带动减速机输入轴上的大 V 带轮（图 3-12）驱动减速器（图 3-13），减速器的输出轴又通过联轴器（或者一对锥齿轮）使过渡轴与安装在其上端的小齿轮转动，小齿轮啮合安装在主轴上的大齿轮上（图 3-14），使主轴通过桁架内外两侧的立柱带动整个转盘旋转。桁架旋转时安装在主轴顶部的圆锥大齿轮一起旋转，同时安装在桁架上的曲轴内侧端的小锥齿轮与大锥齿轮啮合（图 3-15），带动曲轴旋转，曲轴旋转时带动拉杆上下运动（图 3-16）。因为木马固定在拉杆下面，所以木马就做上下运动。同时，木马下端的拉杆通过套筒固定在转盘上（图 3-17），木马又随同转盘一起做旋转运动。因此，木马的旋转运动和上下运动合成在一起就形成了木马跳跃式的运动形态。

图 3-12　电动机与减速器连接

图 3-13　减速器

另外，还有一种小型转马，其旋转运动是由电动机（图 3-18）通过 V 带带动蜗杆减速器（图 3-19），减速器连接轮胎，带动轮胎旋转，轮胎通过摩擦力带动转盘旋转（图 3-20）；

转马的上下起伏运动是由电动机通过链条带动链轮运转，链轮通过轴和万向节与蜗杆减速器连接，因此链轮运转带动减速器运动，减速器带动曲轴运动，曲轴又带动拉杆实现转马的上下运动，如图 3-21 所示。

图 3-14　齿轮副

图 3-15　锥齿轮

图 3-16　曲轴和拉杆

图 3-17　套筒

图 3-18　电动机

图 3-19　传动系统

（2）下传动转马的工作原理　下传动转马的运动包括转盘的旋转运动和转马的上下起伏运动两部分。

1）转盘旋转运动的工作原理：电动机安装在转盘下，通过 V 带与连接轮胎的带轮相连接，电动机带动带轮运动，带轮带动轮胎旋转（或者电动机通过蜗杆减速器带动轮胎轴旋转），通过轮胎的滚动摩擦带动转盘转动，如图 3-22～图 3-24 所示。

图 3-20　摩擦轮胎

图 3-21　蜗杆减速器

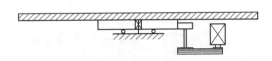

图 3-22　地面摩擦传动示意图

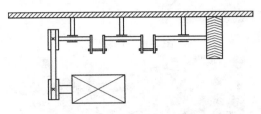

图 3-23　齿轮轮传动示意图

2）转马上下起伏运动的工作原理：

①转盘下面安装着曲轴，曲轴的端头安装着轮胎，顶杆安装在曲轴上，顶杆上安装着木马，转盘旋转带动轮胎转动，轮胎转动带动曲轴转动，曲轴转动带动顶杆上下运动，顶杆带动木马上下运动，如图 3-25 和图 3-26 所示。

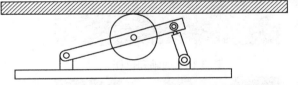

图 3-24　转盘摩擦传动示意图

②木马下部的顶杆下端安装一个滚轮，滚轮下边是高低不平的圆形轨道，转盘运动时，滚轮在轨道上做上下运动，通过顶杆带动木马上下起伏运动，如图 3-27 所示。

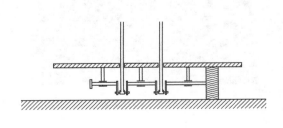

图 3-25　轮胎和曲轴顶升示意图

图 3-26　轮胎和曲轴顶升实物

③锥齿轮副安装在转马下部，大锥齿轮与小锥齿轮啮合，带动小锥齿轮做旋转运动，小锥齿轮带动曲轴旋转，曲轴旋转时带动装在自身上的顶杆上下运动，木马安装在顶杆上部，随着顶杆一起运动，如图 3-28 所示。

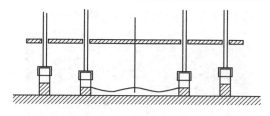

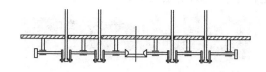

图 3-27　滚轮顶升示意图　　　　　　图 3-28　齿轮和曲轴顶升示意图

上传动转马与下传动转马的区别：上传动转马的木马上下起伏运动比较平稳，下传动转马的木马做上下起伏运动时抖动比较大；上传动转马的转盘比较低，下传动转马的转盘由于传动机构在下面，比较高，一般都要建造一个比较高的固定平台。

3. 安全装置

旋转木马的安全装置主要是安全带。安全带可以防止年龄小的乘客在运行过程中摔下来。

3.1.1.2　荷花杯系列

这种游乐设施的游客座舱外形像荷花杯，可以在 3 种平面内做旋转运动：一是绕自身中心轴旋转，二是绕小转盘中心转动，三是各个小转盘同时又绕大转盘中心转动。游客坐在荷花杯中，可体验多重复合转动所带来的乐趣。

1. 主要结构

荷花杯一般由底部支承座、大转盘和支承架、小转盘和支承架、转杯、旋转动力系统、站台和控制室组成，如图 3-29 所示。

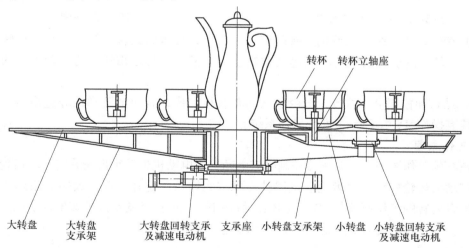

图 3-29　荷花杯结构示意图

（1）底部支承座　它主要由槽钢和铁板焊接而成，形成"十"字形结构，为方便运输和分开制造，安装时一般用高强度螺栓进行连接，如图 3-30 所示。

（2）大转盘和支承架　它们由钢架结构组成，上面平铺一层铝合金花纹板，大转盘中心部位通过大回转支承与底部支承座连接在一起，如图 3-31 所示。

（3）小转盘和支承架　它们由钢架结构组成，通过回转支承固定在大转盘的钢结构上，以实现小转盘自转同时随大盘一起转动，如图 3-32 所示。

（4）转杯　它是用玻璃钢和钢结构制造的，如图 3-33 所示。转杯的立轴轴座用螺栓固

159

定在小转盘的钢结构上，在设备运转时自由旋转，也可由乘客手动转动手轮使其转动。

图 3-30　底部支承座的结构　　　　　　　　图 3-31　底部回转支承

图 3-32　小转盘和支承架　　　　　　　　　图 3-33　转杯

（5）旋转动力系统　该系统共有两套：一套是大转盘的旋转系统；一套是小转盘的旋转系统。大转盘的旋转系统是由减速电动机连接小齿轮和与之相啮合的回转支承的大齿轮组成。

（6）站台和控制室　站台一般由角铁和花纹板制成，有两个阶梯区分进出口，在站台一端安装有操作室，操作室里安装操作系统。

2. 工作原理

荷花杯的工作原理是：变频器控制减速电动机，电动机带动小齿轮旋转，小齿轮与大齿轮啮合带动大齿轮旋转，大齿轮通过回转支承与大转盘固定在一起，大转盘跟随大齿轮旋转。小转盘旋转的工作原理与大转盘类似，另外小转盘的回转支承及减速电动机固定在大转盘的钢结构上，在实现自身旋转的同时随大转盘一起旋转。

3. 安全装置

荷花杯的安全装置主要是安全带。该安全带是与汽车安全带类似的插扣式安全带。

3.1.1.3　滚摆舱系列

滚摆舱系列的运动特征是：座舱除绕设备中心轴旋转外，在特定的位置座舱还会绕自身的水平中心轴在垂直面内做旋转运动。滚摆舱系列主要有滚摆舱和浑天球两种类型。下面以浑天球为例作具体介绍。

1. 主要结构

浑天球主要由中心支座、旋转支撑臂（图 3-34）、座舱（图 3-35）、旋转动力系统（图

3-36）和操作室 5 部分组成。

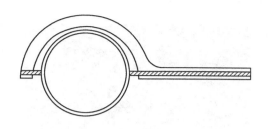

图 3-34　旋转支撑臂示意图

图 3-35　座舱

（1）中心支座　它是由钢板卷制成圆桶形，支座的上端安装有回转支承，顶部装有球形装饰架。

（2）旋转支撑臂　它是由钢板焊接的结构和旋转轴组成，其根部固定在中心支座上。支撑臂中部安装有一个摩擦轮，摩擦轮与大链轮固定在一起（图 3-36）；另有一个小链轮固定在旋转轴，两个链轮通过链条连接在一起。

（3）座舱　它是由圆管和花纹板制成，类似古代的浑天仪的结构。

（4）旋转动力系统　该系统可分为两部分：一部分是绕中心轴的旋转，由电动机、带轮、V 带、蜗杆减速器、开式齿轮副和回转支承组成，如图 3-37 所示；另一部分是座舱在垂直面内旋转，由摩擦板、摩擦轮、液压缸、泵站组成。

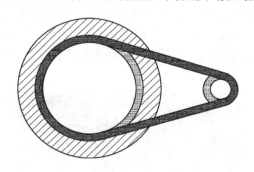

图 3-36　摩擦轮与大链轮示意图

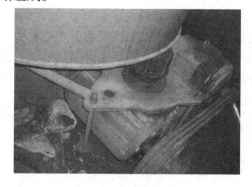

图 3-37　旋转动力系统

（5）操作室　它是由角铁、铁皮和玻璃做成的，也有用铝合金或玻璃钢制造的，里面放置操作柜。

2. 工作原理

浑天球的工作原理是：浑天球起动后，电动机带动带轮，通过 V 带带动蜗杆减速器；减速器带动小齿轮，小齿轮与大齿轮啮合带动大齿轮转动，大齿轮与回转支架固定在一起，回转支架转动带动座舱绕中心轴旋转。液压缸顶升摩擦片，摩擦片与摩擦轮产生滚动摩擦；摩擦轮与大链轮固定在一起，摩擦轮带动大链轮转动；大链轮通过链条带动小链轮转动，小链轮与座舱旋转轴固定在一起，座舱旋转轴转动带动座舱在垂直面内做旋转运动。

3. 安全装置

浑天球的安全装置主要是安全带和液压缸限位装置。安全带使用的是帆布带通过带扣锁紧把乘客安全地固定在座椅上，如图3-38所示。液压缸限位装置是通过限位开关来控制液压缸顶升的上下幅度，当顶升幅度超过设计距离时，限位开关动作，切断顶升回路电源，如图3-39所示，其主要部件是电动机及液压系统。

图3-38　安全带

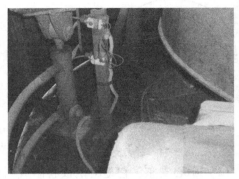

图3-39　液压缸限位装置

3.1.1.4　爱情快车系列

爱情快车是一种既刺激又惊险的娱乐机，尤其是青年情侣特别欢迎。游戏前，游客乘坐在形似高速赛车的座舱内；起动后，吊在大臂上的座舱沿波浪起伏的导轨旋转，转速由低到高，座舱则因离心力向外飞升跌落，游客如乘船在波浪起伏的大海中破浪前进，又似乘飞机在空中起伏跌宕，既刺激又惊险。

1. 主要结构

爱情快车一般由支座、大臂、导轨、座舱、旋转动力系统和操作室6部分组成。

（1）支座　它是由槽钢和圆管焊接而成的钢结构，其下部由槽钢和铁板焊接成圆锥形，上端有个回转支承，回转支承上固定着一个六边形铁板，铁板下面焊有加强筋板，如图3-40所示。铁板上面焊有安装大臂的吊耳和张紧钢丝绳的吊耳，中间装有电刷和集环，顶上用角铁安装了一个半球形玻璃钢罩，如图3-41所示。

图3-40　支座下部结构

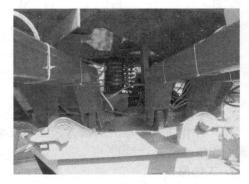

图3-41　支座上部结构

（2）大臂　它由方管焊接而成，根部通过轴和球形轴承与支座的吊耳连接，中间安装两只轮胎与导轨接触（图3-42），端部通过轴和球轴承（图3-43）与座舱支架连接。每两根大臂之间通过圆钢连接在一起，使所有大臂连成一个整体，同时在安装电动机的大臂还有两根钢丝绳与支座的连接，如图3-44所示。

（3）导轨　它由方管和钢板焊接而成；导轨支架由方管制成的立柱和斜撑焊接而成；

导轨轨道由钢板组成的 T 型结构焊接而成。而轨道下表面焊有三角形的加强筋板（图 3-45），以保证 T 型结构在使用中不产生变形。

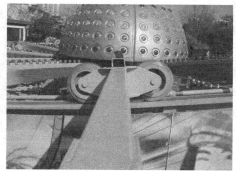

图 3-42   大臂中间轮胎

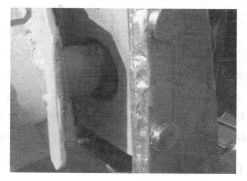

图 3-43   球轴承

图 3-44   大臂整体结构

图 3-45   导轨结构

（4）座舱   它由方管和玻璃钢制成（图 3-46），座舱的两端通过轴和球轴承与大臂连接，座舱配有安全带和安全压杠。

（5）旋转动力系统   它由电动机、减速器和轮胎组成，电动机连接减速器，减速器再与轮胎连接，如图 3-47 所示。

图 3-46   座舱

图 3-47   电动机、减速器和轮胎

（6）操作室   它由角铁、铁皮和玻璃做成，也有用铝合金或玻璃钢制造的，里面放置操作柜。

2. 工作原理

爱情快车的工作原理是：一般的爱情快车，其动力由三组六台电动机提供，电动机输出动力给减速器，减速器直接与轮胎连接，轮胎在导轨上转动，带动整个设备旋转，由于导轨本身高低起伏，所以在设备运行过程中座舱随着导轨上下起伏。另有一种机器的工作原理是：由电动机经减速器和齿轮传动，转动回转支承带动大臂旋转。

3. 安全装置

爱情快车的安全装置主要是安全压杠、安全带和吊挂二次保险（图3-48）。安全压杠和安全带的作用是把游客安全可靠地固定在设备的座椅上。安全压杠通过带锁紧装置固定在座椅上；安全带采用类似汽车安全带的插扣式锁紧装置；吊挂二次保险是防止座舱和大臂的连接轴断裂的补救措施，用钢丝绳绕过大臂连接座舱支架。

图3-48　吊挂二次保险

3.1.2　观览车类游乐设施

观览车类游乐设施是游乐园中非常典型的游艺机之一，主要有观览车（图3-49）、阿拉伯飞毯（图3-50）、太空船（图3-51）、摩天环车（图3-52）、海盗船（图3-53）、时空穿梭（图3-54）、超级飞船（图3-55）、夏威夷海浪（图3-56）和龙卷风（图3-57）等，其中最典型的就是观览车。小型观览车高度只有4～5m，大型观览车国内最高的已经达到150m。由于观览车转速缓慢，所以老少皆宜，它可以把游客带到高空，欣赏远处迷人的风景。

图3-49　观览车

图3-50　阿拉伯飞毯

图3-51　太空船

图3-52　摩天环车

图 3-53　海盗船

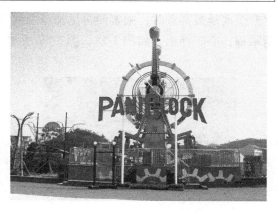

图 3-54　时空穿梭

图 3-55　超级飞船

图 3-56　夏威夷海浪

图 3-57　龙卷风

3.1.2.1　观览车系列

观览车是游乐场所不可缺少的游乐设备，而且也是代表现代化游乐园的建设规模和先进程度，转轮连续而缓慢地旋转，乘客坐在吊厢里，随着转轮逐渐升高，视野也逐渐开阔，当上升至离地最高点时，乘客便可尽情地观赏周围美景及大地风光和秀丽的山水，真是令人大饱眼福，心旷神怡，如图3-58、图3-59所示。

图3-58　观览车（1）　　　　　　　　　　图3-59　观览车（2）

1. 主要结构

观览车一般由驱动装置、立柱、转盘、吊厢、站台和控制室组成。

（1）驱动装置　驱动装置一般有两种，一种是电动机；另一种是液压马达。

（2）立柱　立柱有两种形式，一种是双支撑形式（图3-60），另一种是单支撑形式（又称为悬臂式，见图3-61）。

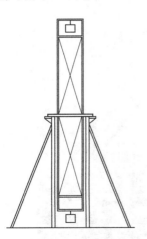

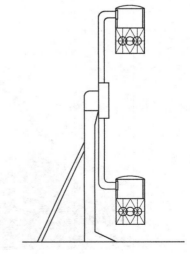

图3-60　观览车双支撑形式示意图　　　　　图3-61　观览车单支撑形式示意图

（3）转盘　转盘根据结构型式分为钢索式（图3-58）、桁架式（图3-62）和桁架钢索式（图3-63）三种。钢索式的特点就是滚道盘与主轴之间通过钢索相连接；桁架式的特点就是通过桁架从主轴出发延伸，最后外圈桁架形成大的转盘；桁架钢索式的特点是转盘在结构上采用了桁架与钢索相结合的支撑形式。

图 3-62 观览车桁架式

图 3-63 观览车桁架钢索式

（4）吊厢 吊厢有全封闭和半封闭两种：全封闭吊厢一般有啤酒桶形和水滴形（图 3-64）；半封闭吊厢一般在单支撑形式的观览车上用得比较多（图 3-65）。吊厢的主要受力结构件是由钢材制成，吊厢封闭的材料一般用的是铁皮、玻璃钢、有机玻璃等。

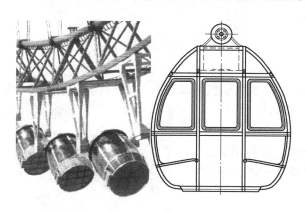

图 3-64 观览车啤酒桶形和水滴形吊箱

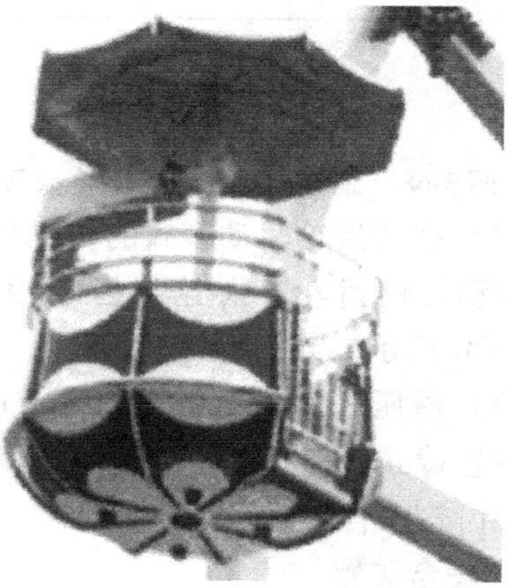

图 3-65 观览车半封闭吊箱

（5）站台 站台供乘客上下，它的构造方法有两种：一种是钢结构，另一种是砖混结构。

（6）控制室 控制室主要安放设备的控制台，控制台应有广阔的视野，能够方便操作人员观察设备的运行状况，以便及时控制设备的运行。

2. 工作原理

观览车由于转盘驱动型式的不同，其工作原理也有所区别。转盘的驱动型式有钢丝绳摩擦驱动、摩擦轮驱动、柱销齿轮驱动和液压马达驱动等。第一种驱动型式现在已经很少使用，下面分别介绍后三种驱动型式的工作原理。

（1）摩擦轮驱动型式的机械运动原理 它由电动机带动带轮，通过 V 带带动轮胎转动，轮胎由弹簧施加压力压紧在转盘的滚道盘上，轮胎转动通过摩擦力带动滚道盘转动，滚道盘带动整个转盘转动。轮胎与滚道盘的接触有两种形式：一种是上下式（图3-66和图3-67）；另一种是左右式（图3-68和图3-69）。

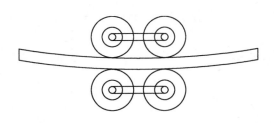

图3-66　观览车摩擦轮上下式示意图

图3-67　观览车上下式摩擦轮实物

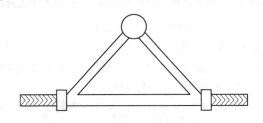

图3-68　观览车左右式摩擦轮示意图

图3-69　观览车左右式摩擦轮实物

（2）柱销齿轮驱动型式的机械运动原理　它由电动机带动带轮，带轮连接减速器，减速器带动柱销齿轮，齿轮与齿条相啮合，带动转盘转动，如图3-70所示。

（3）液压马达驱动型式的机械运动原理　这种型式主要用在悬臂式观览车上，通过液压马达带动小齿轮，小齿轮与大齿轮啮合带动转盘转动。

3. 安全装置

观览车的安全装置主要有吊挂轴的二次保护（图3-71）、吊厢门的两道锁紧装置（图3-72）以及吊厢门窗拦挡物。由于在运行中乘客头部不能伸出窗外和非封闭式吊厢，

图3-70　观览车柱销齿轮驱动

所以必须设置防止在运行中乘客与周转结构物相碰撞的拦挡物或留出不小于500mm的安全距离。

3.1.2.2　飞毯系列

飞毯系列中主要有阿拉伯飞毯、高空揽月（遨游太空）、夏威夷海浪和神秘座椅等几种类型。

（1）阿拉伯飞毯　阿拉伯飞毯起动后，先经过水平反复摆动，然后逐渐腾空而起，到达最高点时瞬间停止，接着又反向旋转至最高点停止，最后在空中做360°的水平飞旋，同时还伴有强烈的音乐效果。飞毯时高时低，出现严重的超重与失重，使游客深感惊险、刺

激，有乘风飞翔之感，其惊险程度令人为之倾倒。

图 3-71　吊挂轴二次保护

图 3-72　观览车吊厢门锁紧装置

1）主要结构：飞毯一般是由摆臂、座舱、立柱支架、动力系统、站台和操作系统组成。

①摆臂和座舱。摆臂是设备的重要构件，其一端焊接着配重块，另一端连接座舱，中间通过回转支承与支架连接，如图 3-73 所示。座舱是在一块矩形的平面钢结构上安装几排座椅，座舱的四周用玻璃钢和花纹板进行装饰（图 3-74）。

图 3-73　飞毯摆臂

图 3-74　飞毯座舱

②立柱支架。立柱支架是四根由钢板焊接而成的箱形结构，四根立柱互相平行，每根立柱的上下端各安装了一个蜗杆减速器（图 3-75），上端的蜗杆减速器连有小齿轮（图 3-76），两个蜗杆减速器之间通过传动轴相连。由于座舱运行时惯性比较大，每个立柱另外加装两根斜支撑加以固定。

图 3-75　飞毯蜗杆减速器

图 3-76　飞毯小齿轮

③动力系统。动力系统一般由大功率双输出轴直流电动机通过传动轴与两台一级蜗杆减

速器相连接，一级蜗杆减速器又分为两方向：传动轴与四台二级蜗杆减速器连接（图3-77）；四台蜗杆减速器经传动轴分别与四台三级减速器连接，三级减速器上连有小齿轮，小齿轮与大齿轮啮合，大齿轮通过回转支承与摆臂连接（图3-78）。

图3-77 飞毯一级蜗杆减速器

图3-78 飞毯小齿轮和大齿轮

④站台。站台一般由角铁和花纹板制成，有两个阶梯区分为进出口，在站台一端安装有操作系统的操作室。

2）工作原理：阿拉伯飞毯的工作原理是由大功率双输出轴直流电动机通过传动轴带动两台一级减速器，一级减速器又分为两个方向，经传动轴带动四台二级减速器，二级减速器经传动轴带动四台三级减速器，三级减速器上连有小齿轮，并通过电气开关控制；四个小齿轮同时带动四个大齿轮，大齿轮与摆臂紧密相联，四个摆臂同步作用，带动座舱作回荡运动，不断回荡，直至通过最高点，向反方向落下并回荡。

3）安全装置：阿拉伯飞毯的安全装置有安全压杠、安全带和限速装置等。安全压杠和安全带的作用是把游客安全可靠地固定在设备的座椅上。安全压杠（图3-79）通过带锁紧装置的插销固定在座椅上。阿拉伯飞毯的安全运行，主要是通过限速装置控制直流起动电动机的速度来实现的。由于阿拉伯飞毯的驱动源是直流电动机，为防止电动机失控超速运转造成安全事故，因而在设备的控制系统中安装了由测速电动机及反馈元件组成的限速装置，当电动机超速时及时反馈给控制系统，控制系统发出报警信息并切断电动机主电路。

（2）高空揽月　高空揽月游艺机又名遨游太空（图3-80），是绕水平轴作整体圆周运转和自转的游艺设备。其具有液压和机械两种传动结构。它的最大特点是乘客随着设备的起动，前后摇摆翻滚，失重感交替而至，犹如遨游于太空之中，是广大青少年喜闻乐见的游乐项目。

图3-79 飞毯安全压杠

图3-80 高空揽月

1）主要结构：高空揽月由立柱、横轴、旋转臂、座舱、驱动系统、站台和控制系统组成。

①立柱。立柱是支撑设备全部重量的关键部件，是由钢板焊接而成的箱形结构，为了提高设备的稳定性，在立柱的三个侧面均安装了一根斜撑杆。立柱的中间一种是像阿拉伯飞毯那样安装两台蜗杆减速器，中间用传动轴连接；另一种是安装了液压管道。

②横轴。横轴由无缝钢管制造，两端通过法兰盘与旋转臂铰接在一起，这样横轴与旋转臂具有刚性连接，保证两旋转臂同步运转，如图 3-81 所示。

③旋转臂。旋转臂是由钢板焊接而成的箱形结构，一端焊接配重，另一端连接座舱，中间安装一个大齿轮，大齿轮通过回转支承与立柱连接在一起。采用液压驱动的旋转臂在座舱端还装有减速箱，以便使液压马达的输出运动通过减速箱来带动座舱运转。

④座舱。座舱是由钢板焊接而成的箱形结构，两排座椅背靠背，座椅是用玻璃钢制作，座椅有安全压杠（压肩和压腿，见图 3-82）、安全带，把游客牢牢固定在座椅上。

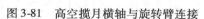

图 3-81　高空揽月横轴与旋转臂连接

图 3-82　高空揽月安全压杠

⑤驱动系统。驱动系统结构有两种：一种是直流电动机驱动结构，电动机输出端带动一级蜗杆减速器，蜗杆减速器分两个方向通过传动轴与两台二级蜗杆减速器，两级减速器经传动轴带动两只三级减速器，三级减速器上连有小齿轮，小齿轮与大齿轮啮合，大齿轮与旋转臂连接；另一种是液压系统驱动，在立柱顶端装有四个液压马达，马达连接小齿轮，小齿轮与大齿轮啮合，大齿轮和旋转臂连接，旋转臂下端装有液压马达，液压马达通过减速箱与座舱连接在一起。

⑥站台和控制系统。由于设备是两面坐人的，所以站台围绕设备一周，设有进出口。控制系统一般安装在控制柜中，控制柜摆放在操作室里。

2）工作原理：高空揽月的工作原理由于驱动形式的不同分为两种：一种是由直流电动机驱动，其工作原理与阿拉伯飞毯相类似，通过万向节、传动轴和蜗杆减速器带动旋转臂360°正反转，同时由于惯性和重力的作用使座舱来回摆动；另一种是液压系统驱动，旋转臂运转和座舱运转采用独立的液压系统驱动，立柱顶端四个液压马达带动旋转臂运转（图 3-81），旋转臂下端两个液压马达带动座舱运转，通过调速阀调整旋转臂的旋转速度，通过电液换向阀控制旋转臂和座舱的旋转方向，通过两个溢流阀分别对旋转臂进行正、反转制动（由于旋转臂在旋转过程中，当座舱处于下降时，因为重力作用可能造成旋转臂转速加快，从而使座舱加快下滑，此时由于溢流阀的制动作用，可以使旋转臂基本匀速），座舱的转速由节流阀控制，座舱的自由摆动由电液换向阀实现，座舱的固定通过电磁换向阀来实现，另外，还有一个处于常闭状态的电磁阀，当遇到特殊情况时可以打开，能够使座舱缓慢下降回到地面。

3）安全装置：高空揽月的安全装置有安全压杠、安全带和限速装置等。安全压杠和安全带的作用是把游客安全可靠地固定在设备的座椅上，安全压杠通过棘轮棘爪（图3-83）进行锁紧，而安全带进行二次保护使安全压杠与座椅相连。限速装置一种是采用与阿拉伯飞毯类似装置，另一种通过液压系统的过压保护装置来实现。

（3）夏威夷海浪　夏威夷海浪国外又称为"峡谷漫游"和"惊涛骇浪"，如图3-84所示。它是目前国际上运行方式最复杂、自由度最多、转动惯量最大、技术含量最高的中型游乐设备之一。该设备的两条大臂根据设定的程序按不同的方向、不同的速度独立运转，依靠两只重型万向节联接的游客座舱在重力和离心力的作用下自由摇摆，让游客像勇敢的水手在大海中搏击风浪，尽情享受随波逐浪、上下翻滚的感受，真可谓千姿百态、美不胜收、其乐融融。

图3-83　高空揽月棘轮棘爪

图3-84　夏威夷海浪

1）主要结构：夏威夷海浪由立柱、旋转臂、座舱、驱动系统、吊桥和电气控制操作系统组成。

①立柱。立柱是由钢板焊接而成的箱形结构，共有两根：其中一根是直立柱（图3-85），另一根是斜立柱（图3-86）。立柱的顶部有检修平台，平台上安装两台电动机和减速器。

图3-85　夏威夷海浪直立柱

图3-86　夏威夷海浪斜立柱

②旋转臂。它是由钢板焊接而成的箱型结构，一端安装着配重块，一端连接着座舱，中

间安装着一个大齿轮，大齿轮通过回转支承与立柱连接在一起。旋转臂有两种结构形式：与直立柱连接的是一根整体的结构，与斜立柱连接的是分为两段中间用铰链连接的结构，如图3-87所示。

　　③座舱。座舱是背靠背形式的两排座椅，座椅有安全压杠，座舱的两端通过两个大的万向节（图3-88）与两只旋转臂连接，如图3-89所示。

图 3-87　夏威夷海浪铰链连接

图 3-88　夏威夷海浪万向节

　　④驱动系统。驱动系统是四台电动机通过减速器与小齿轮连接，小齿轮与旋转臂上的大齿轮啮合，如图3-90所示。

图 3-89　夏威夷海浪座舱

图 3-90　夏威夷海浪驱动系统

　　⑤吊桥。吊桥是与夏威夷海浪配套的景观设计，乘客通过吊桥上下。吊桥由两部分组成：一部分是固定在基础上的走道，两侧有栏杆；一部分是活动的吊桥部分，一端悬空与座舱相连，一端通过铰链与走道相连，用气缸带动，设备运行时吊桥竖起，上下客人时吊桥平放，如图3-91所示。

　　⑥电气控制操作系统。电气控制操作系统由于整个设备用计算机控制设备的运行方式，用变频器控制电动机的运行，操作简单只要选定运行程序，设备就会按照预先设计好的运行方式运转。

　　2）工作原理：安装在立柱顶端的电动机通过减速器带动小齿轮旋转，小齿轮与安装在旋转臂上的大齿轮啮合，带动大齿轮和旋转臂旋转，旋转臂带动通过万向节与之相连的座舱运动。通

图 3-91　夏威夷海浪吊桥

过计算机控制两边立柱上电动机的旋转方向和速度，使两边电动机旋转方向和速度不一致，因而使座舱忽高忽低、忽前忽后的运动。

3）安全装置：夏威夷海浪安全装置有安全压杠、限速装置和吊桥限位装置等。安全压杠的作用与高空揽月的相同。安全压杠的锁紧是通过类似棘轮棘爪的齿条形装置来实现的，如图3-92所示。限速装置的原理与阿拉伯飞毯相类似。吊桥限位装置的作用是当吊桥没有升到设定的位置设备不能起动。

（4）神秘座椅　神秘座椅是与夏威夷海浪类似的游艺机，如图3-93所示，其速度没有夏威夷海浪快，刺激性略差一些。

图 3-92　夏威夷海浪锁紧装置

图 3-93　神秘座椅

1）主要结构：由立柱、旋转臂、座舱、驱动系统、升降平台和电气控制操作系统组成。

①立柱。立柱是由钢板焊接而成的箱形结构。与夏威夷海浪不同的是：神秘座椅的两根立柱都是直立柱，同时为了提高设备的稳定性，在立柱的三个侧面分别安装了一根斜撑杆；立柱的顶部有检修平台，平台上安装两台电动机和减速器。

②旋转臂。旋转臂是由钢板焊接而成的箱形结构，一端安装着配重块，一端连接着座舱，中间安装着一个大齿轮，大齿轮通过回转支承与立柱连接在一起，如图3-94所示。与夏威夷海浪的区别是，两只旋转臂都是整体结构。

③座舱。座舱由面对面形式的两部分座椅组成，左右方向相对，底部通过箱形结构拼插在一起。座椅有安全压杠和安全带，座舱通过相互垂直的两个回转支承结构用销轴进行连接，如图3-95所示。因为设备运行时，两个旋转臂运转方向不同，所以两个旋转臂下端之间的距离是变化的。夏威夷海浪是通过用铰链连接的旋转臂左右摆动来实现的。神秘座椅是通过箱梁抽拉的结构来实现的，如图3-96所示。

图 3-94　神秘座椅回转支承

④驱动系统。驱动系统是在立柱顶端的平台上安装四台直流电动机和减速器相连接，减速器带动小齿轮，小齿轮与大齿轮啮合，带动旋转臂摆动。

⑤升降平台和电气操作系统。升降平台是采用卷扬机提供动力，通过定滑轮（图3-97）连接，使两边站台上下升降的。电气控制操作系统是通过变频器控制电动机的转速和方向，设备运行时通过操作台的手动拨杆给变频器发出指令，来实现设备的运转方式。

2）工作原理：安装在立柱顶端的电动机通过减速器带动小齿轮旋转，小齿轮与安装在

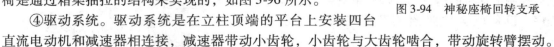

旋转臂上的大齿轮啮合，带动大齿轮和旋转臂旋转，旋转臂带动座舱运动。通过手动控制两边立柱上电动机的旋转方向，使两边电动机旋转方向不一致，因而使座舱忽高忽低、忽前忽后的运动。由于旋转臂运转方向不同使旋转臂下端之间的距离是变化的，两侧的座舱忽近忽远，增加设备的刺激性。

图 3-95　互相垂直回转支承结构

图 3-96　神秘座椅箱梁抽拉结构

　　3）安全装置：神秘座椅安全装置有安全压杠、安全带、限速装置和升降平台的限位装置等。安全压杠的作用和锁紧原理与高空揽月的相同。限速装置的原理与阿拉伯飞毯相类似。升降平台限位装置的作用是升降平台没有降到设定的位置设备不能起动。

3.1.2.3　太空船系列

　　太空船系列中主要有太空船、超级飞船、时空穿梭等几种类型。太空船目前已经被淘汰，下面分别对超级飞船和时空穿梭进行介绍。

图 3-97　神秘座椅滑轮组

1. 超级飞船

　　超级飞船也叫流星锤，是兼备海盗船和单环滑车翻筋斗两个方面的全新惊险器械。地面上竖起的立柱，支持两根吊杆旋转，吊杆一端是空中摇船，另一端是平衡锤。空中摇船最初慢慢摇荡，然后翻筋斗，瞬时静止在空中，接下来逆向旋转及摇荡后停车。

　　1）主要结构：由立柱、旋转臂、座舱、驱动系统和电气控制操作系统组成。

　　①立柱。立柱是整个设备的承重构件，是下端大上端略小的箱形结构，顶部通过法兰连接一个中心轴，中心轴两端通过回转支承与两只旋转臂相连接，如图 3-98 所示。

　　②旋转臂。旋转臂是由钢板焊接而成的箱形结构，一端通过法兰与配重连接，另一端通过法兰与座舱连接，中间通过回转支承与中心轴连接，如图 3-99 所示。

图 3-98　超级飞船旋转臂的连接

③座舱。座舱是用不锈钢管罩起来的封闭结构，如图3-100所示，其外侧有两扇门（通过气动装置打开，用电磁阀的控制具进行锁紧），上下游客时可以打开，座椅上装有安全带，同时设有安全压杠（图3-101）压住游客双腿。

图3-99　超级飞船旋转臂

图3-100　超级飞船座舱

④驱动系统。驱动系统是由电动机通过V带与蜗杆减速器连接，蜗杆减速器采用两端输出方式，分别接一只行星摆线针轮减速器，减速器与小齿轮连接，小齿轮与大齿轮啮合，带动旋转臂摆动，如图3-102所示。

图3-101　超级飞船座舱安全压杠

图3-102　超级飞船驱动系统

⑤电气操作控制系统。电气控制操作系统是通过变频器控制电动机的转速和方向，使座舱左右摆动，然后做360°旋转。

2）工作原理：由直流电动机通过V带带动双输出蜗杆减速器，蜗杆减速器分别带动两侧的行星摆线针轮减速器，行星摆线针轮减速器与小齿轮连接，小齿轮与大齿轮啮合带动大齿轮旋转，大齿轮固定在旋转臂上带动旋转臂一起旋转。

3）安全装置：超级飞船安全装置有安全压杠、安全带和座舱门锁紧装置等。安全压杠是压住乘客腿部和肩部的，锁紧原理是通过棘轮棘爪来实现的。安全带为汽车安全带的插扣式锁紧装置。座舱门锁紧装置是通过气动电磁阀来控制的，失电关闭，通过蓄能器来保证压力的；二次保护装置通过关闭手动节流阀来进行锁紧。

2. 时空穿梭

时空穿梭游艺机在外部选型方面采用了较新颖的设计，以转臂回转轴为中心，在两回转臂的对称中心面上，设置了装饰性较强的时钟表盘，且固定在主支架立柱的适当位置上，设备运行时，两回转臂带动座椅宛如与时间赛跑，恰似溶入飞速发展的现代科技文明。

1）主要结构：时空穿梭是由塔体、旋转臂、座舱、驱动系统和电气控制操作系统组成。

①塔体。塔体是用角钢和钢板制作的钢架结构，承载整个设备和全部乘员的重量。其顶端安装了中心轴，中心轴两端通过回转支承与两只旋转臂相连接。

②旋转臂。旋转臂是由钢板焊接而成的箱形结构，一端通过法兰和方管及配重，另一端通过法兰和吊臂与座舱连接，中间通过回转支承与中心轴连接。注意，通常配重是由中间开孔的圆形铁板（图 3-103）串在方管端部的轴上的，而现在连接改进型设计是通过法兰连接一段圆柱形配重（图 3-104）在旋转臂的端部。

图 3-103　时空穿梭圆板形配重

图 3-104　时空穿梭圆柱形配重

③座舱。座舱在顶部通过横梁与吊臂连接。吊臂原来用人字形结构（图 3-105），后来改成 T 形结构（图 3-106）。座舱安装有压肩式安全压杠和安全带。

图 3-105　时空穿梭人字形结构

图 3-106　时空穿梭 T 形结构

④驱动系统和电气控制操作系统。驱动系统是由双输出直流电动机通过减速器带动小齿轮，小齿轮与大齿轮啮合带动旋转臂转动。电气控制操作系统是由接触器组成的控制电路控制电动机正反转，如图 3-102 所示。

2）工作原理：时空穿梭是这样运行的：由双输出直流电动机带动双输出蜗杆减速器，蜗杆减速器分别带动两侧的减速器，减速器与小齿轮连接，小齿轮与大齿轮啮合带动大齿轮旋转，大齿轮固定在旋转臂上带动旋转臂一起旋转。

3）安全装置：时空穿梭安全装置有安全压杠和安全带，安全压杠与高空揽月采用同样的结构，安全带采用汽车安全带的插扣式锁紧装置。

3.1.2.4 摩天环车

摩天环车是一种以360°旋转，融娱乐和锻炼为一体的既锻炼胆量、超越自我，又新颖刺激的一种游乐项目。游客乘坐摩天环车忽升忽降，似流云脚下过，乾坤倒转，非常刺激。

1. 主要结构

摩天环车由外圈支架轨道、旋转臂、座舱、驱动机构和电气控制操作系统组成。

（1）外圈支架轨道　外圈支架轨道是由钢板焊接而成的圆形轨道（一般两道轨道为一组），由几段圆弧轨道（图3-107）通过法兰连接后再焊接而成，圆形轨道通过斜支撑柱和拉杆桁架固定，如图3-108所示。

图3-107　摩天环车轨道

图3-108　摩天环车支架

（2）旋转臂　旋转臂是由钢板焊接而成的箱形结构，中间通过回转支承与主轴相连接，一端通过法兰连接或焊接配重，另一端通过法兰连接或焊接座舱，如图3-109所示。

（3）座舱　座舱是由玻璃钢制造的，固定在钢结构支架上，安装有压肩式安全压杠和安全带，如图3-110所示。

图3-109　摩天环车旋转臂

图3-110　摩天环车座舱

（4）驱动机构和电气控制操作系统　驱动机构由电动机、链条、V带、链轮和驱动轮组成，如图3-111所示。电气控制操作系统是由接触器组成的控制电路控制电动机转动速度和方向。

2. 工作原理

摩天环车的工作原理是：当摩天环车起动后，电动机得电转动，然后通过V带或链条输出到同心轴上（图3-112），再由链轮和链条驱动轮旋转，驱动轮（图3-113）在弹簧的作用下紧紧压在圆形轨道的内侧，驱动轮在轨道的内侧环面上产生摩擦力，这个摩擦力使驱动轮沿着圆形轨道滚动，驱动轮带动车体同步运转。

图 3-111　摩天环车驱动机构

图 3-112　摩天环车带/链传动

3. 安全装置

摩天环车安全装置有安全压杠和安全带。安全压杠与高空揽月采用同样的结构。安全带采用汽车安全带的插扣式锁紧装置。

3.1.2.5　海盗船系列

海盗船系列游艺机是绕水平轴往复摆动的游乐项目，乘客乘坐在设备中，随之由缓至急的往复摆动，犹如莅临惊涛骇浪的大海之中，时而冲上浪峰，时而跌入谷底，惊险刺激，极具娱乐性。海盗船系列的代表主要有海盗船、旋转秋千、龙卷风等。

图 3-113　摩天环车驱动轮

1. 海盗船

（1）主要结构　海盗船一般由乘人船舱、支架、悬挂系统、动力系统、站台和电气控制操作系统等部分组成。

1）乘人船舱。乘人船舱是由槽钢做骨架，座椅安装在骨架上，骨架外面铆焊上铁皮做成的船形，铁皮表面饰以精美的图案，船头一般会安装玻璃钢制成的海盗或龙头，如图 3-114 和图 3-115 所示。

图 3-114　海盗船乘人船舱实物

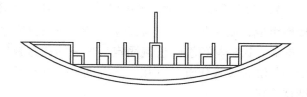

图 3-115　海盗船乘人船舱示意图

2）支架。支架是由钢管焊接和用法兰连接的，先由钢管做成一个人字形的架子，然后有四根圆管通过法兰与之连接，圆管的另一端与预埋铁板焊接，具体结构如图 3-116 和图 3-117 所示。

3）悬挂系统。悬挂系统一般由吊耳、吊挂轴、吊挂臂组成。吊耳（图 3-118）是用厚钢板切割而成，它在支架加工前就焊接在支架横梁上，通过吊挂轴和吊挂臂连接。吊挂臂是用方管和槽钢焊接成的桁架结构，其形状如图 3-119 所示。

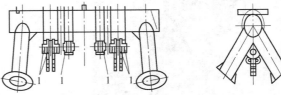

图 3-116　海盗船人字形结构

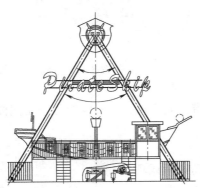

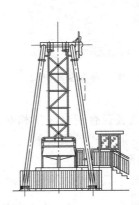

图 3-117　海盗船整体结构

图 3-118　海盗船吊耳

图 3-119　海盗船吊挂臂

4）动力系统。动力系统的结构如图 3-120 和图 3-121 所示，它主要由槽钢做成的矩形底座组成，底座上安装着电动机、带轮和轮胎。一端通过铰链与预埋铁连接固定，另一端通过铰链与气缸（或液压缸）连接，气缸的另一端与预埋铁连接。

5）站台和电气控制操作系统。站台一般由角铁和花纹板制成，在站台的一端安装一个操作室，电气控制操作系统控制柜放在里面，如图 3-

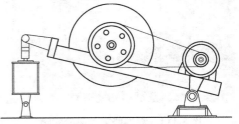

图 3-120　海盗船动力系统示意图

122 所示。

（2）工作原理　海盗船的驱动装置一般分为电动机驱动和液压马达驱动两种。由于采用的驱动装置不同，海盗船的工作原理也有所不同。

图 3-121　海盗船动力系统实物

图 3-122　海盗船站台

1）电动机驱动的海盗船的工作原理：这种海盗船是电动机通过 V 带带动轮胎转动，气缸顶升使轮胎与船体底部槽钢接触，通过摩擦力带动船体左右摆动的。在这种传动方式中，摩擦轮与电动机有两种安装方法：一种是紧凑型，即电动机和摩擦轮一起安装在支座上，V带轮与摩擦轮用一轴直接连接起来，随着气缸的运动电动机也上下运动，如图 3-123 所示；另一种是分离型，即电动机安装在站台下的固定基座上，V带轮与摩擦轮通过两个万向节和一根长轴连接，在工作中电动机不随摩擦轮的上下运动而运动，如图 3-124 所示。

图 3-123　海盗船电动机和摩擦轮

图 3-124　海盗船万向节传动

电动机驱动的海盗船制动原理根据结构不同可分为两种：一种是电磁铁控制制动，这种制动装置在摩擦轮的另一端安装一个电磁铁控制的抱闸系统，要使设备停止时，断开抱闸系统的电源，闸瓦抱死，通过气缸顶升摩擦轮与船体底部槽钢接触，产生反向摩擦使设备停止，如图 3-125 所示。另一种是机械或气动的制动系统，其中机械制动是一种无动力的装置，它是通过角踏板与钢丝绳连接，钢丝绳与刹车连接，用杠杆原理使刹车皮与船体底部槽钢接触，通过滑动摩擦力使设备停止的；而气动制动是通过气缸顶升刹车皮，使刹车皮与船体底部槽钢接触，通过摩擦力使设备停止。

图 3-125　海盗船抱闸系统

2）液压马达驱动的海盗船的工作原理：该种制动系统是摩擦轮直接与液压马达（图3-126）连接，支座由液压缸顶升，通过摩擦力带动船体左右摆动的。当要制动时，只要液压马达停止转动，液压缸便顶升使轮胎与船体底部槽钢接触，通过摩擦力使设备停止。

（3）安全装置　海盗船的安全装置主要有安全压杠（图3-127）、安全带、二次保险钢丝绳和摆幅限位开关。

图3-126　海盗船液压马达

图3-127　海盗船安全压杠

1）安全压杠。安全压杠、安全带是直接保护乘客安全的，通过安全压杠、安全带使乘客安全地坐在座位上，防止在设备运行过程中，由于乘客的意外举动受伤。安全压杠一般通过插销式的锁紧装置锁紧，锁紧装置常用弹簧提供锁紧力并用手动打开的，如图3-128所示，另有部分是通过气缸提供锁紧力和打开的，如图3-129所示。

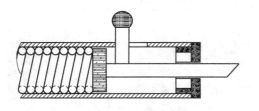

图3-128　海盗船弹簧锁紧装置

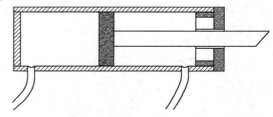

图3-129　海盗船气动锁紧装置

2）二次保险钢丝绳。二次保险钢丝绳是防止吊挂轴突然断裂采取的保护措施。由于使用了二次保险钢丝绳，即使吊挂轴断裂，座舱也不会因惯性而飞出去造成重大安全事故。具体做法是，在安装时用两根钢丝绳穿过横梁，两端固定在吊挂臂和船体的连接处，如图3-130所示。

3）摆幅限位开关。摆幅限位开关是防止海盗船摆动超过设计规定角度造成危险而安装的。摆幅限位开关一般采用拨杆开关（图3-131），也有用接近开关（图3-132）的。其安装的位置，一般是装在支架顶部的，也有用固定的架子安装在船体下面空间的，如图3-133所示。

2. 旋转秋千

旋转秋千（图3-134）的运动方式比海盗船多一种旋转方式，其旋转运动和摆动运动相结合，大大提高了设备的刺激性，使游客倍感惊险。

（1）主要结构　旋转秋千由支架、吊挂系统、旋转动力系统和座舱、摆动动力系统、站台和电气控气操作系统等部分组成，如图3-135所示。

1）支架。支架与海盗船的相同，也是由钢管构成的人字形结构。

图 3-130　海盗船二次保险钢丝绳

图 3-131　海盗船拨杆开关

图 3-132　海盗船接近开关

图 3-133　海盗船船体下面的限位开关

图 3-134　旋转秋千

2）吊挂系统。吊挂系统由一根圆管制成的吊挂柱承受整个座舱的重量，上端通过吊挂轴与吊耳连接在一起，下端通过法兰与座舱骨架相连，如图 3-136 所示。

3）旋转动力系统和座舱。旋转动力系统由固定在吊挂柱下端的电动机、V 带、小齿轮和通过回转支承固定在座舱的大齿轮组成，如图 3-137 所示。座舱分为上下两部分：上部分通过回转支承与吊挂柱连接，座椅固定在四周；下部分与吊挂柱固定在一起，在底部中央安装有弧形的槽钢轨道与摩擦轮接触，如图 3-138 所示。

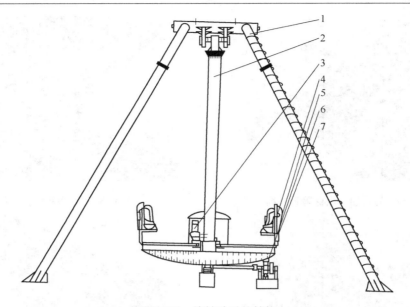

图 3-135　旋转秋千的结构

1—支架　2—吊挂柱　3—旋转动力系统　4—座椅　5—旋转舱　6 和 7—摆动动力系统

图 3-136　旋转秋千吊挂系统

图 3-137　旋转秋千旋转动力系统

4）摆动动力系统。摆动动力系统与海盗船类似，由电动机通过 V 带与带轮连接，再由带轮通过两个万向节和连接轴与摩擦轮连接，摩擦轮的固定支架下连接着一个液压缸，液压缸顶升摩擦轮与座舱底部的槽钢轨道接触，如图 3-139 所示。

图 3-138　旋转秋千座舱

图 3-139　旋转秋千摆动动力系统

5）站台和电气控制操作系统。站台和电气控制操作系统组成与海盗船相同。

（2）工作原理　旋转秋千的运动由旋转运动和摆动运动两部分组成。

1）旋转运动的工作原理：电动机通过 V 带带动小齿轮运动，小齿轮与大齿轮啮合带动大齿轮运动，座舱的旋转部分与大齿轮连接在一起，因此座舱的旋转部分做旋转运动。

2）摆动运动的工作原理：电动机通过 V 带带动带轮转动，带轮通过连接轴带动摩擦轮转动，液压缸顶升摩擦轮与座舱底部的槽钢轨道接触产生摩擦力，摩擦力带动座舱摆动。

（3）安全装置　旋转秋千的安全装置由安全压杠、安全带和摆幅限位开关等组成。安全压杠是压肩式压杠，通过棘轮棘爪装置（图 3-140）和电磁阀锁锁紧。安全带是与汽车安全带类似的卡扣锁紧的保险带，如图 3-141 所示。摆幅限位开关的工作原理和作用与海盗船的一致。

图 3-140　旋转秋千棘轮棘爪装置

图 3-141　旋转秋千安全压杠和安全带

3. 龙卷风

龙卷风是从国外引进的一种由电动机驱动的旋转运动和摆动相结合的游乐设施。前面介绍的旋转秋千就是根据这种运行方式设计制造的。

（1）主要结构　龙卷风由支架、吊挂系统、旋转动力系统、座舱、摆动动力系统、站台和操作控制系统等部分组成，如图 3-142 所示。

1）支架：支架与旋转秋千的结构类似，区别是旋转秋千用的是圆管而龙卷风用的是方管。

2）吊挂系统：如图 3-143 所示，由一根方管制成的吊挂柱承受整个座舱的重量，上端通过法兰和回转支承与支架横梁连接在一起，下端通过法兰与座舱骨架相连，如图 3-144 和图 3-145 所示。

图 3-142　龙卷风

图 3-143　龙卷风吊挂系统

图 3-144　龙卷风连接臂

图 3-145　龙卷风座舱连接

3）旋转动力系统：由直流电动机、减速器齿轮箱、内啮合齿轮副和回转支承构成。

4）座舱：座舱是由连接臂与吊挂系统下端通过法兰连接，然后六个座椅框架和六个连接臂之间通过法兰连接组成，如图 3-146 所示；每个座椅框架上安装五个座椅，每个座椅上安装有安全压杠和安全带，如图 3-147 所示。

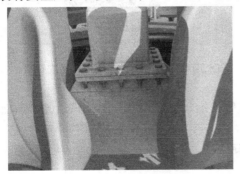

图 3-146　龙卷风法兰连接

图 3-147　龙卷风安全压杠和安全带

5）摆动动力系统：该系统是由两个直流电动机串联连接，直流电动机通过减速箱（图 3-148）连接齿轮与安装在支架横梁上回转支承（图 3-149）的齿轮啮合组成。

图 3-148　龙卷风减速箱

图 3-149　龙卷风回转支承

6）站台：站台由固定平台和活动平台两部分组成。固定平台是用钢筋混凝土制成的基础平台。活动平台是由四个可升降的小平台构成一个内圆外方的整体平台。每个小平台上面铺设有花纹板，下面有槽钢制成的支架，平台的外侧通过铰链与方管制成的支架连接，内侧通过铰链与液压缸相连接，液压缸的另一端与基础支架通过铰链连接，液压缸的结构如图 3-150 所示。设备开始运行前液压缸收缩，站台下降；设备运行结束液压缸顶升，站台上升至水平。

　　7）操作控制系统：由操作台和控制系统两部分组成。操作台上安装有手动/自动选择、顺时针旋转、逆时针旋转、座舱测试、开始运行、停止运行、站台上升、站台下降、打开安全压杠、关闭安全压杠、声控信号等按钮，如图 3-151 所示。操作人员通过按钮控制设备的运行；控制系统是由变频器等一系列电器元件和软件程序组成，它接受操作人员的指令，控制设备的运行。

图 3-150　龙卷风液压缸　　　　　　　　　　图 3-151　龙卷风操作台

　　（2）工作原理　龙卷风运行过程中有旋转、摆动和站台升降 3 种运动。

　　1）旋转运动的工作原理：直流电动机通电运转，然后通过减速箱带动减速箱输出端的小齿轮，小齿轮与旋转中心的大齿轮啮合带动整个座舱旋转。

　　2）摆动的工作原理：龙卷风的摆动与旋转秋千不同，龙卷风通过两台直流电动机串联连接（为了保证左右两个电动机同步运转），分别安装在支架顶部两端，直流电动机通过减速箱输出带动小齿轮，小齿轮与安装在支架横梁的回转支承上的大齿轮啮合，带动吊挂系统摆动。

　　3）平台升降的工作原理：设备开始运行前，液压缸收缩，平台下降，通过限位开关确定具体位置；设备运行结束液压缸顶升，平台上升，通过限位开关确定升至与固定站台平齐。

　　（3）安全装置　龙卷风由于运动自由度多，因此安全装置比较多，机械的安全装置主要有安全压杠和安全带，电气控制安全装置有最大摆动幅度限位装置、摆动站台位置控制装置、旋转定位装置、站台上升和下降限位装置、安全压杠限位装置等。

　　1）安全压杠和安全带：安全压杠打开和锁紧是通过安装在座椅后面的气动系统和齿条形棘轮棘爪装置（图 3-152）完成的。同时在压杠的下端与座椅之间通过安全带连接作为二次保险，如图 3-153 所示。

　　2）最大摆动幅度限位装置：它是一个限位开关（图 3-154），当设备摆动幅度超过设定角度触动开关时，开关动作切断摆动系统的电源，使设备失去摆动运动的动力，通过重力的阻尼作用使设备停止摆动。

　　3）摆动定位装置：它由一个限位开关和接近开关构成，作用是确保吊挂系统的摆动停位准确，如图 3-155 所示。

图 3-152 龙卷风齿条形棘轮棘爪装置

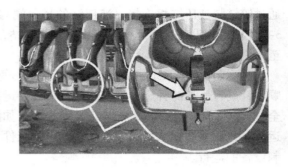

图 3-153 龙卷风二次保险安全带

图 3-154 龙卷风限位开关

图 3-155 龙卷风摆动定位装置

4）旋转定位装置：旋转定位装置与摆动站台位置控制装置结构类似，作用是保证旋转机构停止运动时，座舱的方位与开始时一致，方便乘客取回随身物品，如图 3-156 所示。

5）站台上升和下降限位装置：它们是安装在站台下面的支架上的两个限位开关，上面限位开关的作用是控制液压缸把站台顶升到水平位置，下面限位开关的作用是控制液压缸在收缩时的距离，防止设备发生意外损害。

6）安全压杠限位装置：它是安装在每个座椅后面的一个接近开关（图 3-157），当安全压杠没有压紧到位时，发出信号给主控制系统，使设备不能运行，从而起到对乘客的保护作用。

图 3-156 龙卷风旋转定位装置

图 3-157 龙卷风接近开关

3.2 滑行类和架空游览车类游乐设施的结构与原理

3.2.1 滑行类游乐设施

滑行类游乐设施是指沿轨道靠惯性滑行为运动形式的游艺机，如过山车、疯狂老鼠、弯月飞车、滑行龙、激流勇进、自旋滑车和滑道等。滑行类设备绝大部分是靠动力提升到一定高度，然后利用势能和动能的相互转换来实现沿轨道运行的。其特点是速度快，方向不停变换，动作比较丰富，给游客一种视觉和身体上的惊险、欢乐双重体验。此类设备由于其刺激的特点，广受游客和用户的厚爱，也成为游乐行业经久不衰的经典项目之一。

滑行类中大部分设备与其他类型的游乐设施相比，又有更特殊的性质，即"不可控性"，一旦设备通过提升段，开始滑行，在整个运行过程中，如发现有异常情况发生，操作人员将没法控制，只能顺其自然。不能像其他类型的多数游乐设备，操作人员可以采取紧急停车，关闭电源等措施来控制，所以一定要抓好日常检查和维修保养这些环节。

根据滑行类游乐设施的运动方式及结构特点，又可将此类设备划分为 6 个系列，即单车滑行类系列、多车滑行类系列、滑道系列、弯月飞车系列、激流勇进系列和组合式滑行类系列。

单车滑行类过山车、多车滑行类自旋滑车和疯狂老鼠、滑道、弯月飞车、激流勇进等游乐设施如图 3-158 ~ 图 3-163 所示。

图 3-158　过山车

图 3-159　自旋滑车

图 3-160　疯狂老鼠

图 3-161　滑道

滑行类游乐设施的结构形式多样化，划分系列较多，这里仅对自旋滑车、疯狂老鼠、弯月飞车、激流勇进等滑行类设备的结构及原理作介绍。

3.2.1.1　单车滑行类——过山车

过山车是典型的单车滑行类游乐设备，被称为游艺机之王，是游乐园标志性的游乐设施。随着科学技术的发展，现在的过山车速度越来越快，轨道高度越来越高，获得势能的方式也越来越多。

图 3-162　弯月飞车

图 3-163　激流勇进

下面以悬挂式过山车为例给大家进行介绍，如图 3-164 所示，悬挂式过山车属于过山车类游艺机，主要针对原有过山车乘客视线易被车厢阻挡、缺乏空间感、影响过山车惊险性而作的改进设计。这种过山车取消了乘客车厢，代之以直接悬挂在轨道下方的载人座椅，让乘客暴露在空中，扩大了乘客的视野，也增大了乘客的空间感。在乘坐时，乘客时而感到像在空中高速下落、时而感到像在空中飞翔，从而大大增加了过山车的惊险性和刺激性。采用悬挂式座椅后，减轻了设备重量，可降低轨道和支架的强度，减少成本。

图 3-164　悬挂式过山车

1. 主要结构

悬挂式过山车由滑行导轨、立柱、列车、提升系统、推进系统、制动系统、站台、电气系统等部分组成。

（1）滑行导轨　滑行导轨也称为轨道，如图 3-165 所示。轨道有高速俯冲下滑段、高空翻转立环段、螺旋推进螺旋段等部分。轨道由一对主钢管组成，通过方管制成的托架与主支撑结构焊接在一起，主支撑结构再通过法兰和立柱或龙门架连接，如图 3-166 所示。

图 3-165　轨道

图 3-166　轨道与立柱

（2）立柱　立柱由钢结构组成，根据轨道的走向结构各不相同，有的对轨道起支撑作用，有的对轨道起吊挂作用；有的是龙门架，有的是人字架，如图 3-167 所示。

图 3-167　立柱形式

（3）列车　图 3-168 所示列车由 10 辆车组成；图 3-169 所示列车每辆车并排坐二位乘客，一次能坐 20 位乘客。乘客坐在吊椅上，吊椅顶部与轮桥连接。轮桥两侧各装置一组车轮：每组车轮含行走轮 2 个、下导轮 1 个，如图 3-170 所示。每个车轮组均从三个方向即上、下、内侧包住轨道。轮桥之间通过连接器十字铰接，如图 3-171 所示。

图 3-168　列车

图 3-169　列车

图 3-170　车轮

图 3-171　十字铰接

（4）提升系统　提升系统由直流电动机驱动链条将列车提升到顶端（最高处），直流电动机固定在提升段的顶部，如图 3-172 所示。

（5）推进系统　站台上共装有四组推进轮，推进系统（图 3-173）将列车从站台推进到提升段。

图 3-172　提升系统

图 3-173　推进系统

（6）制动系统　制动系统有两组，每组有五套刹车装置（图 3-174）：一组设置在站台，另一组设置在站外一缓冲区。每套刹车装置均有气囊，通过气动系统控制气囊充气实现刹车。

（7）站台　站台由两部分组成：一部分是钢结构站台，在座椅的正下方，过山车起动前站台降下去，进站停稳后升起来，方便游客上下；另一部分是固定站台，在活动的站台的两侧，如图 3-175 所示。

图 3-174　刹车装置

图 3-175　站台

（8）电气系统　电气系统由各个部分的控制系统组成，有控制进出口门的系统、控制升降站台的系统、控制推进电动机的系统、控制提升电动机的系统和控制刹车的系统等。

2. 工作原理

游客坐上座椅，锁紧安全压杠，扣好二次保险安全带，站台刹车打开，推进器起动，提升电动机接通，活动平台下降，车辆驶出站台，驶上提升段，通过顶端开始运行，列车进入缓冲区，在第一缓冲区减速，到第二缓冲区车辆停止，起动站前和站内推进器，使车辆停在最终位置。

3. 安全装置

过山车的安全装置有安全压杠（图 3-176）、锁紧装置（图 3-177）、刹车装置（图 3-174）、止逆装置；其安全保险措施有车辆连接保险（图 3-178）以及用于紧急情况下疏散游客的走梯（图 3-179）等。

3.2.1.2　多车滑行类——自旋滑车

自旋滑车是多车滑行类游乐设施中典型的设备，其特点是每个独立运行于轨道上的车子的座席部分在沿轨道滑行的全程中，可产生各异的旋转运动，使滑车在滑行中的动作更加丰富，乘坐感觉与众不同。它主要采用链式提升机构，车体的可旋转部分在运行时由于离心力作用而产生旋转动作，轨道采用无缝钢管制作，制动采用气动系统，运行过程中车辆间采用限距防撞方式进行控制。

图 3-176　安全压杠

图 3-177　锁紧装置

图 3-178　车辆连接保险

图 3-179　走梯

1. 主要结构

自旋滑车主要由车体、驱动系统（提升装置）、制动系统、轨道、站台、基础、电气控制等 7 部分组成，如图 3-180 所示。

（1）车体　自旋滑车的车体由座席、上车架、下车架、立轴旋转部分、锁紧机构、桥轴行走部分和侧支承等组成。座席由背靠背的两排座椅组成，每排两座，有发泡聚氨酯座垫、机械式自动压杠、安全带。其中上、下车架为焊接结构；锁紧机构采用液压碟刹形式；桥轴支撑结构采用前后桥为主、左右侧支承为辅的方式，桥架采用设置行走轮、侧轮、底轮的方式。轮缘采用聚氨酯制作。车体如图 3-181、图 3-182 所示。

1）桥轴。桥轴不仅用来连接车体与滑行轮系统，同时也起到支撑作用，前桥还承担着转向的作用。其结构如图 3-183 所示。图 3-184 为用于提升挂钩的主轴，当进入提升段时，提升挂钩将会挂住提升链条，随着提升链条一起向上运行。图 3-185 为立轴示意图，其作用是连接上车体和车架，当车体在运行过程中，上车体由于惯性绕着立轴旋转，立轴主要承受车体运行时上车体旋转的离心力。图 3-186 为压杠转轴，其主要作用是连接安全压杠的，安全压杠绕着此轴旋转从而实现锁紧和打开。

图 3-180　自旋滑车外形
1—轨道　2—站台　3—车体　4—制动系统　5—提升装置

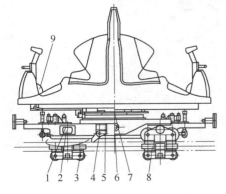

图 3-181　自旋滑车车体的结构
1—前后桥销轴　2—桥轴　3—滑行轮轴　4—提升挂钩
5—提升挂钩固定板　6—侧支承轴　7—立轴　8—滑行
轮支架　9—安全压杠及锁紧装置（棘轮、棘爪）

图 3-182　自旋滑车车体外形

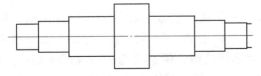

图 3-183　桥轴

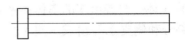

图 3-184　提升挂钩主轴

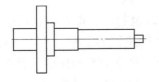

图 3-185　立轴

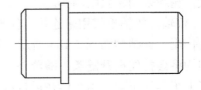

图 3-186　压杠转轴

这些轴在滑行类游乐设施中都属于重要销轴，每年都要进行探伤检查。这些轴在运行过程中冲击较大，磨损也很厉害，很容易失效。它的失效形式也很多，有表面磨损失效、轴的断裂失效、轴的过量变形失效等。表面磨损失效主要表现为黏着磨损。磨粒磨损、表面疲劳磨损和腐蚀磨损；轴的断裂失效有疲劳断裂、脆性断裂、韧性断裂；轴的过量变形失效有过量弹性变形、过量塑性变形。上述失效形式所表现的损伤特征和原因在游乐设施中经常存在，通常可用表 3-1 来表示。

表 3-1 轴的失效形式

失效形式		损伤特征	产生的基本原因
表面磨损失效	黏着磨损	两接触表面之微凸体接触引起局部黏着、撕裂、有明显互相粘贴痕迹	低速重载或高速运转而又润滑不良，引起胶合
	磨粒磨损	表层有条形沟槽刮痕	由较硬杂质介入
	表面疲劳磨损	表面疲劳剥落、压碎、有坑	受变应力作用，润滑不良
	腐蚀磨损	接触表面滑动方向呈均细磨痕，或呈点状、丝状腐蚀痕迹或有小凹坑。伴有灰黑色、红褐色氧化物细颗粒、丝状磨损物产生	在氧化性，腐蚀性较强的气、液体介质环境下或零件间配合较紧密处在外载荷或振动作用下，接触表面产生微小滑动
断裂失效	疲劳断裂	断口表层或深处的裂纹痕迹中可见有新、旧发展迹象	变应力作用、局部应力集中，材料内部微小裂纹的逐渐扩展
	脆性断裂	断口由裂纹源处呈鱼骨状或人字行花纹状扩展	工作环境温度过低、快速加载或某些表面处理工艺(如电镀)，使氢渗透入高强度轴中提高轴的脆性
	韧性断裂	断口有塑性变形过程和挤压变形等痕迹，或颈缩现象或纤维扭曲现象	1. 单向严重过载或过载过快 2. 设计时对载荷估计不足，或材料强度不足(新轴韧性断裂多属此列) 3. 冷作或热处理工艺使轴韧性降低，脆性提高 4. 某些合金材料对缺口、圆角、孔洞、刮伤特别敏感 5. 高温蠕变，强度降低 6. 某些合金在低温下韧性降低
过量变形失效	过量弹性变形	受载时过量弯曲、扭转、振动而卸载后变形基本消失。运转时噪声大，支承磨损明显偏离性，运动精度降低。弹性变形总是出现在受载区段或整轴上	此属轴的刚度不足，若不是过载所致，多为轴系结构不合理
	过量塑性变形	整体出现不可恢复的弯、扭曲或与其他零件接触处呈局部塑性变形	此属强度不足或加载过量、加快或设计结构不合理，或高温环境导致材料强度降低甚至发生蠕变

游乐设施是载人的，其安全性和可靠性非常重要，而在游乐设施的结构中，轴的安全性关系到整个设施的可靠性和安全性。因此，无论是在设计、选材、制造、使用等各个环节中，轴都置于非常重要地位。轴的材料通常是经过轧制或锻造的碳素钢或合金钢，有条件的可直接利用冷拔钢材。通常用的是优质中碳钢，其中以 45 号钢最为常用；碳素钢对应力集中的敏感性较低，价格也较低，同时可用热处理的办法改善其力学性能；合金钢具有较好的

力学性能和淬火性能，但价格较贵，常用于高速、重载的重要轴或有特殊要求的轴，以及要求尺寸小且强度高，耐磨损、耐高温、耐低温、耐腐蚀等结构中。此外，合金钢对应力集中的敏感性较高，设计合金钢轴时，应尽可能从结构上避免或减小应力集中，并减小其表面粗糙度。

2）滑行轮支架系统。滑行轮支架系统既有在轨道上行走及导向的作用，又有防止车辆侧翻或飞车的作用，如图3-187所示。

3）安全压杠及锁紧装置。安全压杠及锁紧装置是车体的关键部位，因为自旋滑车在滑行过程中，由于速度矢量的突然变化（包括速度大小的变化、运动方向的变化），使得乘客的身体有可能脱离座椅，从而可能导致乘客的生命受到伤害，所以必须设置人体保护装置，即安全压杠和锁紧装置。自旋滑车采用的是用钢管（棒）弯制而成的压腿式安全压杠，其外面包裹一些橡胶或织物。它的锁紧装置采用的是棘轮棘爪。锁紧装置是关键部件，它有开和闭两个状态。当它处于闭合状态时，安全保护装置正好将乘客约束在座位上，而且在滑车运行过程中锁具始终处于闭合状态，以保护游客不甩出舱外。在整个运行过程中，游客不可能自行打开锁具，必须到站后，自动开锁顶升轮才能在开锁轨道抬高的作用下将开锁顶杆顶起，压杠自动打开，乘客便可离开座舱。同时座舱内还设置了二次保护装置，即安全带，这样更可靠地保障了乘客在座舱上的安全。座舱的结构如图3-188所示。

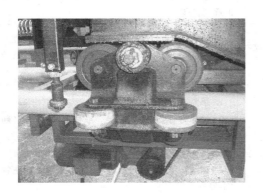

图3-187　自旋滑车滑行轮支架系统　　　　　　图3-188　自旋滑车座舱结构

滑车采用的棘轮棘爪锁紧装置是直接在压杠的回转轴处安装一个配备有带弹簧棘爪的棘轮，当乘客或服务人员将压杠往座位方向上压时（即轮转动），棘爪落入棘轮的底部，利用棘爪和棘轮装置具有的止逆作用，使压杠不能往回转，因此起到了压杠挡住乘客的身体，不让其脱离座位。只有车进站后，由进站端的摩擦轮顶升压杠才能打开（其工作原理见图3-189和图3-190）。若在提升阶段遇紧急情况或断电、断链使车体（由于防逆行装置的作用）停留在提升段需进行抢救，此时操作人员可走上提升段维修走梯，用专用工具压杆顶开开锁装置打开压杠，乘客可从走梯平安救出。

由于车辆在提升到最高点后，沿轨滑行一小段距离后，打开旋转锁紧装置，车体上部分就可以在运行过程中自旋。车体上部锁紧装置为液压碟刹，如图3-191所示。

（2）提升机构　设备的主提升机构采用输送链条提升的方式，提升传动装置采用斜齿锥齿减速电动机作动力，由于采用较大的提升角度和提升速度，所以设置了便于车子上链挂钩的推车系统，如图 3-192 所示；在站台轨道段，设置了用于滑车定点停车、驻车和起动的摩擦轮驱动制动装置，该装置采用斜齿锥齿减速制动电动机和链传动，驱动速度接近或稍大于主提升速度，摩擦轮采用实心橡胶轮，两摩擦驱动制动轮应高出轨面的距离应控制在 15～20mm 的范围内，要保证其摩擦驱动的可靠性，如图 3-193 所示。

图 3-189　自旋滑车压杠开锁原理

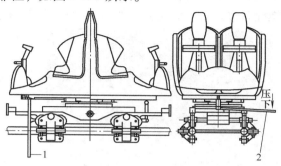

图 3-190　自旋滑车车辆压杆开锁示意图
1、2—压杠开锁专用工具

图 3-191　自旋滑车车体上部锁紧装置

图 3-192　自旋滑车辅助推车系统（驱动和制动装置）

（3）制动系统　自旋滑车的制动系统包括气动制动装置和摩擦轮驱动制动装置两类。气动闸式制动装置如图 3-194 所示，用于作沿轨车辆限距防撞制动、中途减速和进站前制动。它设置了独立的空压配气系统，采用常规的闸式制动，其刹车带前端采用黄铜片。这是因为自旋滑车速度较快，制动或减速时，冲击较大，如采用一般的刹车皮，很容易被磨损掉，拆卸更换比较麻烦，而采用黄铜片，不易磨损，可减少维修工作量。

图 3-193　自旋滑车链条提升系统

图 3-194　自旋滑车气动闸式制动装置

（4）轨道、站台和基础　轨道采用无缝钢管制作，其轨道走向设置采用比较紧凑的方式，充分利用场地的面积和空间，共设置3层轨道：上层轨道为以水平转弯为主的小落差坡段，该处自旋滑车行走速度保持在15km/h以下；中间层为整个轨道最大落差段，该处滑行速度很大；下层为自旋滑车轨道完成连续两个起伏后的回站段。轨道连接方式采用的是焊接和螺栓联接。轨道对接方式如图3-195～图3-198所示。

图3-195　自旋滑车轨道

图3-196　自旋滑车轨道连接

图3-197　自旋滑车轨道焊接及螺栓联接

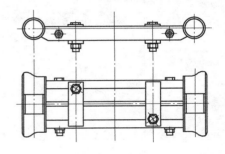

图3-198　自旋滑车轨道连接示意图

由此可以看出，两段轨道连接前，内部使用套管以加强连接可靠性，特别适用冲击和振动较大、刺激性较强的游乐设备。而且对于这种连接方式，既轨道变形校正，又便于拆卸。此种连接方式比较紧凑，效果也很好，目前被广泛应用。国外滑行类设备好多也都采用螺栓联接，如荷兰威克马过山车轨道，如图3-199、图3-200所示。

图3-199　自旋滑车轨道连接

图3-200　自旋滑车轨道

（5）电气控制　自旋滑车电气控制的主要功能是，利用可编程序控制器控制各制动装置的动作，以控制滑车间的限距，进而起到防撞连锁控制的作用。主传动装置的作用是，载客状态连续不间歇运转，而无客状态可自动延时停机。摩擦轮驱动制动装置的设置为点动式。

1）系统方案：系统由 PLC、变频器（或软启动器、电动机保护器）、触摸屏、位置传感器、执行机构（电磁阀或电磁铁）及其他辅助设备等组成。

2）驱动系统：

①发车驱动电动机：其作用是将滑车传送至提升位。

②提升驱动电动机：其作用是将滑车传送至最高点。

③进站驱动电动机：其作用是将滑车传送至下车位。

3）制动系统：制动系统主要由气动系统组成。传感器检测到自旋滑车时按要求打开或关闭制动系统。位置检测只允许一辆滑车通过同一运行区段或同一运行时间段。如果有两辆滑车在同一时间段或同一运行区段运行，则通过声音或指示灯通知操作者，同时在人机界面记录下当时的状态，并使控制系统进入防撞程序。

4）安全联锁及自检测过程：

①系统上电自检。

②首先起动空气压缩机，运行一段时间后，检查压力是否足够。

③检查各驱动器或电动机保护装置是否正常，并通过声、光显示通知操作者并在触摸屏上进行记录和显示。

④在无乘客时运行一周，检查其位置传感器、刹车装置等是否正常。

⑤如果任一自检未通过，可通过人机界面查找其故障部位并检修，直到自检、空运行完全通过。

5）防撞程序：当滑车经过第一个刹车点 A，进入第一刹车点 A 和第二刹车点 B 区段时，如果第二辆车进入 A 点，此时 A 点的刹车装置动作，让第二辆车停在 A 点，直到第一辆车经过 B 点后第二辆车的刹车装置放开让第二辆车进入 AB 区段，依此类推，以保证同一区段内只有一辆滑车运行。

6）手动操作：断电（或跳闸）时，在轨道运行的车应全部处于断电刹车状态，即轨道上所有车都将在其前方的刹车装置处停车，此时应将操作转换为手控，分以下几种情况：

①发车段至最高点有车。此时应将操作转为手控回车预防突然来电误动作，同时将刹车制动系统压力充足，并检查离下客站最近的车，由手动控制将相对应的刹车将该处的滑车放回站。按此顺序逐一将轨道上离下客站最近的滑车放回站台，方可进入自动运行操作，将发车段至最高点的车辆回站。

②发车段至最高点没有车。此时应将操作转为手控回车预防突然来电误动作，同时将刹车制动系统压力充足，并检查离下客站最近的车，由手动控制将相对应的刹车将该处的滑车放回站。按此顺序逐一将轨道上离下客站最近的滑车放回站台。

③手动操作无法完成时应采取人工疏导或其他方法将乘客安全接送出站。

必须指出的是，不管出现什么情况，将自动控制转换为手控时，应首先断电，然后才能转换。

7）自动运行：只有所有自检均通过后系统才会进入自动运行状态。当运行中出现制动不良或其他故障导致不能正常运行时，系统都会将轨道上运行的车停在其前方的刹车位置，此时需用手动操作逐一将轨道上离下客站最近的滑车放回站台；然后再查阅人机界面中的数据、指示灯状态或其他人工方法找出故障原因。

系统设置了紧急按钮，当按下紧急按钮时，滑车都将停在其前方的刹车位，然后按手动控制处理。按下进站按钮，离发车区最近车辆滑行至发车区，其后的车辆依次前移。乘客按安全要求坐上滑车后，按下发车按钮，滑车驶离发车区进入提升区至下客区结束。

当提升区或发车区有车辆时第二辆车是无法出发的。只有在发车区、提升区均无车辆时才可以发第二辆车。

8）设备显示器状态：主画面显示轨道上车辆位置，各驱动电动机状态、转速，空压机状态及系统压力等信息；帮助画面显示操作说明；故障记录画面显示系统发生故障的时间、原因以及恢复时间、检查要点等信息；弹跳式窗口在有故障发生时显示发生的故障原因、时间等信息。

9）PLC 程序编写：PLC 程序是根据输入信号、输出信号及安全要求进行编写的。输入信号有传感器、控制按钮、旋钮、各驱动装置的故障信号及 PLC 扩展模拟输入气压系统的压力信号等；PLC 的输出信号有电磁阀、驱动装置、指示灯、电铃等的信号。

2. 工作原理

（1）机械传动和车体运行过程　车辆由站台上客区第一个发车点发车，通过车辆底部的摩擦轮驱动车辆向前滑行至提升链前端的摩擦轮驱动装置，然后经车辆摩擦轮驱动装置进一步加速，使其速度接近于主提升速度，将车辆顺利送上主提升机构（输送链条提升），车辆再经链钩挂钩由输送链条将其再提升并通过路轨最高点，然后车辆下滑脱钩，完成提升过程；接下来车辆沿轨道滑行一小段距离后打开旋转锁紧机构，使车体在滑行过程中上座可以自旋，经过多组防撞制动装置并在个别制动装置处略作减速后运行至回站前轨道段，再由制动装置锁紧旋转锁紧机构后制动；紧跟着又打开旋转锁紧机构，由调整装置将车体上座调正，并再次锁紧旋转锁紧机构，接着车辆回站，在下客停车点停车。

我们知道，当滑行车辆通过曲变轨道运动时，其本身随轨道作圆弧运动，因此车辆便产生离心力（其作用点在车辆质心上），但使车辆运动的作用点不在质心，而是车辆的自转轴上，故车辆的离心力便相对自转轴产生一偏心力矩，由于这个偏心矩，车辆便产生自旋。也就是说，自旋滑车的自旋运动是利用自旋滑车旋转部分的质心相对于其旋转中心生成的偏心矩产生的。

由于自旋滑车的自旋运动主要依靠作用在其旋转部分质心的偏心矩而产生的，因此在进行自旋滑车设计时可以通过以下方法去设计车辆和运动区段。

①利用好滑车的偏心载荷。在设计自旋滑车车体时往往有意利用乘客的乘坐重量分布差异或旋转上座的自身重量差异，使车辆旋转部分在各种载荷状态下存在一定的偏心量并控制在合理的范围之内。在现有的自旋滑车设计中，以 4 座的承载量为主，车辆的满载、前后偏载、侧偏载等各种载荷状态的偏心载荷都要进行分析比较。

②合理布置自旋滑车的自旋运动区域。根据不同的工况设置要求，自旋滑车在进站、站内行走、出站、提升等运行区域一般处于自旋锁紧状态，自旋滑车只在设定的运行轨道区域产生自旋运动，该区域一般设置在轨道最高点之后至回站制动前的主要运行轨道区域内。该区域的轨道，必须能比较充分地利用旋转上座在运行中其质心的受力变化来产生自旋运动；

根据前述的一些运行状态分析,利用转弯和起伏运行,可以产生一定的自旋运动。因此,自旋滑车的自旋运行区域设置,主要设计成连续 S 形的变方向 180°弯直轨道段和起伏运行轨道段,这样才能使其自旋运动机理得到较合理的利用。在轨道转弯段不设置横向倾角。

(2) 滑车运行中的电器状态

1) 单电控制:电磁阀的电磁铁通电,气阀闭合。气缸活塞杆缩回,导致刹车处于开放状态;电磁阀的电磁铁断电,气阀打开,气缸活塞杆伸出,导致刹车处于刹车状态。

2) 双电控制:电磁阀的电磁铁 1TD 通电,2DT 失电,进气阀闭合,出气阀开通,刹车处于开放状态;当 1TD 失电,2DT 通电,进气阀开通,出气阀闭合,刹车处于刹车状态;1TD、2DT 失电,电磁阀复位,如图 3-201 所示。

(3) 滑车控制原理

1) 电器控制原理:如图 3-201 所示,其主要功能是要达到滑车间的限距防撞联锁控制。它采用可编程序控制器控制各制动装置的工作,主传动设置为载客状态连续不间歇运转,无客状态自动延时停机,摩擦轮驱动制动装置主要设置为点动式。

自旋滑车控制系统采用双电压控制,各三相电动机及其控制电路采用三相 AC380V,各刹车电磁阀控制电路采用 DC24V。自动控制部分采用 PLC 控制。开启电源后,控制按钮使车辆进入发车位置;待乘客按要求坐好后,顺序按下预备按钮和发车按钮,由发车电动机传送滑车至提升位,然后再由提升机将滑车提升至最高点;滑车在自身重力的作用下,便开始下滑。在下滑过程中,在需要刹车的地方由 PLC 按设计程序控制将其打开或关闭,直到进站。进站后,再由进站电动机将滑车传送到下车位;待乘客下车完毕,按下进入下一段的按钮,方可进入下一轮运行。

2) 滑车气动控制:自旋滑车气动控制原理如图 3-202 所示。

3. 安全装置

自旋滑车的安全装置主要有安全带、压腿式安全压杠、行程开关、制动器和止逆装置等。

3.2.1.3　弯月飞车系列

弯月飞车游艺机是一种常见的滑行车类游乐设施,如图 3-203 所示。由于该游戏机的轨道由中间圆弧段沿切线向两侧伸展,好似一道弯月,飞车按此弯月形轨道间往返行驶,故称为弯月飞车。该类游艺机是模拟"冲浪""U 形滑板""秋千"等体育项目而精心研制的,是一种男女老少皆宜的娱乐性极强的游艺设备。

每台弯月飞车可以乘坐两人。游客乘坐后,系好安全带,只需踩住脚踏开关,小车即会自动来回滑行;当游客松开脚踏开关后电动机便停止工作。飞车往返数次之后回到原位。运行过程中,飞车忽高忽低,如同穿梭在"浪尖峰谷";又如"秋千"飞荡蓝天白云之上,五彩缤纷,使你感受到无比的乐趣。控制系统和安全装置可以确保乘客乘坐时的舒适性和安全感。

1. 主要结构

弯月飞车由轨道、输电器、飞车装置、传动装置、防脱轮、安全装置和控制系统等部分组成。

(1) 轨道　轨道是以槽钢、工字钢为主体,再配以钢管、支腿和基础焊接而成。轨道两侧安装有弹簧缓冲器,如图 3-204 所示,位于轨道的最上端,防止乘客在飞车滑行时冲出轨道。轨道与支架之间的连接如图 3-205 所示。

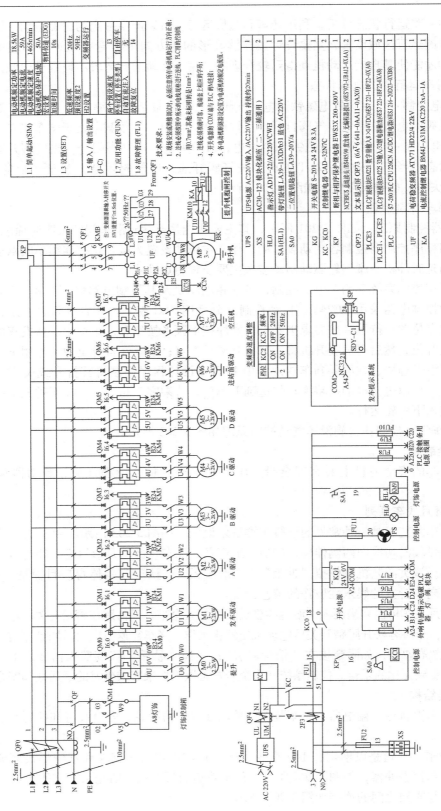

图3-201　滑车电气控制原理

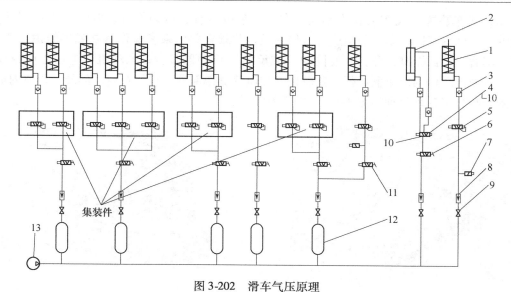

图 3-202　滑车气压原理

1—单作用气缸　2—缓冲气缸　3—单向节流阀　4—双电控换向阀　5—单电控换向阀　6、11—手柄推拉式
换向阀　7—气电转换器　8—气源三联件　9—不锈钢球阀　10—消声器　12—储气罐　13—空压机

图 3-203　弯月飞车

图 3-204　弯月飞车轨道两侧的弹簧缓冲器

（2）输电器　输电器由钢管、角钢、电线转头等焊接件组成，其作用是将由变压器输出的电缆支撑在输电架上，并将电源传送至轨道的飞车装置上。输电器安装在输电线的最上端，如图 3-206 所示。

图 3-205　弯月飞车轨道与支架连接

图 3-206　弯月飞车输电器

（3）飞车装置　飞车装置由车架、车轮、限位装置、传动部分、电气操作控制部分、安全带、玻璃钢座椅、车壳等组成。其作用是装载乘客并由乘客操作其在弧形轨道上飞行。乘客上车后，可操纵脚踏开关，使同向（或反向）接触器吸合，电动机得电后正向或反向旋转，再经传动机构使车辆运行。座舱外壳和电气操作部分、车架及传动部分、车体内电气控制部分和行车轮系分别如图 3-207 ~ 图 3-210 所示。

图 3-207　弯月飞车座舱外壳和电气
操作部分（脚踏开关）

图 3-208　弯月飞车车架及传动部分

图 3-209　弯月飞车电气部分

图 3-210　弯月飞车行走轮系

（4）控制系统　控制系统由电气控制柜、操作盒组成。其作用是将 220V 电压输送到飞车上，并控制操作时间等。

2. 工作原理

弯月飞车的工作原理是：启动预备铃后，开始计时，过一段时间后，设备通电，此时，乘客踩下小车上的脚踏开关；同向运行时可以不松脚，开始游戏，小车在电动机的驱动下，沿着轨道向上爬；反向运行时，松开第一次踩的开关，同时踩上反向开关，这样循环，小车会越荡越高，越来越刺激。

3. 安全装置

弯月飞车主要的安全装置是安全带、限位装置、缓冲器。

3.2.1.4　激流勇进系列

激流勇进是深受广大游客喜爱、集水面飘流和高空滑行于一体的大型游乐设备。该游乐项目可陶冶人的情操，锻炼人的意志。游客自站台上船后，沿水道飘流到第一提升站，由于它的高度只有第二提升站的 1/2，故它也是游乐过程的前奏部分。游船经过第一提升后快速下滑，使游客预先体验一下高速冲浪的轻微场面，让游客有一定的心理准备；经第二提升站慢慢提升到最高点，然后顺滑道快速下滑，此时游客便可体会到失重的感觉。当游船滑行终止冲入水道时，溅起巨大浪花惊险刺激，但随着浪花的消失和游船趋向平稳，使人产生了历尽艰险后胜利返航的喜悦心情，整个游乐过程有惊无险，乐趣无穷，如图 3-211 和图 3-212 所示。

图 3-211　激流勇进

图 3-212　激流勇进水道

1. 主要结构

激流勇进游乐设备主要有水道、码头、游船、泵站、第一提升站、第二提升站及控制台等部分组成，并由水道将各机构连接成一体。

（1）水道　水道为矩形状截面的钢筋混凝土结构，由低水道及高水道组成，如图 3-212 所示。

（2）码头　码头是上下游客的地方，它建在低水道的中间位置，设有两条支流水道，一条用于游客上下船的通道，一条作为停泊船只的仓库，并在水下装有气动刹船装置。在站台上设有控制台，用于控制设备的运转及船只进出站台，如图 3-213 所示。

（3）游船　游船由玻璃钢制成，船底装有轮子用于控制运行方向及在滑道上行驶，船体坚固结实，外形美观，如图 3-214 所示。

图 3-213　激流勇进码头

图 3-214　激流勇进游船

游船运行于水道中，主要用于载人。主要由前后导向轮、滑行轮、船体、安全把手、座椅等组成。前后导向轮的作用是，保证船体沿着水道的走向安全前行。滑行轮保证在船体下滑时，能安全平稳地沿着滑道急速下滑。船体不得设置安全带，以防发生意外时，游客在船内不能及时脱身而导致溺水，但船内必须设置安全把手。船体座舱前端还设置了软体，防止乘客在下滑时因恐惧习惯性低头导致头部磕到船体而碰伤。但这种设置的使用效果一般，所以通常在座椅到其前端船体间设置安全防护隔离带，即用编织带将其隔开，这样便能有效地将乘客与船体前端保持一定安全距离，即使低头，也不会出现磕碰意外。

游船的结构如图 3-215 所示。装在底盘侧面的 4 个轮子（图 3-215a），即导向轮，其主要是控制船的方向，起到导向作用。图 3-215d 所示的轮子是在船体下滑用的行走轮，止逆装置也安装在行走轮系统上。

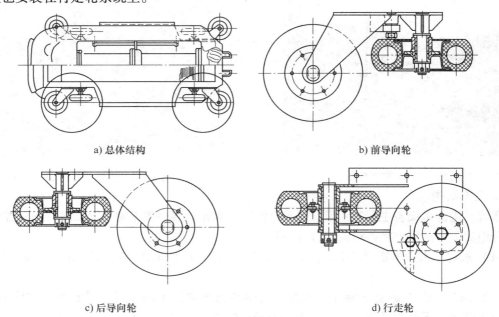

| a) 总体结构 | b) 前导向轮 |

| c) 后导向轮 | d) 行走轮 |

图 3-215　激流勇进游船的结构

（4）泵站

1）供水系统：采用轴流式水泵供水，它安装在第一提升站底下，运行时水泵向水道内供水，以维持水道内有足够流量的水推动船只完成整个游乐过程。

2）第一提升站：由提升和滑道两部分组成，其作用是将游船从低水道提升到高水道。

3）第二提升站：也是由提升和滑道两部分组成，其作用是将船只提升到最高点，然后船只顺着滑道快速下滑。它是游乐设施最刺激最惊险的部分。

（5）提升段　如图 3-216 所示，提升段装有安全保障系统——止退装置及安全梯，如果船只在提升过程中突遇停电或输送带断裂，船只能够自动止退，工作人员可疏导乘客从安全梯上撤离。常用有两种止退装置，一种是棘轮棘爪防止退装置，如图 3-217 所示。另一种止退装置是防逆行倒钩，如图 3-218 所示。船体上装有固定挡块，此挡块与船体预埋件相连，而提升段每隔一段距离均装有防逆行倒钩，当停电船体下滑时，防逆倒钩钩住挡块，制止船体下滑。

图 3-216　激流勇进游船提升段

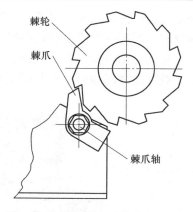

图 3-217　激流勇进游船防止退装置

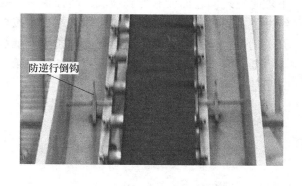

图 3-218　激流勇进游船防逆行倒钩

提升段传动示意图如图 3-219～图 3-221 所示，它是一种平带传动，是借助传动带和带轮轮圆接触面的摩擦力带动传动带运动的，使用一段时间后，传动带会伸长，从而影响传动质量，因此传动带在高低坡中段处装有张紧装置，用于调整松紧程度。激流勇进的张紧装置一般通过张紧丝杠调整调节滚筒的位置来实现的。

（6）制动系统　制动系统由各自独立的制动闸组成。制动闸是电磁阀起动，使压缩空气驱动气缸使船只停靠下来的。也就是说，利用电磁阀控制船只停靠，这就是我们常说的阻船器，如图 3-222 所示。还有一种简易的阻船器，就是用手动转动收紧钢丝绳来提升船，如图 3-223 所示。

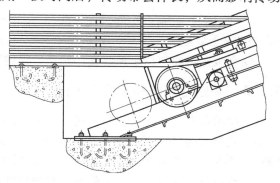

图 3-219　激流勇进游船高低坡上坡前段

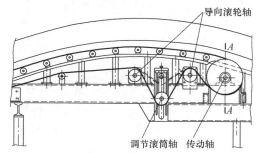

图 3-220　激流勇进游船高低坡中段

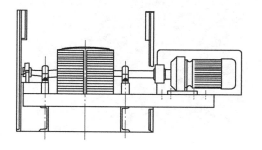

图 3-221　激流勇进游船传动机构

（7）控制系统　控制系统主要由电气配电柜及操纵控制台组成，电气配电柜安装在主水泵近端，操纵控制柜安装在码头中央，由操纵控制台完成全部控制。

2. 工作原理

在按下起动运行按钮后，空气压缩机、大水泵、第一提升、潜水泵、第二提升等，按顺序运行。大水泵把水从水池抽到第一提升的水槽里输往水道，当水槽灌满水并不断循环时游船即可出发，船上第一坡冲下水槽后沿着水道前进，慢慢进入第二坡；爬上第二坡又冲下，然后回到站台，航程完毕。在这个过程中，游船的运动受到光电系统的控制：游船在第二坡下坡时出现问题而没有冲到坡底，防撞保护电路自动停止高位提升机，使后面的船只不会继续冲下。另外，游船还受到提升段顶端行程拨杆开关的控制：当有一条船通过顶端时，迫使开关动作，使提升机停止运行，而该条船又继续下滑，如果此时提升段上有第二条船，则此船应随提升机一起停止，因此便有效地防止第一条船在下坡时出现问题而没有冲到坡底，第二条船又紧跟相撞的事故。

图 3-222 激流勇进游船制动系统

图 3-223 激流勇进游船手动阻船器

3. 安全装置

安全装置主要包括防撞装置、扶手、止逆装置等。

3.2.2 架空游览车类游乐设施

架空游览车类游乐设施主要指由人力、内燃机和电力驱动的沿架空轨道运行的游览车及运动形式类似的游艺机。常见的架空游览车类游乐设施主要有架空脚踏车、架空小飞机、UFO飞碟车、太空漫步、观光列车等，如图3-224～图3-228所示。下面按脚踏车系列、组合式架空游览车系列、电力单轨车系列分别加以介绍。

图 3-224 架空脚踏车

图 3-225 架空小飞机

3.2.2.1 脚踏车系列

脚踏车系列的驱动力为人力，主要有架空脚踏车和UFO飞碟车两类。

1. 架空脚踏车

架空脚踏车是最早的架空游览车类游乐设施之一，其传动原理与自行车类似，乘客用脚踩着脚踏沿架空轨道运行，速度可快可慢，乘客同时能欣赏到轨道两侧的美丽风景。

（1）主要结构 架空脚踏车一般由轨道、站台和车辆组成。

1）轨道和站台。轨道是由槽钢和圆管（或方管）焊接而成的一个封闭的回路，其结构如图 3-229 所示。

图 3-226　UFO 飞碟车

图 3-227　太空漫步

图 3-228　观光列车

图 3-229　轨道

站台一般是砖混结构的平台，也有用钢结构的，站台平面比轨道低，方便乘客上下车。站台上一般还多修造一段检修轨道（图 3-230），平时用于放置不经常用的车辆或需进行维修的车辆，当车辆出现问题时可把车转移到检修轨道进行检修，不影响设备的正常使用。

2）车辆。车辆由脚踏、链轮链条、主动轮、支撑轮、座椅、导向轮、防撞装置等组成，有的车还装有刹车装置，如图 3-231 所示。架空脚踏车的脚踏与自行车的类似，不同的是链轮与脚踏的相对位置：自行车的链轮在两个脚踏中间，架空脚踏车的链轮在脚踏的一端，采用对称结构，如图 3-232 所示。链轮链条也与自行车的类似，不同的是架空脚踏车的链条短一些，同时有两条链条，如图 3-233 所示。主动轮一般是尼龙轮胎（有的也用橡胶的），通过螺栓固定在轮毂上，如图 3-234 所示。支撑轮安装在架空脚踏车座椅后面，相当于自行车的前轮起的作用，如图 3-235 所示。座椅一般用玻璃钢制成（也有用塑料制成的），座椅旁边有把手，在座椅上加装了安全带。导向轮一共是两组共八个尼龙轮，它的作用是保持车辆平衡防止车辆侧翻。防撞缓冲

图 3-230　检修轨道

装置一般由两部分组成：一个是安装在车头的弹簧装置，如图 3-236 所示；另一个是安装在车尾的橡胶缓冲垫。当两辆车发生碰撞，弹簧装置抵住橡胶缓冲垫，把车辆的动能转化为弹簧的弹性势能，从而达到防撞缓冲的目的。

图 3-231　车辆

图 3-232　脚踏

图 3-233　链轮链条

图 3-234　主动轮

图 3-235　支撑轮和导向轮

图 3-236　防撞缓冲装置

（2）工作原理　架空脚踏车的工作原理是：乘客上车后，踩动脚踏转盘，脚踏转盘带动链轮旋转，链轮通过链条带动飞轮旋转，飞轮带动主动轮旋转，主动轮旋转时与轨道发生滚动摩擦，进而带动车辆沿轨道向前运行。

（3）安全装置　架空脚踏车的安全装置有安全带和防撞缓冲装置。安全带使乘客固定在座椅上，防止乘客意外从车上摔下来造成人身伤害。防撞缓冲装置用于防止同一轨道上的车剧烈碰撞，使乘客免受伤害。

2. UFO 飞碟车

UFO 飞碟车是在架空脚踏车的基础上改进而来的，它将车辆外观和轨道作了一些改变，使设备更具趣味性。

（1）主要结构 UFO 飞碟车与架空脚踏车一样，主要由轨道、站台、车辆组成。

1）轨道与站台。轨道是由圆管和钢板焊接而成的，横截面为三角形，一般轨道由三段圆管组成一个封闭的回路，如图 3-237 所示。

站台与架空脚踏车一样，一般是砖混结构的平台，也有用钢结构制成的，站台平面比轨道低，方便乘客上下车。站台上也有一段检修轨道，如图 3-238 所示。

图 3-237 轨道

图 3-238 检修轨道

2）车辆。车辆由脚踏、链轮链条、支撑轮、导向轮、防倾翻轮、摩擦轮、行走轮、座椅和防撞装置等组成。脚踏（图 3-239）与自行车类似，两个脚踏之间安装有一个链轮（图3-240）。链轮链条是车的主要传动机构，链轮通过链条与飞轮（图 3-241）连接。支撑轮由四组同样的尼龙轮胎组成，每组两个轮胎与轨道的上平面接触，由四组轮胎支撑整个车辆的重量。导向轮（图 3-242）由四组同样的尼龙轮胎组成，每组两个与轨道的侧面接触，防止车辆偏离轨道。防倾翻轮是通过一个弯管安装在轨道的下面的尼龙轮，共四个，轮胎与轨道的下平面接触，起到防止车辆倾翻的作用。摩擦轮（图 3-243）是由链轮通过链条带动的，轮胎通过与行走轮内侧的摩擦使行走轮沿着轨道的扁铁做滚动。行走轮（图 3-244）是车辆最外圈的轮胎，它与轨道形成滚动摩擦。座椅（图 3-245）一般是用玻璃钢制成的，座椅旁边有把手，在座椅上加装了安全带。防撞缓冲装置（图 3-246）与架空脚踏车的类似，由两部分组成，一个是安装在车头的弹簧装置，另一个是安装在车尾的橡胶缓冲垫。

图 3-239 脚踏

图 3-240 链轮

（2）工作原理 UFO 飞碟车的工作原理根据传动方式可分为两种：一种是直接传动飞碟车，另一种是间接传动飞碟车。

1）直接传动飞碟车的工作原理：乘客上车后，踩动脚踏转盘，脚踏转盘带动链轮旋转，链轮通过链条带动飞轮旋转，飞轮带动主动轮旋转，主动轮与轨道发生滚动摩擦带动车辆沿轨道向前运行，同时带动摩擦轮（图3-247）旋转，摩擦轮通过摩擦力带动车外轮旋转，如图3-248所示。

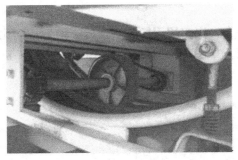

图 3-241　飞轮

图 3-242　导向轮

图 3-243　摩擦轮

图 3-244　行走轮

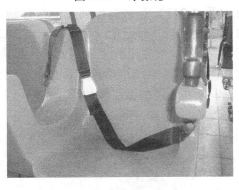

图 3-245　座椅

图 3-246　防撞缓冲装置

2）间接传动飞碟的工作原理：乘客上车后，踩动脚踏转盘，脚踏转盘带动链轮旋转，链轮通过链条带动飞轮旋转，飞轮带动摩擦轮旋转，摩擦轮通过与行走轮的内侧的摩擦力带动行走轮转动，行走轮与轨道上平面的扁铁产生滚动摩擦带动车辆向前运行，如图3-249所示。

（3）安全装置　UFO飞碟车的安全装置由安全带和防撞缓冲装置两部分组成。安全带使乘客固定在座椅上，防止乘客因意外从车上摔下来造成人身伤害。防撞缓冲装置用于防止同一轨道上的车剧烈碰撞，使乘客受到伤害。

图 3-247　摩擦轮 　　　　　　　　　　　　图 3-248　直接传动飞碟车的工作原理

3.2.2.2　组合式架空游览车系列

太空漫步游览车是架空游览车系列的一种，是创意新颖的游乐设备，它既保留了脚踏车的前行功能，又增加了自动驾驶功能。当游客蹬累时，可换到自动档，车体自动前行，同时，行进中游客通过仪表盘上的按键选择喜爱的乐曲，在音乐中漫步青云，心旷神怡，而且在行进中游客可通过方向盘使车体 360°旋转，欣赏四周的美景。为使运行畅通，在车体上设置了感应装置，当后车追上前车时，前车自动由脚踏档变为自动前行，使多组游览车能行驶流畅，增加了单位时间的客容量。太空漫步游览车的外形设计仿佛来自外太空的飞行器，十分新颖时尚。

1. 主要结构

太空漫步游览车主要由轨道、站台、车辆组成。

（1）轨道与站台　轨道由圆管和方管焊接而成，如图 3-250 所示。

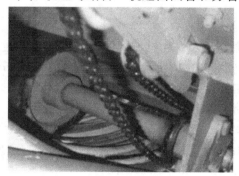

图 3-249　间接传动飞碟车的工作原理 　　　　　　　　图 3-250　轨道

站台与 UFO 飞碟车的相似，区别在于太空漫步的站台上设有一个控制柜（图 3-251），而且有的还设置了一个操作室来放置控制柜。

（2）车辆　车辆由人工动力系、机械动力系、回转运动系、支撑轮、导向轮、防倾翻轮、行走轮、座椅、防撞缓冲装置和音响等组成，如图 3-252 所示。人工动力系与传统的架空脚踏车一样，由脚踏和链轮链条组成；机械动力系由电动机和链轮链条组成。回转运动系由方向盘、连接轴、万向节、齿轮副和链轮链条组成。导向轮、防倾翻轮、行走轮构成一套轮组，导向轮、防倾翻轮、支撑轮也构成一套轮组，两组结构相同，如图 3-253 所示；它们之间的区别是行走轮轮组是安装在动力输出轴上的。座椅由玻璃钢材料制成，配有玻璃钢顶棚、不锈钢压杠和安全带，如图 3-254 所示。防撞缓冲装置有机械的和电气两套装置。同时在座椅下面安装有小型音响，通过电脑板控制能播放悦耳的音乐。

图 3-251　控制柜

图 3-252　车辆

图 3-253　轮组

图 3-254　压杠和安全带

2. 工作原理

太空漫步的运转由直线运动和旋转运动两部分组成。

（1）直线运动的工作原理　直线运动的动力源分为人力和机械两种。人力运动是通过人对脚踏施力，脚踏带动链轮，链轮通过链条带动安装在中间传动轴端部的链轮，链轮带动安装在同一根轴上的锥齿轮转动，锥齿轮与安装在底盘中心轴端头的锥齿轮啮合，如图 3-255 所示；中心轴下端安装着链轮，链轮通过链条带动安装在车身底盘后端的链轮运动，这个链轮与安装在传动轴上的锥齿轮副连接（图 3-256），从而带动行走轮沿轨道向前运动。机械运动是电动机带动安装在输出轴上的链轮运动，链轮通过链条带动安装在传动轴上的链轮运动，链轮带动传动轴运动，传动轴带动行走轮运动，如图 3-257 所示。

图 3-255　锥齿轮啮合

图 3-256　链轮和锥齿轮

（2）旋转运动的工作原理　旋转运动是动力通过方向盘传给与方向盘连接的倾斜的旋转轴，倾斜的旋转轴通过万向节传给垂直的旋转轴，垂直旋转轴的下端安装有小齿轮，小齿轮与大齿轮啮合（图3-258），而大齿轮又通过传动轴与链轮连接，链轮通过链条与带动安装在车身底盘中间固定的链轮连接（图3-259），从而使车身上半部绕底盘中心旋转。

图 3-257　电动机和链轮

图 3-258　齿轮啮合

3. 安全装置

太空漫步的安全装置是安全压杠、安全带和防撞缓冲装置。安全压杠、安全带的作用是使乘客安全舒适地乘坐在设备上。该设备有机械和电气两套防撞缓冲装置，机械装置采用弹簧加橡胶垫，如图3-260所示；电气装置采用一套光电控制系统，在车后设有光电感应开关，当前后两车距离小于设定值时，前车主动启用电动机带动车辆向前运动。

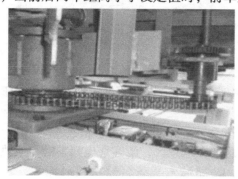

图 3-259　链轮和链条

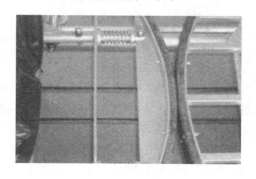

图 3-260　机械防撞缓冲装置

3.2.2.3　电力单轨车系列

电力单轨车系列主要有架空小飞机和架空观光列车两种，下面分别进行介绍。

1. 架空小飞机

架空小飞机是一种外形像飞机，由电力驱动沿架空轨道运行的游乐机。它与架空脚踏车的区别是速度比较快，乘客不需要消耗体力。

（1）主要结构　架空小飞机主要由轨道、飞机体、站台组成。轨道与架空脚踏车的结构一样，区别是在轨道的侧面加装了一条由圆钢制成的导电轨，导电轨与钢结构用绝缘胶木隔离，如图3-261所示。

飞机体一般由角铁和铁皮制成，在座椅下面安装有电动机和主动轮（图3-262），在座舱的下面安装有8只与架空脚踏车一样的导向轮（图3-263），座舱内设有安全把手和安全带，飞机前、后端装有防撞缓冲装置。

图 3-261　轨道

图 3-262　电动机和主动轮

站台与架空脚踏车的类似，区别是多一个操作室，操作室里放置控制柜。

（2）工作原理　架空小飞机的工作原理是：乘客坐定后，启动电源，电动机开始运转并带动链轮转动，链轮通过链条又带动主动轮转动，主动轮与轨道产生摩擦带动飞机沿轨道运行，如图 3-264 所示。

图 3-263　导向轮

图 3-264　链条和主动轮

（3）安全装置　架空小飞机的安全装置有安全把手和安全带。安全带使乘客固定在座舱的椅垫上，防止乘客因意外从车上摔下来造成人身伤害。

2. 架空观光列车

架空观光列车是一种大型的游乐设施，它通常建造在风景区，游客乘坐列车沿高架轨道运行，或穿行于树梢屋脊之间，或跨越池塘河流，一路欣赏美景，徐徐迎风而行，轻松愉快。

（1）主要结构　架空观光列车主要由轨道、列车、站台组成。轨道一般由钢板焊接而成，横截面为工字形或矩形，立柱用圆管制成，在冲击力大的地方用双立柱或加斜支撑。列车与小火车的车厢类似，车头设有司机室，由司机操作运行，车厢下安装有行走轮、导向轮和防倾翻装置。站台与架空小飞机的类似。

（2）工作原理　架空观光列车的工作原理是：乘客坐定后，启动电源，安装在车头的电动机开始起动，电动机通过传动带带动轮胎转动，轮胎便克服轨道界面上的摩擦力，带动列车前行。

（3）安全装置　架空观光列车的安全装置有刹车装置、防倾翻装置、安全带和安全压杠。刹车装置是为了在设备有意外情况时能将列车停止运行。防倾翻装置是为了防止列车发生倾翻出轨的意外。安全带和安全压杠是为了使乘客安全可靠地乘坐在列车上，由于列车行驶速度较快，防止乘客发生意外。

3.3　飞行类游乐设施的结构与原理

3.3.1　陀螺类游乐设施

陀螺类游乐设施顾名思义，其运动像小孩玩的陀螺那样绕一个轴不停地旋转，而且轴可随时变动倾角。如果复杂一点，它本身除作上面的运动外，整个组件还要绕更大的轴作倾角旋转。这类设施主要有双人飞天、勇敢者转盘、极速风车、天旋地转、逍遥球、逍遥虎等，如图3-265～图3-270所示。这类游乐设施的主要运行特征是，座舱绕可变倾角的轴做旋转运动，主要动力来源于液压系统。

图 3-265　双人飞天

图 3-266　勇敢者转盘

图 3-267　极速风车

图 3-268　天旋地转

图 3-269　逍遥球

图 3-270　逍遥虎

3.3.1.1 陀螺系列

1. 双人飞天

双人飞天是利用离心力的一种倾斜轴类回转型游艺机，游人乘坐的吊椅在倾斜回转运动中作惊险运动，外形美观，色彩鲜艳，是一种非常受青少年欢迎的游艺机。机器起动后，转盘逐渐转动，被斜着抛出的座椅来回上升、下降，犹如乘坐降落伞一样在空中徘徊，使座椅中的乘客尽情领略因重力变化而被抛在空中的新鲜感。

（1）主要结构 双人飞天主要由站台、转盘、升降装置、液压传动装置和控制系统等部分组成。

1）站台。它一般是砖混结构，是置在座椅下面的一个圆环形平台，起支撑座椅和供人上下座椅的作用。

2）转盘。它的主体是由圆管焊接或用螺栓联接成的车轮式桁架结构。转盘中心是一个圆柱形盘，四周是钢结构辐条（图 3-271），辐条的根部通过螺栓与转盘中心圆盘的上下表面连接，辐条的另一端用螺栓连接圆管（图 3-272），而圆管中间便吊挂着游客的座椅，如图 3-273 所示。

图 3-271 双人飞天辐条

图 3-272 双人飞天辐条端部连接

3）升降装置。它由大臂和液压缸组成，大臂的后端通过铰链固定在地面上（图 3-274），前端焊接有一个圆柱形（或方形）支座，支座与转盘又通过回转支承连接在一起，如图 3-275 所示。液压缸下端通过铰链固定在地面，另一端通过销轴与大臂后端连接，如图 3-276 所示。

图 3-273 双人飞天座椅吊挂

图 3-274 双人飞天铰链

4）液压传动装置。它是由液压马达和齿轮副构成，液压马达与小齿轮连接，小齿轮与大齿轮啮合。

图 3-275　双人飞天回转机构　　　　　图 3-276　双人飞天液压缸

5）控制系统。其作用是通过控制液压泵站的电磁阀使设备完成旋转和升降动作。

（2）工作原理　双人飞天的动力源为一台双输出轴电动机，当设备起动后，双输出轴电动机同时驱动两个变量泵，分别向液压马达和液压缸供油，为使设备运转平稳，采用比例调速阀控制液压系统的运转速度；液压缸带有安全阀，能保证油管破裂时重物不会突然下降。液压马达带动小齿轮运动，小齿轮与大齿轮啮合，带动整个转盘转动。在转盘转动的同时，液压缸顶升，使大臂前端抬起，整个转盘倾斜运转。

（3）安全装置　双人飞天的安全装置有安全带、安全压杠和升降限位装置。安全带的作用是把乘客固定在座椅上；安全压杠有两套锁紧装置，使乘客在设备运行时不能打开，如图 3-277 所示。升降限位装置一般选用拨杆限位开关，将其安装在大臂的后端用来控制大臂抬升角度。

2. 勇敢者转盘

勇敢者转盘也属于陀螺类游戏机。当其起动后，大转盘便开始由慢而快旋转，在离心力的作用下，船舱被向外抛出，在呈很大偏角状态下做

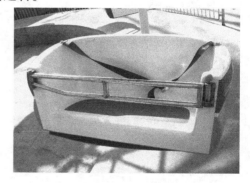

图 3-277　双人飞天安全带和安全压杠

水平快速旋转，游人在船舱中随着倾斜回转，接着大转盘缓缓上升，转盘倾角越来越大，一直达到垂直为止，此后船舱又垂直向内回转，人在船舱中也随之上下飞旋，犹如在太空中遨游。该游戏紧张、惊险，不但激动人心、乐趣无穷，而且可以锻炼与培养青少年勇敢性格和坚强意志。

（1）主要结构　勇敢者转盘主要由站台、转盘、升降装置、液压传动装置、控制系统等组成。

1）站台。它与双人飞天的站台相类似，一般也是砖混结构的圆环形平台。

2）转盘。它的主体与双人飞天略有不同，一般是用方管焊接和螺栓联接而成的桁架结构，每两根辐条之间有多根方管连接（图 3-278），辐条的根部通过螺栓与中心圆盘的上下表面连接（图 3-279），辐条的端部通过一个钢板焊接的结构（图 3-280）用销轴（图 3-281）把座舱（图 3-282）连接起来。

3）升降装置。它由大臂和液压缸组成，大臂一端通过回转支承与转盘中心连接，如图 3-283 所示；另一端通过销轴与固定支座连接。液压缸下端通过销轴与固定支座连接，上端通过销轴与大臂的前端连接。

图 3-278　勇敢者转盘桁架结构

图 3-279　勇敢者转盘圆盘的螺栓联接

图 3-280　勇敢者转盘辐条的端部结构

图 3-281　勇敢者转盘销轴

图 3-282　勇敢者转盘座舱

图 3-283　勇敢者转盘大臂

4）液压传动装置。它由液压马达和齿轮副构成，液压马达与小齿轮连接，小齿轮与大齿轮啮合，如图 3-284 和图 3-285 所示。

图 3-284　勇敢者转盘小齿轮与大齿轮

图 3-285　勇敢者转盘液压马达与小齿轮

5）控制系统。其作用是主要通过控制液压泵站的电磁阀使设备完成旋转和升降的动作。

（2）工作原理　勇敢者转盘的动力源也是一台双输出轴电动机，设备起动后，它同时驱动二个变量泵，分别向液压马达和液压缸供油，为使设备运转平稳，采用比例调速阀控制液压系统的运转速度，液压缸带有安全阀，能保证油管破裂时重物不会突然下降。液压马达带动小齿轮运动，小齿轮与大齿轮啮合，带动整个转盘转动。在转盘转动的同时，液压缸顶升，使大臂前端抬起，整个转盘倾斜运转。

（3）安全装置　勇敢者转盘的安全装置有安全带、门锁和升降限位装置。安全带把乘客固定在座椅上，如图 3-286 所示。升降限位装置与双人飞天类似，一般安装在大臂的后端，主要用来控制大臂抬升角度，使其不能超过最大规定值，选用的大都是拨杆限位开关。

3. 逍遥虎

逍遥虎也叫作逍遥球，如图 3-287 所示。它是陀螺类比较典型的游乐设备之一，随着游乐设备的更新，目前基本不生产了。逍遥虎的旋转速度比较慢，变倾角的幅度也相对较小。

图 3-286　勇敢者转盘安全带

图 3-287　逍遥虎

（1）主要结构　逍遥虎主要由支柱、转盘桁架、吊舱、升降装置、旋转装置和控制系统等部分组成。

1）支柱。支柱主体的下端是由方管和铁板焊接而成的正方形支架，支架结构中间安装回转支承（图 3-288），回转支承下面安装有集电器，回转支承上面安装有柱形结构支托的钢板，钢板表面焊有导轨，左右两边对称。另外，回转支承上面还安装有两个液压缸，液压缸的下端通过铰链与回转支承上部铁板连接，液压缸的上端通过铰链与转盘桁架结构连接，如图 3-289 所示。

图 3-288　逍遥虎回转支承

图 3-289　逍遥虎铰链

2）转盘桁架。它由中间的钢结构和外圈的桁架组成。钢结构的内侧通过铰链与液压缸的上端连接，在内侧与导轨对应的位置安装有导向轮组（图 3-290），在外侧与桁架通过销轴连接，桁架之间用钢丝绳张紧，如图 3-291 所示。

图 3-290　逍遥虎导向轮组　　　　　　　　　　图 3-291　逍遥虎桁架

3）吊舱。它由装饰球、悬挂杆和座舱组成，如图 3-292 所示。装饰球的下端通过销轴与桁架外圈结构连接，连接件的下端与悬挂杆的上端通过销轴连接，悬挂杆的下端与座舱底部的预埋铁通过销轴连接在一起。座舱内安装有安全带。

4）升降和旋转装置。它由液压升降系统和机电旋转系统构成。升降系统由两个液压缸、油管和液压泵站组成。旋转系统是由电动机、蜗杆减速器、制动器和一对开式齿轮组成，如图 3-293 所示。

图 3-292　逍遥虎吊舱　　　　　　　　　　　　图 3-293　逍遥虎旋转系统

5）控制系统。其作用是通过控制液压泵站的电磁阀使设备完成升降的动作，而由接触器和继电器完成设备的旋转动作。

（2）工作原理　逍遥虎游戏机的运行是由旋转运动和升降运动两个动作完成的。

1）旋转运动的工作原理：电动机通过 V 带带动蜗杆减速器旋转，蜗杆减速器的输出端与小齿轮相连接，小齿轮与大齿轮啮合，小齿轮带动安装在回转支承上的大齿轮旋转，大齿轮与设备的顶部桁架连接在一起，大齿轮旋转时整个桁架也跟着旋转，桁架旋转带动座舱旋转。同时在蜗杆减速器的输入端还安装了由电磁铁控制的制动器。

2）升降运动工作原理：通过电磁阀控制液压油的流向，从而控制液压缸的顶升和下降。在行程的两端安装有限位开关控制液压缸柱塞的行程距离。

（3）安全装置　逍遥虎的安全装置有安全带、悬挂系统两次保险装置、液压缸的限位开关等。安全带的作用是把乘客固定在座椅上。悬挂系统两次保险装置的作用有两个：一是在悬挂杆上部连接件加装了钢丝绳保护装置，以防吊挂轴失效；二是在悬挂杆的中间装有圆钢，圆钢的上部制成勾状悬挂在吊挂轴上，圆钢的下部通过螺母固定在座舱的预埋铁上，以防悬挂杆两端的连接销轴失效。液压缸的限位开关有两个：一个是安装在导轨的底部控制液压缸的下降行程，如图 3-294 所示；另一个是安装在导轨的顶部控制液压缸的顶升高度，如图 3-295 所示。

图 3-294　逍遥虎液压缸限位开关

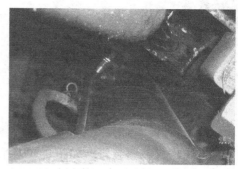

图 3-295　逍遥虎液压缸接近开关

4. 极速风车

极速风车原名海星，是一种创意新颖同时科技含量又较高的大型游乐设备。该设备的运行特征是：先通过液压缸将立柱等整体托起，然后大臂做正反向旋转；而座舱臂一方面绕自转中心正反向旋转，同时又在重力的作用下做无规则的自由翻滚运动。座舱在这种复杂惊险的运动下，加上声音和灯光的配合，让乘客体验天翻地覆的感受，特别适合青少年追求惊险刺激的要求。

（1）主要结构　极速风车的主要结构有机座、立柱、大臂（含承重臂、旋转座、平衡臂）、六臂自转筒、连接座、座臂舱（包括托臂、座椅）、站台、液压系统、气动系统和电气控制系统等，如图 3-296 所示。

1）机座、立柱、旋转座。它们用如下方法连接成一个整体部件：立柱下端与机座由销轴铰接，上端通过回转支承与旋转座连接，机座用预埋螺栓固定在钢筋混凝土基础上；液压缸下端用销轴与机座铰接，上端与立柱铰接，如图 3-297 所示。

2）承重臂、旋转座、平衡臂、六臂自转筒。它们用如下方法连接成一个整体部件：承重臂的一端与六臂自转筒之间通过内齿式回转支承连接，承重臂的另一端与平衡臂连接，如图 3-298 所示。

3）六臂自转筒、联接座、座舱。它们的连接方法是：六臂自转筒

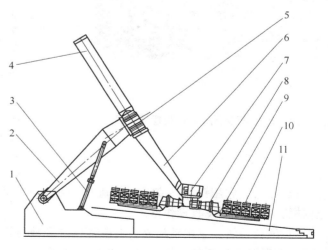

图 3-296　极速风车结构示意图

1—机座　2—立柱　3—液压缸　4—平衡臂　5—旋转座
6—承重臂　7—联接筒　8—六臂自转筒　9—座舱臂
10—座舱　11—站台

经联接座通过回转支承与六条托臂连接，每条托臂上有五张座椅组成座舱。每两条托臂有一套由气动控制的上下客防座椅摆动装置，如图3-299所示。

图3-297　极速风车液压缸　　　　　　　　图3-298　极速风车回转支承

4）座椅压杠锁紧装置。如图3-300所示，它主要由压杠组件、座椅架、锁紧气缸和升降气缸等组成。压杠组件可绕压杠轴摆动，以实现压杠的上升或下降；锁紧气缸安装在横筒内，活塞杆伸出时，插入销孔与座椅架连成一体，安全带安装在横筒与座椅底部之间，作为二次保险，如图3-301所示。

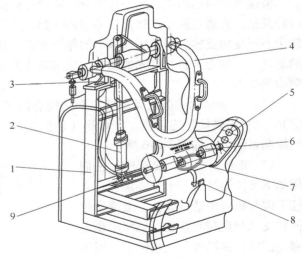

图3-299　极速风车防座椅摆动装置　　　　图3-300　极速风车座椅压杠锁紧装置

1—座椅骨架　2—升降气缸　3—压杠轴支承架
4—压杠组件　5—弧形插板　6—锁紧气缸
7—手孔盖板　8—保险扣　9—锁紧销轴

5）站台。它用钢构件或混凝土制成，站台与水平面有一定的倾斜度，站台四周设有安全栅栏，站台一侧设有操作室。

6）液压系统。它由液压站、升降液压缸和液压马达等部件组成。液压站设计为旁置式结构，液压泵在油箱的两侧（图3-302），油箱内有隔板、加热系统等。控制阀以集成式组装为主，如图3-303所示，它的结构紧凑，维护方便。通过液压油管连接升降液压缸及公转液压马达。系统采用回油强制水冷却方式降温。

7）气动系统。它由空压机、气动旋转头、气控阀、锁紧气缸、升降气缸等部件组成，控制座椅压杠的升降与锁紧。

图 3-301　极速风车安全带

图 3-302　极速风车油泵

8）电气系统。它由供配电系统、微机控制系统和直流调速系统组成。供配电系统由配电柜、控制柜、三台液压泵电动机、一台直流电动机、空压机以及冷却装置、加热装置、温控器、循环装饰灯光控制柜等组成。微机控制系统是由日本富士可编程序控制器组成的，由其控制设备的运行。直流调速系统是由英国进口的欧陆牌直流调速器和安装在大臂上的直流电动机组成的，调速器直接控制电动机的运转速度。

（2）工作原理　极速风车的运转是由主轴运动、六臂自转筒和座轮的自转、座舱的偏心游离摆动或翻动，以及座椅压杠升降等组成的整体惊险游乐项目，其各部分的工作原理如下：

图 3-303　极速风车控制阀

1）立柱的运动。在 PLC 控制下左右两只液压缸将立柱、大臂和座椅等缓缓托起，到达预先设定的位置。

2）大臂的公转运动。在 PLC 控制下通过安装在立柱顶端的三台液压马达、减速器、输出轴端的小齿轮，驱动与它啮合的大齿轮，大齿轮通过回转支承与大臂旋转座连接，从而使大臂、座舱等绕回转支承中心线做正、反旋转运动。

3）六臂自转筒和座舱的自转运动。大臂在做公转运动的同时，安装在大臂端部的六臂自转筒、联接座、座舱，在直流电动机调速器的控制下，通过直流电动机和减速器驱动安装在六臂自转筒上的回转支承做正、反旋转运动。

4）座舱的偏心游离摆动或翻动。座舱在自转的同时，通过联接座与托臂之间的回转支承，在座舱、乘客的重力作用下，由于运动速度和方向不断变化，使座舱在空中做立体多变、无规则的自由摆动或翻滚运动。

5）座椅压杠升降运动。它由座椅压杠的升降、气压缸、锁紧与保险等部分组成。座椅压缸的下降和升起是由升降气缸来实现的。控制气缸升降的控制阀得电时，压杠升起，反之下降。座椅压杠的锁紧和开锁，由安装在压杠横筒内的两个锁紧气缸实现，控制气缸锁紧的控制阀失电时，左右气缸中的活塞杆弹出，同时插入座椅两边的销孔内，将压杠锁住；反之，在控制气缸锁紧的控制阀得电时，则开锁。此外，安装在压杠横筒及座椅上的安全带是乘客的二次保险装置。

（3）安全装置　极速风车的安全装置主要有立柱限位装置、大臂定位装置。液压系统油温报警和超压保护装置、座舱安全压杠和安全带、座椅压杠锁紧系统联锁控制装置等。

1）立柱限位装置：它是防止立柱抬升运动接近并超出行程范围的安全设施。它主要通过一组接近开关和限位开关来采集信号，然后把采集到的信号反馈给 PLC，由 PLC 判断并进行控制的，如图 3-304 所示。

2）大臂定位装置：如图 3-305 所示，它是通过一组接近开关将信号反馈给 PLC 并进行速度控制的，同时通过定位销（图 3-306）使设备停止运行时正好停在原位。

图 3-304　极速风车立柱的限位装置

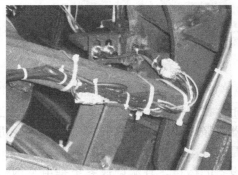

图 3-305　极速风车大臂的定位装置

3）液压系统油温报警装置和超压保护装置：如图 3-307 所示，它是液压系统必备的安全装置，当油温超过设定的上限时油温报警装置向操作人员发出警报；当压力超过设定的上限时，超压保护装置触动电气开关切断主回路电源。

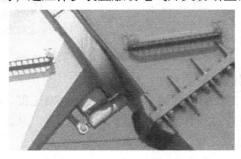

图 3-306　极速风车大臂定位销和超压保护装置

图 3-307　极速风车液压系统油温报警装置

4）座舱安全压杠和安全带：如图 3-308 所示，它也是保护乘客的装置，此处采用的是压肩式安全压杠，在安全压杠的横筒上有两个锁紧气缸，左右气缸中的活塞杆（图 3-309）弹出，同时插入座椅两边的销孔内，将压杠锁住。安装在压杠横筒及座椅上的安全带是乘客的二次保险装置。

5）座椅压杠锁紧系统联锁控制装置。它的功用是，当升降气缸没有下降到位或锁紧气缸的活塞杆插入座椅两边的销孔位置未到位时，安装在座椅侧面的故障处理显示板（图 3-310）上相对应的指示灯显示亮，表示压杠没有锁紧，同时通过压杠联锁反馈系统反馈到 PLC 控制系统，使 PLC 控制设备处于安全状态，起动按钮功能失效，设备无法起动。

6）发电机。它的功用是，当外部供电系统突然断电时，通过发电动机供电将乘客解救下来的应急设备。发电机不能作为设备的正常运行的供电系统，平时应经常检查和保养，如

图 3-311 所示。

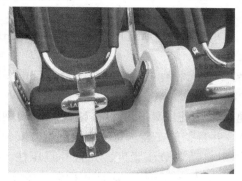

图 3-308　极速风车座舱安全压杠和安全带

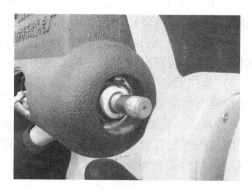

图 3-309　极速风车座舱安全压杠活塞杆

图 3-310　极速风车故障处理显示板

图 3-311　极速风车发电机

3.3.1.2　组合式陀螺系列

组合式陀螺系列中主要有天旋地转、迪斯科转盘等游乐设施。下面分别对天旋地转和迪斯科转盘进行具体介绍。

1. 天旋地转

天旋地转又叫作阿波罗船，是模仿美国阿波罗号航天飞行器在太空作三维立体飞行的一种形象化游艺机。其塔架如同是阿波罗船的船体，两个回转臂仿佛是展开的太阳能极板，让游客领略一下宇航员太空飞行的风采，体验"失重"感。游客在运动中体验到相对水平旋转、相对垂直旋转、上下方向的升降三种运动合成在一起的乐趣。

（1）主要结构　天旋地转主要由底座、起伏臂、塔架、回转臂、座舱、站台、液压升降系统、气动

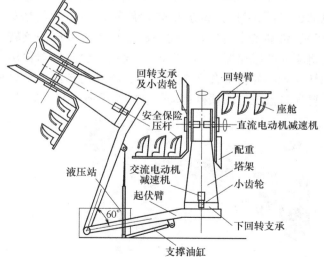

图 3-312　天旋地转结构示意图

系统、电控系统、灯饰、外装饰等部分组成，如图 3-312 所示。

1）塔架：它是由钢板焊接而成的结构件，其顶部设置有驱动装置，通过左右两个回转支承驱动两个回转臂转动，塔架的下端通过回转支承与起伏臂相连接。

2）回转臂：它也是由钢板焊接而成的结构件，回转臂中心通过回转支承与塔架连接，回转臂前端连接有座舱，另一端安装有配重。

3）起伏臂：它通过铰链与底座连接，在起伏臂下端安装有两个液压缸，液压缸的一端通过铰链与底座连接，另一端用铰链与起伏臂的中部连接。

4）座舱：它的骨架是用钢板焊接而成的，地面采用花纹铝板铺设，座椅用玻璃钢制成，两边的座舱各设有三排座位，每排有四个座椅，并且朝外安装。每个座椅的后方安装有用气缸驱动的安全保险压杠（该压杠可随乘客的体形自动调节压紧度，并且一旦压住，乘客不能自行打开）和锁栓等，这些结构的开合由操作人员进行操作。座椅正面装有安全带，作为二次保护，它是由乘客自己系上和解开的。

5）液压升降系统：它由液压泵站、升降液压缸、液压马达等部件组成，如图 3-313 所示。液压泵在油箱的一侧，控制阀以集成式组装在油箱上，系统通过两个风扇散热。

6）气动系统：它由空压机、气动旋转头、气控阀、锁紧气缸、升降气缸等部件组成，其功用是控制座椅压杠的升降与锁紧。

7）电控系统：它采用微机控制，升降运动控制采用伺服比例系统控制，立柱旋转运动采用无级调速控制，座舱旋转运动采用全数字直流调速系统控制。

图 3-313　天地旋转液压升降系统

（2）工作原理　天旋地转的工作原理如下：起动后，变频器控制塔架两侧下端安装的电动机（图 3-314）带动小齿轮旋转，小齿轮与塔架下端的回转支承的外齿啮合（图 3-315），带动整个塔架和座舱一起进行水平方向的旋转。塔架中间两侧各配置有一台直流电动机驱动的减速器（图 3-316），通过每台减速器输出轴上安装的小齿轮与回转臂上安装的回转支承的外齿啮合（图 3-317），将动力传给回转臂使座舱进行垂直方向的回转运动。起伏臂通过液压缸的顶推运动带动整个设备做起伏运动，如图 3-318 所示。

图 3-314　天地旋转塔架旋转电动机

图 3-315　天地旋转齿轮啮合

图 3-316　天地旋转直流电动机和减速器

图 3-317　天地旋转回转臂上齿轮啮合

座椅压杠的升降、锁紧与保险的控制原理与极速风车的原理一致。

（3）安全装置　液压升降装置由液压泵站、升降液压缸、液压马达等组成，用于控制整个设备起伏；气动系统是控制座椅压杠升降与锁紧的关键装置；电控系统主要由 PLC 组成，用于控制升降伺服电动机、立柱旋转调速电动机和座舱旋转的调速电动机。

图 3-318　天地旋转起伏臂

起伏臂的限位装置是为防止起伏臂起伏运动超出行程范围而设置的。它主要通过一组接近开关和限位开关来提供危险信号，当这个信号反馈给 PLC 后，PLC 便对起伏臂进行控制，如图 3-319 所示。

塔架的定位装置是一个限位开关。它的作用是为了确保座舱能在设备停止运行时停位准确，方便乘客上下，如图 3-320 所示。

图 3-319　天地旋转起伏臂的限位装置

图 3-320　天地旋转塔架的定位装置

油管破裂保护装置安装在液压缸与油管连接处，如图 3-321 所示。其作用是，在油管突然破裂时能让液压缸的压力缓慢降低，不至于突然失压导致起伏臂迅速下降而造成意外。

座舱的安全压杠和安全带、座椅压杠锁紧系统的联锁控制装置与极速风车的结构相同。

发电动机采用的是汽油发电机，如图 3-322 所示。发电机的功用是，当外部供电系统因故障突然断电时，由其供电将乘客解救下来。发电机不能作为正常运行的供电系统，而是一种应急设备。

图 3-321　天地旋转油管破裂保护装置　　　　图 3-322　天地旋转汽油发电机

2. 迪斯科转盘

"迪斯科转盘"游艺机是一种绕中心轴旋转，且转盘可频繁升降颠簸的大型游乐设施，如图 3-323 所示。该机运行时宛如在大海波涛里，此起彼伏；又如太空中飞碟，变化无穷。转盘的底部分别由两只主气缸和两只辅助气缸以及一个活支铰尾座支撑。乘客们乘坐在转盘内壁的环形座位上，随转盘一起缓缓旋转，转盘的最高转速可达到 12.8r/min（0～12.8r/min，可调），并可实现逆向旋转。在明快的迪斯科音乐的伴奏下，两只主气缸和两只辅助气缸分别有节奏地将转盘升起、落下，并反复进行；转盘的转速时快时慢，使乘客感到自己就像一个跳动的音符，"迪斯科转盘"运转过程出现的跳跃、颠覆、甚至滑移，形成了一个诙谐的搞笑场面。台下的游客则

图 3-323　迪斯科转盘外形

被台上的各种情景深深吸引，表现出极大的参与欲望和强烈的观摩兴趣。

（1）主要结构　迪斯科转盘主要由底座部件、气缸部件、转盘部件、空压机组、气动控制部件等组成。

1）底座部件：它由大架十字铰轴承座（图 3-324）和气缸铰座构成，如图 3-325 所示。这些部件牢固地安装在一起，起到固定设备、承受设备重力和各种外力冲击的作用。

图 3-324　迪斯科转盘十字铰轴承座　　　　图 3-325　迪斯科转盘底座部件

2）气缸部件：它由两只高速气缸组成，如图 3-326 所示。为了适应快速动作，缸内活塞采用了活塞环密封。气缸活塞杆用球铰与大架连接，缸筒用十字铰与底座连接，以保证工作时有足够的自由度以避免运动干涉。

3）转盘部件：它是一强度和刚度很高的盘形桁架金属结构件，安装在大架回转滚盘上。转盘上布置有座椅、开关门机构等，供乘客乘坐。在气缸动作时，转盘对乘客的身体作用，传递动力，如图 3-327 所示。

图 3-326　迪斯科转盘气缸部件　　　　　　　　　图 3-327　迪斯科转盘部件

4）空压机组：它是一组新型螺杆压缩机，为气缸动作提供压缩空气。因空压机安装在游乐场所，要求噪声小、振动轻，而螺杆压缩机可满足这些要求。

5）气动控制部件：其结构如图 3-328 所示，由储气罐、管路、各种阀件和辅件组成。它可分配进入气缸的气量，执行电气控制的动作，是实现转盘起伏动作的能量供给装置。除了大架和转盘的气路外，气动部件还包括转盘上的开关门装置，上下客的活动平台等气动操作部件，用它完成这些辅助动作。

（2）工作原理　迪斯科转盘的运动由旋转和起伏两种运动组成。转盘的旋转运动是由电动机连接减速器（图 3-329），减速器的输出轴安装有小齿轮，小齿轮与转盘下安装的大齿轮啮合，带动整个转盘旋转，转盘的转速通过变频器及外围元器件组成的调速电路来控制。转盘的起伏运动是两只主气缸和两只辅助气缸分别有节奏地将转盘升起、落下，并反复进行的，如图 3-330 所示。

图 3-328　迪斯科转盘气动控制部件　　　　　图 3-329　迪斯科转盘电动机和减速器

（3）安全装置　迪斯科转盘的安全装置有主气缸下限位检测开关、定点停车舱门位置检测开关、舱门关闭及踏板位置检测开关。主气缸下限位检测开关是个接近开关，是检测设备有没有停到设计高度位置的开关，如图 3-331 所示。定点停车舱门位置检测开关也是个接近开关，是为了让设备停位准确，方便乘客上下的开关，如图 3-332 所示。舱门关闭及踏板位置检测开关（图 3-333）是行程开关，舱门未关闭到位，踏板没升到位，主机不能起动。

图 3-330　迪斯科转盘辅助气缸

图 3-331　迪斯科转盘下限位检测开关

图 3-332　迪斯科转盘定点停车
舱门位置检测开关

图 3-333　迪斯科转盘踏板位置检测开关

3.3.2　自控飞机类游乐设施

自控飞机类游艺机是游乐园中常见的一种游艺机。其特点是，游客的座舱既绕中心轴旋转，又作上下升降的两种运动，常见的有海陆空、自控飞机、自控飞碟、章鱼等游乐机。此类设备不但性能优异，操作简单、安全可靠，而且还具有新颖美观的造型、逼真的音响效果等优点。

根据自控飞机类游乐设施的运动方式及结构特点，我们又可将此类设备划分为自控飞机系列（如自控飞机、星球大战等）、章鱼系列和组合式自控飞机系列（如海陆空）等 3 个系列，分别如图 3-334 ~ 图 3-336 所示。

下面以自控飞机、超级秋千、章鱼和海陆空为例，详细介绍这类游乐设施的结构及原理。

1. 自控飞机系列

（1）主要结构　自控飞机类游乐设施主要由机械系统、液压或气动系统和动力系统组成。其座舱的升降与顶升方式有多种，常见的有液压（或气动）下压支撑臂、液压（或气动）顶升支撑臂和液压（或气动）拉升支撑臂，如图 3-337 ~ 图 3-339 所示。动力源主要是三相交流电动机。以下对机械系统和液压系统的结构进行介绍。

图 3-334　自控飞机外形

图 3-335　章鱼外形

图 3-336　海陆空外形

图 3-337　自控飞机顶升式起升

图 3-338　自控飞机下压式起升

图 3-339　自控飞机拉升式起升

1）机械系统。机械系统由回转支撑面、中间立柱、座舱、支撑臂、机械传动系统组成，如图 3-340 所示。旋转驱动有机械传动和液压传动两种方式。机械传动是由三相交流电动机经减速后由齿轮传动带动回转支承（和旋转部分固定）实现整机旋转的，如图 3-341 所示。大部分此类设备的旋转都采用此种方式。但也有一部分飞机旋转是采用液压驱动的，即由液压马达驱动小齿轮，然后带动回转支承转动，从而实现旋转运动，如图 3-342 所示。

座舱的升降运动是由气缸或液压缸的往复运动带动摆臂通过杠杆原理实现。

①回转支承。整机的旋转运动是由回转支承的转动实现的，因此回转支承是设备的关键部件，故对它的要求比较高，其支撑面与水平面的倾斜度公差不大于 1/1000。这是因为齿轮在啮合时齿面接触处产生接触应力，而且齿根部有最大弯曲应力，同时齿面各点都有相对滑动，会产生磨损，可能产生齿面或齿体强度失效，如齿面点蚀、齿面胶合、齿面塑性变形

和轮齿折断等。因此除要求支撑面与水平倾斜度公差较小外，还要求齿轮材料有较高的弯曲疲劳强度和接触疲劳强度，齿面要有足够的硬度和耐磨性，芯部要有一定的强度和韧性。小齿轮的硬度一般比大齿轮的硬度大，因为小齿轮承受载荷的次数比大齿轮多，而且小齿轮的齿根较薄，强度低于大齿轮。为使两齿轮的轮齿接近等强度，小齿轮的齿面要比大齿轮的齿面硬一些。

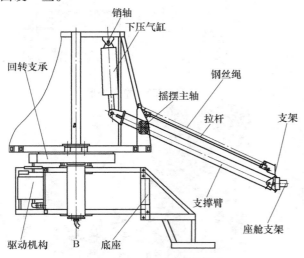

图 3-340　自控飞机的机械系统

图 3-341　自控飞机机械传动系统

②座舱。座舱是整个设备游客直接接触的部件，也是搭载游客的部件，其框架采用金属材料制成，一般为无缝钢管和角铁组合结构。必须注意，这些部件应作除油、除锈、清洗、打毛及除锈蚀处理，玻璃钢底部要能承重，且结实可靠。座舱与支撑臂间要有可靠连接，以防座舱掉落和倾翻。其连接方式如图 3-343、图 3-344所示。支撑臂用销轴与座舱框架连接，为保护销轴，在其上套有铜套，防止销轴在座舱反复上升和下降的过程中与支撑臂的摩擦，使之磨损过度。拉杆的作用是防止座舱绕销轴上下旋转，使舱体稳固平衡。支撑臂必须有足够的强度和刚度，并在其上端还设有保护性钢丝绳，即钢丝绳主要起拉杆的二次保护作用，防止拉杆失效后，座舱发生翻转现象。座舱地板金属结构与支撑臂，以及支撑臂与飞机旋转大盘之间均采用销轴连接。座

图 3-342　自控飞机液压传动系统

舱升降时大臂绕着摇摆主轴摆动，为了防止座舱起升到最高点时气缸（或液压缸）继续工作（超行程工作），设备还设置了限位开关。

2）液压系统。液压系统由动力、控制、执行、辅助等装置和液压控制阀组成。

①动力装置：指液压泵，其作用是将原动机产生的机械能转换成液体的压力势能。

②控制装置：主要包括压力控制阀、流量控制阀和方向控制阀等，用来保证执行元件得到所要求的运动方向、速度、转速、力或力矩。

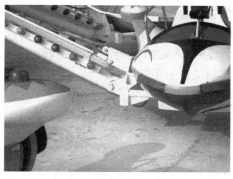

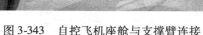
图 3-343　自控飞机座舱与支撑臂连接

图 3-344　自控飞机座舱防倾翻装置

③执行装置：主要包括液压缸和液压马达等，其作用是将液体的压力势能转换成机械能，输出到工作机构上。

④辅助装置：主要包括油箱、管路、管接头、蓄能器、滤油器及各种控制仪表等。任何一个液压系统，不论其多么复杂，均由这几个部分组成。

⑤液压控制阀：液压控制阀用于控制系统中液流的压力、流量和液流方向，经过不同的形式组合，可以满足不同的性能要求，但主要是控制执行元件输出的力运动速度和运动方向。液压控制阀根据不同用途可分为：压力控制阀（如溢流阀、减压阀、电液比例减压阀）、流量控制阀（如节流阀、调速阀、电液比例流量阀）和方向控制阀（如单向阀、换向阀）等。

（2）工作原理　自控飞机旋转运动的驱动一般分为液（气）压驱动和直接电动机驱动两种。其中液（气）压驱动起动方式较平稳、舒适和安全。因此以液压驱动旋转形式的自控飞机为例加以介绍。

1）液（气）压驱动旋转的工作原理：自控飞机系列主回转运动液（气）压系统的工作原理如图 3-345 所示。设备启动后，由液压低压马达、回转支承构成的驱动系统推动飞机围绕主体作旋转运动。其特点是起动比较平稳，噪声小，舒适感相对较好。

飞机升降运动液（气）压驱动升降原理如图 3-346、图 3-347 所示，它们是单缸升降的液（气）升降系统。起动后，由液压泵（空压机）送出的经过滤器处理的液压油（压缩空气气源三联件）进入各个摇臂的油压系统或气路系统，首先进入换向阀来转变油路或气路的方向，实现缸体的往复运动，然后进入调速单向节流阀，来调节座舱的上升（下降）速度。

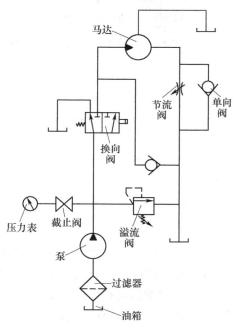

图 3-345　自控飞机主回转运动液（气）压系统的工作原理

2）电气控制系统的工作原理：三相五线电源通过装有漏电保护器的总电源开关进入电

气控制箱，操作时先合上控制箱内的漏电断路器，然后接通控制箱面板上的电源开关，控制电路得电，控制电源指示灯亮，再接通空压机或液压泵旋钮，气压或液压系统得电运转；接通测试开关后，先按下预备铃，再按下起动按钮，电路进入定时运行状态，旋转电动机得电，自控飞机开始旋转，乘客可通过座舱内的按钮控制飞机上下运动。

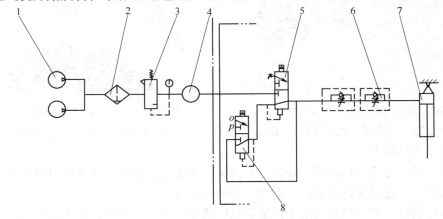

图 3-346　自控飞机气路系统的工作原理
1—空气压缩机　2、3、4—压缩空气气源三联件　5—电控换向阀
6—单向节流阀　7—气缸　8—电控换向阀

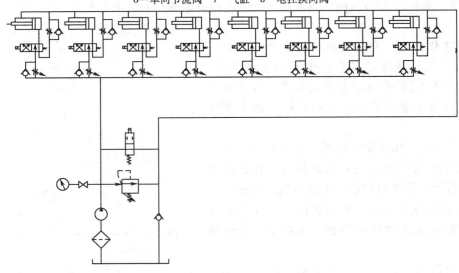

图 3-347　自控飞机升降运动液压系统的工作原理

（3）安全装置　座舱安全装置有安全带和座舱两侧的扶手。安全带的宽度必须大于30mm，并有足够的抗拉强度；带扣的锁扣应可靠，不能轻易滑脱；长短调节器应有足够的摩擦力，防止松散。座舱两侧的扶手，既合安全带，既当扶手又当挡板使用，防止乘客从侧旁滑出座位。扶手跟座舱连接处必须有金属预埋件，而且需要有足够的强度。

2. 超级秋千

超级秋千也属于自控飞机类游乐设施的一种典型设备。它配备 12 个座舱，每个座舱可乘坐 2 人，座舱底部由钢架焊接而成，外部由玻璃钢材料制作，外形美观，色彩线条鲜明，游客乘坐舒适、安全。其配有一套运行可靠的旋转及伸缩系统，齿轮带动主支架旋转的同时，气缸通过座舱臂将座舱徐徐上升，既惊险又有趣味，深受广大青少年朋友的喜爱。

（1）主要结构　超级秋千游艺机主要由座舱、吊挂臂、锥形倒架、推拉气缸、支架底座、传动系统和电气控制系统等部分组成，如图3-348所示。

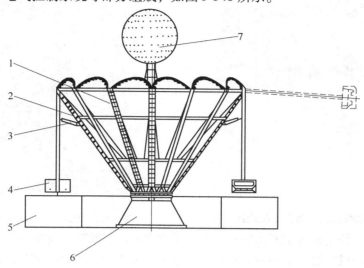

图3-348　超级秋千的结构

1—锥形倒架　2—吊挂臂　3—推拉气缸　4—座舱　5—站台　6—底座　7—装饰物

1）机械系统：

①座舱。座舱主要由骨架、安全压杆（图3-349）、玻璃钢外罩和安全带等部件组成，骨架采用扁钢焊接而成，牢固、美观、重量轻、强度高，而且整体经过钝化，是保障乘客人身安全的关键部件。座舱外罩采用玻璃钢制造，强度高、重量轻，不怕风雨侵蚀，华丽、经久耐用，如图3-350所示。

图3-349　超级秋千座舱压杠

图3-350　超级秋千座舱

②座舱臂。座舱臂是用6~8mm厚钢板焊接而成的箱形梁式结构，内部有加强筋，上部与座舱臂轴杆焊牢，如图3-351所示。轴杆的两端装有轴承，并通过轴承座固定在主支架上，处于活动状态。它与座舱臂下端的座舱用螺栓联接，如图3-352所示。

③主支架部分。主支架由24根矩形管加工而成，每块上部由座舱臂连接轴采用轴承座相互联接，下部用螺栓联接在回旋底盘上（图3-353），齿轮带动回旋底盘旋转的同时又带

动主支架旋转。

图 3-351　超级秋千座舱臂上端连接

图 3-352　超级秋千座舱与大臂连接

④传动机构。传动机构主要由回转支承（大齿轮）、小齿轮、减速器、液力耦合器、电动机、气缸和空压机等组成。回转支承是大型轴承和大齿轮的组合，它一方面可支承全部运转部件和乘客的总重，同时又通过大齿轮带动运行零部件回转，行星摆线针轮减速器的传动比为 1：17。液力耦合器的作用是减轻设备起动冲击，使游客乘坐舒适，同时又可使电动机在大惯量条件下空载或轻载起动。旋转传动机构的结构如图 3-354 所示。

图 3-353　超级秋千主支架与回旋底盘连接

图 3-354　超级秋千旋转传动机构的结构

2）升降系统：气压系统是升降系统的核心，它由空压机、管路及气缸等组成。其工作原理如图 3-355 所示。

3）电气控制系统：电气控制系统主要由两台电动机、一台空气压缩机、气缸及电磁阀等组成。一台电动机为旋转动力源，另一台电动机驱动空气压缩机，作为气缸的气源。电磁阀用于对气缸的控制，使座椅作往复摆动。其操作程序如下：

①合上总电源开关。

②按下"气泵开"按钮起动气泵，待气泵压力上升到 0.7MPa 左右。

③选择"手动/自动"操作方式：

a. 手动操作。将"手动/自动"旋钮转至手动位置并按下"旋转开"按钮，旋转电动机开始起动，等转盘转速达到最高时，交替按下和松开"A 组手动""B 组手动"按钮，座椅开始交替摆动，按下"旋转关"旋转停止。

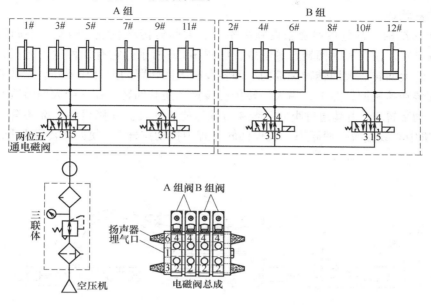

图 3-355　超级秋千气动系统的工作原理

　　b. 自动操作。将"手动/自动"旋钮转至自动位置并按下"自动起动"按钮，设备将会自行运行，到设定时间后自行停止；在自动运行过程中如需中断，可按下"自动停止"按钮；在运行中如有异常情况，可按下"急停"按钮来停止运行。

　　4）电气控制系统控制设备运行：电动机起动后，转盘开始旋转，通过时间继电器延时一段时间后，转盘达到最高转度，座椅依靠旋转产生的离心力上升至第一个高点。此时电磁阀交替控制电路开始工作，A 组座椅在气缸推动下开始升至最高点后电磁阀关闭，座椅在自身重力作用下又从最高点下降至第一个高点。在 A 组开始下降的同时，B 组座椅开始上升，B 组下降时 A 组又开始上升，往复循环至设定时间后旋转停止，座椅降落至地面，如图 3-355 所示。

　　（2）工作原理　超级秋千有回转和摆动两种运动形式。如图 3-348 所示，锥形倒架 1 安装在回转支承上，由电动机带动齿轮沿顺时针飞行，从而带动吊挂在上面的吊挂臂回转和座舱回转。同时，安装在锥形倒架 1 的气缸 3 往复运动，推拉吊挂臂，使其作摆动运动，最高摆幅可达 80°左右。乘客能充分领略其惊险的快感，塔体的回转速度应控制在 35m/s 以内。

　　座舱放置在站台上始终处于制动状态，座舱上下客时由工作人员在控制台手动控制塔体的旋转及气缸的伸缩。

　　（3）安全装置　压杠一般采用无缝钢管或不锈钢钢管制成，既可当扶手，又可以挡住乘客的身体，是必备的安全装置。其锁紧装置游客不能轻易打开，大部分都采用弹簧插销式。安全带也是座舱内必需具备的安全设施，乘客在飞行过程中，人身的安全就有充分保证。

　　3. 章鱼系列
　　章鱼是全液压传动的自控飞机类游乐设施，其运动复杂，趣味性强，乘客坐在座舱内，既享受到公转与自转的乐趣，又经历着起伏升降的惊险。它的外形，从近处看，像庞然大的猛兽，怪爪纵横；从远处看，五个大臂在旋转中此起彼伏，20 个座舱翻飞上下，像怪物翩翩起舞，非常壮观。

（1）机械结构　章鱼系列游乐设施由站台、大回转传动装置、座舱、小回转臂、小回转装置、偏心轴、拉杆和大回转臂等组成，如图 3-356 所示。它有 3 种运动方式，座舱绕整机中心轴线的大回转、大回转臂端部的小回转及随大回转臂的上升和下降。它共有 5 个大回转臂，都安装在整机回转盘上，由大回转传动装置 2 使其回转。在 5 个大回转臂 8 上还有一套小回转传动装置 5，由其通过小回转臂 4 带动座舱 3 回转。在该机的上部还有一个偏心轴 6，它与整机中心线偏置一段距离，在他回转过程中拉动拉杆 7，使大回转臂上升或下降。

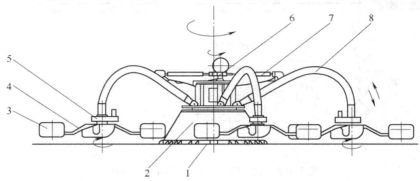

图 3-356　章鱼系列游乐设施的机械结构
1—站台　2—大回转传动装置　3—座舱　4—小回转臂　5—小回转传动装置
6—偏心轴　7—拉杆　8—大回转臂

1）小臂回转。各大臂上的小臂都由一台液压马达通过减速齿轮减速后带动，绕本身轴线转动，如图 3-357 所示。四个小臂根部焊接在两个法兰中间，并有螺栓卡紧，使其可靠性更佳，每两个相邻小臂夹角中心线位置在两法兰中间加焊筋板，起到稳固与加强作用。小臂与座舱间采用螺栓联接，并外加套管保护。

2）大臂回转。大臂根部由销轴连接在中段回转体上，而回转体又由液压马达通过齿轮减速带动，使大臂绕设备中心旋转，如图 3-358、图 3-359 所示。

图 3-357　章鱼液压马达驱动小臂　　　　　　图 3-358　章鱼大臂根部连接

3）大臂起落。五个液压缸两端分别连接大臂和偏心回转盘，如图 3-360 所示。偏心回转盘由液压马达通过齿轮减速后带动，当偏心回转时，由于液压缸长度不变，运行时，五个液压缸全部缩回，迫使大臂起落。

图 3-359　章鱼偏心运动拉杆根部连接　　　　　　图 3-360　章鱼回转运动马达驱动

4）座舱与臂连接。座舱由方管支撑，而方管内套着旋转支撑小臂。方管的端口焊在小臂上，并通过螺栓联接。

（2）工作原理

1）系统的压力控制：齿轮泵经弹性联轴器与电动机直接连接。如果管路因故障使油压超标，则压力表工作，使泵停止工作，从而保障齿轮泵、管路和电动机的安全；电动机起动时，电磁阀断电，溢流阀接通油箱，溢流阀主阀打开，系统卸荷。

2）机器的运转：小臂回转马达分别安装在五个大臂上，五个液压马达串接在一起。回转马达的运转由二位四通电液阀控制，运转速度由调速阀控制；液压马达的制动由二位四通电液阀和溢流阀共同控制。

偏心回转马达的运转由二位四通电液阀控制，运转速度由调速阀控制。

大臂回转马达的运转，由二位四通电液阀控制，运转速度由调速阀控制，制动由二位四通电液阀和溢流阀共同控制。

大臂的上升和下降，由三位四通电液阀控制液压缸的活塞运动来实现，大臂上升的快慢由单向节流阀控制，大臂下降的快慢由单向节流阀控制。当机器在运转过程中遇到突然停电时，可打开截止阀（但开口不能过大），使大臂慢慢下降，五个大臂的液压缸是并接在一起的。

安全杆液压缸由直流电磁阀控制，电磁阀接通，安全杆可自由上下运动。

（3）安全装置　章鱼的安全装置有安全压杠和安全带，安全压杠为压腿式的。它们的主要作用是防止乘客在设备旋转过程中，由于离心力的作用被甩出座舱。

4. 海陆空游艺机

海陆空游艺机是具代表性的组合式自控飞机，其转盘由海、陆、空三组共 12 款造型精美的坦克、舰船、飞机组成。在五彩缤纷的彩灯和模拟音响中，飞机在空中盘旋，坦克在陆地上冲杀，快艇在水中劈波斩浪，好一幅动人壮观的景象。这类游戏机具有造型美观、载客量大、运营成本低、安全可靠、便于维护等优点。

（1）主要结构　它主要由底座、回转柱、回转臂、液压升降系统、传动机构和电气控制系统组成。

1）底座。底座是由优质钢板焊接而成的大型构件。它支承着设备的全部重量，同时承受设备运行时的各种冲击载荷，所以它应具有强度高、刚性大的性能，是设备中最重要的部件之一。

2) 回转柱。它也是支承除底座以外的全部设备零件的重要部件。与底座相比,底座是固定不动的重要支承部件,而转柱是位于底座之上,可以托动全部回转部件的最重要的支承件。它主要采用的优质钢管制造,强度和刚度均能保障设备的稳定性和安全运行。

3) 回转臂。回转臂是采用圆管组焊的桁架构件,主要承受座舱(飞机)和乘客的自重而产生的力矩。其要求具有强度高、刚性大、稳定性能好等优点,如图 3-361 所示。

4) 飞机。它不仅是乘客乘坐的部件,而是人们观赏优美造型给人以美感的重要部件。其主要由骨架、坐席、玻璃钢外罩、安全带等组成。骨架主要由方管焊接而成,为桁架结构,重量轻、强度高,是保障乘客人身安全的关件部件。坐席和飞机采用玻璃钢制造,其强度高、重量轻,不怕风雨浸蚀,外观华丽,经久耐用。

5) 飞机和回转臂的连接。飞机和回转臂的连接如图 3-362 所示,采用销轴连接,并有两根圆钢拉住飞机,防止飞机绕回转臂连接轴旋转倾翻,同时还加设了钢丝绳二次保护。

图 3-361　海陆空游艺机回转臂

图 3-362　海陆空游艺机飞机与回转臂的连接

(2) 工作原理　该游艺机上的海、陆、空组件围绕回转柱旋转和上下起伏波动。其机械传动是由电动机经带轮驱动减速器驱动的。减速器上的锥齿轮与立轴锥齿啮合,立轴另一端圆柱齿轮与回转支承啮合,故减速器的转动驱动了回转支承的转动;而飞机、快艇和坦克均安装在回转柱上,回转柱安装在回转支承上,所以回转支承的旋转带动了飞机、坦克、快艇的旋转,如图 3-363 所示。

游艺机海、陆、空组件的上下起伏运动由液压系统来完成。它由电动机经联轴器推动叶片泵,叶片泵输出的油液经溢流阀调节液压系统压力,液压油经单向阀、电磁换向阀进入液压缸,使液压缸做上下运动。液压缸的上下运动推动了整个组件上下起伏运动。如图 3-364 所示,当电动机 9起动后,便推动叶片泵 12,叶片泵输出的油液经溢流阀 13 调节液压系统压力,又流向单向阀 5 和节流阀 4 及电磁换向阀 3,最后进入液压缸 1,使液压缸上下运动。液压缸的上下运动由电磁换向阀 3 控制,二位二通电磁阀 6 用于液压泵卸载。

图 3-363　海陆空游艺机传动系统

(3) 安全装置　海陆空游乐设施的主要安全保护装置有安全带和安全扶手。它们的作用与自控飞机相同。

3.3.3 飞行塔类游乐设施

飞行塔类游乐设施是指用挠性件吊挂的吊舱，按照一边升降一边绕垂直轴做旋转运动的游乐设备。此类设备比较刺激，广受年轻人的喜爱，如旋转飞椅、飓风飞椅、青蛙跳、探空飞梭和观览塔等。

根据飞行塔类游乐设施的结构特点及运动方式，可将其划分为旋转飞椅系列、青蛙跳系列、探空飞梭系列、观览塔系列和组合式飞行塔系列等。

旋转飞椅系列常见的设备有飓风飞椅、空中飞椅等，如图 3-365、图 3-366 所示；青蛙跳系列如图 3-367 所示；探空飞梭系列有我们常见的高空弹射等，如图 3-368 所示；而观览塔系列如图 3-369 所示；组合式飞行塔系列有天鹅与鸳鸯转盘，如图 3-370 所示。

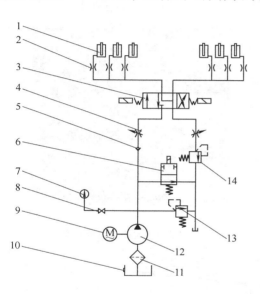

图 3-364　海陆空游艺机液压系统的工作原理
1—液压缸　2—节流接头　3—三位四通电磁
换向阀　4—节流阀　5—单向阀　6—二位二
通电磁换向阀　7—压力表　8—压力表开关
9—电动机　10—液位计　11—过滤器
12—叶片泵　13—溢流阀　14—顺序阀

图 3-365　飓风飞椅

图 3-366　空中飞椅

1. 旋转飞椅系列

旋转飞椅系列有许多产品，如空中飞椅、飓风飞椅等，其中飓风飞椅是集旋转、升降、变倾角等多种运动形式于一体的大型飞行塔游艺机。飓风飞椅通电起动后，当伞形转盘和中间转台错位旋转时，塔身徐徐升起，此时转盘摇动，飞椅呈波浪荡漾状，游客犹如在空中飞翔、飘荡，非常刺激。

（1）主要结构　如图 3-371 所示，飓风飞椅由底座机架、公转传动装置、自转传动装置、液压升降系统、电气控制系统以及机架、联结筒、立柱、托架、转盘、座椅、安全保护装置、豪华玻璃钢外罩等组成。

图 3-367　青蛙跳

图 3-368　高空弹射

图 3-369　观光塔

图 3-370　天鹅与鸳鸯转盘

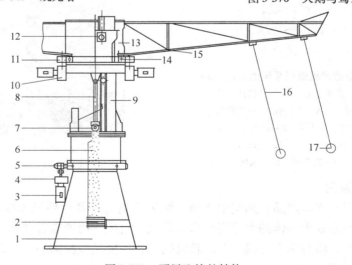

图 3-371　飓风飞椅的结构

1—机架　2—集电器　3—电动机　4—减速器、轴承、小齿轮　5—外齿式回转支撑　6—连接筒
7—滑动轴承座组件　8—液压缸　9—立柱组件　10—减速电动机　11—小轴、轴承、小齿轮
12—滚轮架组件　13—上支撑、转筒　14—回转支撑　15—转盘　16—吊索　17—座椅

1）底座机架及传动部分。底座是设备的基础部件，采用筒装辐板增强结构，上端为逆时针旋转的转盘，用于安装和支持上部结构，并随转盘转动。其内部为集电环导电，为上部旋转部分提供动力。其底部传动机构如图 3-372 所示，它是通过减速电动机带动小齿轮，然后小齿轮带动回转支承旋转的，如图 3-373 所示。此传动还可以通过下面方式实现，电动机通过带传动，带动蜗杆减速器，驱动小齿轮，带动回转机构回转，如图 3-374 所示。

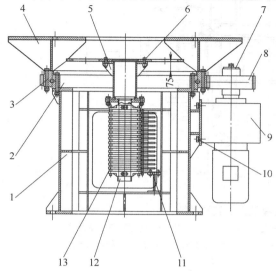

图 3-372　飓风飞椅底部传动机构

图 3-373　飓风飞椅底部齿轮传动

1—支座　2—回转支承　3、6—螺栓、螺母和垫圈　4—托盘
5—连接板　7—挡圈　8—齿轮　9—减速电动机　10—螺栓和
垫圈　11—电刷装置　12—支撑管　13—集电环组

2）支撑系统及导轮传动部分。它们是上部运动结构的支撑及运动导向部件，用以保证相关部件的相对位置，以及支持上部设备的安全运转。内置液压升降系统，为转盘的升降提供动力。支撑及上部旋转系统的结构如图 3-375、图 3-376 所示。整个塔身的升降是通过内置液压升降系统来实现的，由导向机构沿着导轨通过液压缸顶升，实现起升运动。塔顶的旋转是两个减速电动机 5 通过大集电环组 2 获得电源来同步驱动小齿轮带动回转支承旋转的，从而也实现了塔顶的旋转。塔顶的旋转还可以通过内回转支承实现，即将电动机固定在导向滑行系统上面，由集电环导电来驱动小齿轮带动内回转支承旋转，从而实现塔顶的旋转。塔顶旋转传动机构如图 3-377 所示。

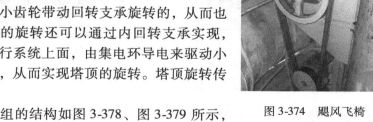

图 3-374　飓风飞椅
底部带传动

飓风飞椅上、下导向组的结构如图 3-378、图 3-379 所示，其功用是沿着轨道四面导向滑行。

3）转伞及吊椅的悬挂系统。转伞骨架为金属结构，它的作用是支持其上部旋转的机构飞速旋转。在其盘体底面的不同半径上悬吊着座椅，随着盘面的运动而上下起伏飞旋。座椅设有可靠的悬吊及安全系统，用以保证乘客的安全。

吊挂件的吊挂方式有很多种，目前常见的有两种：

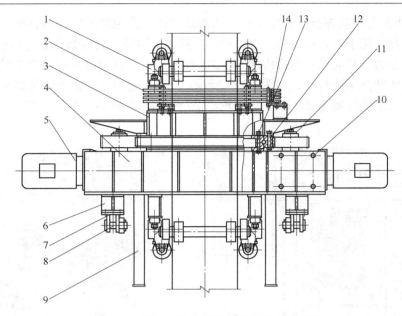

图 3-375　飓风飞椅支撑及上部旋转系统（1）

1—导轮组　2—大滑环组　3—支撑圈　4—支座　5—减速电动机　6—底梁　7—轴承座
8—销轴、挡圈和开口销　9—支腿　10、13—螺栓、螺母和垫圈　11—齿轮、挡圈和螺栓
12—回转支撑　14—电刷装置

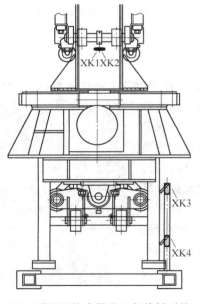

图 3-376　飓风飞椅支撑及上部旋转系统（2）　　　　图 3-377　飓风飞椅塔顶旋转传动机构
XK1、XK2、XK3、XK4—行程限位开关

第一种方式是上端连接吊耳焊接在盘体桁架上，有两根链条保护中间的吊杆，防止吊杆断裂从而有效保护下面的三角吊挂件。三角吊挂件两端各悬挂两根环链，环链与三角架连接处加设钢丝绳二次保护链条，防止环链断裂导致座椅失衡。环链下端分别悬挂在座席的四周。座席由金属管制成，结构可靠。坐席正面还加设横杆，当乘客坐稳后，将有一端与坐席

金属结构相连接的链条挂在横杆上，以保护乘客在设备运转时意外摔出，如图 3-380 ~ 图 3-381 所示。

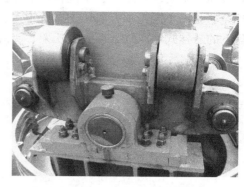

图 3-378　飓风飞椅下导向组的结构　　　　图 3-379　飓风飞椅上导向组的结构

图 3-380　飓风飞椅坐椅吊挂上部连接及吊耳结构、吊耳与桁架连接

图 3-381　吊挂链条的二次保护、吊挂座椅及防护横杆

第二种方法如图 3-382、图 3-383 所示，金属吊杆上部连接采用双轴连接方式，吊杆的二次保护采用钢丝绳，钢丝绳上端直接连接在桁架结构上，下端连接在三角架中间的两根销轴上。两根销轴上还各连接着两根环链，作为坐席吊挂环链的二次保护。此种连接比第一种更可靠一点。三角架的结构如图 3-384 所示。

（2）工作原理　飓风飞椅的运行过程是：乘客坐定后，操作人员按下电源开关，设备得电，电动机带动转盘运转。当伞形转盘和中间转台错位旋转时，塔身徐徐升起，此时转盘摇动，飞椅呈波浪荡漾状，游客犹如在空中飞翔飘荡。飓风飞椅是旋转和上下两种运动合成的游戏。下面分别介绍进行这两种运动的机械和电气控制原理。

1）机械传动原理：转盘的公转是由固定在机架上的公转电动机来实现的。公转电动机的转动，通过 V 带传动驱动蜗杆减速器、滚子链联轴器、过渡轴、小齿轮及外齿式回转支撑等转动，来实现联结筒、立柱和托架做公转运动。而固定在托架上的自转电动机，通过齿轮减速器驱动小齿轮及大回转支撑齿轮转动来完成转筒和转盘的自转运动。依靠固定在立柱底盘下的悬挂式液压缸，可完成托架、转筒和转盘沿轨道做上下升降运动。

图 3-382　座椅吊挂系统上部连接

图 3-383　三角架结构及二次保护连接

2）液压传动原理：整个系统的升降动力来自液压系统，即由电动机驱动固定在立柱底盘下的悬挂式液压缸，使托架、转筒和转盘沿轨道做上下升降运动。该液压系统的工作原理如图 3-385 所示。该系统具有一套完善的保护及检测控制装置，这些装置与电气系统控制联成网络，可以有效地对系统进行检测与控制。这种检测与控制包括油位控制、油温监控以及压力、流量控制等。

①油位控制。油箱设有液位计，用以目测油箱液压油面。

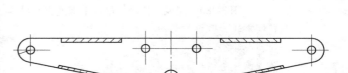

图 3-384　飓风飞椅悬挂三角架的结构

②油温监控。油箱设有油温计，另外油箱设有管状电热元件用于低温加热，油温冷却则通过系统回油强制冷却，进而控制加热器低温加热，高温报警。

③压力和流量控制。系统通过溢流阀控制压力，用于加强系统保护；通过液压泵调节系统流量；通过调速阀调控升降速度。

该系统具有两个液压缸同步起升、保压和下降，因此有效地实现了塔身沿着轨道垂直运行。

3）电气控制原理：按下预备按钮后，设备低速旋转，以检验乘客就坐情况。设备起动后，液压系统开始工作，稍后塔顶电动机拖动伞形转盘开始旋转，随后中间转台开始错位旋转，同时中间转台开始提升，设备进入整体运行阶段，达到工作周期设定时间后，塔顶电动机开始减速运行，稍后，中间转台停止旋转，同时，中间转台也开始缓慢下降，整机在程序控制下实现平稳停机，待设备全部停稳后，即完成一个工作循环。其电气控制原理如图 3-386 所示。

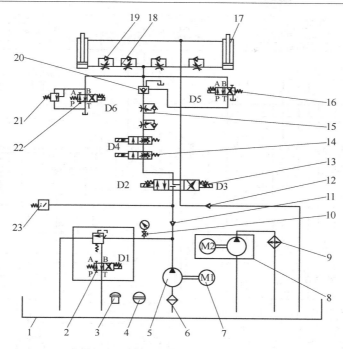

图 3-385 飓风飞椅液压系统的工作原理

1—油箱 2—电磁溢流阀 3—滤清器 4—液位计 5—低噪声叶片泵 6—滤油器 7—电动机
8—齿轮泵 9—风冷器 10—压力表及开关 11、12—单向阀 13—电液换向阀
14—电磁节流阀 15—调速阀 16、22—电磁阀 17—液压缸 18—管式单向节流阀
19—板式单向节流阀 20—液控单向阀 21—安全阀 23—压力开关

（3）安全装置 座椅的安全挡杆、上限位和下限位开关是旋转飞椅的主要安全装置。挡杆的作用是防止乘客在运行过程中被甩出座椅，挡杆下还增加了兜档的悬挂链条，人的两腿分别放在链条的两侧，防止乘客从挡杆与座席面间的间隙中溜出来。上下限位主要防止起升过程中提升机构冲顶或蹲底。

2. 青蛙跳系列

青蛙跳系列的典型设备是青蛙跳游艺机。它是一种以青蛙跳跃方式为基础的新型游乐设备，令游人感受青蛙飞行跳跃的乐趣，青蛙跳是一种急速升高、急速下降、抖动升高、抖动下降的游乐项目。它给人一种忽而直上云宵、忽而失重、临高刺激的感觉。操作人员待游客入坐并扣好安全带和安全杆后，便可起动设备，游客就可在几秒钟内急升到相当高度，然后抖动下降、抖动上升，乐趣无穷。

（1）主要结构 青娃跳的主要结构由电气系统、液压系统、机械系统及辅助设施等部分组成。机械系统包括座舱、滑行架、立柱、底座、滑轮组、安全压杠等组成。液压系统是提升机构的主要动力和组成。座舱在最低位置时，液压缸处于顶升状态；座舱起升时，液压缸处于回缩状态。

1）座舱。青蛙跳座舱的结构如图 3-387 所示。除座舱本体外，它还有滑轮、钢丝绳、连接销轴、立柱、缓冲器和安全装置等。座舱实物如图 3-388 所示，座舱由玻璃钢制成，内有金属结构支架、安全带和安全压杠。

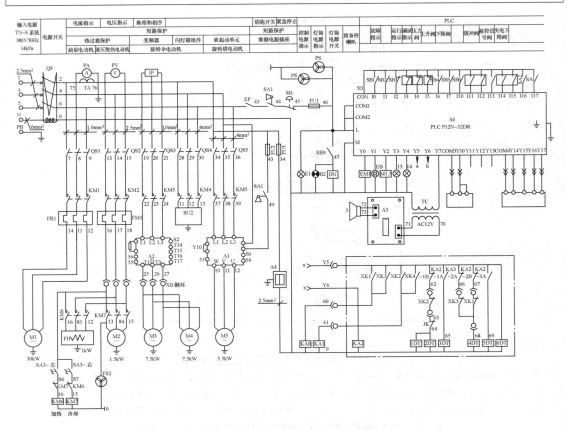

图 3-386　飓风飞椅电气控制原理

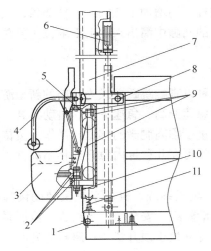

图 3-387　青蛙跳座舱的结构

1、8—立柱销轴　2—座舱支架与座舱连接处
3—座舱　4—安全压杠　5—钢丝绳与座
舱连接销轴　6—动滑轮　7—立柱
9—支撑杆　10—连接主轴　11—缓冲器

图 3-388　青蛙跳座舱实物

　　座舱安全锁紧装置如图 3-389 所示。由图可知，压杠旋转轴上有一个插销孔盘，盘上有两个锁紧用的定位孔，压杠的锁紧是通过插销插入这两个定位孔来实现的。当乘客坐好并系好安全带后，服务人员通过拔出插销，旋转压杠，当旋转到压杠旋转轴插孔盘上的两个定位孔时，把插销插入，就可保证压杠不能旋转；另外，由于此装置装在座舱后侧，乘客不宜接触，不能自行打开，可确保在运行过程中，压杠不会自动在空中打开。

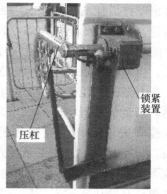

图 3-389　青蛙跳座舱安全锁紧装置

　　2）行程开关和弹簧缓冲器。为了防止座舱冲顶或蹲底，分别设置了冲顶行程限位开关（图 3-390）和蹲底弹簧缓冲器（图 3-391）。行程限位开关的动作由动滑轮架上的拨杆撞击；当座舱失控蹲底时，压缩弹簧缓冲器，起缓冲作用。

　　3）轨道与滑行架装置。为了使座舱沿立柱轨道垂直地上升、下降和跳跃，滑行架装置起着关键的作用。滑行架由滑行导向架、槽钢导轨、导向轮和吊挂钢丝绳等组成。

图 3-390　青蛙跳行程开关

图 3-391　青蛙跳弹簧缓冲器

　　滑行导向架由 4 个导向轮引导，沿垂直槽钢导轨上下运行。为了防止轮磨损和座舱左右摆动太大，每个导向轮与轨道间应保持适当的间隙，可通过调节调整螺栓来实现。吊挂钢丝绳与导向架的连接处比较重要，连接销轴受力较大，应定期检查，如有磨损应及时更新。

　　（2）工作原理　青蛙跳游艺机是一种由电气控制座舱沿立柱轨道做上升、下降及跳跃运动的设备。因此从机械传动和电气控制两方面对其工作原理进行介绍。

　　1）机械传动原理：乘客座舱和滑行架沿立柱轨道的上升、下降和跳跃运动是通过液压系统的往复式液压缸进行往复运动带动钢丝绳通过滑轮组放大行程获得的，而液压缸的动作，则是液压系统对电气控制系统的设定程序的执行结果。液压系统的工作原理如图 3-392 所示。

　　2）电气控制原理：青蛙跳的工作过程由分控箱电路板上的单片微机进行控制，其工作程序已固化在芯片内，通过检测各按钮及顶部（或底部）光电开关的工作状态，分别输出声响和开关信号去控制 12V 直流中间继电器，使相应的 220V 电控阀、液压泵电动机得电按预设的程序动作。设备起动后，液压泵电动机运转产生油压，相应的电控液压阀受程序控制分别动作，使高压油流入（或流出）液压缸使牵引座舱上升或下降，当座舱上顶时，射向顶部光敏器件的光被挡住，光电器件输出低压电信号，因此 CPU 输出铃响信号，同时驱动中间继电器，使上升电控阀停止下降电控阀开启，座舱下降。在液压缸附近还设置了行程开关，当座舱冲顶时，行程开关切断向上升电控阀的工作电源，防止继续冲顶。当运行过程中突然断电时，卸荷电控阀失电动作使座舱平稳下降到底。运行过程中，如遇紧急情况，可按下急停按钮，使程序中断，并关断电源总开关让座舱平稳降下来。青蛙跳电气控制原理如图 3-393 所示。

（3）安全装置　主要安全装置包括安全带、安全压杠、行程限制装置和缓冲器等。

3. 探空飞梭系列

探空飞梭系列中以探空飞梭最具代表性。它是 20 世纪末开发的将机械、液压、计算机、网络技术融为一体的高科技游乐设备，有人称它为直立式的"过山车"。国际游乐界称它为 21 世纪挑战人类极限的游乐设备。乘客乘上设备后，座舱以压缩空气为动力，沿垂直轨道以大于 20m/s 的速度弹射到 40m 左右的高空，随即又以自由落体的方式向下跌落，接着又再次向上弹射，如此循环两次后，靠压缩空气的有序释放，座舱缓缓下降，直至站台。这是一种极为刺激的游乐

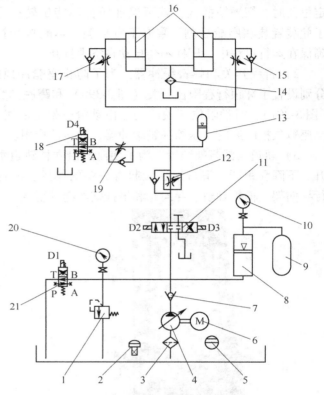

图 3-392　青蛙跳液压系统的工作原理

1—溢流阀　2—加油口　3、14—滤油器　4—液压泵　5—液位计　6—电动机　7—单向阀　8、13—蓄能器　9—储气罐　10、20—压力表及开关　11—电磁阀　12—单向调速阀　15、17—下坠速度单向节流阀　16—液压缸　18—失电下降阀　19—叠加式单向节流阀　21—卸荷电磁阀

设备。人们用"探空飞梭"来形容乘客像宇航员一样，感受乘坐宇宙飞行器飞向太空的感觉。尽管这与真实的太空发射不完全一样，但乘客可以从中初步获得宇航员升空的感受，其回味无穷。另一方面，设备可以让乘坐者直接感受到许多物理概念，如电能、压缩空气势能和机械能的转换，克服地心引力，正、负加速度，自由落体和失重等，使书本上的知识更直观，理解更深刻。

（1）主要结构　"探空飞梭"的主要结构由立架和升降车（图 3-394）、气缸、储气罐、空气压缩机、空气干燥器、润滑系统、控制系统和灯光系统等组成。立架是由方管组焊的塔架结构，其上有检修爬梯，升降车装有导向轮，而导向轮沿立架上的四根方管导轨的外侧面运行，升降机就靠导向轮引导沿轨道上下运行。探空飞梭的导向机构如图 3-395 所示。

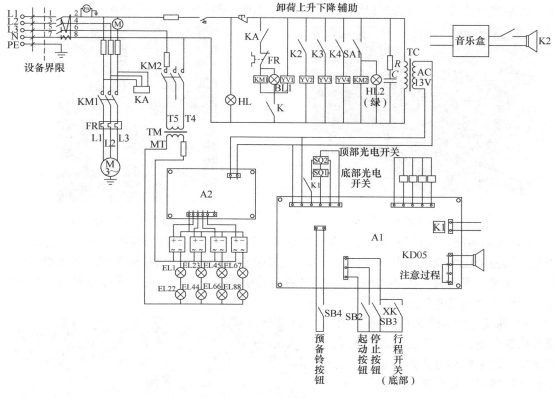

图 3-393　青蛙跳电气控制原理

图 3-394　探空飞梭立架和升降车

图 3-395　探空飞梭的导向机构

1）塔结构。塔是一个精心设计的方形管焊接结构，垂直固定在混凝土基础上的钢预埋件上。塔能够支撑除空压机/干燥机系统和设备控制中心外的所有设备和部件，并能承受风载荷和地震事件所产生的影响。它的设计要能承受风载荷和地震的影响。垂直方管作为上下运行的乘客舱的轨道。塔底焊接结构和具体结构如图 3-396 和图 3-397 所示。

图 3-396　塔底座焊接结构

图 3-397　塔结构

2）气动系统。该设备的动力来自压缩空气。压缩空气由空气压缩机提供，并连接一个干燥机以控制压缩空气的水分含量。压缩空气通过管道送入位于塔结构中间的储气罐。通过这个储气罐，用闸阀（图 3-398）将空气转移至其他容器或气缸，使得乘客舱移动。加速度的方向和力度由设备的控制系统进行控制。

3）乘客舱/钢缆系统。乘客舱系统环绕整个塔结构，并由钢缆连接至空气系统。乘客舱部分为焊接装配，主要由管状钢组成。这些部分使用紧固件来连接。车轮对齐车厢至塔，且当车厢沿塔支架上下运行时，提供软悬挂。使用紧固件将单个安全压杠（图 3-399）固定在车厢上。沿车厢的背面进行布线，以确保压杠弹簧锁和松开功能，以及其他功能（如限制区域监视）正常使用。UHMW 滑道（图 3-400）确保在轮胎故

图 3-398　阀闸

障时乘客舱的对齐。乘客舱的制动器片安装在座椅的后面，并能进行调整，使得其能与位于塔顶的夹钳式制动器啮合，如图 3-401 所示。

图 3-399　乘客安全压杠

图 3-400　轮胎和 UHMW 滑道

　　钢缆系统将乘客舱连接至空气系统。一个完整的钢缆回路存在于塔的每一侧,这样四个钢缆回路确保乘客舱与塔的空气系统相连接。钢缆安装在车厢四个主体后部的每个保险切开销上。使用螺旋扣,均匀拉伸钢缆。钢缆顺着塔底部和顶部滑轮的方向,并与在每个气缸内上下运动的活塞处一起连接。位于气缸顶部和底部的特殊钢缆封端帮助并限制了进入气缸的空气,如图 3-402 所示。

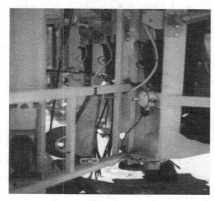

图 3-401　乘客舱后部

图 3-402　钢缆/车厢接口

　　(2) 工作原理　　"探空飞梭"游艺机的运行过程是通过气体的压缩和释放来完成的。空气通过压缩机压缩并经干燥器干燥后输入储气罐,当计算机完成载客的称重和发射压力的计算后,储气罐的压缩空气便按计算值向发射罐充气,在气压充到额定值时,敞开式载客升降车在 2 ~ 3s 内沿 50m 高的立架弹射到 40m 左右的高空;然后按计算机设定的程序,通过压缩空气的有序释放,完成自由落体、振荡、缓缓下降,最后平稳回到站台。

　　(3) 安全装置　　该设备的安全装置可分为气压保护装置和乘客安全装置两部分。

　　1) 气压保护装置:空气压缩机上设有过气压保护装置,储气罐和发射罐也具有过气压保护装置,气压的过压保护和气缸活塞行程的设计杜绝了升降车冲顶的可能;压缩空气按计算机程序的有序释放和立架底部 4 组气液缓冲器(见图 3-403)可杜绝升降车的坠落,只能是有序的软着陆。

　　2) 乘客安全装置:乘客座椅上安装有液压安全压杠和航空保险带,如图 3-404 所示。安全压杠的锁紧与开锁只能有操作人员控制,一般要有两套独立的锁紧装置,如图 3-405 所示。为了防止液压安全压杠失效,另外还加设了两套航空保险带:一套系在乘客身上,另外一套的两端分别固定在安全压杠上和座椅下端的预埋结构上,可有效地防止安全压杠

图 3-403　探空飞梭气液缓冲器

锁紧失效。安全压杠的失效一般是由液压系统漏油导致其空行程过大造成的。

　　另外,PLC 控制系统的控制器具有对设备自动检测的功能,一旦设备的某一环节异常,将停止设备运行,只有排除故障后,设备才能正常工作,从根本上保证了设备的可靠性和安全性。其触摸显示屏的操作系统,使设备的操作变得更为简易和直观。

图 3-404　探空飞梭安全压杠

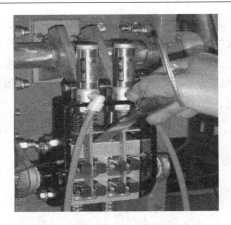

图 3-405　锁紧装置

3）制动器组件：将车厢制动器制动片调整至居中位置。当上部车厢挡块正好与缓冲器啮合时，制动器应锁定。应检查制动衬块的螺栓连接是否有过度磨损，特别是固定移动衬块的较小螺栓，如图 3-406 所示。

图 3-406　制动器组件

3.4　电池车、碰碰车、小火车及赛车类游乐设施的结构与原理

3.4.1　电池车类游乐设施

电池车类游乐设施是指以蓄电池为电源的采用电动机驱动的电池车及运动形式类似的游艺机。电池车类游乐设施主要是给儿童乘坐的，因此要求其速度较低，车体较小，外观造型以动物或卡通为主，以吸引儿童兴趣，如图 3-407、图 3-408 所示。

1. 主要结构

电池车一般由车体和动力机构两部分组成。车体由外壳和车架构成。外壳一般是玻璃钢制造的，通过螺栓固定在车架上。动力机构由蓄电池（图 3-409）、电动机（图 3-410）和传动机构组成。传动机构有的用带传动，有的用链条传动。该设备的主要部件为减速传动机和电动机。

图 3-407　动物造型游艺车

图 3-408　卡通造型游艺车

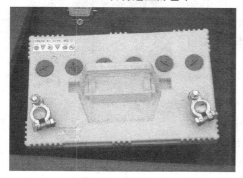

图 3-409　电池车蓄电池

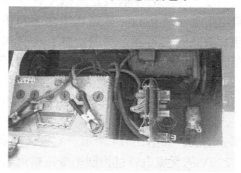

图 3-410　电池车电动机

2. 工作原理

电池车起动后，由蓄电池供给能量使电动机转动，再通过减速机构带动主动轮运转，主动轮与地面产生摩擦带动车辆前行。

大部分电池车的工作原理都一样，主要区别在于减速传动机构。例如，图 3-411 所示为一种由电动机通过减速机构输出后，通过 V 带带动安装在主动轮轴上的大带轮转动，从而带动车辆运动。图 3-412 所示为一种由电动机通过减速机构输出后，通过链条带动安装在主动轮轴上的链轮转动，从而带动车辆运动。图 3-413 所示为一种由电动机通过一对开式齿轮减速输出后，通过链条带动安装在主动轮轴上的链轮转动，从而带动车辆运动。

图 3-411　带传动电池车

图 3-412　链传动电池车

3. 安全装置

电池车的安全装置是安装在座位上的安全带。

3.4.2　碰碰车类游乐设施

碰碰车是一种参与性很强的游乐设备，很受广大游客的欢迎，其技术越来越成熟，性能越来越好，品种也越来越多，主要包括有天网碰碰车、无天网碰碰车以及常见的电池碰碰车等。

1. 有天网碰碰车

有天网碰碰车是一种车辆在固定场地内任意运行，并能相互碰撞的游乐设备。这类碰碰车采用直流电动机驱动，供电的两个电极分别在地板上和场地顶置天花板（或网）上，通过车体上的导电装置及拖尾针（即摩天弓）使电动机得电带动车体运行。碰碰车由乘客自由驾驶，自由选择碰撞，游戏安全可靠，刺激，富有比赛式的竞争概念和自驾车的切身体验，对游客有较强烈的参与吸引力。

图 3-413　齿轮传动电池车

（1）主要结构

1）车体结构。碰碰车车体由操纵机构、传动机构、车体、底盘、后轮、缓冲轮胎、安全带、导电杆及电气开关等部分组成，如图 3-414 所示。它以天网和地网组成供电系统，220V 的交流电经过控制柜变压整流后，以 90V 或 110V 直流电的正负两极分别加在天网和地网上。碰碰车通过尾部的导电杆从天网获取直流电压，经负载电动机和后轮与地网形成电气回路从而实现负载电动机的运转，通过操纵机构的控制，带动碰碰车前进、后退、左右转弯等。因车边备有气胎缓冲器，故可任意碰撞。有天网碰碰车的车体和底盘如图 3-415、图 3-416 所示。

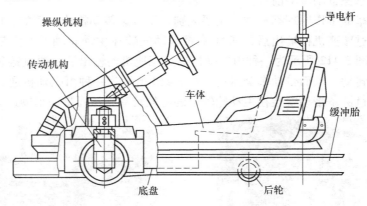

图 3-414　有天网碰碰车的车体结构

目前市场上大部分导电装置使用的是摩天弓，如图 3-417 所示。因为摩天弓比较细，跟上极板接触面积小，摩天弓在弹簧的作用下会破坏上极板的镀锌层，从而使极板慢慢被氧化，因此碰碰车运行过程中经常会产生电火花放电，会造成不必要的麻烦。现在好多用户改成铜轮，重量不能太重，如图 3-418 所示。连接时铜轮两侧尽量平衡，防止单侧偏重。另外，上极板非常平整，铜轮接触面积大，不易跳动产生间隙，也不易产生电火花。由于上极板不易氧化，极板上就很难产生火花，从而确保行使和碰撞过程中游客不会受到火花伤害。

图 3-415　有天网碰碰车车体

图 3-416　有天网碰碰车底盘

图 3-417　天网碰碰车摩天弓

图 3-418　有天网碰碰车导电铜轮

2）转向机构。如图 3-419 所示，转向机构通过锥形齿轮啮合（图 3-420），乘客只要旋转方向盘，通过此传动机构，就实现了碰碰车的转向。转向机构必须灵活，且应经常检查锥齿轮间隙，防止方向盘空行程较大。方向盘和转向杆是通过销钉连接的，碰碰车由于长时间的碰撞，销钉会松脱。

图 3-419　有天网碰碰车转向机构

图 3-420　有天网碰碰车锥齿轮啮合

3）有天网车场的结构和安装：

①车场结构。天地网车场主要由屋架、天网、栏杆、下极板（地网）等组成。天地网之间的距离至少为 2.7m。天网一般跟碰碰车的正极相连，主要由吊挂装置和极板组成。极板是带电体，通过吊挂装置同屋架绝缘固定，它一般采用锌板与其固定框架铆接而成，如图 3-421 所示；地网一般由地网极板、防撞栏组成。地极板为碰碰车的负极，通过导线与控制箱电源的零线连在一起。地网极板也是碰碰车的运行场地，要求地网钢板连接平整且焊接

牢靠。

上极板通过角钢架吊挂在天花板上，若采用镀锌钢板则其厚度应不小于0.5mm；若采用钢板则厚度应不小于2mm，但相邻两块电极板之间的间隙不得大于3mm。

下极板车场要求平整坚实，不得有凹凸不平的现象，车场四周应设置缓冲拦挡物。拦挡物一般由槽钢制成，其防撞面接口应打磨平滑，以免伤及碰碰车缓冲轮胎，而且拦挡物后面支撑架应每隔一段距离设置一个。

②车场的安装。首先确保基础水平并按照图样预埋好固定铁板，然后按图3-422所示每隔一段距离排设槽钢。在预埋铁板处用焊机把槽钢点焊定位，排设好后划线定位横向槽钢，然后再横向焊接槽钢，如图3-423、图3-424所示。注意，槽

图3-421　有天网碰碰车上极板连接

钢焊好后，还要检查槽钢底部与预埋铁板间是否满焊，槽钢与预埋铁间应焊接良好，以增强连接效果。槽钢铺设好后要浇筑混凝土并找平，如图3-425所示；当混凝土达到一定强度后，开始铺设下极板。

图3-422　有天网碰碰车场地铺设槽钢

图3-423　有天网碰碰车场地定位横向槽钢

图3-424　有天网碰碰车场地横向槽钢焊接

图3-425　有天网碰碰车场地浇筑混凝土

下极钢板的焊接要求是，焊缝长度不小于 30mm，焊缝间隔不大于 300mm，未焊处缝隙不得大于 3mm；下极钢板的厚度不小于 4mm，每块面积不小于 2m²；且每块下极钢板四周均应与预埋槽钢焊接连接。由于每块极板比较长，且其下部中间又预埋了槽钢，故在横向槽钢中心处应装设地钉，并将地钉与极板间焊接牢靠并磨平，以保证极板不起拱。下极钢板铺好后，焊缝处应按照要求检查并补焊。

（2）工作原理　碰碰车采用直流电动机驱动，供电的正负电极分别接在天花板（天网）和地板（地网）上。直流电动机可以通过车体上的导电装置及拖尾针（即摩天弓）得电运转并带动车体运行。

（3）安全装置　碰碰车的安全装置主要是安全带和缓冲装置。它们主要用于防止乘客在游玩时磕到方向盘上，因为车辆相撞时，人由于惯性，会与车辆发生磕碰。

2. 无天网碰碰车

无天网碰碰车是在有天网碰碰车的基础上变形及改进后的新型设备，它去掉了原来的长长的摩天弓和导电天网（或上极板），显得更漂亮。碰碰车采用直流电动机驱动，两个供电电极都位于经特别处理的地板上，通过车体上的导电装置使电动机得电带动车体运行。

（1）主要结构　整套无天网碰碰车游乐设施主要有若干台碰碰车、电极地板和电气控制系统等组成。

1）车体结构。碰碰车车体由操纵机构、传动机构、车体、底盘（图 3-426）、导电轮、缓冲轮胎、安全带及电器开关等组成。

2）车场结构。游戏车场的地板由正、负电极板在一平面上相间铺设而成，同时在电极板下面还设有环氧树脂基层，这样便可有效解决电极板与地面之间的绝缘问题。由于环氧树脂的粘结力较强，因此可达到一次性建成既平整又牢固的无天网车场地板，去掉了原结构中庞大的底架和密集的螺钉，节省了大量的材料和人工成本。同时，环氧树脂地板车场能够防潮，也能够适应比较潮湿的环境和气候；车场噪声较低，车辆运行时不产生地板共鸣音；车场的平整度比较高且阻燃性能好。

图 3-426　无天网碰碰车底盘

（2）工作原理　碰碰车采用直流电动机驱动，交流电源通过电气控制台加以控制和变换，然后输出直流电压到车场的电极板，再通过车底部车轮把直流电正负极分别输送到碰碰车上，又经脚踏开关把直流电输送到电动机内，使直流电动机转动；直流电动机转动又经离心式离合器、减速机构带动车轮运转，游客坐在车内，用脚踏开关控制开车和停止，转动方向盘控制行车方向。由于车体周边备有气胎缓冲器，所以可任意碰撞。

（3）安全装置　无天网碰碰车的安全装置包括安全带、缓冲装置等。

3. 电池碰碰车

电池碰碰车是一种既无天网又无地网的碰碰车，它的动力来源于蓄电池，只需要一块平整的地平就可以进行游戏操作。

（1）主要结构　电池碰碰车主要由驱动机构、转向系统、蓄电池、缓冲轮胎、车体、座舱、安全带和行走轮等组成，如图 3-427 所示。其驱动机构和底盘构造如图 3-428、图 3-429 所示。转向系统用于碰碰车的转向，其外形和传动原理如图 3-430、图 3-431 所示。充气缓冲轮胎位于车体的外侧，发生碰撞时，可减缓冲击力，从而避免了对游客的伤害。另外，车内还设置了安全带，可避免驾驶人甩出车外，如图 3-432 所示。

图 3-427　电池碰碰车

图 3-428　电池碰碰车驱动机构

图 3-429　电池碰碰车底盘构造

图 3-430　电池碰碰车转向系统

图 3-431　电池碰碰车转向传动原理

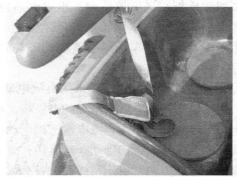

图 3-432　电池碰碰车安全带

　（2）工作原理　电池碰碰车的运行过程是：乘客上车并踩下踏板开关后，电动机便从蓄电池得电运转，通过链条减速带动驱动轮上的链轮，从而实现碰碰车的运动。

　　碰碰车的转向是通过方向盘实现的，当乘客要改变运行方向时，旋转方向盘，方向盘便带动转向柱通过转向节连接下端的转向杆带动齿轮旋转，然后通过齿轮传动到扇形齿轮上，带动扇形齿中心轴旋转，中心轴下端装有转向轮，从而实现了转向运动。

（3）安全装置　电池碰碰车的安全装置主要包括安全带和缓冲装置。

3.4.3　小火车类游乐设施

小火车类游乐设施是一种危险性系数较低的设备，它集机、电、声、乐、光为一体，充分结合了火车和现代卡通的特点，把现代艺术穿插在略显古板的火车中，给游客一种全新的体验，极大地调动了游客特别是小朋友的乘坐欲望。小火车类游乐设施随着社会的发展与科技的进步，创新意识不断加强，其形式会越来越多，越来越吸引乘客。

若按动力源不同，小火车类游乐设施可分为内燃机驱动和电力驱动两种，如图 3-433、图 3-434 所示。

图 3-433　内燃机驱动小火车

图 3-434　电力驱动小火车

1. 内燃机驱动小火车

这类小火车广泛用于主题公园、森林公园、大型游乐场所及大型商住社区，低噪声，特别适用于线路受地形或建筑物限制的游乐园或公园等场地。它满足了人们怀旧的情怀，为广大乘客带来一种返朴归真的喜悦感受。它的编组形式是：仿真火车头＋仿真煤水车＋客车，车架为框架结构，采用铝合金花纹地板；所有座椅为单向（前进方向），长条地板，设有安全把手，座椅两侧扶手为铸件；座椅侧用挂链封闭；车辆顶棚采用玻璃钢结构；前后车辆之间不设通道；前后车辆间设有二次保护。

2. 电力驱动小火车

这类小火车一般用于室内或室外的大型游乐场内。其导轨有两种形式：一种是由一个导电轨和一个路轨组成；另一种是由两个路轨和中间一个导电轨组成。多车连接的车厢由导电轨供电来驱动电动机带动整列火车运行；单车运行的车辆每台都配有电动机和传动机构，轨道电压为安全电压。

（1）阿里山小火车的主要结构　阿里山小火车是常见的一种用电力拖动的小火车游乐设施，其导轨由两个路轨加中间有导电轨组成，如图 3-435 所示。导电轨与枕木间必须用胶木板等绝缘材料隔离，路轨与导电轨间的绝缘电阻应不小于 $0.1M\Omega$，轨道表面应平整。轨道对接处间隙、高低差不能太大，一般接头高低差应小于 1mm，高出部分应修平。轨道轨距允差为 ±（3~5）mm。曲线轨道过渡应圆滑，路基必须填筑坚实、稳固，在有可能积水的地方应铺设排水沟。轨道安装一般采用压板固定法，或钩形螺杆固定法，或焊接和螺栓联接固定法。

车辆的运行是通过导电轮在导电轨上滑行导电，电动机得电后，驱动电动机，通过减速装置运行。运行时乘人部分与障碍物间应留出不小于500mm的安全距离。

小火车车轮装置有形式多样，按轮缘形式可以分为以下三种类型：

1）双轮缘车轮。轮缘高为25~30mm，轮缘的作用是导向和防止脱轨。

2）单轮缘车轮。轮缘高为20~25mm，用于轨距小于600mm的小火车，因为跨度小，不易脱轨，安装时应使具有轮缘的一端布置在轨距的外侧。

3）无轮缘车轮。车轮轮缘与轨道摩擦是无法避免的，因此常产生啃轨而

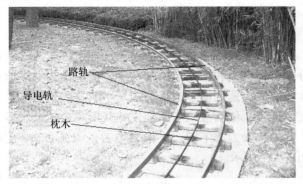

图 3-435　阿里山小火车轨道

加速轮缘的磨损，进而使车轮报废。虽然采用无轮缘车轮可以解决这一问题，但这种车轮运行容易脱轨，因而使用范围受到限制。因此，通常情况下用水平轮导向运行代替轮缘导向运行，将轮缘与轨道侧面的滑动摩擦变成水平轮与轨道侧面的滚动摩擦，这样就减小了运行阻力，提高了车轮的使用寿命。

车轮按轨道种类不同，可分为在轨道上行走的轨上行走式车轮和在工字钢下翼缘上行走的悬挂式车轮两种。

车轮按踏面形状可分为圆柱形、圆锥形和鼓形车轮三种。圆柱形车轮多用于从动轮，也可用于驱动轮。圆锥形车轮用于小火车机动车驱动轮，常用锥度为1°~10°，安装时应将车轮直径大的一端安装在跨度内侧，使得运行平稳，自动走直效果好。鼓形车轮的踏面为圆弧形，主要用于弧度较大的小火车，以消除附加阻力和磨损。

（2）欢乐旅行单车运行电力驱动小火车　欢乐旅行单车运行电力驱动小火车是一款高科技轨道类游乐项目，游客乘坐在类似太空飞行器外形的车体内，可通过方向盘做360°旋转运动，场景内设有许多可爱的目标，可通过激光手枪进行射击，目标被击中后灯光闪亮并伴有相应有趣的动作，大屏幕记分系统能自动记录下击中次数。它会给游客带来愉快的充满神秘的紧张刺激的旅行。

1）主要结构：如图3-436所示，它由轨道、目标、车辆、假山和水池等组成，游客乘坐时可以互动，充分参与到游戏项目中，击中目标很有成就感，而且极具趣味性。

图 3-436　欢乐旅行小火车

这类小火车的车体可旋转，由座舱、激光枪、回转支撑、车底架、底盘、车轮系、传动机构组成，如图 3-437 所示。

轨道由一根导电轨和一根路轨组成。车体的回转运动系统由方向盘、连接轴、万向节、齿轮副和链轮链条组成。旋转运动的工作原理是：动力通过方向盘传递给与方向盘连接的倾斜的旋转轴，倾斜的旋转轴通过万向节传递给垂直的旋转轴，垂直的旋转轴的下端安装有小齿轮，小齿轮与大齿轮啮合，如图 3-438 所示。大齿轮通过传动轴与链轮连接，链轮通过链条与带动安装在车身底盘中间固定的链轮连接，如图 3-439 所示，从而是车身上半部绕底盘中心旋转。

图 3-437　欢乐旅行小火车车体

图 3-438　欢乐旅行小火车齿轮啮合

2）工作原理：车辆的直流牵引电动机由导电轨供电运转，再经减速器减速后，通过链条送至动轮组，由动轮组驱动车辆行驶。

3）安全装置：安全装置主要包括安全带。

（3）迷你穿梭小火车　迷你穿梭小火车是在立交式轨道上运行的一种新型游艺设备。它由数台造型精美、风格各异的车辆组成浩浩车队，车辆各自驱动且同步行驶，沿轨道方向自动转向，穿梭于具有现代化标志的立交式轨道上，并配有五彩缤纷的彩灯、音响及儿童卡通画，让小朋友们体会翻山越岭和飞越时空的感觉，深受儿童喜爱，如图 3-440 所示。

图 3-439　欢乐旅行小火车链轮和链条

图 3-440　迷你穿梭小火车

1）主要结构：迷你穿梭小火车由导向轨道、导电轨道、行走踏面、支撑立柱、车辆和导向器等组成，其结构比较简单，但车辆形式多样，如图 3-441 所示。

①车辆连接。两辆车之间的连接及转向是通过车辆连接装置（图 3-442）及导向器（图

3-443）实现的。

图 3-441　迷你穿梭小火车车辆

图 3-442　迷你穿梭小火车车辆连接装置　　　　图 3-443　迷你穿梭小火车导向器

②车辆前桥转向器。车辆前桥转向器的两个插销分别插入导向器内的插孔内，如图 3-444 所示。车辆运行时，前桥转向插销与导向器配合带动前轮转向运行，可靠平稳。

③后轮传动机构。后轮传动机构由驱动电动机作为动力源，电动机转动通过链轮变速后带动后轮转动，再由后轮驱动车辆的运动，如图 3-445 所示。每台车都有一个独立电动机。

图 3-444　迷你穿梭小火车前桥转向器　　　　图 3-445　迷你穿梭小火车后轮传动机构

④导电轨道的形式。导电轨道一般采用铜材制成，导电性能好，且耐磨性好；导电刷一般采用电刷。导电轨道与金属结构的连接处采用胶木板隔离，并要求达到一定的绝缘程度，以防止整个金属结构带电产生触电事故。

2）工作原理：

①机械传动：每辆车上都有独立的驱动电动机，电动机驱动链轮，链轮变速使后轮转动；前桥由转向销轴与路轨下的小车导向器相连；轨道弯曲时，导向器沿轨道偏转，通过转向销轴偏转角度传递到前桥转向器，使车轮自动转向，从而实现自动驾驶。

②电气控制原理：控制柜输入电压为三相 60Hz、380V 电压，经整流变成直流电压，通

过导电轨供给各台车上的电动机。控制台启动时，合上总开关，电源指示灯亮，按动电铃，延时启动工作按钮。

3）安全装置：安全装置主要包括安全带。

3.4.4 卡丁车和赛车类游乐设施

对广大游客来说，亲身参与最富刺激、最激动人心的赛车运动是一个美丽的梦想。而驾驶卡丁车、儿童赛车、豪华赛车游戏正是实现这一梦想的重要途径。

F1（一级方程赛车）是专业赛车的目标，而卡丁车（KARTING）是迈向 F1 运动的摇篮。卡丁车的结构十分简单，一般都用无级变速发动机和 1:1 的方向盘，左脚为制动，右脚是加速踏板，只有前进没有倒车，因此操作起来十分便捷，不管会不会开车，只要你有勇气，谁都可以操作。

卡丁车具有安全、速度快、有惊无险的特征，而且由于车身设计离地面只有 3~4cm，所以几乎不可能翻车。同时，由于车手的视线离地面只有 70cm，身体完全裸露在外，所以体感速度要超过实际速度 3 倍或 4 倍以上，再加上卡丁车跑道直线距离很短，有很多的小弯道，驾驶起来就越发显出速度感，人坐在车上仿佛像要飞起来一样，直直地向前疾冲，猛地一个拐弯，车尾向一侧几乎横滑，感觉好像要被抛出一般，既刺激又具有挑战性。

开卡丁车不用担心安全问题，因为即使撞上了安全围栏（或者撞上跑道两侧的缓冲装置），都不会发生危险，最多也只是打个转儿，况且卡丁车还为驾驶者备有头盔和安全带。

卡丁车分为无级变速和带档两种，日本雅马哈公司还专门为儿童设计了一款卡丁车，7 岁儿童都可以驾驶。卡丁车又分为普及型和竞赛型两种，普及型又称为休闲型，这种车的速度不是很快；竞赛型卡丁车的速度很快，其底盘极低。

赛车有给儿童用的赛车和成人用的豪华赛车两种。儿童赛车的特点是速度较慢，一般在 25km/h 以下。现在已经有专门适用 6~9 岁儿童的低速卡丁车，其速度也控制在 25km/h 以下。儿童赛车一般采用蓄电池供电的电动机驱动，操作比卡丁车更简便，车体较小；赛车道一般为 4~6m 宽，车场直道多，急拐弯少。

豪华赛车没有卡丁车那样紧张刺激，更没有 F1 赛车那种惊险激烈，完全是一种体验休闲娱乐的成人汽车游戏，漂亮的赛车道几乎和卡丁车相仿。豪华赛车具有美观豪华的轿车车身，无论是封闭轿车式或是敞篷式豪华赛车，驾驶者都不是全身裸露在外。因此，能带给游客一种心理上的安全感。

豪华赛车的款式多种多样，座位舒适，造型美观、奇特，车型有单人车和双人车两种。但是，所有的豪华赛车和卡丁车一样，车身周围都有一圈坚实的防撞围板。防撞围板可用弹性钢板制成，也可采用橡胶材料制成，其功能是吸收车辆间相撞或车辆与赛车道旁护栏相撞的能量，保护车辆和游客免受伤害。

豪华赛车有时也和卡丁车同时出现在卡丁车场上，以满足不同游客的驾车兴趣。

1. 卡丁车和赛车的主要结构

卡丁车和赛车游乐设施由车体和车道两部分组成。

（1）卡丁车的主要结构　卡丁车的车体由车辆、车道等组成。车辆由座席、车轮、油门、刹车、手柄、发动机、安全装置等组成。

卡丁车的外形和主要零部件如图 3-446、图 3-447 所示。

（2）赛车车体的主要结构　赛车的车体由座舱、转向机构、驱动机构、防撞装置、行走装置、加速踏板、刹车和安全保护装置等组成，如图3-448所示。

图3-446　卡丁车

1）座舱。如图3-449所示，座舱由玻璃钢制成，座舱不允许有浸渍不良、固化不良、气泡、切割断面分层、厚度不均等缺陷；表面不允许有裂纹、破损、明显修补痕迹、布纹显露、凹凸不平等缺陷，转角处过渡要圆整；内表面应整洁。

刹车片、刹车总成

链条、链轮

后轮毂座

转向节

关节轴承

转向节、传动轴承

发电机配件

收缩式保险带

保险带

方向盘

横拉杆

缓冲胶块

图3-447　卡丁车主要零部件

图3-448　豪华赛车

图3-449　赛车座舱

2）操作系统和发动机。赛车操作部分由方向盘、加速踏板、刹车和转向机构等组成，如图 3-450 所示。转向机构由连杆机构组成，如图 3-451 所示。车辆发动机如图 3-452、图 3-453 所示。

图 3-450　赛车操作部分

图 3-451　赛车转向机构

图 3-452　赛车发动机（1）

图 3-453　赛车发动机（2）

3）缓冲装置。如图 3-454 所示，缓冲装置由防撞钢板和橡胶缓冲块组成。防撞钢板由合金钢材料制成，耐撞安全；橡胶缓冲块放在车底部保护底盘。另外，赛车后面还设置制动手闸装置，如图 3-455 所示。

图 3-454　赛车缓冲装置

图 3-455　赛车后制动手闸装置

2. 车道和路面

（1）车道　卡丁车和赛车的车道要求平整坚实，不得有凹凸不平现象；对于允许超速的道路，其路面宽度应不小于 5m，路面坡度不大于 5%，道路转弯半径（内径）不小于 5m；对于不允许超车行驶的道路，路面宽度应不小于 3m，路面坡度不大于 5%，道路转弯半径（内径)不小于5m；道路内不得有障碍物，也不应插入支线，道路两侧必须设置缓冲拦挡物。

（2）路面　车道路面有水泥路面和柏油路面两种。混凝土车道坚硬、耐久。路面颜色的深浅会影响车道温度，特别是高温的夏季，水泥路面比黑色的柏油路面要凉爽得多，这样职工和游客都会感到更加舒适，而且对轮胎的损伤也大大减少。水泥路面车道如果施工质量好，可以使用很多年。因为卡丁车很小，又缺乏弹性减振，不能跳跃，这意味着在不平的路面上极易受损，而且路面越平整，卡丁车的寿命就越长，游客的乐趣也越多。准确地安置水泥路面纵横向收缩装置和缝隙宽度也很重要，缝的间隙不当或路面质量差会导致车道突然塌陷，损坏车辆。空隙和接合处的深度，由板的厚度和是否使用加强钢筋及车道形状决定。柏油路面的特点适用于建造高速公路、停车场，但建造卡丁车道的效果不如水泥路面。因为天气炎热时，柏油会移动，产生车辙，易导致失控。雨后又需要更长的时间才能恢复路面重新使用。柏油路面的优点是不易于氧化，造价低，建造容易；其缺点是路面修补和车辆维修的费用比水泥路面高。供游人游乐的卡丁车路面宽度应不大于8m，并在道路两侧留出足够的安全地带。

（3）车场防护装置　设置车场防护装置的目的是，确定车道的边界，用以保护人和车辆的安全。因为当车辆不能保证正确行驶方向而撞击防护装置时，能吸收或分散碰撞的能量，可以避免或减少对人和车体的损伤。也就是说，车场防护装置有如下3大功用：一是使车辆保持在车道上行驶；二是保护驾驶者、员工和旁观者；三是减轻碰撞对人和设备的损坏。根据这些要求，应有所侧重地选择合适的防护措施。

3. 工作原理和安全装置

（1）工作原理　乘客上车坐定后，由乘客操作发动发动机，然后踩住加速踏板，把握方向盘，速度由慢至快，加速前进，在车道中自主遨游。

（2）安全装置　卡丁车的安全装置主要是前、后制动装置以及安全带。为确保安全，还应注意以下几点：

1）加速和制动装置必须有明显的标志。

2）制动装置必须安全可靠，最大刹车距离要小于7m。

3）汽油发动机油箱要密封良好，不得有渗漏现象。

4）应设置后制动装置，其棘爪与棘轮齿面要接触紧密且旋转灵活自如。

5）应设置后盖保护。

3.5　水上游乐设施的结构与原理

水上游乐设施一般只出现在水主题公园里面，没有任何机械装置。游客一般需要先从楼梯走到一、二十米的平台，然后按照规定的姿势依靠自身重力利用水流向下滑行。水主题公园常见的水上游乐设施主要有龙卷风暴（大喇叭）、魔力碗、造浪池、碰碰船、手摇船等。游客在水主题公园里面游玩时，由于通常使用的都是浮圈，所以一定要听从操作人员的讲解，并按他们所说的去做。一般来说当游客离开操作台后是不能改变姿势的。

水上游乐设施有峡谷漂流系列、水滑梯系列、造浪机系列、碰碰船系列、水上自行车系列和组合式水上游乐设施，常见的有龙卷风暴、魔力碗、精灵树屋、造浪池、竞技滑道、冲浪池、峡谷漂流等。

3.5.1　水滑梯

1. 常见水滑梯运行原理

（1）龙卷风暴　游客在 20m 的高度通过全密封的滑道向下急速滑行，到达喇叭内部的时候肃然升起，给人一种失重的感觉，如图 3-456 所示。根据力学原理，4 个人的重量越大能感觉到的刺激感越强烈！

（2）魔力碗　这种游乐设施是由 4 名游客同时乘坐一个 4 叶形浮圈，从高 20m 的站台口滑下。游客在通过了一段长达 80m 的半透明管状滑道之后，会高速冲入一个直径为 21m 的巨碗，在离心力的带动下，在沿巨碗边缘旋转约一圈半之后，再冲入碗中间的洞口，滑到出口。"巨兽碗"将会让你体验到完全不同于其他设备的全新滑行体验。其他游客还可以站在设备旁边 8m 高的观景台上，看到整个滑行过程，如图 3-457 所示。

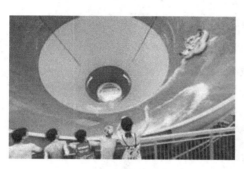

图 3-456　龙卷风暴

图 3-457　魔力碗

（3）精灵树屋　在由水管搭建起来的杂乱建筑里面，有各种水枪、水炮以及各种玩水设施。在上面还有高台滑道、儿童滑道。一般的大型精灵树屋的最上面都会有一到两个大水桶，当水桶里面装满水时就会将水倒出来。精灵树屋可以带给人极其轻爽的感觉，如图 3-458、图 3-459 所示。

图 3-458　精灵树屋

图 3-459　水桶倒水时

（4）竞速滑道　竞速滑道一般都是以直线为主，高度在 18m 左右。需要用到滑毯，人趴在滑毯上，手握紧扶把，有操作者将游玩的人推出入口并开始下滑，滑道呈阶梯状，每通过一个斜坡，游客的滑行速度就会增加，如图 3-460 所示。

（5）垂直极限　这种设施是能让人体会到"跳楼"的感觉。一般和竞速滑道搭建在一起，高度在 20m 左右。游客需要用双手抱住头部，采用双脚交叉的姿势，从顶端到底端只需要两三秒的时间，然后进入缓冲道，如图 3-461 所示。

图 3-460　竞技滑道

图 3-461　垂直极限

（6）螺旋滑道　这是一种较为缓和的滑道，而且比较平坦，需要用到滑圈。适合所有人群游玩乘坐特别设计的双人皮筏，从较高的上站台开始，通过近百米开放式的滑道，一路上旋转加速，在感受到强烈的离心力后，再经由曲形管道，冲入下面的水池。滑行中途的几个螺旋，让滑行速度越来越快，并造成人体的连续失重感，如图 3-462 所示。

图 3-462　螺旋滑道

2. 常见水滑梯的结构

水滑梯主要是将玻璃钢固定在稳定的钢架结构上，人在水的润滑作用下，依靠势能沿滑道轨迹下滑。

下面以螺旋滑梯为例，主要讲解其结构，如图 3-463 所示。

图 3-463　螺旋滑梯

此滑梯主要有站台、立柱、支撑臂、托架、玻璃钢和落水区组成。

（1）立柱和支撑臂及托架　立柱和支撑臂分布如图 3-464 所示。

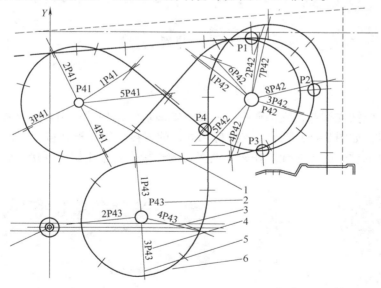

图 3-464　立柱和支撑臂分布

1—立柱　2—柱子识别标　3—支撑臂　4—臂识别标　5—托架　6—滑道

立柱是由金属圆管制作的，必须要有一定的强度、刚度，因为滑道的高度较高，游客从上站台下滑时，在曲线轨迹滑道上滑行，离心力较大，滑道侧面的冲击较大，容易晃动，所以立柱要有一定的刚度，防止变形。立柱是安装在基础上的，同时立柱应有防锈保护措施，如图 3-465 所示。

立柱安装好后，凡乘客可接触处的水滑梯及钢平台立柱底部加强筋不应露在地面上，不可避免时要采取适当的防护措施。如图 3-466 所示，地脚螺栓处有外露的螺栓，为了防止游客接触到，施工单位采取了加了一圈护圈的防护措施，确保安全，包括采取了网、栅栏、护垫，以及任何其他隔离用户以免不安全地接近柱子的方法。

装上索具的立柱

被吊起的立柱

螺母安装到位

安装好的柱子和臂

图 3-465　立柱安装

　　支撑系统还包括支撑臂，支撑臂主要起到支撑玻璃钢结构的作用。支撑臂上还安装了连接玻璃钢的托架，如图 3-467 所示。支撑臂和立柱的连接采用螺栓联接，下面还加设了斜撑杆，确保支撑臂承重时的可靠性。托架和支撑臂的连接也是采用螺栓联接。联接时一定要采用防松措施。

图 3-466　护圈

图 3-467　支撑臂和托架

（2）玻璃钢

1）水滑梯用玻璃钢的要求：玻璃钢应符合国家有关标准的要求，表面应光滑无裂纹，色调均匀。水滑梯用玻璃钢应符合以下要求：

①树脂应具有良好的耐水性和良好的抗老化性能。

②玻璃纤维应采用无碱玻璃纤维，纤维表面必须有良好的浸润性。

③玻璃钢的厚度应不小于6mm，法兰厚度应不小于8mm。

水滑梯滑道内表面要求如下：

①不允许存在小孔、皱纹、气泡、固化不良、浸渍不良、裂纹、缺损等缺陷，背面不允许存在固化不良、浸渍不良、缺损、毛刺等缺陷，切割面不允许存在分层、毛刺等缺陷。

②距600mm处用肉眼观察，不能明显看出修补痕迹、伤痕、颜色不均、布纹、凸凹不平、集合等缺陷。

2）螺旋滑道玻璃钢的结构与连接：

螺旋滑道玻璃钢的结构如图3-468所示。玻璃钢片之间的连接很关键，漏不漏水、连接强度、有无高低差均与安装有很大关系。法兰连接前，安装工人需要用细砂纸将法兰打磨发光，并用丙酮或喷漆释料清洁，然后用填缝剂涂抹，如图3-469所示，确保第一道填缝剂位于螺栓孔和滑道表面之间。第二道较小的填缝剂应位于螺栓外面，这也可以杜绝渗漏。两片玻璃钢连接时要注意不能有沿滑行方向的逆向阶差，顺向阶差不能大于2mm，接缝处滑梯边沿圆角顺向阶差不大于3mm，否则游客容易划伤或阀具容易破损。图3-470所示为两片玻璃钢接缝处。

图 3-468　玻璃钢滑道片

图 3-469　连接法兰处填缝剂

图 3-470　玻璃钢接缝处

同时，滑梯的运动轨迹应连续，滑行表面应光滑、流畅、无过急的拐弯。乘客在滑行时，不能因为滑行速度、滑梯坡度或滑行运动方向发生改变而与滑梯发生碰撞或产生翻滚、跌落现象。

对于敞开式滑梯，在滑行摆动或转弯处，滑梯外侧（内侧）护板应加高，如图 3-471 所示。

（3）站台走梯部分　有的使用单位在设置时，站台部分为钢结构，有的是采用混凝土浇筑的站台和走梯。图 3-472 所示为钢结构的站台和走梯。走梯和站台应加设安全栅栏，其高度不低于 1.1m，采用竖杆设置，相邻竖杆之间的间隙不大于 120mm。若平台高度大于 10m 时，护栏高度不低于 1200mm。同时，还要注意平台走梯的宽度，其不小于 1m，自行搬运滑行工具的梯步不小于 1.2m，儿童使用梯步宽度不小于 0.7m。台阶面转角半径不应小于 3m，梯高一般不大于 5m，当高度大于 5m 时应设平台，分段设梯。

图 3-471　拐弯处加高部分

（4）滑道入口区　在滑道入口处必须设置离平台高度为 1.1m 的横杆，以促使乘客按规定姿势下滑，如图 3-473 所示。

图 3-472　站台和走梯

图 3-473　入口处

（5）滑梯落水区　如图 3-474 所示，滑梯落水区的设置应注意以下三点：

1）滑梯末端延伸部分可作为乘客停止滑行的截留区，其延伸长度应保证不同体重的游戏人员在截流区内完全停止滑行。

2）设置滑梯专用落水池，外侧滑梯侧边到水池壁的水平距离不应小于 1.5m，浮圈滑梯滑道侧边到水池侧壁的水平距离不应小于 2m，水池应有足够长度让游戏人员在池壁前减速停止。

3）在设计、施工与使用滑梯专用落水池时，不应让离开相邻游戏人员相互接触。

3.5.2　造浪池

造浪池类游乐设施是水主题公园必不可少的，它能模拟真实海浪。造浪池作为休闲娱乐的一种方式，正成为一种融亲情、浪漫、欢乐与一体的一种时尚，全国各地正在掀起一股造浪戏水的建设热潮。人工造浪总是水上游乐最闪亮的瞩目点，畅游于造浪池内，无论是碎波绵绵，还是波涛汹涌，都给予人投身大海怀抱的乐趣。用海的情怀吸引游客，实为绝佳创意，如图 3-475 所示。

图 3-474　落水区

图 3-475　造浪池

1. 造浪方式

（1）摇板式造浪机　该型造浪机的工作原理是造浪板绕水下某轴线，前后摆动推动水体形成波浪，改变摇板的运动频率和幅度，即可改变波浪和大小和长短。摇板的动力源分为机械式和液压式两种。摇板式造浪机结构复杂，能耗大。

（2）真空式造浪机　真空式造浪机主要由真空泵、管路系统、动作系统、阀门系统，控制系统及气室组成。它的工作原理是：真空泵用以提高室内的水位，由控制系统按照预先设计的波浪谱发出信号给动作系统，控制阀门系统的开启与关闭，最终影响气室内水位的高与低，从而产生波浪。真空式造浪机的最大特点是可造 2m 以上的大浪，该浪为推移流，气势极其宏伟；但其结构复杂，造价昂贵，主要用于大型冲浪滑板造浪池和试验用池。

（3）空气式造浪机　空气式造浪机是将高压离心风机鼓出的强大气流引入一气室，通过周而复始的抽/排空气，压迫气室内的自由水面兴起波流。改变抽/排气流的变换频率和气流大小，即可改变波浪的大小和长度。

空气式造波机主要由气室、风机、阀产机构、调速机构、风管系统、控制系统等组成，其特点是结构简单，使用可靠，维护保养方便，无污染，安全性极佳，是休闲场所的首选产品；但是，它的缺点是噪声稍大。空气式造浪机是目前戏水最常用的造浪方式。

2. 造浪方式与方案

（1）造浪基本原理　一般情况下，娱乐方面造浪选择空气式造浪是最佳方案。

空气式造浪设备主要由气室、风机、阀门机构、风管系统或蓄压室、控制系统等组成，其特点是结构简单，使用可靠，维护保养方便，无污染。

人工造浪是一项多学科综合性的设备工程，它涉及空气动力学、波浪力学、机械学、电气控制系统学等学科。

波浪的传递是一个扩散和能耗过程，故设计中往往深水区波高大，面积小，浅水区波高小，面积大，正常水深 1.5～1.8m，池底坡度小于 8%。造波池的形状设计是非常重要的，好池形有利于波浪的共振、传播和叠加，进而影响到浪的形态；同样的造浪设备因池形不同，造出浪的大小也有较大差别。

（2）造浪机主要设备

1）造浪机房和造浪主机：造浪机房如图 3-476 所示；造浪主机采用高压离心风机，如图 3-477 所示。

2）系统控制操作台。

3）原装进口可编程序控制器及造浪专用软件。

4）气动执行机构。

5）主机专用控制柜。

6）造浪专用双蝶阀门机构。

7）执行机构气源系统。

8）通风消音系统。

9）风管路系统。

10）风门调节机构。

图 3-476　造浪机房

（3）人工造浪设备注意事项

1）根据建设业主对造浪型式、波浪高度、波浪种类和波浪长度等要求，按照生产厂商提供的产品技术参数选择造浪的机型。

2）根据需要按产品性能和技术参数选用造浪型式。造浪机房应设置在造浪深水端。

3）造浪池的池型宜为梯形或扇形。或池窄面深水处的长度宜为池长的 1/3，可一面或二面扩展最大 15°，形成波浪区。

图 3-477　高压离心风机

4）造浪池的水循环宜设计为池底均匀进水。池子浅水端应设排水沟，水面低于池岸时应设撇渣器。

5）造浪池的水深可通过平衡水池（或均衡水池）的排水或进水调整。池的所有部位应不断流过经水处理消毒后混合后的水。当进水时间较长时，平衡水池水中游离氯的浓度应不低于水池中的数值。

6）造浪池制浪时，应采取防止池水回流的措施。

7）造浪池的最大人数负荷应按每人 2.5m² 计算，池水循环周期宜小于 9h。

3.6　无动力类游乐设施的结构与原理

无动力类游乐设施是指本身无动力驱动，由乘客在设备上操作或游乐的设施。根据特种设备目录，无动力类游乐设施包括高空蹦极系列、弹射蹦极系列、小蹦极系列、滑索系列、空中飞人系列、系留式观光气球系列和组合式无动力游乐设施。

3.6.1　蹦极

蹦极在瞬间使你经历各奇特的感觉，惊恐、疯狂、高喊、尖叫、欢呼和放松，是一种勇敢者运动，它需要首先战胜自我，才能够面对一切。蹦极不但可以完全感受自由落体的快感，更可享受反弹失重的乐趣。蹦极是游客或游客乘坐物依靠弹性绳或其他弹性件的伸缩，在空中产生弹跳、翻滚运动的游乐设施。一般包括高空蹦极、弹射蹦极和小型蹦极。

1. 高空蹦极系列

高空蹦极是游客依靠弹性绳或其他弹性件的伸缩，从高空塔架或其他平台上向下跳跃并在空中产生弹跳、翻滚运动的游乐设施。

跳跃者站在约 40m 以上（相当于 10 层楼）高度的桥梁、塔顶、高楼、吊车甚至热气球上，把一端固定的一根长长的橡皮绳绑在踝关节处，然后两臂伸开双腿并拢，头朝下跳下去。绑在跳跃者踝部的橡皮绳很长，足以使跳跃者在空中享受几秒钟的"自由落体"。当人体落到离地面一定距离时，橡皮绳被拉开、绷紧，阻止人体继续下落，当到达最低点时橡皮绳再次弹起，人被拉起，随后又落下，这样反复多次直到橡皮绳的弹性消失为止，这就是蹦极的全过程。

（1）高空蹦极的主要结构　高空蹦极主要由基础、塔架、平台、装备四部分组成。

1）基础。基础是钢筋混凝土结构，预埋地脚螺栓，方便塔架的安装。

2）塔架。塔架一般是钢结构的，有足够的强度和刚度，塔架应设置在方便游客疏散的安全通道处；楼梯或爬梯应符合有关标准规范要求。对于高度大于 15m 的塔架必须设避雷装置，接地电阻不得大于 10Ω。运送游客的电梯、升降机等设备，应符合国家有关规定。塔架可以根据地形和使用的需要设计成各种形式，如图 3-478 所示。

图 3-478　高空蹦极

有些高空蹦极的形式很特殊，没有固定的塔架，平台由起重机、钢索悬挂在空中，如图3-479、图3-480所示。

图3-479　起重机吊平台

图3-480　钢索吊平台

3）平台。平台也是由钢结构组成的，如图3-481所示。平台应设置隔离区，使弹跳者与其他无关人员彼此隔离；平台台面上应设有防滑措施；高空平台弹跳口应设置可开启的拦挡物；高空平台应有用于安全背带或安全带的固定装置，且有足够的强度；高空弹跳点平台应设置方便向下的观察孔或观察窗；用于冲击绳、回收绳和定滑轮等设备的悬挂或固定装置应牢固可靠；对于上述设施，回收绳与跳跃平台的水平距离应不小于400mm。

4）装备。蹦极的装备由弹跳绳、扣环、束缚装备等部分组成。

①弹跳绳。一般蹦极地点都有专业弹跳绳，旧式弹跳蝇没有安全绳后备系统。新式弹跳绳采用"双保险"，为防止发生意外，弹跳绳的设计皆按人体下降速度及反弹高度分为轻绳及重绳。这种弹跳绳的安全系数较高，如图3-482所示。

图3-481　高空蹦极平台

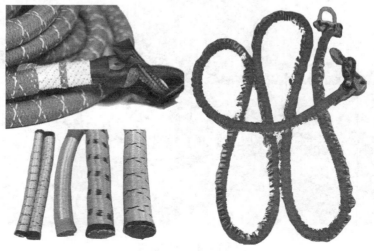

图3-482　弹跳绳

②扣环。扣环是连接弹跳绳与弹跳者的重要环节，一般采用的扣环为纯钢制品，每个安全钢扣环皆可承受约 4772kg 的重物，如图 3-483 所示。

图 3-483　扣环

③束缚装备。根据蹦极方式的不同，束缚装备分为绑脚装备、绑腰装备、绑背装备，如图 3-484 所示。

a) 绑脚装备　　　　　　　　　b) 绑腰装备　　　　　　　　　c) 绑背装备

图 3-484　高空蹦极束缚设备

（2）检验注意事项

1）依山体修建的塔架，应提供当地的地质勘探报告，基础和塔架的施工应该有监理和最终的验收报告。

2）蹦极教练必须经过严格的上岗培训，熟练操作过程和各项检查内容，其中塔架、蹦极绳、连接装置等是每天必须检查的项目，蹦极绳及安全附件使用时必须严格记录，到达厂家规定使用次数时，必须更换。

3）蹦极绳固定结构必须牢固可靠，不允许锈蚀和减薄，必要时可对其结构进行超声波测厚，关键连接焊缝应进行探伤检验。

4）连接卡扣由于经常磨损，检验时也应对其进行磨损量和探伤检验。

5）检验蹦极装备的二道保险。卡扣、扁带、蹦极绳全部都有二道保险，这是目前蹦极设备最重要的设计原则。

2. 弹射蹦极系列

弹射蹦极是游客乘坐物（蹦极座舱）依靠弹性绳或其他弹性件的伸缩，从地面或其他平台向上弹射并在空中产生弹跳、翻滚运动的游乐设施，如图 3-485 所示。

（1）弹射蹦极的主要结构　弹射蹦极主要由基础、塔架、电气提升部分、座舱组成。

1）基础。基础是钢筋混凝土结构，浇筑了三个部分，即两个立柱和一个中间基座。现在也有厂家生产无基础的弹射蹦极，只要有一块满足要求的平地即可，如图 3-485a 所示。

2）塔架。弹射蹦极的塔架一般有两种结构：一种是用圆管焊接成的桁架结构，如图 3-485b 所示；另一种是直接用圆管和法兰连接的圆柱结构，如图 3-485c 所示。

a) 基础   b) 桁架结构的塔架   c) 圆柱结构的塔架

图 3-485 弹射蹦极

3）电气提升部分。电气提升部分指的是每个塔架下都有一个卷扬机，卷扬机上的钢丝绳与弹性绳连接，弹性绳与座舱连接。

4）座舱。座舱是在一个球形框架里安装了两个座椅，由安全带和安全压杠对游客进行保护，如图 3-486 所示。

（2）弹射蹦极的工作原理 每个塔架下设有一台卷扬机，座舱中可乘坐两人，用钩子或磁性件固定在地面上。运动开始时，卷扬机牵引钢丝绳引伸弹性绳，当弹性绳拉到一定长度后，座舱脱开挂钩（或磁性件断磁），靠弹性绳弹力，迅速向上弹射。现在还有用滑轮弹簧组代替原来提升机加弹性绳的结构来实现蹦极的运动方式。

（3）弹射蹦极的安全装置

1）可靠的肩式压杠及安全带。

2）弹性绳的断绳保护措施。

3）卷扬机过卷保护装置。

图 3-486 座舱

（4）检验注意事项

1）蹦极座舱联接销轴及连接耳板需要进行探伤检查。

2）蹦极座舱压杠连接受力焊缝必须进行探伤检查。

3. 小型蹦极

小型蹦极是指游客依靠弹性绳或其他弹性件的伸缩，从地面向空中弹跳，产生上下、翻滚运动的游乐设施。小型蹦极塔架的高度小于 10m，如图 3-487 所示。

（1）小型蹦极的主要结构 小型蹦极由钢结构、提升系统、弹性绳和安全带组成。

1）钢结构。钢结构是指由方管或圆管焊接而成杆件，杆件之间通过销轴连接，形成四根支撑臂，每个支撑臂顶端都装有定滑轮。

2）提升系统。每两个支撑臂之间都可以安装一个微型电动葫芦做为卷扬机使用，如图 3-488 所示。

图 3-487　小型蹦极

3）弹性绳。弹性绳通过绳扣与钢丝绳连接。弹性绳有空心管状的和实心两种，如图 3-489 所示。

图 3-488　提升系统

图 3-489　弹性绳

4）安全带。安全带由尼龙编制带与安全扣缝制而成，如图 3-490 所示。

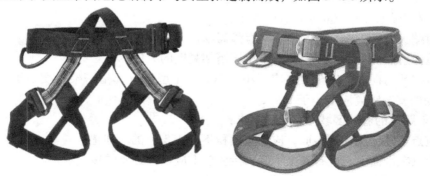

图 3-490　安全带

（2）小型蹦极的工作原理　由工作人员为乘客系好安全带，然后开启电动机收缩牵引绳，弹力绳受力，瞬间游客忽高忽低，翻转腾挪。

（3）检验注意事项

1）对电动葫芦钢丝绳的磨损检验。

2）对安全带的磨损检验。

3）对弹性绳的老化检验。

4. 蹦极的基本要求

《无动力类游乐设施技术条件》（GB/T 20051—2006）对蹦极的要求如下：

（1）蹦极平台（跳台）

1）蹦极平台（跳台）活动载荷应按不小于 $3kN/m^2$ 计算。

2）蹦极平台（跳台）应设置隔离区，使弹跳者与其他无关人员相隔离；高空平台弹跳口应设置可开合的拦挡物。

3）平台台面应有防滑措施。

4）高空弹跳点平台应设置方便向下的观察区域（如观察孔或观察窗），操作人员应视野开阔。

5）高空平台上，用于安全带（或安全背带）的固定装置，如冲击绳、回收绳和定滑轮等设备的悬挂（或固定）装置应有足够的强度，而且要求固定牢固可靠。

（2）弹跳空间及着陆区域的要求

1）高空蹦极的弹跳空间应符合的要求：

①上部安全距离：反弹最高点与平台下缘竖向距离应不小于跳跃高度的7%，且不小于2m。

②底部安全距离（下落最低点距着陆区域的安全空间）：当跳跃高度不大于40m时，竖向距离应不小于3m；当跳跃高度大于40m时，竖向距离应不小于4m。

③跳跃区前向安全距离：当跳跃高度不大于40m时，安全距离应不小于10m；当跳跃高度大于40m时，安全距离应不小于12m。

④跳跃区后向安全距离：当跳跃高度不大于40m时，安全距离应不小于10m；当跳跃高度大于40m时，安全距离应不小于12m。

⑤跳跃区侧向安全距离：当跳跃高度不大于40m时，安全距离应不小于10m；当跳跃高度大于40m时，安全距离应不小于12m。

2）弹射蹦极的弹跳空间应符合的要求：

①弹射蹦极上面的安全空间内不得有障碍物。

②座舱弹射点向上的安全距离应不小于塔架高度的2倍。

③座舱向前与向后的安全距离应不小于10m；小型蹦极（指塔架高度小于10m的弹射蹦极）摆动的安全距离应不小于1.5m。

3）弹射蹦极的着陆区域应符合的要求：

①接应点在陆地或固体表面，应设置面积不小于 $3m^2$ 的着陆垫。

②接应点在水面上，应有安全水域，接应船上应设置必要的接应设备。

（3）提升、下降及传动系统的要求

1）载人钢丝绳应选用柔性好的自润滑钢丝绳，其安全系数应大于10，其他材质承载绳的安全系数也应大于10。

2）弹射蹦极塔架左侧与右侧的两台卷扬机在运行中应有同步控制装置，两台卷扬机应分别设有高度一致的上升和下降限位装置，限位装置应安全可靠。

3）小型蹦极的滑轮或卷筒与钢丝绳的直径比应不小于 10 倍。

4）只有在确认游客已停止跳跃后，方可起动卷扬机提升或下放游客。

5）每台卷扬机应有可靠的制动器。

6）必须有紧急救援装置。

（4）弹性绳的要求

1）弹性绳的生产厂家应提供材质报告。

2）弹性绳生产厂家应提供弹性绳产品合格证书及使用说明书，内容应包括：弹性绳的无载长度、使用载荷和拉伸率范围、断裂强度及断裂伸长率、使用次数、报废断丝比例、保管及存放要求、制造日期、使用终止日期及二道保险绳的长度等。

3）弹性绳产品必须进行型式试验，并提供型式试验报告，弹性绳最大使用次数应根据型式试验数据确定。

4）高空蹦极的弹性绳在弹跳者设计载荷范围下其最小伸长量应不小于无载长度的 2.5 倍，对所有形式蹦极的弹性绳在最大动载荷下最大伸长量应不超过无载长度的 4 倍。

5）弹性绳必须装有安全绳，其拉直长度应大于弹性绳的有效拉伸量，高空蹦极安全绳拉直后应保证跳跃者离接应点不小于 3m，安全绳的静载安全系数应不小于 10，小型蹦极可不加安全绳。

6）高空蹦极弹性绳上应标注使用载荷，并有明显标识。

7）弹性绳的端头连接方式应合理且安全可靠。

（5）弹射蹦极座舱及锁定装置的要求

1）座舱应结构合理，牢固可靠。座椅应设置头部靠枕，座椅尺寸应符合相关标准规定的要求。座舱表面应无外露的锐边、尖角、毛刺和危险凸出物等。

2）座舱应配置锁定装置，保证锁定可靠和释放灵活；电磁铁吸力应满足实际要求，并设两道保险。

3）无座舱式弹射蹦极固定方式应牢固可靠；采用锚固块固定方式的，在任何情况下，不得拉动锚固块。

（6）安全附件的要求

1）安全附件应有合格证、产品认证或型式试验报告，安全系数应不小于 10。

2）卡扣为闭锁结构，高空蹦极使用的弹性绳与人连接的卡扣应反向成对使用。

3）各种安全附件应规定使用寿命，并按期更换。

4）用于握持或下降的绳索最小直径应不小于 71mm，安全系数应不小于 10，绳索材料应由合成纤维或性能相似的材料制成，应能承受拉伸和冲击载荷。

5）扁带连接方式必须安全可靠，采用缝合连接的，其缝合长度应为其宽度的两倍。

6）跳跃装备应有合格证，背带、扁带和踝部绑带应安全可靠，其安全系数应不小于 10。

（7）其他要求

1）在蹦极登录处应有体重称量装置和身体检查，并有记录。

2）工作人员应有必要的安全防护措施。

3）高于 20m 的塔架或蹦极的平台均应设有风速计。

4）位于弹跳平台、接应区、登录处等部位的工作人员应配备互相联系的通信设备和必要的音响信号装置。

5. 蹦极的试验与检验

1）新建或改建的蹦极设施竣工后，制造或安装单位应进行试验与自检，并应详细填写自检报告。

2）新的弹性绳使用前应进行检查，确认制造厂家提供的技术参数，如载荷与绳的伸长关系参数、绳索承受最大重力载荷等。

3）进行人体试验前，必须用模拟负载进行试验，测量弹升高度和自由振荡次数。

6. 蹦极的管理、维护与保养

1）蹦极入口处的明显地方应有标示牌，标明详细的游客须知。操作和服务人员必须及时详细地向游客讲解安全注意事项。

2）弹性绳的维护与保管。在使用中，每日都要对弹性绳进行仔细检查并检查弹性绳的动载荷长度与无载荷长度的变化，如发现异常变化，应立即更换；记录每日弹性绳使用的跳跃次数。

3）蹦极载荷应严格控制在弹性绳使用载荷范围内。

4）弹性绳必须防止紫外线的曝晒及与尖锐物、化学品接触。

5）当弹性绳不使用时，必须贮藏在干燥的仓库内，并远离热源。

6）出现下列情况之一时，弹性绳索必须终止使用予以报废并销毁：

①弹性绳的断丝数量已达到制造厂家规定的断丝量，胶管类弹性绳出现肉眼可见的老化花纹、破损或缩径。

②弹性绳已过安全使用期。

③弹性绳使用的蹦极跳次数已达到制造厂家所规定的最大跳跃次数。

④弹性绳遭受破坏，或接触了腐蚀性的化学物质或溶剂。

⑤其他危及安全使用的情况。

7）对于高空蹦极和塔架高度不小于10m的弹射蹦极，每台（套）设备使用时应至少配备两名蹦极教练员，运行中要注意游客动态，及时制止游客的危险行为。

8）弹跳区必须备有一套紧急救护装备（包括医疗救护箱），同时要有两名以上受过专业培训的人员，以便在突发事件时，在现场进行紧急救护。弹跳区域附近应有可随时联系的医院，并有交通、通信等措施，以备突发紧急事件时应用。

9）当遇到雨、雪、冰雹、雷电、大雾及风速大于15m/s等可能影响蹦极正常使用的情况时应停止使用。

3.6.2 其他无动力类游乐设施

前面我们介绍了蹦极系列的游乐设备，接下来我们介绍其他几类无动力游乐设施。

3.6.2.1 滑索

滑索是游客借助滑轮等工具依靠重力沿钢丝绳下滑的游乐设施。滑索也叫作溜索，如图3-491所示。它是利用物体位置高差所具有的势能，借助钢索和滑车，使游人从高处滑下至低处的一种游乐设备。滑索作为集游乐体育于一体的富有刺激性的项目设备，能满足游客亲自参与和挑战自我的愿望，深受广大乘客的喜欢。

图 3-491　滑索

1. 滑索的主要结构

　　滑索主要由钢丝绳、滑行吊具（滑行小车、吊带）、支架与基础、制动、缓冲装置、防护装置、吊具回收装置、上下站台（见图 3-492、图 3-493）等组成。滑索的最大弦线倾角超过 10°时必须增设阻尼装置。滑行小车在与制动（缓冲）装置接触前瞬间速度不得大于 3.5m/s，滑行小车的制动应平稳、安全可靠。根据承载索数目不同，滑索可分为单索、双索；根据回收方式不同，滑索可分为往复式、直滑式。另外，滑翔飞翼也是滑索的一种形式，如图 3-491 所示。

图 3-492　滑索上站台

图 3-493　滑索下站台

2. 滑索的工作原理

　　承载索悬挂在高、低两端，弦线倾角大于 3°，利用物体因高度差所产生的势能，滑车可自行从高处滑到低处。游人坐在滑车下的吊具内，随滑车运行，体验空中飞人的感受。在低处的滑车和吊具由回收装置牵引索拉回至高处，供下一轮运行，如此循环使用。

3. 滑索的安全装置

　　1）滑车吊挂点的保险措施。

　　2）乘人进入下站台前的制动（缓冲）装置。

　　3）缓冲垫。

4）因故乘人未滑到下站台而中途停止时的疏导措施。

5）上站台服务人员防坠落的安全保护措施。

4. 滑索的基本要求

《无动力类游乐设施技术条件》（GB/T 20051—2006）对滑索的要求如下：

（1）主要参数

1）滑索的最大弦线倾角不宜超过10°。

2）滑车在接触缓冲器前的瞬间速度应在3.5m/s以下。

3）使用环境的风速不得大于8m/s。

4）滑行中人与障碍物的距离应大于1.5m；多滑索间相邻滑索中心距应大于1.5m。

（2）承载索的固定　承载索宜单独设置基础固定。

（3）站台应有足够的空间保证游客和工作人员的活动；站台上下楼梯的设置应方便游客的集散，人流不能交叉，保证其安全；起点站必须分设等待区和出发区起点站必须设置安全可靠的乘客放行装置。终点站必须设置接应区和疏导区。

（4）承载和牵引索

1）承载和牵引索的安全系数（最小破断拉力与最大计算拉力之比）应不小于5，动载系数应大于2。

2）承载索垂直载荷与最小张力之比，不得大于1/10。

3）承载索直径不得小于12mm。

4）承载索应有张力调整装置，主要受力部件的安全系数不小于6，上下站固定端应采取有效的防松措施和二次保护。

5）采用多绳承载时，各承载索受力应均匀。

（5）滑车

1）滑行小车所有构件安全系数不小于6。

2）小车滑轮必须设计有防止钢丝绳从滑车内脱落的装置。

3）滑车滑轮轴应有二次保护。

4）滑行小车的结构型式试验应进行6倍额定载荷的负载试验，不得发生任何损坏和变形。

（6）吊挂件和乘坐物

1）乘坐物应有产品合格证、产品认证或型式试验报告。合格证中应标明材质、额定载荷和破断强度等参数，破断拉力不小于12kN。

2）乘坐物在使用前应进行负载试验，负载重量为额定载荷的10倍，不应出现任何损坏。

3）非金属吊挂件、承载体和金属套环、卡扣等，应有合格证、产品认证或型式试验报告。合格证中应有相关的技术数据，其安全系数应大于10，并均应进行负荷试验。

4）各种与人体安全有关的非金属件均应有使用寿命规定，并定期更换。

5）吊挂部分应设有保险装置。

（7）制动（缓冲）装置

1）在滑索的到达站（终点站）必须设置性能可靠的制动系统，制动过程应平稳、安全，保证起到可靠的缓冲和制动作用。

2) 除制动装置外，还必须使用防护垫。防护垫宜采用软性泡沫塑料填充，其厚度要求不低于 400mm。面积不小于 1.5m（高）×1.5m（宽）。防护垫的悬挂应可靠并能充分发挥其缓冲作用。

（8）回收装置

1）回收装置应设置防止绳索从滑轮上脱落的装置和防止绳索打折或缠绕的装置。

2）电动回收装置应设防过卷装置。

3）回收装置应操作简单可靠，并设有可靠的到位联锁保护。

（9）安全

1）工作人员应有必要的安全防护措施。

2）当滑行速度过低或其他原因致使游客无法到达终点时，应有方便可靠安全的救援设施。

3）同一条滑索上禁止两辆滑车同时滑行。

（10）服务

1）滑索现场应有详细的游客须知，并在明显的地方公布。

2）操作和服务人员必须及时详细地向游客讲解安全注意事项。等待区的乘客只有在准备滑行时，才允许进入出发区。滑索的出发点至少有两名工作人员，指导和监督游客按规定的姿势穿好或坐上乘坐物，并对安全措施进行检查与确认。待终点站发出可以放行信号后方可放行。运行中要注意游客动态，及时制止游客的危险行为。

3）回收装置工作时，站台上不应有乘客。

4）滑索终点站应有经过训练的操作人员进行安全保护。

5）停止运营时，滑车必须拆下或锁住，以免被擅自乘坐。

（11）试验与检验

1）新建或改建的滑索设施竣工后，制造或安装单位应进行试验与自检，并应详细填写自检报告。

2）进行人体试验前，必须用模拟负载进行试验，测量最大下滑速度、进站前速度和制动效果。

3.6.2.2　空中飞人

空中飞人是将游客用钢丝绳提升到一定的高度，靠本身势能围绕悬挂点作往返摆动的游乐设施，如图 3-494 所示。

1. 空中飞人的主要结构

空中飞人是由塔架、牵引钢丝绳、吊挂钢丝绳（图 3-495）、提升系统、吊挂安全保险装置（图 3-496）和升降平台（图 3-497）组成。

2. 空中飞人的工作原理

游客穿好吊挂安全保险装置，站到升降平台上，由工作人员把牵引钢丝绳、吊挂钢丝绳用绳扣与吊挂安全保险装置连接在一起，

图 3-494　空中飞人

卷扬机带动牵引钢丝绳把游客带到高空，到达一定位置后，卷扬机停止转动，由乘客拉开与

牵引钢丝绳连接的绳扣，游客与牵引钢丝绳分开（图 3-498），游客开始做自由落体运动，到了最低点由于吊挂钢丝绳的作用，游客来回做钟摆运动。

图 3-495　吊挂钢丝绳

图 3-496　吊挂安全保险装置

图 3-497　升降平台

图 3-498　脱开牵引索

3. 空中飞人的基本要求

《无动力类游乐设施技术条件》（GB/T 20051—2006）对空中飞人的要求如下：

（1）提升系统的要求

1）应分别设有上升和下降的限位开关，限位开关应安全可靠。

2）每台卷扬机应有可靠的制动器。

3）必须有紧急救援装置。

（2）吊挂件和乘坐物

1）乘坐物应有产品合格证、产品认证或型式试验报告。其破断强度应不小于 12kN。

2）乘坐物在使用前应进行负载试验，负载重量为额定载荷的 10 倍，不应出现任何损坏。

3）非金属吊挂件、承载体和金属套环、卡扣等，应有合格证、产品认证或型式试验报告。其安全系数应大于 10。

4）各种与人体安全有关的非金属件均应有使用寿命规定，并定期更换。

5）吊挂部分应设有保险装置。

（3）音响信号装置　应配备必要的音响信号装置。

（4）安全距离　乘客运动轨迹的两侧应有不小于 10m 的安全距离。

3.6.2.3　系留式观光气球

系留式观光气球是采用复合材料制作，具有双层球胆结构，内部充装氦气，球体在地面上有固定的系留点，球体下部悬吊乘人部分升空观光的游乐设施，如图 3-499 所示。

图 3-499　系留式观光气球

系留式观光气球是一种无动力气球飞行器。气球用系缆与地面设施连接，球体内充氦气，依靠浮力悬停在空中。

一个系留式观光气球系统一般由球体、系缆、锚泊设施、测控、供电等部分组成。球体为全柔性结构，由多功能柔性复合材料制成，外形一般采用流线形。球体尾部的尾翼多采用十字布局或倒 Y 形布局。球体内部分成充有氦气的主气室和充有空气的副气囊两部分，气球的浮力由主气室提供，副气囊则用于调节球体的压力，使球体始终保持较好的刚性。

《无动力类游乐设施技术条件》（GB/T 20051—2006）对系留式观光气球的要求如下：

（1）主球体

1）主球体应为双层球胆结构。

2）内胆应采用具有密封性好、抗拉强度大、使用寿命长的复合材料。其纵向抗张强度应大于 $600N/mm^2$，横向抗张强度应大于 $500N/mm^2$，极限使用温度范围应大于 $-35 \sim 60℃$。

3）球体外皮应采用抗拉强度大、耐紫外线的复合材料，其抗拉强度应大于 $1.8N/mm^2$，使用温度范围 $-35 \sim 60℃$。

4）充气口应位于球体底部，且具有良好的密封措施。

（2）充气要求

1）气球所用气体必须是氦气，而且应符合国家标准，严禁使用氢气。

2）充气时气球应预留负压区（空气室）。负压区应为整个球体容积的 8% ~ 10%。

（3）绳索

1）主力绳（控制气球升降的绳索）的安全系数应大于 10。

2）保险绳（保证气球与地面的安全系留）数量应不少于 3 根，其安全系数应大于 10。

3）连接环有产品合格证、型式试验报告或产品认证，其安全系数应大于 10。

4）系留链的数量应不少于两根，其安全系数应大于 5。

（4）吊挂件和乘坐物

1）乘坐物应有产品合格证、产品认证或型式试验报告。其破断拉力应不小于12kN。

2）乘坐物在使用前应进行负载试验，负载重量为额定载荷的10倍，不应出现任何损坏。

3）非金属吊挂件、承载体和金属套环、卡扣等，应有合格证、产品认证或型式试验报告。其安全系数应大于10。

4）各种与人体安全有关的非金属件均应有使用寿命规定，并定期更换。

（5）其他要求

1）现场应有称重装置，乘客升空时其体重及沙袋重量与升力的差应小于150N。

2）现场应有以主力绳系留点为中心且半径为25m的安全范围。

第 4 章

大型游乐设施的安全保护装置

大型游乐设施的安全装置和电气保护装置是确保大型游乐设施安全必不可少的重要组成部分。安全装置包括乘人安全束缚装置（安全带、安全压杠和挡杆）、锁紧装置、止逆行装置（止逆装置）、制动装置、超速限制装置（限速装置）、运动限制装置（限位装置）、防碰撞及缓冲装置等；电气保护装置主要包括电击防护、防雷与接地、过电流、过电压、过载等。

4.1 乘人安全束缚装置

自 2010 年以来，国内发生的多起大型游乐设施事故均与束缚装置有关，一方面是中小型游乐设施制造单位对 B、C 级大型游乐设施的乘人安全束缚装置重视不够，安全分析能力较差，研究不透，设计制造出来的装置安全隐患较多；另一方面运营使用单位对其日常检查保养不到位，设施功能失效后还在继续使用。虽然《游乐设施安全技术监察规程（试行）》和《游乐设施安全规范》（GB 8408—2008）中对乘人安全束缚装置都有相应要求，但这些都是通用要求，我们一定要结合设备的运动特点、结构原理、适应对象，通过安全分析、安全评估，优化设计，设置合理的乘人安全束缚装置，确保其可靠有效。

安全束缚装置的要求：当游乐设施运行时，乘人有可能在乘坐物内被移动、碰撞、会被甩出或滑出时，必须设有乘人安全束缚装置（也用作约束乘人的不当行为）。对危险性较大的大型游乐设施，必要时应考虑设置两套独立的束缚装置。束缚装置可采用安全带、安全压杠、挡杆等，具体要求如下：

1）束缚装置应可靠、舒适，与乘人直接接触的部件有适当的柔软性。束缚装置的设计应能防止乘人某个部位被夹伤或压伤，应容易调节，操作方便。

2）束缚装置应可靠固定在游乐设备的结构件上，在正常工作状态下必须能承受发生的最大作用力。

3）乘人装置的座位结构和型式设计，应具有一定的束缚功能。其支撑件尽量减少现场焊接。

4）对于束缚装置的锁紧装置，在游乐设施出现功能性故障或急停刹车的情况下，仍能保持其闭锁状态，除非因疏导乘人而采取的紧急措施。

乘人安全束缚装置主要由护圈和锁紧装置两部分组成。因此，安全束缚装置可以按护圈和锁紧装置两种形式分类。若以护圈形式分类，可分为压杠式和绳带式两种，压杠式又有护胸式和压腿式；若以锁具形式分类，可分为缸筒类和卡销类两种。卡销类又有棘轮棘爪、卡位销和挂钩 3 种形式。

4.1.1 安全带和安全压杠

4.1.1.1 安全带

安全带宜采用尼龙编织带等适于露天使用的高强度的带子，不要采用棉线带、塑料带、人造革带及皮带，因为前3种安全带的强度较弱，易破损；皮带经雨淋后，易变形断裂。安全带的带宽应不小于30mm，安全带破断拉力不小于6000N。安全带易分成两段，分别固定在座舱上，安全带与机体的连接必须可靠，可以承受可预见的乘人各种动作产生的力。若直接固定在玻璃钢件上，其固定处必须牢固可靠，否则应采取埋设金属构件等加强措施，如图4-1所示。安全带作为第二套束缚装置时，可靠性按其独立起作用设计。

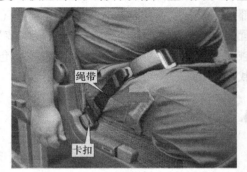

图 4-1 安全带连接

1. 安全带的分类及锁扣形式

（1）安全带的分类 按照安装方式和固定点的差异，安全带大体可分为两点式、三点式、全背式三种。

1）两点式：这种安全带按乘人不同的约束位置可分为腰带和肩带。腰带只限制乘人的腰部移动，肩带只限制乘人的上半身移动，如图4-2所示。腰带的缺点是，设备运行过程中如有冲击或变速度时使得腹部受力很大，而且上身容易前倾，大大增加了乘人头部受伤的可能性。肩带斜挎于胸前，可防止上身的前倾，但设备如有冲击、翻滚或变速度时，腰、髋部容易滑出，而且膝部活动空间较大，容易碰伤。翻滚类游乐设施不能使用肩式安全带，人倒立时此安全带在垂直方向上作用不大。

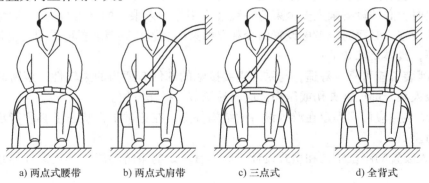

a) 两点式腰带　　b) 两点式肩带　　c) 三点式　　d) 全背式

图 4-2 安全带的形式

2）三点式：这种安全带在游乐设施上作用很大，一定要大范围推广，它是腰式和肩式安全带的组合，达到限制乘人躯体前移和限制上身过度前倾的目的。

3）全背式：这种安全带是左右对称的肩带，保护效率最高，但作业人员操作不方便，一般用于比较危险的游乐设施上。

（2）安全带锁扣形式 目前安全带锁扣形式有以下几种，如图4-3所示。

通过分析可知，图4-3中前四种锁扣乘人很容易自己打开，设备运行过程中如果乘客特别紧张或儿童没有安全意识时，可能无意识地碰触到开锁按钮，安全带就打开了，进而起不到保护作用。第五种相对比较可靠，必须要操作人员用专用工具才能打开锁具。

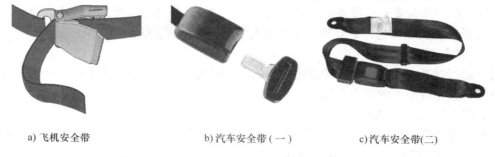

a) 飞机安全带　　　　　　　　b) 汽车安全带（一）　　　　　　c) 汽车安全带(二)

开锁装置

d) 摩擦锁紧型带扣　　　　e) 需用专用工具触动中间红色开锁装置的带扣

图 4-3　安全带带扣（锁扣）

2. 使用场合

安全带常常单独用于轻微摇摆或升降速度较慢没有翻转没有被甩出危险的游乐设施上，如常见的自控飞机、转马、架空游览车等设备；安全带作为辅助束缚装置时，其可靠性既要考虑到按其独立起作用设计，同时也要考虑到锁扣不能轻易被打开，还能充分地把游客束缚在座位上。

3. 常见危险

允许儿童乘坐的设备，由于儿童对危险性认知不够，很多行为不可控制，比如在乘坐自控飞机时，虽然系好了安全带，但运转过程中，儿童可能自行打开安全带锁扣或无意识地碰到锁扣而打开，在离心力的作用下很容易被甩出，作业人员可加强现场管理来提醒游客规避这样的风险，但其也有麻痹大意的时候。

4. 相关建议

1）此类设备设计制造时建议设置儿童专座，同时要求安全带锁扣不宜被儿童打开，通过安全带本体的可靠性而不是通过管理来规避这样的风险。设计单位在设计时还要结合设备的运动特点，设置的安全带不但约束游客的不安全行为，同时还要把游客约束在一定的安全空间内，在变加速度情况下，不至于使身体跟周边物体发生碰撞，导致人员受伤。因此，还要考虑安全带的结构形式及锁扣形式。

2）《游乐设施安全规范》（GB 8408—2008）中关于安全带以及安全带带扣的形式选择

没有具体要求，修订该标准时可考虑增加相关要求。

因此，生产单位要根据设备的运动特点、适应对象选择合适的安全带形式和锁具，既要满足《游乐设施安全规范》的要求，又要以人为本，确保游客的安全。

4.1.1.2 安全压杠

对于运行时产生翻滚运动或冲击比较大的运动的大型游乐设施，为了防止乘人脱离乘坐物，应当设置相应型式的安全压杠。

1. 结构型式及工作原理

根据使用场合不同，安全压杠可分为护胸压肩式和压腿式两种。安全压杠的基本形式如图4-4所示，其开启和下压动作都很简单，就是压杠围绕支点 O 旋转。

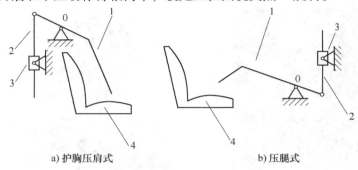

a) 护胸压肩式　　　　　　　　　b) 压腿式

图 4-4　安全压杠的基本形式

1—压杠、曲柄　2—摇杆　3—摇块　4—座椅

（1）护胸压肩式安全压杠　这种安全压杠常用于座舱翻滚、颠倒及人体上抛的游乐设备，如过山车、垂直发射或自由落体穿梭机、翻滚类的高空揽月、乘人会倒悬的天旋地转多自由度的游乐设备。一般此类设备离地面的距离较高、运动惯性较大、乘人在游玩该类游艺机时有可能会脱离座位甩出舱外而受到意外伤害。为防止乘人脱离座位，就必须用护胸压肩式安全压杠强制乘人坐在座位上。游玩时，当乘人身体欲往上抬离座位时，压杠的挡肩部分将挡住肩膀；若身体要往前去，则压杠的护胸部分又挡住胸口。这样就将乘人限制在座位和靠背的很小活动范围内，防止意外受伤。

护胸压肩式安全压杠的内芯采用钢管（棒）弯制而成，外面与人的肩膀和胸口以及脸颊接触部位包裹较软的橡胶或织物，这样既保证了足够的机械强度，又不至于挫伤乘人的身体。

目前市场上的游乐设备越来越追求刺激，设备多自由度运转，为了防止护胸压肩式安全压杠在使用过程中失效，大部分设备还加装了辅助的独立的安全保护装置，如安全带等，如图4-5所示。有的压杠前端还加装了气动插销锁紧，如图4-6所示。它可以防止主锁紧装置失效，导致压杠可自由打开，这样有效地确保乘人的安全。

冲击较大或翻滚类的设备加设独立安全带时，要确保将乘客在座椅和安全压杠间活动空间限制在很小的范围内，防止活动空间大了，由于冲击

图 4-5　辅助安全带

的作用，不断与压杠、压杠根部、座席间发生碰撞，导致头部、肩部、身体其他部位受伤；设备倒立时，有可能出现乘客从压杠间隙内甩出的现象。因此应根据实际情况，设置合理的安全带形式。对冲击较大或翻滚类设备在设置压肩护胸安全压杠的同时，建议设置如图 4-7 所示的柔性束缚装置，能充分将游客束缚在很小的活动空间内。

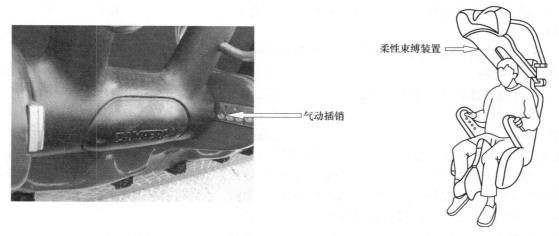

图 4-6　安全压杠端部二次保护

图 4-7　柔性束缚装置

（2）压腿式安全压杠　这种安全压杠主要用于不翻滚冲击不大的游乐设施，如惯性滑车、海盗船、美人鱼等设备，如图 4-8、图 4-9 所示。压杠压在乘人的大腿根部，不让乘人站起来离开座位，以免乘人甩出舱外。压腿式压杠也是由钢管制成的，外面包有橡胶或织物。

图 4-8　压腿式安全压杠的外形

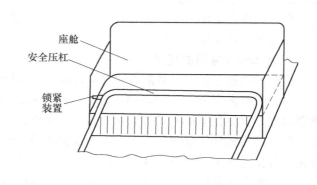

图 4-9　压腿式安全压杠的结构

2. 相关安全要求

1）游乐设施运行时有可能发生乘人被甩出去的危险，因此必须设置相应型式的安全压杠。

2）安全压杠本身必须具有足够的强度和锁紧力，保证乘人不被甩出或掉下，并在设备停止运行前始终处于锁定状态。

3）锁定和释放机构可采用手动或自动控制方式。当自动控制装置失效时，应能够用手动开启。

4）当设备有乘员时释放机构应不能随意打开，而操作人员可方便和迅速接近该位置，操作释放机构。

5）安全压杠行程应无级或有级调节，压杠在压紧状态时端部的游动量不大于35mm。安全压杠压紧过程动作应缓慢，施加给乘人的最大力，对成人不大于150N，对儿童不大于80N。

6）乘坐物有翻滚动作的游乐设施，其乘人的肩式压杠应有两套可靠的锁紧装置。

4.1.1.3 挡杆

挡杆是一种简易的安全装置，常用于不翻滚、冲击不大的游乐设施中，例如部分自控飞机、海盗船、双人飞天等。挡杆既可以起到阻挡乘人不安全行为的作用，又可以当扶手。其结构形式比较简单，如图4-10所示。

挡杆由于结构简单，锁紧装置很容易被乘客打开，特别是旋转或摆动设备，在设备运行过程中或未停稳时，乘人打开挡杆锁紧装置，很容易导致事故，国内已发生多起此类事故，如摇头飞椅、超级秋千等设备。因此，设计制造时应考虑乘人不能轻易地打开锁紧装置，比如增加开锁的难度或开锁装置乘客很难接触到。

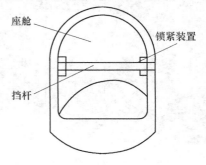

图4-10　安全挡杆

4.1.2　锁具

锁具是乘人安全束缚装置的另一个重要组件。锁具有开启和关闭两个状态，当它处于关闭状态时，安全保护装置正好将乘人约束在座位上，在游乐设施运行过程中，锁具必须有效地将乘人约束在座位上，不能自行打开且乘人不能打开，必须当设备停止后由操作人员打开，让乘人离开座位。

1. 游乐设施常用的锁具

锁具形式有好多种，最常见的有棘轮棘爪、曲柄摇块机构等锁具。

（1）棘轮棘爪锁具　棘轮棘爪也是一种常见的锁紧装置，如图4-11～图4-13所示。这类锁具就是直接在压杠的回转轴处安装一个棘轮，再配以一个带弹簧的棘爪或卡销，当乘人或服务人员将压杠往身体方向压下时，棘轮转动，棘爪或卡销落入棘齿的底部，由于棘爪或棘轮具有止逆作用，此时压杠不能往回转动，也就是说压杠能挡住乘人的身体，不让乘人脱离座位。棘爪或销卡弹簧保证棘爪始终与棘齿接触，卡到棘齿后不松开。如果棘轮有多个齿，则压杠可以继续往下压，直到棘爪卡到最后一个棘齿位置。目前大部分翻滚类或冲击较大的游乐设施所用的安全压杠，其锁紧装置如果是机械式棘轮棘爪，则一般采用双棘轮棘爪装置，当一套失效时，另一套还保持有效状态，保证乘人在空中不至于掉落下来。如要开锁，只需一个机构从棘轮上的棘齿中拔出棘爪或卡销，这样棘轮就可以反向旋转抬起压杠了。

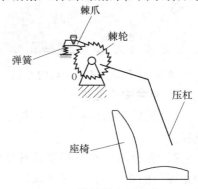

图4-11　棘轮棘爪锁紧装置

图 4-12   棘轮棘爪的锁紧

图 4-13   双棘轮棘爪的锁紧

注意事项:

1) 棘轮棘爪型安全压杠的空行程较大,应确保安全压杠在压紧状态时端部的游动量不大于 35mm。

2) 压杠臂、曲柄、曲轴、棘爪、棘轮、曲柄轴及曲柄与曲轴焊缝的强度应进行校核计算,以满足使用要求。

(2) 曲柄摇块机构锁具   该机构从机械原理上分析可以归类于曲柄摇块类四连杆机构,即由一个滑块(两个构件)、曲柄及机架共四个构件组成,压杠就是曲柄。该机构只有一个运动自由度,曲柄(压杠)做主动件带动滑块做直线运动,或者滑块做直线运动带动曲柄(压杠)绕 O 点旋转。如果将机构中的一个构件锁住,则该机构变成 0 自由度,其他构件也就不能运动了。人体安全保护装置就运用这一特性。利用直线运动的滑块较容易实现锁定运动的特点,在需要锁紧时只需将滑块锁定,则曲柄(压杠)也就不能转动了,而将滑块锁定解除时,曲柄(压杠)也就能绕 O 点转动了。

锁定滑块做直线运动的锁具形式繁多,下面以缸筒类锁具和销套销杆类锁具为例,详细介绍曲柄摇块类锁具。

1) 缸筒类锁具。缸筒类锁具的工作原理如图 4-14 所示。它以缸筒、活塞作为滑块的两个构件,在缸筒内充填一定的介质推动活塞运动,如果在缸筒内活塞的两端充满油液,就是我们通常讲的液压缸处于锁紧状态。若缸筒两端油口(A 口和 B 口)保持畅通,则活塞能在缸筒内自如地移动;若将两端进出口封堵住,利用液压压缩性极小的特性,活塞就不能动了,此时,也就锁定了滑块的运动。也可以这样说,锁住缸筒内的油液,也就锁住了压杠的动作,控制缸筒两端的油液流动或截止,主要靠二位换向阀液压元件实现。它是一个 O 形结构的二位换向阀,当二位换向阀处于通位置(图中左侧位置)时,油液能够流动,锁具就能打开;而当二位换向阀处于断位置(图中右侧位置)时,油道被关闭,锁具就闭锁。

缸筒内油液的流动分为无动力源和有动力源两种,所谓的无动力源是指通过人力(可能再加上弹簧力)转动压

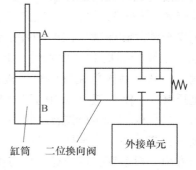

图 4-14   缸筒类锁具的工作原理

杠推动活塞运动，迫使油液从缸筒一端的油口流入到缸筒的另一端；而有动力源则是通过一个动力泵站系统向缸筒的一端注入液压油，推动活塞移动，带动压杠转动。这两种方式可在图4-14中的外接单元中接入相应系统加以实现。比较上述两种形式，前者结构简单，但须乘人自己或服务员帮助才能使压杠保护到位；而后者的压杠靠服务人员的推动操作实现转动，无须人力帮忙，但需要一个动力源，因而结构大，元器件多。在不同的游乐设施上，可分别选用上述两种油液动力形式。一般对于惯性类游乐设施，要求紧凑的车辆结构，多选用前者；而有些可以实现一套动力源供多套人体安全装置的游乐设施，则可选用后者。

缸筒类锁具的一个最大的优点是能实现无级锁定，即能锁定在任何位置上。换句话说，压杠能适应不同胖瘦体形的乘人，使之始终紧贴乘人的身体，既不紧紧压迫乘人，又没有过大的端部游动量。但该锁具对液压件的密封性要求较高，如二位换向阀换向不到位或漏油，锁具就锁不住；若缸筒内密封圈失效，将导致油液内漏或外泄，使活塞在空隙中运动，压杠就锁不住了。该类失效对无动力源性锁具危害尤甚。除了上述失效现象，由于安装时液压缸中心线和活塞杆中心线不同心，还会出现活塞杆螺纹根部断裂或折弯的现象，如图4-15和图4-16所示。

图4-15　液压锁紧活塞杆断裂

图4-16　活塞杆折弯

图4-17所示的安全压杠采用的保险措施可以有效保护乘人。这种安全压杠锁紧装置由压紧构件、执行构件、安全锁紧和保险构件等部分组成。其中，对乘人身体挡压、阻止身体上下滑溜的压紧构件由压杠12和横筒15构成；操纵压紧构件上抬和下落的执行构件由转轴10、扭力夹板4、摇臂8、拉杆3、销轴7和主缸2构成；承担安全锁紧和保险作用的构件由锁紧安全销14、弧形插板13、保险销5和保险板6构成，其中刚体总成有两组焊接件：一组是摇臂8、保险板6和中套9焊接而成；另一组是压杠12的两端分别与两组扭力夹板4套装后环焊，压杠12的"U"形下部凸处用三根钢管连接施焊后再与横筒15的中部焊接。上述两组焊件分别用平键与转

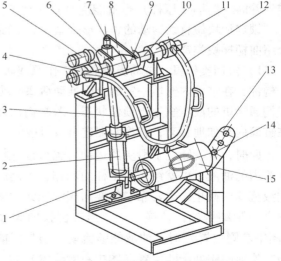

图4-17　带保险的安全压杠锁具
1—机座　2—主缸　3—拉杆　4—扭力夹板　5—保险销
6—保险板　7—销轴　8—摇臂　9—中套　10—转轴
11—轴座　12—压杠　13—弧形插板　14—销紧安全销　15—横筒

轴 10 中部连接（用两条月牙键与两端连接），构成刚体总成。两个扭力夹板 4 和中套 9 又各套入转轴 10 中，并用平键连接。中套 9 置于两个扭力架板 4 的中间，摇臂 8 和保险板 6 垂直焊接在中套 9 上，主缸 2 的下端用销轴与机座 1 铰链，与主缸 2 连接的拉杆 3 上端用销轴 7 与摇臂 8 连接。两只安全销 14 安装在横筒 15 的两端分别可插入弧形插板 13 的孔中。弧形插板 13 用螺钉拧紧在机座 1 上，保险销 5 的小缸体的前端面轴向紧贴在位于机座 1 上部与保险板 6 相对的托架上。

　　2）定位销杆类锁具。该类锁具的工作原理如图 4-18～图 4-20 所示。它由带齿孔的销杆和带销齿的滑套组成。滑套在销杆上做直线运动，滑套内有带弹簧的销齿，销齿和销杆上的缺口相配有止逆作用（即只能做相对一个方向的运动），当销齿卡入到销杆上的齿孔内，滑套就再也不能反向滑动了，此时，滑块机构锁定。在这里，滑块的运动由压杠带动，压杠与曲柄相连，压杠绕 O 点旋转，就带动滑块做直线运动了。相对应的压杠动作是允许往座椅方向下压，但不能反向推离乘人的身体。为适应不同胖瘦

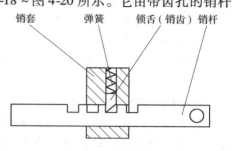

图 4-18　定位销杆锁具示意图

体形的乘人，一般在销杆上设置多个齿孔，使销套上的销齿能定位在多个位置上。这样乘人身体与压杠的间隙可以更小。

图 4-19　齿条锁紧（一）

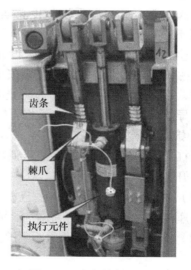

图 4-20　齿条锁紧（二）

　　这类锁具开锁时只需通过一套开锁装置将销齿拔出齿孔，销杆就能反向移动了。有时候，在销套上安装两个以上销齿，既增加销齿的强度，又提高了锁位的可靠性。

　　3）摩擦型安全压杠。摩擦型安全压杠由锁紧环与锁紧杆构成，锁紧时由弹簧推动锁紧环与锁紧杆成一角度并紧紧压在一起，如图 4-21 所示。

　　注意事项：

　　①维护保养时应确保锁紧杆表面光滑，没有油污，以免锁紧失效发生事故。

　　②定期检验时应对焊缝进行无损检测。

　　（3）其他形式的锁具　有的锁具更简单，就是外加卡位器，每个压杠有一个卡位器安

装在乘人手不能接触到的地方，当乘人入座并拉下压杠后，由服务人员按下卡位器锁紧压杠。另外，还有一些运用连杆机构中的机构死角原理设计自锁装置，当压杠转过一个极限角（死角）后，压杠就不能反推了，要推开压杠，只能由服务人员打开解锁装置。

对于绳带式人体保护装置的锁具多采用插入卡口式，即将绳带一端卡口插入绳带另一端有锁舌的插座中，锁舌在弹簧的作用下卡在卡口中，这样绳带就系在乘人的身上了。如果要开锁，只需压下锁舌就能抽出卡扣了。

对于挡杆锁具就更简单了，一般采用很方便的插销式或像门锁一样的弹簧撞击式，弹簧撞击式的撞头通常采用锲块式，拉动挡杆到位后，撞头插入孔内。复杂一点的锁紧装置采用气动装置或液压锁紧。图 4-22 所示为液压锁紧安全挡杆，液压回路中的二位二通电磁阀为常开式，游乐设施停止运转时，电磁阀不通电形成通路，液压缸上下腔连通，安全挡杆可自由摆动。游乐设施起动后，电磁阀通电，油路被切断，则安全挡杆被锁住，起到安全保护作用。为防止电磁阀失效，导致安全挡杆锁不住，最好再辅助插销挂钩等装置。

图 4-21　摩擦型安全压杠

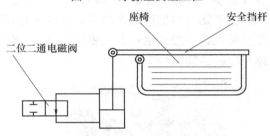

图 4-22　液压锁紧安全挡杆

2. 锁具锁紧方式

压杠常采用的锁紧方式有液压锁紧、气动锁紧、机械锁紧，这些方式应均要求乘人不能自行打开。

（1）液压锁紧　这种方式一旦漏油，锁紧装置将会失效，导致压杠不能把游客充分地约束在座位上。其缺点是容易漏油，液压缸活塞杆螺纹处容易变形、断裂等。

（2）气动锁紧　一般都要采用气压把锁紧装置打开，锁紧状态时气路系统处于无气状态。

（3）机械锁紧　常见的有齿条锁紧、棘轮棘爪锁紧等，比较可靠。

3. 锁具的开锁方法

锁具在设计时要求乘人不能自己打开，必须由操作人员或服务人员打开，防止乘人在设备运行时误动作安全装置，导致事故的发生。因此锁具一定要可靠有效。开锁的方法基本分为四类：机械式、电磁式、人工式和自动行程开锁。

（1）机械式开锁　这种方式是通过一套机械装置，利用外力打开锁具。这类机械装置多为动力推拉杆装置。它特别适合多套压杠的同时开启。常见的动力设备有压缩空气动力、液压动力或电力推杆式动力，它只能设在站台内的特定位置，由操作人员控制。游乐设施停止到位时，操作人员用动力推上推杆，通过机械开锁装置打开锁具。当操作人员退回动力放下推杆装置，或游乐设施离开站台的特定位置，锁具就自动闭锁，乘人无法自己解锁。

（2）电磁式开启。这种方式是选用常闭式电磁二位换向阀对缸筒两端的油液做出封闭和接通的选择：当电磁阀不通电时，缸筒两端的油液是封闭的；若电磁阀通电，换向阀的阀芯移位，缸筒两端的油液与外界接通，活塞就可以移动了。一般在游乐设施的站台内设置一个输电装置，当游乐设施停稳在站台时，操作人员按动按钮通过输电装置向电磁换向阀输电，使电磁阀换向，将缸筒两端的油液与外界接通，这样压杠就能推离乘人的身体了。此过程即为开锁，如操作人员停止向电磁二位换向阀输电，则换向阀阀芯复位，缸筒两端油液又被封闭了，压杠就又被上锁了。在除站台外的其他游乐设施运行区域，不允许安装输电装置，电磁阀始终得不到电，这也确保了压杠始终是上锁的。

（3）人力开锁　这种方式是利用人力通过一套开锁装置进行解锁，如踏板、推杆及搭扣，而乘人是不能自行使用的。

（4）自动行程开锁　这种方式是当游艺机停稳站台，碰到设置在站台内的自动开锁装置而自动打开锁具。游艺机一出站台，脱离了自动开锁装置，锁具又自动锁上，该种开锁方式可靠度不太高，可作为辅助保护装置。

4. 锁具的安全要求

对安全装置的锁具的要求是：一是锁具可靠，一旦锁住，压杠不能再推离乘人身体，而且要具有一定的强度和刚度；二是锁具由操作人员打开，乘人不能自行打开。这两项要求是人体保护装置可靠性的必要条件。在正常情况下，只能在站台内打开锁具，在站台外及游乐设施运行过程中锁具是打不开的。

通过安全分析以及对近期国内外发生的事故进行分析，建议修订《游乐设施安全规范》时，对安全压杠可增加和补充以下要求：

1）对于乘坐物有翻滚动作或冲击较大的游乐设施，应至少有两套独立的可靠的锁紧装置，而且至少有一套为机械锁紧形式，确保锁紧功能的安全。

2）安全压杠锁紧有联锁控制时，压紧未到位或联锁装置失效时，游乐设施应不能起动，并且宜设置提醒报警装置。

3）安全压杠锁紧装置为气动系统控制时，气压系统失效时应处于锁紧状态。锁定和释放机构可采用手动或自动控制方式。

4）设计锁紧装置释放机构时应考虑操作人员便于接近、操作方便，并确保不能被乘人打开。

5）操作人员需采用存储能源手动释放锁紧装置时，应使用专用的存储能源装置，如电池、蓄能器，液压或气动。

5. 乘人安全束缚装置的选择原则

通过对乘人安全束缚装置的安全分析，结合《游艺机和游乐设施设计标准惯例》（AST-MF 2291—04）中关于五个理论加速度区域设置不同乘人安全束缚装置的相关要求，设计制造人体束缚装置时可参照其相关要求，并依据设备的性能、运行方式、速度及其结构的不同，以及成人或儿童的身体特征，设置相应形式的乘人安全束缚装置。

这里结合《游艺机和游乐设施设计标准惯例》中理论加速度区域（图 4-23）制定了束缚装置选择准则，见表 4-1。根据每个加速度区域的特点分别选择对应等级的束缚装置，束缚装置可组合使用。不同等级的束缚装置要求见表 4-1。

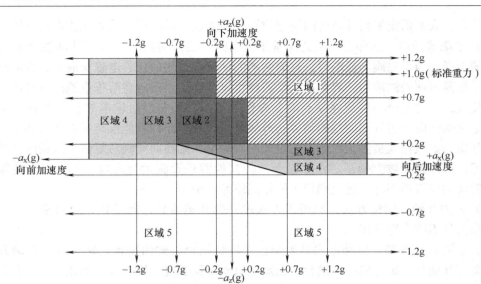

图 4-23　理论加速度区域

纵坐标 a_z—垂直方向持续加速度　横坐标 a_x—前后方向持续加速度

表 4-1　束缚装置准则

类　型	不同要求	1 级	2 级	3 级	4 级	5 级	5 级冗余
每套束缚装置保护的乘人数量	1. 不需要束缚装置	★					
	2. 每套束缚装置保护的乘人数量：可以用于 1 名或多名乘人		★	★			★
	3. 一套束缚装置仅保护一名乘人				★		
锁紧位置	1. 锁紧位置固定或根据乘人情况调整		★				★
	2. 锁紧位置根据乘人情况调整			★	★		
锁紧类型	1. 乘人或操作人员均可锁紧束缚装置		★				
	2. 乘人或操作人员均可手动或自动锁紧束缚装置。操作人员需确认束缚装置已锁紧			★			
	3. 束缚装置只应自动锁紧				★	★	
	4. 只允许操作人员手动或自动锁紧束缚装置						★
释放类型	1. 乘人或操作人员均可释放束缚装置		★				
	2. 乘人可手动释放束缚装置，或者操作人员可手动或自动释放束缚装置			★			
	3. 只允许操作人员手动或自动释放束缚装置				★	★	★
外部指示	1. 不要求外部指示		★				
	2. 不要求外部指示，但应对束缚装置本身进行目视检查						★
	3. 不要求外部指示，对束缚装置本身进行目视检查，另外要求操作人员在每个运行周期对束缚装置是否锁紧进行目视或人工检查			★	★		
	4. 对束缚装置本身进行目视检查，另外要求操作人员在每个运行周期对束缚装置是否锁紧进行目视或人工检查。要求外部指示，发现故障时应使设备无法起动或终止运行					★	

（续）

类　　型	不同要求	1 级	2 级	3 级	4 级	5 级	5 级冗余
锁紧和释放的方式	手动或自动控制锁紧和释放		*	*	*	*	*
锁紧装置的冗余	1. 不要求冗余		*	*			*
	2. 锁紧装置应有冗余				*	*	
	3. 不要求冗余，5 级冗余束缚装置的锁紧和释放应独立于 5 级束缚装置						*
束缚装置的配置	两套独立安全束缚装置					*	*

　　大型游乐设施设计制造时可参照以上准则，但可在此基础上从严要求，根据设计可能要求一个更高级别的约束装置或锁紧装置。比如允许儿童乘坐设备的安全带，其带扣锁紧尽量采用乘人自己不宜打开的装置，防止游客私自打开。

　　在设计约束装置时还要考虑一些特殊状况，包括：加速周期和大小；风载；乘人的一些特殊状态，如颠倒等；侧面的加速度，如持续的侧面加速度大于或等于 $0.5g$ 时，座位、靠背、靠头、护垫、约束物的设计应作特殊考虑；安全空间。

4.2　制动装置和锁紧装置

4.2.1　制动装置

　　为了使游乐设施安全停止或减速，大部分运行速度较快的设备都采用了制动系统，游乐设施的制动包括对电动机的制动和对车辆的制动。电动机的制动有机械制动和电气制动两种方式，车辆制动的方式主要采用机械制动。下面重点介绍游乐设备常用的机械制动装置。

　　机械制动的作用是停止电动机的运行（正常或故障状态）和固定停止位置。机械制动是接触式的。机械制动器主要由制动架、摩擦元件和松闸器三部分组成。许多制动器还装有间隙的自动调整装置。

　　制动器的工作原理是利用摩擦副中产生的摩擦力矩来实现制动作用，或者利用制动力与重力的平衡，使机器运转速度保持恒定。为了减小制动力矩和制动器的尺寸，通常将制动器配置在机器的高速轴上。

　　制动器按用途可分为停止式和调速式两种，停止式制动器的功能是起到停止和支持运动物体的作用；调速式制动器的功能是除上述作用外，还可以调节物体的运动速度。制动器按结构特征可分为块式、带式和盘式 3 种。制动器按工作状态分常开式和常闭式两种，常开式制动器的特点是经常处于松闸状态，必须施加外力才能实现制动；常闭式制动器的特点是经常处于合闸即制动状态，只有施加外力才能解除制动状态。而游乐设施基本都是采用常闭式制动器，因为这种制动器可靠安全。

4.2.1.1　常见制动器

1. 块式制动器

　　块式制动器的结构简单，工作可靠，在起重机械上大量采用。

　　电磁块式制动器分为短行程和长行程两种。

　　（1）电磁块式制动器　这种制动器结构简单，能与电动机的操纵电路联锁，所以当电动机工作停止或事故断电时，电磁铁能自动断电，制动器上闸，以保证安全。它的缺点是电磁铁冲击大，引起传动机构的振动。

1) 短行程电磁块式制动器：短行程电磁块式制动器的结构如图4-24所示。制动器上闸靠主弹簧1和框式拉杆2使左、右制动臂10、11上的左、右制动瓦块12、13压向制动轮。副弹簧7的作用是使右制动臂11向外推，便于松闸；螺母8的作用是调节衔铁冲程；螺母4（3个）的作用是紧锁主弹簧调整制动力矩。调整螺母9可以使两块闸瓦退程相等。当接通电流时，电磁铁的衔铁6吸向电磁铁心5，压住推杆3，进一步压缩主弹簧1，左制动臂10在电磁铁重量产生偏心压力作用下向外摆动，使左制动瓦块12离开制动轮，一直到调整螺母9阻挡为止，同时副弹簧7使右制动臂11及其上的右制动瓦块13离开制动轮，以实现松闸。

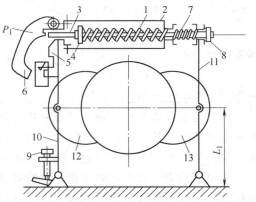

图4-24　短行程电磁块式制动器的结构
1—主弹簧　2—框式拉杆　3—推杆　4、8—螺母
5—电磁铁心　6—衔铁　7—副弹簧　9—调整螺母
10—左制动臂　11—右制动臂　12—左制动瓦块
13—右制动瓦块

短行程制动器的特点是：松闸、上闸动作迅速；制动器的质量轻，外形尺寸小；由于铰链少（较长行程），所以松闸器的死行程小；由于制动瓦块与制动臂之间是铰链连接，所以瓦块与制动轮的接触均匀，磨损也均匀，也便于调整。但短行程制动器由于动作迅速，吸合时的冲击直接作用在整个制动器的机构中，所以制动器上的螺钉容易松动，导致制动器失灵，工作可靠性降低，必须经常检查；同时由于制动行程小，所以动作快。

2) 长行程电磁块式制动器：由于短行程电磁块式制动器受电磁铁吸力的限制，所以短行程制动器的制动力矩不大。因此，要求制动力矩大的机构多采用长行程电磁块式制动器。

长行程电磁块式制动器是靠弹簧和杠杆系统重力上闸，电磁铁松闸，如图4-25所示。其工作原理与短行程制动器相似。

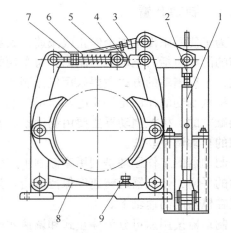

图4-25　长行程电磁块式制动器的结构
1、5—螺杆　2、3—螺母　4—拉杆　6—主弹簧
7—锁紧螺母　8—底架　9—螺栓

长行程电磁块式制动器工作时制动力矩稳定，闭合动作较快，其制动力矩可通过调整弹簧的张力进行较为精确的调整，安全性高，在起升机构中应用得比较广泛。

（2）液压块式制动器　液压块式制动器的松闸动作采用液压松闸器。其优点是起动、制动均平稳，没有声响，每小时操作次数可达720次。目前使用较多的是液压电磁推杆块式制动器，如图4-26所示。

（3）块式制动器的失效形式

1) 制动器零件出现的失效形式：

①拉杆上有疲劳裂纹。

②弹簧上有疲劳裂纹。

③小轴、心轴磨损量达到公称直径的 3% ~ 5%。

④制动轮磨损量达 1 ~ 2mm，或达到原轮缘厚度的 40% ~ 50%。

⑤制动瓦摩擦片磨损达 2mm，或者达到原厚度的 50%。

2）制动器不能闸住制动轮：

①杠杆的铰链卡住。

②制动轮和摩擦片上有油污。

③电磁铁铁心没有足够的行程。

④制动轮或摩擦片有严重磨损。

⑤主弹簧松动和损坏。

⑥锁紧螺母松动、拉杆松动。

⑦液压推杆制动器叶轮旋转不灵。

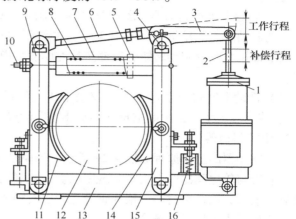

图 4-26　液压电磁推杆块式制动器

1—液压电磁铁　2—推杆　3—杠杆　4—销轴　5—挡板
6—蝶杆　7—弹簧架　8—主弹簧　9—左制动臂
10—拉杆　11、14—瓦块　12—制动轮
13—支架　15—右制动臂　16—自动补偿器

3）制动器不松闸：

①电磁铁线圈烧毁。

②通往电磁铁导线断开。

③摩擦片粘连在制动轮上。

④活动铰被卡住。

⑤主弹簧力过大或配重太大。

⑥制动器顶杆弯曲，推不动电磁铁（液压推杆制动器）。

⑦油液使用不当。

⑧叶轮卡住。

⑨电压低于额定电压 85%，电磁铁吸合力不足。

4）制动器容易离开调整位置，制动力矩不稳定：

①调节螺母没有拧紧。

②螺纹损坏。

5）制动器发热，摩擦片发出焦味并且磨损很快：

①闸瓦在松闸后，没有均匀地和制动轮完全脱开，因而产生摩擦。

②两闸瓦与制动轮间隙不均匀，或者间隙过小。

③短行程制动器辅助弹簧损坏或者弯曲。

④制动轮工作表面粗糙。

2. 盘式制动器

盘式制动器的特点是，其制动时沿制动盘方向施力，制动轴不受弯矩作用，径向尺寸小，制动性能稳定。常用的盘式制动器有点盘式、全盘式及锥盘式三种，其中点盘式制动器最为常见

图 4-27 所示为一点盘式制动器，制动块压紧制动盘而制动。由于摩擦面仅占制动盘的一小部分，故称为点盘式。盘

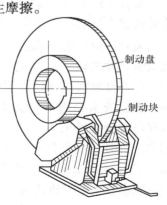

图 4-27　点盘式制动器

式制动器有固定卡钳式和浮动卡钳式两种。为了不使制动轴受到径向力和弯矩，点盘式制动缸应成对布置。制动转矩较大时，可采用多对制动缸。必要时可在中间开通风沟，以降低摩擦副温升，还应采取隔热散热措施，以防止液压油温度过高变质。

（1）固定卡钳式制动器　图 4-28 为常闭固定卡钳式制动器，制动盘的两侧对称布置两个相同的制动缸，制动缸固定在基架上。这种制动器的体积小，质量轻，惯量小，动作灵敏，调节油压可改变制动转矩，改变垫片的厚度可微调弹簧张力。必要时还可以装磨损量指示器。

（2）浮动卡钳式制动器　常闭浮动卡钳式制动器具有散热好、制动闭合时间短（$t \leqslant 0.2s$）、装有制动块、磨损间隙自动补偿装置等优点。

3. 带式制动器

带式制动器的工作原理如图 4-29 所示。当驱动力作用在制动杠杆时，制动带便抱住制动轮，靠带与轮之间的摩擦力矩实现制动。带式制动器的结构简单，但制动力矩不大。为了增加制动效果，制动带材料一般为钢带上覆以石棉或夹铁砂帆布。这类制动器适合于中、小载荷的机械及人力操纵的场合。

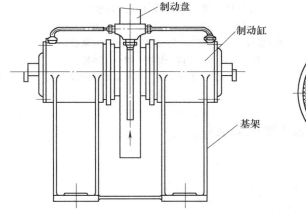

图 4-28　常闭固定卡钳式制动器　　　　图 4-29　带式制动器的工作原理

4.2.1.2　常见制动装置

1. 滑行类游乐设施上的制动装置

滑行类游乐设施多数采用图 4-30 形式的制动器。它用于作沿轨车辆限距防撞制动、中途减速和进站前制动，其设置独立的空压配气系统，采用常规的闸式制动。有的刹车带前端采用铜片，由于滑车速度较快，制动或减速时，冲击较大，如采用一般的刹车皮，很容易被磨损掉，拆卸更换比较麻烦，所以通常采用不易磨损的黄铜片，这样可减少维修工作量。有的制动器采用多个气囊，每个刹车都设置了单独的储气罐，过山车多采用此类制动方式，此类制动器类似于块式制动器。

过山车是典型的滑行类游乐设施，

图 4-30　滑行类游乐设施中的制动装置

其制动装置具有代表性。图 4-31 是木制过山车上常用的陶瓷制动片，图 4-32 是位于两侧边的夹式制动器，图 4-33 是位于中间的夹式制动器。

2. 海盗船的制动

　　对于由电动机驱动的海盗船，其制动原理根据结构不同可分为两种：一种是在摩擦轮的另一端安装一个电磁铁控制的抱闸系统，要使设备停止时，断开抱闸系统的电源，闸瓦抱死，通过气缸顶升摩擦轮与船体底部槽钢相接触，产生反向摩擦使设备停止，如图 4-34 所示。另一种是单独设置一个制动系统，该制动系统可以通过角踏板与钢丝绳连接，钢丝绳与制动器连接，通过杠杆原理使制动片与船

图 4-31　陶瓷制动片

体底部槽钢接触，通过滑动摩擦力使设备停止，如图 4-35 所示；也可以通过气缸顶升制动片，使制动片与船体底部槽钢接触，通过摩擦力使设备停止，如图 4-36 所示。

图 4-32　位于侧边的夹式制动器

图 4-33　位于中间的夹式制动器

图 4-34　抱闸系统

图 4-35　机械制动

　　对于由液压马达驱动海盗船，它的工作原理是：摩擦轮直接与液压马达相连接，支座由液压缸顶升，通过摩擦力带动船体左右摆动。液压马达的结构如图 4-37 所示。这种海盗船的制动原理是：液压马达停止转动，通过液压缸顶升使轮胎与船体底部槽钢接触，通过摩擦力使设备停止。

图 4-36　气动制动

图 4-37　液压马达的结构

4.2.1.3　制动装置的安全要求

游乐设施机械制动装置必须平稳可靠，制动转矩不小于1.5倍的额定负荷轴扭矩。当切断电源时，制动装置应处于制动状态（特殊情况除外）；同一轨道有两辆（或两组）以上车辆运行时必须设有防止碰撞的自控停止制动和缓冲装置，制动装置的制动行程应能够调节。对于滑行车辆的停止，严禁采用碰撞方法。

当动力电源切断后，停机过程时间较长或要求定位准确的游乐设施，应设置制动装置。制动装置在闭锁状态时，应能使运动部件保持静止状态。

游乐设施在运行时若动力源断电，或制动系统控制中断，制动系统应保持闭锁状态（特殊情况除外），中断游乐设施运行。

游乐设施根据运动形式、速度及结构的不同，可采用不同的制动方式和制动器结构（如机械、电动、液压、气动以及手动等）。制动器构件应有足够的强度，必要时停车制动器应验算疲劳强度。

制动器的制动应平稳可靠，不应使乘人感受明显的冲击或使设备的结构有明显的振动、摇晃。制动加速度的绝对值一般不大于 $5.0\mathrm{m/s^2}$ 。必要时可增设减速制动器。

4.2.2　锁紧装置

国家标准《游乐设施安全规范》（GB 8408—2008）规定：距地面1m以上封闭座舱的门，必须设置乘人在内部不能开启的两道锁紧装置或一道带保险的锁紧装置，非封闭座舱进出口处的拦挡物，也应有带保险的锁紧装置。座舱需要两道锁紧装置的游乐设施有：观览车、太空船、高空缆车等，其进出口的门均为两道锁紧装置。

图 4-38 所示为观览车的座舱，舱门上设有一个撞块锁紧装置。此外，座舱门把手上方还设有一个插销，防止乘客在运动过程中自行打开。这两道锁紧装置相互独立，起到双重保险的作用。

图 4-38　观览车门锁紧装置

4.3　止逆、保险和限位装置

4.3.1　止逆装置（止逆行装置）

对于沿斜坡牵引的提升系统，必须设有防止载人装置逆行的装置（特殊情况除外，例如太空飞车形式的，提升时驱动轮驱动，车辆靠很大的动量上升），即止逆行装置。止逆行装置逆行距离的设计应使冲击负荷最小，在最大冲击负荷时必须止逆可靠。例如，多车或单车滑行类游乐设施在提升段基本都设置了止逆装置，以供车辆在提升段由于停电或提升系统故障导致不能继续提升，或乘人在提升段有特殊情况急停时需要。因为在这些情况下若无止逆装置，车辆便会倒退，从而产生撞车伤人事故。因此，滑行类游乐设施提升段设置止逆装置至关重要。图 4-39 和图 4-40 为两种止逆装置。如图 4-41 所示情况下，斜坡上要设置挡块，车下要设置倒钩。图 4-42 是防止车轮倒转的止逆装置。

图 4-39　提升段止逆齿条

图 4-40　防逆行倒钩

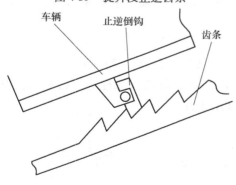

图 4-41　止逆装置

图 4-42　止逆装置

另外，还有一种止退装置，就是斜坡装有防逆倒钩，运动体上预装固定挡块，这样当运动下滑时，防逆倒钩便勾住挡块，阻止运动体下滑。如激流勇进的游乐设施中，在船体上装有固定挡块（此挡块跟船体的预埋件相连），提升段每隔一段距离装有防逆行倒钩。

4.3.2　保险装置

车辆连接器是滑行车类游乐设施的重要部件，用于多辆车之间的连接，连接器是否可靠有效直接关系到游客的人身安全。为了防止车辆连接器失效而引发事故，通常在车辆连接器上附加保险装置，如钢丝绳等。图 4-43、图 4-44 所示为车辆连接器保险装置。

图 4-43　车辆连接器保险装置（1）

图 4-44　车辆连接器保险装置（2）

4.3.3　限位装置（运动限制装置）

对于绕水平轴回转并配有平衡重的游乐设施，乘人部分在最高点有可能出现静止状态时（死点），因此应设有防止或处理该状态的措施；油缸或气缸行程的终点，应设置限位装置。在游乐设施中，运动限制装置必须灵敏可靠，因为这关系到人身安全的问题。

通常我们所见的限位开关就属于运动限制装置，限位开关就是用以限定机械设备的运动极限位置的电器开关。限位开关有接触式的和非接触式的两种。接触式限位开关比较直观，机械设备的运动部件上设置了行程开关，与其相对运动的固定点上安装极限位置的挡块，或者是相反安装位置。当行程开关的机械触头碰上挡块时，便切断了（或改变了）控制电路，机械设备就停止运行或改变运行。由于机械设备的惯性运动，这种行程开关有一定的"超行程"以保护开关不受损坏。非接触式限位开关的形式很多，常见的有干簧管、光电式、感应式等。

1. 接触式行程开关

接触式行程开关按其结构可分为直动式、滚轮式、微动式和组合式几种。

（1）直动式行程开关　这种开关的结构如图 4-45 所示，其动作原理与按钮相同，但其触点的分合速度取决于生产机械的运行速度，不宜用于速度低于 0.4m/min 的场合。

（2）滚轮式行程开关　滚轮式行程开关的结构如图 4-46 所示，当被控机械上的撞块撞击带有滚轮的撞杆时，撞杆转向右边，带动凸轮转动，顶下推杆，使微动开关中的触点迅速动作。当运动机械返回时，在复位弹簧的作用下，各动作部件复位。

滚轮式行程开关又分为单滚轮自动复位和双滚轮（羊角式）非自动复位式，双滚轮行移开关具有两个稳态位置，有"记忆"作用，在某些情况下可以简化线路。

（3）微动式行程开关　微动式行程开关的结构如图 4-47 所示。常用的有 LXW-11 系列产品，它是游乐设施中常

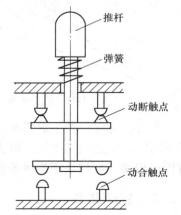

图 4-45　直动式行程开关的结构

用的机械限位开关，如自控飞机类、陀螺类、飞行塔类游乐设施升降限位。

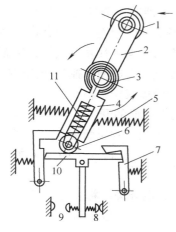

图 4-46　滚轮式行程开关的结构

1—滚轮　2—上转臂　3、5、11—弹簧　4—套架
6—滑轮　7—压板　8、9—触点　10—横板

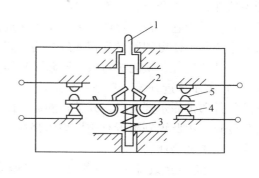

图 4-47　微动式行程开关的结构

1—推杆　2—弹簧　3—压缩弹簧
4—动断触点　5—动合触点

2. 无触点行程开关

无触点行程开关又称为接近开关。它除可以完成行程控制和限位保护外，还是一种非接触型的检测装置，用作检测零件尺寸和测速等，也可用于变频计数器、变频脉冲发生器、液面控制和加工程序的自动衔接等。其特点是工作可靠、寿命长、功耗低、复定位精度高、操作频率高以及适应恶劣的工作环境等。其原理框图如图 4-48 所示。

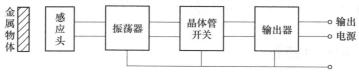

图 4-48　接近开关原理框图

（1）性能特点

1）感知性。在各类开关中，有一种对接近它物件有"感知"能力的元件——位移传感器。利用位移传感器对接近物体的敏感特性达到控制开关通或断的目的，这就是接近开关。

2）检测距离。当有物体移向接近开关，并接近到一定距离时，位移传感器才有"感知"，开关才会动作。通常把这个距离叫"检出距离"。不同的接近开关检出距离也不同。

3）响应频率。有时被检测物体按照一定的时间间隔，一个接一个地移向接近开关，又一个一个地离开，这样不断地重复。不同的接近开关，对检测对象的响应能力是不同的。这种响应特性被称为"响应频率"。

（2）常用无触点开关　因为位移传感器可以根据不同的原理和不同的方法制成，而不同的位移传感器对物体的"感知"方法也不同，通常有涡流式接近开关、电容式接近开关、霍尔接近开关、光电式接近开关、热释电式接近开关和其他型式的接近开关等。

1）涡流式接近开关。这种开关有时也叫作电感式接近开关。它是利用导电物体在接近这个能产生电磁场接近开关时，使物体内部产生涡流。这个涡流反作用到接近开关，使开关内部电路参数发生变化，由此识别出有无导电物体移近，进而控制开关的通或断。这种接近开关所能检测的物体必须是导电体。

2）电容式接近开关。这种开关的测量通常是构成电容器的一个极板，而另一个极板是开关的外壳。这个外壳在测量过程中通常是接地或与设备的机壳相连接。当有物体移向接近开关时，不论它是否为导体，由于它的接近，总要使电容的介电常数发生变化，从而使电容量发生变化，使得和测量头相连的电路状态也随之发生变化，由此便可控制开关的接通或断开。这种接近开关检测的对象，不限于导体，可以绝缘的液体或粉状物等。

3）霍尔接近开关。它是一种磁敏元件。利用霍尔元件做成的开关，叫作霍尔开关。当磁性物件移近霍尔开关时，开关检测面上的霍尔元件因产生霍尔效应而使开关内部电路状态发生变化，由此识别附近有磁性物体存在，进而控制开关的通或断。这种接近开关的检测对象必须是磁性物体。

4）光电式接近开关。利用光电效应做成的开关叫作光电开关。将发光器件与光电器件按一定方向组装在同一个检测头内。当有反光面（被检测物体）接近时，光电器件接收到反射光后便在信号输出，由此便可"感知"有物体接近。

5）热释电式接近开关。用能感知温度变化的元件做成的开关叫作热释电式接近开关。这种开关是将热释电器件安装在开关的检测面上，当有与环境温度不同的物体接近时，热释电器件的输出便发生变化，由此便可检测出有物体接近。

6）其他型式的接近开关。当观察者或系统对波源的距离发生改变时，接近到的波的频率会发生偏移，这种现象称为多普勒效应。声纳和雷达就是利用这种原理制成的。利用多普勒效应可制成超声波接近开关、微波接近开关等。当有物体移近时，接近开关接收到的反射信号会产生多普勒频移，由此可以识别出有无物体接近。

游乐设施中目前采用的霍尔接近开关较多。

4.4　防碰撞和缓冲装置

同一轨道、滑道、专用车道等有两组以上（含两组）无人操作的单车或列车运行时，应设有防止相互碰撞的自动控制装置和缓冲装置。当有人操作时，应设置有效的缓冲装置。

4.4.1　防碰撞装置

防碰撞装置的工作原理是：当游乐设施车辆运行到危险距离范围时，防碰撞装置便发出警报，进而切断电源，制动器制动，使车辆经过时停止运行，避免车辆之间的相互碰撞。目前防碰撞装置主要有激光式、超声波式、红外线式和电磁波式等类型。

游乐设施中常见的激流勇进、疯狂老鼠、自旋滑车等，大部分都装有防碰撞的自动控制装置。

4.4.2　缓冲装置

对于可能碰撞的游乐设施，必须设有缓冲装置。游乐设施常见的缓冲器分为蓄能型缓冲器和耗能型缓冲器，前者主要以弹簧和聚氨酯材料等为缓冲元件，后者主要是油压缓冲器。

当游乐设施的运行速度很低时，例如多车滑行类、弯月飞车系列、架空游览车类、青蛙跳系列、滑索等游乐设施，缓冲器可以使用实体式缓冲块或弹簧缓冲器，实体式缓冲块的材料可用橡胶、木材或其他具有适当弹性的材料。但使用实体式缓冲器也应有足够的强度。当游乐设施提升高度很大时，例如高空飞行塔等游乐设施，其对重用和座舱用缓冲器大部分采用的是耗能型缓冲器，即我们通常所讲的液压缓冲器。下面简单介绍几种常见的缓冲器。

1. 弹簧缓冲器

弹簧缓冲器是一种蓄能型缓冲器。弹簧缓冲器一般由缓冲橡胶、缓冲座、弹簧、弹簧座等组成，用地脚螺栓固定在底坑基座上。青蛙跳系列游乐设施采用的弹簧缓冲器较多，其结构如图 4-49 所示。

当座舱失控坠落时，弹簧缓冲器在受到冲击后，它将座舱的动能和势能转化为弹簧的弹性变形能（即弹性势能）。由于弹簧的反作用力，使座舱得到缓冲并减速。但是，当弹簧压缩到极限位置后，弹簧要释放缓冲过程中的弹性势能使座舱反弹上升，撞击速度越高，反弹速度越大，并反复进行，直至弹力消失、能量耗尽，设备才完全静止。

2. 油压缓冲器

油压缓冲器主要由缸体、柱塞、缓冲橡胶垫和复位弹簧等部分组成，缸体内注有缓冲器油。高空飞行塔常用的油压缓冲器的结构如图 4-50 所示。

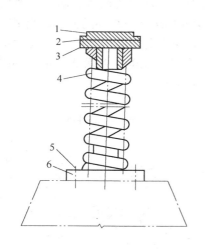

图 4-49　弹簧缓冲器的结构
1—螺钉及垫圈　2—缓冲橡胶　3—缓冲座
4—压弹簧　5—地脚螺栓　6—底座

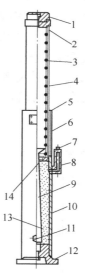

图 4-50　油孔柱式油压缓冲器的结构
1—橡胶垫　2—压盖　3—复位弹簧　4—柱塞　5—密封盖
6—液压缸套　7—弹簧托座　8—注油弯管　9—变量棒
10—缸体　11—放油口　12—液压缸座
13—油　14—环形节流孔

它的工作原理是，当油压缓冲器受到座舱或对重的冲击时，柱塞 4 向下运动，压缩缸体 10 内的油，油通过环形节流孔 14 喷向柱塞腔。当油通过环形节流孔时，由于流动截面积突然减小，就会形成涡流，使液体内的质点相互撞击、摩擦，将动能转化为热量散发掉，从而消耗了设备的动能，使座舱或对重逐渐缓慢地停下来。

3. 其他形式的缓冲器

（1）多车滑行类游乐设施的缓冲装置　图 4-51 是一个疯狂老鼠游艺机的座舱，座舱前后均设有撞击缓冲装置，前面有缓冲杠和弹簧，当发生本车撞击其他车辆时，靠弹簧起到缓冲作用，但其他车辆撞击本车时，其他车辆前有弹簧缓冲装置，本车后面有橡胶管缓冲，所以可大大减轻撞车对乘人造成的伤害。

疯狂老鼠在运行时，轨道上经常有几辆车，若车本身出现故障，或轨道上的刹车装置失灵，就有可能出现撞车事故，另外，站台上的刹车装置若失灵，车辆进站时也会撞击停在站台上的车。因此，疯狂老鼠游乐设施必须设前后缓冲装置，以保证乘人安全。

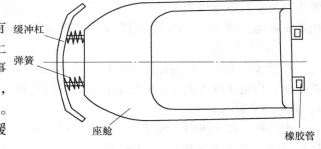

图 4-51　疯狂老鼠车体

（2）架空游览车的缓冲装置　架空游览车的轨道上，有时会有多部车辆同时运行，由于车的运行有的是靠人力驱动，故各车的运行速度快慢不一，易发生撞车事故。有的车靠电力驱动，但可能速度不一样，也能发生撞车事故。再有车辆进站时，若刹车不及时，也会撞在停止的车辆上，故前后都设置了缓冲装置，前面为弹簧缓冲，后面为橡胶板或方形管缓冲，如图 4-52 所示。

（3）滑索的缓冲装置　滑索的滑车进站时，若速度过快，冲击力较大，除有刹车装置外，还必须设置缓冲装置，现大部分滑索都采用了弹簧缓冲加缓冲垫缓冲的方式，当滑车撞到弹簧后，速度会降低或停止，若停不下来，乘人撞到缓冲垫上，冲击力已不大（大部分乘人都用脚触垫），不会对人体造成伤害。但缓冲弹簧要有足够长度，以保证有足够的缓冲力。缓冲垫大都用泡沫塑料制成，并有足够的面积，如图 4-53 所示。

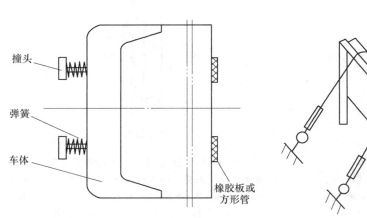

图 4-52　架空游览车缓冲装置

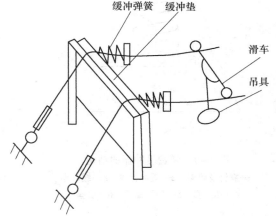

图 4-53　滑索的缓冲装置

（4）卡丁车的缓冲装置　如图 4-54 所示，车体四周装有防撞保险杠，而且保险杠上装有轮胎皮，车场赛道四周均有缓冲轮胎，当前后两辆车相撞时，因为车辆四周有保险杠，可减轻撞击力，如车辆与赛道两侧相撞，因为车场有缓冲轮胎，且车辆有保险杠，同样可减轻撞击力。

（5）碰碰车的缓冲装置　碰碰车外围设一个气胎框，充气胎安装在气胎框上，在车架两侧设有支承气胎框的支承滑轮，并在前端和后端分别设有气胎框连接的减振器和弹簧缓冲器。因此，碰碰车能明显地缓和碰撞力对车架的撞击，具有不容易损坏车体零件和使玩耍人能感受到有较高安全感的优点。

图 4-54　卡丁车安全保护装置

4.5　超速限制装置（限速装置）

在游乐设施中，采用直流电动机驱动或者设有速度可调系统时，必须设有防止超出最大设定速度的限速装置，而且必须灵敏可靠。常用的限速控制方式有：电压比较反馈方式、驱动输入设置方式（模块）、单向编码计数器方式（限圈）、单向运转时间继电器方式（限时）等。比较可靠的是采用两种独立方式控制，最好另加一套保护装置，常用的超速保护控制装置有测速发电机、超速保护开关和旋转编码器等。

游乐设施采用超速保护开关时，超速开关也称为离心开关，其一般用于直流电动机的超速保护。因为直流电动机的转速与磁场成反比，一旦磁场小于最低允许值。电动机的速度将超过最大允许值。因此，在直流电动机的轴端安装超速开关，当电动机速度超速时，则超速开关靠内部的离心机构便使其触点动作。

游乐设施采用变频调速时，具有超速保护功能，系统一般采用闭环控制配有旋转编码器，能够在触摸屏上显示系统的运行速度，当系统超速时能够自动保护。

下面介绍旋转编码器的工作原理和技术性能。旋转编码器是用来测量转速的装置，光电式旋转编码器通过光电转换，可将输出轴的角位移、角速度等机械量转换成相应的电脉冲以数字量输出（REP）。它分为单路输出和双路输出两种。单路输出是指旋转编码器的输出是一组脉冲，而双路输出是指旋转编码器输出两组 A/B 相位差 90° 的脉冲，通过这两组脉冲不仅可以测量转速，还可以判断旋转方向。

编码器按信号原理不同，可分为增量脉冲编码器 SPC 和绝对脉冲编码器 APC 两种。

旋转编码器有一个带中心轴的光电码盘，其上有环形通、不通的刻线，由光电发射和接收器件读取，获得四组正弦波信号组合成 A、B、C、D，每个正弦波相差 90° 相位差（相对于一个周波为 360°），将 C、D 信号反向，叠加在 A、B 两相上，可增强稳定性；每转输出一个 Z 相脉冲以代表零位参考位。由于 A、B 两相相差 90°，可通过比较 A 相在前还是 B 相在前，以判别编码器的正转与反转，通过零位脉冲，可获得编码器的零位参考位。

编码器码盘的材料有玻璃、金属、塑料3种，玻璃码盘是在玻璃上沉积很薄的刻线，其热稳定性好，精度高；金属码盘直接以通和不通刻线，不易碎，但由于金属有一定的厚度，精度就受到限制，其热稳定性要比玻璃差一个数量级；塑料码盘是经济型的，其成本低，但精度、热稳定性、寿命均要差一些。

分辨率是编码器的一个重要技术参数，它以每旋转360°提供多少的通或不通刻线称为分辨率，也称为解析分度。

信号输出波形有正弦波（电流或电压）和方波（TTL、HTL）两种；输出电路有集电极开路（PNP、NPN）和推拉式多种形式，其中 TTL 为长线差分驱动（对称 A，A−；B，B−；Z，Z−），HTL 也称为推拉式、推挽式输出。编码器的信号接收设备接口应与编码器对应。

编码器的脉冲信号输出一般连接计数器、PLC、计算机，PLC 和计算机连接的模块有低速模块与高速模块之分，开关频率有低有高。如单相连接，用于单方向计数，单方向测速；若 A、B 两相连接，用于正反向计数、判断正反向和测速；A、B、Z 三相连接，用于带参考位修正的位置测量；A、A−，B、B−，Z、Z−连接，由于带有对称负信号的连接，电流对于电缆贡献的电磁场为 0，衰减最小，抗干扰最佳，可传输较远的距离。对于 TTL 的带有对称负信号输出的编码器，信号传输距离可达 150m。

旋转编码器由精密器件构成，因此当受到较大的冲击时，可能会损坏内部功能，使用上应充分注意。

安装时不要给轴施加直接的冲击。编码器轴与机器的连接，应使用柔性连接器。在轴上安装连接器时，不要硬性压入。即使使用连接器，因安装不良，也有可能给轴加上比允许负荷还大的负荷，或造成拨芯现象，因此，要特别注意。

轴承使用寿命与使用条件有关，受轴承荷重的影响特别大。如轴承负荷比规定荷重小，可大大延长轴承使用寿命。

不要将旋转编码器进行拆解，这样做将有损防油和防滴性能。防滴型产品不宜长期浸在水或油中，表面有水或油时应擦拭干净。

由于旋转编码器的振动，往往会发生误脉冲。因此，应对设置场所、安装场所加以注意。每转发生的脉冲数越多，旋转槽圆盘的槽孔间隔越窄，越易受到振动的影响。在低速旋转或停止时，施加在轴或本体上的振动使旋转槽圆盘抖动，也可能会发生误脉冲。

4.6 电气保护

游乐设施电气系统是其运行的指挥控制中心，由于电气设备外部和内部产生的故障等都严重威胁着对乘人的安全，所以只有采用合理和可靠的电气安全保护才是游乐设施的安全运行的重要保障。

4.6.1 电击防护

电击时产生的电流通过人体或动物躯体将发生病理性生理效应，轻者受到伤害，重者将会死亡，所以必须采取必要的防护措施。触电分为直接接触和间接接触，两者造成的电击分别称为直接电击和间接电击。

低压配电系统的电击防护可采取下列三种措施：

1）直接接触防护，适用于正常工作时的电击防护或基本防护。

2）间接接触防护，适用于故障情况下的电击防护。

3）直接接触及间接接触两者兼有的防护。

1. 直接电击的防护措施

1）将带电体绝缘：即带电部分完全用绝缘覆盖。该绝缘的类型必须符合相应电气设备的标准，且只能在遭到机械破坏后才能除去。

2）屏护：外护物一般为电气设备的外壳，是在任何方向都能起直接接触保护作用的部件。遮栏则只对任何经常接近的方向起直接接触保护作用，例如用保护遮栏、栏杆或隔板等。

①最低的防护要求：在电气操作区内，防护等级为 IP2X，顶部则为 IP4X。

②稳定性和耐久性要求：遮栏或外护物必须具有足够的稳定性和耐久性，并可承受在正常使用中可能出现的应力和应变。

③开启和拆卸条件：必须使用钥匙或工具，并设置联锁装置。

3）用阻挡物防护：阻挡物只能防护与带电部分无意识接触，但不能防护人们有意识接触。例如用保护遮栏、栏杆或隔板可以防止人体无意识接近带电部分；又如用网罩或熔断器的保护手柄，可以防止在操作电气设备时无意识触及带电部分。阻挡物可不用钥匙或工具拆除，但必须固定以免无意识地移开。

4）安全距离：将带电部分置于伸臂范围以外，可以防止无意识地触及。安全距离一般为 1.25m。

5）用漏电保护器作补充保护：漏电保护器不能作为直接电击的唯一保护设备，只能作为附加保护，也就是作为其他保护失效或使用者疏忽时的附加电击保护。剩余电流动作整定值一般为 30mA。

6）限制放电能量。

7）24V 及以下安全电压。

2. 间接电击防护

（1）自动切断电源　主要采用的是电源自动切断功能，以防止电器事故发生。当故障是最大电流故障且电流的持续时间超过安全值时电源自动切断。但是要求自动断电系统应按照接地系统要求接地。

（2）使用 II 类设备　使用加强绝缘的或者双层绝缘的用电器，并且绝缘层有合格的机械强度。

（3）采用非导电的场所　采用 0 类设备，要求具有绝缘的墙面和地面（对于标称电压不超过 500V 的设备，其绝缘不小 50kΩ，对于电压超过 500V 的，其绝缘电阻为 100kΩ）。

1）外漏导线的部分间隔距离不得小于 2m，如果在伸臂范围内，则为 1.25m。

2）如果达不到上述距离必须在导线之间加入绝缘阻挡物，使跨过的距离不小于 2m。

3）将导线绝缘起来，绝缘物要有良好的机械强度并耐 1000V 的电压，并且泄漏电流不得大于 1m。

（4）不接地的局部等电位连接　在外漏导电部分不采取接地的情况下，应采用等电位连接，使其电位近似相等。

（5）电气隔离 在回路中对触及绝缘破坏的外漏导电部分产生的电击电流的部分采取隔离措施。

1）该回路必须由隔离变压器和隔离绕组发电机供电，供电设备采用Ⅱ类设备或者与其相当的绝缘，严禁外漏导电部分与金属外壳连接。

2）回路的电压不能超过500V，带电部分严禁与大地和其他回路相连接，期间的任何用电器与元件都要满足上述绝缘要求。

3）采用等电位连接方式。

4）采用自动断电系统保护。

3. 直接和间接用电防护措施

兼有防止直接和间接电击的保护，也称为正常工作及故障情况下两者的电击保护，可采取以下措施：

1）如果引出中性线，则中性线的绝缘强度与相线相同。

2）由安全电源供电（包括安全隔离变压器；电化电源，如蓄电池；柴油发电机）以及按标准制造的电子装置，保证内部故障时，端子电压不超过50V，或端子电压可能超过50V，但电能量很小，人体一旦接触端子，电压立即降到50V以下。

3）安全特低电压回路配置：用安全隔离变压器或具有独立绕组的变流器与供电干线隔离开的电路中，导体之间或任何一个导体与地之间的有效值应不超过50V。

①安全电压的带电部分严禁与大地、其他回路的带电部分或保护线相连接。

②安全电压回路的导线应与其他回路导线相隔离，该隔离不低于安全变压器输入和输出线圈间的绝缘强度。如无法隔离，安全电压回路的导线必须在基本绝缘外附加一个密封的非金属护套、电压不同的回路的导线必须用接地的金属屏蔽或金属护套分开。如果安全电压回路的导线与其他电压回路的导线在同一电缆或组合导线内，则安全电压回路的导线必须单独或集中地按最高电压绝缘处理。

③安全电压的插头不能插入其他电压的插座内，安全电压的插座也不能被其他电源的插头插入，且必须有保护触头。

④当标准电压超过交流25V、直流60V时，正常工作的电击保护必须采用IP2X的遮栏或外护物，或采用包以耐压500V历时1min不击穿的绝缘。

4.6.2 防雷与接地保护

4.6.2.1 雷电防护

1. 雷电及其危害

雷电是带有电荷的"雷云"之间或雷云对大地之间产生急剧放电的一种自然现象。据观测，在地面上产生雷击的雷云多为负雷云。

当空中的雷云靠近大地时，雷云与大地之间形成一个很大的雷电场。由于静电感应作用，使地面出现与雷云的电荷极性相反的电荷。当两者在某一方位的电场强度达到25～30kV/cm时，雷云就会向这一方位放电，形成一个导电的空气通道，称为雷电先导。先导相通道中的正、负电荷强烈吸引中和而产生强大的雷电流，并伴有强烈的雷鸣电闪。这就是直击雷的主放电阶段，时间一般为50～100μs，但放电电流异常强大，可达数千安至数百千安，放电时温度可达20000℃，如图4-55所示。

架空线路在附近出现对地雷击时极易产生感应过电压。当雷云出现在架空线路上方时，线路上由于静电感应而积聚大量异性的束缚电荷，当雷云对地或其他雷云放电后，线路上的束缚电荷被释放而形成自由电荷，向线路两端泄放，形成电位很高的过电压波，对供电系统危害也很大，如图 4-56 所示。

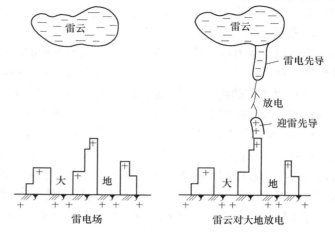

图 4-55　雷云对大地放电（直击雷）示意图

直击雷和雷电感应伴随出现的极高电压和极大电流，具有很大的破坏力。其破坏作用表现在以下几方面：

（1）电性质的破坏作用　雷电产生的数十万乃至数百万伏冲击电压（或外部过电压），可能损坏电气设备的绝缘，烧断导线或劈裂电杆，造成火灾或爆炸等重大事故。而直接对人体放电以及对人体的二次放电，可能危及生命。巨大的雷电流流入地下，可能造成跨步电压或接触电压的触电事故。

（2）热性质的破坏作用　巨大的雷电流通过导体，产生大量热

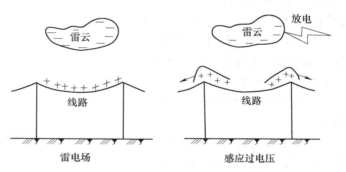

图 4-56　架空线路上的感应过电压

能，造成易燃易爆物燃烧和爆炸，或者由于金属熔化飞溅而引起火灾和爆炸事故。

（3）机械性质的破坏作用　当雷电流通过被击物时，被击物缝隙中的气体急剧膨胀，水分剧烈蒸发，从而导致被击物爆炸。此外，雷击时所产生的静电斥力、电磁推力以及雷击时的气浪都有一定的破坏作用。

以上三种破坏作用是综合出现的，其中尤以伴有爆炸和火灾最为严重。

雷电对电气系统的影响主要是过电压，过电压是指在电气线路或电气设备上出现的超过正常工作要求的电压。这种过电压可分为内部过电压和雷电过电压两大类。

雷电过电压又称为大气过电压或外部过电压，它是由于电力系统内的设备或建筑物遭受来自大气中的雷击或雷电感应而引起的过电压。雷电过电压产生的雷电冲击波，其电压幅值可高达 1 亿 V，其电流幅值可高达几十万安培，对供电系统的危害极大。

雷电过电压有两种基本形式：

（1）直接雷击　雷电直接击中电气设备或线路，其过电压引起强大的雷电流通过这些物体放电进入大地，产生破坏性极大的热效应和机械效应，还伴有电磁脉冲和闪络放电。

（2）间接雷击　雷电未直接击中电力系统中的任何部分而是由雷对设备、线或其他物体的静电感应所产生的过电压。

雷电过电压还有一种是由于架空线路或金属管道遭受直接或间接雷击而引起的过电压

波，沿线路或管道侵入变配电所，这种现象称为雷电波侵入或高电位侵入。据统计，其事故占整个雷害事故的 50% ~70%，因此对雷电波侵入的防护应予以足够的重视。

2. 防雷措施

防雷包括电力系统的防雷和建筑物与其他设施的防雷。根据不同保护对象的危险程度和重要性，对于直击雷、雷电感应和雷电侵入波应采取相应的防雷措施。

（1）直击雷的防护　装设避雷针、避雷线、避雷网、避雷带是防护直击雷的基本措施。这些避雷装置由接闪器、接地引下线和接地装置组成。

1）接闪器。高耸的针、线、网、带都是接闪器。接闪器高于被保护设施而更接近雷云，在雷云对地面放电前，接闪器在电场的作用下，上面积累了大量的异性电荷，它们与雷云之间的电场强度超过附近地面被保护设施与雷云之间的电场强度。放电时，接闪器承受直接雷击，强大的雷电流通过接地引下线和接地装置泄入大地，使被保护设施免遭直接雷击。

避雷针是专用来接受雷云放电，称为受电尖端。通常采用直径不小于 20mm、长度为 1 ~2m 的镀锌圆钢，或采用直径不小于 25mm 的厚壁镀锌钢管制作。圆钢或钢管的头部制成针尖状。

避雷针一般应用于各级变电站、危险品库房，作为输变电设备和建筑物的防雷保护装置。避雷针的一般结构和安装形式，如图 4-57、图 4-58 所示。

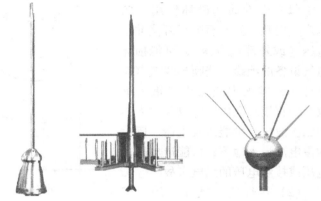

图 4-57　避雷针的一般结构

单根避雷针的保护范围如图 4-59 所示，避雷针对地面的保护半径 $r = 1.5h$（h 为避雷针高度）。从针的顶点向下作 45°的斜线旋转一周形成的曲面内，构成锥形保护空间的上部；从距针的底部两边各 1.5h 处向上作斜线，与 45°斜线相交，交点（为 $h/2$）以下的斜线旋转一周形成的曲面内，构成了锥形保护空间的下部。

独立的避雷针应有自己专用的接地装置，接地电阻应小于 10Ω。接地装置与其保护物地下导体（接地体）之间的地中距离，不宜小于 3m。

避雷线的功用和避雷针相似，主要用来保护电力线路，通常用在 35kV

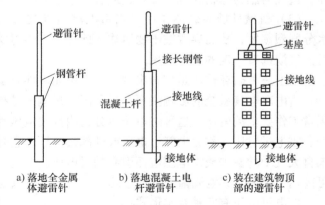

a) 落地全金属　b) 落地混凝土电　c) 装在建筑物顶
体避雷针　　　杆避雷针　　　　部的避雷针

图 4-58　避雷针的安装形式

以上的高压架空线路上，这时的避雷线也叫作架空地线，如图 4-60 所示。避雷线采用镀锌钢绞线制作，避雷带和避雷网主要用于工业和民用建筑物对直击雷的防护，其保护范围无须进行计算。避雷网的网格大小可根据具体情况选择。对于工业建筑物，根据防雷的重要性可采用（6m×6m）~（6m×10m）的网格或适当距离的避雷带；对于民用建筑物，可采用 6 ~

10m 的网格。应当注意的是，不论是什么建筑物，对其屋角、屋脊和屋檐等易受雷击的凸出部位都应装设避雷带。

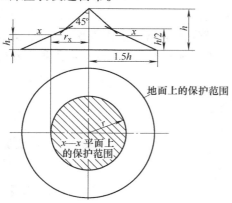

图 4-59　单根避雷针的保护范围

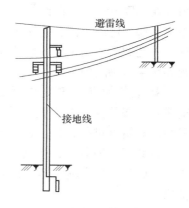

图 4-60　避雷线

避雷针（线、网、带）等都有一定的保护范围。所谓保护范围是指保证被保护物不会受雷击的空间。被保护物应完全置于避雷针（线、网、带）的保护范围内，才能避免遭受直接雷击。

2）接地引下线。它是接闪器与接地装置之间的连接线，它将接闪器上的雷电流安全地引入接地装置，使之尽快泄入大地。

3）接地装置。接地装置是埋在地下的接地导线和接地体的总称，其作用是将雷电流直接泄入大地。

避雷装置承受雷击时，在雷电流通道上呈现的很高冲击电压，可能击穿与之邻近的导体之间的绝缘而发生放电，这就叫作反击。反击可能导致火灾事故和爆炸事故。为了防止反击事故的发生，必须保证接闪器、引下线、接地体与邻近设施之间保持一定的距离。作为建筑物或构筑物上的避雷装置，如不能保证要求的最小距离时，为防止其对不带电体产生反击，往往把邻近的不带电金属导体与避雷装置连接起来，即采取等化其间电位的方法。

（2）雷电感应的防护　为防止电磁感应，平行管道相距不到 100mm 时，每 20～30m 必须用金属线跨接；交叉管道相距不到 100mm 时，也应用金属线跨接；管道与金属设备或金属结构之间距离小于 100mm 时，也应用金属线跨接。此外，管道接头、弯头等接触不可靠的地方，也应用金属线跨接，其接地装置也可和其他接地装置共用，接地电阻应不大于 10Ω。

（3）雷电侵入波的防护　当架空线路或管道遭到雷击时，雷击点要产生高电压，如果雷电荷不能就地导入大地，高电压将以波的形式沿线路或管道传到与之连接的设施上，危及设备和人身的安全。沿线路或管道传播的高压冲击波叫作侵入波，雷电侵入波造成的危害事故很多，所以必须对雷电侵入波采取防护措施。防护雷电侵入波的措施有：

1）装置避雷器。安装避雷器是防止雷电侵入波的主要措施。避雷器装设在被保护物的引入端，其上端接在线路上，下端接地。正常时，避雷器的间隙保持绝缘状态，不影响系统运行。当遭受雷击，有高压冲击波沿线路来袭时，避雷器间隙击穿而接地，从而强行切断侵入冲击波。这时，能够进入被保护物的电压，仅为雷电流通过避雷器及其引下线和接地装置后的残余电压。雷电流通过以后，避雷器间隙又恢复绝缘状态，以便系统正常运行。

避雷器有管型避雷器、阀型避雷器和磁吹避雷器，其中以阀型避雷器使用最广泛。阀型避雷器由火花间隙及阀片电阻组成，阀片电阻的材料是特种碳化硅，当有雷电过电压时火花间隙被击穿，阀片电阻下降，将雷电流引入大地。这就保护了电气设备免受雷电流的危害。正常情况下火花间隙不会击穿，阀片电阻上升，阻止了正常交流电流通过。阀型避雷器的结构与外观如图 4-61 所示。

避雷器按电气设备的额定电压选择，架空线路终端及变配电装置的母线上都需要装设避雷器进行保护。避雷器可与电气设备共用接地装置，接地电阻应不大于 $5 \sim 10\Omega$。安装避雷器时应尽量靠近被保护物。

2）接地。接地可以降低雷电侵入波的陡度。在架空管道进户处及邻近的 100m 内，采取 $1 \sim 4$ 处接地措施，可防止沿架空管道传来的雷电侵入波，接地体可与附近的电气设备接地装置合用，接地电阻应不大于 $10 \sim 30\Omega$。

容易遭雷击的较重要的低压架空线路，除使用避雷器外，还辅以接地来保护。即将进户处的绝缘子铁脚接地，降低绝缘，在雷电侵入波袭击时，使雷电流入户前即全部泄入大地，以保护室内人员和设备的安全。

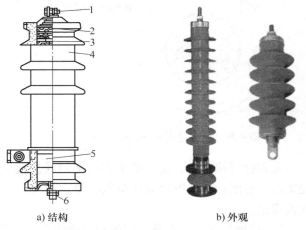

a) 结构　　　　　　　　b) 外观

图 4-61　阀型避雷器的结构与外观
1—上接线端　2—火花间隙　3—云母片垫圈
4—瓷套管　5—阀片　6—下接线端

4.6.2.2　接地保护

电气设备的任何部分与土壤之间作良好的电气连接，称为接地。接地是利用大地为电力系统正常运行、发生故障和遭受雷击等情况下提供对地电流构成回路，从而保证电力系统中各个环节（包括发电、变电、输电、配电和用电的电气设备，电气装置和人身）的安全。

接地按作用不同可分为工作接地、保护接地、防雷接地和重复接地等。

1. 工作接地

在电力系统中，凡是因设备运行的需要而进行的工作性质的接地，即叫作工作接地。工作接地可直接接地或经过一些专门装置（如消弧线圈、击穿熔断器等）与大地相连接。

配电变压器低压侧中性点的接地，能为低压线路或低压用电设备发生对地短路时提供回路，使线路上的保护装置（如熔断器等）迅速动作，及时切断对地短路电流，从而保证设备和人身的安全。避雷器的接地，能使雷电流迅速泄入大地，使设备免遭破坏，这些都是为了设备运行的需要而进行的接地。工作接地示意图如图 4-62 所示。

2. 保护接地

电气设备的金属外壳由于绝缘损坏而有可能带电，为了防止这种情况危害人身安全，将正常情况下不带电的金属外壳或构架同接地体相连接，这种因保护性质需要而进行的接地，叫作保护接地，如图 4-63 所示。

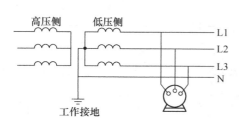

图 4-62　工作接地示意图

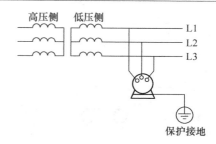

图 4-63　保护接地示意图

3. 重复接地

为了提高安全可靠性，还可采用重复接地方式，如图 4-64 所示。在中性点直接接地的低压三相四线制系统中，将零线（接地中性线）上的若干点（例如图中 B 点）与大地再次作电气连接。这样，当零线即使在 A 点断开，接地保护也能起到可靠的保护作用。

4. 保护接零

在中性点接地的低压电网中，把电气设备的金属外壳、框架与中性线或中干线（三相三线制电路中所敷设的接中干线）相连接，称为保护接零，如图 4-65 所示。因为电气设备绝缘一旦损坏而碰到金属外壳时，构成相线与中性线短路回路，由于中性线的电阻很小，因此短路电流很大。很大的短路电流将使电路中的保护开关动作或使电路中的保护熔丝熔断，从而切断了电源，这时外壳便不带电，由此防止了触电的可能。

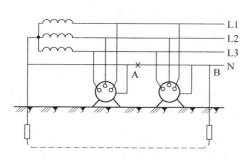

图 4-64　重复接地示意图

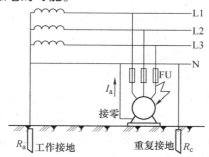

图 4-65　保护接零示意图

但应该注意的是，用于保护接零的中性线或专用保护接地线上不得装设熔断器或开关；对于同一台变压器或同一段母线供电的低压线路，通常不应对一部分设备采用接零保护，而对另一部分设备则采用接地保护，以免当采用接地的设备一旦发生故障形成外壳带电时，将使采用接零的设备外壳均带电。一般具有自用配电变压器的用户，都采用接中性线的保护接零方式。

5. 低压配电系统接地型式

根据电气工作接地和电气装置外露导电部分保护接地的方式不同，ICE（国际电工委员会）标准将系统接地分为 TN，TT，IT 三种形式。TN 系统中第一个字母 T 表示供电电源直接接地，三相电源应是中性点直接接地；第二个字母 N 表示电气设备的外露可导电部分（可触及的金属外壳）与供电电源的接地端有直接连接。

根据中性线 N 与保护接地线 PE 是否合并的组合情况，TN 系统的型式又分为 TN-S 系统、TN-C 系统和 TN-C-S 系统三种情况，如图 4-66 所示。

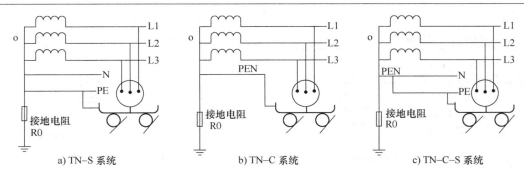

图 4-66　TN 系统接线示意图

（1）TN-S 系统　整个系统的中性线 N 和保护接地线 PE 是分开的；在系统正常工作时，PE 线不通过工作电流，与 PE 线相连接的电气设备的外露可导电部分（可触及的金属外壳）上，不带有对地电位；对弱电控制的精密仪器不会产生干扰。与电气设备周围的零电位的金属物体（外部可导电部分）无电位差，两者相碰不会产生火花，因此，这种系统安全性最好，适合于爆炸、火灾危险场所。但它需要多用一根导线，造价较高。

（2）TN-C 系统　整个系统的中性线 N 和保护接地线 PE 是合一的，称为 PEN 线。发生接地故障时，PEN 线中有较大的短路电流；三相不平衡时，PEN 线中也有电流；单相负载也可在 PEN 线中有工作电流；由于 PEN 线是与电气设备的外露可导电部分（可触及的金属外壳）相连接的，PEN 线中的电流会在电气设备的外露可导电部分上产生电压降。对弱电控制的电子设备会产生干扰。PEN 线中有电流时会在连接点处产生滋火，引起火灾和爆炸。因此，火灾和爆炸危险场所，不得采用 TN-C 系统。

（3）TN-C-S 系统　从变压器开始，系统的中性线 N 和保护接地线 PE 是合一的，也称为 PEN 线，从某点开始，分为两条线，一条是中性线 N，另一条是保护接地线 PE；分开后，中性线 N 不做接地线用，保护接地线 PE 不得再接 220V 的负载。为防止分开后的 PE 线和 N 线混淆，PE 线和 PEN 线应涂以黄绿相间的色标，N 线涂以浅蓝色色标。TN-C-S 是被广泛采用的配电系统。在企业单位，对电位敏感的电子设备，往往在线路的末端，前端多为固定设备，因此，在末端采用 TN-S 系统是有利的。在民用建筑物中，在电源一侧采用 TN-C 系统，进入建筑物改为 TN-S 系统，在电源侧的 PEN 线上难免有电压降，但对固定设备没有影响。PEN 分开后有专用的保护线 PE，有 TN-S 系统的优点。因此 PEN 自分开后，PE 线与 N 线不能再合并，否则将丧失分开后形成的 TN-S 系统的特点。

4.6.2.3　游乐设施中对接地和避雷的要求

1）低压配电系统的接地型式应采用 TN-S 系统或 TN-C-S 系统。

2）电气设备正常情况下不带电的金属外壳、金属管槽、电缆金属保护层、互感器二次回路等必须与电源线的 pe 线可靠连接，低压配电系统保护重复接地电阻应不大于 10Ω。接地装置的设计和施工应符合国家标准的规定。

3）高度大于 15m 的游乐设施和滑索上、下站及钢丝绳等应装设避雷装置，高度超过 60m 时还应增加防侧向雷击的避雷装置。接地引下线宜采用圆钢或扁钢，圆钢直径不应小于 8mm，扁钢截面积不应小于 48mm^2，其厚度不应小于 4mm。当利用设备金属结构架做引下线时，截面积和厚度不应小于上述要求，在分段机械连接处应有可靠的电气连接。引下线宜在距地面 0.3~1.8m 装设断接卡或连接板，并应有明显标志。避雷装置的接地电阻应不大于 30Ω。避雷装置的设计和施工应符合国家标准的规定。

4.6.3　其他电气保护

游乐设施中除了上述两种保护外，还有常见的过电流保护、过电压保护、欠电压保护、断相保护、短路保护、过载保护和必要的声光报警装置等。有了这些保护措施，游乐设施才能充分保证乘人和作业人员的安全。

（1）过电流保护　过电流是指电动机或电器元件超过其额定电流的运行状态，过电流一般比短路电流小，在 6 倍额定电流以内。电气线路中发生过电流的可能性大于短路，特别是在电动机频繁起动和频繁正反转时。在过电流情况下，若能在达到最大允许温升之前电流值恢复正常，电器元件仍能正常工作，但是过电流造成的冲击电流会损坏电动机，所产生的瞬时电磁大转矩会损坏机械传动部件，因此要及时切断电源。

过电流保护常用过电流继电器来实现。将过电流继电器线圈串接在被保护线路中，当电流达到其整定值，过电流继电器动作，其常闭触头串接在接触器线圈所在的支路中，使接触器线圈断电，再通过主电路中接触器的主触头断开，使电动机电源及时切断。

（2）过电压保护　当被保护线路的电源电压高于一定数值时，保护器切断该线路；当电源电压恢复到正常范围时，保护器自动接通。电磁铁、电磁吸盘等大电感负载及直流电磁机构、直流继电器等，在通断时会产生较高感应电动势造成电磁线圈击穿而损坏。过电压保护通常是在电磁线圈两端并联一个电阻、电阻串电容或二极管串电阻，以形成一个放电回路，实现过电压保护。

（3）欠电压保护　就是当电源停电或者由于某种原因电源电压降低过多（欠电压）时，保护装置能使电动机自动从电源上切除。因为当失电压或欠电压时，接触器线圈电流将消失或减小，失去电磁力或电磁力不足以吸住动铁心，因而能断开主触头，切断电源。失电压保护的好处是，当电源电压恢复时，如不重新按下起动按钮，电动机就不会自行转动（因自锁触头也是断开的），避免了发生事故。如果不是采用继电接触控制，而是直接用刀开关进行控制，由于在停电时往往忽视拉开电源开关，电源电压恢复时，电动机就会自行起动，会发事故。欠电压保护的好处是，可以保证异步电动机不在电压过低的情况下运行。

（4）断相保护　所谓断相就是正常的三相电源其中某一相断路，原有的三相设备会降低输出功率使其不能正常工作，或造成事故。因此，对于一些重要的设备需要加断相保护装置线路电源断相时，会产生负序电流分量，三相电流不均衡或过大，引起电动机迅速烧毁。为了保障电动机的安全运行，使其在发生断相运行时能及时停止电动机的运行，避免造成电动机烧毁事故，一般的电动机都装有断相保护装置。

（5）短路保护　电气控制线路中的电器或配线绝缘遭到损坏、负载短路、接线错误时，都将产生短路故障。短路时产生的瞬时故障电流是额定电流的十几至几十倍。电气设备或配电线路因短路电流产生的强大电动力可能损坏、产生电弧，甚至引起火灾。

短路保护要求在短路故障产生后的极短时间内切断电源，常用方法是在线路中串接熔断器或低压断路器。低压断路器动作电流整定为电动机起动电流的 1.2 倍。

（6）过载保护　过载是指电动机运行电流超过其额定电流但小于 1.5 倍额定电流的运行状态，此运行状态在过电流运行状态范围内。若电动机长期过载运行，其绕组温升将超过允许值而绝缘老化或损坏。过载保护要求不受电动机短时过载冲击电流或短路电流的影响而瞬时动作，通常采用热继电器作过载保护元件。

当6倍以上额定电流通过热继电器时，需经5s后才动作，可能在热继电器动作前，热继电器的加热元件已烧坏，所以在使用热继电器作过载保护时，必须同时装有熔断器或低压断路器等短路保护装置。

上述保护具有选择性，在刀开关上安装熔丝或熔断器，便组成了兼有通断电路和短路保护功能的开关电器；断路器可进行失电压、欠电压、过载和短路保护；熔断器对过载反应不灵敏，不宜用于过载保护，主要用于短路保护；接触器有过载保护能力却没有短路保护功能；自动开关既能控制电路的通断，又能起短路、过载、欠电压等保护功能。漏电断路器用于对线路漏电的保护。这些都是我们常见的保护装置。

4.7 安全保险措施

安全保险措施是指用简易的方法保护设备的安全保护装置。我们可以通过下面的一些实例分析，了解一下安全保险措施的作用。

1. 安全保险措施应用实例

（1）封闭座舱门双保险和非封闭门进出口拦挡物　对于距地面1m以上的封闭座舱门，必须设乘人在内部不能开启的两道锁紧装置或一道带保险的锁紧装置；非封闭座舱进出口处的拦挡物，也应有带保险的锁紧装置。

在空中运动的游艺机，如为封闭式座舱，其进出口的门，必须设两道门销，以防止在运动过程中，由于冲击振动或锁失效，舱门自动打开，乘人安全受到威胁。常见的游艺机，如观览车、太空船等，其进出口门均为两道锁紧装置。图4-67是观览车的门，锁紧方式是在门把手上有一个撞块，可把门锁住，另外还有一个插销，此插销必须装在座舱外面，防止乘人在运行时自行打开。

非封闭座舱进出口拦挡物，也应有带保险的锁紧装置。此拦挡物一般设置在儿童游玩的小型游乐设备上，尽管设备速度很慢，且大都在地面上运行，为了保证儿童安全，在进出口处也要设置拦挡物。图4-68为小火车进出口拦挡物，大都采用环形链条。

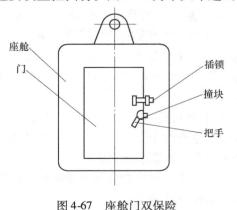

图4-67　座舱门双保险　　　　　图4-68　非封闭座舱拦挡物

（2）吊挂座椅的保险装置　旋转飞椅等游乐设备为了防止座椅吊挂上部连接杆及焊接环断裂，应设置保险装置，一般采用钢丝绳或环链作为二次保险，如图4-69、图4-70所示。

图 4-69　二次保险（1）

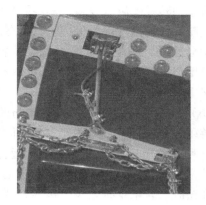

图 4-70　二次保险（2）

（3）车辆防侧翻、连接器的保险措施　沿架空轨道运行的车辆，应设置防倾翻装置。车辆连接器应结构合理，转动灵活，安全可靠。例如，常见的过山车，其轮系必须要设置防范装置，车辆连接器必须要可靠，一般采取二次保险措施。如图 4-71 所示，轨道下面的轮子可以起到防侧翻作用，图 4-72 所示为车辆连接器。

图 4-71　防侧翻轮

图 4-72　连接器

（4）吊挂摆动舱的保险措施　摆动舱有钢结构架吊挂（吊挂臂），在摆动过程中，若吊挂臂或上下销轴断裂，摆动舱就会坠落，加上保险绳后，可防止类似事故发生。保险绳的吊挂点（吊环），必须与吊挂臂的吊挂点（销轴）分开。这样不仅对吊挂臂起到保险作用，对吊挂销轴也起到了保险作用，将保险绳吊挂点与吊挂臂的吊挂点合二为一是不合理的。图 4-73 为海盗船游乐设施的保险方式。

（5）牵引杆的安全保险装

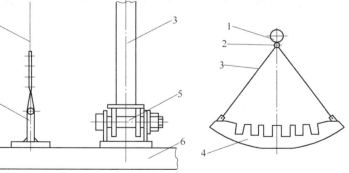

图 4-73　吊挂摆动舱的保险装置

1—横梁　2—上吊挂销轴　3—吊挂臂　4—摆动舱　5—下吊挂销轴
6—框架　7—吊环　8—保险绳

置 对于回转臂式游乐设施，其座舱都安装在回转臂的端部，座舱与回转臂用销轴连接。为了使座舱在任何高度都能保持垂直状态，除了回转臂外，拉杆也非常重要，一旦拉杆断开，座舱就会倾翻，所以一定要设保险装置。通常在拉杆旁增设一条钢丝绳，也有采用双拉杆的，如图 4-74 所示。

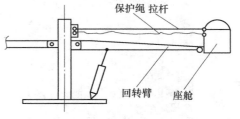

图 4-74 牵引杆的安全保险装置

（6）螺栓联接防松、销轴连接防脱落措施 大型游乐设施在运行过程中，一般都有振动，有的冲击和振动还比较严重。在实际运行中，由于紧固件未采用防松措施，螺栓会有松动现象发生，销轴会松脱。若未及时发现，极易造成事故。好多游乐设施在运行过程中出现过这样的故障，导致事故的发生，因此，重要的连接，一定要采取防松措施。

螺栓常用的防松方法有加弹簧垫圈、双螺母、自锁螺母、防松螺母等；销轴连接防脱落措施有卡环、开口销、端部挡板等，另外挡板的安放一定要考虑销轴的受力方向，不能使挡板承受压力。高强度螺栓应根据要求使用力矩扳手，且大部分不能重复使用。

2. 安全保险措施的安全要求

对于游乐设施在空中运行的乘人部分，其整体结构应牢固可靠，其重要零部件宜采取保险措施。具体要求如下：

1）吊挂乘人部分用的钢丝绳或链条数量不得少于两根。与座席部分的连接，必须考虑一根断开时能够保持平衡。

2）钢丝绳的终端在卷筒上应留有不少于三圈的余量。当采用滑轮传动或导向时，应考虑防止钢丝绳从滑轮上脱落的结构。

3）沿架空轨道运行的车辆，应设防倾翻装置。车辆连接器应结构合理，转动灵活，安全可靠。

4）沿钢丝绳运动的游乐设施，必须有防止乘人部分脱落的保险装置，且保险装置应有足够的强度。

5）当游乐设施在运行中，动力电源突然断电或设备发生故障，危及乘人安全时，必须设有自动或手动的紧急停车装置。

6）游乐设施在运行中发生故障后，应有疏导乘人的措施。

第 5 章

大型游乐设施的监督管理

5.1 游乐设施安全监察体系的确立

1. 加强对大型游乐设施安全监察的必要性

加强对大型游乐设施的安全监察工作是我国经济社会的发展趋势，也是游乐业发展的必然要求。主要应从以下几个方面进行理解：

（1）从经济社会发展的趋势来看 我国已进入经济社会快速发展的时期，全国都在为实现社会主义现代化和中华民族的伟大复兴而努力奋进。旅游业作为重要支柱产业，它的健康发展不仅关系到国民经济的发展，而且还关系到社会的和谐运转。我们提倡"以人为本"就是要尊重人的生命为本。只有尊重生命，重视安全，构建和谐社会才有了基础。

（2）从大型游乐设施自身的特点来看 大型游乐设施不同于一般的游玩设备，随着科学技术的发展，许多大型游乐设施运用的技术都更加先进，构造更加复杂。这些先进设施在给人们提供惊险和刺激的同时，也对设备的安全提出了更高的要求，特别是有些游乐设施追求更高、更快、更刺激，设备运转瞬息万变，稍有不慎，就有可能酿成意想不到的后果。因此，对于大型游乐设施来讲，加强安全监察尤为重要。

（3）从游乐设施管理的现状来看 由于我国的游乐设施起步较晚，企业规模一般较小，技术设备相对落后，安全投入不足，加上对大型游乐设施的安全监察制度不够完善，有些企业违规操作的现象还比较严重，重大责任事故时有发生。为了尽快改善大型游乐设施的安全状况，可有效防止和减少安全责任事故的发生，必须把游乐业安全生产和管理工作摆上重要位置，加强对大型游乐设施的监察和检查，只有这样，才能促进游乐业的健康发展。

（4）从社会对游乐业的关注程度来看 由于大型游乐设施集知识性、趣味性、刺激性于一体而深受大众欢迎，参与的游客面广量大，而且少年儿童比较集中，社会关注度极高，如果出现安全事故，不仅给人民生命财产造成重大损失，而且社会影响极大，甚至影响一个地方的社会稳定；同时还对国民经济和游乐业的发展带来直接影响，使企业蒙受灾难，甚至让公园倒闭。因此，对于大型游乐设施的安全监察不能掉以轻心，应该引起各级管理者的高度重视。

2. 我国游乐设施安全管理制度的建立

我国游乐设施从起步到建立安全管理制度经历了从一般管理到制度和法规管理的发展历程。大体可分为三个阶段，即一般设备管理阶段、生产许可证设备管理阶段和特种设备管理阶段。

（1）一般设备管理阶段（1980—1990） 1980 年以后，随着我国改革开放的不断深入，游乐设施得到了迅速发展。这一时期对游乐设施的管理是作为一般设备进行的，并未把游乐设施作为危险性较大的特种设备来进行管理。在此期间游乐设施事故时有发生，甚至发生了一些恶性事故，严重影响游乐业的健康发展。1984 年 2 月北京某公园儿童飞机牵引钢丝绳断裂，造成多名乘客受伤，引起了社会的关注和国家领导的高度重视。我国大型游乐设施的安全管理也由此摆上了国家有关部门的重要议事议程。国家相继出台了有关规定，建立了相关机构。1984 年 6 月，国家经委发布了《关于加强游艺机生产、使用管理的通知》，强调了加强游艺机的生产管理，开始制订统一的技术标准。1985 年 11 月，国家标准局发文成立"国家游艺机质量监督检验中心"。1987 年 6 月，国家经委批准成立"中国游艺机游乐园协会"。这些文件和措施的出台，对引导我国游乐业健康有序发展，起到了十分重要的作用。

（2）生产许可证设备管理阶段（1990—2000）　这一阶段主要是通过在生产领域实施生产许可证制度和制定对游乐环节的安全监督管理制度，加强对游乐设施的安全监察工作。这一阶段主要制定了以下文件：

1990 年 2 月，中国有色金属工业总公司发布《游艺机产品生产许可证实施细则》，开始实施游艺机生产许可证制度。

1994 年，国家技术监督局、建设部、公安部、劳动部、国家旅游局、国家工商行政管理局联合发布《游艺机和游乐设施安全监督管理规定》。

总体来讲，实行生产许可制度后，游乐设施的安全状况有了一定的改善，但随着游乐设施的大量增加和监管工作滞后，各种事故仍时有发生。因为游乐设施安全是一个系统工程，其安全性能与设计、制造、安装、改造、维修、使用、检验等诸多环节的监管都密切相关。由此可见，对游乐设施实施全过程的监管，已经势在必行。

（3）特种设备管理阶段（2000—今）　这一阶段国家大力加强了对特种设备的管理。2000 年 10 月，国家质量技术监督局发布实施了《特种设备质量与安全管理规定》，明确把大型游乐设施作为特种设备实行安全监察，开始了对大型游乐设施全过程的安全监察。

2001 年 2 月，建设部、国家质量技术监督局联合发布了《游乐园管理规定》，明确规定了游乐园的立项、开业和对游乐设施定期安全检验的要求。

2003 年 3 月 11 日，国务院发布了《特种设备安全监察条例》。从此我国游乐设施安全监察工作走上了法制化轨道。在此前后，一些省、市也都进行了地方立法。国家质检总局又根据"监察条例"制定了配套的安全技术规范和标准，这使游乐设施安全监察工作逐步走上了法制化、规范化、科学化轨道。这以后游乐设施的事故率也逐年呈下降趋势。特别是2009 年 1 月 14 日修改后的《特种设备安全监察条例》获得国务院第 46 次常务会议通过，当年 5 月 1 日即已实施，这对我国特种设备和游乐设施的安全监察工作起了很大的推动作用。

2014 年 1 月 1 日，正式实施的《大型游乐设施安全监察规定》标志着游乐设施安全过程管理进入全面管理阶段。

3. 游乐设施安全监察的特点、范围和分级

（1）特种设备安全监察的概念和特点

1）特种设备安全监察的概念：特种设备安全监察是负责特种设备安全的国家行政机关为实现安全目的而从事的决策、组织、管理、控制和监督检查等活动。

根据国家相关规定，对特种设备的安全监察由国家质量监督检验总局特种设备安全监察局和各地质监部门特种设备安全监察机构实施。

2）大型游乐设施安全监察的特点：对大型游乐设施进行安全监察同其他特种设备的安

全监察一样，是对大型游乐设施各个环节包括设计、制造、安装、改造、维修、检验、使用等环节的安全实施必要的监察。但大型游乐设施又不同于一般特种设备，对大型游乐设施的安全监察具有不同的特点：

①在使用环节上，由于一些游乐设施涉及的人数较多，因而对其安全监察的要求更高。

②在维修环节上，对大型游乐设施检查维修的节点多、线路长、技术要求高。

③在新技术的使用上，大型游乐设施采用的各种新科技不断改进和革新，所涉及的科技知识领域更加广泛。

这些不同点都给大型游乐设施的安全监察提出了新的要求和挑战。

（2）游乐设施安全监察的范围　大型游乐设施不同于一般的游乐设施，只有大型游乐设施才属于特种设备。列入大型游乐设施监察范围，必须符合三个条件：一是用于经营目的，对于本团体内部使用、非经营的设备，不作为安全监察的对象；二是要承载游客游乐，对于不载人的设备，一般不会引起人身危害，不作为安全监察的对象；三是游乐设施设计运行的最大线速度必须大于或等于2m/s，或运行高度距地面必须大于或等于2m。

游乐设施中，危险性小、基本不会危及游客人身安全的小型游乐设施，可作为一般性管理。从安全管理的角度讲，这样也可以减少管理成本。

目前，游乐设施中除光电打靶类外，其他各类都纳入了特种设备目录，列为特种设备目录的大型游乐设施其具体类别、品种和代码如下：

1）观览车类6100。

2）滑行车类6200。

3）架空游览车类6300。

4）陀螺类6400。

5）飞行塔类6500。

6）转马类6600。

7）自控飞机类6700。

8）赛车类6800。

9）小火车类6900。

10）碰碰车类6A00。

11）滑道类6B00。

12）水上游乐设施6D00：峡谷漂流系列6D10、水滑梯系列6D20、碰碰船系列6D40。

13）无动力游乐设施6E00：蹦极系列6E10、滑索系列6E40、空中飞人系列6E50、系留式观光气球系列6E60。

（3）大型游乐设施的分级　根据国家质检总局颁布的《游乐设施安全技术监察规程（试行）》中附件2"游乐设施分级表"，大型游乐设施按照其危险和复杂程度分为A、B、C三个级别，分级原则主要根据速度、高度、摆角等技术参数。对于A、B类大型游乐设施需进行设计审查；A级游乐设施由国家游乐设施检验检测机构进行监督检验和定期检验；B、C级游乐设施则由国家质检总局特种设备安全监察机构授权省级检验检测机构进行监督检验和定期检验。

2007年，国家质量监督检验总局以国质检特函〔2007〕373号《关于调整大型游乐设施分级并做好大型游乐设施检验和型式试验工作的通知》对游乐设施分级进行了调整，缩小了原 A 级设备的检验范围，提高了原 B 级设备分级上限参数，原 C 级设备检验范围不变，见表 5-1。

表 5-1 大型游乐设施分级

类　　别	型　式	主 要 参 数		
		A 级	B 级	C 级
观览车类	观览车系列	高度≥50m	50m＞高度≥30m	其他
	海盗船系列	单侧摆角≥90°或乘客≥40 人	90°＞单侧摆角≥45°，且乘客＜40 人	
	观览车类其他型式	回转直径≥20m 或乘客≥24 人	单侧摆角≥45°，且回转直径＜20m，且乘客＜24 人	
滑行车类	滑道系列	滑道长度≥800m	滑道长度＜800m	无
	滑行车类其他型式	速度≥50km/h 或轨道高度≥10m	50km/h＞速度≥20km/h，且 10m＞轨道高度≥3m	其他
架空游览车类	全部型式	轨道高度≥10m 或单车（列）乘客≥40 人	10m＞轨道高度≥3m，且单车（列）乘客＜40 人	其他
陀螺类	全部型式	倾角≥70°或回转直径≥12m	70°＞倾角≥45°，且 12m＞回转直径≥8m	其他
飞行塔类	全部型式	运行高度≥30m 或乘客≥40 人	30m＞运行高度≥3m，且乘客＜40 人	其他
转马类	全部型式	回转直径≥14m 或乘客≥40 人	14m＞回转直径≥10m，且运行高度≥3m，且乘客＜40 人	其他
自控飞机类				
水上游乐设施	全部型式	无	高度≥5m 或速度≥30km/h	其他
无动力游乐设施	滑索系列	滑索长度≥360m	滑索长度＜360m	无
	无动力类其他型式	运行高度≥20m	20m＞运行高度≥10m	其他
赛车类、小火车类、碰碰车类、电池车类	全部型式	无	无	全部

各分级参数的含义如下：

1）乘客：是指设备运行过程中同时乘坐游客的最大数量。其中，单车（列）乘客是指相连的一列车同时容纳的乘客数量。

2）高度：对观览车系列，是指转盘（或运行中座舱）最高点距主立柱安装基面的垂直距离（不计算避雷针高度；以上所得数值取最大值）；对水上游乐设施，是指乘客约束物支承面（如滑道面）距安装基面的最大竖直距离。

3）轨道高度：是指车轮与轨道接触面最高点距轨道支架安装基面最低点之间的垂直距离。

4）运行高度：是指乘客约束物支承面（如座位面）距安装基面运动过程中的最大垂直距离；对无动力类游乐设施，指乘客约束物支承面（如滑道面、吊篮底面、充气式游乐设施乘客站立面）距安装基面的最大竖直距离，其中高空跳跃蹦极的运行高度是指起跳处至下落最低的水面或地面。

　　5）单侧摆角：是指绕水平轴摆动的摆臂偏离铅垂线的角度（最大 180°）。

　　6）回转直径：对绕水平轴摆动或旋转设备，是指其乘客约束物支承面（如座位面）绕水平轴的旋转直径；对陀螺类设备，是指主运动做旋转运动，其乘客约束物支承面（如座位面）最外沿的旋转直径；对绕垂直轴旋转的设备，是指其静止时座椅或乘客约束物最外侧绕垂直轴为中心所得圆的直径。

　　7）滑道长度是指滑道下滑段和提升段的总长度。

　　8）滑索长度是指承载索固定点之间的斜长距离。

　　9）倾角是指转盘或座舱绕可变倾角轴做旋转运动时，其主运动旋转轴与铅垂方向的最大夹角。

　　10）速度是指设备运行过程中座舱达到的最大线速度，其中水上游乐设施指乘客达到的最大线速度。

5.2　游乐设施法律法规及标准体系

5.2.1　我国游乐设施安全监察法律法规和标准体系简介

　　随着我国游乐业的发展，游乐设施安全监察法律、法规和标准体系逐步建立起来，经历了从无到有、从不完善到初步完善，并在继续发展的过程。我国的法律、法规和标准共分为五个层次：

　　（1）法律　目前《中华人民共和国特种设备安全法》虽然正在起草过程中，但我国已经颁布实施的相关法律已就特种设备安全问题做出相应规定。这些法律包括：《中华人民共和国安全生产法》《中华人民共和国行政许可法》《中华人民共和国产品质量法》《中华人民共和国标准化法》和《中华人民共和国计量法》。

　　（2）法规

　　1）国务院行政法规：《特种设备安全监察条例》已于 2003 年 6 月 1 日开始实施；该条例后经修订，修订后的该条例已于 2009 年 5 月 1 日实施。

　　2）地方法规：许多省都对特种设备安全监察制定了地方法规。《江苏省特种设备安全监察条例》2003 年 3 月 1 日实施；后来，该条例经修改，于 2004 年 5 月 1 日实施。

　　（3）规章

　　1）《游乐园管理规定》国家建设部、国家质量技术监督局联合发布，2001 年 4 月 1 日施行。为了适应游乐业的发展情况，目前正对该规章进行修订。

　　2）《大型游乐设施安全监察规定》，国家质检总局令第 154 号，2014 年 1 月 1 日起施行。

　　3）《锅炉压力容器压力管道及特种设备安全监察行政处罚规定》国家质检总局第 14 号令，2002 年 3 月 1 日起实施。

　　4）《特种设备事故报告和调查处理规定》国家质量监督检验检疫总局第 115 号令，2009 年 7 月 3 日起施行。该规定代替了国家质检总局于 2001 年 11 月 15 日施行的《锅炉压力容器压力管道特种设备事故处理规定》。

5）《特种设备作业人员监督管理办法》，国家质量监督检验检疫总局令第 140 号，于 2011 年 7 月 1 日起施行。

（4）安全技术规范（TSG）和规范性文件　这些规范包括：《大型游乐设施安全管理人员和作业人员考核大纲》（TSG Y6001—2008）、《特种设备制造、安装、改造、维修质量保证体系基本要求》（TSG Z0004—2007）、《特种设备制造、安装、改造、维修许可鉴定评审细则》（TSG Z0005—2007）、《特种设备作业人员考核规则》（TSG Z6001—2005）、《特种设备注册登记与使用管理规则》［国家质量技术监督局质技监局锅发（2001）57 号］、《大型游乐设施设计文件鉴定规则（试行）》、《游乐设施安全技术监察规程（试行）》［国质检锅（2003）34 号］、《游乐设施监督检验规程（试行)》［国质检锅（2002）124 号］、《蹦极安全技术要求（试行）》［国质检锅（2002）359 号］、《滑索安全技术要求（试行）》［国质检锅（2002）120 号］、《机电类特种设备制造许可规则（试行）》［国质检锅（2003）174 号］、《机电类特种设备安装改造维修规则（试行）》［国质检锅（2003）251 号］、《关于调整大型游乐设施分级并做好大型游乐设施检验和型式试验工作的通知》（国质检特函（2007）373 号）。

目前，国家相关部门正在制定的安全技术规范有：《大型游乐设施设计文件鉴定规则》《大型游乐设施型式试验规则》《大型游乐设施监督检验和定期检验规则》。

（5）标准　目前我国现行有效的游乐设施标准共 27 个，引用标准有 59 个。

1）游乐设施标准：《游乐设施安全规范》（GB 8408—2008）、《转马类游艺机通用技术条件》（GB/T 18158—2008）、《滑行类游艺机通用技术条件》（GB/T 18159—2008）、《陀螺类游艺机通用技术条件》（GB/T 18160—2008）、《飞行塔类游艺机通用技术条件》（GB/T 18161—2008）、《赛车类游艺机通用技术条件》（GB/T 18162—2008）、《自控飞机类游艺机通用技术条件》（GB/T 18163—2008）、《观览车类游艺机通用技术条件》（GB/T 18164—2008）、《小火车类游艺机通用技术条件》（GB/T 18165—2008）、《架空游览车类游艺机通用技术条件》（GB/T 18166—2008）、《光电打靶类游艺机通用技术条件》（GB/T 18167—2008）、《水上游乐设施通用技术条件》（GB/T 18168—2017）、《碰碰车类游艺机通用技术条件》（GB/T 18169—2008）、《电池车类游艺机通用技术条件》（GB/T 18170—2008）、《游乐园（场）安全和服务质量》（GB/T 16767—1997）、《滑道设计规范》（GB/T 18878—2008）、《滑道安全规范》（GB/T 18879—2008）、《游乐设施代号》（GB/T 20049—2006）、《游乐设施验收检验》（GB/T 20050—2006）、《无动力类游乐设施技术条件》（GB/T 20051—2006）、《游乐设施术语》（GB/T 20306—2017）、《游乐设施无损检测》（GB/T 34370—2017）和《游乐设施风险评估总则》（GB/T 34371—2017）。

2）引用标准：《机械安全　基本概念与设计通则》（GB/T 15706—2012）、《机械安全　急停设计原则》（GB 16754—2008）、《机械安全　机械电气设备 第 1 部分：通用技术条件》（GB 5226.1—2008）、《机械安全　控制系统有关安全部件　第 1 部分：设计通则》（GB/T 16855.1—2008）、《电气/电子/可编程电子安全相关系统的功能安全》（GB/T 20438—2006）、《钢结构设计规范》（GB 50017—2003）、《木结构设计规范》（GB 50005—2003）、《建筑地基基础设计规范》（GB 50007—2002）、《建筑结构载荷规范》（GB 50009—2002）、《混凝土结构设计规范》（GB 50010—2002）、《建筑抗震设计规范》（GB 50011—2001）、《建筑防雷设计规范》（GB 50057—1994）、《交流电气装置的接地设计规范》（GB

50065—2011）、《电气装置安装工程电气设备交接试验标准》（GB 50150—1991）、《机械设备安装工程施工及验收规范》（GB 50231—1998）、《电气装置安装工程电缆线路施工及验收规范》（GB 50168—1992）、《电气装置安装工程接地装置施工及验收规范》（GB 50169—2016）、《电气装置安装工程旋转电机施工及验收规范》（GB 50170—1992）、《电气装置安装工程盘柜及二次回路接线施工及验收规范》（GB 50171—1992）、《电气装置安装工程低压电器施工及验收规范》（GB 50254—1996）、《地基与基础工程施工质量验收规范》（GB 50202—2002）、《混凝土结构工程施工质量验收规范》（GB 50204—2002）、《木结构工程施工质量验收规范》（GB 50206—2012）、《电气装置安装工程 起重机电气装置施工及验收规范》（GB 50256—2014）、《剩余电流动作保护器的一般要求》（GB/Z 6829—2008）、《剩余电流动作保护装置安装和运行》（GB 13955—2005）、《特低电压（ELV）限值》（GB/T 3805—2008）、《家用和类似用途电器的安全 第 1 部分：通用要求》（GB 4706.1—2005）、《固定式通用灯具安全要求》（GB 7000.11—1999）、《可移式通用灯具安全要求》（GB 7000.12—1999）、《三相异步电动机试验方法》（GB/T 1032—2012）、《安全标志及使用导则》（GB 2894—2008）、《消防安全标志》（GB 13495—2015）、《安全网》（GB 5725—2009）、《游泳场所卫生标准》（GB 9667—1996）、《声环境质量标准》（GB 3096—2008）、《游乐园（场）服务质量》（GB/T 16767—2010）、《重型机械通用技术条件 第 12 部分：涂装》（JB/T 5000.12—2007）、《液压系统通用技术条件》（GB/T 3766—2001）、《重要用途钢丝绳》（GB 8918—2006）、《纤维增强塑料拉伸性能试验方法》（GB/T 1447—2005）、《纤维增强塑料拉弯曲能试验方法》（GB/T 1449—2005）、《纤维增强塑料简支梁冲击韧性试验方法》（GB/T 1451—2005）、《优质碳素结构钢》（GB/T 699—2015）、《合金结构钢》（GB/T 3077—2015）、《不锈钢焊条》（GB/T 983—2012）、《气焊、焊条电弧焊、气体保护焊和高能束焊的推荐坡口》（GB/T 985—2008）、《热强钢焊条》（GB/T 5118—2012）、《牵引用铅酸蓄电池 第 1 部分：技术要求》（GB/T 7403.1—2008）、《摩托车和轻便摩托车排气污染物排放限值及车辆方法（双怠速法)》（GB 14621—2011）、《计数抽样检验程序 第 1 部分：按接收质量限（AQL）检索的逐批检验抽样计划》（GB/T 2828.1—2012）、《传动用短节距精密滚子链、套筒链、附件和链轮》（GB/T 1243—2006）、《金属材料熔焊质量要求　第 4 部分　基本质量要求》（GB/T 12467.4—2009）、《锻轧钢棒超声检测方法》（GB/T 4162—2008）、《钢锻件超声检测方法》（GB/T 6402—2008）。

5.2.2　国外游乐设施标准情况简介

为全面提升我国游乐设施标准水平，全国索道与游乐设施标准化委员会组织我国游乐设施相关专家对美国和欧洲游乐设施标准进行了深入研究与分析。

1. 美国标准

美国游乐设施现行的安全标准是美国测试和材料学会 ASTM F-24 委员会制定的系列标准，游乐设施行业已经通过 ASTM 制定了一系列工程标准。ASTM F-24 委员会起草的标准是美国游乐设施行业产品安全的核心，它确定了游乐设施的设计、制造、操作、维修、检查和事故（故障）记录等标准要求。一些游乐园、嘉年华和制造商都自愿地采用了这些标准。有 35 个州的法规中至少部分采用了 ASTM F-24 委员会起草的标准。这些游乐设施 ASTM 安全标准在帮助行业和政府制定统一的检查要求和权衡安全利益方面的价值是无法衡量的。但安全标准本身并不具有义务和确保遵守。ASTM F24 委员会制定的标准包括设计与制造、操作、检测、维护和术语方面的内容。标准虽然是自愿性的，但是，不仅工业界，还有很多州都很快采纳了这个标准，而且部分或全部将 ASTM F-24 标准转换为地方法规。委员会每年对标准进行两次正式评审，以决定是否进行修订或补充。

（1）美国游乐设施标准的类别　美国游乐设施标准覆盖面较宽，标准体系较为完善。游乐设施标准划分的主要类别有安全标准、设计与制造标准、检验标准、性能试验标准、操作标准、设备维护标准、术语标准、信息标准和等级划分标准。标准分类如下：

1）安全标准：《家用游乐场器材的消费者安全性能标准规范》（ASTM F 1148—2009）、《游乐车安全和性能的标准规范》（ASTM F 2011—2002）、《固定式活动中心的消费者安全标准性能规范》（ASTM F 2012—2012）和《婴幼儿秋千的标准消费者安全规范》（ASTM F 2088—2007）。

2）设计与制造标准：《游乐设施设计制造标准实践》（ASM F 1159—2003）、《游乐设施制造质量标准实践》（ASTM F 1193—2003）、《游乐设施制造质量保证项目和制造要求标准实践》（ASTM F 1193—2003）、《卡宾车及其设施分类、设计、制造、使用标准实践》（ASTM F 2007—2000）、《游乐设施设计标准实践》（ASTM F 2291—2003）、《娱乐活动用骑乘设备和装置设计的标准实施规程》（ASTM F 2291—2004）、《水滑道游乐设施的划分、设计、制造、安装与使用标准指导标准》（ASTM WK 1041）、《游乐设施设计实践》（ASTM WK 527）和《水滑道游乐设施的划分、设计、制造、安装与使用指导》（ASTM WK 529）等。

3）检验标准：《置于运动场设备下面和周围的用作运动场安全表面的工程木纤维的标准规范》（ASTM F 2075a—2001）、《维护与检验》（ASTM F 24.30）、《娱乐乘骑及装置的检验》（ASTM F 893—1987）、《游乐设施检验指导标准》（ASTM F 893—2000）。

4）性能试验标准：《游乐场器材下面和周围表面系统的减震性规范》（ASTM F 1292—2004）《测量游乐设施动力特性标准实践》（ASTM F 2137—2001）、《娱乐乘骑和装置的性能试验》（ASTM F 846—1992）、《游乐设施试验指导标准》（ASTM F 846—1998）等。

5）操作标准：《在用游乐设施过户自然状况信息标准说明》（ASMT F 1950—1999）、《彩弹球障碍网安装的标准指南》（ASMT F 2184—2002）、《娱乐骑乘设施和装置操作程序》（ASTM F 770—1993）、《游乐设施使用程序标准实践》（ASTM F 770—2000）。

6）设备维护标准：《特种游乐设施》（ASTM F 24.60）、《娱乐活动用骑乘设备及装置维修程序的标准实施规程》（ASTM F 853—2003）、《游乐设施维护工艺标准实践》（ASTM F 853—1998）。

7）术语标准：《有关娱乐设备和装置的术语定义》（ASTM F 747—1997）、《游乐设施标准术语》（ASTM F 747—1997）等。

8）信息标准：《为娱乐乘骑设施和装置提供的物理信息》（ASM F 698—1994）、《游乐设施 自然状况信息标准说明》（ASTM F 698—2000）。

9）等级划分标准：《有关游乐设施伤病等级划分指导标准》（ASTM F 1305—2002）。

（2）美国游乐设施标准的特点　美国游乐设施标准主要体现了"以人为本"的原则，最大的特色是注重对设计理念、人性化要求方面的分析。中国游乐设施标准借鉴了美国标准的这一特点，在最新颁布的《游乐设施安全规范》（GB 8408—2008）中提出了在游乐设设计时，应进行安全分析与安全评估的具体内容和要求。

（3）美国游乐设施标准的拓展　20 世纪末，一些大型主题公园组织因在全球建起了美国式的主题公园而扩展了经营范围。越来越多当地的国家建立了自己的娱乐场所，公园里往往是在标准游乐设施中结合了地方文化特色。尤其是近年来美国娱乐业迅速向国外发展，要想在全球范围内发展并获得成功，游乐设施同其他方面一样必须是安全的，而且必须使公众感到安全，不管是游乐园还是游乐设施制造商都期望能够制定一个在全球范围内使用的安全标准。为此，ASTM F-24 委员会的成员们对该安全标准的重要性达成共识，为制定一个能够在全球范围内提高游乐设施安全性的标准而努力。ASTM F-24 委员会于 1998 年指定一个特别工作组负责修订和扩充游乐设施标准，这个国际性标准特别工作组于 2002 年秋天已经发表了部分标准草案（F1159），供附属委员会审查、评价和表决，其内容扩充到设计和制造方面，增加了更多的技术细节，还有实际案例附件。

制定任何类型的国际标准的良好基础是要超越自我，尽可能多地吸纳来自各个国家的意见，而 ASTM 的标准制定过程正是以广泛性和开放性为宗旨，这与世界上其他一些制定游乐设施标准的标准团体完全不同。例如，欧洲花费了 12 年的时间制定了一个在欧盟范围内使用的标准。尽管这个标准影响很大，但它仅限于几个特定组织的指定专家参与。ASTM F-24 的开放政策吸引着来自全世界范围内的组织和个人参与标准制定过程和投票过程。显然，国际组织参与的目的是促进这些标准进一步发展，因为最终的结果将代表了游乐设施安全生产的方案，无论是在美国还是在世界的任何地方。不论参与的目的如何，国际社会对 ASTM F-24 世界标准所做的贡献和承诺都是前所未有的。ASTM F-24 的成员数量已猛增到 300 多人，诸如加拿大、意大利、澳大利亚、荷兰、德国、瑞士和俄罗斯等成员都派出了代表。我国也派代表参与了该标准的制定。

（4）ASTM F-24 游乐设施标准委员会　30 年前，行业专家们看到游乐设施的迅速普及，便开始共同研究和制定游乐设施制造商和操作者使用的安全标准。1978 年，包括大型主题公园代表、家庭公园所有者、狂欢活动承办方、游乐设施制造商、检测人员及安全顾问在内的行业专家们与顾客代表和政府立法官员一起组成 ASTM F-24 游乐设施标准委员会，此后委员会每年召开两次会议，通常在 2 月和 10 月，每年来自全世界的约 100 名委员出席 2 天的技术会议。委员会现有会员约 350 名，ASTM F-24 委员会管理现行 14 项标准，出版 ASTM 标准年鉴 15.07 卷。这些标准已经并继续在游乐设施的各个方面扮演非常重要角色，ASTM F-24 游乐设施标准委员会的工作范围包括制定测试方法、性能说明、定义、维护、保养、操作和管理指南等标准。

ASTM F-24 委员会属下有 6 个附属委员会，分别是：测试方法附属委员会（F-24.10）、说明和术语附属委员会（F-24.20）、维修保养和检查附属委员会（F-24.30）、操作附属委员会（F-24.40）、特殊游乐设施附属委员会（F-24.60）和行政附属委员会（F-24.90）。

2. 欧盟游乐设施标准

欧盟的游乐设施标准由欧洲标准化委员会的 TC152（CEN/TC152 Fairground and amusement park machinery and structures-Safety，市场和游乐场机械和结构安全）负责编制。欧盟的游乐设施标准体系比较清楚，其特点是在同一个标准框架下，根据不同的设备结构再设分册。欧盟的游乐设施标准的主要特征是强调安全准则。欧盟游乐设施标准的形成是以德国游乐设施标准为基础，经过协调修改后成为欧盟标准。目前欧盟游乐设施标准主要由 EN

13814、EN 1176-1～EN 1176-7 分册和 EN 1176Bb.1 组成，是相对比较完整的系列标准，主要内容涵盖了基本安全要求和试验方法，具体如下：

1）EN 13814《游乐场所机械和结构安全》。

2）EN 1176-1-2003《游乐场地设备 第 1 部分：一般安全要求和试验方法（包括修改 A1：2002 和 A 2：2003）》。

3）EN 1176-2-2003《游乐场地设备 第 2 部分：秋千的附加特殊安全要求和试验方法（包括修改 A1：2003）》。

4）EN 1176-3-2003《游乐场地设备 第 3 部分：滑梯的附加特殊安全要求和试验方法（包括修改 A1：2003）》。

5）EN 1176-4-2003《游乐场地设备 第 4 部分：缆车索道的附加特殊安全要求和试验方法（包括修改 A1：2003）》。

6）EN 1176-5-2003《游乐场地设备 第 5 部分：旋转木马的附加特殊安全要求和试验方法（包括修改 A1：2002 和 A2：2003）》。

7）EN 1176-6-2003《游乐场地设备 第 6 部分：跷跷板的附加特殊安全要求和试验方法（包括修改 A1：2002）》。

8）EN 1176-7-1997《游戏场地设备 第 7 部分：安装、检验、维护和操作的指南》。

9）EN 1176Bb.1—2003《游乐场器材 安全要求和试验方法说明》。

10）EN13782《Fairground and amusement parkmachinery and structures-Safety-Tents-safety：（German version prEN 13782：1999）》。

11）EN1069-1-2000《2m 高或更高的水滑道 第 1 部分：安全要求和试验方法》。

12）EN1069-2-2000《高度在 2m 以上的水滑道说明书》。

近几年来，我国游乐设施有关专家对欧盟标准也进行了研究，发现其具有以下几个特点：

①游乐设施作为特种设备，是一种全生命周期的管理，从设计、原材料采购、制造、使用、维护、报废各个阶段都需相应的规定。设计是产品的源头，因此欧盟标准中对设计部分的描述较多。其设计部分不光简单地规定安全系数，而且对典型的设备、运动形式进行了细致的描述和分析，给出了相应的计算公式，便于读者理解和把握，从而便于更好地指导设计。其设计结果要求强度分析、疲劳分析、稳定性验算，因而更加安全可靠。

②从全方位管理的角度上看，游乐设施、单位、人员、资料都需进行相应规定。欧盟标准中对单位的概念没有较多提及，而是直接的"管理人、操作人员、服务员"的概念，其权利义务非常明确，便于分清各自的责任。

③从标准的细节上看，欧盟标准更加细致和明确。例如：在对"游乐设施档案"中对需要何种文件，文件内容，内容多少都做了具体的规定，甚至在附录中给出简单的例子；在标准中大量采用图形表达，例如乘客装置组件、身体尺寸、各种运动分析借住图形的表达，更便于读者理解。

④从整体上看，欧盟标准涉及游乐设施原材料选择、设计、制造、使用的各个阶段，是一个全生命周期的管理。其中设计（特别是机械部分的设计和验算）是其重点。它对设备、人员、资料都有严格的规定，是一个从软件到硬件的全方位管理。其内容中不光有硬性规定，而且有很多的分析和描述性内容，能够更好地指导读者使用。因而欧盟的游乐设施标准

是一个优秀的体系标准，对其进行深入研究将能够更好地指导我国游乐设施标准的修订工作。

5.3　大型游乐设施设计环节的监督管理

大型游乐设施设计是保证游乐设施本质安全的首要环节，也是游乐设施安全的基础。对该设计环节的安全监察，《中华人民共和国特种设备安全法》《特种设备安全监察条例》《大型游乐设施安全监察规定》《游乐设施安全技术监察规程（试行）》和《大型游乐设施设计文件鉴定规则（试行）》都已做了相关规定。这一环节安全监察的重点是抓好大型游乐设施设计文件的鉴定，主要对大型游乐设施设计的安全技术性能进行审查，以确保其本质安全。但这里需注意的是，这些文件并未对游乐设施的设计单位和设计人员设定资格许可要求。

关于设计环节的主要安全技术要求，2003 年 9 月 28 日国家质量监督检验总局颁布的《大型游乐设施设计文件鉴定规则（试行）》，已做了明确规定，具体要求如下：

1. 大型游乐设施设计文件的鉴定

（1）设计文件鉴定的范围　对大型游乐设施设计文件的鉴定，主要是根据大型游乐设施的运动特点和主要技术参数两个方面进行的，《大型游乐设施设计文件鉴定规则（试行）》已对需实施设计文件鉴定的游乐设施范围做了明确规定，见表 5-2。

表 5-2　实施设计文件鉴定的大型游乐设施范围

运动特点	主要技术参数	产品举例
绕水平轴转动或摆动	高度≥30m 或摆角≥45°	观缆车、太空船、海盗船、飞毯、流星锤等
绕可变倾角的轴旋转	倾角≥45° 或回转直径≥8m	陀螺、三星转椅、飞身靠壁、勇敢者转盘
沿架空轨道运行或提升后惯性滑行	速度≥20km/h 或轨道高度≥3m	滑行车（过山车）、滑道、疯狂老鼠、滑索、矿山车、激流勇进、弯月飞车等
绕垂直轴旋转、升降	回转直径≥10m 或运行高度≥3m	章鱼、波浪秋千、超级秋千、自控飞机等
用挠性件悬吊并绕垂直轴旋转、升降	高度≥30m 或运行高度≥3m	飞行塔、观缆塔、波浪飞椅、豪华飞椅等
在特定水域运行或滑行	高度≥5m 或速度≥30km/h	直线（曲线）滑梯、浪摆通道、峡谷漂流
弹射或提升后自由坠落（摆动）	高度≥20m 或高差≥10m	探空飞梭、蹦极、空中飞人

（2）设计单位的责任　根据国家相关规定，设计单位从事大型游乐设施设计应承担以下责任：

1）大型游乐设施设计单位应当按照《游乐设施安全技术监察规程（试行）》等相关安全技术规范和相应国家标准的安全技术要求进行设计，并对设计的大型游乐设施的安全技术性能负责。

2）提交鉴定的设计文件应当经过本设计单位审核、批准。这些文件包括：设计说明书、设计计算书、图样、电气资料、产品使用维修说明书及其他相关中、英文资料。

（3）设计文件鉴定的申请　大型游乐设施的生产（含设计、制造、安装、改造、维修）和使用等单位，均可以向鉴定机构提出设计文件鉴定申请。其方法是申请设计文件鉴定的单位（以下简称申请单位），先从相关网站下载或自行复制《大型游乐设施设计文件鉴定申请表》，按要求填写后，同其他应提交的文件资料一起，邮寄或者直接送达鉴定机构。设计资料不便于寄送的，申请单位可以申请鉴定机构到设计、制造、安装等场所进行设计文件现场鉴定。

申请单位设计文件鉴定通过后，可以向国家质检总局核准的大型游乐设施型式试验机构申请型式试验。

（4）设计文件鉴定的内容　设计文件鉴定的内容包括：技术参数、关键部位结构、材料、传动和自动部分、限制和保护乘人的安全保险装置、电气部分和设计资料等。

2. 大型游乐设施的鉴定机构

（1）鉴定机构应具备的条件　经国家质检总局核准的检验检测机构（以下简称鉴定机构），负责大型游乐设施设计文件的鉴定工作。鉴定机构应具备下列条件：

1）国家级大型游乐设施检验机构，应具有 5 年以上大型游乐设施专业工作历史和法人资格。

2）不从事大型游乐设施设计、制造、安装、改造、维修保养和销售等经营性活动。

3）配备 5 名以上专业配置合理的设计文件鉴定人员。

4）已建立并保持设计文件鉴定工作质量管理体系。

5）具有固定的办公场所、通信设备、档案保管存放条件。

6）具有相关法律、法规、规章、安全技术规范和标准等资料。

（2）鉴定人员应具备的条件　鉴定机构的设计文件鉴定人员应当经过国家质检总局考核并需具备下列条件：

1）掌握与大型游乐设施相关的法律、法规、规章和安全技术规范，熟悉相关技术标准。

2）具有机械或电气类专业大学本科以上学历和国家承认的工程师以上技术职称，或具有机械或电气类专业大学专科以上学历和国家承认的高级工程师以上技术职称（鉴定报告审核人员应当为高级工程师），并有 5 年以上从事大型游乐设施设计、检验等相关工作经历。

3）遵纪守法，坚持原则，客观公正，实事求是，作风正派，廉洁自律。

4）受聘于相关的鉴定机构，不从事大型游乐设施设计、制造、安装、改造、维修保养和销售等经营性活动。

（3）鉴定机构的工作依据和职责要求　鉴定机构的职责包括以下几个方面：

1）鉴定机构的工作依据：鉴定机构开展设计文件鉴定工作，应当依据国家安全技术规范要求和标准。具体要求是：

①对设计文件鉴定，要符合国家《游乐设施安全技术监察规程（试行）》、《滑索安全技术要求（试行）》、《蹦极安全技术要求（试行）》等安全技术规范。

②对设计文件鉴定，要符合《游乐设施安全规范》（GB 8408）、相应各类游艺机通用技术条件（GB 18158～18169）、《滑道设计规范》（GB/T 18878）和《滑道安全规范》（GB/T 18879）等国家标准。

③对设计文件鉴定，没有国家安全技术规范或国家标准的，可以依据有关规定制订的行业标准或企业标准进行。

2）鉴定机构的职责要求：

①鉴定机构在收到申请表 5 个工作日内,应向申请单位发出受理决定。不予受理的,应书面说明理由。同意进行现场鉴定的,应与申请单位约定鉴定时间和地点。

②鉴定机构应当按照《大型游乐设施设计文件鉴定内容与要求》的规定和所鉴定大型游乐设施的型式和技术情况,确定设计文件鉴定的项目、内容和要求。

③鉴定机构应根据制订鉴定工作程序和统一的鉴定记录,并严格控制鉴定过程。鉴定人员应不少于两人,并应认真填写各个项目的计算校核数据及鉴定结果。鉴定工作结束后,原始记录应当存档。

④鉴定机构应在发出受理通知后的 15 个工作日内完成鉴定,因申请单位的过失或不可抗力因素延误的可以顺延。

对于鉴定合格的,应当在前款规定期限内向申请单位出具《大型游乐设施设计文件鉴定报告》。现场鉴定合格的,可以先向申请单位出具《大型游乐设施设计文件鉴定意见书》,并在鉴定完成后的 10 个工作日内出具鉴定报告。

对于鉴定不合格的,鉴定机构应出具鉴定意见书,提出整改意见。申请单位应根据整改意见进行处理,在鉴定意见书上填写处理结果,并将修改后的文件交原鉴定机构复审。鉴定机构应当在收到复审文件后 10 个工作日内完成复审,并出具鉴定报告。复审不合格要求再次进行设计文件鉴定的,应当重新申请。

⑤鉴定报告的内容、格式应当符合规定,结论页必须有鉴定、审核、批准人员签字和鉴定机构印章。鉴定报告的编号应当符合国家质检总局《关于公布〈特种设备制造许可申请书〉等有关文书格式的通知》(质检锅函〔2003〕39 号)要求。

对于涉及安全的主要受力结构、重要零部件等不得随意变动的部分,鉴定机构应当在鉴定报告中加以说明。

⑥设计文件鉴定获得通过的申请单位,可以向国家质检总局核准的大型游乐设施型式试验机构申请型式试验,并应将型式试验报告送原鉴定机构,原鉴定机构应在所鉴定的总图和主要部件图及设计计算书等设计文件上盖特种设备设计文件鉴定专用章,同时填写《大型游乐设施设计文件鉴定盖章资料清单》。

⑦鉴定机构应当本着保证安全的原则,确定鉴定所覆盖的产品技术参数范围,并在所覆盖产品的设计文件上加盖鉴定专用章。

⑧鉴定机构应定期将通过鉴定的设计文件名单报国家质检总局备案,由国家质检总局定期进行公告。

⑨鉴定机构及其鉴定人员应对所出具的鉴定结论负责。鉴定机构和参加鉴定的人员应当保守申请单位技术和商业秘密。

⑩设计审查及型式试验通过后,审查机构应出具《设计审查报告》及《型式试验报告》,并在总图和主要部件图上加盖审查专用章。

3. 大型游乐设施申请单位的职责

大型游乐设施申请单位在设计文件鉴定过程中具有以下职责:

1)提出设计文件鉴定的申请单位对鉴定结论、复审意见有异议的,可以在 15 日内向鉴定机构提出书面申诉,鉴定机构应当在 15 个工作日内给予书面答复。申请单位对答复仍有异议的,可以在收到答复后的 15 日内向国家质检总局特种设备安全监察机构提出书面申诉。

2）对鉴定合格的大型游乐设施设计文件，申请单位如需变动主要受力结构、重要零部件等涉及安全的部分，必须经原设计单位和鉴定机构审核同意。

3）提出设计文件鉴定的申请单位因设计单位名称变更，需要在已经鉴定的设计文件上变更设计单位名称的，可以凭设计单位名称变更凭证，向鉴定机构申请变更。

5.4 大型游乐设施制造环节的监督管理

大型游乐设施制造环节是保证游乐设施本质安全的重要环节。目前，对制造环节的安全监察主要实行制造许可。

自20世纪80年代以来，伴随游乐设施行业的快速发展，游乐设施事故也时有发生。为提高游乐设施制造的本质安全，1990年2月，中国有色金属工业总公司发布《游艺机产品生产许可证实施细则》，开始实施游艺机生产的许可证制度。游艺机生产许可证审查部设在"国家游艺机质量监督检验中心"。游乐设施生产许可证的实施，提高了游乐设施的产品质量，有效地预防和减少了事故的发生。

2003年2月27日，国务院印发了《国务院关于取消第二批行政审批项目和改变一批行政审批项目管理方式的决定》（国发【2003】5号），进一步把"大型游艺机生产许可证审批纳入特种设备制造许可管理"。列为《特种设备目录》实施特种设备安全监察的大型游乐设施有13类。

目前，国家对特种设备制造许可已制定了一系列的文件和规定，主要有《中华人民共和国特种设备安全法》《特种设备安全监察条例》《大型游乐设施安全监察规定》《特种设备行政许可鉴定评审管理与监督规则》《机电类特种设备制造许可规则（试行）》《特种设备制造、安装、改造、维修许可鉴定评审细则》等。这些规定都是制造许可的依据，也是对制造许可提出的要求。但这里需要注意的是《机电类特种设备制造许可规则（试行）》中有关质量体系要求已被《特种设备制造、安装、改造、维修质量保证体系基本要求》（TSG Z0004—2007）所取代，因此，目前在鉴定评审时，应采用《机电类特种设备制造许可规则（试行）》的基本条件作为资源条件，用TSG Z0004—2007作为质量体系的评审。

1.《机电类特种设备制造许可规则（试行）》的主要内容

（1）制造许可的范围和方式

1）观览车类：观览车系列、飞毯系列、太空船系列、摩天环车系列、海盗船系列和其他组合型式观览车类游乐设施。

2）滑行车类：单车滑行车系列、列车滑行车系列、弯月飞车系列、滑道系列、激流勇进系列和其他型式滑行类游乐设施。

3）架空游览车类：电力单双轨列车系列、脚踏车系列、其他型式架空游览车类游乐设施。

4）陀螺类：陀螺系列、其他组合型式陀螺类游乐设施。

5）飞行塔类：旋转飞椅系列、青蛙跳系列、探空飞梭系列、观览塔系列和其他组合型式飞行塔类游乐设施。

6）转马类：转马系列、荷花杯系列、滚摆舱系列、爱情快车系列和其他型式转马类游乐设施。

7）自控飞机类：自控飞机系列、章鱼系列、其他型式自控飞机类游乐设施。

8）水上游乐设施：峡谷漂流系列、水滑梯系列、造浪机系列、碰碰船系列、水上自行车系列和其他型式水上游乐设施。

9）赛车类：场地赛车系列、越野赛车系列、其他型式赛车类游乐设施。

10）观光车类：内燃观光车系列、蓄电池观光车系列。

11）碰碰车类：碰碰车系列。另外碰碰车中还有电池车类的电池车系列。

12）其他大型游乐设施：高空蹦极系列、弹射蹦极系列、小蹦极系列、滑索系列、空中飞人系列、系留式观光气球系列和其他型式无动力类游乐设施。

13）进口游乐设施。

这里对机电类特种设备的制造许可，分为制造单位许可和产品型式试验两种方式。其中，以上第 1 项到第 11 项实施制造单位许可方式；第 12、13 项实施型式试验方式。

（2）申请制造许可的单位条件　申请单位应当具备下列条件：

1）具有法人资格，持有有效的工商行政管理部门核发的营业执照。注册资金必须与申请项目范围相适应。

2）取得制造许可的特种设备必须符合安全技术规范和国家有关标准的要求。安全技术规范要求型式试验的，必须经型式试验机构型式试验合格。国家有关安全技术规范或标准已修订的，应按照修订后的安全技术规范和标准的规定执行。如果安全技术规范或标准修订内容较多、变化较大，经专家论证确有必要的，国家特种设备安全监察机构有权要求重新进行产品型式试验。

3）需有申请许可制造设备的图样和技术文件，并符合安全技术规范和相关标准的要求。大型游乐设施的设计文件，必须经国家特种设备安全监察机构核准的检验机构鉴定合格。

4）需有一批能够保证进行正常生产和产品质量的专业技术人员、检验人员及技术工人。至少应有一名技术负责人，负责本单位特种设备制造和检验中的技术审核工作。技术负责人应掌握与取证产品相关的法律、法规、规章、安全技术规范和标准，具有国家承认的电气或机械类专业工程师以上技术职称，且不得在其他单位兼职。

5）需有满足保证产品质量的生产设备、工艺装备、计量器具和检验测试的仪器设备，并应有与申请项目相适应的场地、厂房、实验和办公条件。

6）根据本单位情况和申请取证产品的技术管理要求，建立质量管理体系，制定相关的管理制度，编制好质量手册、质量管理体系程序和作业指导书等质量管理体系文件。

（3）制造许可的程序

1）制造许可程序：制造许可的具体程序一般分为两种，一是许可方式为产品型式试验的，其程序包括申请、受理、型式试验、备案、公告。完成备案程序后，申请单位即可正式销售取得许可的特种设备。二是许可方式为制造单位许可的，其程序包括申请、受理、型式试验、制造条件评审、审查发证和公告。制造单位取得《特种设备制造许可证》后，即可正式销售取得许可的特种设备。

2）特种设备制造单位的申请：申请单位经自评认为具备规定条件的，应向国家特种设备安全监察机构（以下简称受理机构）报送以下材料。

①申请单位法人营业执照的复印件。

②《特种设备制造许可申请书》（以下简称《申请书》）。

③申请单位的质量手册。

需要注意的是，申请单位在向受理机构提出制造许可申请前，其申请材料应经本单位所在地省级特种设备安全监察机构确认，符合规定的，由该机构签署意见后，再上报受理机构；但该安全监察机构不得安排对申请单位进行初审。

另外，进口特种设备的申请单位应该是制造工厂或者是符合《大型游乐设施安全监察规定》第十条规定的代理商。

3）制造许可的受理：受理机构接到申请后，应在 15 个工作日内，按规定做出受理或不予受理申请的决定，在《申请书》上签署受理申请的意见或书面通知申请单位。

4）对申请制造许可特种设备的型式试验：对申请制造许可特种设备，申请单位可约请相应型式试验机构进行型式试验。被约请的机构应及时向申请单位提供型式试验规程，通报进行型式试验所需要的相关资料与应当满足的条件。试验结束后，相关机构一般应在 30 个工作日内出具型式试验报告。

如果制造许可方式为产品型式试验的，申请单位在获得型式试验合格报告后，即可汇总《申请书》和型式试验报告报送给受理机构。

需要注意的是，首次申请制造许可时，如型式试验的整机性能试验必须在使用现场安装后进行，申请单位应当先提出书面申请，经型式试验机构确认，设备安装地的省级特种设备安全监察机构同意后，方可由取得相应资格的安装单位，在使用现场安装 1 台型式试验所需样品。型式试验合格并在该单位取得制造许可后，该特种设备方可进行使用登记，并投入使用。再有，安装 2 台以上（含 2 台）样品，应当经国家特种设备安全监察机构同意。

5）制造条件评审：申请单位在取得型式试验合格报告后，可以约请评审机构进行制造条件评审。评审前，申请单位需提供以下材料：

①签署了受理申请意见的《申请书》。

②申请单位的质量手册。

③型式试验合格报告。

现场评审由评审机构组成评审组进行，评审组由 2 名以上（包括 2 名）经国家特种设备安全监察机构考核合格的评审人员及必要时特邀的专家组成，一般为 3～5 人。

评审工作主要是对制造基本条件和质量管理体系的建立与运行进行考核评审。评审结束后，评审机构根据评审组的《评审记录》和评定意见，经负责人批准，在《评审报告》上填写评审结论。

6）制造许可的备案或审查发证：受理机构接到产品质量或制造条件的鉴定评审材料后，应按规定进行审查，并在 5 个工作日内决定是否备案，或在 30 个工作日内做出是否颁发《制造许可证》的决定。审查合格的，应办理产品型式试验备案或核发《制造许可证》；审查不合格的，应当书面通知申请单位。

7）制造许可证的发放：《制造许可证》由国家质量监督检验检疫总局发放。如果是委托省级质量技术监督行政部门受理、审查、办理《制造许可证》的，其证书也须由国家特种设备安全监察机构统一制作，统一编号并统一加盖总局印章。

8）制造许可证的公告：取得制造许可的单位、产品及其许可范围，由国家质量监督检验总局统一向社会公告。

2. 《特种设备制造、安装、改造、维修质量保证体系基本要求》（TSG Z0004—2007）
的主要内容

该规范明确规定了种设备制造、安装、改造、维修单位建立质量体系时必须达到的基本
要求。其主要内容有：

（1）确立了特种设备生产单位建立质量保证体系的原则

1）符合国家法律、法规、安全技术规范和相应标准。

2）能够对特种设备安全性能实施有效控制。

3）质量方针、质量目标适合本单位实际情况。

4）质量保证体系组织能够独立行使职责。

5）质量保证体系责任人员（质量保证工程师和各质量控制系统责任人员）的职责、权
限及各质量控制系统的工作接口明确。

6）质量保证体系基本要素设置合理。

7）编制质量保证体系文件规范、系统、齐全。

8）满足特种设备许可制度的规定。

（2）提出了对质量保证体系责任人员的要求

1）特种设备制造、安装、改造、维修单位法定代表人（或者其授权代理人）是承担安
全质量责任的第一责任人。该责任人应当在管理层中任命 1 名质量保证工程师，协助最高管
理者对特种设备制造、安装、改造、维修质量保证体系的建立、实施、保持和改进负责；并
应当任命各质量控制系统责任人员，对特种设备制造、安装、改造、维修过程中的质量控制
负责。

2）质量保证工程师和各质量控制系统责任人员应当是特种设备制造、安装、改造、维
修单位聘用的相关专业的工程技术人员，其任职条件应当符合安全技术规范的规定，并与特
种设备制造、安装、改造、维修单位签订了劳动合同，该责任人不得同时受聘于两个以上
单位。

3）质量控制系统责任人员最多只能兼任两个管理职责不相关的质量控制系统责任人。

（3）明确了质量保证体系的基本要素及其要求　特种设备制造、安装、改造、维修单
位，可以根据其特种设备许可项目范围和特性以及质量控制的需要设置质量保证体系基本要
素。这些基本要素至少应包括管理职责、质量保证体系文件、文件和记录控制、合同控制、
设计控制、材料（零部件）控制、作业（工艺）控制、检验与试验控制、设备和检验试验
装置控制、不合格品（项）控制、质量改进与服务、人员培训、考核及管理、执行特种设
备许可制度等，还应当包括特种设备安全技术规范所规定的其他主要过程控制内容。

对于法规、安全技术规范规定允许分包的项目、内容，特种设备制造、安装、改造、维
修单位进行分包时，应当制定分包质量控制的基本要求，包括资格认定、评价、活动的监
督、记录、报告的审查确认等。

3. 《特种设备制造、安装、改造、维修许可鉴定评审细则》（TSG Z0005—2007）的主
要内容

该规范明确了鉴定评审的工作程序和要求：

（1）申请特种设备制造、安装、改造、维修许可的单位（以下简称申请单位）的许可
申请，经许可实施机关受理后，应当及时约请鉴定评审机构进行现场鉴定评审，并且向鉴定

评审机构提供如下资料：

1）特种设备许可申请书（已受理，正本一份）。

2）《特种设备鉴定评审约请函》（格式见《鉴定评审规则》附件3，一式三份）。

3）特种设备质量保证手册（一份）。

4）设计文件鉴定报告和型式试验报告（安全技术规范及其相应标准有设计文件鉴定和型式试验要求时，复印件一份）。

（2）鉴定评审机构接受约请后，应当了解申请单位试制产品（试安装、改造、维修设备）有关准备工作情况。其试制产品（试安装、改造、维修设备）应当满足和涵盖受理的许可项目，试制产品（试安装、改造、维修设备）数量应满足表5-3的要求。鉴定评审机构可以针对申请单位的具体情况，对试制产品（试安装、改造、维修设备）进行适当调整，但是必须在接受约请时确定。

鉴定评审机构审阅申请单位提交的资料后，对不符合规定的，应当在10个工作日内一次性告知申请单位需要补正的全部内容。

表5-3　大型游乐设施试制设备数量

申请制造级别	试制设备数量	备　　注
A，B和C级	每种设备类型1台	技术参数应当满足所申请级别

（3）现场鉴定评审的工作程序，包括预备会议、首次会议、现场巡视、现场鉴定评审、鉴定评审情况汇总、交换鉴定评审意见、鉴定评审总结会议等。

（4）现场鉴定评审时，申请单位应当向鉴定评审组提供以下资料：

1）申请单位的基本概况。

2）依法在当地政府注册或者登记的文件（原件）和组织机构代码证（原件）。

3）换证申请单位所持有的特种设备许可证（原件）及持证期间特种设备制造产品（安装、改造、维修）清单。

4）特种设备质保手册及其相关的程序文件、作业（工艺）文件。

5）质量保证工程师、质量控制系统责任人员明细表及任命书、聘用合同、工资表、相关保险凭证、身份证、职称证明和学历证明。

6）工程技术人员、特种设备作业人员（焊接、无损检测）明细表及其聘用合同、工资表、相关保险凭证、身份证、职称证明、学历证明和特种设备作业人员证（原件）。

7）设备、工装、仪器、器具、检验与试验装置等台账。

8）检验与试验装置检定校准台账和检定校准记录。

9）受理的许可项目试制产品（试安装、改造、维修设备）的设计文件（包括设计图样、设计计算书、安装使用说明书等），作业（工艺）文件（包括作业指导书、工艺评定报告、工艺规程、工艺卡、检验工艺规程等），质量计划（过程质量控制卡、施工组织设计或施工方案），检验与试验、验收记录与报告（分项验收报告、验收报告、竣工报告），监督检验报告（法规、安全技术规范规定时）和质量证明资料等。

10）申请单位的合格分供（包）方名录和分供（包）方评价报告。

11）受理产品的设计文件鉴定报告、型式试验报告（安全技术规范及其相应标准有规定时）。

12）相关法律、法规、安全技术规范及其相应标准清单。

13）管理评审、不合格品（项）控制、质量改进与服务等质量保证体系实施的有关记录。

14）鉴定评审过程中需要的其他资料。

（5）现场鉴定评审时，申请单位应当保持受理许可项目的制造（安装、改造、维修）生产状态。

（6）鉴定评审结论意见分为"符合条件""不符合条件"和"需要整改"三种情况。

1）全部满足许可条件的，鉴定评审结论意见为"符合条件"。

2）申请单位现有部分条件不能满足受理的许可项目规定，但在规定时间内能够完成整改工作，并满足相关许可条件的，鉴定评审这结论意见为"需要整改"。

3）申请单位存在以下情况之一时，鉴定评审结论意见为"不符合条件"：

①法定资格不符合相关法律法规的规定。

②实际资源条件不符合相关法规、安全技术规范的规定。

③质量保证体系未建立或者不能有效实施，材料（零部件）控制、作业（工艺）控制、检测与试验控制、不合格品（项）控制，以及与许可项目有关的主要过程控制，如焊接、无损检测等质量控制系统未得到有效控制，管理混乱。

④产品（设备）安全性能抽查结果不符合相关安全技术规范及其相应标准规定。

⑤申请单位有违反特种设备许可制度行为。

（7）鉴定评审结论意见为"需要整改"时，申请单位应当按照《特种设备鉴定评审工作备忘录》通报所提出的问题，在 6 个月内完成整改工作，并在整改工作完成后将整改报告和整改见证资料提交鉴定评审机构。

鉴定评审组应对整改报告和整改见证资料进行确认，并出具整改情况确认报告，必要时应当安排鉴定评审人员进行整改情况现场确认。鉴定评审机构在进行整改情况现场确认前，应当报告许可实施机关。整改情况符合条件的，整改情况确认报告结论为"经整改后符合条件"。申请单位在 6 月内未完成整改或者整改后仍不符合条件，整改情况确认报告结论应为"不符合条件"。

（8）鉴定评审要求共包括 3 个方面的内容：

1）资源条件鉴定评审要求。主要包括法定资格的核查、特种设备许可申请项目的核查、申请单位规模的核实、人员情况的核实、生产条件的核实、检验试验条件的核实等 6 个方面。

2）质量保证体系鉴定评审要求。要分别对包括管理职责、质量保证体系文件、文件和记录控制、合同控制、设计控制材料、零部件控制、作业（工艺）控制、焊接控制、热处理控制、无损检测控制、理化检验控制、检验与试验控制、设备和检验与试验装置控制、不合格品（项）控制、质量改进与服务、人员培训、考核和管理、其他过程控制、执行特种设备许可制度等 18 个基本要素提出评审要求。

3）产品安全性能抽查检验要求。主要是对技术资料和产品档案、产品安全性能两个方面提出要求。

5.5　游乐设施安装改造维修环节的监督管理

关于对大型游乐设施安装改造维修环节的安全监察，主要是通过施工单位的资格许可和对施工过程进行监督检验，以及对施工人员进行培训考核等方式进行的。国务院和有关部门对此已制定了《中华人民共和国特种设备安全法》、《特种设备安全监察条例》、《大型游乐设施安全监察规定》、《特种设备行政许可鉴定评审管理与监督规则》、《机电类特种设备安装改造维修许可规则（试行）》、《机电类特种设备制造许可规则（试行）》、《特种设备制造安装改造维修质量保证体系基本要求》（TSG Z0004—2007）、《特种设备制造、安装、改造、维修许可鉴定评审细则》（TSG Z0005—2007）、《大型游乐设施安全管理人员和作业人员考核大纲》（TSG Y6001—2008）等。这些文件对该环节的安全监察都进行了相应的规定：

5.5.1 施工许可基本要求

依据《机电类特种设备安装改造维修许可规则（试行）》、《特种设备制造安装改造维修质量保证体系基本要求》（TSG Z0004—2007）、《特种设备制造、安装、改造、维修许可鉴定评审细则》（TSG Z0005—2007）的规定，施工必须符合下列要求。

1. 对游乐设施的安装、维修保养与改造单位的责任和义务的要求

游乐设施的安装、维修保养与改造单位，必须按照《机电类特种设备安装改造维修许可规则（试行）》的要求，取得相应资格后，方可以承担许可项目的业务，并对游乐设施安装、维修保养与改造的质量和安全技术性能负责。

2. 对从事游乐设施的安装、维修保养、改造业务等作业人员的要求

从事游乐设施的安装、维修保养、改造业务等作业人员，必须按照《特种设备作业人员考核规则》（TSG Z6001—2013）和《大型游乐设施安全管理人员和作业人员考核大纲》（TSG Y6001—2008）的要求，取得相应资格后，方能从事相关的工作。

3. 对安装改造维修许可的范围和分级的要求

施工分为安装、改造和维修三个类别，每个类别按照设备的运动特点和主要技术参数又分为 A、B、C 三个施工等级。大型游乐设施施工等级技术参数见表5-4。需要注意的是，维修资格许可条件评审按 B 级考核。

表5-4 大型游乐设施施工等级技术参数

运动特点	主要技术参数		
	A 级	B 级	C 级
绕水平轴转动或摆动	技术参数不限	高度 <30m 且摆角 <90°	高度 <30m 且摆角 <45°
绕可变倾角的轴旋转		倾角 <70° 且回转直径 <10m	倾角 <45° 且回转直径 <8m
沿架空轨道运行或提升后惯性滑行		速度 <40km/h 且轨道高度 <5m	速度 <20km/h 且轨道高度 <3m
绕垂直轴旋转、升降		回转直径 <12m 且运行高度 <5m	回转直径 <10m 且运行高度 <3m
用挠性件悬吊并绕垂直轴旋转、升降		高度 <30m 且运行高度 <3m,回转直径 <12m	高度 <30m 且飞行高度 <3m
在特定水域运行或滑行		技术参数不限	高度 <5m 且速度 <30km/h
弹射或提升后自由坠落（摆动）		高度 <20m 且高差 <10m	

4. 安装改造维修单位资格许可的条件

取得大型游乐设施安装改造维修资格的单位，必须符合以下条件：

（1）施工单位必须具有独立的法人资格，持有有效的营业执照，注册资金应与申请作业范围相适应。

（2）施工单位必须具有固定的办公场所和联系电话，申请改造资格的企业还应有满足其改造作业需要的厂房与场地。

（3）施工单位应符合的要求

1）安装 A 级应同时满足以下要求：

①注册资金 300 万元（人民币，下同）以上。

②签订 1 年以上全职聘用合同的电气或机械专业技术人员不少于 8 人；其中，高级工程师不少于 2 人，工程师不少于 4 人。

③签订 1 年以上全职聘用合同的持相应作业项目资格证书的特种设备作业人员等技术工人不少于 20 人，且各工种人员比例合理。

④技术负责人必须具有国家承认的电气或机械专业高级工程师以上职称，从事特种设备技术和施工管理工作 5 年以上，并不得在其他单位兼职。

⑤专职质量检验人员不得少于 4 人。

⑥近 5 年累计安装申请范围内的特种设备数量至少为 20 台（套）。

2）安装 B 级应同时满足以下要求：

①注册资金 150 万元以上。

②签订 1 年以上全职聘用合同的电气或机械专业技术人员不少于 6 人；其中，高级工程师不少于 1 人，工程师不少于 3 人。

③签订 1 年以上全职聘用合同的持相应作业项目资格证书的特种设备作业人员等技术工人不少于 10 人，且各工种人员比例合理。

④技术负责人必须具有国家承认的电气或机械专业高级工程师以上职称，从事特种设备技术和施工管理工作 5 年以上，并不得在其他单位兼职。

⑤专职质量检验人员不得少于 3 人。

⑥近 5 年累计安装申请范围内的特种设备数量至少为 12 台（套）。

3）安装 C 级应同时满足以下要求：

①注册资金 50 万元以上。

②签订 1 年以上全职聘用合同的电气或机械专业技术人员不少于 3 人；其中，工程师不少于 2 人。

③签订 1 年以上全职聘用合同的持相应作业项目资格证书的特种设备作业人员等技术工人不少于 6 人，且各工种人员比例合理。

④技术负责人必须具有国家承认的电气或机械专业工程师以上职称，从事特种设备技术和施工管理工作 5 年以上，并不得在其他单位兼职；专职质量检验人员不得少于 2 人。

⑤近 5 年累计安装申请范围内的特种设备数量至少为 8 台（套）。

改造和维修的基本要求与安装要求内容类似，这里不再详述。

4）施工单位应当结合许可项目特性和本单位实际情况，按照《特种设备制造安装改造维修质量保证体系基本要求》（TSG Z0004—2007）的要求建立和实施质量保证体系。

施工单位承担作业中的土建、起重和脚手架架设等专项业务，可以签订合同的方式，委托给具备相应能力并具有相应资格的单位进行。对作业单位资格进行审查时，上述业务采用分承包形式完成的，仅对其控制分承包单位工作质量的制度建立和执行情况进行考核。

5）施工单位应达到所申请作业范围内的施工业绩。具体要求如下：

①首次提出资格许可申请并获得《许可证》的施工单位，取证后第一年度内的作业业绩应达到"特种设备作业单位考核年度业绩要求"。

②提出"许可证"复查换证申请的上一个年度内的施工业绩应达到上述"业绩要求"中的规定。

③取得"许可证"后的施工业绩应达到"基本条件"中的规定。特种设备制造单位仅为承担经许可由本单位制造设备的安装、改造、维修、保养作业而申请相关资格的，可不受上述业绩限制。

（4）安装改造维修资格的许可程序　施工单位资格许可工作程序包括：申请、受理、评审、审查发证和公告。

1）申请：申请单位经自评认为具备规定条件的，须向当地省级特种设备安全监察机构或其委托的地市级特种设备安全监察机构（以下统称受理机构）报送以下材料：

①申请单位法人营业执照的复印件。

②《特种设备安装改造维修许可申请书》（以下简称《申请书》）。

③申请单位的质量手册。

申请单位在注册地之外的省、自治区、直辖市设有分支机构的，且分支机构独立承担法律责任的，分支机构应在所在地单独申请相关资格；如分支机构不独立承担法律责任，其特种设备施工资格应向其"法人"注册地的受理机构一并申请，约请分支机构所在地的评审机构评审，并与其"法人"相应资格的评审同期进行，评审结果应征求分支机构所在地省级特种设备安全监察机构的意见。取得许可的，其"法人"的《许可证》上应注明该分支机构及许可的施工类别范围。

游乐设施制造单位安装、改造或维修许可的申请可以与制造许可申请同时提出，也可以分别提出。与制造许可申请同时提出的，其资格评审可在制造许可评审时按照本规则的要求一并进行。

2）受理：受理机构接到申请材料后，应在15个工作日内，分别按照以下规定予以处理：

①凡属下列情况之一的，做出不予受理申请的决定，且需书面说明不予受理的理由并通知申请单位。

a. 申请材料不全或不能达到规定条件的单位。

b. 申请材料不属实并且不能达到规定条件的单位。

c. 提出本次申请前，两年内曾出现第二十九条中任意一种情况的单位。

d. 处于对办理《许可证》有不利影响的法律诉讼等司法纠纷或正在接受有关司法限制与处罚的单位。

e. 从事相关特种设备型式试验、监督检验、定期检验或评审工作的机构。

②凡不属于上述情况的单位，应做出受理申请的决定，在《申请书》上签署受理申请的意见，并通知申请单位。

3）评审：

①申请单位的申请被受理后，可持以下材料，约请鉴定评审机构进行许可条件的评审：

a. 签署了受理申请意见的《申请书》。

b. 申请单位的质量手册。

评审机构应向申请单位及时提供评审指南和评审细则。申请单位可在自我评定合格后，与评审机构协商确定现场评审时间，并必须将现场评审时间通报申请单位所在地的省局特种设备安全监察机构。省局特种设备安全监察机构可以指派 1 名特种设备安全监察员到场，现场监督评审工作质量。

②现场鉴定评审的具体要求和程序应当满足《特种设备制造安装改造维修许可鉴定评审细则》（TSG Z0005—2007）的要求。

4）审查发证：受理机构接到评审记录和《评审报告》等鉴定评审材料后，应按规定进行审查，并在 30 个工作日内做出是否颁发《许可证》的决定。审查合格的，应核发《许可证》；评审机构工作程序不符合规定，或者由于评审机构原因导致提供材料不全的，责成相应评审机构在规定期限内整合程序或补齐材料后重新审查。出现此类情况，应当同时书面通知申请单位；评审机构工作程序符合规定，申请材料不属实或不能达到本规则规定条件和要求的，做出不予许可的决定，并书面向申请单位说明理由。

5）证书发放：证书发放分为两种情况，一是包含安装或改造资格的《许可证》由国家质量监督检验检疫总局发放（包括委托省局受理、审查的）。二是仅有维修资格的《许可证》由省局发放，使用国家质检总局统一制作的证书，并须按照总局特种设备安全监察机构规定的方法编号。

省局应在每个季度的第 1 周内，将本局在本次报告前 1 个季度内发出证书的复印件，上报总局特种设备安全监察机构。

相关受理机构应分别建立发证单位档案管理系统，保存《申请书》和必要的见证材料。评审机构应当保存许可条件评审的全部相关资料。

6）公告：取得《许可证》的单位及其许可范围，由审查发证部门公告。

5.5.2　施工过程监督检验

（1）对开工告知的要求　大型游乐设施安装、改造、维修的施工单位，在施工前应当将拟进行的特种设备安装、改造、维修情况书面告知直辖市或者设区的市的特种设备安全监督管理部门，然后再施工。

（2）大型游乐设施安装改造维修过程的监督检验要求　按照《特种设备安全监察条例》的规定，大型游乐设施施工过程必须经过监督检验，但目前国家还没有这方面的规定。据了解，《大型游乐设施监督检验规则和定期检验规则》正在制定过程中，江苏、福建两省正在进行这方面的试点。

5.6　大型游乐设施使用环节的监督管理

从大型游乐设施事故统计分析看，大多数游乐设施事故发生在使用环节，所以使用环节应当是安全监察工作的重点。综合《中华人民共和国特种设备安全法》《特种设备安全监察条例》《大型游乐设施安全监察规定》《游乐园管理规定》《特种设备注册登记与使用管理规则》《游乐设施安全技术监察规程（试行）》《特种设备作业人员监督管理办法》《特种设备作业人员考核规则》《特种设备安全管理与作业人员考核规则》《特种设备使用管理规则》及《游乐园（场）安全和服务质量》等法规文件的规定，大型游乐设施在使用环节上必须符合以下要求，同时最好建立相应的安全管理体系。

5.6.1 大型游乐设施使用单位的主体责任

1）大型游乐设施使用单位必须对大型游乐设施的使用安全负责。游乐设施使用单位必须购置持有国家质量监督检验检疫总局颁发的有关资质的制造单位生产的有《型式试验报告》的游乐设施产品。

游乐设施使用单位应当使用符合安全技术规范要求的游乐设施。该使用单位使用前，应当对其是否附有安全技术规范要求的设计文件、产品质量合格证明、安装及使用维修说明、监督检验证明等文件进行核对。

使用单位应当在大型游乐设施投入使用前或者使用后 30 日内，向直辖市或者设区的市的特种设备安全监督管理部门登记。登记标志应当置于或者附着于该特种设备的显著位置。

2）大型游乐设施的运营使用单位的主要负责人应当熟悉大型游乐设施的相关安全知识，并经过专业的培训与考核，合格后，方能够上岗。

大型游乐设施的运营使用单位的主要负责人全面负责大型游乐设施的安全使用；并应当至少每月召开一次会议，督促、检查大型游乐设施的安全使用工作。

5.6.2 游乐设施使用单位安全管理人员的设置及其职责

（1）运营使用单位应当设置专门的安全管理机构并配备安全管理人员，或者配备专职的安全管理人员，并保证设备运营期间，至少有 1 名安全管理人员在岗。使用单位必须配备专职的安全管理人员，负责游乐设施的安全管理工作。运营使用单位、安全管理机构和安全管理人员具体履行以下职责：

1）负责检查本单位各级安全管理制度的落实情况。

2）负责制定并落实设备维护保养及安全检查计划。

3）负责设备使用状况日常检查，排查事故隐患，发现问题应当停止使用设备，并及时报告本单位有关负责人。

4）负责组织设备检查，电极使用登记和定期检验。

5）负责组织应急救援演习。

6）负责组织本单位人员的安全教育和培训。

7）负责技术档案的管理。

（2）大型游乐设施安全管理人员应具备的基本条件

1）首次申请取证的年龄应为 20 周岁以上（含 20 周岁）、男 60 周岁以下（含 60 周岁）、女 55 周岁以下（含 55 周岁）。

2）具有高中以上（含高中）文化程度，并且经过专业培训，具有大型游乐设施安全技术和管理知识。

3）身体健康，无妨碍从事本工作的疾病和生理缺陷。

4）具有 3 年以上大型游乐设施工作的经历。

（3）大型游乐设施安全管理人员应掌握的理论基础知识

1）基础知识。包括：大型游乐设施定义及术语；大型游乐设施分类、分级、结构特点、主要参数及运动形式；主要的轴、销轴；主要受力焊缝；安全保护装置及其设置；无损检测部位及要求；液压、气动基本要求；电气及控制基本要求；避雷及接地；大型游乐设施安全电压；游乐设施主要润滑点及润滑要求。

2）安全知识。包括：安全管理人员职责；大型游乐设施制造、安装、改造、维修许可；大型游乐设施监督检验和监督检验规程；登记、使用、变更、停用和注销；安全管理安全警示说明和警示标志；安全管理制度；安全技术档案；安全检查和定期检验安全检查制度；月检项目及内容；日检项目及内容；定期检验程序和要求；大型游乐设施事故预防与处理；事故分类；异常与故障情况的辨识和处理；事故报告、调查和处理；事故应急措施和救援预案；事故案例分析。

3）法规知识。主要熟悉以下法规内容：《特种设备安全监察条例》《大型游乐设施安全监察规定》《特种设备事故报告和调查处理规定》《锅炉压力容器压力管道特种设备安全监察行政处罚规定》《特种设备作业人员监督管理办法》《特种设备作业人员考核规则》《游乐设施安全技术监察规程（试行）》《大型游乐设施安全监察规定》《游乐设施监督检验规程（试行）》《机电类特种设备制造许可规则（试行）》《机电类特种设备安装改造维修许可规则（试行）》《特种设备注册登记与使用管理规则》《特种设备使用管理规则》和有关游乐设施国家标准。

5.6.3　对游乐设施操作人员的要求

运营使用单位应当按照安全技术规范和使用维护说明书要求，配备满足安全运营要求的持证操作人员，并加强对服务人员岗前培训教育，使其掌握基本的应急技能，协助操作人员进行应急处置。

操作人员应当履行以下职责：

1）严格执行操作规程和操作人员守则。

2）每次运行前应当向乘客告知安全注意事项，对保护乘客的安全装置进行检查与确认。

3）运行时应当密切注意乘客动态及设备运行状态，发现不正常情况，应当立即采取有效措施，消除安全隐患。

4）熟悉应急救援流程。发生故障或突发事件，应当立即停止运行或采取紧急措施保护乘客，并立即向现场安全管理人员报告。

5）如实记录设备的运行情况。

1. 应当具备的基本条件

1）年龄 18 周岁（含 18 周岁）以上，男 60 周岁以下（含 60 周岁）、女 55 周岁以下（含 55 周岁）。

2）具有初中以上（含初中）文化程度，并且经过专业培训具有大型游乐设施安全技术理论知识和实际操作技能。

3）身体健康，无妨碍从事本工作的疾病和生理缺陷。

4）有 3 个月以上申请项目的实习经历。

2. 应掌握的理论知识

（1）基础知识　主要包括：大型游乐设施操作人员职责；大型游乐设施定义及术语；大型游乐设施分类、分级、结构特点、主要参数及运动形式；安全电压；站台服务秩序；大型游乐设施安全运行条件；乘客须知。

（2）专业知识　主要包括：安全保护装置及设置；安全压杠；安全带；安全把手；锁紧装置；止逆装置；限位装置；限速装置；风速计；缓冲装置；过电压保护装置；其他安全保护装置；操作系统；控制按钮颜色标识；紧急事故按钮；音响与信号；典型大型游乐设施的操作程序；安全检查；安全警示说明和警示标志；运行前检查内容；日检项目及内容；运行记录；大型游乐设施应急措施；常见故障和异常情况辨识；典型应急救援方法；常用急救措施；大型游乐设施事故基本处理方法。

（3）法规知识　主要包括：《特种设备安全监察条例》《特种设备作业人员监督管理办法》《特种设备作业人员考核规则》《大型游乐设施安全监察规定》《游乐设施安全技术监察规程（试行）》《游乐设施监督检验规程（试行）》《特种设备注册登记与使用管理规则》和有关游乐设施国家标准。

3. 应当具备的实际操作技能

（1）大型游乐设施安全保护装置及附件　包括：安全压杠操作与检查；安全带操作与检查；其他安全保护装置操作与检查。

（2）安全运行　包括：运行前的检查及开机流程；运行中的操作知识；运行结束后的检查及关机流程；运行记录。

（3）应急救援　包括：常见故障的应急救援；紧急情况的处理。

5.6.4　对游乐设施维修人员的要求

同游乐设施安全管理人员和操作人员一样，游乐设施的维修人员也必须按照《特种设备作业人员考核规则》（TSG Z6001—2005）和《大型游乐设施安全管理人员和作业人员考核大纲》（TSG Y6001—2008）的要求，取得相应资格后，方能从事相关的工作。

5.6.5　对游乐设施乘客的要求

大型游乐设施的乘客应当遵守使用安全注意事项的要求，服从有关工作人员的指挥。

5.6.6　对游乐设施使用登记的要求

1. 一般要求

1）特种设备在投入使用前或者投入使用后30日内，使用单位应当向特种设备所在地的直辖市或者设区的市的特种设备安全监管部门申请办理使用登记。办理使用登记的直辖市或者设区的市的特种设备安全监管部门，可以委托其下一级特种设备安全监管部门（以下简称登记机关）办理使用登记；对于整机出厂的特种设备，一般应当在投入使用前办理使用登记。

2）移动式大型游乐设施每次重新安装后、投入使用前，使用单位应当向使用地的登记机关申请办理使用登记。

3）国家明令淘汰或者已经报废的特种设备，不符合安全性能或者能效指标要求的特种设备，不予办理使用登记。

2. 登记方式

大型游乐设施应当按台（套）向登记机关办理使用登记。

3. 使用登记

使用单位申请办理特种设备使用登记时，应当逐台（套）填写使用登记表，向登记机关提交以下相应资料，并且对其真实性负责。

1）使用登记表（一式两份）。

2）含有使用单位统一社会信用代码的证明或者个人身份证明（适用于公民个人所有的特种设备）。

3）特种设备产品合格证。

4）特种设备监督检验证明。

4. 变更登记

按台（套）登记的特种设备改造、移装、变更使用单位或者使用单位更名、达到设计使用年限继续使用的，按单位登记的特种设备变更使用单位或者使用单位更名的，相关单位应当向登记机关申请变更登记。登记机关按照本规则办理变更登记。

办理特种设备变更登记时，如果特种设备产品数据表中的有关数据发生变化，使用单位应当重新填写产品数据表，变更登记后的特种设备，其设备代码保持不变。

（1）改造变更　特种设备改造完成后，使用单位应当在投入使用前或者投入使用后 30 日内向登记机关提交原使用登记证、重新填写的使用登记表（一式两份）、改造质量证明资料以及改造监督检验证书（需要监督检验的），申请变更登记，领取新的使用登记证。登记机关应当在原使用登记证和原使用登记表上作注销标记。

（2）移装变更

1）在登记机关行政区域内移装。在登记机关行政区域内移装的特种设备，使用单位应当在投入使用前向登记机关提交原使用登记证、重新填写的使用登记表（一式两份）和移装后的检验报告（拆卸移装的），申请变更登记，领取新的使用登记证。登记机关应当在原使用登记证和原使用登记表上作注销标记。

2）跨登记机关行政区域移装。跨登记机关行政区域移装特种设备的，使用单位应当持原使用登记证和使用登记表向原登记机关申请办理注销；原登记机关应当注销使用登记证，并且在原使用登记证和原使用登记表上作注销标记，向使用单位签发《特种设备使用登记证变更证明》。

移装完成后，使用单位应当在投入使用前，持《特种设备使用登记证变更证明》、标有注销标记的原使用登记表和移装后的检验报告（拆卸移装的），按照本规则向移装地登记机关重新申请使用登记。

（3）单位变更　特种设备需要变更使用单位，原使用单位应当持原使用登记证、使用登记表和有效期内的定期检验报告到登记机关办理变更；或者产权单位凭产权证明文件，持原使用登记证、使用登记表和有效期内的定期检验报告到登记机关办理变更；登记机关应当在原使用登记证和原使用登记表上作注销标记，签发《特种设备使用登记变更证明》；

新使用单位应当在投入使用前或使用后 30 日内，持《特种设备使用登记变更证明》、标有注销标记的原使用登记表和有效期内的定期检验报告，按照本规则要求重新办理使用登记。

（4）更名变更 使用单位或者产权单位名称变更时，使用单位或者产权单位应当持原使用登记证、单位证。2 台以上批量变更的，可以简化处理。登记机关在原使用登记证和原使用登记表上作注销标记。

（5）达到设计使用年限继续使用的变更 使用单位对达到设计使用年限继续使用的特种设备，使用单位应当持原使用登记证按本规则办理的相关证明材料，到登记机关申请变更登记，登记机关应当在原使用登记证右上方标注"超设计使用年限"字样。

（6）不得办理移装变更、单位变更的情况 有下列情况之一的特种设备、不得申请办理移装变更、单位变更：

1）已经报废或者国家明令淘汰的。

2）进行过非法改造、修理的。

3）无技术资料的。

4）达到设计使用年限的；

5）检验结论为不合格或能效测试结果不满足法规、标准要求的。

5. 停用

特种设备拟停用 1 年以上的，使用单位应当采取有效的保护措施，并且设置停用标志，在停用后 30 日内填写《特种设备停用报废注销登记》，告知登记机关。重新启用时，使用单位应当进行自行检查，到使用登记机关办理启用手续；超过定期检验有效期的，应当按照定期检验的有关要求进行检验。

6. 报废

对存在严重事故隐患、无大修、修理价值的特种设备，或者达到安全技术规范规定的报废期限的，应当及时予以报废，产权单位应当采取必要措施消除该特种设备的使用功能。特种设备报废时，按台套登记的特种设备应当办理报废手续，填写《特种设备停用报废注销登记表》，向登记机关办理报废手续，并且将使用登记证交回登记机关。

非产权所有者的使用单位经产权单位授权办理特种设备报废注销手续时，需提供产权单位的书面委托或者授权文件。

使用单位和产权单位注销、倒闭、迁移或者失联，未办理特种设备注销手续的，适用登记机关可以采用公告的方式停用或者注销相关特种设备。

5.6.7 对游乐设施定期检验及《特种设备使用标志》的要求

运营使用单位应当在大型游乐设施安全监督检验完成 1 年后，向特种设备检验机构提出首次定期检验申请；在大型游乐设施定期检验周期届满 1 个月前，运营使用单位当向特种设备检验机构提出定期检验要求。

检验合格后，使用单位必须将游乐设施《特种设备使用标志》固定在明显的位置上，标志超过有效期或者未按照规定张挂的游乐设施不得使用。

5.6.8 对游乐设施使用单位安全管理制度的要求

使用单位必须建立安全管理体系，明确有关人员的安全职责；健全各项安全管理制度，并予以严格执行。主要安全管理制度包括：作业服务人员守则；安全操作规程；设备管理制度；日常安全检查制度；维修保养制度；定期报检制度；作业人员及相关运营服务人员的安全培训考核制度；紧急救援演习制度；意外事件和事故处理制度；技术档案管理制度。

5.6.9　对游乐设施使用单位技术档案管理的要求

使用单位应建立完整、准确的游乐设施技术档案，并按规定保存。技术档案的内容应当包括：游乐设施注册登记表；设备及其部件的出厂随机文件；年度维修计划及落实情况；安装、大修的记录及其验收资料；日常运行、维修保养和常规检查记录；验收检验报告与定期检验报告；设备故障与事故的记录。

注意，随机文件的主要内容是：装箱单（或装车单）；设计图样（包括维修保养必备的机械、电气、液压、气动等部分图样及易损件图样）；产品质量证明文件（至少包括产品合格证、重要受力部件材质一览表和材质证明书、重要焊缝和销轴类的探伤报告、标准机电产品合格证及使用维护说明书）；使用维护说明书（应包括：设备简介、结构概述、主要技术参数、安装与调试、操作和注意事项及标示牌、保养与维修说明、设备故障应急处理、润滑部位说明、易损件及重要零部件的使用说明）；合同约定的其他资料。

5.6.10　对游乐设施年检、月检、日检制度的要求

使用单位应当建立并严格执行游乐设施的年检、月检、日检制度，严禁带故障运行。安全检查内容包括：

1）对使用的游乐设施，每年要进行 1 次全面检查，必要时要进行载荷试验，并按额定速度进行起升、运行、回转、变速等机构的安全技术性能检查。检查应当做详细记录，并存档备查。

2）月检的检查项目：各种安全装置；动力装置、传动和制动系统；绳索、链条和乘坐物；控制电路与电气元件；备用电源。

3）日检的检查项目：控制装置、限速装置、制动装置和其他安全装置是否有效及可靠；运行是否正常，有无异常的振动或者噪声；各易磨损件状况；门联锁开关及安全带等是否完好；润滑点的检查和加添润滑油；重要部位（轨道、车轮等）是否正常。

5.6.11　游乐设施每日运营前的安全操作要求

运营使用单位应当按照安全技术规范和使用维护说明书的要求，开展设备运营前试运行检查、日常检查和维护保养、定期安全检查并如实记录。对日常维护保养和试运行检查等自行检查中发现的异常情况，应当及时处理。在国家法定节假日或举行大型群众性活动前，运营使用单位应当对大型游乐设施进行全面检查维护，并加强日常检查和安全值班。

运营使用单位进行本单位设备的维护保养工作，应当按照安全技术规范要求配备具有相应资格的作业人员、必备工具和设备。

运营使用单位应当在大型游乐设施的入口处等显著位置张贴乘客须知、安全注意事项和警示标志，注明设备的运动特点、乘客范围、禁忌事宜等。

5.6.12　游乐设施维修保养的要求

使用单位必须对游乐设施严格执行维修保养制度，明确维修保养者的责任，对游乐设施

定期进行维修保养。

使用单位没能力进行维修保养的，必须委托有资格的单位进行维修保养，双方必须签订维修保养合同，接受游乐设施维修保养委托的单位应对其维修保养质量负责。

大型游乐设施的修理、重大修理应当按照安全技术规范和使用维护说明书要求进行。大型游乐设施修理单位应当在施工前将拟进行的大型游乐设施修理情况书面告知直辖市或者设区的市的质量技术监督部门，告知后即可施工。

重大修理过程，必须经特种设备检验机构按照安全技术规范的要求进行重大修理监督检验；未经重大修理监督检验合格的不得交付使用；运营使用单位不得擅自使用未经重大修理监督检验合格的大型游乐设施。

大型游乐设施修理竣工后，施工单位应将有关大型游乐设施的自检报告等修理相关资料移交运营使用单位存档；大型游乐设施重大修理竣工后，施工单位应将有关大型游乐设施的自检报告、监督检验报告和无损检测报告等移交运营使用单位存档。

大型游乐设施进行改造的，改造单位应当重新设计，按照本规定进行设计文件鉴定、型式试验和监督检验，并对改造后的设备质量和安全性能负责。

大型游乐设施改造单位应当在施工前将拟进行的大型游乐设施改造情况书面告知直辖市或者设区的市的质量技术监督部门，告知后即可施工。

大型游乐设施改造竣工后，施工单位应当装设符合安全技术规范要求的铭牌，并在验收后 30 日内将符合第十八条要求的技术资料移交运营使用单位存档。

大型游乐设施改造、重大修理施工现场作业人员应当满足施工要求，具有相应特种设备作业人员资格的人数应当符合安全技术规范的要求。

5.6.13 游乐设施安全管理协议要求

运营使用单位租借场地开展大型游乐设施经营的，应当与场地提供单位签订安全管理协议，落实安全管理制度。

场地提供单位应当核实大型游乐设施运营使用单位满足相关法律法规以及本规定要求的运营使用条件。

5.6.14 游乐设施的操作和使用要求

1）游乐设施在操作和使用时，全部通道和出口处都应有充足的照明，以防止发生人身伤害。

2）在醒目之处张贴"乘客须知"，其内容应包括该设施的运动特点、适应对象、禁止事宜及注意事项等。

3）游乐设施的运行区域应用护栏或其他保护措施加以隔离，防止公众受到运行设施的伤害。当有人处于危险位置时，游乐设施禁止操作。

4）室外游乐设施在暴风雨等危险的天气条件下不得操作和使用；高度超过 20m 的游乐设施在风速大于 15m/s 时，必须停止运行。

5.6.15 游乐设施的应急预案、紧急救援和事故报告要求

运营使用单位应当制定应急预案，建立应急救援指挥机构，配备相应的救援人员、营救

设备和急救物品。对每台（套）大型游乐设施还应当制定专门的应急预案。

运营使用单位应当加强营救设备、急救物品的存放和管理，对救援人员定期进行专业培训，每年至少对每台（套）大型游乐设施组织 1 次应急救援演练。演习情况应当记录备查。

运营使用单位可以根据当地实际情况，与其他运营使用单位或公安消防等专业应急救援力量建立应急联动机制，制定联合应急预案，并定期进行联合演练。

游乐设施使用单位事故报告应当符合以下规定：

1）特种设备作业人员在作业过程中发现事故隐患或者其他不安全因素，应当立即向现场安全管理人员和单位有关负责人报告。

2）游乐设施一旦发生伤亡事故，使用单位必须采取紧急救援措施，保护事故现场，防止事故扩大，抢救伤员，并按照《特种设备事故报告和调查处理规定》（国家质量监督检验检疫总局令第 115 号）报告和处理。

5.6.16　对游乐设施出现故障、异常及报废等情况的要求

大型游乐设施发生故障、事故的，运营使用单位应当立即停止使用，并按照有关规定及时向县级以上地方质量技术监督部门报告。使用单位应当对其进行全面检查，消除事故隐患后，方可重新投入使用。

对因设计、制造、安装原因引发故障、事故，存在质量安全问题隐患的，制造、安装单位应当对同类型设备进行排查，消除隐患。

特种设备存在严重事故隐患，无改造、维修价值，或者超过安全技术规范规定使用年限的，特种设备使用单位应当及时予以报废，并应当向原登记的特种设备安全监督管理部门办理注销。

对超过整机设计使用期限仍有修理、改造价值可以继续使用的大型游乐设施，运营使用单位应当按照安全技术规范的要求通过检验或者安全评估，并办理使用登记证书变更。运营使用单位应当加强对允许继续使用的大型游乐设施的使用管理，采取加强检验、检测和维护保养等措施，加大全面自检频次，确保使用安全。

大型游乐设施主要受力部件超过设计使用期限要求的，应当及时进行更换。

5.6.17　《游乐园（场）安全和服务质量》对游乐设施安全管理的要求

1996 年国家有关部门发布了《游乐园（场）安全和服务质量》（GB/T 16767—1997）国家标准。该标准对游乐设施安全管理方面提出了明确要求。

1. 安全管理要求

游乐园（场）应特别重视游乐设施安全管理，把安全工作摆在重要的议事日程，培养和强化全体人员的安全意识。

建立健全各项安全制度，包括安全管理制度、游乐园（场）全天候值班制度、定期安全检查制度和检查内容要求，游乐项目安全操作规程、水上游乐安全要求及安全事故登记和上报制度。

（1）安全管理

1）设立完善高效的安全管理机构（安全委员会），明确各级、各岗位的安全职责。

2）开展经常性的安全培训和安全教育活动。

3）定期组织全游乐园（场）按年、季、月、节假日前和旺季开始前的安全检查。

4）建立安全检查工作档案，每次检查要填写检查档案，检查的原始记录由责任人员签存档。

（2）员工安全

1）未持有专业技术上岗证的，不得操作带电的设备和游乐设施。

2）员工应注意着装安全，高空或工程作业时必须佩戴安全帽、安全绳等安全设备，并严格按章作业。

3）员工在工作过程中应严格按照安全服务操作规程作业。

4）工作区域内应保持整洁，保证安全作业。

（3）游客安全

1）在游乐活动开始前，应对游客进行安全知识讲解和安全事项说明，具体指导游客正确使用游乐设施，确保游客掌握游乐活动的安全要领。

2）某些游乐活动对游客健康条件有要求，或不适合某种疾病患者参与的，应在该项活动入门处以"警告"方式予以公布。

3）在游乐过程中，应密切注视游客安全状态，适时提醒游客注意安全事项，及时纠正游客不符合安全要求的行为举止，排除安全隐患。

4）如遇游客发生安全意外事故，应按规定程序采取救援措施，认真、负责地做好善后处理。

（4）安全设施

1）各游乐场所、公共区域均应设置安全通道，时刻保持畅通。

2）各游乐区域，除封闭式的外，均应按《游乐设施安全规范》的规定设置安全栅栏。

3）严格按照消防规定设置防火设备，配备专人管理，定期检查。

4）有报警设施，并按《消防安全标志第1部分：标志》设置警报器和火警电话标志。

5）有残疾人安全通道和残疾人使用的设施。

6）有处理意外事故的急救设施设备。

（5）安全及救援措施

1）加强安全检查，除进行日、周、月、节假日前和旺季开始前的例行检查外，游乐设施必须按规定每年全面检修一次，严禁设备带故障运转。

2）每日运营前的例行安全检查要认真负责，建立安全检查记录制度；没有安全检查人员签字的设备不能投入营业。

3）详细做好安全运行状态记录，严禁使用超过安全期限的游乐设施、设备载客运转。

4）凡遇恶劣天气或游乐设施机械发生故障时，必须有应急、应变措施，设备停止运行的应对外公告。

5）配备安全保卫人员，维护游乐园（场）游乐秩序，制止治安纠纷。

6）游乐园（场）全体员工必须经火警预演培训和机械险情排除培训，并熟练掌握有关应急处理措施。

2. 安全作业要求

（1）游艺机和游乐设施日常运营基本要求

1）每天运营前必须做好安全检查。

2）营业前试机运行不少于 2 次，确认一切正常后，才能开机营业。

（2）营业中的安全操作要求

1）向游客详细介绍游乐规则、游乐设施操纵方法及有关注意事项，谢绝不符合游艺机乘坐条件的游客参与游艺活动。

2）引导游客正确入座高空旋转游乐设施，严禁超员，不偏载，系好安全带。

3）维持游乐、游艺秩序，劝阻游客远离安全栅栏，上下游艺机应秩序井然。

4）开机前先鸣铃提示，确认无任何险情时方可再开机。

5）游艺机在运行中，操作人员严禁擅自离岗。

6）密切注意游客动态，及时制止个别游客的不安全行为。

（3）营业后的安全检查

1）整理、清扫、检查各承载物、附属设备及游乐场地，确保其整齐有序，清洁无安全隐患。

2）做好当天游乐设备运转情况记录。

3）游艺机和游乐设施要定期维修、保养，做好安全检查，安全检查分为周、月、半年和年以上检查。

（4）水上世界安全措施

1）应在明显的位置公布各种水上游乐项目的《游乐规则》，要反复广播宣传，要求游客注意安全，防止事故发生。

2）对容易发生危险的部位，应有明显的提醒游客注意的警告标志。

3）各水上游乐项目均应设立监视台，有专人值勤，监视台的数量和位置应能看清全池的范围。

4）按规定配备足够的救生员。救生员必须符合有关部门规定，经专门培训，掌握救生知识与技能，持证上岗。

5）水上世界范围内的地面，应确保无积水、无碎玻璃及其他尖锐物品。

6）随时向游客报告天气变化情况，为游客设置避风、避雨的安全场所以及其他保护措施。

7）全体员工应熟悉场内各区域场所，具备基本的抢险救生知识和技能。

8）设值班室，配备值班员。

9）设医务室，配备具有医士职称以上的医生和经过训练的医护人员和急救设施。

10）安全使用化学药品。

11）每天营业前对水面和水池底除尘一次。

5.7　大型游乐设施检验检测环节的监督管理

大型游乐设施检验检测是指作为特种设备的大型游乐设施所需进行的法定检验，包括型式试验、监督检验和定期检验三种形式。国家制定的《中华人民共和国特种设备安全法》《特种设备安全监察条例》《大型游乐设施安全监察规定》《游乐设施安全技术监察规程（试行）》和《游乐设施监督检验规程（试行）》，都对法定检验检测环节的安全监察分别做了规定，要求也比较明确。

1. 对游乐设施法定检验检测环节的要求

《特种设备安全监察条例》对此做出了以下明确规定：

1）从事本条例规定的监督检验、定期检验、型式试验以及专门为特种设备生产、使用、检验检测提供无损检测服务的特种设备检验检测机构，应当经国务院特种设备安全监督管理部门核准。

特种设备使用单位设立的特种设备检验检测机构，经国务院特种设备安全监督管理部门核准，负责本单位核准范围内的特种设备定期检验工作。

2）特种设备检验检测机构应具备的条件：

①有与所从事的检验检测工作相适应的检验检测人员。

②有与所从事的检验检测工作相适应的检验检测仪器和设备。

③有健全的检验检测管理制度、检验检测责任制度。

3）特种设备的监督检验、定期检验、型式试验和无损检测应当由依照本条例经核准的特种设备检验检测机构进行。

特种设备检验检测工作应当符合安全技术规范的要求。

4）从事本条例规定的监督检验、定期检验、型式试验和无损检测的特种设备检验检测人员应当经国务院特种设备安全监督管理部门组织考核合格，取得检验检测人员证书，方可从事检验检测工作。

检验检测人员从事检验检测工作，必须在特种设备检验检测机构执业，但不得同时在两个以上检验检测机构中执业。

5）特种设备检验检测机构和检验检测人员进行特种设备检验检测，应当遵循诚信和方便企业的原则，为特种设备生产、使用单位提供可靠、便捷的检验检测服务。

特种设备检验检测机构和检验检测人员对涉及的被检验检测单位的商业秘密，负有保密义务。

6）特种设备检验检测机构和检验检测人员应当客观、公正、及时地出具检验检测结果、鉴定结论。检验检测结果和鉴定结论经检验检测人员签字后，由检验检测机构负责人签署。

特种设备检验检测机构和检验检测人员对检验检测结果、鉴定结论负责。

国务院特种设备安全监督管理部门依照规定组织对特种设备检验检测机构的检验检测结果、鉴定结论进行监督抽查。县以上地方负责特种设备安全监督管理的部门也可以在本行政区域内组织监督抽查，但不要重复抽查。监督抽查的结果应当向社会公布。

7）特种设备检验检测机构和检验检测人员不得从事特种设备的生产、销售，也不得以其名义推荐或者监制、监销特种设备。

8）特种设备检验检测机构进行特种设备检验检测时，发现严重事故隐患或者能耗严重超标的，应当及时告知特种设备使用单位，并立即向特种设备安全监督管理部门报告。

9）特种设备检验检测机构和检验检测人员利用检验检测工作故意刁难特种设备生产、使用单位的，特种设备生产、使用单位有权向特种设备安全监督管理部门投诉，接到投诉的特种设备安全监督管理部门应当及时进行调查处理。

2.《游乐设施安全技术监察规程（试行）》有关规定

1）A级游乐设施，由国家游乐设施监督检验机构进行验收检验和定期检验；B级和C

级游乐设施，由所在地区经国家特种设备安全监察机构授权的监督检验机构进行验收检验和定期检验。首台（套）游乐设施的型式试验与验收检验由国家游乐设施监督检验机构一并进行。

2）监督检验机构在接到具备验收检验和定期检验条件的检验申请后，必须在 10 个工作日内安排相应的检验。游乐设施验收检验和定期检验必须按照《游乐设施监督检验规程》的要求进行，检验合格后出具检验报告并发给《安全检验合格》标志。

3）游乐设施监督检验机构及检验人员不得从事游乐设施的设计、制造、销售、安装和维修保养等经营性活动，应保守受检单位的商业秘密。

3. 对监督检验的具体要求

国家质检总局《游乐设施监督检验规程（试行）》对游乐设施验收检验和定期检验工作做出了明确规定。该《规程》对游乐设施监督检验的类型、内容、要求、方法、条件、判定准则等提出了明确要求。这些规定和要求是游乐设施验收检验和定期检验所必须遵守的准则。需要指出的是，这里所称的监督检验是指验收检验和定期检验，与《条例》的监督检验内涵不同，《条例》的监督检验是对游乐设施制造、安装、改造和重大维修过程的监督验证或验证性检验。目前江苏、福建两省这方面正在进行试点。国家有关游乐设施制造、安装、改造和重大维修过程的监督验的安全技术规范也正在制定过程中。江苏省目前执行的是《江苏省特种设备安全质量监督检验规则（试行)》。

4. 对型式试验的具体要求

目前，国家质检总局正在制定《大型游乐设施型式试验规则》和《大型游乐设施型式试验细则》，以明确型式试验的具体要求。

关于型式试验、监督检验、定期检验的具体检验内容与要求，可参考游乐设施检验的有关部分。

第6章

大型游乐设施的操作

6.1 游乐设施的安全操作

大型游乐设施操作员是一个非常重要的岗位，其操作是否得当，或在紧急情况下如何正确处置所出现的问题，将直接关系到人身和设备的安全。一些游乐设施的用户，由于操作不合理或误操作而发生事故。有些使用单位根本没有操作规程，有的单位虽然制订了操作规程，但比较简单，难以保证游乐设施的安全运行。所以，对于游乐设施操作人员来说，不是单纯的操作按钮，而必须与整台游乐设施及乘客联系在一起，随时观察游乐设施及乘客情况，并与服务人员密切合作，按照操作规程规范操作。这就要求操作人员不但要掌握业务知识，有熟练的操作技术和丰富的现场经验，而且要有良好的服务意识和敬业精神。这样才能保证游乐设施的安全运行。

国家制定的《特种设备作业人员监督管理办法》、《特种设备作业人员考核规则》（TSG Z6001—2013）和《大型游乐设施安全管理人员和作业人员考核大纲》 （TSG Y6001—2008）、《游乐园（场）安全和服务质量》（GB/T 16767—1997）等都对游乐设施操作人员和安全操作提出了明确的要求。

1. 理论知识要求

大型游乐设施操作人员要按照国家《大型游乐设施安全管理人员和作业人员考核大纲》的要求，必须经过严格培训，经考试合格后获得国家质量监督检验检疫总局颁发的特种设备作业人员资格证书。操作人员经培训后必须掌握如下理论知识：

（1）基础知识 操作人员应具备的基础知识是：大型游乐设施操作人员职责；大型游乐设施的定义及其术语；大型游乐设施分类、分级、结构特点、主要参数和运动形式；安全电压；站台服务秩序；大型游乐设施安全运行条件；乘客须知等。

（2）专业知识 操作人员首先要了解和掌握游乐设施的机械、电气和液压等传动原理，能正确、熟练地操作该设施，遇到问题能正确、及时地处理，并能做好日常的维护和保养。其次还要做到以下几点：

1）安全知识：安全保护装置及其设置、安全压杠、安全带、安全把手、锁紧装置止逆装置、限位装置、限速装置、缓冲装置、过电压保护装置、风速计、其他安全保护装置等的结构原理和如何正确使用。

2）操作系统知识：控制按钮颜色标识；紧急事故按钮；音响与信号；典型大型游乐设施的操作程序等。

3）安全检查知识：安全警示说明和警示标志；运行前检查内容；日检项目及内容；运行记录等。

4）大型游乐设施应急措施知识：常见故障和异常情况辨识；常用应急救援措施；典型

应急救援方法；大型游乐设施事故处理基本方法等。

5）法规知识：《特种设备安全监察条例》《特种设备作业人员监督管理办法》《特种设备作业人员考核规则》《大型游乐设施安全监察规定》《游乐设施安全技术监察规程（试行）》《游乐设施监督检验规程（试行）》《特种设备注册登记与使用管理规则》和有关游乐设施国家标准等。

2. 操作技能要求

操作人员经上岗前培训，要掌握以下技能：

1）掌握安全保护装置及附件的特点、性能、使用方法和维护保养等技能。主要包括安全压杠操作与检查；安全带操作与检查；其他安全保护装置操作与检查等。

2）安全运行技能。主要包括运行前的检查及其开机流程；运行中的操作；运行结束后的检查及其关机流程；运行记录等。

3）应急救援技能。主要包括常见故障的应急救援；紧急情况的处理等。

3. 服务质量要求

由于游乐设施属于特种设备，所以操作人员除要具备理论和专业知识外，还应具有良好的思想品德和爱岗敬业精神，其服务质量也有严格的要求，即应具有良好的职业道德，遵守国家有关旅游职业道德规范，做到文明礼貌，坚守岗位，站立服务，不离岗，不串岗，保护游客和企业的合法权益。另外还应做到以下几点：

（1）仪表仪容

1）上岗穿着工作服，服饰整洁干净，佩戴服务标牌。

2）端庄大方，处事稳重，反应敏捷，谙熟礼仪，精神饱满，表情自然，和蔼亲切。

（2）举止　举止文明，姿态端庄。

（3）语言

1）语言文明礼貌、简明、通俗、清晰。

2）讲普通话，能用外语为外宾服务。

3）"称呼"服务，用礼貌的称谓称呼游客。

（4）服务态度

1）礼貌待客，微笑服务，热情亲切，真诚友好，耐心周到，主动服务。

2）对客人不分种族、国籍、民族、宗教信仰、贫富、亲疏，一视同仁，以礼待人。

3）尊重游客的民族习俗和宗教信仰，不损害民族尊严。

4）有问必答，回答问题迅速、准确。如对客人提出的问题不能解决时，应耐心解释。

除以上要求外，还应做好机台服务、广播服务、医疗急救服务等。

4. 规范操作要求

（1）运行前后对设备的要求　当游艺机正式运营时，操作人员应当做到以下几点：

1）游艺机运营前要做好日常安全检查（表 6-1 所示大摆锤检查项目），包括安全带（安全杠）、把手是否牢固可靠，有无损坏情况；座舱门开关是否灵活，能否关牢，保险装置是否起作用；关键位置的销轴、焊缝有无变形、开裂或其他异常情况；螺栓、卡板等紧固件有无松动及脱落现象；限位开关有无失灵情况；各润滑点是否润滑良好；电线有无断头及裸露现象；接地极板连接是否良好；制动装置是否起作用等。

2）按实际工况空运转三次后确认运转正常方可正式运营。

3）运转前先鸣电铃，确认乘客都已坐好，场内无闲杂人员，再开机运行。

4）游乐设施运转时，严禁操作人员离开岗位。要随时注意与观察乘客及设备的运行情况，遇有紧急情况时，要及时停机。

5）下班时要关掉总电源。

6）填写好游艺机安全运行日报记录。

（2）设备运行前对游客的要求　为确保游客安全，操作时应做到以下几点：

1）某些游乐活动如果对游客有身体健康要求，即对某种疾病患者不适宜参与的，应在该项游乐设施的入口处以醒目的警示标识告知游客，谢绝其参与，以免发生人身安全事故而产生纠纷。

2）在游乐活动开始前，应对游客进行安全知识讲解和安全事项说明，具体指导游客正确使用游乐设施，确保游客掌握游乐活动的安全要领。

3）在游乐过程中，应密切注视游客安全状态，适时提醒游客注意安全事项，及时纠正游客不符合安全要求的行为举止，排除安全隐患。

4）如遇游客发生安全意外事故，应按规定程序采取救援措施，认真、负责地做好善后处理。

在运营过程中，还要加强对设备的巡检，每隔 2h 左右，让游乐设施停止下来，操作人员对设备的安全保护装置以及其他重要的部位进行检查，确认无问题后再次投入运营。

表 6-1　大摆锤游乐设施日检表

设施名称：大摆锤　　　　　　　　　　检查日期：　　年　　月　　日

次序	检查内容/要求	检查结果	检查处理方法	检查人
开机前检查	目检设备及安全护栏等周边设施有无缺损	合格□不合格□		
	目检设备周围及运行区域内应无障碍物	合格□不合格□		
	操作室按钮、开关、指示灯完好，位置正确。电气线路、接口规范，绝缘可靠。外围元器件完好	合格□不合格□		
	接近开关等检测元器件完好、安装位置可靠	合格□不合格□		
	用油枪对旋转中心油脂润滑一遍。轴承齿面加注油脂	合格□不合格□		
	打开检修门，球轴承、每个旋转中心齿轮的外齿油脂润滑（两个摆动旋转轴承；一个接头旋转轴承）。停运后，用刮刀抹油脂、清杂物	合格□不合格□		
	用两个油枪对每个旋转中心的摆动旋转轴承内加注油脂。油品与齿面一致	合格□不合格□		
	用两个油枪对旋转接头中心的接头旋转轴承内加注油脂。油品与齿面一致	合格□不合格□		
	检查所有乘客安全保护器上齿条及齿牙的磨损，确保每天涂油	合格□不合格□		
	首次旋转，先检查用于连接杆旋转的机械锁具是否已打开	合格□不合格□		
	检查每个机械锁具的安全可靠	合格□不合格□		
	检查两个安全保护器之间没有空隙	合格□不合格□		
	所有座舱、座椅压杠结构牢固。安全带、带扣及插件均应可靠	合格□不合格□		

（续）

次序	检查内容/要求	检查结果	检查处理方法	检查人
开机前检查	气动系统接头连接可靠。气动无积水。油雾器无渗漏，油位正常、油质清洁	合格□ 不合格□		
	液压站环境清洁，无易燃易爆物。油位正常。液压系统设定参数正常	合格□ 不合格□		
开机状态检查	操作件动作灵活，性能可靠，指示灯正常	合格□ 不合格□		
	急停按钮功能完好，手动复位正常	合格□ 不合格□		
	电气系统中过载、短路、断相、漏电等运行保护无异常动作。电压波动无异常。三相电压平衡	合格□ 不合格□		
	检查直流电动机、面板、变换器的工作应正常	合格□ 不合格□		
	设备进行各个动作运行检查，减速器、直流电动机无异响/异振	合格□ 不合格□		
	液压系统冷却、过滤，温度、工作压力正常	合格□ 不合格□		
	液压控制系统正常。监测、诊断、报警正常	合格□ 不合格□		
	液压元器件无异响、联接松动、泄漏、压力值突变等异常现象	合格□ 不合格□		
	气动系统中空压机、气接头无泄漏。无异响、压力正常，安全阀有效	合格□ 不合格□		
	气动系统每天一次在有压状态，打开排水气门，使过滤器排积水	合格□ 不合格□		
	气动开关手动阀的使用功能应正常	合格□ 不合格□		
	锁定顺序正确（先锁定护胸、其次是保护器）。拉动任一压杠，使其处于未锁状，设备应处在安全状态	合格□ 不合格□		
	在载客前应当在自动位置检查所有程序应正确运行、无异常	合格□ 不合格□		
	操作发车信号、监控信号均正常	合格□ 不合格□		
	自动空载整机试运行检查应无异常振动和响声，座舱摆动、旋转速度平稳，运行参数符合工况，程序正常，停车平稳	合格□ 不合格□		

同意营运签名（安全管理员或班组长）：

营运中巡检	巡检时间	巡检结果	不合格内容/处理措施	巡检人
		合格□　不合格□		
		合格□　不合格□		
		合格□　不合格□		
		合格□　不合格□		

6.2　游乐设施安全作业要求

1. 大型游乐设施日常运营基本要求

1）每天运营前必须做好安全检查。

2）营业前试机运行不少于 2 次，确认一切正常后，才能开机营业。

2. 营业中的安全操作要求

1）向游客详细介绍游乐规则、游乐设施操纵方法及有关注意事项。谢绝不符合游乐设施乘坐条件的游客参与游乐活动。

2）引导游客正确入座高空旋转游乐设施，严禁超员，不偏载，系好安全带。

3）维持游乐、游艺秩序，劝阻游客远离安全栅栏，上下游艺机秩序井然。

4）开机前先鸣铃提示，确认无任何险情时方可再开机。

5）游艺机在运行中，操作人员严禁擅自离岗。

6）密切注意游客动态，及时制止个别游客的不安全行为。

3. 营业后的安全检查

1）整理、清扫、检查各承载物、附属设备及游乐场地，确保其整齐有序，清洁无安全隐患。

2）做好当天游乐设备运转情况记录。

3）游艺机和游乐设施要定期维修、保养，做好安全检查。安全检查分为周、月、半年和年以上检查。

6.3 游乐设施安全操作范例

由于游乐设施在运行中首要的是安全性，而除游乐设施本身的安全性能外，对操作人员的规范操作尤为重要。现对观览车、自控飞机、疯狂老鼠、旋风、双人飞天和水上世界等游乐设施的操作人员对开机前、开机后应检查的内容，以及运行中的注意事项叙述如下。

6.3.1 观览车

1. 开机前检查

开机前应检查如下事项：

1）各润滑点是否润滑良好，销轴、轴承、链条、销齿、钢丝绳等是否要加注润滑剂。

2）立柱地脚螺栓、传动装置的地脚螺栓是否松动。

3）固定吊厢轴的螺栓、吊厢轴与吊厢的连接螺栓是否松动。

4）吊厢玻璃是否完好，窗户上的金属栏杆是否完好，有无脱落现象。

5）每个吊厢上的两道锁具是否灵活可靠。

6）观览车接地线及避雷针接地线有无断裂现象。

7）支承吊厢轴的耳板焊缝是否有开裂现象。

8）雨雪天气后，开始营业时要检查绝缘电阻是否符合规定。

9）风速是否大于15m/s，大于此风速时应停止运转。

10）采用钢丝绳传动的观览车，要检查钢丝绳接头是否松动、拉长，有无破损、断丝情况。

2. 开机检查

开机检查应做好如下事项后，方可载人营业：

1）电动机、减速器、油泵、油马达等有无异常声响。

2）齿轮、链轮与链条啮合是否正常。

3）起动有无异常振动冲击。

4）液压系统渗漏情况。

5）转盘转动是否有异常声响（摩擦声、轴承响声等）。

6）吊厢有无不正常摆动。

7）大立柱有无不正常晃动。

8）轮胎传动中，充气轮胎压紧力是否适当。

3. 运转中的注意事项

1）大部分观览车均为连续运行，上人下人均不停车。对于这种运动方式的观览车，在上下人处应分别设服务人员，一人负责开门，并照顾下来的乘客；一人照顾上车的乘客，并负责把两道锁锁好。

2）开始运行时，要隔 2~3 个吊厢再上人，以免造成过分偏载。

3）学龄前儿童要与家长同时乘坐，以免吊厢升高时，孩子恐惧而出现意外。

4）观览车在运转过程中，操作人员不能离开操作室。同时要注意观察运转状况，当发现异常情况时，要立即停车。

5）观览车吊厢底面距站台面的尺寸，以 200mm 左右为宜，这样上下方便。若距离太大，吊厢在运动中上下人过程中容易出现事故。

6）雷雨天气应停止运行。

7）营业结束时，应逐个检查吊厢，确认无人后，再切断总电源。

6.3.2　自控飞机

1. 开机前检查

开机前应检查如下事项：

1）各润滑点是否润滑良好、销轴、轴承、齿轮、链条等是否要加润滑剂。

2）底座及传动装置的地脚螺栓是否松动。

3）各支臂的连接螺栓、销轴卡板是否松动。

4）座舱平衡拉杆调整是否适当，拉杆两端销轴上的开口销有无断裂、脱落现象。

5）各座舱上的安全带是否固定牢固，完好无损。

6）座舱与支承臂连接的各支承板焊缝有无裂纹。

7）升降用的液压缸（气缸）两端的销轴是否固定牢固。

8）自控飞机接地线有无断裂现象。

9）雨雪天气后，运行前要检查绝缘电阻是否符合规定。

2. 开机检查

开机检查应做好如下事项后，方可载人运转：

1）电动机、减速器、油泵、油马达等有无异常声响。

2）齿轮、链轮与链条啮合是否正常。

3）起动有无异常振动冲击。

4）液压系统渗漏油情况。

5）座舱升降时，有无不正常声响。

6）底座上方大交叉滚子轴承是否有异常声响。

3. 运转中的注意事项

1）大型自控飞机游乐设施应设置两名以上的服务人员，维护场内秩序，劝阻乘客不要抢上抢下。

2）座舱中有两个以上座位，而只有一人能操纵升降的游乐设施，要告知操纵人员的操作要求，并能正确操纵。

3）检查每个乘客是否系好安全带。

4）运转中要注意观察，不允许乘客坐在座舱的边缘上，不允许高声喊叫。

5）遇到飞机不能下降时，先告诉乘客不要着急，等停机后，服务人员将及时打开放油阀，使飞机徐徐下降。

6）要注意观察，乘客在飞机运行过程中，不准站立或半蹲进行拍照。

7）若高压油管接头突然脱落或油管破裂，有高压油喷出，应立即停机。服务人员应用物体挡住油液，尽量不要喷在乘客身上。

8）遇到不正常情况时，要及时停机。

9）营业结束时，要切断电源总开关，锁好操作室和安全栅栏门。

6.3.3 疯狂老鼠

1. 开机前检查

开机前检查应注意如下事项：

1）车上安全带是否固定牢固，有无损坏情况。

2）车前缓冲装置有无损坏。

3）车体有无破损。

4）车轴有无松动及变形，逆止挡块是否起作用。

5）车轮磨损情况，与轨道间隙是否正常。

6）紧固螺栓有无松动。

7）润滑情况。

8）轨道有无变形开焊情况，必要时应测量轨距，其数值是否在标准规定的范围内。

9）刹车片的磨损情况。

10）行程开关是否起作用，是否固定牢固。

11）接地线有无开裂现象。

12）雨雪天气后，运行前要检查绝缘电阻是否符合规定。

2. 开机检查

开机检查应做好如下事项后，方可开机运行：

1）车辆牵引是否正常。

2）车辆运行有无异常振动冲击。

3）轨道立柱有无不正常的晃动。

4）空压机压力是否正常，刹车片动作是否灵活可靠。

5）牵引装置的电动机、减速器、链条运转是否正常。

6）事故停车按钮是否起作用。

7）电气是否按程序动作。

3. 运转中应注意的事项

1）要认真检查乘客是否系好安全带。

2）学龄前儿童不宜乘坐。

3）车辆运行中，不允许乘客离开座位。

4）前面的车辆未进入滑行轨道以前，不允许放行后面的车，以免发生碰撞。

5）当车辆停位不准时，要及时调整刹车装置，待停位准确后，方可继续载人运行。

6）当空压机发生故障或气压太低刹车无保证时，车辆应停止运行。

7）当车辆处在牵引状态，突然停电时，服务人员应迅速登上走台，将乘客顺利疏散离开车辆。

8）营业过程中，若突然遇雨，应停止运行。雨后待轨道稍干后方可运行。

9）营业结束时，要切断电源总开关，锁好操作室门及安全栅栏门。

6.3.4　旋风

1. 开机前检查

开机前应检查如下事项：

1）各润滑点（如销轴、轴承、齿轮等）是否润滑良好。

2）机座及传动装置地脚螺栓、各处紧固螺栓有无松动现象。

3）周边传动摩擦轮与轨道接触是否良好。

4）轮子磨损情况。

5）旋风座舱自转传动系统圆锥齿轮的啮合及磨损情况。

6）液力耦合器充油情况。

7）座舱立轴有无变形。

8）座舱安全带（杆），是否牢固可靠。

9）座舱有无破损现象。

10）转盘与周围站台的间隙有无变化，若有变化要找出原因。

11）周围站台有无破损和严重的凸凹不平现象。

12）接地线是否断开。

13）雨雪天气后，要检查绝缘电阻是否符合规定。

2. 开机检查

开机检查应做好如下事项后，方可载人运转：

1）电动机、减速器运转是否正常，有无异常声响。

2）起动、停止有无振动冲击。

3）座舱自转系统锥齿轮啮合是否正常。

4）座舱转动是否灵活。

5）大盘回转时有无摆动现象，有无不正常声响。

6）周边传动装置运转情况。

7）液力偶合器是否渗漏。

3. 运转中应注意的事项

1）大型旋风游乐设施应设两个以上服务人员，乘机时应劝阻乘客不要抢上抢下。

2）学龄前儿童不宜乘坐。

3）开机前检查每个乘客是否系好安全带（杆）。

4）发现乘客有恐惧或不适现象时应立即停机。

5）雨雪天气应停止运转。

6）营业结束时，要切断电源总开关，锁好操作室门及安全栅栏门。

6.3.5　双人飞天

1. 开机前检查

开机前应检查如下事项：

1）升降大臂及升降用油缸的地脚螺栓是否松动。

2）吊椅的销轴有无松动现象，保险装置是否可靠。

3）吊椅的安全挡杆，是否灵活可靠。

4）吊挂销轴有无变形及损坏。

5）吊椅与吊杆的连接螺栓是否松动。

6）吊挂上部焊接板焊缝有无开焊现象。

7）吊椅是否有破损。

8）润滑情况。

2. 开机检查

开机检查应做好如下事项，方可载人运行：

1）油泵、油马达、液压缸工作是否正常，有无异常声响。

2）泵、阀、集成电路模块、管路的渗漏情况。

3）压力表指示是否准确，溢流阀压力调整是否适当。

4）大臂升降是否到位。有无振动冲击。

5）大臂升降及转盘回转是否有异常声响。

6）转盘回转有无摆动现象。

3. 运转中应注意的事项

1）开机前检查每个乘客是否固定好了安全杆。

2）乘客较少时，应引导乘客分散乘坐，以免形成偏载。

3）遇到紧急情况时，要及时停车并同时降下大臂。

4）升降液压缸出现故障（不能下降）时，要及时进行手动泄油，并将乘客疏导下来。

5）遇雨时要停止运转。

6）营业结束时，要切断电源总开关，锁好操作室门及安全栅栏门。

6.3.6　水上世界

1）应在明显的位置公布各种水上游乐项目的《游乐规则》，广播要反复宣传，提醒游客注意事项，确保安全，防止事故发生。

2）对容易发生危险的部位，应有明显的提醒游客注意的警告标志。

3）各水上游乐项目均应设立监视台，有专人值勤，监视台的数量要符合规定要求，其位置应能看到游乐设施的全貌。

4）按规定配备足够的救生员。救生员须符合有关部门规定，经专门培训，掌握救生知识与技能，持证上岗。

5）水上世界范围内的地面，应确保无积水、无碎玻璃及其他尖锐物品。

6）随时向游客报告天气变化情况。为游客设置避风、避雨的安全场所或具备其他保护措施。

7）全体员工应熟悉场内各区域场所，具备基本的抢险救生知识和技能。

8）设值班室，配备值班员。

9）设医务室，配备具有医师职称以上的医生和经过训练的医护人员和急救设施。

10）安全使用化学药品。

11）每天营业前对水面和水池底除尘一次。

12）凡具有一定危险项目的设施，在每日运营之前，要经过试运行。

13）每天定时检查水质。

6.4　游乐设施操作中的不安全行为

通过统计近几年大型游乐设施事故，绝大部分都是由于人的不安全行为导致的。所谓人的不安全行为，顾名思义就是作业过程中影响作业安全或导致事故发生而产生的人的行为，它是危险因素的又一表现形式，是导致事故发生的诱因和根源。

对于从事游乐设施操作的员工来说，随时随地都会遇到和接触这方面的危险因素。一旦对危险因素失控，必将导致事故的发生。就其事故原因来讲，人是导致事故发生的最根本和最直接的原因。

所有操作人员，都可能发生失误。而操作者的不安全行为，则能导致事故发生。可以这样认为事故也是人失误直接导致的结果。

一般出现失误以后，其结果是很难预测的。比如遗漏或遗忘现象，把事弄颠倒，没按要求或规定的时间操作，无意识动作，调整错误，进行规定以外的动作等。造成人失误的原因是多方面，如超体能、精神状态不佳、注意力不集中、对设备的操作不熟练、过度疲劳，以及环境过负荷、心理压力过大等都能使人发生操作失误。也有与外界刺激要求不一致时，出现要求与行为偏差的原因，在这种情况下，就会导致人的不安全行为的发生。除此之外，还有由于对正确的方法掌握不透，有意采取不恰当的行为等，从而出现人的不安全行为和不安全因素。人的不安全行为主要表现形式，做以下归纳：

（1）侥幸心理　其特征是：碰运气，认为操作违章不一定会发生事故；往往认为"效率提高了，动机是好的"，不会受到责备；自信心很强，相信自己有能力避免事故发生。操作人员产生侥幸心理的原因，一是经验上的错误。例如某种违章操作从未发生过事故，或多年未发生过，员工心理的危险意识就会减弱，从而就会导致错误的认识，认为违章也未必出事故。二是认识上的错误。认为事故不是经常性发生的，发生了也不一定会造成伤害，即便伤害了也不一定很重。因此，容易容忍人的不安全行为的存在。但久而久之，这些不安全行为便成为员工的作业习惯，这样必然会导致事故的发生。因此，游乐园管理人员必须从第一次违章抓起，坚决予以纠正，决不允许人的不安全行为的存在。

（2）冒险心理　其特征是：一是争强好胜，喜欢逞能；二是私下与人打赌；三是有违章行为但没有造成事故的经历；四是为争取时间，不按规程作业；五是企图挽回某种影响等。有冒险行为的人，一般只顾眼前一时得失，不顾客观效果，盲目行动，蛮干且不听劝阻，把冒险当作英雄行为。

（3）麻痹心理　其特征有：一是由于是经常干的工作，所以习以为常，并不感到有什么危险；二是此项工作已干过多次，因此满不在乎；三是没有注意反常现象，照常操作；四是责任心不强，得过且过。在这种心理的支配下，沿用习惯性的方式进行作业，并凭借"经验"行事，从而放松了对危险因素的警惕，最终酿成了事故。

（4）贪便宜、走捷径心理　其特征是：把必要的安全规定、安全措施、安全设备认为是其实现目标的障碍。这种贪便宜、走捷径的心理是员工在长期工作中养成的一种心理习惯。例如某动物园大摆锤事故，设备没停稳操作人员就进入运行区域，帮游客打开安全压杠，此时平台还在起升的过程中，操作人员不小心踩到游客的呕吐物，摔倒在平台上，被夹缝夹死了，操作人员总以为走捷径不会造成事故。而这种心理造成的事故还有很多。

（5）逆反心理　逆反心理是指在某种特定的情况下，某些员工的言行在好胜心、好奇心、求知欲、思想偏见、对抗情绪之类的意识作用下，产生一种与常态行为相反的对抗心理反应。主要表现为：不接受正确的、善意的规劝和批评，坚持其错误行为。例如，不按操作规程要求操作，自恃技术不错，违规操作。

（6）凑兴心理　是指人们在社会群体生活中产生的一种人际关系的反映，从凑兴中获得满足和温暖，从凑兴中给予同事友爱和力量，通过凑兴行为发泄剩余精力，它有增进人们团结的积极作用，但也有导致一些无节制的不理智行为。

（7）从众心理　主要是指员工在适应大众生活中产生的一种反映，不从众则感到有一种精神压力。由于从众心理，人的不安全行为或行动就会被他人效仿。如果有些员工不遵守安全操作规程并未发生事故，那么其他员工也就跟着不按规程操作。否则就有可能被别人说技术不行或胆小鬼。这种从众心理严重地威胁着安全生产。因此，要大力提倡和扶植班组内遵章守纪的正气，在违章行为刚刚产生之时就予以纠正，以防止从众违章行为的发生和蔓延。

（8）自私心理　这种心理与人的品德、责任感、修养、法制观念有关。它是以自我为核心，只要我方便而不顾他人，不计后果。俗话说，违章不反，事故难免。要保证安全就得远离违章，远离违章就必须从源头遏制人的不安全行为的发生。纵观历史，往往发生事故的源头都在于人的不安全行为和因素的发生，所以必须持之以恒的强化员工的安全意识，不断提升员工的安全素养，加大员工的安全教育力度，丰富员工的安全教育内容，真正的形成安全预警思维和提高安全防范意识，使每一名员工都能认识到违章的危害性，让每一名员工都能在工作中自觉遵章守纪，一切以安全为中心，作业做到标准化，安全做到意识化，思想做到责任化，真正达到"安全生产，预防为主"的要求。这样，人的不安全行为和因素的发生就会被抛于九霄云外，各种事故源头也会自然蒸发！

6.4.1　不安全行为的具体表现

（1）上岗条件不满足就进行操作

1）未取得特种设备作业人员证书就擅自操作游乐设施。

2）虽取得游乐设施操作证，但未经过运营使用单位相关部门内部培训合格后就直接上岗。

3）未掌握所操作设备的结构原理等知识。

（2）操作人员身体状况不好

1）生病或精神状态不佳，依然坚持在操作岗位。

2）高强度高节奏工作，疲劳作业。

3）情绪不好，容易急躁发怒。

4）视力不好、听力不好（需要操作人员眼观六路，耳听八方）。

（3）每天运营前

1）不履行安全检查或未检查确认就开机试运行。

2）不确认运营条件，比如风速、天气条件等。

（4）运营过程中

1）未向乘客讲解安全注意事项、禁止事宜。

2）未谢绝不符合乘坐条件的乘客参与游乐活动。

3）未对保护乘客的安全带、安全压杠、舱门或进出口处拦挡物的锁紧装置等是否锁紧进行检查确认。

4）未确认设备是否有问题就开机或确认有问题仍然开机。

5）未发出开机信号、未确认是否有险情就开机。

6）未及时制止个别乘客的不安全行为。

7）不能有效维持现场秩序，游乐设施场地内乘坐秩序混乱，抢上抢下；游乐设施运转过程中，闲人随便进入安全栅栏。

8）运营过程中不注意观察游客动态和设备状况。

9）运营过程中不监视相关仪器仪表监控装置。

10）与服务人员之间的协作失误，导致误操作。

11）操作过程中闲聊，偷玩手机。

12）擅离岗位。

13）在操作期间，打瞌睡，注意力不集中。

14）擅自更改设备运行模式。

15）擅自启动手动操作模式（维修模式）。

16）运营中不进行巡检。

17）不注意自身安全。操作过程中不注意自身防护，擅入运行区域。

18）遇到问题不及时停运，不及时汇报。

（5）应急响应能力不强

1）应急响应流程不清楚，无救援组织机构相关人员的联系方法。

2）操作人员业务不熟，遇到异常情况时，不知道采取何种措施。如发生在 2002 年 3 月陕西某湖公园"观光伞塔"吊篮坠落事故。事故的直接原因是操作人员在吊篮急速下降过程中，没有采取减速、刹车等措施，致使吊篮在距地面 15～20m 处自由落体至缓冲轮胎上，造成两人受重伤。

3）不了解紧急事故按钮和停止按钮的作用，遇到特殊情况可能产生误操作，导致设备损坏或人员伤亡。

4）遇到突发事件，如溺水、中暑、骨折、失火等，没有现场急救技能。

5）安抚游客广播语不熟悉。

6）不知如何应对媒体。

7）设备上乘客容易观察处无应急救援联系电话。

8）不注重平时的救援演练，特别是最不利工况下的救援。

9）社会应急救援流程不清楚。

6.4.2 规避不安全行为的措施

1. 提高游乐设施的本质安全

（1）采取直接安全技术措施　在设计时充分考虑设备的安全性能要求（如考虑足够的安全系数等），以预防事故和危害的发生。

（2）采取安全防护装置等间接安全技术措施　若直接安全技术措施失效而不能或不能完全保证安全时，为游乐设施设计的一种或多种安全防护装置，以最大限度地预防、控制事故或危害的发生。

（3）采取报警装置、警示标志等指示性安全技术措施　间接安全技术措施也无法完全保证安全时，采用检测报警装置、警示标志等措施，警告、提醒操作人员及游客的注意，防止事故的发生，并能采取相应的对策将人员紧急撤离危险场所。

2. 提升操作人员的基本素质

1）身体健康（耳朵好，视力好）。

2）责任心要强。

3）提高认识，"要我安全"——"我要安全"——"安全要我"转变。

4）风险识别能力要强。

5）服务能力要强。

3. 管理及规范操作人员的行为

1）完善制度，践行制度，特别是作业指导书的可操作性。

2）加强内部培训。

3）强化检查，注重行为安全观察，统计分析不安全行为，做好纠正和预防工作。

4. 提高操作人员的操作技能

1）熟悉设备原理。

2）熟悉使用维护说明书要求。

3）行为要规范。

①遵守安全操作流程，不取巧抄近路。

②不超载，不偏载。

4）互相提醒，加强协作。

5）结合听、看、摸，关注设备状态和游客行为。

6）注重设备检查，发现隐患，主动上报。

7）熟悉应急处理：

①突发事故的处理。

②现场游客受伤的处理。

③与媒体如何沟通。

8）提高能力，规避风险：

①善于思考，总结现场经验。

②换位思考，想顾客之所想，做顾客所未想。

③加强沟通，头脑风暴，学习同伴经验，持续改进。

④做好案例分析，预防为主。

⑤强化示范作用，从一线操作员工中选拔内训师，发挥模范作用。

第 7 章

大型游乐设施的安装与修理

7.1 大型游乐设施的安装

大型游乐设施因其结构特点、施工条件、复杂程度不同，安装方法不尽相同，但一般施工程序和安装工艺基本相同。

7.1.1 游乐设施安装的一般程序

游乐设施安装的一般程序是：施工条件与准备→游乐设施开箱检查→基础测量放线→基础检查验收→垫铁设置→游乐设施吊装就位→游乐设施安装调整→游乐设施固定与灌浆→零部件清洗与装配→润滑与游乐设施加油→电气工程的施工→游乐设施试运转→工程验收。

7.1.2 游乐设施安装的一般要求

7.1.2.1 施工条件与准备

1. 编制施工组织设计或专项施工方案

1）施工单位必须遵守按图施工的原则。《机械设备安装工程施工及验收通用规范》GB 50231—2009（以下简称《通用规范》）规定：机械设备安装工程施工中，应按工程设计进行施工。当施工时发现设计有不合理之处，应及时提出修改建议，并经设计变更批准后，方可按变更后的设计施工。

2）对游乐设施安装有关的设计文件、施工图样进行自审和会审，编制施工方案并进行技术交底。大型、复杂的游乐设施安装工程应编制施工组织设计或专项施工方案。

2. 编制游乐设施进场计划，劳动力、材料、机具等资源使用计划，有序组织进场

1）《通用规范》规定：安装的设备、主要的或用于重要部位的材料，必须符合工程设计和产品标准的规定，并应有合格证明。

2）对于移装游乐设施，因精度达不到使用要求的，其施工及验收要求，应由建设单位和施工单位另行商定。

3）有的游乐设施虽有出厂合格证，但实际是不合格产品，应视为不合格产品，不得进行安装。

4）对工程中用量很大的主要材料，或者用量虽不大，但用于重要部位的材料，不允许有差错。例如：高强度螺栓一旦出现质量问题将给工程造成重大损失。

5）《通用规范》规定：设备安装中采用的各种计量和检测器具、仪器、仪表和游乐设施，应符合国家现行有关标准的规定，其精度等级应满足被检对象的精度要求。

6）参加游乐设施安装工程施工的作业人员必须培训合格，作业人员和特殊工种作业人员应符合国家现行有关法律法规的规定，并持证上岗。

3. 某游乐设施施工方案目录范例

（1）审批程序

1）授权书。监理单位、施工单位印章授权书；监理单位总监、施工总包项目经理和项目总工授权书。

2）施工方案编制单位审批。施工方案编制单位盖章、审核人签字。

3）施工总包审批。施工总包单位盖章、审核人签字。

4）监理单位审批。监理单位盖章、总监盖注册章、总监签字。

5）项目公司审批。项目公司盖章、审核人签字。

（2）工程概况及编制依据

1）工程概况。

2）重难点分析及对策。

3）编制依据。包括规范规程、技术标准等。

（3）施工管理与人员配置

1）施工管理组织机构图及说明。

2）项目经理部。岗位设置及职责；岗位配置人员信息：包括姓名、性别、年龄、学历、专业、从事本专业年限、职称、项目职务、单位职务、简要工作经历等。

3）进度、质量、安全及文明施工目标等。

（4）施工组织及进度计划

1）施工组织总述。以图文并茂的形式详细阐述总体施工组织和流水段划分。

2）施工进度计划及说明。包含横道图或网络图。

3）与总进度计划的关系。包含总体进度网络图中对施工单项的进度要求。

4）材料封样与样板计划。如无此项内容，须在方案中说明。

（5）施工准备与主要资源配置

1）施工准备计划。包含技术准备、现场准备、资金准备等。

2）劳动力资源配置计划及保证措施。

3）施工机械与施工机具配置计划及保证措施。

4）大宗材料与设备购置计划及保证措施。

5）主要周转材料计划及保证措施。

（6）施工技术与施工工艺

1）施工技术与施工工艺重点难点分析。

2）施工技术与施工工艺。根据项目特点，以图文并茂的形式详细阐述关键施工技术和关键施工工艺做法。

3）新技术、新工艺、新材料、新设备应用。

（7）施工质量与验收

1）进场主要材料和设备验收标准。

2）施工技术与施工工艺质量控制要点和验收指标。

3）质量通病及防治措施。

4）成品保护方案。

（8）安全文明绿色施工及合理化建议

1）安全文明施工。

2）环保绿色施工。

3）应急预案。

4）施工合理化建议和降低成本措施。

（9）附件资料

1）相关典型图样及效果图。

2）计算书。

3）深化设计图样目录和典型深化设计图样。

4. 现场设施应具备开工条件

现场设施应满足游乐设施安装工程的需要，如临时建筑、作业场所、运输道路、电源、水源、照明、通信、网络等。一定要克服盲目无条件施工现象，使游乐设施安装工程质量有良好的环境及基础。

7.1.2.2 游乐设施开箱检查

游乐设施开箱时，施工单位、建设单位（或其代表）供货单位共同参加，按下列项目进行检查和记录：

1）箱号、箱数以及包装情况。

2）游乐设施的名称、规格和型号，以及重要零部件需要按质量标准进行检查和验收。

3）检查随机技术文件（如使用说明书、合格证明书和装箱清单等）及专用工具；有无缺损件，表面有无损坏和锈蚀。

4）其他需要记录的事项。

7.1.2.3 基础测量放线

1. 设定基准线和基准点的原则

基础测量放线是实现游乐设施平面乃至空间位置定位要求的重要环节，游乐设施安装的定位依据通常称为基准线（平面）和基准点（高程）。一般情况下，承担土建工程的施工单位，在移交基础的同时，一并移交测量网点，包括至关重要的主轴线。设定基准线和基准点，通常应遵循下列原则：

1）安装检测使用方便。

2）有利于保持而不被毁损。

3）清晰易辨识。

2. 基准线和基准点的设置要求

1）游乐设施就位前，按工艺布置图并依据测量控制网或相关建筑物轴线、边缘线、标高线，划定安装的基准线和基准点。

2）基准线和基准点由专门的测量人员用测量仪器按测量规程设定。若由于辅助安装、游乐设施检修检测需要，可以由安装人员根据已有的基准线和基准点临时引出辅助基准线和基准点使用。

3）平面位置安装基准线与基础实际轴线或与墙、柱的实际轴线、边缘线的距离，其允许偏差为±20mm。

3. 永久基准线和基准点的设置要求

1）在较长的安装期间和生产检修使用时，需要长期保留的基准线和基准点，则设置永久中心标板和永久基准点，最好采用铜材或不锈钢材制作，用普通钢材制作需采取防腐措施，例如涂漆或镀锌。

2）永久中心标板和基准点的设置通常是在主轴线和重要的中心线部位，应埋设在游乐设施基础或捣制楼板框架梁的混凝土内。

3）永久中心标板和基准点的设置必须先做出布置图，并对各中心标板和基准点加以编号，由测量人员测量和刻线，并提出测量成果。记录有实测结果的永久中心标板和基准点布置图，应作为交工资料移交给建设单位保存和存入档案。

4）对于重要、重型、特殊游乐设施需设置沉降观测点，用于监视、分析游乐设施在安装、使用过程中基础的变化情况。

7.1.2.4　基础检查验收

1. 游乐设施基础混凝土强度检查验收

1）基础施工单位应提供游乐设施基础质量合格证明文件，主要检查验收其混凝土配合比、混凝土养护及混凝土强度是否符合设计要求。

2）游乐设施基础可请有检测资质的工程检测单位，采用回弹法或钻芯法对基础的强度进行检测。

3）重要的游乐设施基础有预压和沉降观测要求时，应经预压合格，并有预压和沉降观测的详细记录。

2. 游乐设施基础位置、几何尺寸检查验收

1）基础的位置、几何尺寸应符合现行国家准《混凝土结构工程施工质量验收规范》（GB 50204—2011）的规定，并有验收资料或记录。

2）游乐设施安装前按照规范允许偏差对游乐设施基础位置和几何尺寸进行复检。

3）基础的位置、几何尺寸测量检查主要包括基础的坐标位置，不同平面的标高，平面外形尺寸，凸台上平面外形尺寸和凹穴尺寸，平面的水平度，基础的铅垂度，地脚螺栓预留孔的中心位置、深度和孔壁铅垂度等。

4）检查基础坐标、中心线位置时，应沿纵、横两个方向测量，并取其中的最大值。

3. 游乐设施基础外观质量检查验收

1）基础外表面应无裂纹、空洞、掉角和露筋。

2）基础表面和地脚螺栓预留孔中油污、碎石、泥土、积水等应清除干净。

3）地脚螺栓预留孔内无露筋、凹凸等缺陷。

4）放置垫铁的基础表面平整，中心标板和基准点埋设牢固、标记清晰、编号准确。

4. 预埋地脚螺栓检查验收

1）直埋地脚螺栓中心距、标高及露出基础长度符合设计或规范要求，中心距应在其根部和顶部沿纵、横两个方向测量，标高应在其顶部测量。

2）直埋地脚螺栓的螺母和垫圈配套，螺纹和螺母保护完好。

3）活动地脚螺栓锚板的中心位置、标高、带槽或带螺纹锚板的水平度符合设计或规范要求。

4）T 型地脚螺栓与基础板按规格配套使用，埋设 T 型地脚螺栓基础板牢固，平正，地脚螺栓光杆部分和基础板刷防锈漆。

5）安装胀锚地脚螺栓的基础混凝土强度不得小于 10MPa，基础混凝土或钢筋混凝土有裂缝的部位不得使用胀锚地脚螺栓。

5. 游乐设施基础常见质量通病

1）基础上平面标高超差。高于设计或规范要求会使二次灌浆层高度过低，低于要求会使二次灌浆层高度过高，影响二次灌浆层的强度和质量。

2）预埋地脚螺栓的位置、标高超差。地脚螺栓中心线偏移过大会使游乐设施无法正确安装，标高偏差过大会使游乐设施无法正确固定。

3）预留地脚螺栓孔深度超差。若过浅会使地脚螺栓无法正确埋设。

7.1.2.5 垫铁设置

通过调整垫铁高度来找正游乐设施的标高和水平。通过垫铁把游乐设施的重量、工作载荷和固定游乐设施的地脚螺栓预紧力，均匀传递给基础。

1. 垫铁设置基本要求

1）每组垫铁的面积应符合现行国家标准《通用规范》的规定。

2）垫铁与游乐设施基础之间的接触要良好。

3）每个地脚螺栓旁边至少应有一组垫铁，并设置在靠近地脚螺栓和底座主要受力部位下方。

4）相邻两组垫铁间的距离宜为 500 ~ 1000mm。

5）游乐设施底座有接缝处的两侧应各设置一组垫铁。

6）每组垫铁的块数不宜超过 5 块，放置平垫铁时，厚的宜放在下面，薄的宜放在中间，垫铁的厚度不宜小于 2mm。

7）每组垫铁应放置整齐平稳，并接触良好。游乐设施调平后，每组垫铁均应压紧，一般用锤子逐组轻击听音检查。

8）游乐设施调平后，垫铁端面应露出游乐设施底面外缘，平垫铁宜露出 10 ~ 30mm，斜垫铁宜露出 10 ~ 50mm。垫铁组伸入游乐设施底座底面的长度应超过游乐设施地脚螺栓的中心。

9）除铸铁垫铁外，游乐设施调整完毕后各垫铁相互间用定位焊焊牢。

2. 无垫铁游乐设施的施工

在保证施工质量的前提下，这种施工方法可以节省钢材。采用无垫铁施工时，应符合以下要求：

1）根据游乐设施的重量、底座结构，确定临时支撑件或调整螺钉的位置和数量。

2）游乐设施底座上设有安装用调整螺钉时，其调整螺钉支承板上表面水平度允许偏差不大于 1/1000。

3）采用无收缩混凝土或自密实灌浆料，捣实灌浆层，达到设计强度 75% 以上时，撤出调整工具，再次紧固地脚螺栓，复查游乐设施精度，将临时支撑件的空隙用灌浆料填实。

7.1.2.6 游乐设施吊装就位

1. 运输吊装

1）游乐设施安装就位，必须进行运输吊装。游乐设施运输吊装属于一般的起重运输作业，应按照有关的起重运输安全操作规程进行。

2）根据游乐设施的特点、作业条件和可利用机械，选择安全可靠、经济可行的运输吊装方案，并按方案配置相应的机械、工机具和人员（指挥人员、司索人员、起重工）。特殊运输吊装作业场所、大型或超大型构件和游乐设施运输吊装应编制专项施工方案。

3）室外施工则利用为安装工程专门准备的移动式吊车，例如汽车吊等。

4）一些场合无法全部利用吊车来完成时，通常借助卷扬机及滑轮系统，此时应对包括支重吊点、滑轮、索具、卷扬机能力等进行系统的受力分析和计算。也有利用独杆桅子、人字架、三脚架等配合卷扬机、滑轮系统或链式起重机进行起重作业的，同样应作受力分析和计算。

5）多数情况下吊装游乐设施都是用钢丝绳制作的吊索对游乐设施进行捆扎起吊，吊索捆扎游乐设施起吊所形成的角度，除考虑吊索本身的强度外，还要考虑它对游乐设施造成的附加压力是否引起变形。因此，某些特殊情况下除应进行包角处理和软吊带索具外，还需采用专用吊具。

6）随着科学技术的进步，计算机控制和无线遥控液压同步提升新技术在大型或超大型构件和游乐设施安装工程中得到推广应用。

2. 游乐设施就位

游乐设施就位前，应经检查确认下列工作：

1）游乐设施运至安装现场经开箱检查验收合格。

2）游乐设施基础经检验合格，混凝土基础达到强度。

3）除去游乐设施底面的泥土、油污、与混凝土（含二次灌浆）接触部位油漆。

4）二次灌浆部位的游乐设施基础表面凿成麻面且不得有油污。

5）清除混凝土基础表面浮浆、地脚螺栓预留孔内泥土杂物和积水。

6）垫铁和地脚螺栓按技术要求准备好并放置停当。

7. 1. 2. 7　游乐设施安装调整

1. 游乐设施定位

游乐设施安装最基本的要求是，将游乐设施固定在正确的位置，包括游乐设施按要求的部位检测使之处于水平或铅垂状态、对准坐标位置和标高。

2. 游乐设施调整

游乐设施的水平度调整（找平）、坐标位置调整（找正）、高度调整（找标简）是一个综合调整的过程，当对其中一个项目进行调整时，对其他项目可能产生影响，全部项目调整合格，需要多次反复才能完成。一般借助于斜垫铁、专用斜铁器、调节螺钉、千斤顶、链式起重机等工机具，配合人力锤击，在纵、横、垂直三维方向移动游乐设施来进行。

3. 游乐设施找平

1）游乐设施的水平度体现机械本身精度和产品加工精度，也是游乐设施运转平稳，磨损均匀，延长使用寿命的重要因素。

2）安装中通常在游乐设施精加工面上选择测点用水平仪进行测量，通过调整垫铁高度的方法将其调整到设计或规范规定的水平状态。

3）有部分游乐设施水平度要求是以垂直度来保证的，例如：有立柱加工面或垂直加工面的游乐设施。

4）有部分游乐设施或部件需要按一定的斜度要求处于倾斜状态，由度量水平的差值计算或是借助于专用斜度规、角度样板间接检测。

4. 游乐设施找正

1）游乐设施的位置度体现生产连续性、自动化和产品精密程度，也是游乐设施系统正常运行的必要条件。

2）安装过程中通过移动游乐设施使其以指定的基线对准设定的基准线，包含对基准线的平行度、垂直度和同轴度要求，即通常所说的中心线调整，从而使游乐设施的平面坐标位置沿水平纵横方向符合设计或规范要求。

3）游乐设施常用找正检测方法是：钢丝挂线法（检测精度为1mm）、放大镜观察接触法（检测精度为0.05mm）、导电接触讯号法（检测精度为0.05mm）和经纬仪、精密全站仪测量法（检测精度相对更高）。

5. 游乐设施找标高

1）通过调整垫铁的高度使游乐设施以其指定的基线或基面对准设定的基准点，即通常所说的标高调整，从而使游乐设施的位置沿垂直方向符合设计或规范要求。

2）游乐设施找标高的基本方法是利用精密水准仪由测量专业人员通过基准点来测量控制。

6. 游乐设施找平、找正、找标高的测点

一般选择在下列部位：设计或游乐设施技术文件指定的部位；游乐设施的主要工作面；部件上加工精度较高的表面；零部件间的主要结合面；支承滑动部件的导向面；轴承座剖分面、轴颈表面、滚动轴承外圈；游乐设施上应为水平或铅垂的主要轮廓面。

7.1.2.8 游乐设施固定与灌浆

1. 游乐设施固定

1）除少数可移动游乐设施外，绝大部分游乐设施必须通过地脚螺栓固定在游乐设施基础上，尤其对于重型、高速、振动大、载荷不均衡的游乐设施，如果没有固定牢固，可能导致重大事故的发生。

2）对于解体游乐设施应先将底座就位固定后，再进行上部游乐设施部件的组装。

2. 游乐设施灌浆

1）游乐设施灌浆分为一次灌浆和二次灌浆。一次灌浆是游乐设施粗找正后，对地脚螺栓预留孔进行灌浆。二次灌浆是游乐设施精找正、地脚螺栓紧固、检测项目合格后对游乐设施底座和基础间进行灌浆。

2）游乐设施灌浆可使用的灌浆料很多，例如：细石混凝土、无收缩混凝土、微膨胀混凝土和其他灌浆料（如CGM高效无收缩灌浆料、早强微胀灌浆料）等，其配制、性能和养护应符合国家现行标准《混凝土外加剂应用技术规范》（GB 50119—2003）和《普通混凝土配合比设计规程》（JGJ 55—2011）的有关规定。

7.1.2.9 零部件清洗与装配

1. 零部件装配

在游乐设施安装过程中，常见的零部件装配有：螺栓或螺钉连接紧固，键、销、胀套装配，联轴器、离合器、制动器装配，滑动轴承、滚动轴承装配，传动带、链条、齿轮装配，密封件装配等。

2. 拆卸、清洗与装配

对于解体游乐设施和超过防锈保存期的成套游乐设施，应进行拆卸、清洗与装配。如果清洗不净或装配不当，会给游乐设施正常运行造成不良影响。

3. 游乐设施零部件装配一般步骤

1）熟悉装配图、技术说明、游乐设施结构和配合精度，确定装配顺序和方法。

2）清理装配场地，按装配或拆卸程序摆放零部件，准备工器具和材料。

3）检查装配零部件的外观、配合尺寸、配合精度等，做好标记和记录，例如：齿轮啮合、滑动轴承的侧间隙、顶间隙等。

4）装配零部件清洗、涂润滑油脂。游乐设施装配配合表面必须洁净并涂润滑油脂（有特殊要求的除外），是保证配合表面不易生锈、便于拆卸的必要措施。

5）由小到大，从简单到复杂进行组合件装配。

6）由组合件进行部件装配。

7）先主机后辅机，由部件进行总装配。

7.1.2.10　润滑与游乐设施加油

1）润滑与游乐设施加油是保证游乐设施正常运转的必要条件。通过润滑剂减少摩擦副的摩擦、表面破坏和降低温度，使游乐设施具有良好的工作性能，延长游乐设施的使用寿命。

2）按润滑剂加注方式，润滑分为分散润滑和集中润滑两种。分散润滑通常由人工方式加注润滑剂，游乐设施试运转前对各润滑点进行仔细检查清洗，保证润滑部位洁净，润滑剂选用按设计和用户要求确定，加注量适当。集中润滑通常由润滑站、管路及附件组成润滑系统，通过管道输送定量的有压力的润滑剂到各润滑点。

3）集中润滑系统安装通常要求有较高的清洁度、良好的密封性和管道的敷设合理美观。一般情况下，集中润滑系统的施工程序为：游乐设施及元件安装；管道支架制作安装；管道切割、弯曲加工；管道焊接；管道安装；管道酸洗；系统循环冲洗；系统压力试验；调整和试运转。

7.1.2.11　电气工程的施工

电气工程施工主要包括提供电源的变配电所、用电游乐设施和器具的电气部分、连接两者的布线系统。

由于电力来源主要来自电力网供给，因而电力接入的时机也是考虑施工程序安排的因素之一。电气工程有着受电、送电、用电的自然流程，这也是考虑施工程序安排的因素之一。

（1）配合土建工程施工

1）工作内容：随土建工程同步敷入电线、导管；埋设、预留电气用预埋板、预埋件、洞并进行尺寸复合；防雷接地工程中对利用建筑物地基基础钢筋作接地装置和利用柱筋作避雷引下线的部分随土建工程施工。

2）工作步骤：了解土建施工计划做好配合工作的计划安排；对埋设材料、预埋件验收；进行预埋预留工作；土建在混凝土浇筑时进行观察监护防止发生移位；拆模后对预埋件位置进行确认，清理混凝土残渣。

（2）电气设备就位

1）工作内容：各种电气就位安装，随建筑设备就位固定，相应电气部分组合固定。

2）工作步骤：电气开箱检查；确认土建工程对电气安装的符合性；利用水平垂直吊装机械将电气就位；依规范或游乐设施要求进行固定；进行全面检查，包括牢固程度，元器件的完好状态，导线连接等。

（3）布线系统敷设

1）工作内容：导管、桥架或其他保护外壳的敷设接通；变配电游乐设施母线等导体连接；电线、电缆敷设，封闭母线安装等各种形式的布线；电线、电缆绝缘检查；电线、电缆接头制作。

2）工作步骤：布线系统材料验收、外观检查；非标准的或需现场制作的支架制作；布线系统放线定位（配管、桥架安装）；保护外壳连通；保护外壳接地或接零；保护外壳清理；敷设电线电缆及固定封闭母线；电线、电缆绝缘检查；制作中间或终端连接头。

（4）电气回路接通

1）工作内容：确认游乐设施已安装完成，具备接通条件；对游乐设施进行绝缘检查；电线电缆与供用电游乐设施连接。

2）工作步骤：以每台游乐设施或母线段为连通单元；复核连通单元的回路是否符合设计要求；对游乐设施、电线缆进行绝缘检查；检查连接处的完好性；依规范进行导电连接紧固；检查连接处裸露导电部分的爬电距离、放电距离是否符合规范要求。

（5）电气交接试验

1）工作内容：低压部分主要作绝缘强度和状况检测，重要保护装置刻度指示的复核；低压控制回路的模拟动作试验；出具试验报告。

2）工作步骤：核对工程实际状况与设计的一致性；取得供电部门或设计提供的继电保护整定值的书面文件；依交接试验标准对每台游乐设施、系统、回路、继电保护装置做试验；整组联动试验；模拟受电、送电控制操作试验；数值整定部位封固；出具试验报告。

（6）试通电

1）工作内容：复核交接试验结果；变配电所高压游乐设施受电，向低压配电盘送电；低压盘逐级向外送电末级配电箱、控制箱。

2）工作步骤：复核交接试验报告；编制受电送电方案；落实组织和人员；检查安全警示和防护措施；检查消防器材；按先高压后低压、先干线后支线的原则逐级试通电；用电游乐设施试运转。

（7）负荷试运行

1）工作内容：游乐设施试运转、联合试运转、空载试运转、满载试运转、偏载试运转；检测运行电流、电压、电机转速、轴承温升，照明照度等；消除试运行中发现的缺陷。

2）工作步骤：编写试运转方案；试运转开始后，定时检测各种电量和非电量参数；试运转结束后填写试运转记录；运行中发现的缺陷应急停机作消缺处理。

（8）交工验收。

7.1.2.12　游乐设施试运转

（1）试运转是游乐设施安装工作中最后一道工序。其目的是综合检验各前道工序的施工质量，同时发现设计、制造等方面的缺陷，通过调整和处理，使游乐设施符合要求。

（2）游乐设施试运转应按安装后的调试、单体试运转、无负荷联动试运转和负荷联动试运转四个步骤进行：

1）安装后的调试：包括润滑、液压、气动、冷却、加热和电气及操作控制等系统单独模拟调试合格，以及按生产工艺、操作程序和随机技术文件要求进行各运动单元、单机，直至整机动作试验完成。

2）单体试运转：按规定时间对单台游乐设施进行全面考核，包括单体无负荷试运转和负荷试运转。单体负荷试运转只是对于无须联动的游乐设施和负荷联动试运转规定需要作单体负荷考验的游乐设施才进行。从某种意义上讲，单体试运转主要是考核机械部分。游乐设施单体试运转的顺序是：先手动，后电动；先点动，后连续；先低速，后中、高速。

3）无负荷联动试运转：检查整机动作程序是否正确，同时也检查联锁装置是否灵敏可靠，信号装置是否准确无误。无负荷联动试运转应按设计规定的联动程序进行或模拟进行。从某种意义上讲，无负荷联动试运转主要是考核电气的联锁。

4）负荷联动试运转：在满载或偏载的情况下，全面考核游乐设施安装工程的质量，考核游乐设施的性能，检验设计是否符合和满足正常工作要求。

7.1.2.13　工程验收

1）游乐设施的工程验收一般按试运转、空载试运转和满载试运转三个步骤进行。

2）无须联动试运转的工程，在单体试运转合格后即可办理工程验收手续。必须经联动试运转的工程，则在负荷联动试运转合格后方可办理工程验收手续。

3）无负荷单体和联动试运转规程由施工单位负责编制，并负责试运转的组织、指挥和操作，建设单位及相关方人员参加。负荷单体和联动试运转规程由建设单位负责编制，并负责试运转的组织、指挥和操作，施工单位及相关方可依据建设单位的委托派人参加。

4）无负荷单体和联动试运转符合要求后，施工单位与建设单位、监理单位、设计、质量监督部门办理工程及技术资料等相关交接手续。

5）工程验收合格，符合合同约定、设计及验收规范要求，应即时办理工程验收。

7.1.3　游乐设施安装精度的控制

1. 游乐设施安装精度

游乐设施安装精度是指安装过程中为保证整套装置正确联动所需的各独立部件之间的位置精度，游乐设施通过合理的安装工艺和调整方法能够重现制造精度及整台（套）游乐设施在使用中的运行精度。

2. 影响游乐设施安装精度的因素

（1）游乐设施基础　游乐设施基础对安装精度的影响主要是强度和沉降。游乐设施安装调整检验合格后，基础强度不够，或继续沉降，会引起安装偏差发生变化。

（2）垫铁埋设　垫铁埋设对安装精度的影响主要是承载面积和接触情况。垫铁承受载荷的有效面积不够，或垫铁与基础、垫铁与垫铁、垫铁与设之间接触不好，会造成游乐设施固定不牢引起安装偏差发生变化。

（3）游乐设施灌浆　游乐设施灌浆对安装精度的影响主要是强度和密实度。地脚螺栓预留孔一次灌浆、基础与游乐设施之间二次灌浆的强度不够，不密实，会造成地脚螺栓和垫铁出现松动引起安装偏差发生变化。

（4）地脚螺栓　地脚螺栓对安装精度的影响主要是紧固力和垂直度。地脚螺栓紧固力不够，安装或混凝土浇筑时产生偏移而不垂直，螺母（垫圈）与游乐设施的接触会偏斜，局部还可能产生间隙，受力不均，会造成游乐设施固定不牢引起安装偏差发生变化。

（5）测量误差　测量误差对安装精度的影响主要是仪器精度、基准精度。选用的测量仪器和检测工具精度等级过低，划定的基准线、基准点实际偏差过大，测点部位选择不当，都会引起安装偏差发生变化。

（6）游乐设施制造　游乐设施制造对安装精度的影响主要是加工精度和装配精度。游乐设施制造质量达不到设计要求，对安装精度产生最直接影响，且多数此类问题无法现场处理，因此游乐设施出厂前的质量检验至关重要。

（7）环境因素　环境因素对安装精度的影响主要是基础温度变形、游乐设施温度变形和恶劣环境场所。

1）基础温度变形。例如大型游乐设施的基础尺寸长、大、深，当气温变化时，由于基础上下温度变化不一致，上面温度变化大而下面温度变化小，使游乐设施基础产生两种变形：气温升高时，上部温度比下部高，游乐设施基础中间上拱；气温下降时，上部温度比下部低，游乐设施基础中间下陷。

2）游乐设施温度变形。

3）恶劣环境场所，主要是制造与安装工程中，严重影响作业人员视线、听力、注意力等，可能造成安装质量偏差。

（8）操作误差　操作误差对安装精度的影响主要是技能水平和责任心。操作误差是不可避免的，应将操作误差控制在允许的范围内。

3. 游乐设施安装精度的控制方法

1）从人、机、料、法、环等方面着手，尤其强调人的因素，应选派具有相应技能水平和责任心的人员，选择合理的施工工艺，配备必要的施工机械和满足精度等级的测量器具，在适宜的环境下操作，提高安装精度。

2）尽量避免和排除影响安装精度的各种因素。

3）必要时为抵消过大的装配或安装累积误差，在适当位置利用补偿件进行调节或修配。

4）游乐设施安装精度的偏差，宜符合下列要求：有利于抵消游乐设施附属件安装后重量的影响；有利于抵消游乐设施运转时产生的作用力的影响；有利于抵消零部件磨损的影响；有利于抵消摩擦面间油膜的影响。

4. 游乐设施安装偏差的控制

（1）补偿受力所引起的偏差　游乐设施安装通常仅在自重状态下进行，游乐设施投入运行后，安装精度偏差有的会发生变化。

（2）补偿使用过程中磨损所引起的偏差　装配过程中许多配合间隙是可以在一个允许的范围内选择的，例如：齿轮的啮合间隙，可调轴承的间隙，轴封等密封装置的间隙，滑道与导轮的间隙、导向键与槽的间隙等。游乐设施运行时，这些间隙都会因磨损而增大，引起游乐设施在运行中振动或冲击，安装时间隙选择调整适当，能补偿磨损带来的不良后果。

（3）游乐设施安装精度偏差的相互补偿　游乐设施是由许多部件组成的，在安装中将各个单体安装的允许偏差从整个设备考虑，控制其偏差方向，合理排列和分布，不产生偏差积累，而是相互补偿的效果，对设备的运行是很有益的。

7.1.4　游乐设施安装工程的质量管理

1. 施工人员的控制

（1）资格和能力的控制

1）从事影响工程产品质量的所有人员，应确定其所必要的资格和能力需求。

2）项目经理部应根据工程特点，在人员的技术水平、生理缺陷、心理行为、错误行为等方面来控制人员的使用。

（2）加强质量意识教育

1）所有施工人员应意识到自己所从事的活动与工程质量的相关性和重要性，以及如何为实现工程质量目标做出业绩。

2）所有施工人员应意识到安装工程产品质量能满足业主要求和法律法规要求的重要性以及偏离规定的后果。

（3）严格培训、持证上岗

1）进行专业技术培训，严格控制无技术资质的人员上岗操作；特种设备作业人员，必须做到持证上岗，确保机电安装工程的质量。

①特种设备作业人员：游乐设施的制造、安装的专业技术持证人员。

②特殊工种作业人员：在安装施工企业有焊工、起重工、电工、场内运输工（叉车工）等。

2）项目经理部应根据工程特点，通过施工人员技术能力分析，确定工序或操作所需员工数量，制定培训计划并予以实施，满足人力资源需要。

3）新材料、新技术、新工艺和新机具"四新"的推广应用可通过试验，形成样板再组织专业技术培训，经培训考试或考核合格的人员才能上岗操作，确保工程施工质量。

2. 施工机具和检测器具的控制

（1）施工机具选用的原则　应着重从施工机具和设备的选型、主要性能参数和使用操作要求等方面予以控制；应严格执行对新设备采购前的审批制度和库存设备使用前的验证制度。

（2）检测器具的选用原则

1）检测器具必须满足被测对象及检测内容的要求，使被测对象在量程范围内。

2）检测器具的测量极限误差必须小于或等于被测工件或物体所能允许的测量极限误差。

3）经济合理，降低测量成本。

（3）使用和操作的控制

1）合理使用、正确操作施工机具设备和检测器具。

2）正确执行各项制度。

3）预防事故损坏。

（4）管理和保养的控制

1）应按施工机具和设备技术保养制度、游乐设施检查制度等要求加强管理。

2）检测工具的周期检定、校验控制。

3）检测器具应分类存放、标识清楚，实行预防性保护措施，保持其准确性和实用性；合理搬运并妥善保管。

3. 工程材料的控制

（1）工程材料采购的控制

1）根据设计图样和技术要求的文件，编制采购计划。

2）对供应商进行选择，签订合理采购合同并进行管理。

3）重要的工程材料签订采购合同前，通报业主（或设计、监理方）进行确认。

（2）工程材料进货检查和验收的控制　确定对工程材料质量检验的方式（免检、抽检、全检），采用不同的检验方法（书面检验、外观检验、理化检验、无损检验等），根据材料的质量标准，项目经理部物资管理部门负责组织进货检验，邀请监理方参加检验并确认，确保检验不合格的物资不入库或进场，或做出标识隔离存放，保证投入使用物资的质量可靠性。

1）对工程的主要材料，进货验收时，必须具备出厂合格证、材质化验单等质量证明资料。

2）凡标识不清或对其质量、证明资料有怀疑，或与合同规定不符的，应通过一定比例的试验或进行追踪检验，以控制和保证其质量。

3）材料质量抽样和检验方法，应符合相关标准，要能反映被抽样材料的质量和性能。

4）进口的设备和材料必须经过商检局检验合格并出具商检合格证明书。

5）在现场配制的材料，应按其配合比的规定进行试配检验合格后才能使用。

6）材料外观检查发现有损伤时，如有必要应进行检查试验。

（3）工程材料质量的检验方法

1）书面检验：通过对提供的材料质量保证资料、实验报告进行审核，取得认可后才能使用。

2）外观检验：对材料的品种、规格、外形几何尺寸、标识、腐蚀、损坏及包装情况等进行直观检查，看其有无质量问题。

3）理化检验：借助试验设备和仪器仪表对材料样品的化学成分、机械性能等进行检验。

4）无损检测：利用超声波、X 射线、表面无损检测等方法。

（4）工程材料储存保管的控制

1）按照被储存保管的材料性能、规格和要求，在安全适用的库房或场所分类存放。

2）入库的物资按规定要求上架、入区，并有区别标识，建立入库"物资台账"，坚持定期盘点和不定期检查，加强日常保养。

3）在储存保管期间，发现问题应及时报告，并采取必要的措施。

（5）合理组织物资发放使用，减少损失

1）遵循物资先入先出的原则，尽量缩短库存时间。

2）按定额计量使用材料的制度，加强材料管理和限额发放工作制度。

3）工程材料领取后，要加强施工现场的保管工作。

4. 施工方法和操作工艺的控制

（1）施工方法和操作工艺的制定要求

1）必须结合工程实际、企业自身能力、因地制宜等方面进行全面分析、综合考虑。

2）力求施工方法技术可行、经济合理、工艺先进、措施得力、操作方便。

3）有利于提高工程质量和安全，加快施工进度、降低工程成本。

（2）实施要点

1）严格遵守施工工艺标准和操作规程。

2）控制人、料、法、机、环，使其处于受控状态。

3）加强工序质量检验工作，对质量状况进行综合统计与分析，及时掌握质量动态。

4）设置工序质量控制点（重点或关键工序）并进行强化管理，保持工序处于良好的受控状态。

5）采用合理工序质量控制方法。一般有质量预控和工序质量检验两种，以质量预控为主。

①质量预控是指施工技术人员和质量检验人员事先对工序进行分析，找出在施工过程中可能或容易出现的质量问题，从而提出相应的对策，采取质量预控措施予以预防。质量预控方案一般包括：工序名称、可能出现的质量问题、提出质量预控措施等三部分内容。

②工序质量检验是指质量检查人员利用一定的方法和手段，对工序操作及其完成产品的质量进行实物的测定、查看和检查，并将所测得的结果同该工序的操作规程规定的质量特性和技术标准进行比较，从而判断是否合格。工序质量检验一般包括标准、度量、比较、判定处理和记录等内容。

5. 施工环境的控制

（1）施工环境因素　包括：工程技术环境、工程管理环境、作业劳动环境。

（2）主要控制内容　对环境因素的控制，与施工方案和技术措施紧密相关；与施工组织、管理、协调工作紧密相关；也与施工作业人员的文明施工、责任心和敬业精神紧密相关，在拟定对环境因素的控制方案或措施时，必须全面考虑，综合分析，才能达到有效控制的目的。

6. 常见质量通病分析及预防措施

游乐设施施工中有些质量问题由于经常发生重复出现，称之为质量通病。

（1）质量通病分析

1）要针对存在问题进行原因分析。

2）分析原因时要展示问题的全貌。

3）分析原因要彻底，要一层一层地分析下去，直到能直接采取对策的具体因素为止。

4）要正确恰当地应用统计方法。常用的统计方法有因果图、系统图、关联图等，通过"人、机、料、法、环"分析原因。

（2）质量通病防治措施

1）根据现场实际情况，采取相应的防治对策。

2）对所采取的措施加强巩固。

3）应该"防"、"治"结合，标本兼治，重在预防。质量控制的三个过程"事前预防、过程控制和事后改进"，其核心是"事前预防"，应针对工程施工过程中可能出现的质量通病设立质量控制点，采取相应的预防措施。

4）加强质量意识教育，牢固树立"质量第一"的观念。

5）加强组织管理和协调工作，认真贯彻执行质量技术责任制。

6）实行层层把关，协调各专业之间和相关方之间的相互配合协作，处理好接口关系。

7.1.5　游乐设施施工的安全管理

7.1.5.1　施工安全管理组织及安全管理责任制

必须坚持"安全第一，预防为主"的方针，依法建立安全管理体系和安全生产责任制。

1. 安全管理的组织工作

项目经理部的安全第一责任人是项目经理，负责本工程项目安全管理的组织工作，主要内容有：

1）确定安全管理目标。

2）建立项目经理部的安全管理机构。

3）建立、健全项目安全生产制度和安全操作规程。

4）明确安全管理责任制。

5）做好安全施工技术管理工作。

6）进行安全生产的宣传教育工作。

7）开展危险源辨识和安全性评价。

8）组织安全检查和事故处理。

2. 安全管理责任制

（1）建立安全管理责任制的要求

1）分级管理、分线负责、责任明确。

2）工程分承包方、劳务分包方的安全生产责任，除应遵循承包方对项目安全生产管理目标总体控制的规定外，其内部也要建立相应的安全生产管理责任制，并经总承包方确认。

（2）项目经理部各级安全生产职责

1）项目经理对本工程项目的安全生产负全面领导责任，应组织并落实施工组织设计中安全技术措施，监督施工中安全技术交底制度和游乐设施验收制度的实施。

2）项目总工程师对本工程项目的安全生产承担技术责任，参加并组织编制施工组织设计及编制、审批施工方案时，要制定、审查安全技术措施，保证其可行性与针对性，并随时检查、监督、落实。

3）工长（施工员）对所管辖安装负直接领导责任，针对生产任务特点，向管辖的劳务队（或班组）进行书面安全技术交底，履行签认手续，并对规程、措施、交底要求的执行情况经常检查，随时纠正违章作业。

4）安全员负责按照安全技术交底的内容进行监督、检查，随时纠正违章作业。

5）劳务队长或班组长要认真落实安全技术交底，每天做好班前教育。

7.1.5.2 施工危险源的辨识

1. 危险源的分级

危险源可以分成可承受危险和不可承受危险（重大危险），企业可以根据自己的具体情况进行更细的分级。

2. 危险源产生的因素

（1）物的不安全状态 是指使事故能够发生的不安全的物体条件或物质条件。

（2）人的不安全行为 是指违反安全规则或安全原则，使事故有可能或有机会发生的行为。

（3）环境因素 主要包括：作业环境、化学因素、生物因素和人类功效学。

（4）管理缺陷 主要包括：技术管理缺陷、对人的管理缺陷、对安全工作的管理缺陷和对采购工作的管理缺陷。

3. 施工危险源的辨识

（1）危险源辨识范围　所有工作场所（常规和非常规）或管理过程的活动；所有进入施工现场人员（包括外来人员）的活动；设备安装项目经理部内部和相关方的游乐设施（包括消防设施）等；施工现场作业环境和条件；施工人员的劳动强度及女职工保护等。

（2）危险源的种类

①第一类危险源：施工过程中存在的可能发生意外能量释放（如爆炸、火灾、触电、辐射）而造成伤亡事故的能量和危险物质。

②第二类危险源：导致能量或危险物质的约束或限制措施破坏或失效的各种因素，其中包括发生物的故障；人的失误。

③危险源辨识的首要任务是辨识第一类危险源，在此基础上再辨识第二类危险源。

（3）危险辨识、评价的基本步骤。

（4）危险源辨识方法　评价危险源时要考虑 3 种状态（正常、异常和紧急状态）及 7 种危险因素（机械能、电能、热能、化学能、放射能、生物因素和人机工程因素），并依据危险源辨识的结果，采用主观评价或定量评估，来确定危险源给施工作业活动带来的危险程度。

危险源辨识、评价的方法有直观经验法、作业条件危险性评价法（$D = LEC$）、逻辑分析法（事件树法和事故树法）等。

①直观经验法。安全检查表（SCL）是一种常用的危险辨识、评价的方法。该方法是把整个工作活动或工作系统分成若干个层次（作业单元），对每一个层次，根据危险因素确定检查项目并编制成表。这样就形成了整个工作活动或工作系统的安全检查表。而后，根据检查表对每一作业单元进行检查，做出详细记录并逐项评价。最终根据评价提出整改措施，防止危险的发生。

编制和使用安全检查表时应注意的问题有：检查内容尽可能全面、系统，不能漏掉任何可能导致事故发生的关键因素；对重点危险部位应单独编制检查表，确保及时发现和消除隐患；每一项检查要点，要明确、清除，便于操作；实施安全检查表要落实到人，检查时间、整改时间要明确，签字要完整。

②作业条件危险性评价法。这种方法采用的经验公式为

$$D = LEC$$

其中，L 表示事故可能性大小的概率；E 表示人体暴露危险环境的频次；C 表示事故可能造成的后果概率；D 表示危险性分值。

③应将所辨识的危险源确定为重大危险因素的情形有：不符合法律、法规和标准的要求；直接观察到可能导致危险后果，且无适当的防范措施；曾发生过事故，但未采取有效的措施；相关方有合理的抱怨和要求；当 D 值超过规定的重大危险因素时。

7.1.5.3　施工安全技术措施的主要内容

制定施工安全技术措施应遵循"消除、预防、减少、隔离、个体保护"的原则。对不可避免的危险源，要在防护上、技术上和管理上采取相应的措施，并不断监测防止其超出可承受范围。施工安全技术措施的主要内容包括：

1）施工平面布置的安全技术要求。

2）高空作业。高空作业不可避免，安全技术措施应主要从防护着手，包括：职工的身

体状况和防护措施。

    3）机械操作。

    4）起重吊装作业。

    5）动用明火作业。动用明火作业的限制，是针对某些充满油料及其他易燃、易爆材料的场合。

    6）带电调试作业。必须采取相应的安全技术措施防止触电和用电机械产生误动作。

    7）临时用电。

    8）单机试车和联动试车等安全技术措施。

7.1.5.4 临时用电的安全管理

1. 施工现场临时用电的准用程序

根据国家有关标准、规范和施工现场的实际负荷情况，编制施工现场"临时用电施工组织设计"，并协助业主向当地电业部门申报用电方案；按照电业部门批复的方案及《施工现场临时用电安全技术规范》进行设备、材料的采购和施工；对临时用电施工项目进行检查、验收，并向电业部门提供相关资料，申请送电；电业部门在进行检查、验收和试验，同意送电后送电开通。

2. 临时用电施工组织设计的主要内容

临时用电设备在 5 台及其以上或设备总容量在 50kW 及其以上者，均应编制临时用电施工组织设计。临时用电设备不足 5 台和设备总容量不足 50kW 者，应编制安全用电技术措施和电气防火措施。临时用电施工组织设计应由电气技术人员编制，项目部技术负责人审核，经主管部门批准后实施。其主要内容应包括：

    ①现场勘察。

    ②确定电源进线，变电所、配电室、总配电箱、分配电箱等地位置及线路走向。

    ③进行负荷计算。

    ④选择变压器容量、导线截面积和电器的类型、规格。

    ⑤绘制电气平面图、立面图和接线系统图。

    ⑥制定安全用电技术措施和电气防火措施。

3. 临时用电检查验收的主要内容

临时用电工程必须由持证电工施工。安装完毕后，由安全部门组织检查验收。检查内容应包括：接地与防雷、配电室与自备电源、各种配电箱及开关箱、配电线路、变压器、电气设备安装、电气设备调试、接地电阻测试记录等。

4. 临时用电的使用管理

    1）安装、维修或拆除临时用电工程，必须由持证电工完成。

    2）各类用电人员应做到以下几个方面：

    ①掌握安全用电基本知识和所用设备的性能。

    ②使用设备前必须按规定穿戴和配备好相应的劳动防护用品；检查电气设备和保护设施是否完好；严禁设备带"病"运转。

    ③停用的设备必须拉闸断电并锁好开关箱。

    ④负责保护所用设备的负荷线、保护零线和开关箱。发现问题，及时报告解决。

    ⑤搬迁或移动用电设备，必须经电工切断电源并做妥善处理后进行。

3）施工现场临时用电必须建立安全技术档案，其内容包括：临时用电施工组织设计；修改后临时用电施工组织设计；临时用电交底资料；临时用电工程检查验收表；电气设备的调试、检验凭单和调试记录；接地电阻测试记录；定期检（复）查记录；电工维修工作记录。

4）临时用电工程应定期检查。定期检查时间规定为：施工现场每月一次；基层公司每季一次。基层公司检查时，应复测接地电阻值。

7.1.5.5　施工现场安全防护和标识

1. 施工现场的安全防护

（1）消除物的不安全状态的防护措施　物的不安全状态至少应包括施工设备、装置的缺陷，作业场所的缺陷和物质环境的危险源。

①消除施工设备的不安全状态。

②消除作业场所的不安全因素。

③消除施工现场危险物质的不安全因素。

（2）消除人的不安全行为的防护措施

①加强培训，进行安全技术教育和安全技术交底，提高操作者的素质和遵守安全管理规章制度的自觉性，从根本上解决人的不安全行为。

②用安全管理制度规范人的行为，严禁违章指挥、作业人员违反操作规程作业，防止人为事故的发生。

③特种设备作业人员和特殊工种作业人员必须持证上岗。

④项目部注意营造一个良好的人际关系氛围，注意职工生活、休息和身体状况。发现职工情绪异常应及时采取纠正措施。

⑤职工进入施工现场，必须佩戴齐全个人防护用品。

⑥项目部应采取措施防止操作者长时间从事超负荷作业而使身体处于极度疲劳状态而产生的不安全因素。

⑦对高空作业人员应定期进行体格检查，防止发生事故。

（3）消除环境因素对安全防护的影响

①施工环境应整洁，夜间施工要有良好的照明，材料和施工设备布置应整齐道路畅通、施工现场的安全防护到位等。

②采取措施或调整作业时间，避免使操作者在高温和低温环境中工作。

③应防止腐蚀性物质、有毒物质、射线等对人体的危害。

（4）消除安全管理缺陷，从管理上做好安装防护

①制定完善的、切实可行的安全管理制度，并有一整套检查、落实、奖罚措施，用制度保障安全防护措施的落实。

②避免技术管理缺陷、施工组织设计不完善和作业程序安排不合理给安全防护带来的困难等。

③尽量采用机械化作业，改进施工工艺，减少人为因素带来的隐患。

④项目部采购的施工设备、器具、防护用品等均必须符合国家有关标准的规定。

2. 施工现场的安全标识

安全标识是为了提醒人们的注意，预防事故的发生。安全标识由颜色、几何图形和符号

组成。

（1）安全标识的颜色 安全标识国家规定有红、黄、蓝、绿四种颜色。其含义是：红色表示禁止、停止（也表示防火）；黄色表示警告、注意；蓝色表示指令或必须遵守的规定；绿色表示提示、安全状态、通行。

（2）安全标识的种类 安全标识根据其用途的不同可分为禁止标识、警告标识、指令标识和提醒标识4类。分为以下9种：防火标识、禁止标识、注意标识、危险标识、救护标识、小心标识、放射性标识、方向标识和指示标识。

（3）安全标识的使用与管理

1）安全标识牌的制作必须按国家现行标准《安全标志》的规定制作。

2）安全标识牌应挂在醒目、与安全有关的地方。

3）安全标识牌应定期检查与维修。

4）凡是施工现场有不安全因素的场所和设备，均应悬挂安全标识牌。

7.2 大型游乐设施的修理

7.2.1 游乐设施修理相关概念

（1）修理 是指通过设备部件拆解，进行更换或维修主要受力部件，但不改变大型游乐设施的主体结构、性能参数的活动。

（2）重大修理 是指通过设备整体拆解，进行检查、更换或维修主要受力部件、主要控制系统或安全装置功能，但不改变大型游乐设施的主体结构、性能参数的活动。

注意：修理和重大修理都需要经过许可的施工单位进行，施工前要到所在地区设区的市的特种设备安全监察机构告知，告知后方能施工，重大修理按照《大型游乐设施安全监察规定》的要求还需过程监督检验。

（3）机械故障 是指游乐设施的各项技术指标（包括经济指标）偏离了它的正常状况。如某些零件或部件损坏，致使工作能力丧失；发动机功率降低；传动系统失去平衡和噪声增大；工作机构的工作能力下降；燃料和润滑油的消耗增加等，当其超出了规定的指标时，均属于机械故障。

机械故障表现在结构上主要是零件损坏和零件之间相互关系的破坏，如零件发生断裂、变形，配合件的间隙增大或过盈丧失，固定和紧固装置的松动和失效等。

1）故障的分类：

①按故障发生的时间分类，故障可分为突发性故障和渐进性故障。

a. 突发性故障，主要是由各种不利因素和外界影响共同作用的结果，其特点是具有偶然性，一般与机床使用时间无关，因而是难以预测的。但它一般容易排除，因此通常不影响机床的寿命。

b. 渐进性故障，主要是由产品参数的劣化过程（磨损、腐蚀、疲劳、老化）逐渐发展而形成的。其特点是发生的概率与使用时间有关，且只是在产品的有效寿命的后期才表现出来。渐进性故障一经发生，就标志着产品寿命的终结。因而它往往是机械进行大修的标志。由于这种故障是逐渐发展的，因此，通常是可以进行预测的。

②按故障显现的情况分类，故障可分为功能故障和潜在故障。

a. 功能故障，机械产品丧失了工作能力或工作能力明显降低，即丧失了它应有的功能，因此称为功能故障。这类故障可以通过操作者的感受或测定其输出参数而判断出来。关键零件坏了，机械根本不能工作，属于功能故障；生产率达不到规定指标，也与功能故障有关。这种故障是实际存在的，因而也称为实际故障。

b. 潜在故障，它和渐进性故障相联系，当故障在逐渐发展中，但尚未在功能方面表现出来，而同时又接近萌发的阶段，当这种情况能够诊断出来时，即认为是一种故障现象，并称为潜在故障。例如，零件在疲劳破坏过程中，其裂纹的深度是逐渐扩展的，同时其深度又是可以探测的。当探测到裂纹扩展的深度已接近允许的临界值时，便认为是存在潜在故障，必须按实际故障一样来处理。

探明了机械的潜在故障，就有可能在机械达到功能故障之前进行排除，这有利于保持机械完好状态，避免由于发生功能故障而可能带来的不利后果，这在机械的使用维修实际中具有重要意义。

③按故障发生的原因分类，故障可分为人为故障和自然故障。

a. 人为故障，机械在制造和修理时使用了不合格的零件或违反了装配技术条件；在使用中没有遵守操作技术规程；没有执行规定的保养维护制度以及在运输、保管中不当等原因，而使机械过早地丧失了它的应有的功能，这种故障称为人为故障。

b. 自然故障，游乐设施在使用过程中，由于受外部和内部各种不可抗拒的自然因素的影响而引起的故障都属于自然故障。但由于人为过失而加剧损坏的过程时，则应与此相区别。

7.2.2　游乐设施修理的目的

游乐设施在使用过程中，随着零部件磨损程度的逐渐增大，设备的技术状态将逐渐劣化，以致设备的功能和精度难以满足安全要求，甚至发生故障或事故。设备技术状态劣化或发生故障后，为了恢复其功能和精度，采取更换或修复磨损、失效的零件（包括基准件），并对局部或整机检查、调整的技术活动。

7.2.3　游乐设施检修的重要性

游乐设施在日常使用和运转过程中，由于外部负荷、内部应力、磨损、腐蚀等因素的影响，使其个别部位或整体改变尺寸、形状、机械性能等，使设备安全性能下降，甚至造成人身和设备事故。这是所有设备都避免不了的技术性劣化的客观规律。为了使游乐设施能安全运营，延长设备的使用周期，必须对设备进行适度的检修。

1）运行中的设备，在运行较长时间后，其功能将逐渐下降，只有通过维修手段，才能恢复其原有功能。

2）用维修手段恢复设备功能是有限的，超过一定时间限度，由于设备主体和所有部件的老化，其功能将逐渐下降，再也无法达到原有水平。

3）若将运行与检修看作循环运动，则这个循环运动将以螺旋形下降，其半径将逐渐减小（运行周期缩短），形成倒圆锥形。

4）设备功能下降的速率，与使用、维护和检修的质量密切相关；使用、维护和检修质量越好，设备功能下降越慢，反之则越快。

7.2.4 游乐设施检修相关制度

对于不同使用单位、性质和设备数量及其复杂程度的不同，其检修制度也不一样。现将几种主要检修制度介绍如下。

（1）日常维护保养 日常对设备的维护保养是十分重要的。它是用较短的时间、最少的费用，及早地发现并处理突发性故障，及时消除影响设备性能，造成质量下降的问题，以保证装置正常安全地运行。

（2）事后修理制 事后修理制是指设备运行中发生故障或零部件性能老化严重，为恢复改善性能所进行的检修活动。事后修理是在设备由于腐蚀或磨损，已不能再继续使用的情况下进行的一种随坏随修的修理制度。它的特点是修理工作计划性较差，难以保证修理工作的质量，影响设备的使用寿命。如设备的故障多，可能造成事故，成本也增高。因此，游乐设施不宜采用这种修理制度。

（3）检查后修理制 检查后修理制的实质是定期对设备进行检查，然后根据检查结果决定检修项目和编制检修计划。这种修理制度应用比较普遍。但是在目前检测技术较落后的情况下，必须有较高技术水平的操作、检修工人负责设备的维护、检查工作，才能获得较好的效果。检查后修理制虽然比事后修理制好一些，但也不能较早地制定检修计划和事先做好设备的检修准备工作。

（4）计划预检修制 计划预检修制是以预防为主、计划性较强的一种比较先进的检修制度。计划预检修制的计划，是根据设备的运行间隔期制定的，所以能在设备发生故障之前就进行检修，恢复其性能，从而延长了设备的使用寿命。检修前可以做好充分的准备工作（编制计划、审定检修内容、制作各种图表、准备所需的备品配件、材料及人力、机具的平衡等），来保证检修工作的质量。这对保证设备安全，有非常积极的作用。

7.2.5 游乐设施维修方式及选择

设备修理方式又称为设备维修方式，它具有设备维修策略的含义。国内较普遍采用的维修方式有预防维修和事后维修，预防维修方式又分为状态监测维修和定期维修。

选择设备维修方式的一般原则是：通过维修，消除设备修前存在的缺陷，恢复设备规定的功能和精度，提高设备的可靠性，并充分利用零、部件的有效寿命。力求维修费用与设备停修对生产的经济损失两者之和为最小。

（1）预防维修方式 为了防止设备的功能、精度降低到规定的临界值或降低故障率，按事先制定的计划和技术要求所进行的修理活动，称为设备的预防维修。国内外普遍采用的预防维修方式是状态监测维修和定期维修。近年来国外提出了以可靠性为中心的维修（RCM）和质量维修（QM）也是预防维修方式。

1）状态监测维修。这是以设备实际技术状态为基础的预防维修方式。一般采用设备日常点检和定期检查来查明设备技术状态。针对设备的劣化部位及程度，在故障发生前，适时地进行预防维修，排除故障隐患，恢复设备的功能和精度。

实行这种维修方式时，如采用精密监测诊断技术判断设备技术状态，又称为预知维修。

状态监测维修方式的主要优点是：既能使设备经常保持良好状态，又能充分利用零件的使用寿命。

2）定期维修。这是一种以设备运行时间为基础的预防维修方式，具有对设备进行周期性维修的特点。根据设备的磨损规律，事先确定维修类别、维修间隔期、维修内容及技术要求。维修计划按设备的计划开动时数可作较长时间的安排。

实践经验表明，实行定期维修方式的同类设备的磨损规律是有差异的。即使是同型号的设备，由于出厂质量、使用条件、负荷率、维护优劣等情况的差别，按照统一的维修周期结构安排计划维修，会出现以下问题。一是设备的技术状况尚好，仍可继续使用，但仍按规定的维修间隔期进行大修，造成维修过剩。二是设备的技术状态劣化已达到难以满足产品要求的程度、但由于未达到规定的维修间隔期而没有安排维修计划，造成失修。为了克服上述弊端，吸收状态监测维修的优点，对实行定期维修的设备也采用了设备状态监测诊断技术，以求切实掌握设备的技术状态，并适当调整维修间隔期。

（2）事后维修方式　设备发生故障或性能、精度降低到合格水平以下，安全性能大大降低时，因不再能使用所进行的非计划性维修称为事后维修，也就是通常所称的故障维修。

设备发生故障后，往往造成较大损失，也给维修工作造成困难和被动。

（3）设备维修方式的选择　对在用设备的维修，必须贯彻预防为主的方针。根据设备特点及其重要性，选择适宜的维修方式。通过日常和定期检查、状态监测和故障诊断等手段切实掌握设备的技术状态。根据产品质量产量的要求和针对设备技术状态劣化状况，分析确定维修类别，编制设备预防性维修计划。修前应充分做好技术准备工作，进行维修。维修中积极采用新技术、新材料、新工艺和现代管理方法，以保证维修质量。

提倡结合设备维修，对频发故障部位或先天性缺陷进行局部结构或零部件的改进设计，结合设备维修进行改装，以达到提高设备的可靠性和维修性的目的，这样的设备维修措施可称为改善性维修。

7.2.6　游乐设施维修计划管理的目的和内容

设备维修计划是实行设备预防维修，保持设备状态经常完好的具体实施计划，其目的是保证运营使用单位生产计划的顺利完成。

设备维修计划管理工作主要包括：根据当前产品及新产品对设备的技术要求和设备技术劣化程度，编制设备维修计划并认真组织实施。在保证维修质量的前提下，完成维修计划，缩短停修时间和降低维修费用。

7.2.7　游乐设施维修计划的编制

一般由运营使用单位设备管理部门负责编制运营使用单位年、季度及月份设备维修计划，经会审批准后执行。

1. 年度维修计划的编制

（1）计划编制依据

1）设备的技术状况。设备技术状况信息的主要来源是：日常点检、定期检查、状态监测诊断记录等所积累的设备技术状况信息；不实行状态点检制的设备每年三季度末前进行设备状况普查所做的记录。

设备技术状况普查的内容，以设备完好标准为基础，视设备的结构、性能特点而定。运营使用单位宜制定分类设备技术状况普查典型内容，供实际检查时参考。

设备使用单位维修人员管理人员根据掌握的设备技术状况信息，按规定的期限，向设备管理部门上报设备技术状况表，在表中必须提出下年度计划维修类别、主要维修内容、期望维修日期和承修单位。对下年度无须维修的设备也应在表中说明。

2）安全与环境保护的要求。根据国家标准或有关主管部门的规定，设备的安全防护要求，应安排改善维修计划。

3）设备的维修周期结构和维修间隔期。对实行定期维修的设备，本运营使用单位规定的维修周期结构和维修间隔期也是编制维修计划的主要依据。

4）维修技术水平的能力情况。

（2）计划编制程序　编制年度设备修理计划时，一般按收集资料、编制草案、平衡审定和下达执行4个程序进行。

1）收集资料。编制计划前要做好资料收集分析工作，主要包括以下两方面资料：

①关于设备技术状况方面的资料，如相关人员提出的设备技术状况表，产品质量的信息等，必要时查阅设备档案和到现场实际调查，以确定需要修理的设备及修理类别。

②编制计划需要使用和了解的信息，如运营使用单位需修设备的使用说明书和备件库存情况等。

2）编制草案。编制年度计划草案时应认真考虑以下主要内容：

①充分考虑设备的要求，力求减少重点、关键设备的使用与修理时间的矛盾。

②重点考虑大、项修设备列入计划的必要性和可能性。

③根据设备修理施工单位的情况、装备条件和维修能力，经分析初步确定维修的设备。

④在安排设备维修计划进度时，既要考虑维修需要的轻重缓急，又要考虑维修准备工作时间的可能性，并按维修工作定额平衡维修单位的劳动力。

在正式提出年度设备维修计划前，设备管理部门制定维修计划的工作人员应组织负责设备技术状况管理、维修技术管理、备件管理人员及设备使用单位维修人员等有关人员逐项讨论，认真听取各方面的有益意见，力求使计划草案满足必要性、可能性和技术经济上的合理性。

有必要指出的是，在下年度设备维修计划草案基本编完后，设备管理部门应尽早与有关部门商定下年一季度设备大修、项修计划，批准后，书面通知各有关单位和人员，以利于抓紧做好修前准备工作。否则下年一季度设备大修、项修计划将难以保证顺利实施。这样的安排是一些运营使用单位的经验，值得借鉴。

3）平衡审定。计划草案编制完毕后，分发运营部门和维修部门，提出有关项目增减、轻重缓急、停歇时间长短、维修日期等修改意见。经过对各方面的意见加以分析和作必要修改后，正式编制出年度设备维修计划和说明。在说明中应指出计划的重点，影响计划实施的主要问题及解决的措施。

4）下达执行。

2. 季度设备维修计划的编制

季度设备维修计划是年度计划的实施计划，必须在落实停修日期、修前准备工作和劳动力的基础上进行编制。一般在每季度第三个月初编制下季度维修计划，编制程序如下：

（1）编制计划草案

1）具体调查了解以下情况：

①本季度计划维修项目的实际进度，并与维修单位预测到本季度末可能完成的程度。

②年度计划中安排在下季度的大修、项修项目修前准备工作完成情况，如尚有少数问题，与有关部门协商采取措施，保证满足施工需要。如确难以满足要求，从年度计划中提出可替代项目。

③计划在下季度维修的重点设备生产任务的负荷率，能否按计划规定月份交付维修或何时可交付维修。

2）按年计划所列小修项目和使用单位近期提出的小修项目，与相关部门协商确定下季度的小修项目。

3）通过调查，综合分析平衡后，编制出下季度设备维修草案。

（2）讨论审定　季度设备维修计划草案编制完毕后，送相关部门征求意见，然后召集上述各人员讨论审定。审定的原则是：

1）入大修、项修计划项目不得削减。

2）维修部门对小修项目的施工进度可适当调整，但必须在维修计划规定的月份内完成。

3）力求缩短停歇天数。

对季度计划草案应逐台讨论审定。如有问题，应协商分析提出补救措施加以解决，必要时对计划草案作局部修改（如大、项修项目开工日期适当提前或延期，大修设备的个别附件维修允许提前或延期完成等）。经讨论审定，对季度维修计划全面落实项目、修前准备工作、维修起止日期、运营使用单位内设备协作及劳动力平衡，然后正式制定出季度设备维修计划，并附讨论审定记录，批准实施。

（3）下达执行　一般应在季度末月份 15 日前由运营使用单位下发下季度设备维修计划。有的运营使用单位规定对每季度第一个月的设备维修计划按季度设备维修计划执行，不再另编制月份设备维修计划，这样可以减少维修计划员的业务工作量，值得借鉴。

3. 月份维修计划的编制

月份设备维修计划主要是季度维修计划的分解，此外还包括使用单位临时申请的小修计划。一般，在每月中旬编制下月份设备维修计划。

4. 年度大修、项修计划的修订

年度设备大修、项修计划是经过充分调查和研究，从技术上和经济上综合分析了必要性、可能性和合理性后制定的，必须认真执行。但是在执行中，由于某些难以克服的问题，必须对原定大修、项修计划按规定程序进行修改。属于下列条件之一者，可申请增减大、项修计划：

①由于设备事故或严重故障，必须申请安排大修或项修，才能恢复其功能和精度。

②设备技术状况劣化速度加快，必须申请安排大修或项修，才能保证安全要求。

③根据修前预检，设备的缺损状况经过小修即可解决，而原定计划为大修、项修者应削减。

④通过采取措施，维修技术和备件材料准备仍不能满足维修需要，必须延期到下年度大修、项修。

7.2.8　游乐设施维修计划的实施

1. 维修前的准备工作

（1）调查设备技术状态及产品技术要求　为了全面深入掌握需修设备技术状态具体劣化情况，施工单位维修技术人员应进行调查和修前预检。

对实行状态监测维修方式的设备，主要调查内容如下：

①查阅设备档案，着重检查故障维修记录及近期定期检查记录，从中了解易磨损零件、频发故障的部位及原因以及近期查明的设备缺损情况。

②向设备操作人员了解质量情况，如：设备性能、出力是否下降，液压、气动、润滑系统工作是否正常和有无泄漏，附件是否齐全和有无损坏，安全防护装置是否灵敏可靠等。向设备维修工了解设备现存的主要缺损情况和频发故障部位及其原因。

③对安全防护装置，逐项具体检查，必要时进行试验，做好记录。

④检查外部管路有无泄漏以及箱体盖、轴承端盖有无渗漏。对严重漏油的设备应查明原因。

⑤重要零部件、重要焊缝的无损检测。

经过调查和检查后，应达到：全面准确地掌握设备磨损情况；确定更换件和修复件；确定直接用于设备维修的材料品种、规格和数量；明确频发故障的部位有无改装的可能性。

（2）编制维修技术文件　针对设备修前技术状况存在的缺损，按照产品工艺对设备的技术要求，为恢复（包括局部提高）设备的性能和精度，编制以下维修技术文件。

1）维修技术任务书，包括主要维修内容、修换件明细表、材料明细表、维修质量标准。设备修理质量标准是衡量设备整机技术状态的标准，包括修后应达到的设备精度、性能指标、外观质量及环境保护等方面的技术要求。它是检验和评定设备修理质量的主要依据。制定设备大修理质量标准的原则如下：

①以出厂标准为基础。

②修后的设备性能和精度应满足产品工艺要求，并有足够的精度储备。如产品工艺不需要设备原有的某项性能或精度，可以不列入修理标准或修后免检；如设备原有的某项性能或精度不能满足产品工艺要求或精度储备不足，在确认可通过采取技术措施（如局部改装、采取提高精度、修理工艺等）解决的情况下，可在修理质量标准中提高性能和精度指标。

③对有些磨损严重、已难以修复到出厂精度标准的设备，如由于某种原因需大修时，可按出厂标准适当降低精度，但仍应满足修后产品和工艺要求。

④达到环境保护法和劳动安全法的规定要求。

2）维修工艺，包括专业用工检具明细表及图样。编制维修技术文件时，应尽可能地及早发出修换件明细表、材料明细表及专用工检具图，按规定工作流程传递，以利于及早进行订货。

维修工艺又称为维修工艺规程。它具体限定了设备的维修程序、零部件的维修方法、总装配试车的方法及技术要求等，以保证设备维修后达到规定的质量标准。维修工艺由维修单位技术人员负责编制，主修技术人员审查会签。

①典型维修工艺与专用维修工艺。

a. 典型维修工艺。对某一同类型设备或结构形式相同的部件，按通常可能出现的磨损情况编制的维修工艺称为典型维修工艺。它具有普遍指导意义，但对某一具体设备则缺少针对性。

由于各运营使用单位用于维修的装备设施的条件不同，对于同样的零部件采用的维修工艺会有所不同。因此，各运营使用单位应按自己的具体条件并参考有关资料，编制出适用于本运营使用单位的典型维修工艺。

b. 专用维修工艺。对某一型号的设备，针对其实际磨损情况，为该设备某次维修所编制的维修工艺称为专用维修工艺。它对该设备以后的维修仍有较大的参考价值，但如再次使用时，应根据设备的实际磨损状况和维修技术的进步做必要的修改与补充。

一般来说，运营使用单位可对通用设备的大维修采用典型维修工艺，并针对设备的实际磨损情况编写补充工艺和说明。对无典型维修工艺的设备，则编制专用维修工艺。后者经两三次实践验证后，可以修改完善成为典型维修工艺。

②维修工艺的内容：整机的拆卸程序，以及拆卸过程中应检测的数据和注意事项；主要零部件的检查、维修和装配工艺，以及应达到的技术条件；总装配程序及装配工艺，以及应达到的技术条件；关键部位的调整工艺，以及应达到的技术条件；试车程序及应达到的技术条件；需用的工、检、研具和量仪明细表，其中对专用工、检、研具应加注明；施工中的安全措施等。

一般来说，整机的拆卸程序是先拆卸部件，然后再解体部件，至于各部件拆卸的先后顺序，视设备的结构而定。有些设备在拆卸部件时必须检测必要的技术数据。

在设备大修工艺中，一般只规定那些直接影响设备性能、精度的主要零部件的检查、修理和装配工艺。关键部位的装配与调整，往往是结合在一起同时进行的，可以在装配工艺中一并说明。

一般情况下，运营使用单位应制定各类设备维修通用技术条件。在设备维修工艺中，尽量应用通用技术条件。如通用技术条件不能满足需要，再另行规定。需要的工、检、研具及量仪应在各零部件的维修、装配工艺中说明，并汇总成工、检、研具及量仪明细表。

施工中的安全措施是指除应遵守安全操作规程外，尚须采取的安全措施。

③编制时应注意的事项：

a. 由于人们在维修前难以对所有零件的磨损情况完全了解，因此，在编制维修工艺时既要以所掌握的磨损情况为依据，也要考虑设备的普遍性磨损规律。

b. 选择关键部件的维修方案时，应充分考虑在保证质量的前提下，力求缩短停歇天数和减少维修费用。

c. 应该采用技术比较成熟或事先经过试验成功的维修工艺技术，以免在施工中出现问题，延误维修工作。

d. 尽量采用通用的工、检、研具。必须使用专用工、检、研具时，应及早发出其制造图样。

e. 维修工艺文件宜多用图形和表格形式，力求简明。

④重视实践验证。设备解体检查后，发现维修工艺中有不切实际的应及时修改。在维修过程中，注意观察维修工艺的效果，修后做好分析总结，以达到不断提高维修工艺水平的目的。

（3）修换件、材料、量检具准备

①修换件。备件管理人员接到修换件明细表后，对需要更换的零件核定库存量，确定需要订货的备件品种、数量，列出备件订货明细表，并及时办理订货。原则上，凡能从机电配件商店、专业备件制造厂或主机制造厂购到的备件应外购，根据备件交货周期及设备维修开工期签订订货合同，力求备件准时、足额供应。对必须按图样制造的专用备件（如改装件），原则上由原制造单位制造。对重要零件的修复，应找原制造单位并签订协议，明确设备解体后该由原制造单位负责修复。

②材料。材料管理人员接到材料明细表后，经核对库存，明确需要订货的材料品种和数量，及时办理订货手续。

③专用工、检具。订货的备件、材料和专用工、检具，应在设备维修开工前15天左右带合格证办理入库。

2. 施工管理

对游乐设施来说，在施工管理中应抓好以下几个环节。

（1）交付维修　设备使用单位应按规定日期把设备移交给维修单位施工。移交时应认真交接并填写"设备交修单"。设备维修竣工验收后，双方按"设备交修单"清点无误后该交修单即作废。

（2）解体检查　设备解体后，由设备维修施工的技术人员和工人，密切配合，及时检查零部件的磨损、失效情况，特别要注意有无在修前未发现或未预测到的问题。经检查分析，尽快发出技术文件和图样。

1）维修技术任务书的局部修改与补充，包括修改、补充的修换件明细表及材料明细表。

2）按维修装配先后顺序的需要，尽快发出临时制造配件的图样和重要修复件图样。根据解体检查的结果及修改补充的维修技术文件，及时修改、调整作业计划。

（3）维修。

（4）质量检查　凡维修工艺和质量标准明确规定以及按常规必须检查的项目，维修工人自检合格后，必须经质量检查员检查确认合格方可转入下道工序开始作业。对于重要项目，质量检查员应在零、部件上做出"检验合格"的标志，并做好检验记录。

（5）调试

1）外观质量，要求基本内容如下：

①对设备外表面和外露零件的整齐、防锈、美观的技术要求。

②对涂装的技术要求。

③对各种表牌、标志牌的技术要求。

2）空运转试验，设备空运转试验规程的主要内容有：

①对各种空运转试验的程序，以及试验速度和持续时间的规定。

②两种（及两种以上）运动同时空运转试验的规定。

③空运转试验中应检查的内容和应达到的技术要求。检查内容主要包括：各种运动的平稳性、振动、噪声、轴承的温升；电气、液压（气压）、润滑、冷却系统的工作状况；操作机构动作的准确性和灵敏性；制动、限位、联锁装置的灵敏性及准确性；过载保护、安全防护装置的可靠性以及各种信号指示灯和仪表的正确显示等。

3）载荷试验，设备载荷试验规程的主要内容有：

①试验内容和应达到的技术要求，如满载试验、偏载试验等。

②试验程序及规范。

③试验时及试验后应检测的数据等。

4）几何精度标准，几何精度标准是衡量设备静态精度的标准，包括以下内容：

①检验项目主要有：安装精度、基准件相互位置精度、部件的运动精度及位置精度、各种运动的相关精度等。

②各项检验项目的检验方法和允许误差。

3. 竣工验收

设备维修完毕，经维修单位按规定标准，几个部门联合验收，空运转试车、负荷试车及工作、几何精度检验均合格后方可办理竣工验收手续。

在验收时如有个别遗留问题，必须不影响设备修后正常使用，并在竣工报告单上写明经各方商定的处理办法，由维修单位限期解决。

设备项修一般为局部维修，维修工作量及复杂程度视实际需要而异。对项修的竣工验收程序可适当简化。

如委托维修时，验收是保证设备修后达到规定的质量标准和要求，减少返工维修，降低返修率的重要环节。承、托维修双方在工作中一定要严把质量关，把质量问题发现并解决在维修作业场地。

1）设备大维修必须按技术文件中标明的内容完成，并按精度（性能）标准验收。

2）维修好的设备首先由承修单位质量检查部门进行外观检查、精度检验，并经空运转试车符合规定的标准与要求后，签发维修合格证，之后再由承、托修双方共同作负荷试车，合格后双方在"维修竣工验收单"上签字。

3）承修单位在维修任务将要完成交质量检查部门全面验收之前，应及早通知托修单位准备试车验收，托修单位接到通知后应立即做好试车准备工作，派人前往联系，商定具体时间进度，按期进行设备试车验收，不得拖延。

4）对于项修设备的验收，应根据维修技术文件中的验收标准和合同中的说明进行。

5）承修方在设备维修验收后。应将全部维修文件（包括修理方案、改装部位、换件明细表等）交给委托方，以便于委托方查阅。

6）托修的设备应规定保修期，具体期限由甲乙双方事先议定，写入合同中。

7.2.9　游乐设施磨损零件的修换

磨损零件修换的依据与标准包括判定磨损零件是否需要修复或更换（简称修换）时应考虑的主要因素及允许的磨损量限度。

在实际工作中，对已磨损的一般零件，经维修技术人员的仔细观察和必要检测，往往凭他们的技术经验做出是否需要修换的判断；对已磨损的重要、关键零件，则进行具体技术检查和分析，并参照有关标准做出是否修换的判断。

1. 磨损零件应否修换须考虑的主要因素

（1）对设备工作精度的影响　设备上某些零件磨损后，直接影响设备的工作精度，应考虑磨损零件的修复或更换。

（2）对实现规定功能的影响　当零件磨损后，不能实现规定的使用功能时，应考虑修复或更换磨损零件。例如，离合器因磨损不能传递规定的转矩，齿轮泵因泵体或齿轮磨损达不到规定的出油压力。

（3）对安全、环境保护的影响　由于零件磨损而影响生产安全或环境污染，应考虑修复或更换磨损零件。

（4）对零件强度的影响　设备上一些零件的磨损极限应以保证设计要求的强度为准。如超过允许磨损的极限仍继续使用，可能造成零件损坏，以至整机失效。例如传递动力的蜗杆副由于蜗轮齿面不断磨损，最后发展到轮齿塑性变形乃至断裂。对这类零件应以保证设计要求强度为依据，确定允许磨损量的极限。

（5）零件是否接近或达到急剧磨损阶段　零件在其寿命周期内的磨损规律一般可分为：

①初期磨合磨损阶段，所经历时间较短，磨损速度迅速下降。

②正常磨损阶段，所经历时间相当长，磨损速度很慢，可以认为零件的磨损量几乎不变。

③急剧磨损阶段，当达到此阶段时，零件的磨损急剧加快，可见应在急剧磨损阶段前修换磨损的零件，否则可能发生严重故障。

以上因素中，前四个因素是考虑对整机的影响，后两个因素是考虑零件本身能否继续工作。首先分析后两个因素，在做出肯定结论后，再考虑分析前四个因素。

2. 磨损零件修换的依据与标准

（1）主轴

1）有裂纹或扭曲变形，应更换。

2）有轻度弯曲变形，允许通过修磨来消除，但不得降低表面硬度，否则应更换。

3）支承轴颈的尺寸，形位精度及表面粗糙度超过设计图样规定，应修复或更换。

4）主轴锥孔磨损后允许修磨恢复精度，磨后锥孔直径的增大量应保证标准锥柄工具仍能适用，否则应更换。

5）修复氮化、渗碳淬火的主轴时，必须保持主轴表面的硬度，否则应更换。

6）主轴上的花键部分磨损后，其修换标准见"花键轴"条文。

（2）传动轴

1）有裂纹或扭曲变形，应更换。

2）有轻度弯曲变形，允许用校直法修复，弯曲量大，应更换。

3）配合轴颈磨损后有下列情形之一时，应修复或更换：

①过渡配合，其配合精度超过次一级配合。

②间隙配合，其配合精度超过次一级配合。

③圆度、圆柱度误差超过次一级精度公差。

④表面粗糙度 $> Ra1.6\mu m$。

4）用修配尺寸法修复时，轴颈直径减小量应符合以下规定：

①一般传动轴不超过基本尺寸的 10%。

②重要的传动轴应验算强度。

③经淬硬的轴颈直径减小量不超过下列数值：高频淬火 $0.5mm$，渗碳淬火 $0.3mm$，氮化 $0.1mm$。

5）装配滚动轴承、齿轮、带轮和联轴器等零件的轴颈，不可用修配尺寸法修复，可以用刷镀或镀铬法修复。

6）轴上的键槽磨损后，允许用下述方法维修：

①加大键槽宽度，但最大不超过标准中规定的上一级尺寸。

②如结构许可，在距原键槽60°处另开新键槽，并将原键槽镶嵌。

（3）花键轴

1）有裂纹或扭曲变形时，应更换。

2）有轻度弯曲变形，允许用校直法修复。弯曲变形量大时，应更换。

3）定心轴颈的表面粗糙度 $> Ra1.6\mu m$ 或配合精度超过次一级配合，应更换。

4）键侧面出现压痕，其高度超过侧面高度的1/4时，应更换。

（4）滑动轴承

1）一般传动轴滑动轴承：

①轴承外圆与箱体孔之间出现间隙以至松动，或轴承内孔严重磨损，应更换。

②轴承外围与箱体孔配合正常，内孔磨损后表面粗糙度 $> Ra1.6\mu m$，预计经修刮后的配合精度不超过设计规定配合等级的次一级，允许修复。

2）主轴滑动轴承：

①外柱内锥轴承的外圆柱面与箱体孔之间出现间隙以至松动，或内孔表面严重磨损，应更换。外圆柱面与箱体孔配合正常，而内孔磨损，可以修复，但必须保证主轴的轴向调整量在允许范围内；

②薄壁变形轴承整体变形，应更换。轴承外锥面与箱体孔接触不合规定，允许修复，但轴承的轴向位移应在允许范围内（包括修复内孔所需的调整量）。

③三块瓦轴承一般均可修复，无须更换。

（5）滚动轴承

1）一般传动轴的滚动轴承有下列情形之一者应更换：

①保持架变形损坏。

②内外滚道磨损，出现疲劳点蚀现象。

③滚动体磨损，出现点蚀或其他缺陷。

④清洗后用手以较快速度转动外圈时，有明显的周期性噪声等。

2）主轴滚动轴承除有上述缺陷应更换外，如精度超过允差，必须更换。

（6）齿轮

1）圆柱齿轮、锥齿轮有下列情形之一者应更换：齿部有塑性变形或裂纹；齿面有点蚀或剥落现象；齿面有严重擦伤；齿面接触偏斜，引起局部严重磨损等。

2）齿面均匀磨损，弦齿厚的减薄量超过下列数值（按图样规定的最小弦齿厚计算）时、应更换：主传动齿轮6%；进给传动齿轮8%；辅助传动齿轮10%。

对于模数 >10 的齿轮，当小齿轮的齿厚磨损量超过上述数值时，视实际情况，允许用高度变位法修复大齿轮，同时更换变位小齿轮。

3）齿的端部倒角损坏，其长度不超过齿宽的5%时，允许重新倒角。

④高精度齿轮的精度超过允差时，视齿面磨损状况，允许修复或更换。

（7）齿条　齿条可参照齿轮磨损修换标准。

（8）蜗杆副

1）传递动力的蜗杆副，蜗轮齿有下列情形之一时应更换：

①齿部塑性变形。

②齿面严重擦伤。

③齿厚磨损量超过原齿厚的10%。齿厚磨损量未超过规定值，齿面粗糙度$>Ra1.6\mu m$或有轻微擦伤，可以用蜗杆配研刮削修复齿面；蜗杆的齿面有严重擦伤，或粘着蜗轮齿部材料，应更换。

2）分度蜗杆副，蜗轮齿部产生塑性变形或严重擦伤，应更换；蜗轮齿面磨损，精度降低，允许用修复法恢复精度，并配制新蜗杆；蜗杆齿面有划痕或粘着蜗轮齿部材料，应更换。

（9）离合器

1）爪形离合器：

①爪有塑性变形或有裂纹，应更换。

②齿爪磨损呈圆角形且$R>1/4$齿高，或齿爪磨损量超过原厚度的5%时，应更换。

③齿爪啮合面出现压痕，允许修复，修后爪厚减薄量不应超过原爪厚的5%。

2）片式离合器：

①摩擦片有下列情形之一时，应更换：摩擦表面的平面度误差超过0.1mm；表面出现不均匀的光亮斑点。

②表面有轻微擦伤，允许磨削修复，修后减薄量不超过原厚度的15%。

3）锥形离合器：有下列情形之一时。应修复或更换：锥形体部分接触率$<70\%$；锥形体的径向跳动$>0.05mm$。

（10）带轮

1）平带轮的表面粗糙度$>Ra3.2\mu m$或凹凸不平时，允许修复。

2）V带轮槽的边缘损坏，有可能使带凸出槽面时，应更换。

3）V带轮槽底与带的间隙小于标准间隙的1/2时，允许修小槽底直径。

4）直径$<250mm$的带轮径向跳动或端面跳动超过0.2mm，直径$>250mm$的带轮径向或端面跳动超过0.3mm时，均应修复或更换。

5）高速带轮（5000r/min以上）的径向跳动和端面跳动超过设计规定值时，应修复或更换。

（11）齿轮泵

1）齿轮：外圆表面或两端面轻微擦划起线，用研磨法去掉毛刺后可继续使用；外圆表面严重擦伤，两齿轮同时更换；端面严重擦伤，把两齿轮同时放在平面磨床上，磨去擦伤痕迹后可继续使用，当齿轮端面修磨后需将泵体后盖配合面磨去少量，以控制齿轮与泵体前、后盖之间的间隙；齿轮用油石去掉毛刺，把两齿轮轴向转180°装到轴上，可继续使用。

2）泵体后盖：与齿轮端面的配合面一侧啮合面有轻微磨损，用研磨法去掉毛刺后可继续使用；与齿轮端面的配合面严重擦伤，宜更换新件，视实际情况，也可采用修复法。

3）泵体：泵体内孔轻微磨损或起线，除去毛刺后可继续使用；泵体内孔严重磨损，需要换新件。

（12）液压缸

1）缸体：缸体内孔微量磨损、拉毛，用研磨法修复；缸体内孔严重磨损呈腰鼓形，用镗磨法修复。如活塞与缸体为间隙密封，视缸体内孔膛磨量，配制新活塞。

2）活塞：活塞与缸体孔为间隙密封时，活塞磨损后常呈现扁圆形及圆柱度误差显著增大，在修复缸体孔后，按孔直径更换新活塞；活塞与缸体孔为 O 形圈密封时，O 形圈磨损或损坏，应更换新 O 形密封圈。

（13）压力控制阀　液压系统用的压力控制阀的主要磨损零件是滑阀和锥阀、阀体孔和阀座以及弹簧。

1）阀体孔磨损后，可用珩磨或研磨法修复。阀体孔珩磨或研磨后。孔直径比原尺寸稍大，为了保证阀体孔与滑阀的合理配合间隙，需配制新滑阀。

2）钢球或锥阀与阀座接触处磨损或损坏后，必须换新钢球及修磨锥阀。

3）阀座孔严重磨损或损坏，用 120°钻头钻刮，然后用 120°研具研密修复。

4）弹簧发生永久变形或折断，应换新件。

7.2.10　设备维修量检具管理

为了监测诊断设备技术状态和检验修理质量，运营使用单位必须配备必要的量具、仪器和检具，并做到科学管理。

1. 选择量检具的原则

1）根据本运营使用单位设备情况，选择并配备常用的通用量检具，其规格及精度等级应能满足大部分设备检修的需要，作为设备修理专用。

2）由本运营使用单位负责大修设备专用检具，根据维修计划，按维修工艺准备，无须过早储备。

3）应按设备检验项目规定公差，选择通用量检具的精度等级，以保证测量误差在允许的范围内。

2. 量检具管理制度要点

一般，运营使用单位设备维修用量检具由专人管理。存放精密量检具的库房，应能适当控制温度和湿度。量检具管理制度要点如下。

1）严格执行入库手续，凡新购置或制造的量检具入库时，必须随带合格证和必要的检定记录。入库后应规定存放点和方式，并涂防锈剂。

2）高精度量检具应由经过培训的人员负责使用。

3）按有关技术规定，定期将量检具送计量检定部门检定。

4）建立维护保养制，经常保持量检具清洁，防锈和合理放置，以防锈蚀和变形。

5）建立量检具账、卡，定期（至少每半年一次）清点、做到账、卡、物一致。

第8章

大型游乐设施的维护保养

8.1　大型游乐设施维护保养的意义

大型游乐设施的维护保养是指通过设备部件拆解，进行检查、系统调试、更换易损件，但不改变大型游乐设施的主体结构、性能参数的活动，以及日常检查工作中紧固连接件、设备除尘、设备润滑等活动。设备维护保养包含的范围较广，包括：为防止设备劣化，维持设备性能而进行的清扫、检查、润滑、紧固以及调整等日常维护保养工作；为测定设备劣化程度或性能降低程度而进行的必要检查。维护保养的意义在于，在游乐设施长期使用过程中，机械部件发生磨损，间隙增大，配合改变，直接影响到设备原有的平衡，设备的稳定性，可靠性，使用效益均会有相当程度的降低，甚至会导致设备丧失其固有的基本性能，无法正常运行。为此必须建立科学的、有效的设备管理机制，加大设备日常管理力度，理论与实际相结合，科学合理地制定设备的维护、保养计划。

为保证游乐设施经常处于良好的技术状态，随时可以投入运行，减少故障停机日，提高机械完好率、利用率，减少机械磨损，延长机械使用寿命，降低机械运行和维修成本，确保安全生产；维护保养必须贯彻"养修并重，预防为主"的原则，做到定期保养、强制进行，正确处理使用、保养和修理的关系，不允许"只用不养，只修不养"。

1. 设备状况与日常维护、定期检查的重要关系

游乐设施种类繁多，结构复杂，几乎都在露天营运，受环境、气候影响较大，日晒雨淋，有些零部件极易老化、损坏，影响游客的人身安全。大型游乐设施营运中的设备状况与游乐设施日常维护保养、定期检查的开展有着非常重要的关系，特别是它的一些重要部位和重要零部件，如重要轴（销）、吊挂件、重要焊缝、电气保护装置、安全装置。若没有这方面的专业技术知识就无法开展维护保养工作，无法识别存在的隐患，也就无法开展真正意义上的维护保养和定期检查。而这些重要部位、重要部件一旦发生问题就很容易酿成事故，重则机毁人亡。另外，对游乐设施的日常维护保养不能粗浅地理解为清洁、油漆、润滑等简单工作，有时因为这些简单的工作，在未作检查、未被确认有无缺陷存在的情况下盲目实施，反而起到了相反的作用。如重要焊缝不作专业检查、不知是否存在裂纹等隐患就进行油漆，反而使存在的缺陷被覆盖，为日后的检验检测、安全检查带来困难，由此造成的事故国内已有先例；再如重要轴（销），不作拆卸专业检查，只知加油润滑而发生断裂造成事故的情况举不胜举。因此，做好设备的日常维护和检查，对设备的正常运行是非常重要的。

2. 安全监督检验制度的重要作用

国家的法律、法规，可对使用游乐设施的单位起到监督与警示的作用。如对使用单位游乐设施的监督检验，检验机构按规定履行每年1次专业检测检验，是要对设备营运的安全状况做出客观、公正的判断。由于大型游乐设施的营运是一个动态的系统，对营运周期（1年）而言，监察检查与检验检测只是整个营运周期中的数个节点上活动的反映，其他节点上的安全还应靠使用单位自己管理，依靠企业在日常维护保养、定期检查中发现并整改隐患。所以，在整个大型游乐设施监管体系中，"使用单位应当对在用大型游乐设施进行经常性日常维护保养并定期自行检查"的规定，决定了它是企业的游乐设施安全营运中一项必不可少的工作。

8.2　大型游乐设施维护保养的内容和要求

游乐设施的定期保养分日常维护保养、周维护保养、月维护保养和年维护保养等。

1. 日常维护保养项目内容及要求（见表 8-1）

表 8-1　游乐设施日常维护保养项目内容及要求

序号	项　　目	内容及要求
1	土建基础	检查游乐设施基础不应有影响运行的不均匀沉降、开裂、松动等现象
2	结构件	检查各结构件不应有异常情况、裂纹等
		检查支柱、梁等结构件应无锈、腐蚀
		检查支柱及组成部件应无移位、变形和损坏
3	紧固件及连接件	检查用于固定的钢缆松紧度
		检查用于固定的钢缆及安全保护钢缆
		检查铆钉应无松动现象
		检查各处螺栓应无松动情况
4	玻璃钢材料	检查玻璃钢体表面应清洁
5	空气压缩机	检查各轮脚支点应与地面接触平稳，宜水平放置
		检查机器各部位紧固件应无松动现象
		检查 V 带松紧应适度，无不均匀磨损及开裂现象
		温升应正常
		检查气压自动开关的控制压力，安全阀动作应灵敏
		检查各指示仪表和润滑点应正常
		机器运转声音应正常
		检查整体机器设备的工作情况应正常
		检查空压机储气罐，管道内油水混合物应放尽
		检查油位应正常
		检查运转中安全阀的灵敏性，压力表的指示值应正常，压力继电器应灵敏可靠
		检查油面应在规定范围内
6	回转支撑	检查润滑情况应正常
		检查啮合齿面应无径向窜动及严重磨损
		检查回转支撑在运行中应无异响、振动冲击、功率突然增大等异常现象
		检查密封应良好

（续）

序号	项　目	内容及要求
7	减速器	检查应无异常声响
		检查轴承温升应正常
		检查油位应正常
		检查运行中油温及温升应正常
		检查安装固定情况应良好，无松动
		检查润滑油量应正常
8	耦合器	检查安装情况应良好，无松动
		检查温升应正常
		检查应无渗、漏油现象
9	轴承	检查润滑应良好
		检查温升应正常
		应无异常声响
10	滑轮	检查润滑情况应良好
11	吊厢门	检查开关应灵活
		检查应无损坏现象
12	车轮及轨道	检查与车轮及轨道相关的紧固件应良好，轴端锁具防松应良好，无锈蚀、裂纹等
		车轮转动应灵活
		车轮磨损不应超标，应无裂纹及其他缺陷
		检查立柱与基础相连处应无生锈及腐蚀
		检查车轮轮胎气压应适度
13	牵引系统	检查钢丝绳头组合及绳端固定应完好无损
		检查钢丝绳断丝与锈蚀情况不应超标
		张力弹簧不应变形断裂，拉杆应无锈蚀磨损
		检查曳引机运行应平稳无杂音
		吊挂和提升用钢丝绳破断应均匀分布，每股在一个捻距内断丝数不得超过 3 根
		钢丝绳破断磨损后，余断面积为原断面积的 80% 以下或严重锈蚀情况下，每股捻距内破断数不得超过 2 根
		钢丝在一处破断或特别集中在一股时，钢丝绳破断总数在一个捻距内，6 股不超过 10 根，8 股不超过 12 根
14	车辆及连接部位	检查紧固件连接应牢固，防松应可靠
		检查车辆联接器安装应良好
		检查车体骨架、外围玻璃钢应无裂纹、破损及腐蚀
		检查座位及靠背应无破损
		车辆联接器给油应适当
15	电源	检查电源电压应满足起动及运行的要求，试运行时电压波动范围应满足要求
		检查额定电流应在允许范围之内，电源接点及开关无发热现象

（续）

序号	项 目	内容及要求
16	电缆及接插件	检查各部分线路线缆不应损坏，大负荷线路不应有发热及变色现象
17	环境	检查各电器装置的通风散热情况，潮湿情况应满足安全要求
		检查气象条件对电器装置应无影响
		检查动物对电气装置应无影响
		检查环境卫生情况对电器装置应无影响
18	备用电源	检查发电机各部件应正常及完好
		检查发电机起动装置的蓄电池电量及燃料应充足
		检查各种按钮应有效
		检查发动机燃油和润滑油的油位高度应在正常位置
19	液压泵及油马达	起动前，液压泵和油马达的壳体和吸油口应有储存充足的油液
		运转时应无异响，吸油管应无松动
		检查油液温升应正常
20	液压阀与集成块	检查应无漏油情况
21	油、气缸	检查各连接件应完好
		检查油（气）缸支座固定螺钉应无断裂现象
		检查活塞杆端头螺纹处和活塞应可靠锁紧
		检查销轴润滑应良好
		检查油（气）缸动作应灵活到位，无异常声响，速度均匀，无爬行现象
		检查气缸运动件表面保持良好的润滑状态，对气源入口设置的油雾器及时补油
		检查气缸应无异常声响，应无窜动错位现象
		检查刹车减速装置（如板式制动器）中的气缸（囊）刹车分泵等件应完好
22	回转接头	检查密封应良好，无明显漏气（漏油）现象
23	管路和油箱	检查工作油温应正常
		检查油位指示器外观应清洁、刻度清晰，结合部位应无漏油现象
24	低温工作	启动时，检查操作盘的油温指示装置应指示正确，灵敏有效
		检查油温加热器，指示装置、电气连接应正常，管路应通畅，连接处无漏油等异常现象
25	气动安全阀	检查气动安全阀工作应正常
26	三元件与阀件	检查分水滤气器、减压阀、油雾器工作应正常
27	贮气罐	检查管接头、孔加强圈密封处、封头结合等部位应无漏气、变形和严重锈蚀等现象
28	干燥器	检查管路接口的密封应良好，管路连接处应无泄漏，各部件与联接支架应牢固
		检查电源、漏电断路保护器、接地线、指示信号、冷媒压力等应正常
		检查干燥器排水管应通畅
		检查高分子隔膜式干燥器的露点显示情况应正常
29	安全防护	检查人体束缚装置应完好
		检查安全扶手、把手表面应光滑，固定应牢靠
		检查防撞设施应完好
		检查限位装置、超速保护装置、止逆装置、制动装置、锁紧装置等应有效可靠

（续）

序号	项　目	内容及要求
30	安全标识	检查操作盘安全标识应完好
		检查游乐设备各安全标识、语音提示器应正常
31	机械制动	检查制动装置应开闭灵活、可靠，制动蹄、摩擦片、制动盘、电磁线圈、弹簧、杠杆连轴等关键部位应无损坏
		检查赛车类手刹制动应灵活有效、定位准确、刹车到位
32	电磁式制动	检查电磁式制动装置应完好
33	机械安全装置	检查安全压杠固定旋转轴应灵活可靠，锁母无松动
		检查安全压板，棘爪与棘轮齿面应紧密啮合且旋转灵活自如，无缺齿现象，安全压板间隙不易过大
34	液压安全装置	检查液压缸伸缩运动应上下自如，无泄漏、无爬行和卡阻现象，液压系统油路应畅通，电磁阀开关应动作灵敏、可靠
35	气动安全装置	检查气缸上下伸缩运动及锁销定位应灵活自如，无渗漏和卡阻现象，气动三元件应完好无损，系统额定压力正常，密封性良好，无漏气现象，气动阀开关应灵敏、可靠
		检查弹簧气动杆无断裂、漏气现象，回位应灵活，锁紧装置应可靠
		检查板式制动装置应协调、可靠，保证系统额定压力，保证乘坐物顺利进站制动，制动闸衬的磨损量不得超标
36	电器控制	检查卷筒升降钢丝绳无过卷和松弛现象，钢丝绳的终端在卷筒上应留有不少于 3 圈的余量。其他机械限位装置及光电限位装置要检查元器件应灵敏可靠
		检查设备急停按钮应完好，动作应可靠，并采用凸起手动复位式
37	二次保险装置	检查止逆装置功能应良好、动作可靠，无严重锈蚀、结构件无开焊
		检查漂浮类充气装置应完好
		检查架空类防倒钩装置不应断裂
38	锁具	检查各种锁具应闭合到位，锁具应安全可靠
39	监控系统	检查报警系统工作应正常
		检查监视系统应可靠
		检查各种监测仪器应正常有效（如风速、温度、湿度、重力等）

2. 周维护保养项目内容及要求（见表8-2）

表8-2　游乐设施周维护保养项目内容及要求

序号	项　目	内容及要求
1	土建基础	检查设备与基础连接部位的应牢固可靠
		检查基础部分与地面的交接处、设备与平台的交接部位、连接楼面处梁、板不应出现裂缝等现象
		检查游乐设备基础防水层不应漏水
		检查游乐设备基础沉降情况
2	联轴器	检查弹性联轴器橡胶圈的磨损情况

（续）

序号	项　目	内容及要求
3	滑轮	检查固定应牢固
		应无开裂现象
		槽体磨损应均匀
4	牵引系统	检查支臂滑轮、牵引绳、齿圈、环形轨道板、轿厢、对重导轨润滑应良好
		检查链轮与其轴承应安装正确，齿轮啮合应正常，无偏磨损，润滑应良好
		检查传动链与牵引链张紧适当，给油适量，磨损正常，无断裂现象
5	车辆及连接部位	检查各部位的轴与衬套应无锈蚀、磨损、裂纹等缺陷
		检查车轮轴承运转情况应良好，给油应适量
6	回转支撑	定期填加润滑油脂一次，直至从密封处渗出油脂为止
		检查小齿轮和回转支撑齿面旋转应正常，无杂音，无偏啮合及偏磨损，润滑应良好
7	电缆及接插件	检查线路中各接点的连接应牢固可靠，无松动及氧化现象
		检查接插件及接头等的连接应良好
		检查线路、线缆的托架及防护装置应可靠
8	接地	检查电气柜的主接地点和电气柜的门，电动机的外壳，设备主体与基础的接地装置应可靠连接，紧固件无松动、生锈等不良现象
9	液压阀与集成电路	检查各阀件之间固定应牢固，密封应良好，紧固松动的连接螺栓
		调定液压阀的压力后，检查调节手柄螺母固定情况
10	滤油器	检查滤油器应完好及清洁
		检查滤芯应完好及清洁
11	管路油箱	检查结合部位的密封件应无渗漏情况
12	应急动力源	应急动力源设备应能正常运转，且应可靠有效
		检查应急动力源与液压系统及切换元件的链接功能应正常
13	回转接头	润滑一次
14	三元件与阀件	检查减压阀调压和稳压工况应正常
		检查油雾器润滑油的品质，并及时补充
		检查油雾器的滴油量应正常
15	密封件	检查液压系统中马达、阀件、集成电路、管路接口等连接应完好，密封无漏（滴）油现象
16	二次保险装置	检查二次保险装置应完好有效
17	安全保护装置	检查是否安全可靠
18	电气	检查绝缘是否符合要求，接地是否可靠

3. 月维护保养项目内容及要求（见表 8-3）

表 8-3　大型游乐设施月维护保养项目内容及要求

序号	项　目	内容及要求
1	记录	各种工作记录应建立健全
2	基础	游乐设备基础沉降情况应符合要求

（续）

序号	项　目	内容及要求
3	钢结构、金属材料、玻璃钢材料	结构件应无变形及断裂
		结构件应无严重锈蚀
		结构件重要焊缝应无开焊现象，应无严重锈蚀
		结构件中铸造件应无裂纹
		玻璃钢骨架应无裂纹、损坏及腐蚀现象
		玻璃钢体应无开裂破损现象
4	机械部分	空气压缩机中空气滤清器、机油滤清器应清洁完好
		空气压缩机中冷却器外表面、风扇叶片和机组周围应清洁完好
		空气压缩机中消声过滤器的过滤效果应良好
		检查回转支撑螺栓的预紧力应符合要求
		小齿轮和回转支撑齿面旋转应正常，应无杂音，应无偏啮合及偏磨损，润滑应良好
		检查减速器固定螺栓应无松动现象
		检查减速器机体应无裂纹及渗漏现象
		检查减速器轴承温升应正常
		联轴器安装情况应良好
		耦合器安装情况应良好
		轮桥各轴衬应无生锈、腐蚀、裂纹等缺陷，衬的磨损不能超过粉末冶金层
		检查全部滚动轴承应正常
		车轮总成架不应变形开焊
		检查牵引系统应润滑良好
		曳引钢丝绳表面的油污应清洁
5	电气控制系统	检查各带电元件的绝缘情况
		检查滑环（滑触线）表面应无局部烧毁的现象
		检查滑环（滑触线）的绝缘层应无破损、击穿的现象
		检查电刷的磨损情况和集电环的接触应良好
		检查各种电磁装置的吸合情况，电磁线圈应无过热情况发生
		检查各种电子装置（变频器、调速器、PLC、直流电源等）的通风散热情况、灰尘应清洁、接线应正常
		检查断路器开合状态应正常
		检查漏电断路器，漏电保护功能应正常
		检查接线应良好，无松动
		检查接地电阻应满足要求
6	备用电源	检查备用电源应有效可靠
7	液压气压传动系统	液压部件应固定牢固；检查马达连接螺栓、轴承座和轴承盖螺钉的松紧程度应良好
		液压阀与集成块动作应灵活、到位。响声正常。并检查电气线路接头连接情况，清洁电磁线圈污水油垢

（续）

序号	项　目	内容及要求
7	液压气压传动系统	液压阀与集成电路应无漏油情况，应无失效的密封件
		检查气动传动系统中传动带的拉力和表面破损程度，及时调整传动带的松紧度。传动带更换时，数根皮带应全部更换
		应清除干燥器及通风口周围的杂物，清除黏附在热交换器、冷凝器上的灰尘等脏物，保持其通风环境和散热效果良好
		管道使用中应无振动、冲击、窜动等情况。检查紧固支架的螺栓，并对管道磨损之处采取保护措施。检查气路板应无变形、漏气等情况
		检查电解液的液面应保持至规定高度（蓄电池电解液液面应超过极板 10～15mm）
		检查存放的蓄电池应定期补充充电
8	安全装置	检查游乐设备安全隔离装置
		检查游乐设备消防器材是否过期，拉环锁销是否完好，不符合要求的严格按防火规定年限更换
		制动装置必须为常闭式并有可调措施，在断电情况下，必须起到制动作用
		检查人体束缚装置、止逆装置、防碰撞装置、超速保护装置、限位装置等是否可靠有效
		采用充气轮胎驱动的架空类设备，其辅助二次保险轮系转动灵活

4. 年检

大型游乐设施每年应由相应的检验检测机构定期检测一次，但游乐设施是动态的，需要运营使用单位常态化的管理，所以要求在定期检验前，运营使用单位做好年检工作，年检的项目不得少于使用维护说明书和技术规范中的要求，可根据设备的特点增加检验项目，运营使用单位自检要特别关注几个方面：

1）无损检测，使用维护说明书中规定的重要的轴及销轴、重要焊缝，应按要求进行无损检测，无损检测机构应为经国家质检总局核准的机构。

2）避雷装置完好，避雷装置的接地电阻应不大于 30Ω。

3）压力容器应按要求检测合格。

4）重要零部件使用寿命应符合要求。

8.3　大型游乐设施的状态监视

对运转中的游乐设施整体或其零部件的技术状态进行检查与鉴定，以判断其运转是否正常，有无异常与劣化征兆，或对异常情况进行追踪，预测其劣化趋势，确定其劣化及磨损程度等，这种活动就称为状态监视。状态检视的目的在于掌握设备发生故障之前的异常征兆与劣化信息，以便事前采取针对性措施控制和防止故障的发生，从而减少故障停机时间与停机损失，降低维修费用和提高设备有效利用率。

对于在使用状态下的游乐设施进行不停机或在线监测，能够确切掌握设备的实际特性，有助于判定需要修复或更换的零部件和元器件，充分利用设备和零件的潜力，避免过剩维修，节约维修费用，减少停机损失。

8.3.1 状态监视在维修中的作用

自从世界上出现第一台机器到今天，设备维修的发展过程共经历了事后维修和预防性定期维修两个阶段。事后维修的特点是设备坏了才修，不坏不修。这种维修方式，显然会失去设备维修的最佳时机，增加了设备维修难度，增大了维修成本，延长了维修时间。预防性定期维修有三种具体形式：一是检查后维修；二是标准化维修；三是定期性维修。该类维修虽然强调以预防性为主，但是，定期维修计划的编制是否精确，计划与实际修理需要是否相适应，都直接取决于对其状态估计的精确性。由于过去检查手段落后，对设备状态的估计往往是主观的，特别对大型、复杂的设备，确定设备状态和制定修理期限时常会发生错误，加上定期维修过于强调维修的预防性，对维修的经济效果注意不够，只注意专业管理，忽视管理的群众性。所以，定期维修的综合效果往往是事倍功半。

随着设备状态监视技术和诊断技术的迅速发展，设备状态监视维修逐渐得到广泛的推广和应用，已成为当今国际科学维修技术与管理的发展方向。设备状态监视维修是一种以设备状态为依据的预防维修方式，它根据设备的日常点检、定检、状态监视和诊断提供的信息，经过统计分析来判断设备的劣化程度、故障部位和原因，并在故障发生前能进行适时和必要的维修。由于这种维修方式对设备失效的部位有着极强的针对性，修复时只需修理或更换将要或已损坏的零件，从而有效地避免意外故障和防止事故发生，减少了设备维修的成本，缩短了设备维修的时间。

8.3.2 状态监视的基本原理

状态监视是利用设备在运行过程中伴随而生的噪声、振动、温升、磨粒磨损和游乐设施的质量状况等信息，并受运行状态影响的效应现象，通过作业人员的感官功能或仪器获取这些信息的变化情况，作为判断设备运行是否正常，预测故障是否可能发生的依据。

（1）噪声和振动信息的监测　对噪声和振动强度的测量，可用以判断设备运行是否出现异常，然后进行分析故障发生的位置。比如游乐设施一般有异常响声时，设备肯定出现了问题，作业人员要在第一时间能听出来，并及时汇报排查，直至问题解决。

（2）温升信息的监测　对设备在规定运行时间内的滑动轴承、滚动轴承等处温度变化情况进行测量，通过发现热异常现象，判断设备的故障位置及预防出现故障。

（3）磨损磨粒信息的监测　对游乐设施在运行过程中产生的金属材料的磨损磨粒进行收集（如重要销轴的磨损检查等），并测量其直径大小和观察其形状特点，用以预防故障是否可能发生。

（4）游乐设施重要部件质量状况信息的监测　通过分析重要部件或重要结构的受力情况，并结合这些部位设计制造安装的情况，预测什么情况下容易失效，并可以采取相应的补救措施。

8.3.3 状态监视的常用方法

在游乐设备上常用的简易状态监视方法（针对作业人员）主要有听诊法、触测法和观察法等。这些方法作业人员基本都能很快地掌握。

（1）听诊法　游乐设备正常运行时，伴随发生的声响总是具有一定的音律和节奏，作业人员只要熟悉和掌握这些正常的音律和节奏，通过人的听觉功能就能对比出设备是否出现了异常噪声，判断设备内部是否出现的松动、冲击、不平衡等隐患。这种方法对游乐设施作业人员很重要，一般设备出现故障，伴有异常响声时，就要求作业人员注意力集中，多听多检查，及时发现故障点。如滚动轴承发出均匀而连续的咝咝声，这种声音由滚动体在内外圈内旋转而产生，包括与转速无关的不规则的金属振动声响。一般表现为轴承内加润滑油不够，应补充。如轴承在连续的哗哗声中发出均匀的周期性的"嘀罗"声，这种声音是由于滚动体和内外圈滚道出现伤痕，沟槽、锈蚀斑而引起的。

（2）触测法　游乐设施在运行一段时间后，用手的触觉可以检测设备的温升、振动及其间隙的变化情况。用手晃动机件可以感觉出 0.1～0.3mm 的间隙大小，用手触摸机件可以感觉振动的强弱变化和是否产生冲击。

（3）观察法　人的视觉可以观察设备的零部件有无松动、裂纹及其他损伤等；检查润滑是否正常，有无干摩擦和滴漏现象；检测设备运动是否正常，有无异常现象发生；观看设备上安装的各种反应设备工作状态的仪表指示数据的变化情况；通过测量工具和直接观察表面状况，检测设备质量出现的与设备工作状态有关的问题等；然后通过把观察的各种信息进行综合分析，就能对设备是否存在故障、故障部位、故障程度及故障原因做出判断。

以上简易监测对游乐设施日常维护保养有很好的指导作用，因此应将这些简易的方法应用到实际工作中，切实提高维护保养的质量。

8.3.4　游乐设施的润滑

1. 润滑的作用

游乐设施是大型游乐场经营的主要设备，为了能正常使用设备，就必须保证游乐设备经常处于良好的技术状态。这也就需要在产品设计阶段正确进行结构和润滑系统设计，选择适当的摩擦副材料及表面处理工艺；在生产阶段应注意保证游乐设施的制造质量；而在使用期间则必须重视游乐设施的维护保养。润滑是贯穿始终的重要环节。

任何游乐设施都是由若干零部件组合而成的，在设备运转过程中，可动零部件会在接触表面做相对运动，而有接触表面的相对运动就会有摩擦，就会消耗能量并造成零部件的磨损。据估计，世界能源的 1/3～1/2 消耗于摩擦发热，大约有 80% 的零件损坏是由于磨损而引起的。由此可见，由于摩擦与磨损所造成的损失是十分惊人的，好多游乐设施故障是由于润滑不正确引起的。

润滑是指在做相对运动的两个摩擦表面之间加入润滑剂，以减小摩擦和磨损。此外，润滑还可起到散热降温、防锈防尘、缓冲吸振等作用。因此，加强设备润滑，对提高摩擦副的耐磨性和游乐设施的可靠性，延长关键零部件的使用寿命，降低设备使用维修费用，减少机械设备故障，都有着重大意义。

游乐设施常常需要润滑的部位及零部件很多，例如齿轮、减速箱、轴承、重要销轴等，润滑在游乐设施的正常运转和维护保养中起着重要的作用。

（1）控制摩擦　对摩擦副进行润滑后，由于润滑剂介于对偶表面之间，使摩擦状态改变，相应摩擦因数及摩擦力也随之改变。试验证明：摩擦因数和摩擦力的大小，是随着半干摩擦、边界摩擦、半流体摩擦、流体摩擦的顺序递减的，即使在同种润滑状态下，因润滑剂种类及特性不同而不同。

（2）减少磨损　摩擦副的黏着磨损、磨粒磨损、表面疲劳磨损以及腐蚀磨损等，都与润滑条件有关。在润滑剂中加入抗氧化和抗腐蚀添加剂，有利于抑制腐蚀磨损；而加入油性抗磨添加剂，可以有效地减轻粘着磨损和表面疲劳磨损；流体润滑剂对摩擦副具有清洗作用，也可减轻磨粒磨损。

（3）降温冷却　降低摩擦副的温度是润滑的一个重要作用。众所周知，摩擦副运动时必须克服摩擦力而做功，消耗在克服摩擦力上的功全部转化为热量，其结果将引起摩擦副温度上升。摩擦热的大小与润滑状态有关，干摩擦热量最大，流体摩擦热量最小，而边界摩擦的热量则介于两者之间。因此，润滑是减少摩擦热的有效措施。摩擦副温度的高低，与摩擦热的高低有关，而半固体润滑剂的散热性则介于两者之间。由此可见，用液体润滑剂不仅可以实现液润滑，减少摩擦热的产生，而且还可以将摩擦热及时地带走。

（4）防止腐蚀　摩擦副不可避免地要与周围介质接触，引起腐蚀、锈蚀而损坏。在摩擦副对偶表面上，若有含防腐剂、防锈剂的润滑剂覆盖时，就可避免或减少由腐蚀而引起的损坏。

上述四点是润滑的主要作用。对于某些润滑而言，还有如下的独特作用：

①密封作用：半固体润滑剂具有自封作用，它不仅可以防止润滑剂流失，而且还可以防止水分和杂质等的侵入。使用在蒸汽机、压缩机和内燃机等设备上的润滑剂，不仅能保证润滑，而且也使气缸与活塞之间处于高度密封的状态，使之在运动中不漏气，起到密封作用并提高了效率。

②传递动力：有不少润滑剂具有传递动力的作用，如齿轮在啮合时，其动力不是齿面间直接传递，是通过一层润滑膜传递的。液压传动、液力传动都是以润滑剂作传动介质而传力的。

③减振作用：所有润滑剂都有在金属表面附着的能力，而且本身的剪切阻力小，所以在摩擦副对偶表面受到冲击载荷时，也都具有吸振的能力。如汽车的减振器就是利用油液减振的，当汽车车体上下振动时，就带动减振器中的活塞在密封液压缸中上下移动，缸中的油液则逆着活塞运动的方向，从活塞的一端流向另一端，通过液体摩擦将机械能吸收而达到稳定车体的目的。

2. 润滑剂的性能与选择

生产中常用的润滑剂包括润滑油、润滑脂、固体润滑剂、气体润滑剂及添加剂等几大类。其中矿物油和皂基润滑脂的性能稳定、成本低，应用最广；固体润滑剂如石墨、二硫化钼等耐高温、高压能力强，常用在高压、低速、高温处或不允许有油、脂污染的场合，也可以作为润滑油或润滑脂的添加剂使用；气体润滑剂包括空气、氢气及一些惰性气体，其摩擦因数很小，在轻载高速时有良好的润滑性能。当一般润滑剂不能满足某些特殊要求时，往往有针对性地加入适量的添加剂来改善润滑剂的黏度、油性、抗氧化、抗锈和抗泡沫等性能。

（1）润滑油　润滑油的特点是流动性好，内摩擦因数小，冷却作用较好，可用于高速机械。更换润滑油时可不拆开机器，因油容易从箱体内流出，故常需采用结构比较复杂的密封装置，而且需经常加油。润滑油具有黏度、油性、闪点、凝点和倾点等性能。

1）黏度。黏度是润滑油最重要的物理性能指标。它反映了液体内部产生相对运动时分子间内摩擦阻力的大小。润滑油黏度越大，承载能力也越大。润滑油的黏度并不是固定不变的，而是随着温度和压强而变化的。当温度升高时，黏度降低；压力增大时，黏度增高。润滑油的黏度分为动力黏度、运动黏度和相对黏度，各黏度的具体含义及换算关系可参看有关标准。

2）油性。油性又称为润滑性，是指润滑油润湿或吸附于摩擦表面构成边界油膜的能力。这层油膜如果对摩擦表面的吸附力大，不易破裂，则润滑油的油性就好。油性受温度的影响较大，温度越高，油的吸附能力越低，油性越差。

3）闪点。润滑油在火焰下闪烁时的最低温度称为闪点，它是衡量润滑油易燃性的一项指标，也是表示润滑油蒸发性的指标。油蒸发性越大，其闪点越低。润滑油的使用温度应低于闪点 20 ~ 30℃。

4）凝点。凝点是指在规定的冷却条件下，润滑油冷却到不能流动时的最高温度，润滑油的使用温度应比凝点高 5 ~ 7℃。

5）倾点。倾点是润滑油在规定的条件下，冷却到能继续流动的最低温度，润滑油的使用温度应高于倾点 3℃以上。

润滑油的选用原则是：载荷大或变载、冲击载荷，加工粗糙或未经跑合的表面，宜选用黏度较高的润滑油；转速高时，为减少润滑油内部的摩擦功耗，或采用循环润滑、芯捻润滑等场合，宜选用黏度低的润滑油；工作温度高时，宜选用黏度高的润滑油。

（2）润滑脂　润滑脂习惯上称为黄油或干油，是一种稠化的润滑油。其油膜强度高，粘附性好，不易流失，密封简单，使用时间长，受温度的影响小，对载荷性质、运动速度的变化等有较大的适应范围，因此常应用在不允许润滑油滴落或漏出引起污染的地方（如纺织机械、食品机械等）、加（换）油不方便的地方、不清洁而又不易密封的地方（润滑脂本身就是密封介质），以及特别低速、重载、间歇运动、摇摆运动等机械设备等。润滑脂的缺点是内摩擦大，起动阻力大，流动性和散热性差，更换、清洗时需停机后拆开机器。

润滑脂的主要性能指标有滴点和锥入度。滴点是指在规定的条件下，将润滑脂加热至从标准的测量杯孔滴下第一滴时的温度，它反映了润滑脂的耐高温能力。选择润滑脂时，工作温度应低于滴点 15 ~ 20℃。锥入度是衡量润滑脂粘稠程度的指标，它是指将一个标准的锥形体，置于 25℃的润滑脂表面，在其自重作用下，该锥形体沉入脂内的深度（以 0.1 为单位）。国产润滑脂都是按锥入度的大小编号的，一般使用 2、3、4 号。锥入度越大的润滑脂，其稠度越小，编号的顺序数字也越小。

根据稠化剂皂基的不同，润滑脂主要有：钙基润滑脂、钠基润滑脂、锂基润滑脂、铝基润滑脂等类型。选用润滑脂类型的主要根据是润滑零件的工作温度、工作速度和工作环境条件。

3. 润滑装置

游乐设施中常见的润滑方式为油润滑，油润滑是工业上常用的润滑方法。由于润滑油的散热效果佳、易于过滤除去杂质、流动性较好，因而适用于所有速度范围的润滑。润滑油还可以循环使用，换油也比较方便，但是油润滑密封比较困难。游乐设施的油润滑有分散润滑和集中润滑等方法，润滑装置有油润滑装置、脂润滑装置、固体润滑装置和气体润滑装置等。

（1）油润滑装置

1）手工润滑。手工润滑是一种最普遍、最简单的方法。一般是由设备操作人员用油壶或油枪向注油孔、油嘴加润滑油。润滑油注入油孔后，沿着摩擦副对偶表面扩散以进行润滑。因润滑油量不均匀、不连续、无压力而且依靠操作人员手感操作，有时不够可靠，所以只适用于低速、轻负荷和间歇工作的部件和部位，如开式齿轮、链条、钢丝绳等。

2）滴油润滑。滴油润滑主要是滴油式油杯润滑，它依靠润滑油的自重向润滑部位滴油，图 8-1 所示为依靠油的自重向润滑部位滴入。滴油式油杯的构造简单，使用方便。其缺点是给油量不易控制，对机械的振动、温度的变化和液面的高低都会改变滴油量。

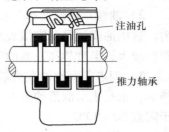

图 8-1　滴油式油杯

3）油池润滑。油池润滑是依靠淹没在润滑油池中的旋转零件，将润滑油带到需润滑的部位进行润滑。这种润滑方法适用于封闭箱体内转速较低的摩擦副，如齿轮副、蜗杆蜗轮副、凸轮副等。油池润滑的优点是自动可靠，给油充足。其缺点是润滑油的内摩擦损失较大，且易引起发热，油池中的润滑油可能积聚冷凝水。

4）飞溅润滑装置。当回转件的圆周速度较大，介于 5～12m/s 之间时，润滑油飞溅雾化成小滴飞起，直接散落到需要润滑的零件上，或先溅到集油器中，然后经油沟流入润滑部位，这种方式称为飞溅润滑。这种装置结构简单，工作可靠。

5）油绳、油垫润滑。这种润滑装置是用油绳、毡垫或泡沫塑料等浸在油中，利用毛细管的虹吸作用进行供油。图 8-2 所示为油绳式油杯，图 8-3 所示为用油绳润滑的推力轴承。图 8-4 所示为用毡垫润滑的滑动轴承。这种装置多用于低速、中速的机械上。

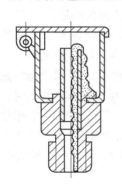  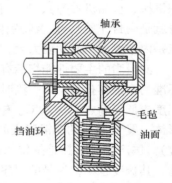

图 8-2　油绳式油杯　　　图 8-3　用油绳润滑的推力轴承　　　图 8-4　用毡垫润滑的滑动轴承

6）油环、油链润滑装置。油环、油链润滑装置是依靠套在轴上的环或链把油从池中带到轴上再流向润滑部位，如图 8-5 和图 8-6 所示。

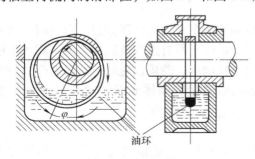 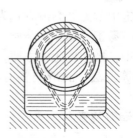

图 8-5　油环润滑　　　　　　　　　图 8-6　油链润滑

7）喷油润滑装置。当回转件的圆周速度超过 12m/s 时，采用喷油润滑装置。它是用喷嘴将液压油喷到摩擦副上，由液压泵以一定的压力提供油液。

8）油雾润滑装置。油雾润滑是利用压缩空气将油雾化，再经喷嘴喷射到所润滑表面。

（2）脂润滑装置　润滑脂是非牛顿型流体，与油相比较，脂的流动性、冷却效果都较差，杂质也不易除去。因此，脂润滑多用于低、中速机械。脂润滑装置分为手工润滑装置、滴下润滑装置、集中润滑装置三种。

（3）固体润滑装置　固体润滑剂用于整体润滑、覆盖膜润、组合和复合材料润滑、粉末润滑等。

（4）气体润滑装置　气体润滑一般用于强制供气润滑系统。

游乐设施零部件种类很多，其结构形式、工作条件、速度、负荷、精度等各不相同，对润滑剂的要求也不同，如果解决得不好，就会加速摩擦，进而加速磨损，甚至发生严重事故。因此，必须按设备的零部件不同情况，慎重选择润滑材料。

4. 典型零部件的润滑

（1）滚动轴承的润滑

1）滚动轴承的特点：滚动轴承既有滚动摩擦也有滑动摩擦。滑动摩擦是由于滚动轴承在表面曲线上的偏差和负载下轴承变形造成的。随着速度和负荷增加，滚动轴承的滑动摩擦增大。为了减少摩擦、磨损，降低温升、噪声，防止轴承和部件生锈，就必须采用合理的润滑方式和正确地选用润滑剂，适宜地控制润滑剂数量，以提高轴承的使用寿命。

①滚动轴承使用润滑油润滑的优点：

a. 在一定的操作规范下，使用润滑油比润滑脂润滑的起动力矩和摩擦损失显著要小。

b. 由于润滑油可在循环中带走热量起到冷却作用，故能使轴承达到相对较高的转动速度。

c. 可保证达到较高的使用温度。

d. 用润滑油时，不必拆卸有关联接部件；而在更换润滑脂时，必须拆卸有关联接部件。

e. 在减速箱中的轴承用润滑油是很合适的，因为可用飞溅方式同时使润滑齿轮和轴承润滑。

f. 在轴承中润滑脂逐步被产品磨损的产物、磨料、从外经密封装置渗透的和自身老化的产物所沾污，如不及时替换，则引起轴承加速磨损，而用润滑油时，可经过过滤而保证其正常运转。

②滚动轴承使用润滑脂润滑的优点：

a. 个别需用手经常加油的轴承点，如换用脂则既省事又可避免缺油。

b. 脂本身就有密封作用，这样可允许简化密封程度不高的机构。

c. 经验证明在一定转速范围内（$n < 20000$r/min 或 $DN < 20000$mm·r/min），用锂基脂润滑比用滴油法润滑有更低的温升和更长的轴承寿命。

2）滚动轴承选用润滑脂应考虑的因素：

①速度。主轴转速和轴承内径是滚动轴承选用润滑油还是润滑脂的重要依据，通常使用润滑脂时各种轴都有一个使用速度极限，不同的轴承速度极限相差很大，通常以 DN 值来表示。一般原则是速度越高，选择锥入度越大（锥入度越大则润滑脂越软）的润滑脂，以减少其摩擦阻力。但过软的润滑脂，在离心力作用下，其润滑能力则降低。根据经验，对 $n =$

20000r/min 的主轴，若用球轴承，其脂的锥入度宜在 220～250，当 $n=10000$r/min 时，选锥入度为 175～205 的脂；若用滚锥、滚子轴承，由于它们与主轴配合比较紧密，甚至有些过盈结构，因此即使主轴转速 $n=1000$r/min 左右，其用脂的锥入度应在 245～295 范围内。

②温度。轴承的温度条件及变化的幅度对润滑脂的润滑作用和寿命有明显的影响，润滑脂是胶体分散体系，它的可塑性和相似黏度随着温度而变化。当温度升高时，润滑脂的基础油会产生蒸发、氧化变质，润滑脂的胶体结构也会变化而加速分油。当温度达到润滑脂稠化剂的熔点或稠化纤维骨架维系基础油的临界点时，其胶体结构将完全破坏，润滑脂不能继续使用。如果温度变化幅度大且温度变化频繁，则其凝胶分油现象更为严重。一般讲，润滑脂高温失效的主要原因都是由凝胶萎缩和基础油的蒸发而造成的，当基础油损失达 50%～60% 时，润滑脂即损失了润滑能力。轴承温度每升高 10～15℃，润滑脂的寿命缩短一倍。

在高温部位润滑时，要考虑选用抗氧化性好、热蒸发损失小、滴点高的润滑脂。在低温下使用，要选用相似黏度小，低起动阻力的润滑脂。这类润滑脂的基础油大多是合成油，如酯类油、硅油等，它们都具有低温性能。

③载荷。对于重载荷机械在使用润滑脂润滑时，应选用基础油黏度高、稠化剂含量高的润滑脂，稠度大的润滑脂可以承受较高载荷或选用加有极压添加剂或填料（二硫化钼、石墨）的润滑脂。对于低、中载荷的机械，应选用 1 号或者 2 号稠度的短纤维润滑脂，基础油以中等黏度为宜。

④环境条件。环境条件是指润滑部位的工作环境和所接触的介质，如空气湿度、尘埃以及是否有腐蚀性介质等。在潮湿环境或水接触的情况下，要选用抗水性好的润滑脂如钙基、锂基、复合钙基脂。条件苛刻时，应选用加有防锈剂的润滑脂。处在有强烈化学介质环境的润滑部件，应选用抗化学介质的合成油润滑脂，如氟碳润滑脂等。

（2）动压滑动轴承的润滑

1）动压滑动轴承润滑剂的选择。动压滑动轴承是滑动轴承中应用最广泛的一类，包括液体（油与非油润滑介质）与气体动压润滑两种类型。油润滑动压轴承，包括有单油楔（整体式）、双油楔、多油楔（整体或可倾瓦式）、阶梯面等多种类型，润滑特点各有不同，一般要求在回转时产生动压效应，主轴与轴承的间隔较小（高精度机床要求达到 1～3μm），有较高的刚度，温升较低等。

动压滑动轴承一般使用普通矿物润滑油和润滑脂作为润滑剂，在特殊情况下（如高温系统），可选用合成油、水和其他液体，在选择滑动轴承润滑油时应考虑如下因素：

①载荷。根据一般规律，重载荷应采用较高黏度的油，轻载荷采用较低黏度的油，为了衡量滑动轴承负荷的大小，一般以轴承单位面积所承受的载荷大小来决定。

②速度。主轴线速度高低是选择润滑油黏度的重要因素。根据油楔形成的理论，高速时，主轴与轴承之间的润滑处于液体润滑的范围，必须采用低黏度的油以降低内摩擦；低速时，处于边界润滑的范围，必须采用高黏度的油。

③主轴与轴承间隙。主轴与轴承之间的间隙取决于工作温度、载荷、最小油膜厚度、摩擦损失、轴与轴承的偏心度、轴与轴承的表面粗糙度等要求。间隙小的轴承要求采用低黏度油，间隙大的采用高黏度油。

④轴承温度。对于普通滑动轴承，影响轴承温度的最重要的性质是润滑剂的黏度。黏度太低，轴承的承载能力不够，黏度太高，功率损耗和运转温度将会不必要地过高。由于矿物

油的黏度随着温度升高而降低。所以，润滑剂的性能在很大程度上决定于在其配制过程中基油的黏度和稠化剂的种类。

⑤轴承结构。载荷、速度、间隙、速度、温度、轴承结构等并不是单一影响因素，在选择滑动轴承润滑油时，要综合考虑这些因素的影响。

2）动压滑动轴承润滑脂的选用。

动压滑动轴承可以采用润滑脂进行润滑，在选择润滑脂时应考虑以下几点：

①轴承载荷大，转速低时，应选择锥入度小的润滑脂；反之要选择锥入度较大的。高速的轴承选用锥入度小、机械安定性好的润滑脂。特别注意的是润滑脂的基础油的黏度要低。

②选择润滑脂的滴点一般高于工作温度 20～30℃，在高温连续运转的情况下，注意不要超过润滑脂允许的使用温度范围。

③滑动轴承在水淋或潮湿环境里工作时，应选择抗水性能好的钙基、铝基或锂基润滑脂。

④选择具有较好粘附性能的润滑脂。

（3）液体静压轴承的润滑

1）静压轴承的特点：静压轴承是利用静压润滑原理润滑的滑动轴承。通过外部液压油把主轴支承起来，在任何转速下（包括起动和停车）轴颈和轴承均有一层油膜分离摩擦表面，与轴的转数和油的黏度无关，摩擦副处于流体润滑状态，不发生金属接触。因此有极低的摩擦，其摩擦因数为 0.0003～0.001。即使使用低黏度液体、水和液压介质等也能承受载荷的变化。

流体静压轴承的优点是，在起动时为流体摩擦，几乎没有磨损。由于轴与轴承之间有相当高的压力油，其油膜具有良好的抗振性能。静压轴承的承载能力较大，而承载能力取决于泵的压力和支承的结构尺寸。

2）静压轴承对润滑油的选用：静压轴承所用润滑油应不易挥发，使其在长时间运转过程中保持稳定的黏度；抗氧化性能好，使其在运转期间不致氧化结胶，堵塞通道；没有腐蚀性等要求，并要根据以下节流形式来选择：

①毛细管节流形式一般采用 15 号轴承油和 32 号液压油或 10 号变压器油和 32 号汽轮机油，反之，则用黏度较高的油。

②小孔节流形式一般采用 50% 的 2 号轴承油加 50% 的 5 号轴承油。也可用白煤油和 32 号汽轮机油的混合油（黏度调成 $5mm^2/s$，40℃），并把它加热到 70℃，加入 0.2% 的 2，6-二叔丁基对甲酚或其他抗氧化添加剂。

③薄膜反馈节流形式一般采用 15 号轴承油、32 号液压油或 46 号液压油，也可用 10 号变压器油、32 号汽轮机油或 46 号汽轮机油。在高速轻载荷的情况下，用 15 号轴承油，在低速重载荷的情况下，用 46 号液压油，在中速中载荷时，则用 32 号液压油。

（4）齿轮传动的润滑　开式及半开式齿轮传动，或速度较低的闭式齿轮传动，通常用人工作周期性加油润滑，所用润滑剂为润滑油或润滑脂。

通用的闭式齿轮传动，其润滑方法根据齿轮的圆周速度大小而定。当齿轮的圆周速度 v <12m/s 时，常将大齿轮的轮齿浸入油地中进行浸油润滑，如图 8-7 所示。这样，齿轮在传动时，就把润滑油带到啮合的齿面上，同时也将油甩到箱壁上以散热。齿轮浸入油中的深度可视齿轮的圆周速度大小而定，对圆柱齿轮油深通常不超过一个齿高，但一般不应小于

10mm；对锥齿轮应浸入全齿宽，至少应浸入齿宽的 1/2。在多级齿轮传动中，可用带油轮将油带到未浸入油池内的齿轮的齿面上，如图 8-8 所示。

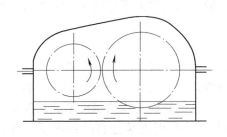

图 8-7　浸油润滑

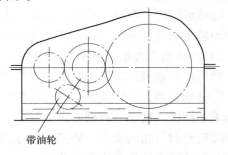

带油轮

图 8-8　用带油轮带油

　　油池中的油量多少，取决于齿轮传递功率的大小。对单级传动，每传递 1kW 的功率，需油量为 0.35~0.7L；对于多级传动，需油量按级数成倍地增加。

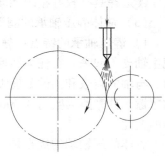

　　当齿轮的圆周速度 $v>12\text{m/s}$ 时，应采用喷油润滑，如图 8-9 所示，即由液压泵或中心供油站以一定的压力用喷嘴将润滑油喷到轮齿的啮合面上。当 $v\leqslant25\text{m/s}$ 时，喷嘴位于轮齿啮入边；当 $v>25\text{m/s}$ 时，喷嘴应位于轮齿啮出的一边，以便用润滑油及时冷却刚啮合过的轮齿，同时也对轮齿进行润滑。

　　开式齿轮传动中易落入灰尘、切屑等外部介质而造成润滑油污染，齿轮易于产生磨料磨损。当对开式齿轮给以覆盖时，在相同的工作条件下，开式齿轮的润滑要求与闭式齿轮相同。开式齿轮传动通常使用高黏度油、沥青质润滑剂或润

图 8-9　喷油润滑

滑脂，并在比较低的速度下能有效工作。现有三个档次的分类，即普通开式齿轮油（CKH）、极压开式齿轮油（CKJ）及溶剂稀释型开式齿轮油（CKM）。

　　在决定开式齿轮传动润滑油时，应考虑下列因素：封闭程度、圆周速度、齿轮直径尺寸、环境、润滑油的使用方法和齿轮的可接近性。

　　除了在某些场合下润滑油可以循环回流外，此时应设置油池。开式齿轮传动的润滑方法一般是全损耗型的，而任何全损耗型润滑系统，最终在其齿轮表面只有薄层覆盖膜，它们常处在边界润滑条件下，因为当新油或脂补充到齿面时，由于齿面压力作用而挤出，加上齿轮回转时离心力等的综合作用，只能在齿面上留下一层薄油膜，再加上考虑齿轮磨合作用，因此润滑油必须具备高黏度或高稠度和较强的粘附性，以确保有一层连续的油膜保持在齿轮表面上。

　　开式齿轮暴露在变化的环境条件中工作，如果齿轮上的润滑剂被抛离，那么损坏齿轮的危险依然存在。

　　开式齿轮传动润滑油的最通用类型是一种像焦油沥青那样具有黑色、胶粘的极重石油残渣材料，这种材料对齿轮起保护作用，要使用它们，必须加热软化。现在一般是通过供油者加一种溶剂，使它们变成一种液体，这种溶剂是一种挥发性无毒的碳氢化合物，使用时直接涂上或喷上，当溶剂挥发后，有一层塑性的类似橡胶膜覆盖在齿面上，以达到阻止磨损、灰尘和水的损害，最终达到保护齿轮的目的。某些类型的开式齿轮润滑剂要加入极压抗磨添加

剂，当它们与大气接触后，就能较稠而牢固地附着在齿轮表面，以阻止灰尘的沉积和水的侵蚀。

在考虑润滑方式时，应该知道：循环油比周期性加油对齿轮润滑更有效和方便。对于小开式齿轮和齿轮轮系可使用比较软的润滑脂。

（5）链传动的润滑　对于链传动，即使链条和链轮设计得非常符合使用条件和环境，但是如果润滑不良，则不可能充分发挥设计的性能和保证使用寿命。链条在使用中良好的润滑和润滑不良，其磨损量可相差 200～300 倍，一旦润滑不充分，则销轴和套筒将发生磨损，并由此引起链条与链轮啮合失调，噪声增大，链节伸长，甚至造成断链事故。特别是滑行类游乐设施，滚子与套筒之间如润滑不良，将造成这些零件早期严重磨损而无法继续使用。因此，选择好润滑油黏度、给油位置及方法、给油间隔和注油量等合理方案，使链条各摩擦表面之间充分润滑，是发挥链条性能的至关重要的措施。通过润滑，可以减少摩擦副的磨损，减少动力消耗，防止发生粘着磨损引起的胶合，消除因摩擦而产生的过热，保证传动平稳并延长使用寿命。

1）润滑材料的选择。只要能减少摩擦副之间的摩擦与磨损，降低摩擦阻力的一切减磨物质都可以作为润滑材料。可用于链条润滑剂的其种类繁多，有润滑油，润滑脂、固体润滑剂等。但在选择链条传动润滑剂时，必须考虑润滑形式、环境温度、链条规格之间配合。一般都使用化学性质稳定的优质矿物油，以成分纯净、不易氧化、不含杂质的为最佳。至于各种用过了的油或脂类，可能含有的微小颗粒及腐蚀性成分，会造成链条死节等故障，所以绝对不可以用作链传动润滑剂。链条润滑油选用方案见表 8-4。

表 8-4　链条润滑油选用方案

润滑形式		A 型和 B 型			C 型		
环境温度		0℃以下	0～40℃	40～60℃	0℃以下	0～40℃	40～60℃
链条 型号	0A-12A	HJ10	HJ20	HJ30	HJ10	HJ20	HJ30
	6A-40A	HJ10	HJ30	HJ40	HJ20	HJ30	HJ40

链条在出厂前必须渗防锈润滑油，为了防止运输保管时滴油流失，往往在润滑油中加入稠化剂，一般各制造厂家都自行调制。

2）润滑部位及给油方式。链传动润滑方式根据使用工况的不同分为三种：手工给油或滴油润滑方式；油池润滑方式；液压泵强制给油润滑方式。

对于 B 型渗油润滑和 C 型强制润滑，各部位都能充分润滑。而对于 A 型手工给油或滴油润滑方式则必须保证润滑油充满金属之间产生摩擦的部位，它主要有：销轴与套筒之间，可以防止过度磨损而伸长；套筒与滚子之间，可以减少两者之间的磨损，同时其间的油膜还能起到减缓冲击，以防滚子和套筒碎裂和减少噪声的作用。当润滑油充满间隙，特别是在链条松边给油，可以使油充满各摩擦副间隙之中，能有效地防止金属之间直接接触，从而延长链条的使用寿命，同时润滑油也可防链条的锈蚀。

第9章

大型游乐设施的失效分析

9.1 失效分析的基本概念及方法

9.1.1 失效分析的基本概念

有关标准给出了失效和故障的定义,但稍有差异:

1.《机械安全 设计通则 风险评估与风险减小》(GB/T 15706—2012)关于失效和故障的术语

(1)失效(failure) 产品完成要求功能能力的中断。

注1:失效后产品处于失效状态。

注2:"失效"与"故障"的区别在于,失效是一次事件,故障是一种状态。

注3:这里定义的失效不适用于软件构成的产品。

(2)故障(fault) 产品不能完成要求功能的状态。预防性维护或其他计划性活动或因缺乏外部资源的情况除外。

注1:故障通常是产品自身失效引起的,但即使失效为发生,故障也可能存在。

注2:在机械领域,术语"故障(fault)"通常是按照 IEV 191-05-01 给出的定义等同使用。

注3:实际中,术语"故障(fault)"和"失效(fault)"通常作为同义词使用。

2.《机械安全 机械电气设备 第1部分:通用技术条件》(GB/T 5226.1—2002)关于失效和故障的术语

(1)失效(failure) 执行某项规定功能能力的终结。

注1:失效后,该功能项有故障。

注2:"失效"是一个事件,而区别于作为一种状态的"故障"。

注3:本概念作为定义,不适用于仅由软件组成的功能项目。

注4:实际上,故障和失效这两个术语经常做同位语用。

(2)故障(fault) 不能执行某项规定功能的一种特征状态。它不包括在预防性维护或其他有计划的行动期间,以及因缺乏外部资源条件下不能执行规定的功能。

注1:故障经常作为功能项本身失效的结果,但也许在失效前就已经存在。

注2:英语用术语"fault"及其定义与 IEC 60050-191-1990 中给出的等同。在机械领域,这一术语法语用"defaut",德语用"Fehler"而不用"panne"和"Fehlzustand"。

3.《机械安全 机械电气设备 第32部分:起重机械技术条件》(GB/T 5226.2—2002)关于失效和故障的术语

(1)失效(failure) 执行某项规定功能能力的终结。

注 1：失效后，该功能项有故障。

注 2：失效是一个事件，其区别于作为一种状态的"故障"。

注 3：本概念作为定义，不适用于仅包含软件的功能项目。

注 4：实际上，术语故障和失效常常混用。

（2）故障（fault）　功能项所表征的不能执行某种规定功能的状态。在预防性维护或其他有计划的操作过程中，或者因缺乏外部资源时的功能丧失除外。

注 1：故障经常是功能项本身失效的结果，但可能在失效前就已经存在。

注 2：英语"故障"一词及其定义与在 GB/T 14733.3 中 191.05.01 是一致的。但在机械领域中，法语和德语中常不用看上去符合定义的"panne"与"Fehlzustand"，而用"defaut"与"Fehler"。

4. 《可靠性、维修性术语》（GB/T 3187—1994）**关于失效和故障的术语**

（1）失效　产品终止完成规定功能的能力这样的事件。它包括致命失效、非致命失效、误用失效、误操作失效、弱质失效、设计失效、制造失效、突然失效、老化失效、耗损失效、渐变失效和漂移失效等。

（2）致命失效　可能导致人员伤亡、重要物件损坏或其他不可容忍后果的失效。

（3）非致命失效　不太可能导致人员伤亡、重要物件损坏或其他不可容忍后果的失效。

（4）误用失效　使用中施加的应力超出产品允许范围引起的失效。

（5）误操作失效　由于对产品操作不当或粗心引起的失效。

（6）弱质失效　施加的应力未超出产品允许范围而由于产品本身薄弱引起的失效。

（7）设计失效　产品设计不当造成的失效。

（8）制造失效　由于产品的制造未按设计或规定的制造工艺造成的失效。

（9）老化失效（耗损失效）　失效概率随时间的推移而增大的失效。它是产品固有过程的结果。

（10）突然失效　事前的检测或监测不能预测到的失效。

（11）渐变失效漂移失效　产品规定的性能随时间的推移逐渐变化产生的失效。这种失效通过事前的检测或监测是可以预测的，有时可通过预防性维修加以避免。

（12）灾变失效　使产品完全不能完成所有规定功能的突然失效。

（13）关联失效　在解释试验或工作结果或者计算可靠性量值时必须计入的失效。计入的准则应加以规定。

（14）非关联失效　在解释试验或工作结果或者计算可靠性量值时应予以排除的失效。排除的准则应加以规定。

（15）独立失效　不是由另一个产品的失效或故障直接或间接引起的产品的失效。

（16）从属失效　由另一个产品的失效或故障直接或间接引起的产品的失效。

（17）失效原因　引起失效的设计制造或使用阶段的有关事项。

（18）失效机理　引起失效的物理化学或其他过程。

（19）系统性失效（重复性失效）　肯定与某个原因有关的，只有通过修改设计或制造工艺、操作程序、文件或其他关联因素才能消除的失效。无修改措施的修复性维修通常是不能消除这种失效原因。这种失效可以通过模拟失效原因诱发。

（20）完全失效　完全不能完成全部规定功能的失效。

（21）退化失效　兼有渐变失效和部分失效的失效。

（22）部分失效　非完全失效的失效。

（23）失效分析　为确定和分析失效机理、失效原因及失效后果对失效的产品所做的系统检查。

9.1.2　故障的基本概念

（1）故障　产品不能执行规定功能的状态预防性维修或其他计划性活动或缺乏外部资源的情况除外。故障通常是产品本身失效后的状态但也可能在失效前就存在。

（2）致命故障　可能导致人员伤亡、重要物件损坏或其他不可容忍后果的故障。

（3）非致命故障　不太可能导致人员伤亡、重要物件损坏或其他不可容忍后果的故障。

（4）重要故障　影响主要功能的故障。

（5）次要故障　未影响主要功能的故障。

（6）误用故障　使用中施加的应力超出产品允许范围引起的故障。

（7）误操作故障　由于对产品操作不当或粗心引起的故障。

（8）弱质故障　施加的应力未超出产品允许范围而由于产品本身薄弱引起的故障。

（9）设计故障　产品设计不当造成的故障。

（10）制造故障　由于产品的制造未按设计或规定的制造工艺造成的故障。

（11）老化故障（耗损故障）　由发生概率随时间增大的失效产生的故障。它是产品固有过程的结果。

（12）程序敏感故障　执行某些特殊指令序列时出现的故障。

（13）数据敏感故障　处理特殊形式的数据时出现的故障。

（14）完全故障（功能阻碍故障）　产品完全不能执行所有规定功能的故障。

（15）部分故障　非完全故障的产品的故障。

（16）持久故障　产品在完成修复性维修之前持续存在的故障。

（17）间歇故障　产品未经任何修复性维修而在有限的持续时间内自行恢复执行规定功能的故障。这种故障往往是反复出现的。

（18）确定性故障　某种动作产生某种响应的产品所具有的一种故障。该故障表现为对所有动作产生的响应是不变的。

（19）非确定性故障　某种动作产生某种响应的产品所具有的一种故障。该故障表现为响应的差错依赖于所采取的动作。例如数据敏感故障可能就是一种非确定性故障。

（20）潜在故障　确实存在而尚未发觉的故障。

（21）系统性故障　系统性失效后的故障。

（22）故障模式　相对于给定的规定功能故障产品的一种状态。

（23）故障产品　有故障的产品。

9.1.3　失效分析

1. 失效分析概述

（1）概念　失效分析通常是指对失效产品为寻找失效原因和预防措施所进行的一切技术活动，也就是研究失效现象的特征和规律，从而找出失效的模式和原因。失效分析是一门综合性的质量系统工程，是一门解决材料、工程结构、系统组元等质量问题的工程学。它的任务是既要揭示产品功能失效的模式和原因，找出失效的机理和规律，又要找出纠正和预防失效的措施。

失效分析学（即失效学）是人类长期生产实践的总结，它涉及广泛的学科领域和技术范畴。失效分析与其他学科的关系如图 9-1 所示。

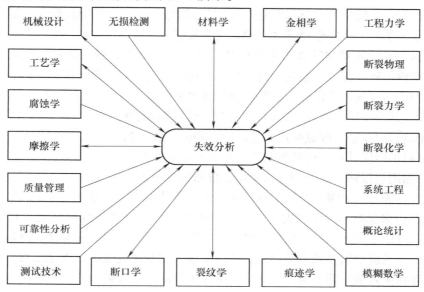

图 9-1　失效分析学与其他学科的关系

要进行失效分析，需要深厚的力学、材料学、化学、数学、断口学、裂纹学、痕迹学及机械装备设计、制造、使用、检测、管理等方面的知识，许多学科可分为失效分析。而通过失效分析，其结果可为其他学科提供新的反馈资料来促进其发展。

（2）失效模式　失效模式是指失效在外在的宏观表现形式和过程规律。一般理解为失效的性质和类型，如断裂失效、变形失效、腐蚀失效、磨损失效等。断裂失效又分为脆性断裂失效、疲劳断裂失效和任性断裂失效等二级失效模式。

（3）失效机理　失效机理是导致失效的物理、化学、热力学或其他过程。

（4）损伤　该术语常见于承压设备，是指承压设备在外部机械力、介质环境、热作用单独作用或共同作用下，造成材料的性能下降、结构不连续或承载能力下降。

2. 失效分析的作用和意义

（1）促进科学技术的发展　失效分析是对事物认识的一个复杂过程，通过多学科交叉分析，找到失效原因，不仅可以防止同样的失效再次发生，而且能更进一步完善装备构件的功能，并促进与之相关的各项工作的改进。

19 世纪中期，蒸汽机的应用促进了铁路运输的快速发展，给人类的工作和生活带来了极大的便利，但随后不久频繁发生因车轴断裂的火车出轨事故。通过对大量断轴进行失效分析和试验研究工作，发现裂纹均从轮座内缘尖角处开始，从而认识到：金属构件在交变应力的作用下，即使该应力远低于金属材料的抗拉强度，经过一定的循环累积，也会发生断裂，即"疲劳"。后来经过研究人员的深入系统研究，使疲劳断裂成为金属材料强度学中的一个重要领域，并设计了疲劳试验机，确立了"疲劳极限"的概念，提出了抗疲劳设计方法。研制出了抗疲劳性能良好的金属材料、结构和成形工艺。

第二次世界大战期间，美国有4694艘全焊接结构"自由轮"，其中1289艘发生不同程度的失效，238艘断成两截或严重损坏而报废，19艘沉没，24艘甲板完全断裂。事故大多发生在美国—冰岛—英国这条北大西洋航线上，这里气温都在0℃以下。战后展开了大量的失效分析，认识到：钢材的"低温脆化"及"缺口敏感性"，即碳钢或低合金钢存在脆性转变温度，在低于某一温度就会变脆（对缺口极为敏感）。

（2）促进产品的质量和管理水平的提高　产品的失效与设计、选材、制造、检验、安装、使用、管理等环节有关。通过失效分析，不断将失效原因、预防措施反馈到技术制造等部门，进行相应的改进，可促进产品质量和管理水平的提高。

1）向设计部门反馈：改进产品设计，完善设计技术规范。

2）向制造部门反馈：改进生产工艺，创新和推广新工艺。

3）向材料部门反馈：合理选择材料，开发和研制新材料。

4）向产品用户反馈：健全和完善使用、维修管理制度。

可以说，失效分析是提高产品质量、创建名牌产品的必由之路。

（3）提高设备运行和使用的安全性　一次重大的失效可能导致一场灾难性的事故，通过失效分析，可以避免和预防类似失效事故的发生，从而提高设备安全性。设备的安全问题是一个大问题，从航空航天到电子仪表，从电站设备到游乐设施，从大型压力容器到家用液化气罐，都存在失效的可能。通过失效分析确定失效的可能因素和环节，从而有针对性地采用防范措施，则可起到事半功倍的效果。

（4）提高经济效益和社会效益

1）设备及构件失效带来直接及间接的经济损失，进行失效分析找出失效原因及防止措施，使得同样的失效不再发生，减少了损失，带来极大的经济效益。

2）失效分析有助于提高设备及构件质量，使用寿命增加，维修费用降低及提高产品质量信誉等，这也间接带来了经济效益。

3）失效分析可揭示规章、制度、法规及标准的不足，为制订或修改技术标准提供依据。

4）失效分析能分清失效事故责任，为仲裁失效事故、开展技术保险业务及对外贸易中索赔等提供重要依据。

3. 失效分析的基本方法

失效分析的基本方法包括：宏观形貌分析、电子显微镜分析、金相分析、化学成分分析、力学性能测试、无损检测和残余应力测试等。

（1）宏观形貌分析　用目视、放大镜和体视显微镜对失效零件进行直接观察与分析的方法称为宏观分析法。其放大镜倍数通常规定在50倍以下。

1）宏观分析法的优点：简便、迅速、试样尺寸不受限制，不必破坏失效零件，观察范围大，能够观察与分析失效裂纹（断裂）和零件形状的关系、断口与变形的关系、断口与受力状态的关系，能够初步判断裂纹源位置、失效性质与原因。因此该方法是失效分析中的基础方法，最方便、最常用和必不可少。

2）宏观分析法的缺点：从宏观分析很难获得失效件细微结构的信息，只能从较宏观的角度上判断失效性质和原因，而且需要较丰富的经验。因此，单从宏观分析来判断失效性质及原因会不完全可靠。宏观分析法只是一种最初步、最基本的失效分析和研究方法。

（2）电子显微镜分析　电子显微镜分析包括扫描电镜分析和透射电镜分析。

1）扫描电镜分析：扫描电子显微镜简称扫描电镜，它利用聚焦非常细的高能电子束在式样上扫描，激发各种物理信息，提供这些信息的接收、放大和显示成像，以便对试样表面进行分析。

扫描电镜的试样制作简单，有的试样可以不经制作直接放入电镜内部观察。因而更接近物质的自然状态，并能迅速得到结果。

2）透射电镜分析：透射电镜用于分析金属薄膜样品，可达到零点几纳米。主要用于失效形貌观察和非金属夹杂物及析出物的物相结构分析。已成功应用到磨损和腐蚀等失效形式的分析研究中。在对一些无法解剖破坏的大的结构断裂分析中，射电投射也是重要的检测分析工具之一。

（3）金相分析　金相分析是用光学显微镜来观察研究金属材料显微组织与结构的检测技术，是失效分析中最常用的一种实验观测技术。它能提供有关金属材料的基体组织、晶粒度、第二相等参数的定性和定量的观测结果，也能提供关于各种材料微观与细观缺陷的信息。

（4）化学成分分析　在失效分析中，经常需对失效零件的材料成分、外来物（如溅射附着物）、表面沉积物、腐蚀产物及氧化物等进行定性会定量分析，以便为最终的失效分析结论提供依据。

（5）力学性能测试　微观组织的变化一般会通过宏观的力学性能表征出来，对零部件的失效分析几乎都要测定材料的力学性能。

（6）无损检测　通过无损检测可以查找零件（构件）的微观缺陷，方法较多，常见的无损检测方法有：射线检测、超声检测、磁粉检测、涡流检测和渗透检测等。这是失效分析的基础之一。

（7）残余应力测试　金属构件经受各种冷热加工，其内部就会存在一定的残余应力。而残余应力的存在对材料的疲劳、耐腐蚀、尺寸稳定性都有很大的影响。因残余应力的存在导致的早期失效案例非常多。因此，有必要对残余应力进行测定。残余应力的测定方法有：X 射线应力测定法、电阻应变法、光弹性覆膜法及声学法等。

9.2　大型游乐设施的失效模式

游乐设施的失效，是指游乐设施在运行过程中整机或零部件发生了损伤破坏。例如滑行类游乐设施的车轮轴断裂、翻滚类游乐设施的安全装置失去保护功能、设备的稳定性不够导致倒塌等，这些都是失效。游乐设施失效分析的任务就是找出失效的主要原因，提出一些改进建议，防止同类事故的发生。国内外许多事故，都是灾难性的，人们已经充分认识到失效分析的重要性，而我国游乐设施起步较晚，目前设计、制造、使用等环节的工作处于初级阶段，设计、制造水平正在逐步提高，但与国外相比，差距较大，再加上使用环节上管理不到位，很容易引起事故的发生，因此游乐设施的失效分析尤为重要。

游乐设施的整机失效通常最终都是追溯到某个零部件或某些零部件失效而引起的。尽管零部件的功能千差万别，但绝大多数情况下，失效是由构成零部件的材料的损伤和变质引起的。根据游乐设施机械失效过程中材料发生变化的物理、化学本质不同，以及设备运行过程特征的差异，失效形式有3种：一是过量变形，以致在机构中失去功能；二是磨损或腐蚀造成表面损伤，影响到机构的精度以及强度；三是断裂事故，这往往会造成灾难性的后果。造成失效的原因是设计不当（强度核算及几何形状设计及选材不当等）、材料及工艺缺陷（热处理或装配不当所致）、使用条件及运行维护不当等。

游乐设施零部件（含结构件）的主要失效模式可分为磨损失效、变形失效、断裂失效和腐蚀失效等。

1. 过量变形

过量变形是指零件受载荷作用后发生弹性变形，过度的弹性变形会使零件的机械精度降低，造成较大的振动，引起零件的失效；当作用在零件上的应力超过了材料的屈服极限，零件会产生塑性变形，甚至发生断裂。在载荷的长期作用下，零件会发生蠕变变形，造成零件的变形失效。如图9-2所示，零件的变形与载荷的作用密切相关。当外载荷突然增加或在变载荷作用下，零件的变形量大于许用变形量时，可能发生过度变形而失效；过度变形的表现形式是金属零件的畸变。畸变是一种不正常的变形，可以是塑性的或弹性的或弹塑性的。从变形的形貌上看，畸变有尺寸畸变和形状畸变两种基本类型。如受轴向载荷的连杆产生轴向拉压变形；受径向载荷作用产生轴的弯曲；在应力作用下导轨的翘曲变形等。畸变可导致断裂。畸变失效的零件可体现为：不能承受所规定的载荷，不能起到规定的作用，与其他零件的运动发生干扰等。

图9-2 观览车桁架结构变形

（1）弹性畸变失效 弹性畸变的变形在弹性范围内变化。因此不恰当的变形量与失效零件的强度无关，是刚度问题。对于拉压变形的杆柱类零件，其变形量过大，会导致支承件过载或机构尺寸精度丧失，而造成动作失误；对于弯、扭（或其合成）变形的轴类零件，其过大变形量（过大挠度、偏角或扭角）会造成轴上啮合零件的严重偏载，甚至使啮合失常，导致传动失效；对于某些靠摩擦力传动的零件，如带传动中的传动带，如果初拉力不够，即带的弹性变形量不够，会产生带的滑动，严重影响其传动；对于复合变形的框架及箱体类零件，要求有合适的、足够的刚度以保持系统的刚度，特别是防止由于刚度不当而造成系统振动。

（2）塑性变形 塑性变形在外观上有明显塑变（永久变形）。不同材料，其塑变开始阶段，随载荷的变化，其变形规律也有所不同。在微观上，塑变的发展过程一般有滑移、孪生、晶界滑动和扩散蠕变等。

2. 过度磨损

过度磨损是机械零件在载荷作用下发生失效的常见形式之一。磨损是固体摩擦表面上物质不断损耗的过程，表现为零件尺寸、形状的改变。磨损过程是渐进的表面损耗过程，当由于过度磨损使零件截面尺寸过量减少时，就会导致零件的断裂。

过度磨损失效的基本类型有粘着磨损、磨粒磨损、表面疲劳磨损、冲刷磨损和腐蚀磨损五种基本类型。其中粘着磨损与表面疲劳磨损是由于载荷作用下引起零件失效的主要类型。

（1）粘着磨损　粘着磨损可分为：轻粘着磨损、涂抹、擦伤、胶合、咬死、结疤等。粘着磨损是两个金属表面的微凸体在局部高压下产生局部黏结，随后相互运动，导致黏结处撕裂；被撕下的金属微粒可能由较软的表面撕下，又粘到某一表面上，也可能在撕下后作为磨料而造成磨粒磨损，如图9-3所示。

轴承轴颈零件，在润滑失效时可发生擦伤，甚至咬死等粘着磨损损伤。粘着磨损在低速（$v \leqslant 4\text{m/s}$）重载齿轮中可发生"冷胶合"而在高速齿轮传动中常易发生"热胶合"，即通常所说的胶合。

（2）表面疲劳磨损　在交变接触压力的作用下，两接触面作滚动或滚动—滑动复合摩擦时，使材料表面疲劳而产生材料损失的现象称为表面疲劳磨损。齿轮副、凸轮副、摩擦轮副、滚动轴承

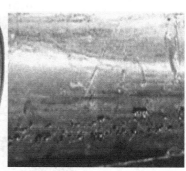

图9-3　粘着磨损

的滚动体与内外座圈、齿轮泵的泵体与齿轮等都可能发生表面疲劳磨损。疲劳磨损主要失效形式是点蚀和剥落，即在原来光滑的接触表面上产生深浅不同的凹坑（也称为麻点）和较大面积的剥落坑。点蚀一般由表面裂纹源开始，向内倾斜发展，然后折向表面，裂纹上的材料折断脱落下来即成点蚀。因此点蚀坑的表面形貌常为"扇形"；材料剥落一般从亚表层裂纹开始，沿着与表面平行的方向扩展，最后形成片状的剥落坑。当接触应力较大，应力变化次数增多时，麻点和剥落坑就会增多并迅速扩展，最后金属以薄片形式断裂剥落下来，形成接触疲劳磨损而导致零件失效，如图9-4所示。

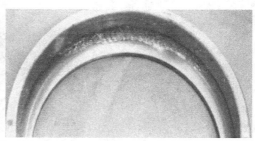

图9-4　疲劳磨损

（3）磨料磨损　磨料磨损又称为磨粒磨损。它是当摩擦副的接触表面之间存在着硬质颗粒，或者当摩擦副材料一方的硬度比另一方的硬度大得多时，所产生的一种类似金属切削过程的磨损，其特征是在接触面上有明显的切削痕迹。磨料磨损是十分常见又是危害最严重的一种磨损。其磨损速率和磨损强度都很大，致使机械设备的使用寿命大大降低，能源和材料大量损耗，如图9-5所示。

（4）腐蚀磨损　在摩擦过程中，金属同时与周围介质发生化学反应或电化学反应，引起金属表面的腐蚀产物剥落，这种现象称为腐蚀磨损。它是在腐蚀现象与机械磨损、粘着磨损、磨料磨损等相结合时才能形成的一种机械化学磨损。它是一种极为复杂的磨损过程，经

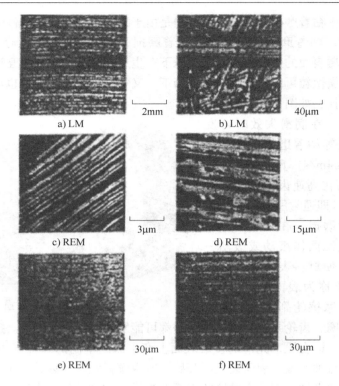

a) LM   2mm   b) LM   40μm

c) REM   3μm   d) REM   15μm

e) REM   30μm   f) REM   30μm

图 9-5　典型的磨料磨损形貌

注：LM：光学显微镜，REM：扫描电子显微镜。

常发生在高温或潮湿的环境，更容易发生在有酸、碱、盐等特殊介质条件下，如图 9-6 所示。

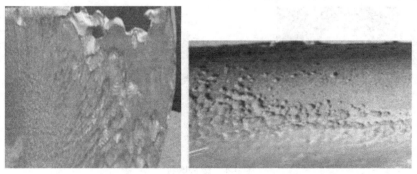

图 9-6　腐蚀磨损

（5）微动磨损　两个接触表面由于受相对低振幅振荡运动而产生的磨损叫作微动磨损。它产生于相对静止的接合零件上，因而往往易被发现。微动磨损的最大特点是：在外界变动载荷作用下，产生振幅很小（一般为 2～20μm）的相对运动，由此发生摩擦磨损。例如，在起重机械中常见的键联结处、过盈配合处、螺栓联接处、铆钉连接接头处等结合上产生的磨损。微动磨损使配合精度下降，紧配合部件紧度下降甚至松动，联接件松动乃至分离，严重者引起事故。此外，也易引起应力集中，导致联接件疲劳断裂，如图 9-7 所示。

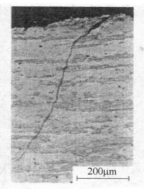

图 9-7 微动磨损

3. 断裂

零件在受到外载荷的作用时，当零件中的应力过高，其值超过了零件的许用强度或材料的强度过分降低时，零件就会发生断裂。断裂是零件在外载荷作用下发生的重要的失效形式。金属断裂的类型是依据不同断裂特性来分类的。如按金属材料断裂处宏观变形量可分为塑性断裂和脆性断裂两种类型。按零件工作时的应力状态可分为过载断裂和疲劳断裂。

（1）韧性断裂 零件在外力作用下首先产生弹性变形，当外力引起的应力超过弹性极限时即发生塑性变形。外力继续增加，应力超过抗拉强度时发生塑性变形而后造成断裂就称为韧性断裂，如图 9-8 所示。

（2）过载断裂 零件在工作过程中，当外加载荷加大或突然变化，其值超过机械零件危险截面所能承受的极限应力时，零件将可能发生断裂，

图 9-8 韧性断裂

这种断裂称为过载断裂，其断口称为过载断口。过载断裂的断口形貌根据材料的性质有脆性过载断裂和韧性过载断裂之分。脆性过载断裂是指金属零件由于使用工况条件（载荷、环境、温度）不当，使其材质变脆而发生的断裂（简称脆断）。脆断是一种危险的突然事故，危害性很大。脆断断口平齐而光亮，且与正应力相垂直，断面收缩率一般低于 3%，断口常有放射性花样人字纹。若材料处于极脆状态下断裂，放射线将消失，即为纯解理断裂，其宏观断口呈晶粒状。韧性过载断裂是材料超过屈服极限，然后再发生韧断。其宏观特征为断口上有明显的塑变，形成像拉伸试样断裂时产生的杯锥状断口，并呈现纤维状。其微观特征为由大量韧窝组成。

（3）疲劳断裂 疲劳断裂是指金属在交变应力持续作用下发生的断裂，而由外加变载荷作用下产生的疲劳断裂称为机械疲劳断裂。按载荷方式和类型不同又可分为拉压（轴向）疲劳、弯曲疲劳、扭转疲劳及接触疲劳、微动磨损疲劳断裂等。在一般情况下，即使是韧性很好的材料，疲劳断裂宏观断口也无明显变形，而在宏观上表现为脆性断口。疲劳断口的形貌有三个区域：即疲劳源区、疲劳扩展区和瞬断区（简称断口"三区"）。不同的加载类型（拉-拉或拉-压单向弯曲、反复弯曲、旋转弯曲扭转），不同的应力水平（高名义应力或低名义应力）和不同程度应力集中条件下疲劳断口"三区"具有不同的形貌。下面说明与载荷有重要关系的几种典型疲劳断口形貌特征，如图9-9、图9-10所示。

图9-9 螺栓的断裂

图9-10 支撑臂断裂

扭转-弯曲疲劳断口是指在常温下，由于扭转—弯曲载荷幅度的突然变化或材料局部力学性能的变化，导致零件表面或内部的微裂纹扩展速率变化，从而产生扭转—弯曲疲劳断裂。在断口上留下裂纹的扩展痕迹，叫断口贝纹线，也叫疲劳裂纹"休止线"。如果危险截面处材质无内部缺陷，其断口有如下特点：首先，由于应力分布是外层大，表层最大，故疲劳源在其两侧裂纹发展速度较中部快，因此其贝纹线间距外宽内窄。其次，高应力集中（外层）时，瞬断区向中心移动。再次，变截面（如大轴肩）应力集中时，断口呈皿型。

扭转疲劳断口是指在扭转疲劳条件下，零件裂纹形成后可能沿两个方向扩展，一种是沿与最大拉伸正应力相垂直的方向扩展，称为正断裂（常发生于脆性材料）；另一种是沿最大切应力方向扩展，称为剪断型或切断型断裂（常发生于塑性材料）。两者兼有的为复合型断裂。

弯-扭疲劳断口，在弯曲疲劳条件下，呈现锯齿形断口，由于扭矩的作用，将在大于原锯齿状断口的45°方向扩展而形成棘轮断口。

4. 腐蚀失效

由于大型游乐设施大部分在室外长期使用，所以腐蚀失效也是游乐设施零部件重要的一种失效模式。腐蚀失效可分为化学腐蚀和电化学腐蚀两种。

1）化学腐蚀。金属表面与介质如气体或非电解质溶液等因发生化学作用而引起的腐蚀，称为化学腐蚀。化学腐蚀产生过程中没有电流产生。

2）电化学腐蚀。金属表面在介质如潮湿空气、电解质溶液等中，因形成微电池而发生电化学作用而引起的腐蚀称为电化学腐蚀，如图9-11所示。

游乐设施一批零件在使用中，一部分可能在短时间内就发生失效，而另一部分可能经过很长时间后才失效。特别是零件在超过使用寿命期后，失效将加速发生。失效率（单位时间内零件的失效数与总件数的比例）按使用时间可分为三个阶段：早期失效期、偶然失效期和耗损失效期。

图9-11 腐蚀失效

1）早期失效期：是机械零件使用初期的失效，失效率较高，但以很快的速度下降。早期失效问题大多与设计、制造、安装或使用不当有关。

2）偶然失效期：这一阶段的失效率低而稳定，是机械零件的正常工作时期，在此阶段发生的零件失效一般总是由于偶然因素造成的，故失效是随机的。若想降低这一时期的失效率，必须从选材、设计、制造工艺、正确地使用和维护方面采取措施。

3）耗损失效期：偶然失效期以后，由于长时间的使用，使零件发生磨损、疲劳裂纹扩展等原因，失效率急剧上升，说明机械零件使用期已超过使用寿命期限，此阶段称为耗损失效期。在此阶段，重要的设备或零件虽然还没有失效，但应根据相应的判据进行更换或修理，以防止重大事故的发生。

总之，机械零件虽然有很多种可能的失效形式。但归纳起来，最主要的原因是由于机械强度、刚度、耐磨性和振动稳定性、可靠性等方面的问题造成的。

9.3　游乐设施典型零部件的失效及预防

9.3.1　典型零部件的失效

游乐设施常见的零部件有重要销轴、螺栓、齿轮等，在使用过程中常常由于保养不当导致失效，举例如下：

1. 轴的失效及预防

1）轴失效最常见的类型是轴的疲劳断裂。疲劳破坏起始于轴的危险截面处，即局部应力最高的部位。轴的疲劳通常可分为弯曲疲劳、扭转疲劳和轴向疲劳三种基本类型。弯曲疲劳是由单向、交变和旋转的弯曲载荷引起的。扭转弯曲疲劳是旋转轴最常见的情况。扭转疲劳常因施加变化或交变的扭转力矩所产生。轴向疲劳则是由于施加变化或交变的拉伸—压缩载荷作用的结果。游乐设施中常见的滑行类游乐设施的车轮系中的重要销轴，如行走轮轴、侧轮轴、防侧翻轮轴等，在使用过程中大部分受到的是弯曲应力，特别是应力集中的部位很容易发生弯曲疲劳。又如轨道轨距误差较大、轮系中的轮子磨损超标、轨道磨损、轨道焊接接头附近由于存在残余应力导致轨道变形；车辆经过轨道时，冲击载荷较大；运行达到一定次数后销轴有可能疲劳断裂等。像此类销轴断裂的位置基本上都在轴的危险截面处或局部应力最高的地方。如图 9-12 所示，宏观断口表面有较明显的贝壳状花样，属于典型的疲劳断裂。断口由疲劳裂源区、裂纹扩展区和瞬间断裂区三个区域组成。位置在退刀槽处，此处应力集中。我们可以通过此例举一反三，规范要求轴（销轴）类设计应符合有关设计规范，结构应合理，避免截面过分突变，过渡圆弧半径应适当。而现在好多中小型游乐设施厂家设计能力、精加工能力有限，制造出来的销轴极不规范。如图 9-13 所示，该轴截面突变处过分突变，极易产生应力集中现象。

2）在施加过大冲击载荷或轴的氢含量、热处理等因素影响时，将会使轴发生脆性断裂。其呈脆性断裂的特征是裂纹以

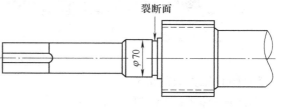

图 9-12　轴的断裂位置

极高的扩展速度扩展，发生突然断裂。而在断裂源处只有小的变形痕迹。脆性断裂表面上存在着鱼骨状或人字形花样的标志，人字形的顶点指向断裂源。图9-14 为在使用过程中因过载发生的脆性断裂的传动轴，箭头所指方向为断裂面。

3）轴的韧性断裂在断裂表面上呈现有塑性变形的迹象，类似在普通拉伸试验或扭转试验中所观察到的情况。对拉伸断裂的轴的类型，用目视检验容易见到；但当轴扭转断裂时，则变形不明显。在正常工作条件下的轴很少发生韧性断裂。但是，如果对工作要求条件估计过低，对载荷作用的影响估计不足或者轴受到单一过载，也可能发生韧性断裂，游乐设施中相对较少。

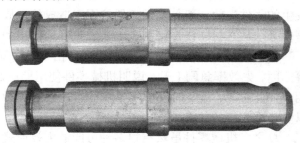

图9-13　截面突变处

图9-14　断裂传动轴宏观形貌

4）轴类零件除以上几种主要失效类型外，还可发生磨损等失效形式。如我们常见的自控飞机的支撑臂与座舱连接销轴的磨损如图9-15 所示，由于厂家制造时连接处没有设置加油孔，同时轴上也没有导油槽，因此不便于润滑。像此类销轴，连接时最好加设铜套，这样就可有效保护销轴。《游乐设施安全技术监察规程（试行）》规定：有相对摩擦的轴（销轴）类零件应定期拆检，最大允许磨损量为原直径的0.8%，且最大值不超过1mm，没有相对摩擦的最大允许锈蚀量为原直径的1%（打光后测量）。

图9-15　自控飞机以及磨损后的连接销轴

5）防止轴失效的措施：

①认真分析轴类零件的受载情况，合理计算轴的强度。轴的受载情况可分为扭、弯和扭弯组合三种。实际上，最典型的受载情况是弯扭组合。设计时，常按扭转试算再按弯扭核

算。在设计中，应合理确定计算载荷（F_{ca}）和载荷系数 K。为提高轴的过载能力，应合理确定安全系数 S。

②对于承受拉、压或弯曲的轴类零件，应进行轴的刚度计算，确保轴的变形小于许用变形，即符合轴的刚度条件要求。提高轴刚度的措施主要是选择合理的截面形状、支撑方式和位置。

③提高轴类零件的耐冲击强度。试验结果表明，在自由落体冲击下，即使试样下落的距离 $h \approx 0$，冲击载荷和冲击变形也要增大到静载荷时的两倍。当零件所受的载荷和速度变化时，都会引起冲击，所以在设计时应考虑冲击系数。冲击系数的影响因素很多，因此常用经验公式计算，有时将冲击系数考虑在载荷系数或工作情况系数中，《游乐设施安全规范》中也有明确要求。

④改进轴类零件的结构形式，提高承载能力，如合理的布置零件，减少零件所受载荷等。再如，改进轴的结构，降低轴类零件的载荷过于集中，尽量使载荷均匀分布，减少应力集中等。

⑤设计制造时还必须考虑到连接销轴与连接件间的润滑情况等，防止过量磨损。

2. 齿轮的失效与预防

齿轮是传动中应用最广泛的重要零件，也是游乐设施中最重要的部件之一。齿轮类型很多，工况条件较复杂，其失效形式及影响因素较多，从齿轮失效的基本特征、产生的原因和对策等方面都有其基本规律性。因此，可以运用其基本规律，对具体轮齿的损伤作具体的分析，查明失效原因，并提出相应对策。由载荷作用引起齿轮轮齿失效形式、原因和对策见表 9-1，失效形式如图 9-16 和图 9-17 所示。

表 9-1　齿轮轮齿常见失效形式的特征、原因及对策

失效形式	形貌特征	产生原因	对策
过载断齿	齿宽较小的直齿圆柱齿轮齿根裂纹沿横向扩展，发生全齿折断；斜齿轮或人字齿轮发生轮齿局部折断。其断口具有丝状纤维断口，由断口边缘向里呈放射状开裂痕迹，但没有疲劳断口的典型特征（如贝纹线），韧性或混合断裂的断口具有明显塑性变形，断口处有平滑韧裂区（微隆起或凹陷）；脆断断口的横截面平直，较粗糙，但断茬能相互吻合	主要由于轮齿承受的载荷超过其极限强度所造成。过载可为短时意外的严重过载，严重偏载，动载荷过大　轴承损坏（如卡住）、轴畸变或其他传动件失效等意外事故	认真分析产生过载的原因，设计时合理选择过载系数，并采取相应的监控与安全保护措施，如过载保护装置、安全联轴器等。保证齿轮的加工和安装精度，及时检查轴承与零部件是否已损坏，并及时更换
疲劳断齿	常发生在齿轮应力集中处，断裂源（区）是产生断裂的起始区，疲劳扩展区呈现有由疲劳源向外扩展的"贝纹线"。有时也可见放射台阶，贝纹线的焦点和放射台阶的中心就是疲劳源，瞬断区的特点类同于过载断齿，轮齿过载越大，瞬断区占断口的比例越大	齿轮在过高的应变力或过大的动载荷多次作用下，零件的疲劳裂纹从疲劳源不断扩展，使齿轮有效截面积减少，当应力超过其极限应力时，发生疲劳断齿。由于齿轮材料及制造工艺不合理，如齿根圆角半径过小，齿根表面粗糙度过高，滚切时的拉伤，热处理产生的断裂纹，磨削烧伤，有害残余应力等，也会造成疲劳断齿	合理设计齿轮的几何参数。提高齿轮的加工精度，对材料进行适当的热处理，减少热处理裂纹，提高齿根危险截面的弯曲疲劳应力，尽可能降低有害的残余应力

（续）

失效形式	形 貌 特 征	产 生 原 因	对 策
破坏性点蚀	一般出现在齿轮节线附近的下齿面上，并不断扩展而导致齿面严重损伤(点蚀面积不断增大，有的点蚀坑加深)，噪声大增，运转失常，甚至引起断齿	齿面过高的接触应力或严重偏载、动载的长期作用下，发生破坏性点蚀。硬齿面条件下，齿面硬度较低，齿表面粗糙度过高，润滑条件差，也容易发生破坏性点蚀	提高齿轮的接触强度，提高齿面硬度，改善材质，降低硬齿面轮齿的齿面粗糙度，改善润滑条件等
表层压碎	常发生于硬齿面齿轮，裂纹产生于表层，特别常产生于硬软层过渡区，裂纹平行于表面扩展并向齿体内伸展时，会引起齿面局部断裂。齿面材料被压碎而形成剥落坑的边缘具有脆裂性，坑底有时可见层状结构	由材料缺陷引起，如齿轮热处理或化学热处理产生的微裂纹，磨削裂纹等 由于接触不良，载荷过大，齿表层或硬软过渡区的应力超过该处材料的极限应力而萌生裂纹，导致表层压碎	改善材质及热处理工艺，如淬火后及时回火，降低软硬层的硬度梯度与硬度分布不均匀程度，保证足够而合适的硬化层厚度，避免产生裂纹 保证强度条件下使材料具有较好的韧性，控制过载，提高接触精度(修形、研磨膏跑合等)
过度磨损	在过大载荷作用下，工作齿面材料大量磨损，齿廓严重失去有效工作形状，磨损率很高，同时伴随系统产生噪声、振动	齿轮啮合不正确，润滑系统和密封装置不良，不能建立有效的油膜润滑，系统严重振动，冲击载荷	设计合理的润滑和密封装置，改善润滑方式和润滑条件，尽量减轻振动。改进设计，改善材质、精度、几何参数等
破坏性胶合	沿滑动方向出现明显黏附撕伤沟痕，全工作齿面，特别是齿顶部材料移失严重，相对滑动速度为零的工作节线明显，齿廓几乎完全损坏，振动噪声增大，甚至出现完全咬死的严重现象	润滑不良，齿面接触应力过高或滑动速度过高而引起的啮合齿面材料出现粘焊现象。如冷焊或热焊，两啮合齿面的粘焊处因相对运动而撕伤 低速重载齿轮传动不易形成油膜，摩擦热虽不大，但可能因重载产生冷焊粘着 材料副选配不当(如材质硬度完全相同的材料副，软钢对软钢等)	采用角变位齿轮传动，减小模数和齿高以降低滑动速度，保证一定载荷、速度、温度等条件下具有良好润滑，采用极压添加剂以及特殊高黏度的合成齿轮油 选用不易胶合的材料副作为齿轮副材料，适当选择两齿轮的硬度差

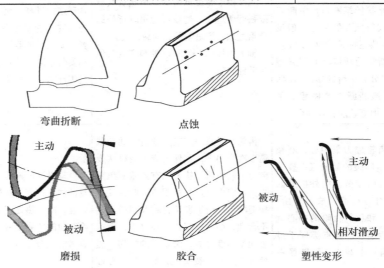

图 9-16 齿轮的失效形式

图 9-17 断齿宏观表现

3. 滚动轴承的失效及预防

滚动轴承的失效形式较多，基本类型有磨损（磨粒磨损、点蚀与剥落、微动磨损、胶合、擦伤等）、开裂与断裂压痕、腐蚀与腐蚀磨损、点蚀以及"旋转爬行"（要求过盈配合的内圈或外圈配合件之间出现的相对运动而不允许的松动）等。由载荷作用引起的滚动轴承的失效形式，其特征、原因和防止措施见表 9-2。

表 9-2 滚动轴承常见失效形式的特征、原因和防止措施

失效形式	特 征	原 因	防 止 措 施
剥落和点蚀	轴承内外圈承受载荷时，产生轴承滚道或滚子表面材料的剥落现象，有时产生环绕整个滚道的剥落，有时在滚子滚道一端的剥落，有时为滚动体上的剥落 有些轴承在各元件上发生疲劳磨损，出现点蚀现象，如推力轴承滚道上偏心分布的点蚀坑	滚动体承载不均匀，滚道表面呈较大的接触应力或由于过载，内圈膨胀或外圈收缩而使间隙不当，导致扩展性疲劳剥落 采用强力安装，装配偏心或加载偏心，轴与孔配合过紧或安装时顶轴产生较大的轴向力 伴有光滑压痕时，是由过载压痕所致；伴有粗糙压痕时，是由微动磨损所致 轴承孔的形位公差超差，使轴不对中或挠曲，内外圈不正	合理设计轴承与孔的配合间隙，提高轴承的精度等级和承载能力，保证轴承孔的加工精度，正确合理地安装轴承
压痕	在一定的静载荷或冲击载荷作用下，滚道或滚动体相应位置上出现不均匀的塑性变形凹坑或压痕 一般滚道上的粗糙压痕为磨粒磨损造成的，而载荷过大产生的压痕较光滑	静载荷或冲击载荷过大，装配方法不当 密封不好轴承室进入坚硬杂质，在轴承受到较大的载荷时，产生压痕	合理设计轴承室的密封装置，正确安装轴承，如用压力机将轴承慢慢压入轴承孔等
开裂和断裂	轴承内外圈上产生的贯穿裂纹或滚子轴承座圈上的挡边断裂 保持架断裂或断开现象。根据裂纹的方向，可分为轴向裂纹和径向裂纹	轴承过载或由于配合太紧，装配面精度低，挡边上的装配压力不均匀，装配过程用锤击打，使轴承座变形，轴承旋转时爬行或运转间与轴承座或轴肩碰撞或摩擦 润滑不充分，速度或惯性力过大，使轴承滚道表面产生胶合或滚动体断裂 对推力轴承，座圈安装偏心或不正，一列滚珠不承受载荷，使载荷过于集中某一位置，导致断裂	改进轴承与孔的配合精度，合理设计轴承的固定结构，保持轴承的良好润滑，提高轴承的精度等级，合理分布载荷

游乐设施中好多事故都是由于轴承润滑不良、磨损、开裂或断裂导致的，用户在日常检查时应作为重点，按要求严格检查，发现问题及时解决。

4. 液压系统密封的失效及对策

好多游乐设施采用了液压系统传动，例如我们常见的自控飞机、章鱼、勇敢者转盘、双人飞天、摇头飞椅等，目前国内液压件制造能力有限，质量跟国外相比差距较大，再加上游乐设施制造厂家为了节约成本，选购材料时只注重价廉，导致游乐设施在运行一段时间后就会出现三漏现象。三漏（漏油、漏水、漏气）是目前机械的顽疾，主要是由于油液在液压元件和管路中流动时产生压力差及各元件存在间隙而引起的泄漏。液压系统泄漏严重，将会引起系统压力不足，影响设备的工作安全性，还会造成机容机貌差、环境污染，增加游乐设施的经营成本。因此，必须对液压系统泄漏加以控制。

（1）泄漏的分类　游乐设施液压系统的泄漏主要有固定密封处泄漏和运动密封处泄漏两种。固定密封处泄漏的部位主要包括液压缸底、各管接头的连接处等。运动密封处主要包括液压缸活塞杆、多路阀阀杆等部位。油液的泄漏也可分为外泄漏和内泄漏，外泄漏主要是液压油从系统漏到环境中，内泄漏是由于高低压侧的压力差的存在及密封件失效，使液压油在系统内部从高压侧流向低压侧。

（2）泄漏原因

1）设计因素：

①密封件的选择。液压系统的可靠性，在很大程度上取决于液压系统密封的设计和密封件的选择。如果密封结构设计不合理，密封件的选用不符合规范，在设计中没有考虑到液压油与密封材料的相容型式、负载情况、极限压力、工作速度，这些都会在不同程度上直接或间接造成液压系统泄漏。另外，由于游乐设施绝大部分在室外，使用环境中具有尘埃和杂质，所以在设计中要选用合适的防尘密封，避免尘埃等污物进入系统破坏密封、污染油液，产生泄漏。

②液压冲击和振动。长期的液压冲击和振动造成管接头松动也会引起泄漏。这是游乐设施经常会遇到的故障。

2）制造和装配因素：

①制造因素。所有的液压元件及密封部件都有严格的尺寸公差、表面处理、表面粗糙度及形位公差等要求。在制造过程中超差，如液压缸的活塞半径、密封槽深度或宽度、装密封圈的孔尺寸超差，或因加工问题而造成失圆、本身有毛刺或有凹点、镀铬脱落等，密封件就会有变形、划伤、压死或压不实等现象发生，使其失去密封功能，使零件本身具有先天性的渗漏点，在装配后或使用过程中就会发生渗漏。

②装配因素。液压元件在装配前应进行仔细检查，装配时应将零件蘸少许液压油，轻轻压入，清洗时应用柴油，特别是密封圈、防尘圈、O形圈等橡胶元件，如果用汽油则使其易老化失去原有弹性，从而失去密封机能。装配中应杜绝野蛮操作，特别是用铜棒等敲打缸体、密封法兰等，如过度用力将使零件产生变形。

3）动密封件磨损及损坏：动密封件一般是耐油橡胶材料制成，长时间的使用会发生老化，龟裂。油液中的磨料、粉尘、杂质，对动密封件的运动，用久了也会加速密封件老化、损坏。如果零件在工作过程中受碰撞而损伤，就会划伤密封件。这些情况最容易造成液压缸的内泄漏。

　　4) 环境影响：液压缸作为游乐设施液压系统的主要执行元件，由于工作过程中活塞杆裸露在外直接和环境接触，虽然在导向套上装有防尘圈及密封件等，但也难免将尘埃、污物带入液压系统，加速密封件和活塞杆等的划伤和磨损，从而引起泄漏。工作环境潮湿，可能会使水进入液压系统，水会与液压油反应，形成酸性物质和油泥，降低液压油的润滑性能，加速部件的磨损。水还会造成控制阀的阀杆发生黏结，使控制阀操纵困难划伤密封件，造成泄漏。油液温度每升高 10℃ 密封件寿命就会减半，所以最佳油液温度应在 65℃ 以下，否则密封件会过早变质。在大气压下，液压油中可溶解 10% 左右的空气，在液压系统的高压下，在油液中会溶解更多的空气，空气在油液中形成气泡，如果液压工作过程中在极短的时间内压力在高低压之间迅速变换，就会使气泡在高压侧产生高温，在低压侧发生爆裂。这时如果液压系统的元件表面有凹点和损伤，液压油就会高速冲向元件表面加速表面的磨损，引起泄漏。

　　(3) 泄漏主要防治对策　为防治液压系统的泄漏，一是要在设计和加工环节中要保证各元件的几何精度，正确选择密封件，减少冲击振动，可采用减震支架吸收，尽量使用蓄能器，适当用压力控制阀来保护系统元件，安装好管接头，用回油块代替各个配管等方法；二是要选择正确的装配和修理方法，发现液压元件损坏要及时处理，特别是活塞杆、缸筒损坏后最易影响密封件。在密封件的装配中尽量采用专用工具，并在密封圈上涂少许润滑脂；三是在液压系统工作环境控制上，要从污染源头入手，采取定期化验油质，清洗过滤装置及油箱，切断外界因素（水、尘埃、颗粒等）对液压元件的污染。为防止油温过高，可设置强制冷却装置等。总之，造成机械设备液压系统泄漏因素是多方面的，要综合考虑，采取合理有效的措施才能尽量减少泄漏。

5. 焊缝疲劳失效

　　裂纹是焊接缺陷中最普遍的且危害最大的一种，已成为构件脆断、疲劳破坏和腐蚀破坏的起因，它不仅可以使产品报废，而且还可能导致以后灾难性的事故，图 9-18 所示的摩天

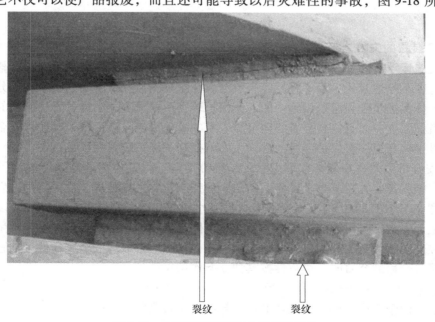

裂纹　　　　裂纹

图 9-18　摩天环车配重与大臂连接焊缝
注：箭头所示处为裂纹位置。

环车配重块的连接焊缝，该裂纹出现于焊缝中间，其中一条裂纹是通透性的，在整个焊缝上；另一条裂纹从焊缝一端开裂，长约20mm。该焊缝是连接配重与旋转臂外侧附臂的焊缝。因每道车有两个配重块，每个配重块与旋转臂有四条焊缝连接，如果其这四条焊缝失效将导致配重块脱落，轻则设备损坏，严重时将导致人员伤亡。

图9-19是勇敢者转盘的焊缝，主要问题为液压缸上、下支座有两处裂纹，其中一处裂纹已贯穿焊道。此类焊缝受力较大，设计时应考虑加装加强筋板。

a) 勇敢者转盘

b) 油缸下支撑座裂纹

c) 油缸下支撑座裂纹

d) 油缸上支撑座裂纹

图9-19　勇敢者转盘裂纹

6. 安全装置的失效

游乐设施运动形式多样化，通过速度矢量的改变来增加娱乐性和刺激性，在整个运行过程中，加速度不停地变化，为了将游客有效约束在座椅上，保证游客的安全，部分游乐设施必须加装人体保护装置。游乐设施中的人体保护装置形式繁多，结构各异，但总的原则是要有足够的机械强度，而且锁紧装置必须可靠。有的游乐设施除了设置一套人体安全保护装置外，还增设了一套或多套保护装置，这样大大就提高了保护装置的可靠性。

（1）安全带失效　安全带宜采用尼龙编织带等适于露天使用的高强度的带子，不要采用棉线带、塑料带、人造革带及皮带，因前3种强度较弱，易破损，皮带经雨淋后，易变形断裂。带宽应不小于30mm，安全带破断拉力不小于6000N。安全带容易分成两段，分别固定在座舱上，安全带与机体的连接必须可靠，可以承受可预见的乘客各种动作产生的力。若直接固定在玻璃钢件上，其固定处必须牢固可靠，否则应采取埋设金属构件等加强措施。安全带作为第二套束缚装置时，可靠性按其独立起作用设计。

1）安全带的失效形式，如图9-20所示。

①撕裂：由于强度不够、老化或磨损，导致安全带撕裂。

②端部连接失效：安装时直接连接到玻璃钢上，没有预埋件或预埋件太小，将玻璃钢拉坏。

a) 摩擦型锁扣

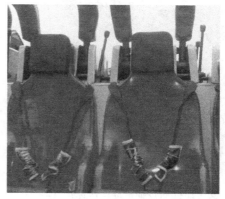

b) 肩式安全带不起作用

图 9-20　安全带的失效形式

③锁扣损坏，弹簧失效，外壳损坏等。特别注意冬天使用，晚上温度较低，如锁扣锁紧处于状态，有水汽的话，第二天会冻住，导致锁扣损坏。

④采用摩擦型锁扣，容易打开。

（2）安全压杠装置失效　翻滚、颠倒及人体上抛的游乐设施，如果护圈和锁具中的某一个装置失效了，就有可能产生很严重的后果，因此这类游乐设施常采用护胸压肩式安全压杠，比如过山车、垂直发射或自由落体穿梭机、翻滚类的高空揽月等。一般此类设备离地面较高，乘客倒悬，运动惯性较大，乘客在游玩该类游艺机时有可能会脱离座位甩出舱外而受到意外伤害。为防止乘客脱离座位，就必须用护胸压肩式安全压杠强制乘客坐在座位上。游玩时，当乘客身体欲往上抬离座位时，压杠的挡肩部分将挡住肩膀，若身体要往前去，则压杠的护胸部分又挡住胸口，这样就将乘客限制在座位和靠背的很小活动范围内，防止意外受伤。如果安全压杠护圈本体发生断裂，后果不堪设想。特别是滑行类的游乐设施在运行过程中，如压杠空行程较大，乘客乘坐时会跟压杠不停地发生碰撞，冲击力较大，根部会受较大的弯矩，此处大部分是焊接连接，而且是异型钢焊接，焊接工艺要求高，这个部件很容易出现问题，如图 9-21 所示。采用图 9-22 ～图 9-24 所示的二次保护装置，可降低风险。

图 9-21　安全压杠回转轴根部裂纹

注：箭头所指裂纹处。

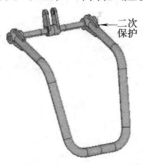

二次保护

图 9-22　安全压杠回转轴根部二次保护（1）

图 9-25 所示压杠根部严重锈蚀，这种情况很容易引起腐蚀疲劳，这个部位是安全压杠的重要部位，所以要求此类压杠一定要加装独立的二次保险装置，以保护游客的安全。

图 9-23　安全压杠回转轴根部二次保护（2）

图 9-24　安全压杠回转轴根部二次保护（3）

（3）锁紧装置失效　压杠本体如此重要，而锁紧装置同等重要。如果锁紧装置失效，而且没有人体二次保险装置，可想而知，后果也是很严重的。我们从上面的描述中可得知，锁紧装置分缸筒式和机械锁紧式。

缸筒式锁紧装置的大部分采用液压、气压锁紧，而机械式锁紧装置的大部分采用棘轮棘爪、卡位销等。翻滚、颠倒及人体上抛的游乐设施如采用液压、气压锁紧，一旦密封装置失效，可能导致漏油，油压不够，压杠的空行程就会很大，即端部游动量很大，会导致乘客与压杠间的冲击较大，甚至会从下面的间隙溜出（如没有兜裆的安全带）。如压杠的液压锁紧装置安装精度不符合要求，运动时就会发生干涉，锁紧杆发生断裂（见图 9-26），导致锁紧失效，所以后果同等严重。

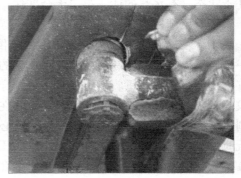

图 9-25　压杠锈蚀

机械锁紧一般应采用双保险措施，例如双棘轮棘爪等，可防止单棘轮棘爪锁紧失效而形成空行程较大，使乘客与压杠间的冲击力大而引起伤害。因此，此类压杠一定要加装独立的二次保险装置，同时压杠本体一定要加装兜裆的安全装置，防止乘客从空行程中溜出。

图 9-26　压杠锁紧活塞杆断裂

（4）运动限制装置失效　常见的运动限制装置有限位装置、定位装置。它们有接触式的也有非接触式的，常见的有接近开关、光电开关、行程开关、光栅、绝对值编码器、跑偏开关、液位开关和传感器等。常见的失效形式是：

1）失灵。整个控制系统由很多元器件组成，只要其中有一个元件出问题，就会可能发生失灵，单独的限位开关也有接触不良、错位、本身器件变性等，也会产生失灵现象。在用限位开关作保护的重要场合，一般需装置二道限位保护，待第一道失灵，下面还有二道限位装置（极限装置）起作用。

2）不防水防潮，容易失效。

3）拨杆损坏。

（5）制动装置失效　机械制动的作用是停止电动机的运行（正常或故障状态）和固定停止位置。机械制动是接触式的。机械制动器主要由制动架、摩擦元件和松闸器三部分组成。许多制动器还装有间隙的自动调整装置。

制动器工作原理是利用摩擦副中产生的摩擦力矩来实现制动作用，或者利用制动力与重力的平衡，使机器运转速度保持恒定。为了减小制动力矩和制动器的尺寸，通常将制动器配置在机器的高速轴上。

游乐设施基本都是采用常闭式的制动器。

1）制动器零件出现下列情况，将不能继续使用：

①拉杆上有疲劳裂纹。

②弹簧上有疲劳裂纹。

③销轴、心轴磨损量达到公称直径的 3% ~5% 。

④制动轮磨损量达到 1~2mm，或原轮缘厚度的 40% ~50% 。

⑤制动瓦摩擦片磨损达到 2mm 或者原厚度的 50% 。

2）制动器不能闸住制动轮：

①杠杆的铰链不卡住。

②制动轮和摩擦片上有油污。

③电磁铁铁心没有足够的行程。

④制动轮或摩擦片有严重磨损。

⑤主弹簧松动和损坏。

⑥锁紧螺母松动、拉杆松动。

⑦液压推杆制动器叶轮旋转不灵。

⑧制动状态时，制动闸瓦与制动轮存在很大间隙。

3）制动器不松闸：

①电磁铁线圈烧毁。

②通往电磁铁导线断开。

③摩擦片粘连在制动轮上。

④活动铰被卡住。

⑤主弹簧力过大或配重太大。

⑥制动器顶杆弯曲，推不动电磁铁（液压推杆制动器）。

⑦油液使用不当。

⑧叶轮卡住。

⑨电压低于额定电压 85% ，电磁铁吸合力不足。

4）制动器容易离开调整位置，制动力矩不稳定：

①调节螺母和背螺母没有拧紧。

②螺纹损坏。

5）制动器发热，摩擦片发出焦味并且磨损很快：

①闸瓦在松闸后，没有均匀的和制动轮完全脱开，因而产生摩擦。

②两闸瓦与制动轮间隙不均匀，或者间隙过小。

③短行程制动器辅助弹簧损坏或者弯曲。

④制动轮工作表面粗糙。

（6）超速保护装置失效　部分游乐设施像大摆锤、飞毯、遨游太空大部分采用直流电动机驱动。采用直流电动机驱动或者设有速度可调系统时，必须设有防止超出最大设定速度的限速装置，限速装置必须灵敏可靠。常见的超速保护装置有：旋转编码器、离心开关、测速发电机。

超速保护装置失效后将起到保护作用，速度也将超过额定速度。

另外，需要特别注意的是，从国内外事故经验教训来看，此类游乐设施的操作人员责任心一定要强，每天一定要按照规章制度执行日检，同时乘客在乘坐设备前一定要确认好安全装置到位且有效后方能起动设备，同时要观察设备及乘客的状况，发现问题后要及时采取相应的措施。

7. 其他失效现象

观览车如果安装工艺不当，安装应力较大，运行一段时间后就会出现桁架连接失效现象，如图9-27所示。

图9-27　安装应力较大导致失效

滑行类游乐设施常见的其他失效形式：

（1）轨道磨损　《游乐设施安全技术监察规程（试行）》规定型钢轨道磨损量应小于原厚度尺寸的20%，圆管轨道磨损量应小于原厚度尺寸的15%。轨道磨损超标后会影响整个设备的性能，滑行类游乐设施轨道磨损就属此种情况，如图9-28所示。

（2）车轮磨损　车轮磨损后可能导致车体在轨道上运行时横向间隙较大，车辆受到的冲击力就很大，乘客的舒适感就很差，乘客的横向窜动可能影响到乘客的安全。图 9-29 所示为车轮磨损情况。

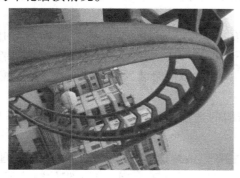

图 9-28　轨道磨损

图 9-29　车轮磨损

8. 结构设计不合理造成的失效形式

在进行机械设计的过程中，选择和确定合理的机械结构是机械设计的一个重要方面。不仅要求机械结构设计合理、适用、质量优良，而且还要求经济、可靠。否则，即使结构设计得很复杂，但也无法实现其功能，甚至造成机械结构和零件的过早失效。结构设计与机械零件的设计和制造过程中的加工工艺有着密切的联系。只有满足机械运动的经济性、可靠性，才能符合设计要求，并能制造出相应合格的零件。机械结构的设计包括结构的组合；零件在结构中的布置、支撑、安装、定位、调整；机械结构的密封、润滑；机械零件的工艺结构设计和制造工艺。因此，结构设计是机械设计的具体体现。对机械系统的正常工作和寿命有着重要意义。机械结构失效的主要形式有以下几方面。

（1）由于结构中零件布置不合理引起的失效　机械零件在结构中的位置或布置不合理，会造成载荷过于集中，不能均匀分布，使机器运行中部分零件过早失效，导致结构设计失效。如某产品的齿轮轴，由于轴上零件布置不合理，使该轴动力输入端花键部分承受过于集中的扭矩发生严重的扭转变形，最终发生轴的断裂。

由于零件相对位置不合理，使轴的弯曲变形增大造成机构失效。如某悬臂机构中，由于伸出端远离支撑点，使轴的弯曲变形较大，安装在轴头部位的斜齿轮不能正确啮合，导致传动精度降低。同时轮齿由于偏载而过早产生疲劳断裂。

（2）机械连接失效　由于结构制造、安装和检修的需要，每个产品几乎都是由许多零件组成的。因此，连接是各个零件组成完整产品所必不可少的。当零件之间的连接方式不当时，就会造成结构的失效。其表现形式如下：

1）在螺纹联接中，由于预紧力过大，螺纹承受载荷时被拉断或在承受较大的振动载荷时，没有使用防松垫圈或仅采用普通六角头螺栓，连接易产生松动，导致结构失效。

2）在选用键联结时，由于键与零件的配合精度和安装位置不当，造成键表面损伤失效，从而导致结构失效。另外，当使用安全销连接时，由于销的尺寸过大或与零件的配合精度不高，使销不能起到过载保护的作用，导致机械结构的失效。

（3）零件的定位失效　将某一零件或部件的工作位置确定下来，使其满足工作性能或使用的要求，这样的结构形式称为定位机构。在定位机构的设计中，由于定位精度低，使零件无法固定或由于定位元件在反复装卸中被损坏，使零件不能保持准确的位置，导致结构失效。如某机器轴承外圈由于没有固定，机器运转中，传动轴产生窜动，使齿轮不能正确啮合；同时由于轴的窜动，对轴承内圈产生较大的轴向力，造成轴承的失效；并且使机器运转不平稳，产生很大振动及噪声。

（4）安装失效　安装质量在机械制造过程中直接影响机器的质量。安装过程中，由于结构设计不合理，例如拆卸一个零件时必须先拆下其他零件或零件无法拆卸或产生误安装都会造成结构失效。当安装轴时，轴承与机体相配，两个轴承同时装入两个配合孔，使装配非常困难，不易同时对准，甚至导致安装失败。

（5）密封结构的失效　在密封形式或密封结构的选用设计中，如果材料的选择不当，密封面配合精度不高，都会导致密封结构的失效。

（6）零件的工艺结构失效　零件的工艺结构主要包括铸造零件的工艺结构、热处理零件的工艺结构、机械加工的工艺结构等。零件的工艺结构设计不合理，不仅零件制造困难，费用高，质量也不容易保证。有些零件即使设计出来也无法制造，这种失效属于工艺结构设计失效，所以应认真对待。

9. 腐蚀失效

腐蚀是金属暴露于活性介质环境中而发生的一种表面损耗。它是金属与环境介质之间发生的化学和电化学作用的结果（化学腐蚀、电化学腐蚀）。

（1）均匀腐蚀　在整个金属表面均匀地发生腐蚀。被腐蚀的金属表面具有均匀的化学成分和显微组织，腐蚀介质均匀包围金属表面。

（2）点腐蚀　腐蚀集中于局部，呈尖锐小孔，向深度扩展成孔穴甚至穿透（孔蚀），如图 9-30 所示。金属表面受破坏处和未受破坏处形成"局部电池"，阳极处被腐蚀成小孔。

（3）晶间腐蚀　腐蚀发生于晶粒边界或其近旁。主要原因是晶界处化学成分不均匀，如图 9-31 所示。

图 9-30　点腐蚀

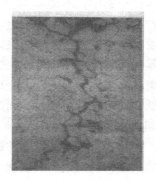

图 9-31　晶间腐蚀

总之，不管哪一种方式的失效，对游乐设施都是非常致命的。我们应该在平时的日常维护保养过程中，充分发挥主观能动性，做好日常维护保养工作，切实做到保障设施的正常运行和乘客的生命财产的安全。

10. 游乐设施电器失效分析

（1）电器失效分析简介　失效是指执行某项规定功能能力的终结。故障是指功能项所表征的不能执行某种规定功能的状态，在预防性维护或其他有计划的操作过程中，或者因缺乏外部资源时的功能丧失除外。失效后，该功能项有故障。失效是一个事件，其区别于作为一种状态的"故障"。实际上，术语故障和失效常常混用。故障经常是功能项本身失效的结果，但可能在失效前就已经存在。

失效模式是失效的外在表现形式，不需要深入说明其物理原因，易于记录和报告。电器的主要失效模式为：物理结构失效、性能特性失效、接触失效。

失效机理是引起失效的物理、化学变化等内在原因。

失效有元器件缺陷失效和使用不当失效。元器件缺陷失效包括：材料微观结构缺陷、元器件结构缺陷、元器件工艺缺陷、材料及工艺化学污染、元器件设计缺陷。使用不当失效包括：裕量不足、工艺缺陷、环境应力。其中裕量不足包括功率容量、耐压容量、电流容量、速度容量、参数漂移；工艺缺陷包括安装缺陷、互连缺陷、静电损伤、化学污染；环境应力包括温度应力、湿度应力、振动应力。

失效分析是对已失效器件进行的一种事后检查。使用电测试以及先进的物理、金相和化学的分析技术，验证所报告的失效，确定其失效模式，找出失效的原因，为改进产品的设计、制造乃至使用提出依据，产品的可靠性级别每提高一个等级，都需要把设计和工艺提高一大步。

（2）电器失效分析的方法和技术　根据电器的特点及其主要失效模式，其失效分析方法可分为非破坏性物理结构分析、特性参数分析、表面分析等。

1）非破坏性物理结构分析。

①分析的范围：物理结构参数（间隙与间隔、各种力、镀层及表面状况）、气密性、异常粒子。

②分析方法及手段：关于结构尺寸及力的测量，在有关电器产品的实验方法标准中对各参数的测试方法，所用量器具的精度均做了明确的规定、X 射线透视可以用于监测密封电器内的杂散粒子，对于尺寸较小的粒子，一般采用 PIND 法检测。

2）特性参数分析。

①分析的范围：静态参数（电器处于稳定的工作状态下测出的电器参数）、动态参数（电器在激励及去激励过程中的特性参数）。

②测试及分析仪器设备：采用常规的及电器产品专用的测试仪器可以测出以上参数。

3）表面分析。分析内容是：粗糙度的测试、粒子探索、表面形貌、硬度、触头镀层厚度、表面成分分析。

（3）继电器的失效模式及失效机理

1）继电器的失效模式：结构失效、特性及动作失效、电接触失效、误用失效。其中，结构失效可能引起致命故障（继电器卡死或触头接触不良），也可能使电器参数（如绝缘）变坏；特性及动作失效会影响寿命可靠性，乃至形成致命故障使电接触失效；电接触失效是导致电接触失效的最直接的原因；误用失效除引起结构失效外，多半是导致电接触失效。

2）继电器的失效机理：

①特性失效是指特性参数偏离正常值而对电路产生影响。例如吸合电压（电流）增大、释放电压（电流）减小、接触电阻增大及接触电阻不稳定、触头回跳时间增长、绝缘电阻减小。

②动作失效是指产品不能可靠动作发生卡死或动作不灵活造成致命故障。触头严重电磨

损在时间参数上的反映、机械环境条件作用下的触头抖动、卡死，不动作。

③接触失效是继电器各种失效模式的最终反应，结构、特性、触头误用的失效最终都会影响到继电器的接触性能，其中触头失效是直接导致接触失效的最主要原因。

④误用失效是安装不当、工作电压不足、触头负载选择不当。

（4）接触器的失效模式及失效机理

1）接触器的失效模式：

①触头灭弧系统故障：触头电磨损过于严重、触头熔焊、触片脱落、辅助触头接触不良。

②电磁系统故障：吸合电压过高、释放电压过低、线圈断线、电磁铁噪声严重。

③绝缘击穿或相间短路故障。

④机械故障。

2）接触器的失效机理：

①触头电磨损过于严重的机理：选用不当、使用类别不当、直流负载电路的时间常数过大和交流负载电路的功率因数过低、接通电路时浪涌电流太大、操作频率过高、触头超行程和触头终压力值偏小、三相触头不同步。

②触头熔焊的机理：触头振动时间过长、接通电流太大、选用不当、短路事故。

③触片脱落的机理：当触头焊接不良时，触头材料在电弧热应力作用下，首先在焊层孔隙处发生断裂，并向上弯曲，最后造成触片脱落。

④辅助触头接触不良的机理：触头表面的污染、触头表面有油污和异物。

⑤吸合电压过高的机理：反力弹簧的反力太大、触头超程及触头压力过大、衔铁位于打开位置，衔铁与铁心间的间隙过大、接触器安装位置不当、运动部分卡死。

⑥释放电压过低，甚至线圈断电后不能释放的机理：剩磁吸力过大、机械卡死、衔铁闭合位置的反力过小。

⑦激磁线圈断线的机理：线圈工作电压过高、线圈工作电压过低、线圈电流过大、线圈制造时绝缘不良。

⑧电磁铁噪声严重：交流电磁铁产生噪声的原因有两个，一个是硅钢片材料在交变磁场作用下产生磁致伸缩，引起振动；另一个是当衔铁所受电磁吸力的最小值小于闭合位置反力，引起衔铁周期性振动。

⑨绝缘击穿和相间短路：绝缘壳壁的金属化、电弧对绝缘部件的热影响、灭弧罩的相间隔板破碎。

⑩机械故障：接触器的机械故障主要表现在各零部件，特别是可动部件和受冲击部件的过度磨损、变形及损坏。

9.3.2 零件失效的预防

零件失效的危害性很大，需要设法防止或推迟零件的失效。根据零件失效的机理，采取合理的措施，提高零件的使用寿命。

1. 设计方面

为了保证产品质量，必须精心设计，精心施工。根据零件工作条件、可能发生的失效模式，提出技术指标，确定合适的材质、尺寸、结构，提出必要的技术文件。

2. 材料方面

（1）正确选材　所用材料机械性能必须达到设计要求。

（2）材质无缺陷或缺陷在国家标准范围内　化学成分合格、晶粒细小、夹杂物少、材料内部无裂纹、气孔。

3. 制造（工艺）方面

1）避免零件加工过程出现工艺缺陷。

2）铸造过程中避免产生疏松、夹渣。

3）锻造过程中避免产生的夹层、裂纹。

4）焊接过程中避免未焊透、偏析、裂纹。

5）机加工过程保证尺寸公差，保证合适的表面粗糙度。

6）热处理避免淬裂、硬度不足、回火脆性。

7）精加工磨削中避免裂纹。

4. 安装调试方面

精确安装，认真调试。

1）啮合传动件（齿轮、杆、螺旋等）的间隙合适。

2）连接零件必须有"防松"措施。

3）铆焊结构进行必要探伤检验，无缺陷。

4）润滑与密封合理。

5）安装后，进行必要的跑合。

5. 运行与维修方面

1）正确运转，不超载、不超速。

2）保证润滑条件。

3）定期进行检修和必要的保养。

6. 人材教育与培养方面

（1）提高人的素质　工作认真、加强责任性，严格遵守操作规程。

（2）提高人的知识水平　加强安全教育，加强使用和操作基本知识的培训。

（3）加强道德教育　提高社会责任性，提高产品质量，消除安全隐患。

（4）提高警惕，防止人为破坏　具有一定的零件失效分析知识。

7. 预防零件失效的技术措施

（1）防止弹性畸变的主要措施

1）增加零件截面积。

2）采用弹性模量高的材料。

3）防止超载。

（2）防止零件塑性畸变的措施

1）采用屈服强度高的材料。

2）进行合理的热处理。

3）防止超载。

（3）防止翘曲畸变失效的措施

1）增加零件截面积。

2）截面形状设计合理。

3）采用弹性模量高、屈服强度高的材料。

4）防止超载。

（4）防止断裂失效的措施　引起零件断裂的因素多而复杂，对材料的性能需要综合考虑，如屈服强度、塑性、断裂韧性和疲劳强度等。

1）采用材质好、强度高、韧性好的材料。

2）防止超载。

3）注意环境的影响。

（5）防止磨损失效的措施

1）采用耐磨性高的材料。

2）改变材料的组织结构，适度提高硬度。

3）进行合理的表面强化处理，有利于降低磨料磨损、表面疲劳磨损、粘着磨损等的磨损率，提高材料的耐磨性。

（6）防止腐蚀失效的措施

1）采用耐蚀性高的材料，如不锈钢、铜合金、钛合金、高分子材料、陶瓷材料和复合材料等。

2）进行表面处理。

第 10 章

大型游乐设施的事故预防

10.1 事故概论

10.1.1 事故的必然性与偶然性

（1）事故的定义　事故是指人们在进行有目的的活动过程中，突然发生了违反人们意愿、并可能使有目的的活动发生暂时性或永久性中止、造成人员伤亡或（和）财产损失的意外事件。事故的定义反映出事故有四个特征：

1）事故发生在到达目标的行动过程中。

2）事故表现为与人的意志相反的意外事件。

3）事故的结果是使达到目标的行动停止。

4）事故结果造成人员伤亡或财产损失，包括暂停运行而产生的直接和间接损失。有的是人受到伤害，物也遭到损失；有的是人受到伤害，而物没有损失；有的是人没有受到伤害，物遭到损失；有的是人没有受到伤害，物也没有损失，只有时间和其他间接的经济损失。

（2）事故的必然性和偶然性　一切事故的发生都是由一定原因引起的，这些原因就是游乐设施运行中潜在的危险因素，事故本身只是所有潜在危险因素或显性危险因素共同作用的结果。这就是事故因果性。

因果关系具有继承性，即第一阶段的结果可能是第二阶段的原因，第二阶段的原因又会引发产生第三阶段的结果。

事故的必然性是对游乐设施及运行中潜伏的危险因素而言，即若生产过程中存在危险因素，则迟早会导致事故发生。事故的因果性也就是事故的必然性。必然性是客观事物联系和发展的合乎规律的、确定不移的趋势，在一定条件下不可避免。

在事故尚未发生或还未造成后果时，游乐设施及运行中潜伏的危险因素，是不会显现出来的，好像一切处在"正常"和"平静"状态，这就是事故的潜伏性。由于这种一切"正常"和"平静"状态，当事故发生时就显得很突然，似乎是偶然的。偶然性是指事物发展过程中呈现出来的某种摇摆、偏离，是可以出现或不出现，可以这样出现或那样出现的不确定的趋势。实际上偶然性是为必然性开辟道路的，必然性通过偶然性反映出来。

（3）事故的分级　在 2009 年国务院颁布的《特种设备安全监察条例》中将特种设备事故分为特别重大事故、重大事故、较大事故和一般事故四等级。

大型游乐设施特别重大事故是指事故造成 30 人以上死亡，或者 100 人以上重伤，或者 1 亿元以上直接经济损失，或高空滞留 100 人以上且时间在 48h 以上的。

重大事故是指事故造成 10 人以上 30 人以下死亡，或者 50 人以上 100 人以下重伤，或者 5000 万元以上 1 亿元以下直接经济损失，或高空滞留 100 人以上并且时间在 24h 以上 48h 以下的。

较大事故是指事故造成 3 人以上 10 人以下死亡，或者 10 人以上 50 人以下重伤，或者 1000 万元以上 5000 万元以下直接经济损失，或高空滞留人员 12h 以上的。

一般事故是指事故造成 3 人以下死亡，或者 10 人以下重伤，或者 1 万元以上 1000 万元以下直接经济损失，或高空滞留人员 1h 以上 12h 以下的。

对一般事故的其他情形国务院特种设备安全监督管理部门也可做出补充规定。

10.1.2 事故致因理论

导致事故发生的原因称为事故的致因因素。事故频发倾向论和海因里希事故因果连锁论是早期事故致因理论的代表。第二次世界大战后，能量意外释放论是事故致因理论的主要代表。发展到现在，出现了现代系统安全理论。

（1）事故频发倾向论　1919 年英国的格林伍兹（M. Greenwood）和伍兹（H. H. Woods）对许多工厂里事故发生次数的数据进行了统计分析。结果发现，工人中的某些人较其他人更容易发生事故，即存在着事故频发倾向者，提出了事故频发倾向论（Accident Proneness），指出企业中个别人存在容易发生事故的内在倾向。

在此基础上，1939 年，法默（Farmer）和查姆勃（Chamber）明确提出了事故频发倾向的概念，认为事故频发倾向者的存在是企业事故发生的主要原因。为预防事故的发生，企业应该从众多的求职人员中选择身体、智力、性格特征及动作特征等方面优秀的人才就业，而少用或不用企业中所谓事故频发倾向者。用现代的语言表达企业应该是用心理和生理健康的人代替心理和生理有缺陷的人。

（2）海因里希事故因果连锁论　1931 年海因里希（Herbert William Heinrich）首先提出了事故因果连锁论。该理论认为尽管事故发生可能在某一瞬间，但事故的发生不是一个孤立的事件，而是一系列互为因果的事件相继发生的结果。该理论的重要观点如下：

①人员伤亡的发生是事故的结果。

②事故的发生原因是人的不安全行为或者物的不安全状态。

③人的不安全行为或者物的不安全状态是由于人的缺点造成的。

④人的缺点是由于不良环境诱发或者是由先天的遗传因素造成的。

在事故因果连锁论中，提出以事故为中心，用多米诺骨牌理论来深究其原因，就能发现人的素质高低是造成事故的主要原因。

海因里希从连锁过程最初提出影响人的素质有如下五个因素：

①遗传及社会环境。遗传因素及环境是造成人的性格上缺点的原因，遗传因素可能造成鲁莽、固执等不良性格；社会环境可能妨碍教育、助长性格上的缺点发展。

②人的缺点。人的缺点是使人产生不安全行为或造成机械、物质不安全状态的原因，它包括鲁莽、固执、过激、神经质、轻率等性格上的先天缺点，以及缺乏安全生产知识和技能等后天缺点。

③人的不安全行为或物的不安全状态。所谓人的不安全行为或物的不安全状态是指那些曾经引起过事故，或可能引起事故的人的行为，或机械、物质的状态，它们是造成事故的直接原因。例如，在起重机的吊荷下停留、不发信号就启动机器、工作时间打闹或拆除安全防

护装置等都属于人的不安全行为；没有防护的传动齿轮、裸露的带电体或照明不良等属于物的不安全状态。

④事故。事故是由于物体、物质、人或放射线的作用或反作用，使人员受到伤害或可能受到伤害的、出乎意料的、失去控制的事件。坠落、物体打击等使人员受到伤害的事件是典型的事故。

⑤伤害。直接由于事故而产生的人的伤害。

事故的成因可概括为三个层次：

直接原因：是人的不安全行为或习惯造成物的不安全状态。

间接原因：是人的缺点造成人的不安全行为或习惯。

基本原因：是人的遗传和社会环境造成人的缺点。

海因里希认为，企业事故预防工作的中心就是防止人的不安全行为和习惯，消除机械或物的不安全状态，中断事故连锁的进程，避免事故的发生。

（3）事故遭遇倾向论　第二次世界大战后，人们对所谓的事故频发倾向的概念提出了新的见解。明兹（A. Mintz）和布卢姆（M. L. Blum）建议用事故遭遇倾向（Accident Liability）取代事故频发倾向的概念。事故遭遇倾向包括事故频发倾向及事故发生有关的环境条件两个方面。一些人较其他人容易发生事故与他们从事的生产作业有较高的危险性的环境有关。不能简单地把事故的责任都归咎到工人身上。这样，人们在重视人的素质的同时注重了机械等物质和环境的危险性。

（4）博德（Frank Bird）事故因果连锁论　在海因里希事故因果连锁的基础上，博德（Frank Bird）提出了反映现代安全观点的事故因果连锁论（见图 10-1）。他认为，人的不安全行为或物的不安全状态是事故的直接原因，但是，这不过是深层次原因的征兆，其实质是管理上缺陷的反映。阿达姆斯（Adams）把人的不安全行为或物的不安全状态称为战术失误，而把管理失误称为战略失误，着重强调了管理因素在事故发生中的关键性作用，管理方面的疏忽和失误是事故的主要原因。

图 10-1　博德（Frank Bird）事故因果连锁论

（5）能量意外释放论　1961 年和 1966 年，吉布森（Gibson）和哈登（Haddon）提出了一种新的概念，即事故是一种不正常的或不希望的能量转移。其主要观点是：

①由于某种原因，能量失去了控制，超越了人们设置的约束或限制而意外地逸出或释放，必然造成事故。

②伤亡事故都是因为过量的能量或干扰人体与外界正常能量交换的危险物质的意外释放引起的。

③过量能量或危险物质的释放，都是由于人的不安全行为或物的不安全状态造成的。

按能量意外释放论，事故发生时意外释放的能量如果作用于人，并且超过人体的承受能力，或人体与周围环境的正常交换受到干扰（如窒息、淹溺等），则将造成人员伤害。

意外释放的能量如果作用于设备、建筑物、物体等，并且超过它的承受能力，则将造成设备、建筑物、物体的损坏。

哪些能量转移或意外释放能造成事故呢？它们有机械能、电能、热能、化学能、电离及非电离辐射、声能和生物能等，这些能量转移或意外释放，都可能导致人员伤害。

按照能量意外释放理论，预防伤害事故就是要防止能量或危险物质的意外释放，防止人与过量的能量或危险物质接触。

在企业生产中，为防止能量意外释放，经常采用以下几种方法：

①用安全的能源代替不安全的能源。

②限制能量，如限制运动部件的速度和尺寸，采用低电压设备等。

③防止能量积蓄，如采用熔丝防止过负荷、尖端放电、接地等。

④防止能量释放，如用密封、绝缘、安全带等阻止释放能量。

⑤延缓释放能量，如用减振装置、安全带、安全阀。

⑥开辟释放能量的渠道，如用接地等按时间和空间使能量与人隔离。

⑦在能源上设置屏蔽，如在设备上安装防护装置等。

⑧在人与能量之间加屏蔽，如在人行通道加装栏杆、防火门等。

⑨在被保护的人、物上加屏蔽，如劳动保护用品中的防护靴、安全帽等。

⑩提高阈值，提高承受能量转移的能力，如用耐损坏的材料，对人员进行选择等。

⑪治疗或修理，如急救、抢修等。

（6）管理失误论 管理失误论认为，管理失误是构成事故的主要原因。事故的发生一般可以用模型（见图10-2）来解释。事故的直接原因是人的不安全行为和物的不安全状态。但是，造成"人失误"和"物故障"的直接原因却常常是管理上的失误。

"隐患"来自物的不安全状态即危险源，而且与管理上的缺陷或管理人的失误共同偶合才能形成事故；如果管理得当，及时控制，变不安全状态为安全状态，则不会形成事故。

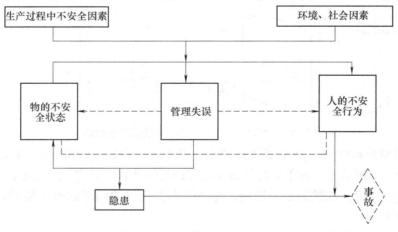

图 10-2 事故发生的一般模型

（7）轨迹交叉理论 轨迹交叉理论的主要观点是，在事故发展进程中，人的因素运动轨迹和物的因素运动轨迹的交点就是事故发生的时间和空间。

轨迹交叉理论强调人的因素和物的因素在事故致因中占有同样重要的地位。

轨迹交叉理论将事故的发生发展过程描述为，基本原因→间接原因→直接原因→事故→伤害。

在人的因素运动轨迹中，包含如下内容：

1）生理、先天身心缺陷，这主要是由于遗传原因所致。

2）社会环境、企业管理上的缺陷，这方面的缺陷因企业而异。

3）后天的心理缺陷，包括由于遗传、社会环境及企业管理上的缺陷造成的职工心里、生理上的缺陷。

4）视、听、嗅、味、触等感官能量分配上的差异。这方面差异因人而异。

5）行为失误。因不规范操作等导致的人的行为错误。

在物的因素运动轨迹中，包含如下内容：

①设计上的缺陷。

②制造、工艺流程上的缺陷。

③维修保养上的缺陷。

④使用上的缺陷。

⑤作业场所环境上的缺陷。

在生产过程中，人的因素运动轨迹按 1）～5）的方向顺序进行，物的因素运动轨迹按①～⑤的方向进行，人、物两种轨迹相交的时间与地点，就是发生伤亡事故的"时空"，也就导致了事故的发生。

轨迹交叉理论给我们的启示是，若能设法排除机械设备或处理危险物质过程中的隐患，或者消除人为失误或不安全行为，使两事件链连锁中断，则两种运动轨迹不能相交，危险就不会出现，就可避免事故发生。

对人的因素而言，强调岗位考核，加强安全教育和技术培训，进行科学的安全管理，从生理、心理和操作管理上控制人的不安全行为的产生，就等于砍断了事故产生的人的因素运动轨迹。

轨迹交叉理论突出强调的是砍断物的事件链，提倡采用可靠性高、结构完整性强的系统和设备，大力推广保险系统、防护系统、信号系统及高度自动化和遥控装置。

（8）两类危险源理论　两类危险源理论是把生产过程中存在的、可能发生意外释放的能量（能源或能量载体）或危险物质称为第一类危险源，把能使约束或限制能量（或危险物质）释放的措施失效的各种因素称为第二类危险源。

该理论认为，一起伤亡事故的发生往往是两类危险源共同作用的结果。

第一类危险源的存在是事故发生的前提，第二类危险源的出现是导致发生第一类危险源事故的必要条件。根据两类危险源理论，第一类危险源是一些物理实体，第二类危险源是围绕着第一类危险源而出现的一些异常现象或状态。

影响第二类危险源的因素，一是人的失误，即人的行为偏离了预定的标准；二是物的故障，即物的不安全状态。物的故障可能直接破坏约束或限制能量（或危险物质）释放的措施；三是环境的变化，这种变化影响了系统的正常运行。环境的变化，包括温度、湿度、照明、粉尘、通风换气、噪声等因素，会对人的行为产生影响，也会对约束或限制能量（或危险物质）释放的措施产生影响。

由于这一理论产生了新的事故因果连锁，如图 10-3 所示。

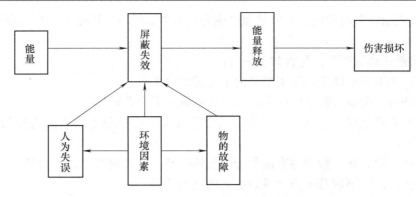

图 10-3　事故因果连锁

（9）现代的系统安全理论

1）系统安全理论的提出：系统安全（System Safety）理论包括许多区别于传统安全的新概念。在事故致因理论方面，改变了只重视操作者的不安全行为而忽略设备等硬件故障在事故中的作用的传统观念，开始考虑如何通过改善系统的可靠性来提高复杂系统的安全性，从而避免事故的发生。这是人们为预防复杂系统事故而开发、研究出来的安全理论。

所谓系统安全，是在系统寿命期间内，应用系统安全工程和管理方法，辨识系统中的危险源，并采取控制措施使其危险性最小，使系统在规定的性能、时间和成本范围内达到最佳的安全程度。系统安全理论认为，系统中存在的危险源是事故发生的根本原因。

系统安全理论的基本原则是：在一个新系统的构思阶段就必须考虑其安全性的问题，制定并开始执行安全工作规划——系统安全活动，并且把系统安全活动贯穿于整个寿命期，直到系统报废为止。

2）系统安全理论的主要观点：

①通过改善系统的可靠性来提高复杂系统的安全性。

②因此，系统安全理论认为，从整个系统来说，没有任何一种事物是绝对安全的。

③所以不可能根除一切危险源和危险。

④由于人的认识能力有限，有时不能完全认识危险源和危险。

3）系统安全中的人失误：系统安全理论认为，人失误是人的行为的结果超出了系统的某种可接受的程度。一般有两种情况：一是由于工作条件设计不当，即可接受的程度不合理引起人失误；另一个是由于人员的不恰当行为造成人失误。

10.1.3　事故分析方法

1. 事故树分析（FTA）

事故树分析（Fault Tree Analysis，简称FTA）又称为故障树分析，是从结果到原因，反向找出与灾害事故有关的各种因素之间的因果关系。这种分析方法是把系统可能发生的事故放在最上面，成为顶上事件，按系统构成要素之间的关系，往下分析灾害事故有关的原因。这些原因又可能是其他原因的结果，称为中间原因事件（或中间事件）。继续往下分析，直至找出不能进一步往下分析的原因为止，这些不能再往下分析的原因称为基本原因事件（或基本事件）。系统分析的因果关系用不同的逻辑门联系起来，由此得到的图形像一颗倒置的树。

2. 事件树分析（ETA）

事件树分析（Event Tree Analysis，简称 ETA）是一种从原因推论结果的系统安全分析方法，它按事故发展的时间顺序，由初始事件出发，每一事件的后续事件只能取完全对立的两种状态（成功或失败、正常或故障、安全或事故）之一的原则，逐步向事故方面发展，直至分析出可能发生的事故或故障为止，从而展示事故或故障发生的原因和条件。通过事件树分析，可以看出系统的变化过程，从而查明系统可能发生的事故和找出预防事故发生的途径。

3. 故障假设/安全检查表分析

故障假设/安全检查表分析（What-If/Safety Checklist Analysis）是将故障假设和安全检查表两者组合在一起的分析方法，由熟悉有关过程的人员组成分析组进行分析。分析组用故障假设分析法，确定过程可能发生的各种事故。然后用一份或多份安全检查表补充可能的疏漏。这些安全检查表不着重设计或操作，而着重于危险或事故产生的原因，主要考虑与工艺过程有关的危险类型和原因。

4. 失效模式与影响分析（FMEA）

失效模式与影响分析（Failure Modes and Effects Analysis，简称 FMEA）主要分析设备故障（或操作不当）发生的方式（简称失效模式），以及失效模式对工艺过程产生的影响。这为失效模式分析人员提供了一种依据，通过失效模式及影响来决定需要在哪些地方对什么部件进行修改，以提高系统的设计水平。

5. 原因—结果分析法

原因—结果分析法是对系统装置、设备等设计、操作时综合运用事故树和事件树来辨识事故可能产生的结果及原因的一种分析方法。

10.2　大型游乐设施事故的统计分析

对大型游乐设施事故进行全面的统计分析，从中找出其事故特点和规律，这是对大型游乐设施事故有效实施安全管理和安全监察，预防大型游乐设施事故的重要手段。统计分析做得好，事故的预防就有针对性，工作就能抓住重点、抓住关键。近些年来，我国的大型游乐设施事故的统计分析工作有了长足的进步，但与国外发达国家相比，在统计的范围和内容、分析的方法上等方面都存在一定的差距，特别是对轻伤和无伤害事故的统计重视不够，数据较少，影响了分析结果的正确性和预防措施的有效性。

美国对事故的统计和分析极其重视，美国安全工程师海因里希曾统计了 55 万件机械事故，其中死亡、重伤事故 1666 件，轻伤 48334 件，其余则为无伤害事故，从而得出一个重要结论，即在机械事故中，死亡、重伤与轻伤及无伤害事故的比例为 1:29:300，伤亡事故（死亡、重伤和轻伤事故）与无伤害事故的比例为 30:300 = 1:10，其比例关系如图 10-4 所示。

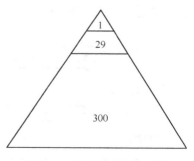

图 10-4　海因里希事故法则

国际上把这一法则叫作事故法则。从图 10-4 中也可以看出，无伤害事故积累到一定数量必然会发生伤害事故，从事故预防的角度，对无伤害事故也应当予以统计和预防，要重视隐患和未遂事故，把事故消灭在萌芽状态。我国目前对无伤害事故的统计明显不够，只是设备有伤害时才作为设备事故进行统计，这方面工作亟待加强。

游乐设施事故大多为物的不安全状态、人的不安全行为和管理失误等综合而致，以发生事故的主要原因进行统计，经国内调查，导致游乐设施发生人身伤害和设备事故的各种因素所占的比例，如图 10-5、图 10-6 所示。

图 10-5　人身伤害事故比例

图 10-6　设备事故比例

10.2.1　设计存在的主要问题

主要由于在设计方面存在问题，致使发生人身伤害的约占人身伤害事故的 15%，在设备事故中约占 20%。设计存在的问题主要有以下几种：

（1）设计的安全系数不够　《游乐设施安全技术监察规程（试行）》和《游乐设施安全规范》都对大型游乐设施安全系数给予了明确规定。这些规范就是游乐设施的设计依据，然而一些设计人员设计的游乐设施安全系数小于规范和标准规定值。安全系数不够或不足，会给游乐设施的运行带来隐患，容易导致事故的发生。有些设计没有考虑游乐设施动载系数。

（2）结构设计不合理　设计结构不合理主要体现为未考虑结构对施焊质量的影响，连接不合理，应力集中等。

1）结构对施焊质量的影响。如图 10-7 所示，对旋转式游乐设施座舱支承臂的大小直径管的连接，设计者的意图很明确，为了保证安全，在大直径钢管的内部焊有一块钢板，使其与小直径钢管相连接。但因大直径钢管与小直径钢管之间的间隙太小，就无法保证焊接质量。这种焊接设计看上去安全，实际上等于虚设，存在着隐患。图 10-8 所示的座舱骨架是一座舱的骨架，全部采用厚度为 2mm 的扁钢对焊而成。由于板的厚度太薄，很难焊牢，不少地方都出现烧穿、咬边、夹渣等缺陷，不也能保证骨架的强度。

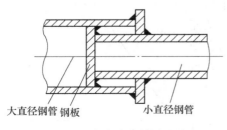

图 10-7　大小直径管的连接

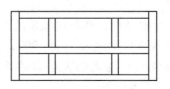

图 10-8　座舱骨架

2）连接设计不合理　对质量的影响。例如发生在 1998 年 8 月 30 日上海某公园的"飞旋转椅"突然倒塌事故（该事故致使转椅上 10 多名游客被摔出，一位 59 岁的女游客当场死亡，9 人受伤）的直接原因就是主轴和转盘连接设计不合理，载荷仅靠一道焊缝来承受，主轴和转盘连接的焊缝断裂，导致转盘整体飞出，造成重大伤亡。

3）设计时未充分考虑应力集中的影响。大型游乐设施结构复杂，设计时要尽量避免出现应力集中，对于无法避免的部位，应尽量采取措施降低应力集中的程度，设计时务必要注意这一点。发生在 2000 年 4 月 30 南京某公园的"太空船"转动臂断裂事故的主要技术原因就是主钢管与三角形过渡板的连接存在严重的应力集中，运转中产生疲劳裂纹，扩展导致断裂，座舱坠落地面，致使一个座舱内的两名乘客受轻伤，好在当时另 3 个座舱空无一人。

（3）安全装置设计不合理　安全装置是在设备出现异常时起保护作用的保护装置，该装置如果设计不合理也就导致了保护功能的失效，安全装置的重要性是不言而喻的。然而，由于安全装置设计不合理出现的事故也时有发生。如发生在 2001 年 5 月 6 日北京某游乐园的"探空飞梭"事故，就是因为座椅的安全压杠液压连杆设计存在缺陷，致使连杆顶端应力集中部位受弯曲力矩断裂（上升至 30m 左右），致使 1 名游客突然从座椅中甩出，落到游艺机护栏外东侧 5m 远的草地上，经医院抢救无效死亡。另外，设计时也没有考虑采用二道保险装置。再如，发生在 2001 年 8 月 16 日长春某森林公园沙滩浴场"滑索"事故的直接原因是该设备设计时未考虑对回车曳引机构设置防脱绳装置，致使当回车牵引绳上卡扣行至曳引轮处，卡扣使牵引绳从曳引轮槽中脱出，将距地面约 18m 高的平台上准备游玩的游客带下平台而坠地死亡。

（4）主要设计参数超过规范标准规定　如小赛车标准规定，额定运行速度不大于 20km/h，而有的游乐场小赛车的速度竟达到 23km/h 以上。

（5）安全指标达不到要求　如安全距离小于标准规定的 500mm，观览车等游乐设施的站台到座舱出入口的高度大于标准规定的 300mm，安全栅栏的间隙大于标准规定的 120mm，钢丝绳接头的固定方式不符合标准要求等。

（6）设计中确保安全的措施不力　例如：应该装设保险装置的地方而没有装设；安全带、扶手等安全设施安装位置不当，固定不牢；座舱出入口太小，上下不方便；乘客能触及可动件与固定件之间的间隙太大；穿过座舱的电线不加覆盖，绝缘不好；液压和气动系统中没有采取缓冲措施等。

10.2.2　制造存在的主要问题

由于游乐设施在制造（包括安装调试）方面存在问题而发生人身伤害事故的，占这类事故总数的 15%，在设备事故中占 50%。制造存在的问题主要有以下几种：

（1）加工质量达不到设计要求

1）部件未经热处理。发生在 2004 年 1 月 26 日广西柳州某公园"架空浏览车"轴销断裂事故的直接原因就是由于设备在制造过程中对部件未经热处理所致。原后轴上的销和主轴采用焊接方式连接，主轴和销轴的材质为 45 钢，焊接后未经热处理，销部分的材质内应力产生脆性变化。设备在运行过程中由于轨道不平而上下跳动所产生的应力和在轨道转弯道上各个方向所产生的力，使轴与销的焊接部位受到各方向力的剪切、弯曲，材质疲劳产生脆性裂纹，导致车头下面的后轴与滑车架连接的轴销整体断裂，两个轮子与滑车分离，与连接两轮子的轴一道滑出车外，轴与销连接处除焊缝断裂外，销的横截面外圆处还有明显的陈旧性裂纹和整条轴销脆性断裂口，滑车头向运行方向的右侧歪斜。操作人员发现游览车（滑车）龙头出现偏斜后，立即切断电源，滑车里站台 15m 处停止，造成直接经济损失 17 万元。

2）有的配合件间隙太大，运动不平稳；有的装配过紧，转动困难，甚至造成抱轴烧瓦。

3）与乘客接触的部位有飞边毛刺。

4）轨道弯曲变形，曲线段过渡不圆滑。

5）安全压杠不灵活，锁不住等。

（2）外购件质量差的主要表现

1）减速器、液压泵噪声大。

2）液压阀件及液压缸动作不灵活且漏油。

3）尼龙轮、橡胶轮寿命短，有的还容易脱落。

4）继电器等元件失灵，限位开关不起作用。

5）玻璃钢质量太差，座舱受力后断裂等。

（3）安装调试未达到要求　安装调试不好，同样会出事故或是留下事故隐患。主要表现为：

1）传动系统未调整好，电动机、减速器未对中，开式齿轮接触面积不够，有偏啮合。传动链轮未在一个平面上，经常掉链，使运转不平稳。

2）控制系统未调整好，未完全按设计程序动作，有时尚有误动作

3）导电滑线不直，与滑块接触不好，滑块易脱落。

4）轨道不直不平，车辆侧轮和底轮与轨道间隙未调好，车辆运转时其摆动、振动较大。

10.2.3　运营存在的主要问题

由于游乐设施在运营方面（操作、维修、管理）存在问题而发生人身伤害事故的，占这类事故总数的 60%，在设备事故中，由于运营存在问题也占 30%。运营中存在问题主要有以下几种：

（1）操作不善造成事故

1）设备运营前没有认真检查和确认安全装置。如发生在 2004 年 10 月 5 日四川省某游乐园"天旋地转"事故，其主要原因就是设备使用单位和操作人员在设备运营前没有认真检查和确认安全压杠联锁保护系统（此时，设备座椅安全压杠联锁系统正好失去保护作用），站台与控制室操作人员也未进行可靠的联系，就擅自起动设备，此时游乐设施的安全压杠在未完全放好时设备却被起动，造成 1 名乘客从座椅上滑出，摔在地板上，另 1 名乘客在设备停止后，跳下座椅受伤，工作人员也右肘擦伤。

2）乘客未坐好，没系好安全带就开机。如发生在 2004 年 6 月 13 日辽宁省某植物园"天旋地转"事故的直接原因就是由于压杠人员在作业过程中，违背操作规程，没有将压杠锁紧，也没将安全带扣上，致使该游乐设施起动后，乘客郑某从约 2m 高的设备座位上脱离，坠落在地面上，造成重伤。

3）操作人员误操作。操作人员应严格按照操作规程进行操作，否则就会出现后果。如

发生在 2003 年 1 月 18 日湖北省某市儿童公园"高空揽月"甩人事故就是由于操作服务人员操作不当（未经过安全培训就上岗），使安全带松脱，致使游客贾某从约 3m 高处被甩出，撞击栏杆落在距地 0.8m 的平台上，造成局部损伤和右股骨折。再如发生在 2004 年 6 月 12 日辽宁省某市劳动公园"遨游太空"事故的直接原因就是违规操作，座舱内设置的安全压杆不能将身高 1.42m 儿童郑某安全固定在座位上，当设备转动以后，郑某从座位上掉下，摔成重伤。该游乐项目明确规定身高低于 1.5m 时，禁止乘坐。

4）操作人员业务不熟，遇到异常情况，不知道采取何种措施。如发生在 2002 年 3 月 24 日陕西省某市公园"观光伞塔"吊篮坠落事故。事故的直接原因是操作人员在吊篮急速下降过程中，没有采取减速、刹车等措施，致使吊篮在距地面 15～20m 处自由落体至缓冲轮胎上，造成乘坐在第 4 组 2 号吊篮的两名游客受重伤。

（2）管理不善造成事故　游乐设施因管理不善而引发的事故也时有发生。

1）违章运行。如发生在 2000 年 10 月 22 日北京某娱乐公司的滑道"滑车"冲撞事故就是典型的管理不善造成的重大责任事故。这次事故的主要原因是该娱乐公司在管理上存在着严重问题，违反雨雪天禁止运行的规定，违反了领车员与游客按比例配备的规定，没有向游客宣讲雨雪天气情况下如何处置的注意事项。该起事故共造成 1 人死亡，5 人重伤。

2）游乐设施场地内乘坐秩序混乱，抢上抢下。

3）游乐设施运转过程中，闲人随便进入安全栅栏。

4）乘客上机后，服务人员没有认真检查是否系好了安全带及安全压杠等安全设施，没有检查高空旋转的座舱门是否锁好。

5）场地未设乘客须知，也没有宣传注意事项，乘客违犯操作制度。

6）闲人进入车辆跑道内，无人过问。

（3）维护不善造成事故　对于大型游乐设施必须制定维修保养制度，定期进行维护保养，不按规定进行维保或保养不当，也会增加事故隐患，甚至导致事故的发生。

1）日常检查维护不到位。如发生在 2003 年 8 月 31 日某市游乐园"过山车"半轴断裂事故主要是使用单位日常检查维护不力所致。虽无造成人员伤亡，但过山车 4 号及 5 号车厢间连接装置（球铰总成）严重损坏；转向架左半轴疲劳断裂；左摆动架部（包括主轮、侧轮底轮）坠落到地；右减振装置严重损坏；第 5 号车厢壳损坏；部分轨道严重损伤、变形。

2）业主私自维修。如发生在 2004 年 6 月 28 日山西省某公园"太空飞车"坠落事故主要原因是业主私自维修，未将车厢与车架用螺栓联接可靠（车厢与车架共 14 个螺栓联接点，而现场发生事故的 4 号车厢与车架间仅有 1 个螺栓联接），当它运行到轨道下行方向第 3 转弯处时，4 号车厢与车架分离，车内 2 名乘客与车厢一起跌落摔下，事故造成 2 人重伤，4 号车厢与车架已分离，玻璃钢车厢与螺栓联接处已撕裂。

3）安全带已老化，不能承受人体负荷而又没有及时更换。

4）玻璃钢座舱已断裂，没有及时检查及维修。

5）液压油太脏没有及时更换，座舱升到高空后，液压阀卡死不能换向，座舱不能及时下降。

6）高速运转的车轮轴，多年不检查，不维修，不更换，在运转时发生断裂。

（4）乘客原因导致的事故　由于乘客原因导致的事故占 10%。包括未对儿童实施有效监护、不遵守纪律、不听管理人员劝阻等。乘客文明乘坐游乐设施（等）也是确保安全的又一前提，否则也会酿成事故。如发生在 2002 年 3 月 9 日山东省某公园"小火车"碰撞事故的主要原因是崔某带儿童玩耍时，监护不力，让男孩走到了火车道轨上，被"小火车"撞倒碾压，造成头部受重伤，送医院经抢救无效死亡。

10.3　大型游乐设施事故案例

伴随着游乐设施的快速发展，游乐设施的事故也时有发生。为了及时吸取事故教训，防止类似事故的再次发生，在对 1990 年至今 20 多年来国内外发生的大型游乐设施安全事故进行统计分析的基础上，又对国内外发生的一些安全事故进行了分类归纳整理。

10.3.1　国内大型游乐设施事故案例

1. 主要由设备质量问题（物的不安全状态）**导致的事故**

我国大型游乐设施行业起步较晚、规模较小、起点不高，因设备质量问题导致的事故时有发生。设备质量包括设计、制造、安装、改造、维修及保养等环节的质量。设计不当、制造水平低下、安装错误、维保不到位等都是导致设备质量事故的重要原因。一些设备带病运行，设备处于不安全状态，最终导致事故发生。当然，这类事故往往也存在管理缺陷。举例如下：

1）1992 年 7 月 3 日，西安某游乐场个体户经营的"莲花椅"在载人运行中，花瓣的钢管突然断裂，两名男孩连同座椅坠落地面，造成 1 死 1 重伤。经技术鉴定，该设备属于无证产品。

2）1994 年 11 月 6 日，重庆某游乐场所，一男一女两青年坐上了"阿拉伯飞毯"。"飞毯"转动数秒钟后，突然疯狂加速，旋转不止。两人被巨大的离心力抛出，摔成重伤，抢救无效死亡。经技术鉴定，事故原因是设备电动机控制系统失灵。

3）1995 年 5 月 1 日，南京某公园"太空飞车"第三节长系车厢脱离车架坠地，一个 5 岁男孩死亡，其父重伤。

4）1997 年 6 月，大连某公园一个 2 岁半女孩从"转马"上摔下，双手和小腿被绞入转台缝隙中，结果一只胳膊被截肢。经技术鉴定，该台设备转台缝隙超标。

5）1997 年 7 月 9 日，某游乐场所，一位女青年同友人乘漂流船至"冒险岛"附近时，误入漩涡，造成船体倾斜，船底被撕裂，某中一名游客坠入漩涡后，被吸入地下排水管道中死亡。据事后调查发现，由于漩涡口防护栅栏在焊接施工中存在缺陷，焊点仅有米粒大，且没有按原设计焊接加固横梁，游客就是从两根脱落护栏空隙（30cm 宽）坠入，被吸进排水管道的。

6）1997 年 7 月 10 日，叶某在乘蛇形滑道下滑时由于滑道坡度过陡，加之润滑水量大且下滑速度过快，叶某滑到第二个转弯处时，沿切线方向由滑道壁抛出，在空中转了一圈后，头部重重地砸在岸边水泥地上，送至医院时已死亡。

7）1998 年 5 月 21 日，四川都江堰市某公园游乐场内一架大型观缆车在运行时发生事故，1 名大学生因颈椎断裂而死亡。

8）1998 年 8 月 30 日，上海某公园飞旋转椅转动几圈后突然倒塌，一位母亲被砸在几吨重的铁架下当场死亡。当时空中飞旋转椅上约有 20 位游客，事故造成 1 死 9 伤，其中 8

个是孩子。事故原因是主要部件焊接有裂缝。

9）2000 年 8 月 11 日，成都某游乐场内上演了惊险一幕：载有父子俩两名乘客的"空中飞船"升至与立柱成垂直角度时，连接"飞船"的 3 根铁臂突然断了一根，"飞船"一下子沿逆时针方向坠向地面，并与后面的那艘空"飞船"碰在了一起，幸好还有两根铁臂支撑，"飞船"在坠至距地面还有 10cm 时停下，因此坐在里面的父子俩没有受伤。

10）2001 年 2 月 17 日，南京某游乐场所的高空旋转飞机在向上运行时，冲出轨道，卡在运转平台支柱上，使 6 名游客滞留在离地面 14m 高的飞机座舱内，后运行消防登高平台车，最终将全部游客成功解救下来。

11）2001 年 5 月 2 日，某公园内正在高速运行的超级飞船突然一声巨响，飞船的旋转臂发生断裂，一个座舱从高空快速坠向地面，飞船上的 5 名游客都受到不同程度的伤害，其中，伤势最重的一位妇女，由于锁骨粉碎性骨折，躺进医院。事故发生后，有关人员在现场看到变形、断裂的旋转臂的钢管内严重锈蚀，座舱也没有按要求配备安全带，另外一些重要部位竟然只用铁丝简单地加固。经查这是个"三无"产品。

12）2001 年 5 月 6 日，广西某游乐场所"太空飞船"发生回转臂断裂，造成 3 名小学生受伤。

13）2002 年"五一"期间相继在南京、广西、株洲发生三起太空船座舱吊臂断裂的事故，造成数人受伤，其中 1 名妇女锁骨粉碎性骨折。

14）2006 年 6 月 24 日，重庆市某游乐园内"星际飞车"配重支撑臂断裂，造成 1 名游客当场死亡，另有两个 10 岁左右的孩子受轻伤。经现场勘察，与配重相连的支撑臂由方钢主臂和两个槽钢副支撑臂构成。主臂的断裂部位在接近旋转轴 100mm 左右的母材上，一个副支撑臂断裂部位在接近旋转轴 3m 左右的母材上。初步观察，这两个断口均有旧的穿透性裂纹，并且有补焊痕迹。

15）2007 年 3 月 25 日，广东省广州市某游乐场发生一起大型游乐设施严重事故。事发时，该游乐场两名游客游玩"激流勇进"项目，当船体被提升接近顶部时，突然急速倒退下滑，导致 1 名游客重伤。

16）2008 年 9 月 27 日，4 名小学生在广州番禺某游乐场玩"空中飞人"时，系住飞船的钢丝绳索突然断裂，造成 3 名学生摔伤，1 名学生经抢救无效死亡。

17）2008 年 10 月 28 日，上海市松江区某滑索道站发生一起大型游乐设施一般事故，造成 1 人死亡。事发时，该站经营的一条滑道正在承载游客运行。1 名 63 岁女游客带 1 名儿童坐上滑车，在下滑行过程中滑车滑出滑槽，两人连同滑车一起飞出滑道。现场人员将两人送至医院后女游客不治身亡，儿童受轻微擦伤。

18）2009 年 1 月 26 日，河南省商丘市某公园游乐场发生一起大型游乐设施一般事故，造成 2 人受伤。事发时，该公园内一台正在运行的摩天轮一轿箱门突然脱落，砸在从摩天轮左侧下方路过的 2 名游人身上，其中 1 名游客头部被砸导致重伤，另 1 名游客眉骨被砸受伤。

19）2010 年 6 月 29 日，深圳市盐田区某景区"太空迷航"大型机动游乐设施发生塌落事故，造成 6 人死亡（其中 3 人送医院抢救无效死亡），10 人受伤（其中 5 人重伤）。

20）2010 年 10 月 25 日，广东东莞某度假农庄使用不足一年的阿拉伯飞毯在试运行时发生断轴事故，造成设备坍塌。

21）2011 年 2 月 14 日，贵州某公园狂呼高空滞留 6～7h，回转支撑被卡死，原因为主动齿轮有一个齿出现断裂，断裂的齿牙卡住了回转支撑齿圈，迫使设备停止运转。

22）2011 年 5 月 8 日，新疆库尔勒市某公园内一台"太空飞跃"在运行过程中，座舱与转臂连接的金属结构发生断裂，座舱跌落并与另一座舱发生碰撞，造成 1 人死亡，1 人受伤。经事故调查组分析，此次事故的原因是：设备结构设计不合理，在冲击载荷作用下，应力集中部位极易出现裂纹；运营使用单位安全管理制度不健全，而且没有认真落实，无设备安全管理人员，设备日常检查方法和部位无针对性，维护保养工作不到位。

23）2011 年 11 月 2 日，上海某游乐场所"摇摆伞"突然起火，起火点位于机械衔接处，现场焚烧面积在 $10m^2$ 以内。主要原因摇摆伞在照明电路设计上存在缺陷，下雨导致照明电路短路。

24）2011 年 11 月 16 日，辽宁省大连市某游乐场大摆锤减速器输出轴断裂，小齿轮从高空坠落，所幸未造成人员伤亡，经检查，回转支承和其驱动齿轮齿面被破坏，减速器一级齿轮传动轴承和传动行星齿轮已粉碎。

25）2012 年 5 月 1 日，在河北省某市植物园好时光欢乐城内，一辆正在运行的过山车车头与车身发生断裂。乘客未受伤。

26）2012 年 10 月 9 日，深圳某乐园弹射过山车在运行至刹车段时，突然有发生碰撞的声音，维修人员检查发现座椅轮架后导轮支撑轴断裂。

27）2012 年 7 月 6 日，广州某垂直过山车发生故障，设备自动保护装置生效，导致设备停运，28 名游客被困。主要原因是电源模块故障，造成漏电保护开关跳闸。

28）2013 年 3 月 22 日，贵阳市某公园游乐场"摩天环车"游乐设施出现故障，搭载游客的承重铁臂折断，3 名外地游客被困，1h 后游客被全部救出。主要原因是设备回转臂断裂，设计不合理；使用过程中私自加装大功率驱动电动机，造成冲击较大，易形成疲劳裂纹。

29）2013 年 4 月 30 日，齐齐哈尔市某公园弹跳机的一根升降臂在距离座舱 1.2m 处的横向对接焊缝断裂，座舱掉落地面拖行，导致 3 名游客受伤。主要原因是大臂设计强度不够，且使用过程中有玻璃钢罩住，属于隐蔽区域，不方便检查，长期不维护保养。

30）2014 年 8 月 7 日，沈阳某公司发生一起游乐设施事故，自旋滑车机械故障，导致一辆滑车卡在轨道上，无法运行。

31）2015 年 4 月 6 日，河南某商业街太空飞碟大臂撕裂坠落，乘人座舱坠地，导致 19 名乘客受伤。

32）2015 年 4 月 9 日，呼和浩特某公园一台高空飞翔在接近最大运行高度时，安全钳作用，变频器报警，操作人员按下急停按钮后设备停在高处，6 名游客滞留在高空。原因可能是曳引机选型或配重比不合理。

33）2016 年 2 月 22 日，河南三门峡市某广场上发生了一起突发事件，一男子从正在运行中的"遨游太空"游乐设施上坠亡。主要原因是安全压杠断裂，安全带断裂。此种设备已发生多起甩人事故。

34）2016 年 5 月 2 日，南昌某大型乐园云霄飞车出现故障突然停止，16 名游客被悬在 70m 高空中长达 20min，工作人员上去利用人力一个个打开安全带，将人救下来。事后 16 名游客虽全部安全，但也惊出一身冷汗。

35）2016 年 6 月 27 日，福建泉州市某游乐园内，由于飞行塔出现故障，用手动模式也无法将飞行塔降下来，有 5 名游客被困在高空中。之后救援人员赶到现场，分两次先后将 5 名游客安全救下。

36）2016 年 10 月 4 日，西安某游东场所"闪电"过山车项目在爬升过程中，接近制高点时发生故障停滞在半空中，后经工作人员干预，过山车上 20 名左右被困游客被解救，从应急楼梯走下来。

2. 主要因操作或维修失误导致的事故

操作失误系人的不安全行为所致，许多事故的发生是由于错误操作引起的。同主要由设备质量引起的事故一样，因操作不当所引起的事故，也大都存在管理失误。

1）1992 年 5 月 31 日，北京某公园个体经营者购买西安个体户无证生产的"直升机"，安装后未经试运转即开始营业。营业不久，"飞机"发生故障，卡在高于站台 2m 处。当两名家长跑上站台接孩子时，操作人员违反操作规程，按动电钮，"飞机"突然坠落，将 1 名家长砸死，另 1 名家长被砸伤，同时乘坐"飞机"的另 1 名妇女也受了重伤。

2）1993 年 4 月，北京某游乐园大型高空观览车正在运转过程中，突然有人发现最高处有一吊厢冒烟起火。当着火的吊厢转回站台时，操作人员因惊慌失措，操作不当，未能将车停住，错过了及时抢救的时机。当大转盘又转一圈（约 15min）再次回到站台时，吊厢内的 3 名中学生已被烧焦。

3）1995 年 5 月 11 日，北京某公园滑道 3 个滑车相撞，造成 1 人死亡、1 人重伤、1 人轻伤。

4）2000 年 4 月 16 日，天津蹦极跳事故的直接原因就是操纵人员将蹦极绳保险打开过早，使绳子放得过长，致使游客触及水池池壁。

5）2006 年 4 月 16 日，贵阳市某公园穿梭时空发生一起大型游乐设施严重事故，造成 1 人死亡，1 人重伤。某游客及其母等 4 人乘坐该公园"穿梭时空"（另有 2 人同坐），在设备起动前，该游客发现自己及其母亲未系安全带，安全压杠也未压下，就在他帮其母亲系安全带时，操作人员却起动了该游乐设施。在运行约 5s 时，旁观者发现并大声呼叫，让操作人员停止运行。但还未等设备停下，事故发生了，该游客及其母亲从运行中的设备坠落，其母当场死亡，这名游客被送往医院进行抢救。该游乐设施的线速度为 10m/s，额定乘客人数 16 人，游乐设施高度 12m。经分析，造成事故的主要原因是：由于操作人员在未确认安全带及安全压杠的情况下，便开动该游乐设施，导致事故发生。

6）2006 年 5 月 7 日，西安市某公园发生一起大型游乐设施严重事故，造成 1 人重伤。当时 1 名初三学生为其父亲在该公园经营的游客设施"高空揽月"营运现场帮忙（无操作上岗证）。15 时 40 分左右，该中学生在给 4 名游客固定好保险压杠并系好安全带后，自己随后也坐了上去。由于该中学生座位上的保险压杠未固定到位，安全带也未系。当"高空揽月"启动后进入高位翻转时，座椅与地面 90°垂直并整体转动，该中学生从距离地面高度 8m 处被抛出，掷于距离设备 7m 远的水泥地面上，致其右上臂前端和右脚面骨骨折，右股骨颈断裂，下唇开裂 3cm，面部有多处擦伤。经查，该游乐设备 2002 年注册登记，并于 2006 年 4 月 26 日经国家特检中心检验合格。事故原因系设备运营中操作人员未严格执行起动前的安全检查程序，经营户擅自使用无操作上岗证的人员进行运行前的安全防护操作与检查。

7）铜川市某滑索游乐场发生一起滑索坠落事故，造成游游客母女两人从高空滑索上（距地面 30～40m）坠落，身体多处骨折。经初步调查，该滑索长 287m、落差 59m，由私人制造安装，个体经营，且无任何资料。2005 年 5 月 1 日开始营运，6 月 7 日市质监印台分局查处，并下发了安全监察责任书，责令停用整改，后经多次复查，该单位拒不整改，继续运营，2006 年 5 月 1 日查封后，又私自解封非法营运。事发当日，操作人员将游人母女送上滑索，两人乘坐一个吊袋放下去，当吊袋到达下站平台时，下站的操作人员又不在岗，游客自行解开保险带时，上站的操作人员又将 1 名工作人员送上滑索放下，以致使下站台的该游客母女拉回，造成严重事故。

8）2007 年 2 月 22 日，重庆市某公园一台飞行塔类游乐设施"探空飞梭"发生事故，造成 1 名操作人员死亡。事发时，该公园 1 人在检查设备及乘客情况时，发现 1 名乘客安全带未系好，准备帮助捆绑。但此时"探空飞梭"已起动，情急之下该人单手抓住"探空飞梭"的压杠随其上升，操作人员见状进行了紧急停机，结果导致该操作人员从 5m 高处坠地死亡。

9）2007 年 5 月 1 日，重庆市某公司发生一起大型游乐设施严重事故，造成 1 人轻伤。事发当日因风力过大，2 名乘客先后从过江速滑上站下滑到西岸，在距终点约 100m 处发生碰撞，致使 1 名游客头部受撞击髋骨处红肿。

10）2007 年 6 月 30 日，合肥市某公园一台"世纪滑车"在爬坡过程中突然出现倒滑，6 号车厢侧翻变形，造成坐在该车厢内的两名中学生一死一伤。该公司世纪滑车每日例行安全检查时已发现故障，在维修后隐患依然存在的情况下，维修工示意可正常运行。在载客后第一次运行爬坡过程中突然出现倒滑，止逆机构失效，造成车厢脱轨，将最后节车厢内的 1 名中学生挤压碰撞致伤，经送医院抢救无效死亡，同车厢内另 1 名男生受轻伤。

11）2008 年 12 月 6 日，河南省郑州市某公园发生一起大型游乐设施涉险事故，未造成人员伤亡。事发时，该公园因变电器出现故障造成停电，导致十几名乘客滞留在摩天轮吊舱中。公园启动救援预案，组织人员用绳索拉动摩天轮缓慢运转，经过 40min 救援，将乘客逐一接回地面。

12）2011 年 10 月 29 日，某景区魔幻山乐园突然停电，景区立即采取安全应急预案，在 10min 内，成功疏散完 23 个设备上的游客。其中，冲上云霄的座椅停在 12m 的空中无法落下，有 8 名乘客被困在上面。得知情况后，景区总经理立即赶赴现场组织施救，将其中 4 人安全放下。之后在放另外 4 人的过程中，设备突然出现故障停止运行，座位无法继续往下放。主要原因是救援时起动了应急发电动机，应急发电动机工作，当一端大臂旋转到底部时，由于操作室内无操作人员，没有能及时断开应急电动机，站台处的工作人员用手强行把大臂拉住，当松开时，整个大臂向上弹起，随后自由摆动几次后卡在半空中。致使 4 人被困近 2h。

13）2011 年 10 月 5 日，张女士带着 8 岁的儿子小王和 10 岁的外甥小沈到温州市某游乐场游玩。当日该公园峡谷漂流项目的当班作业人员孙某在送走第一批游客后，将用于提升漂流筏的提升机关闭。此时，张女士和儿子及外甥来到峡谷漂流项目。三人乘坐一艘漂流筏驶出，当漂流筏到达提升机下 1min 后，孙某未开启提升机。

小王和小沈以为已经到达的终点，便从漂流筏中爬出，并在提升机上行走，当他们走到距离提升机上端回转位置 1m 左右处时，孙某因疏忽大意，没有注意到这个情况，径直将提升机开启，走在前面的小沈跌到了水中，而在后行走的小王向右侧跌倒后被卷进提升机回转部位。

孙某看到此情形后立即关闭提升机，从控制室跑出，跳入水中，救起小王，并联系了公司管理经理赵某，赵某赶到现场后迅速拨打电话报警及120急救电话。当医生赶到现场时，小王已经死亡。

事故发生后，孙某主动向公安机关投案自首。游乐场与死者小王家属达成民事调解协议，共赔偿人民币91.5万元。

据了解，之所以酿成小王被碾死的主要原因是孙某作为操作人员，未按照操作规程操作提升机，并在未确认筏和游客安全状况的情况下，启动提升机导致事故发生。游乐场存在安全管理制度落实不到位、人员安排不到位、教育和培训不到位的三方面次要原因。

14）2011年10月6日，某动物园游乐场"挑战者之旅"游乐设施的1名操作人员在该设备的起落平台尚未升降回位至正常位置时，即上前准备开启乘客的安全保护装置，该操作人员走到固定地面平台与正在升降的平台钢板交界边缘时，不慎滑倒，跌入在正在运动的两块平台钢板之间的间隙，受到平台钢板挤压，经抢救无效死亡。此次事故的原因是：操作人员自我安全保护意识淡薄，未按操作规程作业。

15）2011年4月28日，厦门某公园跳楼机在电焊工维修作业时不小心掉落火花，引燃了景观灯和装饰物，导致火灾发生。

16）2014年10月2日，海口某公园摇头飞椅发生事故，造成12岁女孩受伤。乘坐过程中小女孩没有大人陪同，当设备下降过程中由于惯性还在继续旋转时，小女孩自行解开保险钩，抬起安全挡杆往下跳，由于惯性摔倒，并被后面的座椅击到后脑而造成受伤。主要原因操作员没有提醒游客在设备未停稳时不得私自下来。

17）2015年2月20日，商洛一游乐场狂呼发生空中坠落事故，17岁女孩身亡，同年5月1日浙江平阳一游乐场同厂家同形式设备发生事故，造成坐在设备里的1名男孩升上高空后被甩出坠落，而摆锤型设备另一侧则撞到躲避不及的游客，导致2人死亡3人受伤。主要原因是：设备制动装置不可靠，作业人员未加强高空区域的安全保护装置的维护保养，现场操作不规范等。

18）2015年5月3日，南昌某游乐场内，"迷你穿梭"项目游乐设施轨道脱落导致2名乘坐的游客坠落，伤者刘某三根肋骨骨折，其他部位多处外伤，另一坠落游客系刘某外孙，目测无外伤。主要原因是未加强日常检查和维护保养。

3. 主要因游客违反规定导致的事故

乘坐大型游乐设施的游客，如不按"乘客须知"的要求乘坐大型游乐设施，也会产生人的不安全行为，这样也极易导致事故发生。

1）1992年2月8日，郑州某公园1名7岁的女孩趁外祖父购票时，跑到已发动的"游龙戏水"车旁，抓住车厢把手想上去，结果被挂在车厢外，到站时被挤死。

2）1997年9月14日，一名27岁的女模特在北京某卡丁车俱乐部玩卡丁车时，因露在头盔外的长发卷入卡丁车后轴从而造成头发撕脱，并伤及脊椎，至今瘫痪在床。

3）1997年9月28日，成都某游乐园一位父亲携带4岁半双胞胎姐妹乘坐高空观览车。父亲将两个孩子放进吊厢后，就走开了。观览车升到距地面约30m时，一个孩子可能因为害怕从吊厢中爬出，掉在地上摔死。

4）1998 年 5 月 21 日，西安某学院年仅 21 岁的冯某某在都江堰市某公园乘坐高空观览车时，因观景兴起，将头伸出窗外（窗户的有机玻璃破后被摘掉），卡在了吊销和旋转的吊臂中间，造成颈部中枢断裂，当场死亡。

5）2008 年 9 月 11 日，北京某游乐场所，一大四男生在玩"激流勇进"项目时，不慎跌入水中，右腿被船下的传输齿轮绞断。

6）2009 年 8 月 24 日，内蒙古自治区通辽市某空中滑道场发生一起大型游乐设施一般事故，造成 1 人受伤。事发时，旱地滑车（滑道下行长度 350m）的作业人员引领车引导 4 个滑车下滑，当下滑至 305m 处最后一个弯道时，后数第二个滑车前部 1 名女乘客（定员 2 人，乘坐 2 人）携带的戏水枪落到车外，该乘客突然侧身捡拾水枪，导致头部撞击在左侧钢制护栏上，造成左耳撕伤，头部有撞口，经医院救治无效死亡。

7）2012 年 6 月 19 日，武汉某乐园过山车运行过程中突然骤停，12 名游客空中惊魂半小时才被解救下来。主要原因是游客乘坐过山车时口袋内硬币掉入轨道，从而引发设备的自我保护导致骤停。

8）2016 年 2 月 15 日，河北省容城县某村庙会上，一乘客饮酒后强行乘坐海盗船，从海盗船上摔下，经抢救无效死亡。

4. 主要因管理原因导致的事故

据对大型游乐设施事故进行的统计，不难发现许多事故案例大都不同程度地存在管理上的问题。因此，对大型游乐设施进行及时和有效的管理是减少事故的发生以及减轻其危害程度的关键环节之一。否则，即使质量很好的设备，如不能对其进行有效管理，也会发生这样或那样的事故，特别是随着时间的推移，设备的安全性能也在逐步下降。

1）2009 年 5 月 28 日，黑龙江省齐齐哈尔市某公园发生一起大型游乐设施一般事故，造成 1 名男孩死亡。事发时，该公园"三维太空环"作业人员放下 U 形架，让男孩手握手柄，然后启动电源。1min 后，发现该男孩的脚脱离了鞋套，随后从 U 形架中脱出，掉到地上，"三维太空环"外环对该男孩进行了击打和挤压，导致其死亡。

2）2010 年 1 月 31 日，小伙黄某和朋友到公园乘坐"遨游太空"——一种把人挂在半空、不停旋转翻转的大型游乐设备。设备起动后，原本等着感受"遨游"滋味的黄某突然被甩离了座位，重重地摔在了地上。后经医院诊断，黄某的腰部出现椎体爆裂性骨折，需要实施手术。

3）2012 年 8 月 31 日，南岸区洋人街一娱乐设施发生事故，现场 9 人受伤，无人员死亡。事发时，正在高速旋转的娱乐设施"高空飞翔"与旁边吊车的缆绳发生碰撞，吊车上的钢绳直接扫到了游客的腿部，部分游客腿部直接被割伤。伤者被紧急送往医院救治。

4）2013 年 4 月 1 日，安徽省合肥市一家游乐场内"跳楼机"在运行中辅助钢丝绳突然断裂，导致座椅悬停在离地约 5m 高的半空，11 名游客被困 1 个多小时。维护保养不到位导致事故。

5）2013 年 9 月 15 日，陕西秦岭某游乐场所的一台极速风车起动后不久，同一排座舱先后有 3 名乘客从空中被甩出。

事故原因是：维修人员为操作方便，有意短接了座舱安全压杠安全联锁功能，在设备起动前，现场服务人员手动操作安全压杠方法不当，导致有的座椅安全压杠活动插头未能插入座椅侧面的插孔内，按照规定，现场服务人员应逐一检查每个安全装置的锁紧情况，但是现场服务人员在检查安全装置锁紧情况时，由于接电话少检查了 1 排座椅，没能发现那排座椅的安全压杠没锁紧，最终导致这排座椅上 3 名乘客在运行中被甩出摔伤。

10.3.2　国外大型游乐设施事故案例

1. 因设备质量原因导致的事故

1）2000 年 9 月 3 日，澳洲南部阿莱德市的一个游乐场所发生意外，一被称为"旋转龙"的游乐设施从 8m 高处飞驰而下，造成至少 37 人受伤，其中 3 人伤势严重。这起意外事故是在一年一度的皇家阿德莱德表演展的游乐场发生的，当地电台报道称"旋转龙"的倒塌可能是因螺钉松动造成的。

2）2009 年 8 月 11 日，英国最著名的布莱克浦快乐海滩游乐场发生了一起意外事故，一列过山车在完成行程后因为制动系统失灵无法停下来，结果撞向了前面另一列准备让游人下车的过山车尾部。据悉，此次事件共导致 21 人受伤。发生事故的两辆过山车均遭损坏，其中一辆是世界上最大的过山车，因为它的时速为 139km，所以每年约有 750 万游人慕名来乘坐它感受新奇、刺激。

3）2001 年 5 月 1 日，位于德国科隆和波恩之间的欧洲最大游乐场，"幻想王国"游乐园发生严重火灾。据报道，当天下午，两条木制游乐轨道突然冒烟，而后起火，正在游玩的约 150 名游客纷纷从轨道上的座车中逃出，造成 54 人受伤。专家认为这可能是因为技术缺陷而引起的一场大火。

4）2006 年 07 月 11 日，美国辛辛那提市派拉蒙游乐场内名为"野兽之子"的过山车发生事故。27 人被送往医院接受治疗。当天下午 4 时 45 分左右，有目击者看见这一过山车突然停止运行。公园发言人莫琳·凯泽说，这一事故共造成 27 人受伤，所幸大多数人只是胸部和颈部受轻伤。

5）2006 年 07 月 21 日，英国奥尔顿塔公园一辆过山车 20 日发生事故，造成 29 人受伤。位于英格兰中部的奥尔顿塔公园是英国最大的主题公园。公园发言人雷切尔·洛基特说，事故发生时，一列名为"逃亡矿车"的过山车前几节车厢突然与车身分离，并向后滑去，与其他车厢相撞。洛基特说，当时车上有 46 名游客，其中 29 人受伤。4 名游客被送往医院救治，其余 25 人只轻微割伤或擦伤。

6）2007 年 5 月 5 日，日本大阪府吹田市万博纪念公园游乐园一台过山车在行驶中，第二节车厢车轮突然脱落，车厢向左严重倾斜，1 名女乘客头部撞上一旁铁栏杆，不幸当场殒命。车上其余 21 位乘客 1 人重伤、20 人轻伤。这台过山车（"风神雷声Ⅱ号"）共有 6 节，设计载客 24 人，最高速度为 75km/h。轨道长 1050m，离地 40m 高。

7）2007 年 6 月 9 日，美国阿肯色州热泉市的"泉水和水晶瀑布游乐园"，12 名游客正在该游乐园中乘坐一种 X 型过山车，体验极度刺激的感觉。当过山车升到 46m 高的半空突然停电，提心吊胆地被倒挂半小时，才被消防人员用云梯救下。

8）2007 年 6 月 21 日，美国肯塔基州的"六旗肯塔基王国游乐场"内一部跳楼钢缆断裂，跳楼机急速砸向地面。在跳楼机坠落过程中，那根断裂的钢丝绳以闪电般的速度反弹，扫向跳楼机中毫无防备的 10 名乘客。恐慌的乘客们纷纷缩回双脚试图躲避。然而，座位底部 1 名 13 岁女孩由于反应稍慢，双脚不幸被高速扫过的钢缆击中。顿时，钢缆犹如锋利的砍刀一般，将女孩的双脚从她的脚踝以下截断。

9）2007 年 7 月 14 日，美国威斯康星州欧什科西市举办的"Lifest2007"音乐节上"空中荣誉"钢丝绳断裂，导致 1 人死亡。当日下午 4 点 45 分左右，16 岁少女伊丽莎白·K·默赫尔和另 1 名游客被"空中荣耀"游戏的大吊车吊到了 30.5m 的高空。当她释放了辅助钢丝绳并坠落到距地面大约 14m 高时，与她相连的主钢丝绳断裂，正以 3.5g 加速度下坠的伊丽莎白立即急速砸向地面！一眨眼工夫，伊丽莎白如同一代水泥一样，猛地砸在地上，再也没有动弹一下。而她坠地的位置，距离安全护垫只有几米远。

10）2007 年 8 月 4 日，法国巴黎西北郊圣日耳曼莱昂的一家游乐场内的"Booster"在高速旋转时大臂突然断裂，大臂末端的轿厢甩出落到地面。轿厢中的 1 名 21 岁青年和他 48 岁的父亲当场死亡，1 名 14 岁的表弟和叔叔身受重伤。"Booster"另一个轿厢内的两名乘客被困在 36m 的高空，消防员及救援人员接报到场后，花了约 6h，才终于将两人救下地面。这台"Booster"重 28t，大臂长 10 多 m，臂两端各有一个 4 座的轿厢，可载 8 名乘客。

11）2008 年 1 月 12 日，泰国 Bangkok 市的 Siam 公园内一水滑梯滑道开裂造成 28 名儿童受伤，其中 4 名儿童的伤势严重。发生事故的水滑梯名叫"超级螺旋"，有三层楼高。据园方讲水滑梯断裂段距地面 2 ~ 3m 高，一些儿童从断口滑出坠楼。

12）2008 年 3 月 21 日，南非 Johannesburg 的帝王宫殿公园内一台"疯狂波浪"设备倒塌，幸运的是 7 名乘客只受轻伤。此台设备早前一周刚经过检验。

13）2008 年 3 月 24 日，日本爱知县 Nagakutem 的一主题公园内，1 名 46 岁的工人在检查飞椅时丧生。据警方介绍，该男子在设备内液压支撑系统上，顶棚结构倒塌将其压死。

14）2008 年 4 月 27 日，佐治亚州 Hamblee 的嘉年华活动上，1 名员工被 Roll-O-Plane 设备带起 15m 高后摔下受重伤。据目击者称伤者在将两名乘客送入座舱后，发现其中一个舱门没有关好，就在他试图将舱门关好的时候，设备开始起动，该男子抓住舱门被带到空中，但很快就掉了下来，摔在设备底部的金属横梁上。消防队员参加了救援行动，2 名乘客也被困空中达 20min，但没有受伤。

15）2008 年 7 月 15 日，瑞典哥德堡市里斯贝里游乐场内一座名为"彩虹"的高空摇摆游乐设施发生坍塌事故，事发生时，摇摆"彩虹"上满载游客 36 人，其中 20 名游客伤势严重，另有多名游客受到惊吓。

16）2009 年 9 月 18 日，位于美国洛杉矶 Knotts Berryfarm 的 Intamin 发射过山车 Xcelerator，在发射过程中，拉动滑块的钢缆瞬间发生爆裂，钢缆断成数千钢丝四处飞舞，导致坐在第一排的两位游客受轻伤。

17）2011 年 1 月 30 日，美国佛罗里达州嘉年华过山车脱轨伤人，一辆过山车在运行过程中前轮脱离轨道，导致 2 名女子困在过山车轨道顶部。

18）2011 年 4 月 26 日，巴黎迪士尼乐园过山车的部分车厢在运行时脱离，与前面的车厢发生冲撞，有 5 名游客被碎片击中受伤。

19）2011 年 7 月，英国一海啸过山车发生故障停运，导致 9 人挂在半空中的轨道上。

20）2011 年 8 月 13 日，巴西里约热内卢游乐场，1 名排队的 17 岁女游客被旋转游乐设施上掉下的座舱砸中，导致死亡。

21）2012 年 11 月 3 日，英国北安普顿，一名 9 岁的女孩被一台旋转类游乐设施抛出，飞出后摔在游乐设施的金属栅栏上，受伤住院。

22）2013 年 5 月 31 日，英格兰剑桥游乐场一台旋转大转盘在运行中倒塌，撞向载客处平台，导致 11 人受伤。

23）2013 年 6 月 1 日，在美国弗吉尼亚州远景公司嘉年华中观览车突然停止，轿厢前后摆动，使 17 名乘客滞留在空中，并且造成几名乘客被安全栏杆击伤。

24）2013 年 7 月 19 日，美国俄核俄州桑达斯基杉点乐园激流勇进翻船导致 7 人受伤。

25）2014 年 8 月 10 日，美国马里兰州的一个主题乐园过山车发生故障，24 名游客受困在轨道最高点附近约 14m 高的地方。消防单位在当地时间 10 日下午两点半接获报案，赶抵现场，没有游客受伤。消防人员说，还好车厢受困的位置，乘客是头上脚下。消防人员花了 4 个小时，才把人全部救下来。

26）2015 年 5 月 5 日，荷兰小镇迪丹（Didam）一家游乐园的高空旋转游戏设施突然卡在半空中，导致上面 7 人被倒挂在高空，时间长达 45min，所幸最后游客均被消防员成功解救，未造成人员伤亡。

27）2016 年 5 月 2 日，英国最大主题游乐场奥尔顿塔公园发生事故，一款新开的过山车突然停驶，数十名乘客倒转地吊在 20m 半空，30min 后才获救，全部安全返回地面。据称，事故是因连场暴雨，导致机件故障所致。

28）2016 年 6 月 26 日，苏格兰有过山车脱轨堕地，造成至少 10 人受伤，包括 8 名儿童及 2 名成年人，其中 3 名儿童情况严重。

29）2016 年 8 月 11 日，1 名孩童在利戈尼尔市（Ligonier）一个游乐场的狂野世界与水上乐园区玩耍时，从进行中的过山车上坠落受伤。该市威斯特摩兰县（Westmoreland）公共安全部门发言人称，事故发生后，男童被直升机迅速送往 50mile 外的匹兹堡儿童医院。

CNN 下属 WTAE 电台对此次事故的报道中称，据狂野世界与水上乐园区发言人透露，该事故发生在一架名为罗洛过山车（Rollo Coaster）的老式木质过山车上，并且是在行程过半的时候突发状况。

该游乐园网站上标明该过山车于 1938 年建造，没有配备安全带并且身高 36in（约 91cm）以下的乘客禁止乘坐。身高 48in（约 122cm）以下儿童需由成人陪同乘坐。宾夕法尼亚农业部负监督该州的 10200 个游乐设施，而该山车通过了农业部于 2016 年 8 月 6 日实施的设备检测。据称，农业部正在调查此次事故，并将重新调出监测档案。

30）2016 年 10 月 25 日，澳大利亚黄金海岸梦幻世界主题公园"雷河泛舟"（Thunder River Rapids Ride）项目发生事故，造成 4 人死亡。"雷河泛舟"游乐设施使用一个传送带和可乘坐 6 人的圆形皮筏艇，游客坐在里面沿着一条快速流动的人工河飞快前行。昆士兰救护车发言人加文·富勒说，事故发生时，2 人被甩出去了，另外 2 人被困在里面。

2. 因操作管理失误导致的事故

1）1999 年 6 月，日本东武动物公园因"回转秋千"游艺机与检查作业用的踏台相碰，致使游人受到轻伤和重伤，同月 12 日午后，发生"疯狂老鼠"游艺机运转车辆追尾前边车辆，两车游客共 7 人头部等处受伤的事故，直接原因是操作人员手工运转操作造成的。该"疯狂老鼠"每车乘坐 4 人，单辆运行的滑行车，线路长度约 375m，最高时速约 50km。发生事故时，线路上有两台车辆，一台在行至距终点 5m 处突然停止，在起点处还停有一车辆。这时操作人员到操作室按下自动运转按钮，起点处车辆起动。操作人员又解除终点前方车辆的制动闸，使一辆车运转时速约 20km，追逐到起点处车辆。

2）2011 年 3 月 14 日，1 名 52 岁的维修工人在迪士尼世界动物王国主题公园修理过山车时头部重伤，原因是维修时被正在运行的车撞到，违规维修保养。

3）2011 年 3 月 20 日，在德州休斯敦牛仔节上，1 名 46 岁男子从过山车上坠落死亡。目击者称该过山车在空中做了一个急转弯，导致该男子摔落。

4）2011 年 3 月 29 日，日本一台过山车在运行过程中，1 名 18 岁女孩左脚从过山车中伸出，被夹在站台端部与车体之间，脚踝受伤。

5）2011 年 5 月 14 日，美国某嘉年华上 2 名青少年从过山车上摔落受伤，他们想从车中出来时车子突然起动，导致从高处摔落，事故原因是操作人员在青少年要离开车子时突然起动了设备。

6）2011 年 5 月 16 日，在北卡来罗纳州，2 名嘉年华工人拆卸观览车时从上面摔下，1 名 42 岁的工人死亡。另 1 名受伤。事故主要原因由于保险钢丝绳破损造成，维护保养检查不到位。

7）2011 年 7 月 8 日，美国某主题公园过山车，1 名 29 岁男子从过山车上坠落身亡，目击者称该男子在过山车第一次下滑后爬坡时被甩出。该男子为老兵，失去双腿。主要原因是：操作人员违规操作，不该让不适合乘坐的游客乘坐。

8）2011 年 6 月 21 日，在加利福尼亚州游乐场，游乐设备在乘客下车时突然重新起动，造成 1 名女孩擦伤，操作人员试图将女孩拉出该设施，把她带到安全地带，结果设施的操作人员头部也受了伤。

9）2011 年 7 月 2 日，佛罗里达州游乐园，1 名 30 岁的维修工人在修理游乐设施时死亡，原因是维修时被击倒，失去意识，摔下一段距离。

10）2011 年 8 月，在法国一游乐场，1 名 24 岁的操作人员被过山车压死，该名工作人员在过山车运行时离开了控制台，结果他的腿被开来的过山车压住，在现场，为了拉出受害者，救援人员切断了他的一条腿，然后送他去医院，几小时后由于伤势过重而死亡。

11）2012 年 1 月 21 日，美国佛罗里达过山车，1 名操作人员踏上过山车轨道后被其中一辆过山车撞上，胸部受伤。

12）2012 年 5 月 28 日，日本迪士尼海洋公园，9 名乘客乘坐的过山车在出发时，操作人员发现后车左侧的空位座椅压杠处于打开状态，所以在按下出发按钮后立即按下了临时停止按钮，为了将未压紧的压杠压下来，操作员踏下第 2 辆车的脚踏解锁板将安全压杠的锁紧结构打开，1 名 34 岁男游客发现了危险，自己跳下车，摔入了站台外的轨道外侧受伤。

13）2012 年 9 月 1 日，在纽约布伦特伍德的嘉年华中，1 名 22 岁工作人员被旋转臂击中头部，受到致命伤害。

14）2012 年 7 月 6 日，在加拿大蒙特利尔的主题公园，1 名 67 岁的维修人员被过山车撞倒后当场死亡，原因是他违反操作程序，进入了该轨道的禁区。

15）2013 年 7 月 19 日，在德州阿林顿的六旗公园中，1 名 52 岁的妇女从过山车上坠落身亡。原因是乘客体型过大，不适合乘坐，安全保护装置不能有效束缚游客。

16）2014 年 7 月 7 日，洛杉矶六旗游乐园忍者过山车发生事故，造成 4 名游客受伤。主要原因是，过山车撞树脱轨，造成人员受伤，20 多名游客被吊在空中。实际上还是管理不善。

17）2014 年 9 月 12 日，在澳大利亚一个表演场，1 名女孩在旋转类的自控飞机游乐设施上被甩出致死。

3. 因乘客失误导致的事故

1）2008 年 4 月 26 日，俄罗斯西伯利亚 Novosibirsk 的 Berdsk，1 名 6 岁的男孩从高 15m

左右的观览车上摔下死亡，事故发生时游乐园已闭园但男孩翻越围墙进来，并进入设备，设备不知什么原因起动，男孩在试图退出座舱但被设备带起悬于空中，90 多秒后男孩力竭摔下，下落过程中，男孩的身体多次击中轮辐，最后摔在底部座舱顶距站台 3m 左右。

2）2009 年 3 月 21 日，北卡罗来纳州 Fayettevile 市的嘉年华上，1 名 23 岁的男子从一运行中的旋转设备上跳下受伤。据警察称该男子醉酒乘坐设备。目击者称此名男子打开了自己的安全带，爬上设备顶部然后跳下。他的头部撞上旁边碰碰车场地的金属框架。该男子被迅速用直升机送往医院治疗。

3）2008 年 1 月 27 日，德克萨斯州 Victoria 市一嘉年华上，1 名 15 岁的女孩被在拆卸的设备砸中头部丧生。此名女孩为嘉年华售票员，且第一天上班。发生事故的设备名叫"Hammer Slammer"。

4）2011 年 4 月 2 日，美国 1 名 3 岁男孩从儿童过山车上摔落后死亡，男孩可能将车上安全带解开，莫名其妙地陷入了两辆车中间，最后从游乐设施上摔落，他的头部受到严重的伤害，当场死亡。

5）2011 年 7 月 3 日，美国某过山车上 1 名乘客的帽子被吹跑并卡在车轮处，这辆车急刹车，导致后车撞到该车，6 名游客受伤。

6）2011 年 6 月 4 日，新泽西 1 名 11 岁女孩在学校组织的出游中从观览车上摔下后死亡。事故发生时小孩一人乘坐该设备。

7）2012 年 6 月 17 日，日本桂川 1 名 6 岁男孩乘坐儿童过山车时摔断手臂。调查人员认为，孩子的安全带在启动前是系好的，但是在运行过程中安全带松开了，导致男孩在最后一圈的过程中被抛了出来，摔断了胳膊。

8）2013 年 6 月 20 日，加拿大马尼托巴省温尼疯狂老鼠上，1 名 16 岁男孩在设备禁区被过山车撞击，伤势严重。主要原因是小孩子乘坐设备时帽子掉了，然后下来后翻越栅栏去捡被撞。

10.3.3　大型游乐设施检验案例

10.3.3.1　观览车类

1. 观览车系列

（1）某公园摩天轮座舱的检验　2012 年 8 月某公园花篮式摩天轮（见图 10-9）进行定期检验，此摩天轮安装位置靠近江边，故湿度较大，金属结构防锈要求较高。检验人员在检验座舱时，发现吊挂座舱的吊杆根部锈蚀严重（见图 10-10），此座舱结构简单，为半封闭吊厢（见图 10-11），座舱底部为花纹板，铆钉铆在座舱底部的金属支撑结构上，如图 10-12 所示。

由于湿度大，底部结构为封闭式。对于隐蔽区域，不便于检查，而且使用单位检查时工作量较大，要拆掉花纹板，所以此处维护保养不到位。检验人员发现吊杆根部锈蚀后，强行要求维修人员打开花纹板，发现内部支撑结构已锈蚀严重，部分支撑已锈蚀（见图 10-13），如不及时采取措施，后果不堪设想。

图 10-9　花篮式观览车

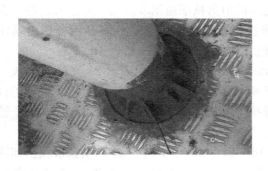

图 10-10　吊杆根部锈蚀　　　　　　　　图 10-11　半封闭吊厢（底为玻璃钢密封）

注：整改后，支撑面为花纹板，铆接在金属结构上。

图 10-12　座舱支撑结构　　　　　　　　　图 10-13　座舱底部锈蚀情况

检验建议：

1）检验时，检验人员一定要加强座舱底的检查，同时密切关注底部有无漏水孔，若无漏水孔则底部将会积水，加速支撑结构的锈蚀，导致结构失效。

2）要举一反三，分析其他类型的游乐设施座舱是否存在此类问题。

3）提醒式服务，提醒使用单位加强隐蔽区域的检查。

4）建议制造单位在设计制造时考虑隐蔽区域便于维护保养。

（2）摩天轮安全措施不到位的检验　2011年12月份对××公园新装一台摩天轮监督检验时，发现此设备存在很多隐患：

1）座舱采用有机玻璃覆盖，但是有机玻璃强度不够，极易破碎，防护措施不到位，如图10-14～图10-16所示。

2）观览车斜支撑处无检修爬梯，如图10-17所示。

3）电动机、减速器等传动部分安装处无检修平台，如图10-18所示。

4）新装螺栓锈蚀严重，如图10-19所示。

5）驱动电动机无防护罩。

图 10-14　座舱形式

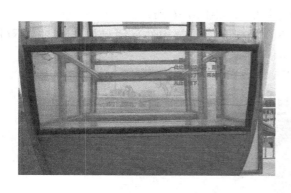

图 10-15　座椅靠背处有机玻璃覆盖

图 10-16　舱门处无拦挡栏杆

图 10-17　斜支撑无检修爬梯

图 10-18　传动部分安装处无检修平台

图 10-19　螺栓锈蚀

安全隐患：

1）玻璃碎后，乘客有掉落的危险。

2）玻璃碎后，可打开门锁装置，分别如图 10-14～图 10-16 所示。

3）座舱座位底部采用不锈钢板覆盖，不锈钢板与座舱结构件采用点焊连接，很不可靠，容易脱落，如图 10-20、图 10-21 所示。

图 10-20　座舱座位底部

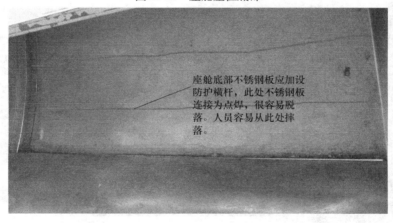

座舱底部不锈钢板应加设防护横杆，此处不锈钢板连接为点焊，很容易脱落。人员容易从此处摔落。

图 10-21　座舱底部不锈钢覆盖处采用点焊连接

检验建议：

1）检验人员不但要按照检规要求进行检验，还要对检验规则外的危险源进行清楚的识别，分析其危害程度及发生事故的概率，判别其危害等级。安全分析、安全评估、安全控制不只是设计时才考虑，制造、安装、使用、检验过程中也要充分应用起来，这样才能不断提高检验能力。

2）检验过程中发现此类不在检规中的问题，要及时提出整改意见，规避风险。

3）建议制造单位在设备出厂前做好安全分析、安全控制工作。

（3）观览车其他问题的检验

1）避雷装置采用设备金属结构架做引下线时，引下线宜在距地面 0.3～1.8m 装设断接卡或连接板，并应有明显标志。大部分制造单位均没装设断接卡或连接板，且避雷装置没有经过气象部门的验收，如图 10-22 所示。

注：雷电防护装置的设计和施工方面的内容，具体要求建议按照《中华人民共和国气

象法》《气象灾害防御条例》等相关法律法规的要求执行。

2）控制柜内未装电涌保护器。电涌保护器是电子设备雷电防护中不可缺少的一种装置，过去常称为"避雷器"或"过电压保护器"。它的作用是把窜入电力线、信号传输线的瞬时过电压限制在设备或系统所能承受的电压范围内，或将强大的雷电流泄流入地，保护被保护的设备或系统不受冲击而损坏。指目的在于限制瞬态过电压和分走电涌电流。它至少含有一个非线性元件，如图 10-23 所示。

图 10-22 装设断接卡或连接板

图 10-23 加装电涌保护器

3）爬梯入口处无防护措施，闲杂人员可随意攀爬，如图 10-24 所示。

4）应急救援措施不到位。

制定应急预案时，大部分使用单位只考虑停电情况下的应急救援，即只考虑到备用发电动机或两路电源；而忽略了液压系统失效与电气系统元器件失效的应急救援。

2. 组合式观览车系列

（1）遨游太空的检验

2012 年某公园遨游太空实施监督检测时，存在以下问题：

1）安全压杠两根部水平距离超过设计要求。实测 260mm，设计要求 235mm，如图 10-25 所示。

2）肩式安全带不可靠，作为二次保护时不能有效将游客约束在座位上。同时两固定点的距离较大，如图 10-26 所示。

3）直流电动机驱动，存在超速现象，额定速度为 12r/min，实测高达 25r/min。厂家仅通过按钮/拨杆的作用时间间隔来限速。

图 10-24 爬梯入口处无防护措施

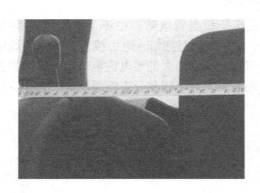

图 10-25　安全压杠根部水平距离

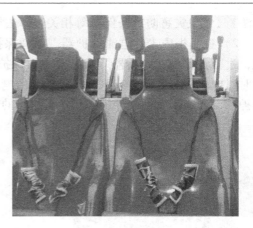

图 10-26　安全带不能满足带宽要求
且端部距离超过压杠根部距离

4）空载运行时，电动机电流达到95A，额定电流78.5A，见表10-1。

表 10-1　江苏省遨游太空设备主要技术参数

参　数 公　园	额定转速 /(r/min)	实际转速 /(r/min)	电动机额定电流 /A	电动机实际电流 （空载）/A	按钮/拨杆作用 间隔	压杠间隙 /mm
金坛南洲里	12	19.5	78.5	61.4	拨杆作用5s	235
昆山亭林园	12	20	78.5	95	拨杆作用5s	260
扬州京彩欢乐世界	8.64	15.5	79	54.0	按钮作用10s	235
扬州凤凰岛	—	18.0	78.5	82.0	按钮作用无间隔	220
泰兴公园	12	18.5	105	91.0	拨杆作用5s	235
海安七星湖	12	21.0	78.5	91.5	拨杆作用10s	235
南通文峰公园	—	—	95	103.0	按钮作用无间隔	235
淮安楚秀园	12	25.0	78.5	83.0	拨杆作用无间隔	235
宿迁中国水城	8.64	14.5	79	95.0	按钮作用10s	235
沐阳虞姬公园	8.64	15.0	79	98.0	按钮作用10s	230
邳州沙沟湖	12	26.0	78.5	74.6	拨杆作用无间隔	225
徐州彭祖园	—	21.0	—	70.0	按钮作用无间隔	220

5）压肩式安全压杠压不住肩部，且肩部离压杠根部的垂直距离较大，如图10-27所示。

6）肩式压杠只有一套锁紧装置。对危险性较大的游乐设施要设置两套可靠的锁紧装置，如图10-28所示。

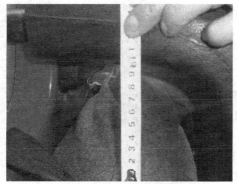

图 10-27　压杠与肩部垂直距离偏大

图 10-28　压杠只有一套锁紧装置

7）安全压杠无电气联锁保护，这样操作时容易产生误操作。

8）腰间未加设束腰安全带。

9）压杠中间间隙偏大，在设备翻滚过程中乘客容易甩出来，如图 10-29 所示。

由表 10-1 可知：绝大部分设备超速严重。通过了解与分析，常用的限速控制方式包括：电压比较反馈方式、驱动输入设置方式（模块）、单向编码计数器方式（限圈）和单向运转时间继电器方式（限时）。比较可靠的方法是采用两种独立方式控制，并另加一套保护装置，其中常用的超速保护控制装置有测速电动机、编码器、电动机超速开关等。

图 10-29　压杠中间间隙偏大

遨游太空运行时为防止超速共采用如下三种方法：

1）选用直流调速器欧陆 590P，它具有稳定的速度控制功能。为了有效地控制电动机转速，该设备选用了进口直流调速器欧陆 590P，作为直流电动机的驱动调速器，把调速器设置为速度反馈控制方式，速度反馈是通过电枢电压传感电路反馈的速度电平与控制电平相比，获得对被驱动电动机控制电平，从而获得对电动机速度的有效控制。欧陆 590P 具有速度反馈报警功能，这种功能是将速度反馈与电枢电压进行比较，比较结果超过报警阈值时，调速器发出报警指示，同时调速器中断输出。

2）选用电动机超速开关：超速开关一般用于直流电动机的超速保护，因为直流电动机的转速与磁场成反比，一旦磁场小于最低允许值。电动机的速度将超过最大允许值。因此，在直流电动机的轴上安装超速开关，超速开关是靠内部的离心机构，使其在超过一定转速后开关的触头动作发出电动机超速信号。

3）采用闭环控制：防止直流电动机超速最有效的方法是，安装测速发电动机并进行闭环控制，其原理框图如图 10-30 所示。

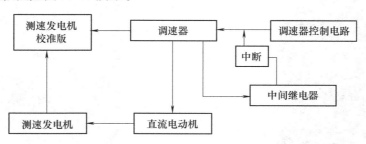

图 10-30　闭环控制原理框图

测速发电动机安装在直流电动机的转轴上，转速越高超速发电动机的发出电压越高，速度反馈板送入欧陆 590P 的速度信号就越大，当达到设定的超速阀值时，欧陆 590P 输出中断开关信号，通过继电器常闭触头，关断欧陆 590P 的输出，直流电动机不再有驱动电流，电动机在惯性的作用下减速停止，从而有效地防止了直流电动机超速运行。

检验建议：

1）加强检验人员的安全分析能力。

2）检验人员不能生搬死套标准和检验规程，比如此设备安全带设置只能起到挡住乘客从压杠和座位席面间的间隙溜出来的作用。能不能防住乘客从压杠间的间隙溜出来？能不能确保游客在失去知觉时将游客安全地束缚在座位上？此安全带能不能充分起二次独立保护作用。因此，建议为此设备加装腰间安全带。

3）加强与制造单位的沟通。

4）举一反三，翻滚类的冲击大的，均要注意。

（2）大摆锤的检验

1）某台 54 人大摆锤减速器损坏，如图 10-31 所示。

图 10-31　减速器损坏

2）"大摆锤"转筒筋板开裂。

3）减速器输出轴断裂，如图 10-32 所示。

4）压杆焊缝有裂纹。

5）螺栓断裂。

6）回转支承与小齿轮咬合，甚至造成断齿，如图 10-33 所示。

图 10-32　减速器输出轴断　　　　　　　　　图 10-33　齿轮断齿

7）吊臂焊缝有缺陷。

8）地脚的球铰为不可检测的单一失效点。

9）自制气缸没有排污孔。

10）摆臂筋板焊缝开裂。

11）大摆锤减速器输出轴断裂，如图 10-34 所示。

12）安全压杠齿条锁紧装置根部有裂纹。

（3）河南某企业生产的大摆锤的检验

2015 年 7 月在江苏苏北某公园新装了一台河南某企业生产的下传动大摆锤。检验过程中发现该设备存在很大的安全隐患。

1）安全带直接安装在玻璃钢上，而且根部未与金属框架预埋件相连接，如图 10-35 所示。

图 10-34　小齿轮轴断

2）安全压杠根部严重锈蚀，如图 10-36 所示。

图 10-35　安全带根部未与预埋件连接　　　　　图 10-36　压杠根部锈蚀

3）座舱回转支撑中间轴承未加油润滑，而且回转支撑处严重锈蚀，如图 10-37 所示。

4）座舱支架臂根部螺栓联接未采取防松措施，如图 10-38 所示。

图 10-37　未加油润滑且锈蚀严重　　　　　图 10-38　螺栓联接无防松措施

5）制动器未调整，制动状态时闸瓦与制动轮有间隙，如图 10-39 所示。

6）制动器支撑托架连接方式如图 10-40 所示，对于点焊连接处，由于驱动时振动很剧烈，因此焊接处很容易脱焊，进而导致制动器失效。

图 10-39　制动器未调整

图 10-40　制动器支撑托架连接方式

7）回转部分法兰连接采用螺栓联接，而且多处缺失螺栓，如图 10-41 所示。

8）吊挂轴硬度超标，如图 10-42 所示。

图 10-41　缺失联接螺栓

图 10-42　吊挂轴硬度超标

9）吊挂臂采用焊接连接方式如图 10-43 所示，焊缝探伤存在裂纹，且这种焊接连接很容易失效；同时查阅设计计算书，此处焊缝未计算强度。

图 10-43　吊挂臂焊缝存在裂纹

3. 摩天环车案例

摩天环车检验常见问题如下：

1）回转臂设计臂厚要求 8mm，现场实测 6mm。

2）人字安全带端部太宽，间隙较大，不能有效地将游客约束在座位上（建议翻滚类的加装腰间安全带），如图 10-44 所示。

3）设备锈蚀严重。

4）安全压杠根部焊缝有裂纹，建议采用图 9-22 所示二次保护形式。

5）对重块与大臂连接焊缝有裂纹，如图 9-18 所示。

6）大臂旋转过程中，在圆形轨道上跑偏。

7）座舱与支撑臂连接根部积水。

8）箱形梁大臂刚度不够，且发生断裂，应改进箱形梁结构，箱内加设筋板，如图 9-10 所示。

9）联接螺栓锈蚀严重。

图 10-44　人字安全带根部水平距离太宽

10）大臂外面加装装饰灯，不方便使用单位经常检查大臂，如图 9-10 所示。

4. 海盗船案例

2013 年检测某台海盗船设备时，发现存在以下隐患：

1）斜支撑基座部分未垫实，如图 10-45 所示。

2）地脚螺栓联接未拧紧，而且缺失螺母，如图 10-46 所示。

3）斜支撑圆管设计厚度 8mm，实测 5.6mm。

4）吊挂轴硬度不够。

未垫实

图 10-45　基座未垫实

图 10-46　缺失螺母

10.3.3.2　水上游乐设施类

近年来，水上游乐设施发展十分迅猛，国内水上乐园建设投资越来越大，也越来越密集，同质化重复建设现象越来越严重。很多投资商对前期规划设计、配套设施、水处理、建设过程等工作不予高度重视，建好后留有太多遗憾之处。目前国内水上游乐设施制造单位销售量猛增，他们没有考虑到销售、生产、市场三者的关系，在增长的同时，麻木加快生产进度，甚至部分工作分包出去，从而造成产品质量大大降低，检验时发现水上游乐设施质量堪忧。

1. 检验案例一

2014 年对某公园水世界进口设备进行监督检验时，发现较多隐患。虽然部分隐患不在检验范围内，但这些隐患依然可能导致人员伤亡。

1）巨碗底部钢结构敞开，未采取隔离措施，游客可能在游玩时钻入此空间，导致撞伤或碰伤，如图 10-47 所示。

2）给水口双螺母固定处未采用防松措施，如图 10-48 所示。

图 10-47　巨碗底部钢结构未做隔离措施

图 10-48　螺栓联接未防松

3）两条滑梯中间通过浮漂隔离，两条滑道上的游客在落水池中可能会交叉发生碰撞，此处应加设隔离措施，如图 10-49 所示。

4）水池台阶处无"小心台阶"类地面警示标识，如图 10-50 所示。

5）塑石粗糙处与尖锐处应打磨平滑，否则乘客碰到容易受伤，如图 10-51 所示。

6）一楼到二楼楼梯栏杆高度不够，另外栏杆需要增加垂直栅栏，防止乘客攀爬假山，如图 10-52 所示。

7）起滑区域需增游客须知和滑行姿势标志，如图 10-53 所示。

图 10-49　未采取隔离措施

图 10-50　无警示标语

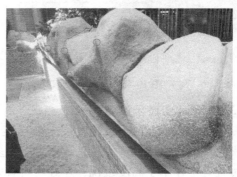

图 10-51　池壁装饰突出物

图 10-52　栅栏不符合要求

图 10-53　无游客须知和滑行姿势标志

8）设备钢柱四周未设围挡，可能导致游客碰伤，如图 10-54 所示。

图 10-54　钢柱四周未设围挡

9）隔栅栏杆未固定且不平整，如图 10-55 所示。

10）上站台滑道入口处有突出螺钉，如图 10-56 所示。

图 10-55　栅栏未固定且不平整

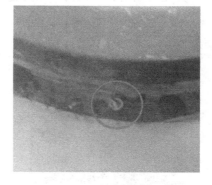

图 10-56　上站台滑道入口处螺钉

11）站台入口处的操作人员看不到出口处游客的情况，在操作过程中可能误操作，导致出口游客没有离开出口区时，入口处又放人下来而发生碰撞。因此，最好在滑道入口处加装监控装置，而图 10-57 所示的入口处均未加监控监视装置。

图 10-57　入口处未加装监控监视装置

12）滑道支撑托架与玻璃钢法兰连接方式不可靠，存在搭焊现象（见图 10-58），这种焊缝很容易失效。

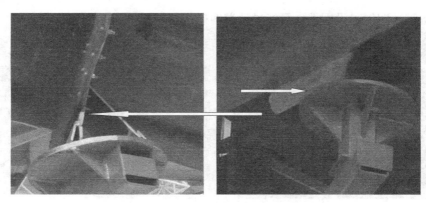

图 10-58　焊缝搭焊

13）滑道入口处玻璃钢有锐边，如图 10-59 所示。

14）停止按钮的颜色没有采用红色，而且无中文提示标志，如图 10-60 所示。

图 10-59　滑道入口处玻璃钢有锐边

图 10-60　停止按钮不规范

15）滑道立柱基础部分没有防护措施，而且地脚螺栓外露较多，游客接触到后容易受伤，如图 10-61 所示。

16）儿童水寨滑道立柱等低空区域未设置防止游客进入的防护措施，游客进入后很容易发生碰撞，导致受伤，如图 10-62 所示。

图 10-61　基础和地脚螺栓没有防护措施

图 10-62　低空区域无安全防护措施

17）滑道入口与站台接合处间隙偏大，游客的脚可能会被碰伤，如图 10-63 所示。

18）滑道立柱下方包装设置不合理，乘客容易攀爬，而且表面粗糙，如图 10-64 所示。

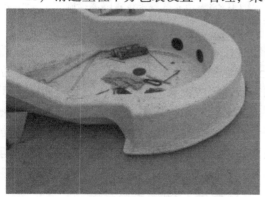

图 10-63　滑道入口与站台接合处间隙偏大

图 10-64　包装设置不合理

19）下沉式机房内设置的插座离地面太近，一旦机房进水后可能导致短路事故，如图 10-65 所示。

20）机房管路缺少水流方向及阀开启方向等提示标志，如图 10-66 所示。

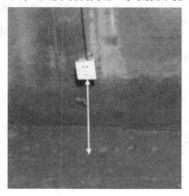

图 10-65　插座离地面较近

图 10-66　机房各设施缺失提示标志

21）机房未设置水位报警器，一旦机房灌水后不能及时报警并能切断控制电路。

22）安全栅栏间隙偏大，游客可自由进出设备区域，如图 10-67 所示。

23）环流河水道与滑道落水池的连通区域未设置隔离措施，如图 10-68 所示。

图 10-67　安全栅栏间隙过大　　　　　　图 10-68　连通区域未设置隔离措施

2. 检验案例二

水滑梯还可能存在其他问题，比如钢结构安装时，不按照安装作业指导书的要求而只凭经验安装，导致隐患很大。2015 年江苏某地水上乐园安装了几套水上游乐设施，制造单位把钢结构部分分包给其他安装公司，制造单位在安装过程中没有严格把关，安装公司随意而行，出现了很多问题。因此，检验人员检验时一定要求制造单位提供分包协议，同时要求制造单位审核安装单位的安装方案和人员资质，符合要求后方能安装。在安装过程中制造单位要严格把关，并做好相应检查记录。特别需要注意的，虽然钢结构安装工作分包出去了，但是主体责任还是制造单位的，一定要予以明确。

（1）二人冲天回旋滑梯

1）滑梯加速段（22～24 节）龙骨断节不连续、托座与龙骨未正常搭接，存在缝隙、位置偏移等问题，如图 10-69 所示。

2）落水池回水口设计不符合要求，其深度不满足 0.8～0.9m 的要求，如图 10-70 所示。

3）滑道出口左侧距离落水池池壁距离偏小，未达到 2m 以上要求。

图 10-69　龙骨安装不符合要求

4）钢平台立柱底板地脚螺栓孔开孔过大，滑梯立柱底板螺栓紧固方式不规范（未拧紧、未加垫片、缺失螺母或防松措施不对等），如图 10-71 所示。

5）钢结构焊接质量差，存在未满焊、漏焊、夹渣、咬边等缺陷，如图 10-72 所示。

6）未设置浸脚消毒池。

7）滑梯支撑龙骨断裂，且随意拼焊接驳，如图 10-73 所示。

8）滑梯托座与龙骨严重错位，如图 10-74 所示。

图 10-70 落水池设计不符合要求

图 10-71 地脚螺栓孔偏大且无防松措施

图 10-72 钢结构焊接质量差

图 10-73 支撑龙骨断裂且随意拼焊

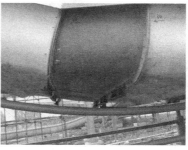

图 10-74 滑梯托座与龙骨严重错位

9）滑梯立柱间横梁未用螺栓联接，且该处耳板焊接不规范，出现漏焊、夹渣等问题，如图 10-75 所示。

图 10-75　横梁未用螺栓联接

10）滑道大滑板支撑立柱与龙骨间存在塞焊现象，如图 10-76 所示。

11）钢平台阶梯宽度不符合要求（要求不小于 1.2m），如图 10-77 所示。

塞焊圆管

图 10-76　立柱与龙骨间塞焊圆管

图 10-77　台阶宽度不够

12）滑梯槽头与钢平台之间存在缺口，如图 10-78 所示。

缺口

图 10-78　缺口

13）滑道人字槽扶手的胶衣破损，如图 10-79 所示。

图 10-79　玻璃钢破损

14）螺旋加速段滑道托座与托臂连接存在间隙，如图 10-80 所示。

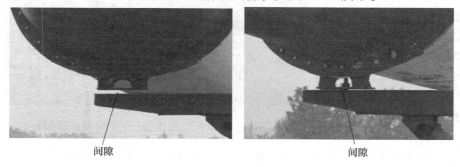

间隙　　　　　　　　　　　间隙

图 10-80　存在间隙

（2）三彩高速皮筏封闭螺旋滑梯组合

1）钢平台立柱缺少斜撑横梁，钢结构平台摇晃厉害，且连接不符合设计要求，如图 10-81 所示。

图 10-81　缺失立柱斜支撑

2）钢结构焊缝质量差，存在夹渣、气孔、塞焊、拼焊等现象，如图 10-82 所示。

图 10-82　钢结构焊缝质量差

3）高速滑梯 6-7 节滑槽之间缺少基础预埋，如图 10-83 所示。

4）三彩滑梯横梁支撑存在塞焊现象，如图 10-84 所示。

5）高速滑梯缓冲段托座与基础预埋铁板连接不规范，存在缝隙、塞焊、焊接差、不平整等问题，如图 10-85 所示。

6）皮筏滑梯 20-21 节滑槽之间托座与支臂存在间隙并且现场用西卡胶填充，如图 10-86 所示。

缺失基础

图 10-83　滑槽法兰下方缺失基础预埋

7）皮筏滑梯支臂与立柱耳板焊接不规范，存在堆焊等问题，如图 10-87 所示。

图 10-84　立柱与横梁间塞焊

图 10-85　托座与基础预埋铁板连接不规范

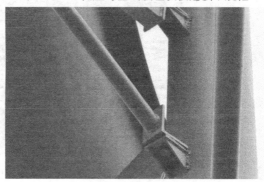

图 10-86　间隙用西卡胶填充

图 10-87　耳板堆焊

8）皮筏滑梯 24-25 节托座与支臂错位，如图 10-88 所示。

9）三彩滑梯个别立柱筋板随意开孔，且基板与基础间隙偏大，如图 10-89 所示。

图 10-88　托座与支臂错位

图 10-89　随意开孔且基板与
基础间隙偏大

10）皮筏滑梯入口处缺失相应龙骨或龙骨断裂，且托座与支臂错位，如图 10-90 所示。

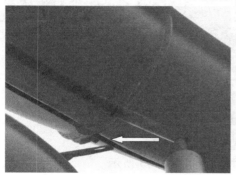

图 10-90　龙骨缺失且托架与支臂错位

11）高速皮筏滑梯托座、龙骨、支撑立柱焊接质量差，且连接错位，如图 10-91 所示。

图 10-91　焊接质量差且连接错位

12）皮筏滑梯与池壁间距过小，实测 80cm，如图 10-92 所示。

13）封闭螺旋滑梯入口处缺少相应龙骨，如图 10-93 所示。

图 10-92　滑梯与池壁间距过小

图 10-93　无龙骨

14）封闭螺旋滑梯托座与支臂连接错位，部分连接处不牢固且存在缝隙，如图 10-94 所示。

图 10-94　连接错位和连接不牢固

15）封闭螺旋与双人皮筏滑梯出口间距过小，如图 10-95 所示。

16）玻璃钢法兰连接处下方缺失基础，仅用木棍支撑，如图 10-96 所示。

图 10-95　相邻滑道出口间距过小

图 10-96　木棍支撑

17）滑道托架与基础间未垫实，采用角铁搭焊，极不可靠，如图 10-97 所示。

（3）巨兽碗滑梯

1）落水池与滑道出口基础位置存在偏差，且出口处落水池设置不合理，如图 10-98 所示。

2）碗底托座与龙骨脱离，如图 10-99 所示。

3）碗底出口法兰托座与基础立柱偏移，如图 10-100 所示。

图 10-97　滑道托架与基础间未垫实

图 10-98　基础偏差与落水池设置不合理

图 10-99　碗底托座与龙骨脱离

图 10-100　碗底出口法兰托座与基础立柱偏移

4）推流口沉头螺钉凸起不平整，如图 10-101 所示。

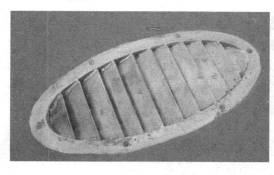
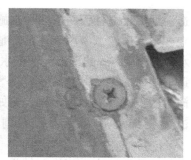

图 10-101　推流口沉头螺钉凸起不平整

（4）水寨

1）楼梯、平台横梁、立柱法兰等处的联接螺栓缺失或未拧紧，如图 10-102 所示。

2）部分护栏间距大于 12cm，如图 10-103 所示。

3）护栏水枪存在设计缺陷，旋转喷射时，会出现撞击护栏、挤伤游客手指等现象，如图 10-104 所示。

图 10-102　螺栓松动　　　　图 10-103　栏杆间隙偏大　　　　图 10-104　水枪手柄夹手

（5）造浪池项目

1）多数项目存在池壁无水深标志，或水深标志不清晰，无法提醒游客注意水深。图 10-105 所示为水深标志。

2）造浪池池底存在一定坡度，但有的使用单位池底刷了涂料，比较光滑，没有采取防滑措施，游客很容易摔倒。因此应有相应警示标识如图 10-106 所示。

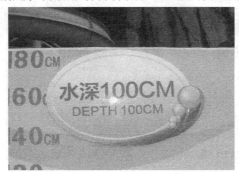 

图 10-105　水深标志　　　　　　　　　　图 10-106　池底警示标语

3）造浪池舞台立柱无防撞防护措施。

4）乘客须知内注意事项表述不清楚。

5）水深超过 1.5m 的造浪池两侧水深处未设置高位监护岗。

6）造浪池四周无"禁止跳水"等警示标牌。

7）深水区处无警示隔离措施，比如浮球带隔离。图 10-107 为隔离带。

8）池边装饰柱存在毛刺，有划伤游客的危险。

9）有的造浪池池底采用瓷砖铺设，如铺设不好，相邻砖有高低差时，容易踢伤脚。另外，瓷砖使用时间一长，瓷砖及接缝处均容易开裂，很容易伤到游客。

10）池底伸缩缝处应有防护措施，防止游客卡伤脚部。

11）部分造浪池壁应设置为开放喇叭形，但

图 10-107　隔离带

部分池壁有向内侧的拐角，造浪时，乘客有可能直接撞向拐角池壁，很危险。图 10-108 是符合要求的池壁。

（5）其他问题

1）滑梯楼梯面较光滑，但没有必要的防滑措施。图 10-109 为设置防滑措施的楼梯。

2）滑梯入口处无滑行姿势标牌（图 10-110 为有滑行姿势标牌的入口）。

3）滑道接头处下口高于上口。

4）滑道玻璃钢表面龟裂，有滑伤游客的危险。

5）乘客须知表述不清楚，戴首饰以及穿拉链衣服的乘客应禁止游玩。

图 10-108　池壁

图 10-109　楼梯防滑措施

图 10-110　入口处滑行姿势标牌

6）焊接处焊接质量较差，未焊透、未熔合、夹渣缺陷较多。

7）金属结构锈蚀严重。

8）相邻两个滑道出口处未设置隔离措施，避免两道滑道游客发生交叉碰撞，同时避免出口处聚集游客。图 10-111 为比较危险的滑道出口。

图 10-111　比较危险的滑道出口

9）弯曲滑道曲率设置不合理，游客在滑道中有翻滚现象。

10）安全栅栏高度不够。

11）电气设备漏电电流较大。

12）部分高速滑道出口处应加设缓冲装置，部分游客能滑到出口顶端，有危险。

13）站台、楼梯锈蚀严重，乘客在爬楼梯过程中存在危险。

14）滑道水润滑不合理，有滑出滑道的危险，如图 10-112 所示。

15）立柱刚度不够，晃动厉害。

16）滑梯通道两侧有装饰物，游客可触摸到，装饰物有棱角和毛刺，容易伤到游客。

17）滑道楼梯入口处应设置身高标尺和体重秤等，如图 10-113 所示。

图 10-112　滑道水润滑不合理

图 10-113　身高标尺与体重秤

18）无警示标语，比如：禁止攀爬、禁止高空抛物、小心台阶、小心地滑等，如图 10-114 所示。

图 10-114　警示标志

19）在滑行过程中，筏具翻滚（见图 10-115），人员与玻璃钢滑道壁撞击等。

20）进口滑道玻璃钢采用一次挤压成形工艺，容易出现玻璃钢表面起鼓、起泡、变形等缺陷，如图 10-116 所示。

21）滑道落水池台阶（有的使用单位刷成蓝色）泡在水中时，跟水颜色差不多，游客可能不注意脚下，容易摔倒，建议在台阶边刷黄色的醒目的警戒色，提醒游客防止摔倒，如图 10-117 所示。

图 10-115　筏具翻滚

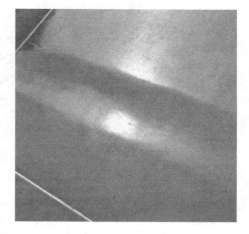

图 10-116　起鼓、起泡、变形等缺陷

22）水上游乐设施存在的普遍问题：

①部分单位救生员配置不够。

②相关规章制度不健全。

③日常检查不到位。

④无应急预案，部分单位有应急预案，但未演练。

⑤现场救生员、操作人员和服务人员责任心不强。

10.3.3.3　自控飞机类

（1）魔幻脚踏车　2014 年 11 月对河南某企业 2010 年生产的魔幻脚踏车（见图 10-118）实施定期检验，检验过程中，发现该设备锈蚀严重，存在很大安全隐患。

座舱托架锈蚀严重且已失去支撑作用，制造时应考虑防腐处理，不能简单地刷防锈漆；同时选用圆管材料时，不能节约成本，选用负公差较大的材料制作，如图 10-119 所示。

图 10-117　台阶警戒色

图 10-118　魔幻脚踏车

（2）弹跳机　2012 年 6 月检验某公司安装的激情跳跃游乐项目（见图 10-120），存在以下问题。

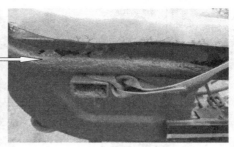

图 10-119　支撑托架锈蚀严重

图 10-120　激情跳跃

1）该设备 3 人共用一个安全压杠。如图 10-120 所示，一家三口中间的小孩，压杠对他就不起作用，只能起扶手作用；另外，压杠与座舱席面间无兜裆安全带，在弹跳过程中很容易从压杠和座席间的间隙内溜出。

2）压杠电气联锁装置不起作用。按照设计要求，压杠到位后，控制室内的操作人员方可操作该设备，但是在现场试验时，发现在安全压杠未压到位的情况下设备仍然能起动。

3）支撑大臂装有装饰照明，不方便用户日常检查，所以设置时应方便拆卸。以前出现过大臂发生断裂的事故，如图 10-121 所示。

（3）2014 年对某台自控飞机监督检验时，发现存在以下隐患：

1）图 10-122a 所示为座舱托架与支撑臂连接部分，箭

图 10-121　大臂瞬间断口

头所示处只有一道焊缝连接。因此该焊缝为单一失效点，一旦失效，座舱托架可能断裂翻转，对游客可能造成伤害。同时经无损检测发现，此焊缝存在裂纹。建议采用图 10-122b 形式，可靠性会大大增加。例如，某飞机曾经发生过此处断裂事故，导致人员受伤（见图 10-123），所以最好加三角形筋板。

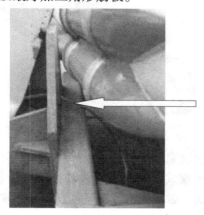

a) 一道焊缝　　　　　　　　　　　　b) 加设三角筋板

图 10-122　座舱托架与支撑臂连接

2）座舱底部玻璃钢积水，导致托架锈蚀严重。检验某台飞机时发现，此设备在设计安装过程中存在缺陷，大臂方管有多处开口部位，导致雨水渗漏到大臂方管内部，雨水沿着大臂从上往下渗漏，而大臂端部又被封闭焊死，渗漏水无法有效排泄，导致大臂内部长时间大量存积，又因受当地气候影响，雨水中带有腐蚀性成分，进而加快了大臂内部的腐蚀、锈蚀，这种情况通过外部检查和保养是很难发现的，如图 10-124 所示。

图 10-123　座舱托架根部断裂　　　　　　　　图 10-124　托架根部腐蚀严重

当然自控飞机类还存在其他隐患：

1）大臂刚度不够，起动时振动很大，运行过程中摇摇晃晃。

2）座舱深度不够。

3）安全带锁扣不可靠，乘客在乘坐过程中容易打开。

4）大臂上升限位装置失效，顶伸液压活塞杆从液压缸（见图 10-125）缸体内拉脱，导致大臂坠落。

5）液压系统漏油及气压系统漏气等。

6）中间回转部分用玻璃钢包装，不方便拆卸检查。当维修人员进入隐蔽区域时可能存在危险。因此，应在玻璃钢入口处加设电气联锁装置。

10.3.3.4　飞行塔类

1. 跳跃云霄

2014 年 6 月份对某公园跳跃云霄（见图 10-126）监督检验过程中，发现此设备存在较大隐患：

1）座舱的升降共设置了 5 套控制模式，每套模式要求在安全压杠锁紧后，经锁紧检测装置检测通过后，方可起动。检测人员在模拟试

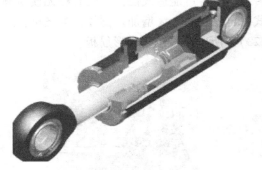

图 10-125　液压缸示意图

验时，分别试验 5 套控制模式，设备进行压杠锁紧检测，显示屏显示压杠处于打开状态，按照要求设备是不能起动的，但是按下电铃紧接着按模式二或模式三或者模式四设备能起动；同时还存在另外一个问题，如同时按下电铃和模式二或模式三或模式四设备也能启动。

2）跳跃云霄牵引钢丝绳的液压缸出现漏油现象，如图 10-127 所示。

图 10-126　跳跃云霄

图 10-127　液压缸漏油

3）此类型设备在 2014 年扬州举办的英国缤纷嘉年华上安装时，发现提供的型式试验报告为固定基础型式的设备，而现场安装的设备为移动式无固定基础设备，如图 10-128 所示。而此厂家此前未取得移动式跳跃云霄制造资质。

2. 青蛙跳

2013 年对南京某公园青蛙跳（见图 10-129）游乐设施检测时，发现以下问题：

1）座椅后玻璃钢封死，不方便检修，如图 10-130 所示。

图 10-128　无固定基础的跳跃云霄

图 10-129　青蛙跳

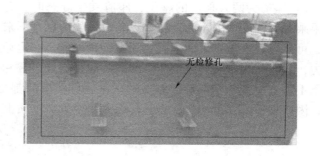

图 10-130　座舱后无检修孔

2）安全压杠与座位之间的间隙过大，乘客容易滑落，应加设安全带，如图 10-131 所示。

3）滑轮固定销轴无二次保护。如图 10-132 所示，滑轮下方没有安全防护罩，如果销轴断裂滑轮会直接掉下来，存在安全隐患。因此，应在滑轮下方安装二次防护装置。

图 10-131　加设安全带

图 10-132　滑轮吊挂轴无二次保护

4）座舱支撑托架与滑行架的连接（见图 10-133）只依靠一道焊缝，该焊缝为单一失效点，且无加强筋板。一旦焊缝失效，座舱可能存在坠落风险。建议设计制造时在白色三角形处增加三角筋板。

5）青蛙跳还存在因电磁阀失效而导致座舱吊在空中的情况。

3. 高空飞翔

2015 年对某企业生产的高空飞翔游乐设施进行监督检验，发现该设备在设计制造时的安全分析不到位，导致局部存在单一失效点。具体隐患如下：

图 10-133　座舱支撑托架与滑行架的连接

1）座椅为两人乘坐的座位，座舱乘坐静态时，有小角度的后仰，但是在运动过程中，如果乘客有不安全的行为，比如设备没停稳前私自下来，压杠不能有效地将游客约束在座位上，可能导致人员飞出的危险。还有一种可能，在运动过程中，因乘客害怕而导致失去行为能力，从压杠与座席间隙溜出。因此，建议增加束腰和兜裆安全带（见图10-134），正常情况下不加安全带是安全的，但是游乐设施好多事故都是在几个不正常因素结合到一起导致的，因此要考虑冗余安全，不管什么人乘坐确保本质上是安全的。

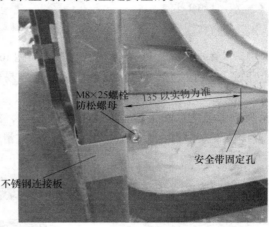

图 10-134　高空飞翔座位增加束腰和兜裆安全带

2）图 10-135 所示为座舱与链条连接吊耳焊接连接方式，（图示 1 处）焊缝为单一失效点，长期受力，由于南方气候潮湿，极易腐蚀。故此处应设置加强筋板，起保护焊缝作用。如不加筋板，（图示 2 处）二次保护钢丝绳端部吊挂就不能设置在吊耳上，应设置在座椅的金属预埋件上。

3）高空飞翔运行方向只有上下限位开关，不符合《游乐设施安全规范》的相关的要求，必须要加装极限位置限制装置，如图10-136 所示。

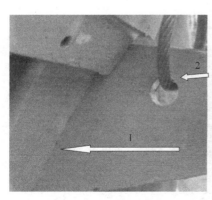

图 10-135　吊耳整改前后　　　　　　　　　图 10-136　加装极限
　　　　　　　　　　　　　　　　　　　　　　　位置限制装置

4. 摇头飞椅

1）2014 年检验武汉某公司生产的摇头飞椅时发现，江苏省内 10 多台设备大量座椅不锈钢支撑结构焊缝处及热影响区开裂，如图10-137 所示。

图 10-137　不锈钢开裂

2）链条吊挂销轴磨损严重，如图 10-138 所示。

3）吊挂链条端部连接吊扣开口，如图 10-139 所示。

图 10-138　吊挂销轴磨损　　　　　　　图 10-139　吊扣开口

10.3.3.5　滑行车类

1. 自旋滑车轮轴架裂纹

检验人员定期检验自旋滑车（座舱数量 5 车，乘坐人数 4 人/车，驱动功率 40kW，轨道长度 325m，运行高度 11m，级别 A 级，运行速度 15～20km/h）时，发现多台车轮轴架焊缝产生裂纹，裂纹位置均相同，均为轮架筋板处，部分裂纹已扩至母材。图 10-140 为在不同使用单位运行的 4 台自旋滑车轮轴架裂纹发生情况。

2. 载客装置玻璃钢与金属结构联接螺栓严重锈蚀

检验人员定期检验三环滑车（过山车）时发现车体底架和玻璃钢外壳联接螺栓锈蚀严重，一旦断裂，后果不堪设想，如图 10-141 所示。

3. "急流滑板" 裂纹

检验人员检验一台名为"急流滑板"的激流勇进设备时，发现多个行走轮轴多处裂纹，如图 10-142 所示，几乎环绕一周的轴向裂纹，纵贯整个销轴。

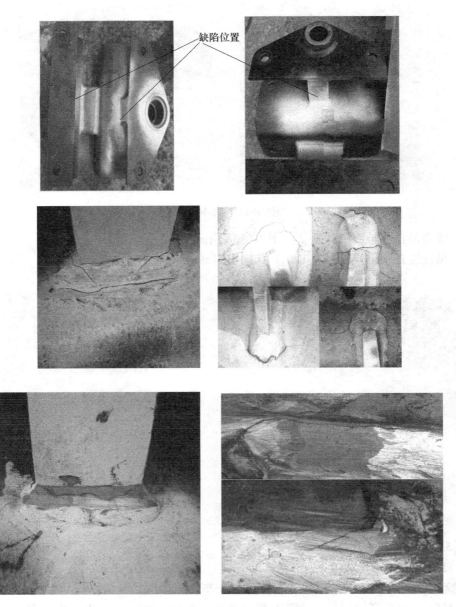

图 10-140　轮架裂纹发生情况

图 10-141　严重锈蚀的螺栓

图 10-142　轴向裂纹

4. 过山车车桥裂纹

检验人员对过山车（设备参数为：滑车数量 5 节/列，驱动功率 44kW，轨道长度 440 m，乘坐人数 16 人，轨道高度 22.9m，设备高度 24.5m，运行高度 23.6m，运行速度 60km/h）进行定期检验时，在该设备 5 个车桥中，3 个车桥（箱形梁）均发现裂纹，裂纹位于车桥开孔处半轴安装孔矩形开口处 2 个侧面的四个角，头节车厢和末节车厢车桥未发现裂纹缺陷。裂纹起始端均是矩形孔直线与曲线段结合处，扩展方向均为上下偏车轮方向，裂纹终止端均到侧面板焊接处。裂纹长度在 4～12mm，且均为母材裂纹，如图 10-143 所示。

裂纹

图 10-143　过山车车桥裂纹

5. "合家欢"过山车裂纹

检验人员检验某过山车（中型三环过山车）时，经过对使用单位工作人员的询问，了解到使用单位在 2011 年 8 月在对该设备进行日常检验时，发现部分座椅支撑多处发生断裂。此部位为座舱与车架连接的关键部位，座椅玻璃钢、安全压杠等都与此处连接。另外，该设备提升电动机传动轴也发生过断裂现象。如图 10-144、图 10-145 所示为过山车断裂情况。

6. 激流勇进止逆装置检验不合格

检验人员检验激流勇进（4 人/船、运行高度 14m、轨道长度 342m、设备高度 14m）时，发现这台设备存在止逆装置不合格，防止车辆相互碰撞的自动控制装置不合格，以及电动机连接端子损坏等问题，如图 10-146、图 10-147 所示。

图 10-144　座椅骨架焊缝断裂情况

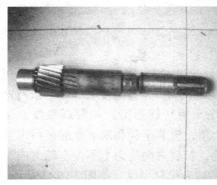

图 10-145　提升电动机传动轴断裂截面

图 10-146　车辆止逆装置不合格

图 10-147　防止车辆相互碰撞的自动控制装置不合格

7. 过山车安全压杠裂纹

检验人员检验某过山车时，经过对 16 件安全压杠进行无损检测，发现 4 件安全压杠有超标裂纹缺陷，如图 10-148 所示。

图 10-148　过山车安全压杠裂纹

8. 存在的其他问题

1）行车轮磨损超标。按标准或设备说明书规定，滑行车轮都有一个最大磨损量标准，如果超标将导致行车轮与轮道间隙过大，从而引起设备运行时冲击振动较大。

2）过山车车轮架、车轮、轨道等的磨损，如图 10-149 所示。

图 10-149　过山车车轮架、车轮、轨道等的磨损

3）检验滑行龙设备时，发现同样几台设备前立轴处出现裂纹，如图 10-150 所示。

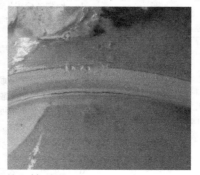

图 10-150　滑行龙前立轴裂纹

10.3.3.6 定期检验过程中常见的缺陷（见表10-2）

表 10-2　定期检验过程中常见的缺陷

检验项目与内容		常 见 缺 陷
1　技术 文件审查	定期检验报告	1. 不能提供上次检验报告 2. 检验周期不符合要求 3. 上次检验提出的问题未处理 4. 存档的资料不完整
	使用记录	1. 无使用记录 2. 日常使用状况记录、日常维护保养记录、自检记录、运行故障和事故记录不齐全 3. 日常维护保养记录、自检记录不符合法律法规和安装使用维修说明书的要求 4. 对日常维护保养中发现的问题未处理
	检验合格标志	1. 安全检验合格标志未张挂 2. 未挂在醒目的地方 3. 安全检验合格标志不清晰 4. 安全检验合格标志超过有效期
2　安装 及连接检查	基础	1. 基础有影响大型游乐设施正常运行的异常现象（不均匀沉陷、倾斜、开裂、松动、滑坡等） 2. 基础防水层有积水、漏水现象 3. 基础与设备垫铁间间隙过大，且未有效进行二次灌浆 4. 基础实际预埋装置深度不符合设计要求 5. 基础放样位置与设计图样偏差严重 6. 基础混凝土强度有降低现象，不符合设计要求
	地脚螺栓	1. 地脚螺栓联接未采取防松措施 2. 防松效果不好 3. 有严重的腐蚀、锈蚀现象 4. 地脚螺栓有变形、倾斜现象 5. 地脚螺栓未露出双螺母 6. 地脚螺栓与设备垫铁开孔偏差严重 7. 地脚螺栓螺纹损伤严重 8. 地脚螺栓高出垫铁部分过短，不能有效防松 9. 地脚螺栓高出垫铁部分长短不一致 10. 地脚螺栓规格与设计图样不一致，有以小代大等现象 11. 地脚螺栓被混凝土或其他障碍物覆盖 12. 大型设施无地脚螺栓预紧力记录 13. 同一设备中发现不同规格的地脚螺栓 14. 地脚螺栓未安装锁紧螺母 15. 地脚螺栓垫铁与基础之间的间隙过大
	重要零部件间螺栓、销轴连接	1. 螺栓联接未采取防止松动措施 2. 防松效果不好 3. 销轴连接未采取防止脱落措施 4. 销轴连接防止脱落措施不好 5. 开口销安装角度和方向与机械设计手册及相应标准要求不符 6. 防松形式不对 7. 防松螺母锈蚀、腐蚀严重 8. 双螺母防松时，螺栓裸露长度不够或未能裸露 9. 以平垫片代替弹簧垫片进行防松

（续）

检验项目与内容		常 见 缺 陷
2　安装及连接检查	焊缝表面质量检验	1. 有影响大型游乐设施运行安全的缺陷（漏焊、烧穿、裂纹、气孔、严重咬边、焊瘤熔渣等） 2. 关键部位或者承受冲击载荷处未采用碱性焊条进行焊接 3. 关键对接焊缝未开坡口进行焊接 4. 关键焊缝处有十字交叉焊缝存在 5. 受拉应力作用时，出现环向焊缝 6. 关键焊缝强度低于母材强度 7. 需采用连续焊处采用断续焊 8. 焊件不相互垂直而采用斜角角焊缝时，两构件间的夹角小于60° 9. 角焊缝承受动载荷时，未采用全焊透结构 10. 焊缝热影响区存在裂纹
	重要焊缝磁粉（或渗透）探伤	有影响设备运行安全的缺陷（如裂纹、夹渣、气孔、未熔合、未焊透等）
	中心轴对水平面的垂直度	中心轴对水平面的垂直度不符合要求
	转盘径向圆和端面圆跳动	转盘径向圆和端面圆跳动不符合要求
	转盘可调拉筋检查	转盘拉筋不可调；调节不适度；拉紧不一致
	经常和水接触的零部件检查	1. 经常和水接触的零部件没有采用防锈材料或防锈措施 2. 有严重锈蚀腐蚀
3　行走路线	轨距误差	轨距误差超标
	轨道支承间距	1. 轨道支承间距配置不合理 2. 支柱承受设计文件规定以外的外加载荷
	轨道晃动检查	轨道有异常的晃动现象
	轨道磨损	磨损严重部位超标
	防止车辆逆行装置及疏导乘客措施	1. 防止车辆逆行装置不起作用 2. 不可靠 3. 无安全走道 4. 安全走道不能有效疏导乘客
	车道	1. 车道不平整坚实 2. 车道不坚实 3. 有凹凸不平现象
	道路内障碍物、支线及两侧拦挡物检查	1. 道路内有障碍物 2. 道路两侧无缓冲拦挡物 3. 拦挡物上端低于车辆防撞装置上端 4. 拦挡物下端高于车辆防撞装置下端
	路基检查	路基填筑不坚实、稳固
	车场使用规定	大于5km/h以上电池车与儿童专用电池车在同一场地使用
	车场	1. 车场地面和车道路面不平整、不坚实 2. 有违背原设计的凹凸不平现象

（续）

检验项目与内容		常见缺陷
4 动力装置	系统过压保护装置	1. 在油路或气路系统中检查无过压保护装置 2. 过压保护装置不符合要求
	系统渗漏检查	1. 液压系统有渗漏油现象 2. 气动系统有明显的漏气现象
	液压缸（气缸）保险装置	1. 升降时当压力管道、胶管及泵等损坏是否会产生急剧下降，如能急剧下降，未设置保险装置 2. 模拟压力管道、胶管及泵损坏的情况下，乘人部分的支撑会急剧下降
	汽油机油箱密封装置	汽油机油箱密封不好，有渗漏现象
	油箱密封检查（内燃机小火车）	油箱密封不好
	内燃机车	1. 油箱密封不好 2. 减速器、离合器、消声器工作状态不好 3. 加速和刹车机构无明显标志 4. 后制动装置不灵活、不可靠
5 机械传动	齿轮传动	1. 传动齿轮啮合不良，有异常的偏啮合、偏磨损 2. 没有进行良好的润滑 3. 齿轮旋转异常 4. 齿轮传动有异常冲击、振动、声响 5. 齿轮断齿、折齿、破损 6. 齿轮表面硬度过低 7. 齿轮啮合面垂直度不好，间隙过大 8. 齿轮表面有异物、锈坑、点蚀 9. 齿轮连接不紧固，有松动
	传动带和滚子链传动	1. 传动带松弛，磨损超标 2. 滚子链松弛，磨损超标 3. 带磨损超标、有毛刺 4. 带偏移中心位置 5. 带有打滑现象 6. 带运行时有异响 7. 带、链条松动、腐蚀、开裂 8. 滚子链润滑不良 9. 滚子链条锈蚀严重 10. 滚子链连接销磨损严重 11. 滚子链连接销锻炼 12. 滚子链卡扣脱落 13. 链轮磨损、腐蚀、开裂、损坏
	润滑及渗漏	1. 需要润滑的部位未润滑 2. 轴承及接触表面有相对运行的部位没有便于添加润滑剂的措施，润滑不够 3. 有油滴现象 4. 润滑油脂形式使用错误 5. 润滑油脂脏

（续）

检验项目与内容		常 见 缺 陷
5 机械传动	重要轴、销轴超声波和磁粉（或渗透）探伤	1. 通过超声波与磁粉（或渗透）探伤，重要轴（滑行车的车轮轴、立轴、水平轴、车辆连接器的销轴、飞行塔吊舱吊挂轴、赛车车轮轴，以及自控飞机大臂、液压缸、座舱处的销轴、观览车吊舱吊挂轴、单轨列车联接器销轴等）有影响设备运行安全的缺陷 2. 销轴有变形、磨损、裂纹、断裂、锈蚀等缺陷 3. 销轴台阶处无倒角 4. 销轴表面硬度不达标或超标 5. 销轴表面光洁度不够 6. 销轴表面有锈坑 7. 销轴材质不及设计要求 8. 销轴润滑不良 9. 销轴表面未进行热处理 10. 销轴配合不良
	重要轴、销轴的磨损和锈蚀	重要轴、销轴的磨损或锈蚀超标
	减速器及摩擦离合器检查	减速器、摩擦离合器不平稳、不可靠
	提升装置	不安全、不可靠；提升时有异常冲击振动
	提升链条	磨损超标；伸长超标
	乘人部分钢丝绳检查	钢丝绳端部固定方法不符合要求
		绳夹间距不符合要求；钢丝绳直径不符合要求
		1. 提升钢丝绳终、始位置无可靠的限位或其他防止钢丝绳过卷松弛装置 2. 钢丝绳的终端在卷筒上留有的余量不到 3 圈
		断丝磨损超标
	制动装置	1. 停机后超过 60s 仍未停止运行（转马类）或要求到位准确时，未设置制动装置 2. 制动装置不协调，制动性能不可靠 3. 当动力电源突然断电或设备发生故障时，制动装置不能正常工作 4. 制动装置摩擦片、制动盘及其连接固定件磨损严重 5. 制动弹簧断裂、变形、破损和腐蚀 6. 制动装置松开间隙不符合要求 7. 制动装置润滑不良 8. 制动动作装置连接牢固、无腐蚀、松动、开裂现象 9. 制动手柄、踏板、按钮等机构连接不可靠
	提升段停车后起动	1. 提升段停车后不能正常起动 2. 起动时有异常的振动
	赛车与小火车制动装置	刹车距离不符合要求
	飞行塔制动装置	1. 制动装置不是常闭式的 2. 制动装置不可调 3. 当吊舱在上或下的过程中，突然断电，制动装置不起作用
	转向机构	转向机构不灵活、不可靠；有卡滞现象

（续）

检验项目与内容		常 见 缺 陷
6 乘人设施	乘人部分与障碍物间的安全距离	1. 安全距离不符合要求 2. 安全距离不够且未采取有效防护设施
	乘人可触及之处	乘客可能触及之处有外露的锐边、尖角、毛刺和危险突出物等
	把手、安全带或安全压杠	1. 未按要求设置安全把手、安全带或安全压杠 2. 安全把手强度不够 3. 安全带的宽度不符合要求 4. 安全带承受拉力不符合要求 5. 安全带有断丝开裂、带子缝合线磨损老化、带扣失效等现象 6. 安全压杠有影响安全的空行程 7. 压杠在停止运行前的锁紧状态失效 8. 乘客能随意打开释放机构 9. 压杠根部连接点锈蚀严重，影响强度 10. 压杠锁紧装置不可靠 11. 有翻滚运动的游乐设施未采用两套独立的锁紧装置 12. 安全压杠联锁保护失效 13. 液压锁紧漏油、渗油
	乘人部分进出口	1. 乘人部分的进出口未按规定设置门或代替门的装置、拦挡物 2. 无法设置时，没有安装安全把手、安全带等或采取其他安全措施 3. 舱门的开启方向影响安全运行 4. 舱内的安全保护装置不可靠
	车辆连接器及保险措施	1. 未按要求设置保险装置 2. 保险装置不能起到二次保护作用 3. 车辆连接器及保险装置不可靠
	乘人舱门锁紧装置	1. 未按要求设置锁紧装置 2. 锁紧装置能被座舱内的乘客开启 3. 锁紧装置失效
	吊挂乘人部分保险措施	1. 未按要求加装防止吊挂装置失效的保险装置 2. 保险装置不能起到二次保护作用
	吊舱吊挂保险措施	1. 吊挂钢丝绳数量不符合要求 2. 钢丝绳直径不符合要求 3. 钢丝绳有断丝、磨损超标现象
	赛车覆盖物检查	1. 赛车的驱动和传动部分及车轮无防护覆盖 2. 防护覆盖无效
	车辆防冲撞缓冲装置	1. 车辆未设防冲撞的缓冲装置 2. 缓冲装置突出车体小于100mm
	防冲撞装置同一高度的检验	1. 同一车场车辆的缓冲轮胎不在同一高度上 2. 不能起到保护作用
	座舱牵引杆保险措施	1. 未按要求加装防止牵引装置失效的保险装置 2. 保险装置不能起到二次保护作用
	吊厢吊挂保险措施	1. 未按要求加装防止吊挂轴失效的保险装置 2. 保险装置不能起到二次保护作用

（续）

	检验项目与内容		常 见 缺 陷
6　乘人设施	非封闭式吊厢安全措施或安全距离		无安全措施时，安全距离不符合要求
	吊厢门窗拦挡物检查		门窗无拦挡物；乘客头部能伸出窗外
	吊厢门窗玻璃检查		吊厢门窗玻璃宜破碎
	小火车车辆联接器		联接器不安全、不可靠；转动不灵活
	车轮及轮缘磨损		车轮及轮缘磨损不均匀，运行不平稳
	侧轮或轮缘与轨道间隙		间隙超标
	防撞缓冲装置		无防撞的缓冲装置或措施
	侧轮、底轮与轨道的间隙		间隙不适宜
	缓冲轮胎		轮胎破损；压力不足或压力太大
	车场缓冲拦挡物		1. 上边缘低于车辆缓冲装置上边缘 2. 下边缘高于车辆缓冲装置下边缘 3. 拦挡物固定不牢固
	车轮装置		不灵活，不方便润滑、维修
	车轮磨损		车轮磨损超标
	橡胶充气轮胎压力检查		未采用橡胶充气轮，充气压力不适度
	玻璃钢件检查		1. 玻璃钢表面有裂纹、破损等缺陷，转角处过渡不圆滑 2. 乘客触及的玻璃钢内表面不整洁，有玻璃布头显露 3. 玻璃钢件表面有明显修补痕迹 4. 玻璃钢件边缘不平整，有分层现象 5. 玻璃钢件与受力件直接连接处产生裂纹、塌陷、变形 6. 玻璃钢强度不够
	电池车缓冲装置检查		1. 无缓冲装置 2. 不安全、不可靠 3. 突出尺寸不符合要求
7　电气及控制	低压配电系统接地型式		接地型式不符合要求
	接地要求和接地电阻		1. 电气设备金属外壳等未可靠接地 2. 低压配电系统保护接地电阻超标
	工作电压不大于50V 的电源变压器		1. 一、二次绕组间未采用相当于双重绝缘或加强绝缘水平的绝缘隔离 2. 变压器的一、二次绕组间和绕组对金属外壳间的绝缘电阻不符合要求
	电气设备安装		未按规范要求安装
	控制系统	控制系统检查	1. 与设计要求不一致 2. 不能满足工况要求 3. 程序不可靠 4. 未考虑冗余安全 5. 未结合人机工程，未增加相应的联锁或互锁功能 6. 无备用控制系统

（续）

检验项目与内容			常 见 缺 陷
7 电气及控制	控制系统	手动和自动控制	1. 通过转换手动/自动控制，电气设备不能单独手动控制 2. 自动控制系统或联锁控制未设置手动控制
		控制元件及操作按钮、信号标志灯等颜色检查	1. 控制元件不可靠、动作不到位，操作不方便 2. 信号灯、按钮等无明确标志，颜色不符合要求
		音响和信号装置	1. 未设提醒乘客和行人注意安全的音响等信号装置 2. 装置不符合要求，音响不清晰
		紧急事故开关及开关形式检查	1. 操作室内明显处或站台上未设置紧急事故开关 2. 紧急事故开关选型不符合标准规定（无手动复位式） 3. 紧急事故开关失效 4. 紧急事故按钮与停止按钮设置要求不明确，容易混淆
	集电器		1. 集电器安装不符合要求 2. 电刷与集电环接触不良，火花过大 3. 电刷损坏、绝缘保护措施失效
	小火车路轨与导电转间绝缘电阻		绝缘电阻值小于标准要求
	车辆间电缆连接电器插头检查		1. 插头选型有误 2. 安装不正确
	防止车辆相互碰撞的自动控制装置		1. 未按要求安装防碰撞控制装置 2. 控制装置无自动联锁控制 3. 控制装置被拆除或被短接 4. 自动防碰撞装置控制元件容易损坏，导致误动作或不动作 5. 自动防碰撞装置不可靠
	大臂升降限位装置、吊舱升降限位控制装置、座舱升降支承臂限位控制装置		1. 未按要求安装限位装置 2. 限位装置选型不合理，灵敏度差 3. 安装位置不合理 4. 下降最低位置无限位装置 5. 限位装置被拆除或短接 6. 未安装极限位置装置
	防止超速的控制装置		1. 未按规定设置超速保护装置 2. 超速保护装置被拆除或短接 3. 超速保护装置未冗余设置
	潮湿场所电气设备漏电保护装置		1. 电源回路未设置短路保护装置 2. 短路保护装置的熔断体未按规定要求（容量过大）配置

（续）

检验项目与内容			常见缺陷
7　电气及控制		人工照明水面照度检查	1. 水池未按规定安装人工照明 2. 照明设施已损坏 3. 照度低于标准规定
	上下电极板直流馈电的碰碰车	摩电线弓和正极板（网）接触检查	1. 摩电弓与正极板接触不良，火花大 2. 摩电弓座有卡滞，不灵活
		车上短路保护装置	1. 无设置短路保护装置 2. 短路保护装置的熔断体未按规定要求（容量过大）配置 3. 短路装置安装位置不合理
	地板馈电的碰碰车	馈电电压检查	电压大于 50V
		滑接器与电极板接触检查	1. 滑接器设计不合理，灵活性不足 2. 与下极板接触不良
		车上短路保护装置	1. 无设置短路保护装置 2. 短路保护装置的熔断体未按规定要求（容量过大）配置 3. 短路装置安装位置不合理
	碰碰车车场基本要求		1. 不平整、不结实 2. 有凹凸不平 3. 车场四周未设置缓冲拦挡物 4. 缓冲拦挡物上边缘低于车辆缓冲轮胎上边缘，拦挡物下边缘高于车辆缓冲轮胎下边缘
	碰碰车车场基本要求	上、下电极板间的高度	1. 高度不足 2.7m 2. 水平度不好，部分地方高度不足 2.7m
		下极板检查	1. 下极板厚度小于 4mm，有凹凸不平 2. 焊缝尺寸不符合标准规定，有开裂现象
		上极板检查	1. 上电极镀锌板厚度不足 0.5mm，钢板网厚度不足 2mm 2. 安装不牢固，不平整
		车场面积	车场面积不符合标准要求
		车场防雨	1. 无设置防雨棚 2. 防雨棚有漏水 3. 防雨棚面积过小
		地板铺设正负极板馈电车场	1. 安装不牢固，有松动 2. 安装不平整，高度差大于 2mm
	绝缘电阻		绝缘电阻值大于标准规定

（续）

检验项目与内容		常 见 缺 陷
8 安全防护	事故状态疏导乘客措施	1. 无疏导乘客的措施 2. 疏导措施不能将乘客顺利地疏导下来
	事故状态座舱降落措施	1. 通过模拟事故状态，无空中座舱降到地面的措施 2. 降落措施不安全、不可靠
	救生措施	1. 无相应管理措施、相应证件和救生设备 2. 无设置高位救生监护哨 3. 无救生器具 4. 救生器具无合格标志
	风速计	1. 超过20m的游乐设施未设风速仪 2. 设置不符合要求 3. 不能正常工作
	提升钢丝绳断绳保护	1. 无断绳保护装置 2. 保护装置无效
	加速和制动的标志检查	1. 加速和制动装置无明显标志 2. 加速和制动装置不起作用
	避雷装置	1. 未按要求加设避雷装置 2. 避雷装置设置不符合要求 3. 避雷接地电阻不符合要求
	安全标识	1. 无安全警示标志 2. 安全警示标志未安装在醒目的位置
9 运行检查	空载运行	大型游乐设施各机构的动作不灵活、有异响或异常情况，结构和机构有损坏，连接有松动
	满载试验	大型游乐设施各机构的动作不灵活、有异响或异常情况，结构和机构有损坏，连接有松动
	大臂升降	大臂在升降过程中有异常抖动现象，起动和停止时有明显的冲击现象
	立柱导向装置	塔身立柱的导向装置不安全、不可靠
	吊舱着地缓冲装置	1. 未设缓冲装置 2. 缓冲装置不符合要求
	座舱升降检查	座舱在升降过程中有抖动现象，起动和停止时有明显的冲击振动
10 游乐池	池壁、池底及棱角、底角检查	1. 游乐池壁及池底渗水 2. 所有棱角及底角不是圆形的 3. 池壁不平整 4. 池底不防滑 5. 预埋件露出池底，对露出的未采取保护措施
	淋浴消毒装置及浸脚消毒	1. 未设置入池前的淋浴消毒装置 2. 浸脚消毒池不符合要求 3. 入池前及便后未经淋浴消毒通过浸脚消毒池后入池
	游乐池水深标志	水深标志线及水深不符合要求
	游乐池过滤净化设备	游乐池未设置相应能力的池水过滤净化及消毒设备

（续）

检验项目与内容		常见缺陷
10　游乐池	有落差的悬吊式游乐设施（如滑索飞渡）	1. 下滑不顺利 2. 有卡阻现象 3. 到终点缓冲不平稳，有明显冲击 4. 水池水深不能保证游客安全
11　滑梯	润滑水流量检查	润滑水流量调节不符合要求，润滑和滑行速度不符合要求
	滑道护板、护栏及侧面加高	滑道护板、护栏及侧面加高不符合要求
	滑道表面检查	1. 滑道表面不平整、不光滑 2. 接口处过渡圆角半径大于 3mm 3. 下口高于上口
	下滑方式标牌检查	1. 在滑梯明显处未设置下滑方式标牌 2. 下滑方式标牌不符合要求
	滑道改变角度时，游客滑行检查	滑道在改变角度和方向时，游客在滑道上有翻滚和明显的弹跳现象
	起点处横杆高度	在起点处未安装高度为 1.1m 的横杆

10.4　大型游乐设施事故预防、预测与处理

10.4.1　事故预防

从大型游乐设施事故的分级可以看出，大型游乐设施事故的界定主要依据死亡（或重伤）人数、直接经济损失和高空滞留时间三个要素。大型游乐设施的事故预防就要以预防游客伤亡事故的发生、预防财产损失以及防止游客高空滞留等方面入手，运用现代系统安全理论控制物的不安全状态、人的不安全行为并加强管理。

（1）控制物的不安全状态　控制物的不安全状态包括提高系统安全性和降低设备故障率。要提高系统的安全性，必须根据现代安全系统工程原理，在大型游乐设施的设计、制造、安装、改造、维修和保养等环节进一步提升质量，提高系统可靠度，提高游乐设施的本质安全度，减少危险因素和隐患，即减少危险源。从设计开始，对每一个环节都要优先考虑事故预防措施。

1）直接安全技术措施：设计时要充分考虑设备的安全性能要求（如考虑足够的安全系数等）及预防事故和危害的安全技术措施。

2）安全防护装置等间接安全技术措施：若直接安全技术措施失效而不能或不能完全保证安全时，为游乐设施设计一种或多种安全防护装置，以最大限度地预防、控制事故或危害的发生。

3）报警装置、警示标志等指示性安全技术措施：间接安全技术措施也无法完全保证安全时，可采用检测报警装置、警示标志等措施，警告、提醒操作人员及游客的注意，防止事故的发生，并能采取相应的对策将人员紧急撤离危险场所。

4）教育培训措施：若间接、指示性安全技术措施仍然不能完全避免事故、危害的发

生，则采用安全操作规程、安全教育、培训和个人防护用品来预防、减弱危害程度。这里所说的安全教育，对于游客来说，包括认真阅读游乐须知，因为这也是安全教育的一种形式。

这些措施层层递进，逐项落实才能保证游乐设施具有本质的安全性。必须注意：本质安全固然是游乐设施设计、制造时必须具备的，但在运行、检修过程中，它有可能减少或失去。为此，本质安全性的保持，必须得到游乐园安全管理的支持与保证。设计的先进性、材料的优质性、安全防护装置的齐全有效性，都会因运行时间的延长而发生变化，这正是"管理"之所以重要的原因。

要降低设备故障率要必须保证设备各个元件及整个系统的性能。因为故障是游乐设施系统及其元部件在运行过程中，由于性能（含安全性能）低下而不能实现预定功能（含安全功能）的现象。在正常情况下，设备故障率满足"浴盆曲线"，如图10-151所示。设备运行过程中故障的发生是不可避免的。故障的发生又具有随机性、渐近性或突发性，故障的发生是一种随机事件。造成故障发生的原因很复杂，有的是设计、制造中存在的问题，有的是在设备运行中由于磨损、疲劳、老化出现的问题，有的是检查和维修保养人员的工作失误造成的，有的由于认识上的原因对一些问题没有能发现，还有一些问题是受环境

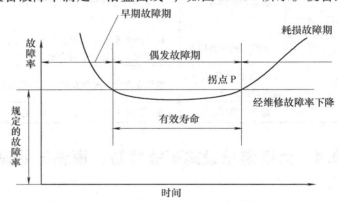

图10-151　设备故障率浴盆曲线

和其他因素的影响而产生的。发生故障是有规律的可循的，即故障率满足"浴盆曲线"。通过定期检查、维护、保养和分析总结，可使多数故障在预定时间内得到控制（避免或减少）。掌握游乐设施各类故障发生规律和故障率是防止故障发生造成严重后果的重要手段，是游乐设施管理人员应当重点关注和研究的课题。

（2）控制人的不安全行为（即严格控制人为失误）　对于大型游乐设施而言，人的不安全行为包括操作人员的不正确操作和游客的不正确乘坐两个方面。操作人员应持证上岗，严格按操作规程进行操作；应督促游客严格按照"游客须知"的要求进行游乐。人为失误在一定经济、技术条件下，是引发危险、危害的重要因素。人为失误具有随机性和偶然性，往往是不可预测的意外行为；但发生人为失误的规律和失误率是可以通过大量的观测、统计和分析来预测的。人为失误的原因比较复杂，一般可归纳为病理机制失调、非理智行为和无意识非故意行为三类。

（3）加强管理　要加强对游乐园（场）的管理。游乐园（场）要接待大量的游客，而游客群体构成复杂，所以加强游乐园（场）的管理任务重，难度大。游乐园（场）的安全管理受经营体制与经营者的经营理念有直接关系。经营者要自觉地遵守有关安全的法律、法规，自觉地接受质量监督与安全监察并为控制人的不安全行为、物的不安全状态，创造良好的游乐环境，制定并严格执行一系列行政、技术管理措施，从根本上建立起安全管理机制，不能做到这些，管理上就存在缺陷。如果经营者特别是个体经营者目光短浅，唯利是图，不重视社会效益，不重视职工素质的提高和各项规章制度的建设，安全就没有保证。

加强管理要充分识别危险源，根据风险评价的结果，明确控制要求，实施分类管理，落实岗位责任制。加强检查与监督，使管理工作落到实处。加强管理要按照海因里希事故法则，从事故预防的角度出发，对于未遂事故也需要进行统计分析，把事故隐患消灭在萌芽状态。

10.4.2　事故预测

事故预测就是通过对影响设备安全的重要参数以及故障进行有效监控，以便发现异常情况，采取有效措施加以预防。运用事故预测技术能够大大提高设备的安全性能，使设备在有效控制下始终处于安全状态下运行，可以大大降低大型游乐设施安全事故。设备状态监测和故障诊断是事故预防的基础。事故预测技术包括以下几个方面：

（1）设备状态监测　对设备或系统当前的运行状态进行识别，称为设备或系统的设备状态监测。对设备运行状态的监测是非常必要的。一个系统或一台机器在运行的过程中，必然有各种参数的传递和变化，产生各种各样的信息（振动、噪声、转速、温度、压力、流量等），这些信息直接或间接反映出系统的运行状态。当设备运行异常时，这些参数或其部分就会发生变化，对这些参数的监控实际上就是对设备状态的监控。

（2）故障诊断　机械设备运行过程中产生的各种信息，通过状态监测、识别，判断出机械设备是否发生了故障，以及产生故障的性质、部位、程度等，称为故障诊断。设备失效或发生事故后进行的各种分析则称为设备的失效分析。一些大型游乐设施事故就是因为没有实施故障诊断而致使故障失去控制进而发展为事故的，因此故障诊断技术在大型游乐设施中的应用十分重要。

广义上讲故障就是危险因素，就是隐患。故障诊断就是识别隐患及其危害。对于大型游乐设施故障一般为设备的机械、电气、液压、气动系统功能的异常，结构上的异常一般不称故障而是直接隐患。

（3）设备状态维修与预知维修　按照在线监测和诊断装置所预报的设备故障状态，确定设备维修工作的时间和内容，这就是设备状态维修与预知维修。

（4）专家系统　专家系统是指在发现装置、设备出现异常、紧急停车、发出警报之前，根据熟练操作人员的经验推论，假定导致故障可能发生的原因，然后通过检测相关数据进行验证、查明真正原因，从而对操作人员发出防止紧急停车指示或其他的处置方法及措施。专家系统由硬件和软件两部分组成。硬件包括计算机及相关的网络设备；软件要求能反映各个方面的知识和逻辑推导，具有高速处理功能。

10.4.3　事故处理

1. 特种设备事故调查的权限和职责

国务院颁布的《特种设备安全监察条例》中，对特种设备事故调查的权限和职责提出了如下要求：

1）特别重大事故由国务院或者国务院授权有关部门组织事故调查组进行调查。

2）重大事故由国务院特种设备安全监督管理部门会同有关部门组织事故调查组进行调查。

3）较大事故由省、自治区、直辖市特种设备安全监督管理部门会同有关部门组织事故调查组进行调查。

4）一般事故由设区的市的特种设备安全监督管理部门会同有关部门组织事故调查组进行调查。

5）事故调查报告应当由负责组织事故调查的特种设备安全监督管理部门的所在地人民政府批复，并报上一级特种设备安全监督管理部门备案。

有关机关应当按照上级部门的批复，依照法律、行政法规规定的权限和程序，对事故责任单位和有关人员进行行政处罚，对负有事故责任的国家工作人员进行处分。

6）特种设备安全监督管理部门应当在有关地方人民政府的领导下，组织开展特种设备事故调查处理工作。有关地方人民政府应当支持、配合上级人民政府或者特种设备安全监督管理部门的事故调查处理工作，并提供必要的便利条件。

2. 特种设备事故调查和处理相关规定

按国务院《特种设备安全监察条例》国家质量监督检验检疫总局发布了《特种设备事故报告和调查处理规定》，对特种设备的调查和处理工作做出了具体规定：

（1）事故调查中的规定

1）发生特种设备事故后，事故发生单位及其人员应当妥善保护事故现场以及相关证据，及时收集、整理有关资料，为事故调查做好准备；必要时，应当对设备、场地、资料进行封存，由专人看管。

因抢救人员、防止事故扩大以及疏通交通等原因，需要移动事故现场物件的，负责移动的单位或者相关人员应当做出标志，绘制现场简图并做出书面记录，妥善保存现场重要痕迹、物证。有条件的，应当现场制作视听资料。

事故调查期间，任何单位和个人不得擅自移动事故相关设备，不得毁灭相关资料、伪造或者故意破坏事故现场。

2）质量技术监督部门接到事故报告后，经现场初步判断，发现不属于或者无法确定为特种设备事故的，应当及时报告本级人民政府，由本级人民政府或者其授权或者委托的部门组织事故调查组进行调查。

根据事故调查处理工作的需要，负责组织事故调查的质量技术监督部门可以依法提请事故发生地人民政府及有关部门派员参加事故调查。

负责组织事故调查的质量技术监督部门应当将事故调查组的组成情况及时报告本级人民政府。

3）根据事故发生情况，上级质量技术监督部门可以派员指导下级质量技术监督部门开展事故调查处理工作。

自事故发生之日起30日内，因伤亡人数变化导致事故等级发生变化的，依照规定应当由上级质量技术监督部门组织调查的，上级质量技术监督部门可以会同本级有关部门组织事故调查组进行调查，也可以派员指导下级部门继续进行事故调查。

4）事故调查组成员应当具有特种设备事故调查所需要的知识和专长，与事故发生单位及相关人员不存在任何利害关系。事故调查组组长由负责事故调查的质量技术监督部门负责人担任。

必要时，事故调查组可以聘请有关专家参与事故调查；所聘请的专家应当具备5年以上特种设备安全监督管理、生产、检验检测或者科研教学工作经验。设区的市级以上质量技术监督部门可以根据事故调查的需要，组建特种设备事故调查专家库。

根据事故的具体情况，事故调查组可以内设管理组、技术组、综合组，分别承担管理原因调查、技术原因调查、综合协调等工作。

5）事故调查组履行的职责：一是查清事故发生前特种设备的状况；二是查明事故经过、人员伤亡、特种设备损坏、经济损失情况及其他后果；三是分析事故原因；四是认定事故性质和事故责任；五是提出对事故责任者的处理建议；六是提出防范事故发生和整改措施的建议；七是提交事故调查报告。

6）事故调查组成员在事故调查工作中应当诚信公正、恪尽职守，遵守事故调查组的纪律，遵守相关秘密规定。

在事故调查期间，未经负责组织事故调查的质量技术监督部门和本级人民政府批准，参与事故调查、技术鉴定、损失评估等有关人员不得擅自泄露有关事故信息。

7）对无重大社会影响、无人员伤亡、事故原因明晰的特种设备事故，事故调查工作可以按照有关规定适用简易程序；在负责事故调查的质量技术监督部门会同级有关部门，并报同级人民政府批准后，由质量技术监督部门单独进行调查。

8）事故调查组可以委托具有国家规定资质的技术机构或者直接组织专家进行技术鉴定。接受委托的技术机构或者专家应当出具技术鉴定报告，并对其结论负责。

9）事故调查组认为需要对特种设备事故进行直接经济损失评估的，可以委托具有国家规定资质的评估机构进行。直接经济损失包括人身伤亡所支出的费用、财产损失价值、应急救援费用、善后处理费用。

接受委托的单位应当按照相关规定和标准进行评估，出具评估报告，对其结论负责。

10）事故调查组有权向有关单位和个人了解与事故有关的情况，并要求其提供相关文件、资料。有关单位和个人不得拒绝，并应当如实提供特种设备及事故相关的情况或者资料，回答事故调查组的询问，对所提供情况的真实性负责。

事故发生单位的负责人和有关人员在事故调查期间不得擅离职守，应当随时接受事故调查组的询问，如实提供有关情况或者资料。

11）事故调查组应当查明引发事故的直接原因和间接原因，并根据对事故发生的影响程度认定事故发生的主要原因和次要原因。

12）事故调查组根据事故的主要原因和次要原因，判定事故性质，认定事故责任。

事故调查组根据当事人行为与特种设备事故之间的因果关系以及在特种设备事故中的影响程度，认定当事人所负的责任。当事人所负的责任分为全部责任、主要责任和次要责任。

当事人伪造或者故意破坏事故现场、毁灭证据、未及时报告事故等，致使事故责任无法认定的，应当承担全部责任。

13）事故调查组应当向组织事故调查的质量技术监督部门提交事故调查报告。事故调查报告包括：事故发生单位情况；事故发生经过和事故救援情况；事故造成的人员伤亡、设备损坏程度和直接经济损失；事故发生的原因和事故性质；事故责任的认定以及对事故责任者的处理建议；事故防范和整改措施；有关证据材料。

事故调查报告应当经事故调查组全体成员签字。事故调查组成员有不同意见的，可以提交个人签名的书面材料，附在事故调查报告内。

14）特种设备事故调查应当自事故发生之日起 60 日内结束。特殊情况下，经负责组织调查的质量技术监督部门批准，事故调查期限可以适当延长，但延长的期限最长不超过60日。

技术鉴定时间不计入调查期限。

因事故抢险救灾无法进行事故现场勘察的，事故调查期限从具备现场勘察条件之日起计算。

15）事故调查中发现涉嫌犯罪的，负责组织事故调查的质量技术监督部门会同有关部门和事故发生地人民政府，按照有关规定及时将有关材料移送司法机关处理。

（2）事故处理中的规定

1）省级质量技术监督部门组织的事故调查，其事故调查报告报省级人民政府批复，并报国家质检总局备案；市级质量技术监督部门组织的事故调查，其事故调查报告报市级人民政府批复，并报省级质量技术监督部门备案。

国家质检总局组织的事故调查，事故调查报告的批复按照国务院有关规定执行。

2）组织事故调查的质量技术监督部门应当在接到批复之日起10日内，将事故调查报告及批复意见主送有关地方人民政府及其有关部门，送达事故发生单位、责任单位和责任人员，并抄送参加事故调查的有关部门和单位。

3）质量技术监督部门及有关部门应当按照批复，依照法律、行政法规规定的权限和程序，对事故责任单位和责任人员实施行政处罚，对负有事故责任的国家工作人员进行处分。

4）事故发生单位应当落实事故防范和整改措施。防范和整改措施的落实情况应当接受工会和职工的监督。

事故发生地质量技术监督部门应当对事故责任单位落实防范和整改措施的情况进行监督检查。

5）特别重大事故的调查处理情况由国务院或者国务院授权组织事故调查的部门向社会公布，特别重大事故以下等级的事故的调查处理情况由组织事故调查的质量技术监督部门向社会公布；依法应当保密的除外。

6）事故调查的有关资料应当由组织事故调查的质量技术监督部门立档永久保存。立档保存的材料包括现场勘察笔录、技术鉴定报告、重大技术问题鉴定结论和检测检验报告、尸检报告、调查笔录、物证和证人证言、直接经济损失文件、相关图样、视听资料、事故调查报告和事故批复文件等。

7）组织事故调查的质量技术监督部门应当在接到事故调查报告批复之日起30日内撰写事故结案报告，并逐级上报直至国家质检总局。上报事故结案报告时，应当同时附上事故档案副本或者复印件。

8）负责组织事故调查的质量技术监督部门应当根据事故原因对相关安全技术规范、标准进行评估；需要制定或者修订相关安全技术规范、标准的，应当及时报告上级部门提请制定或者修订。

9）各级质量技术监督部门应定期对本行政区域特种设备事故的情况、特点、原因进行统计分析，根据特种设备的管理和技术特点、事故情况，研究制定有针对性的工作措施，防止和减少事故的发生。

10）省级质量技术监督部门应在每月25日前和每年12月25日前，将所辖区域本月、本年特种设备事故情况、结案批复情况及相关信息，以书面方式上报至国家质检总局。

第 11 章

大型游乐设施的应急管理

大型游乐设施的应急管理是安全管理工作的重要一环。该项应急管理工作包括应急预案的编制、应急演练和应急响应等。《特种设备安全监察条例》第六十五条规定，特种设备使用单位应当制定事故应急专项预案，并定期进行事故应急演练。第六十六条规定，特种设备事故发生后，事故发生单位应当立即启动事故应急预案，组织抢救，防止事故扩大，减少人员伤亡和财产损失，并及时向事故发生地县以上特种设备安全监督管理部门和有关部门报告。《大型游乐设施安全监察规定》第二十五条规定"运营使用单位应当制定应急预案，建立应急救援指挥机构，配备相应的救援人员、营救设备和急救物品。对每台（套）大型游乐设施还应当制定专门的应急预案。运营使用单位应当加强营救设备、急救物品的存放和管理，对救援人员定期进行专业培训，每年至少对每台（套）大型游乐设施组织 1 次应急救援演练。运营使用单位可以根据当地实际情况，与其他运营使用单位或公安消防等专业应急救援力量建立应急联动机制，制定联合应急预案，并定期进行联合演练。"这些规定，对大型游乐设施的应急管理提出了明确要求，不仅要求特种设备使用单位要制定专项预案，并定期进行事故应急演练，而且对事故发生单位在事故发生后如何启动应急预案、组织抢险、报告情况等若干重要环节提出了具体要求。同时对联合应急预案和演练提出了要求，这些要求是进行大型游乐设施应急管理的工作依据。

11.1 应急管理有关概念

科学的应急管理工作是建立在危险源的识别、风险分析与评价、风险控制和风险管理的基础上的，下面是与应急管理有关的几个基本概念：

（1）危险源

1）危险（Hazard）：是指可能发生潜在损失的征兆。它是风险的前置条件，没有危险就没有风险。

2）危险源（hazard installations）：是指可能导致人身伤害或疾病的根源、状态和活动，或者这些根源、状态和活动的组合。

3）重大危险源（major hazard installations）：按照《重大危险源辨识》（GB 18218—2000），重大危险源就是长期或临时生产、加工、搬运、使用或贮存危险物质，且危险物质的数量等于或超过临界量的单元。这里的单元是指一个（套）生产装置、设施或场所，或同属一个工厂的且边缘距离小于 500m 的几个（套）生产装置、设施或场所。

4）重大危险源辨识：就是识别重大危险源的存在并确定其特性的过程。大型游乐设施的重大危险源是游乐设施运转期间，导致严重后果的危险因素，包括销轴脱落、螺栓松动、焊缝断裂、控制失效、基础倒塌及安全装置失灵等。

（2）风险

1）风险（Risk）：是指某一情况发生的可能性及其后果（伤害或疾病）的组合。

2）风险率（Risk Rate）：是指衡量风险大小的尺度。一个具体事件或事故的风险率 R 等于事故发生的概率 P 与事故损失严重程度 S 的乘积，即 $R = PS$。

3）风险辨识（Risk Discrimination）：是指识别各类危险因素、危险的来源、范围、特性及与其行为或现象相关的不确定性，以及可能发生事故类型、事故发生的原因和机理等。

4）风险分析（Risk Analysis）：是指识别、理解和估计风险大小的过程。它包括对特定系统进行风险辨识、概率计算、后果估计等全过程的分析。

5）风险评价（Risk Evaluation）：就是在风险分析的基础上，根据相应的风险标准，判断该系统是否可被接受，是否需要采取进一步的安全改进措施。因此，风险分析是风险评价必不可少的一部分。

6）风险评估（Risk Assessment）：风险分析和风险评价合称风险评估。在风险分析的基础上，判断风险是否可接受的过程。

在进行定量风险评估（Quantitative Risk Assessment）时，为表示风险评估定量化的特征，进一步称为定量风险评估。风险评估是事故发生的概率和事故导致人员伤亡、财产损失、环境污染的严重程度的客观、定量的评价，是风险管理的决策和控制的基础。风险评估的质量直接影响风险管理的质量。定量评估方法主要包括概率风险评估方法（PRA）、模拟仿真法（如蒙特卡罗法 Monte-Carlo）等。

7）风险控制（Risk Control）：就是在风险评估的基础上，采取措施和对策，降低风险的过程。其具体控制目标包括降低事故发生频率、减少事故的严重程度和事故造成的经济损失程度。

8）风险分级（Risk Grade）：就是在分析事故发生可能性与事故后果的基础上，对事故风险的大小进行评价，按照事故风险的标准进行风险分级，以确定风险管理的重点。

9）风险管理（Risk Management）：是指项目实施单位对可能遇到的风险进行预测、识别、分析和评估，并在此基础上有效地应对风险，以最低成本实现最大安全保障的科学管理方法和手段。

（3）大型游乐设施的安全分析、安全评估和安全控制　基于安全分析和安全评估的安全控制策略是现代安全管理的重要手段和方法，能够准确、及时有效地控制事故隐患和预防事故的发生。《游乐设施安全规范》对游乐设施设计、制造、安装、改造、维修、使用等环节进行安全分析、安全评估和安全控制提出了如下明确要求：

1）游乐设施设计时应进行安全分析，即对可能出现的危险进行判断，并对危险可能引起的风险进行评估。安全分析的目的是识别所有可能出现与游乐设施或乘人有关的一些情况，而这些情况可能对乘人和设施造成伤害。一旦发现在某个环节存在危险，应对其产生的后果，特别是对乘人造成的风险程度进行评估。

2）安全评估的内容包括危险发生的可能性及导致伤害的严重程度（受伤的概率、涉及的人员数量、伤害的严重程度、频率等）。评估范围包括：机械危险、电气危险、振动危险、噪声危险、热危险、材料有害物质的危险、加速度危险及其对环境引起的危险等。

3）对安全分析、安全评估的结果，必须提出有针对性应采取的相应措施，以使风险消除或最小化，使风险处于可控状态。

4）游乐设施经过大修或重要的设计变更，也应进行新的安全分析、安全判断、风险评估程序。

5）游乐设施安装、运行和拆卸等期间的各个阶段也应进行安全分析和安全评估、危险判断。通过日常试运行检查等实施持续的监控。如存在风险可能性，必须提出应采取的相应措施，使风险处于可控状态。

6）游乐设施应在必要的地方和部位设置醒目的安全标志。安全标志分为禁止标志（红色）、警告标志（黄色）、指令标志（蓝色）和提示标志（绿色）等四种类型。安全标志的图形式样应符合国家标准的规定。

（4）大型游乐设施的危险源　大型游乐设施的危险源因设备的不同而异，大致有以下几种：

1）机械危险源。机械危险源包括挤压危险（如设备之间的净距离不够）、剪切/切割/切断危险（如机械防护不足）、稳定性不够（如设备竖立不当）、缠绕危险（如游客头发过长或穿着过于宽松）、方向迷失危险（如出口处照明不足或太暗）、撞击/刺穿危险（如车辆可能发生碰撞）。

2）电气危险源。电气危险源包括与带电部件或因故障而带电的部件接触、熔化的颗粒向外喷射、过载或短路产生的化学效应。

3）热危险源。热危险源包括接触到热源、热源的辐射热、过热和过冷的工作环境。

4）噪声危险源。噪声可能导致听力下降，使人失去平衡或者失去意识，也可能干扰通信。噪声危险源包括降噪不良的机器或噪声环境。

5）振动危险源。振动危险，特别是涉及整个游乐设备的振动，可能导致一系列生理反应，如运动病。

6）有害物质、有害材料危险源。主要包括接触或吸入有害油料、雾状物、气体、烟雾和灰尘；火灾或爆炸后形成的灰尘或类似污染物。

7）人及其环境引起的危险源。主要包括人的错误姿势（如操控人员长时间呆在某一个位置）或从事过于繁重的任务；引起操作失误或行为错误有的是由于如操控人员培训不足或游客没有遵守规则造成的。

11.2　应急预案编制

制定应急预案是大型游乐设施安全管理的基础工作，目的是为了在游乐设施发生事故，或发生紧急情况时能以最快的速度、发挥最大的效能，有序地实施应急救援，尽快控制事态的发展，降低事故造成的危害，减少事故的损失。

制定应急预案应根据设备和环境特点，在对危险源进行充分识别的基础上，进行风险分析与评价，科学确定应急预案的对象、程度、内容和方法，进行分类管理。

（1）应急预案的基本特征

1）科学性。应急管理工作是一项科学性很强的工作，制定预案必须在全面调查研究的基础上以科学的态度，进行分析和论证，制定出严密、统一、完整的应急方案。

2）实用性。应急预案应符合使用现场的实际情况，对现场管理和应急处置具有适应性、实用性和针对性，便于现场操作。

3）权威性。救援工作是一项紧急状态下的应急工作，制定的救援预案应明确救援工作的管理体系、救援行动的组织指挥权限、各级救援组织的职责和任务等一系列行政性管理规定，保证救援工作统一指挥。

4）综合性。游乐园（场）的经营者对危险因素应进行综合分析，知道在运行过程中会发生的紧急状态，且分析的范围不能局限于单台游乐设施，应当包括整个游乐园的环境，包括意外事件及气候情况，如大风、暴雨等。在多地震的地区，游乐园还应考虑发生地震时的应急处理。

（2）编制应急预案的基本要求

1）要考虑发生紧急情况的各种可能性。因为紧急情况发生的可能性不尽相同，有的可能性较大，如设施故障、人的行为引起的故障等；有的可能性很小，如暴风雨（视地区而定）；有的甚至可能性绝少，如地震。

2）要分析产生后果的严重性。有些事故如一旦发生，后果将很严重，因此事先就应制定处理的方案。这样"未雨绸缪""有备无患"，进行有效的应急处理，才可以避免和减少事故损失。

3）对紧急情况的分析要建立在科学、合理的基础上。在分析时，要尽量多搜集资料，如同类型游艺机和游乐设施的事故记录，游乐园（场）所在地区的气候资料等，使紧急状态的分析既不遗漏，又不过分。

4）要认真分析紧急情况和潜在事故的规模和影响。应急预案除了要分析潜在事故、紧急情况外，还应进一步分析其规模与事故产生的影响，目的是为了更好地制定与之对应的处理方案。

（3）应急预案主要内容

1）应急处理期间的负责人，参加应急处理的所有人员，包括特种救灾人员，如消防人员、急救人员等。每个应急处理人员应承担的职责、权限和义务。

2）如何疏散游客。

3）与外部支援机构的联络方法，包括电话号码，救援车辆行车路线，支援机构联络人员所在部门、姓名以及支援人员赶到所需的时间等。

4）与行政管理部门的联络方法，包括负责人，联系电话，以便及时汇报情况和请求给予协助等。

5）与游客亲属联系的方法，以便及时通报情况。

6）应急处理时需要使用的游乐设施布置图、技术参数、运行说明书、制造厂联络方法等。

7）充分可靠的应急设备准备，主要有：报警系统、应急照明和动力能源、逃生工具、游客安全避难场所、消防设备、急救设备和通信设备。

11.3 应急演练

应急演练是应急管理的重要一环。相关人员通过亲身体验和处理应急状态下发生的若干问题，对于事故的预防和处理具有非常重要的作用。紧急状态虽然是假定的，但处理预案却是真实可行的。为了保证预案的有效性与可靠性，游乐园（场）应定期进行演习，以检验预案的可操作性。如假定因设施异常、天气恶劣、地震或其他原因，游乐设施必须紧急停止时的紧急停止训练；假定因紧急停止、故障、停电等情况，游客在停止游乐设施上的救出训练；假定发生人身伤害事故的救出、救护、紧急联络等训练。

演习训练应作为游乐园（场）安全管理的一项重要内容，列入全年工作计划。演习也可以与培训、操作技能竞赛结合起来，通过演习，提高操作人员、管理人员的安全意识和应变能力。

条件允许时，游乐园还应和外部支援机构共同进行演习。通过演习，确认应急预案的有效性，以检验有关各方的反应灵敏程度、行动的准确与快速程度。

11.4　应急响应

应急响应就是应急救援的实施。大型游乐设施的应急响应包括现场急救和医院救护等方面。其中，现场急救是应急响应的至关重要的一环，常见事故的急救有以下五类：

1. 触电事故的急救

（1）触电类型　根据电流通过人体的路径和触及带电体的方式，一般可将触电分为单相触电、两相触电和跨步电压触电。单相触电是当人体某一部位与大地接触，另一部位触及一相带电体所致。按电网的运行方式单相触电又分为两类：一类是变压器低压侧中性点直接接地供电系统中的单相触电。另一类是变压器低压侧中性点不接地供电系统中的单相触电。两相触电是发生触电时人体的不同部位同时触及两相带电体（同一变压器供电系统）。两相触电时，相与相之间以人体作为负载形成回路电流，此时，流过人体的电流完全取决于与电流路径相对应的人体阻抗和供电电网的线电压。跨步电压触电是指在电场作用范围内（以带电体接地点为圆心，20m 为半径的半球体），人体如双脚分开站立，则施加于两足的电位不同而致两足间存在电位差，此电位差便称为跨步电压，人体触及跨步电压而造成的触电，称跨步电压触电。跨步电压触电时，电流仅通过身体下半部及两下肢，基本上不通过人体的重要器官，故一般不危及人体生命，但人体感觉相当明显。当跨步电压较高时，流过两肢电流较大，易导致两肢肌肉强烈收缩，此时如身体重心不稳（如奔跑等）极易跌倒而造成电流通过人体的重要器官（心脏等），引起人身死亡事故。除了输电线路断线落地会产生跨步电压外，当大电流（如雷电电流）从接地装置流入大地时，若接地电阻偏大也会产生跨步电压。

（2）触电事故的特点　电流通过人体对人造成的损伤称为电击伤，但在电压较高或被雷电击中时，则是因电弧放电而损伤。触电事故发生都很突然，极短时间内释放的大量能量会严重损伤人体，往往还会危及心脏，死亡率较高，危害性极大。

触电事故的发生虽比较突然，但还是有一定的规律性。如果我们掌握了这些规律，搞好安全工作，触电事故还是可以预防的。根据对事故的统计与分析，触电事故的发生有如下规律：

1）事故的原因大多是接触电源的人员缺乏安全用电知识或不遵守安全用电技术要求，违章所致。

2）触电事故的发生有明显的季节性。一年中春、冬两季触电事故较少，夏、秋两季，特别在六、七、八、九月中，触电事故特别多。据上海市有关部门的统计，历年上海地区

六、七、八、九月中触电死亡人数约占全年死亡人数的 2/3 以上。其原因是这一时期气候炎热，多雷雨，空气中湿度大，导致电气设备的绝缘性能下降，人体也因炎热多汗使皮肤接触电阻变小；再加上衣着单薄，身体暴露部位较多。这些因素都大大增加了触电的可能性，并且一旦发生触电，通过人体的电流较大，后果严重。因此游乐园（场）在这段时间要特别加强对用电部位、电气设备、电气线路的检修，保证绝缘符合要求。

3）低压工频电源触电事故较多，尤其是家用、日用电器触电事故较多。据统计，这类事故占触电事故总数的 99% 以上。这是因为低压设备的应用远比高压设备广泛，人们接触的机会较多，加之安全用电知识未能普及，误认为 220/380V 的交流电源为"低压"。实际上这里的工频低压是相对几万伏高压输电线而言，但对于 36V 以下安全电压来讲，仍是能危害人生命的高压，应引起重视。

4）潮湿、高温、有腐蚀性气体、液体或金属粉尘的场所较易发生触电事故。

（3）触电现场的处理　发生触电事故时，现场急救的具体操作可分为迅速解脱电源、对症处理两部分。

1）迅速解脱电源。一旦发生触电事故时，切不可惊慌失措，束手无策，首先要设法使触电者脱离电源，方法一般有以下几种：

①切断电源。当电源开关或电源插头就在事故现场附近时，可立即将刀开关打开或将电源插头拔掉，使触电者脱离电源。必须指出：普通的电灯开关（如拉线开关）只切断一根线，且有时断的不一定是相线，因此，关掉电灯开关并不能被认为是切断了电源。

②用绝缘物移去带电导线。当带电导线触及人体引起触电，且不能采用其他方法解脱电源时，可用绝缘的物体（如木棒、竹竿、手套等）将电线移掉，使触电者脱离电源。

③用绝缘工具切断带电导线。出现触电事故，必要时可用绝缘的工具（如带有绝缘柄的电工钳、木柄斧以及锄头等）切断导线，以使触电者脱离电源。

④拉拽触电者衣服，使之摆脱电源。若现场不具备上述三种条件，而触电者衣服是干燥的，救护者可用包有干手巾、干衣服等干燥物的手去拉拽触电者的衣服使其脱离电源。

必须指出，上述办法仅适用于 220～380V 触电抢救。对于高压触电应及时通知供电部门，采用相应的紧急措施，否则容易产生新的事故。

总之，发生触电事故最重要的是在现场要因地制宜，灵活采用各种方法，迅速安全地使触电者脱离电源。这里还必须注意，触电者脱离电源后因不再受电流刺激，肌肉会立即放松，故有可能会自行摔倒，会造成新的外伤（如颅底骨折等），特别是事故发生在高处时，危险性更大。因此在解脱电源时应对触电者辅以相应措施，避免发生二次事故。此外，帮助触电者解脱电源时，应注意自身安全，同时还要注意不能误伤他人。

2）对症处理。对解脱电源的伤员应作简单诊断，一般应按下列情况分别处理：

①对神志清醒，但乏力、头昏、心悸、出冷汗，甚至有恶心或呕吐的伤员，应让其就地安静休息，以减轻心脏负荷，加快恢复。对情况比较严重的，应小心将其送往医院，请医务人员检查治疗。在送往的路途中要注意严密观察伤员，以免发生意外。

②对呼吸、心跳尚存在，但神志不清的伤员，应使其仰卧，保持周围空气流通，注意保暖，并且立即通知医疗部门，或用担架将伤员送往医院，请医务人员抢救。同时还要严密观察，作好人工呼吸和体外心脏按压急救的准备工作，一旦伤员出现"假死"情况应立即进行抢救。

③对已处于"假死"状态的伤员，若呼吸停止，则要用口对口进行人工呼吸，使其维持气体交换；若心脏停止跳动，则要用体外人工心脏按压法使其重新维持血液循环；若呼吸、心跳全停，则需要同时施行体外心脏按压和口对口人工呼吸，并应立即向医疗部门告急求救。抢救工作不能轻易中止，即使在送往医院的途中，也必须继续进行抢救，边送边救直至心跳、呼吸恢复为止。

2. 火灾事故受伤人员的急救

1）发生火灾后应立即切断电源，以防止扑救过程中造成触电。若是精密仪器起火应使用二氧化碳灭火器进行扑救；若是油类、液体胶类发生火灾应使用泡沫或干粉灭火器，严禁使用水进行扑救。若火灾燃烧产生有毒物质时，扑救人员应该佩戴防毒面具后方可进行扑救。在扑救火灾的过程中，始终坚持救人第一的原则，首先救人。

2）对火灾受伤人员的急救，应根据受伤者情况，结合现场实际施行必要的医疗处理。对烧伤部位要用大量干净的冷水冲洗。在伤情允许情况下，应将受伤人员搬运到安全地方去。

3）如发生人员伤亡事故时，应立即拨打 120 医疗急救电话，说明伤员情况，告知行车路线，同时安排人员到入场口指引救护车的行车路线。

3. 坠落事故受伤人员的急救

1）要清除坠落处周围松动的物件和其他尖锐物品，以免进一步伤害。

2）要去除伤员身上的用具和口袋中的硬物，防止搬运移动时，对伤员造成伤害。

3）如果现场比较危险，应及时转运受伤者。在搬运和转送过程中，颈部和躯干不能前屈或扭转，而应使脊柱伸直，绝对禁止一个抬肩一个抬腿的搬运方法，以免发生或加重截瘫。

4）如果现场无任何危险，急救人员又能马上赶到场的情况下，尽量不要转运受伤者。

5）在对创伤人员进行局部包扎时，要注意对疑颅底骨折和脑脊液漏的受伤人员，切忌作填塞，以防导致颅内感染。

6）对颌面部受伤的人员让其保持呼吸道畅通。帮其撤出假牙，清除移位的组织碎片、血凝块、口腔分泌物等，同时松解其颈、胸部纽扣。若其舌已后坠或口腔内异物无法清除时，可用 12 号粗针穿刺环甲膜，为维持呼吸，要尽早进行气管切开手术。

7）伤员如有复合伤，应要求其保持平仰卧位，解开衣领扣，保持呼吸道畅通。

8）周围血管伤，压迫伤部以上动脉干至骨骼。直接在伤口上放置厚敷料，绷带加压包扎以不出血和不影响肢体血循环为宜，常有效果。当上述方法无效时可慎用止血带，原则上尽量缩短使用时间，一般以不超过 1h，并做好标记，注明上止血带时间。

9）有条件时，迅速给伤员予静脉补液，补充血量。

10）发生伤亡事故时，应立即拨打 120 医疗急救电话，说明伤员情况、行车路线，同时安排人员到入场口指引救护车的行车路线，并要安排人员保护事故现场，避免无关人员进入。

4. 撞击（落下物）事故受伤人员的急救

当发生撞击（落下物）人员伤害时，应根据伤者情况，结合现场实际施行必要的处理，抢救的重点是对颅脑损伤、胸部骨折、脊柱骨折和出血进行如下处理：

1）要观察伤者的受伤情况、部位、伤害性质，对出血的伤员用绷带或布条包扎止血。

2）如伤员发生休克，应先处理休克。如呼吸、心跳停止者，应立即进行人工呼吸，胸外心脏按压。处于休克状态的伤员要让其安静、保暖、平卧、少动，将下肢抬高约20°，并尽快送医院进行抢救治疗。

3）对出现颅脑损伤的，必须让其保持呼吸道通畅。对昏迷者应让其平卧，面部转向一侧，以防舌根下坠或分泌物、呕吐物吸入气管，发生阻塞。

4）对有骨折者，应初步固定后再搬运。如果是脊柱骨折，不要弯曲、扭动受伤人员的颈部和身体，不要接触受伤人员的伤口，要使受伤人员身体放松，尽量将受伤人员放到担架或平板上进行搬运。

5）对有凹陷骨折、严重的颅底骨折及严重的脑损伤症状的伤员，创伤处要用消毒的纱布或清洁布等覆盖，用绷带或布条包扎，及时、就近送到有条件的医院治疗。

6）如发生重大的伤亡事故，应立即拨打120医疗急救电话，说明伤员情况、行车路线，同时安排人员到入场口指引救护车的行车路线，并安排人员保护事故现场，避免其他无关人员进入。

5. 倾覆事故受伤人员的急救

当发生人员倾覆伤害时，应根据伤者受伤情况，结合现场实际施行必要的处理，抢救的重点放在颅脑损伤、骨折、溺水、内脏损伤和触电上。

1）要仔细观察伤者的受伤情况、部位、伤害性质，对出血的伤员要用绷带或布条包扎止血。

2）如伤员发生休克，应先处理休克。遇呼吸、心跳停止者，应立即进行人工呼吸，胸外心脏按压。处于休克状态的伤员要让其安静、保暖、平卧、少动，并将下肢抬高约20°，并尽快送医院进行抢救。

3）对出现颅脑损伤的伤员，必须让其保持呼吸道通畅。如昏迷应使其平卧，面部转向一侧，以防舌根下坠或分泌物、呕吐物吸入气管，防止发生喉阻塞。

4）有骨折者，应进行初步固定后再搬运。如果是脊柱骨折，不要弯曲、扭动受伤人员的颈部和身体，不要接触受伤人员的伤口，要使受伤人员身体放松，尽量将受伤人员放到担架或平板上进行搬运。

5）遇有凹陷骨折、严重的颅底骨折及严重的脑损伤症状的伤员，对其创伤处应用消毒的纱布或清洁布等覆盖，用绷带或布条包扎，及时、就近送到有条件的医院治疗。

6）有溺水者，应立即组织人员将溺水者打捞出水。伤员如发生窒息，应及时清理伤员口中的淤泥等物质，挤压胸部排出肺内积水，然后进行人工呼吸，并尽快送往医院救治。

7）从倾覆的设备上摔落的人员如发生内脏损伤，应尽量使其平躺，保持呼吸通畅，并尽快、就近送往医院治疗。

8）遇有触电者，必须首先切断电源，伤员如发生窒息，应尽快进行人工呼吸，进行胸外心脏按压，并用纱布包扎皮肤的灼伤处，尽快送往医院救治。

9）如发生重大伤亡事故，应立即拨打120医疗急救电话，说明伤员情况、行车路线，同时安排人员到入场口指引救护车的行车路线，并要保护事故现场，避免无关人员进入。

参 考 文 献

[1] 李向东. 大型游乐设施安全技术[M]. 北京：中国计划出版社，2010.

[2] 张煜，等. 我国大型游乐设施风险分析研究[J]. 北京：中国安全生产科学技术，2013.

[3] 张新东，等. 基于事故统计的大型游乐设施危险性分析和安全防范措施研究[J]. 北京：中国特种设备安全，2015.

[4] 张新东，等. 基于 BP 神经网络的大型游乐设施安全评价[N]. 北京：安全与环境学报，2016.

[5] 沈勇. 游乐设施作业与管理[M]. 北京：学苑出版社，1997.

[6] 刘志学. 大型游艺机及安全[M]. 北京：冶金工业出版社，1993.

[7] 国家质检总局特种设备安全监察局. 特种设备安全监察[M]. 北京：学苑出版社，2007.

[8] 蒋军成. 事故调查与分析技术[M]. 北京：化学工业出版社，2006.

[9] 戴树和，等. 工程风险分析技术[M]. 北京：化学工业出版社，2007.

[10] 陈玉，蒋秀娟，等. 风险评价[M]. 北京：中国标准出版社，2009.

[11] 国家质检总局特种设备事故调查处理中心. 特种设备典型事故案例集[M]. 北京：航空工业出版社，2005.

[12] 陈伯时. 电力拖动自动控制系统－运动控制系统[M]. 北京：机械工业出版社，2003.

[13] 王兆安，黄俊. 电力电子技术[M]. 4 版. 北京：机械工业出版社，2000.

[14] 严盈富. 触摸屏与 PLC 入门[M]. 北京：人民邮电出版社，2006.

[15] 徐大诚，邹丽新，丁建强. 微型计算机控制技术及应用[M]. 北京：高等教育出版社，2003.

[16] 刘美俊. 通用变频器应用技术[M]. 福州：福建科学技术出版社，2004.

[17] 方承远. 工厂电气控制技术[M]. 2 版. 北京：机械工业出版社，2000.

[18] 王锦标. 计算机控制系统[M]. 北京：清华大学出版社，2008.

[19] 天津电气传动设计研究所. 电气传动自动化技术手册[M]. 2 版. 北京：机械工业出版社，2005.

[20] 程志刚. 新编电气工程师手册[M]. 合肥：安徽文化音像出版社，2004.

[21] 王晓雷. 承压类特种设备无损检测相关知识[M]. 北京：中国劳动社会保障出版社，2009.

[22] 邢友新，等. 美国游乐设施标准体系分析[J]. 北京：中国标准化，2009，(4)：8～13.

[23] 邢友新，等. 欧盟游乐设施标准体系分析[J]. 北京：中国标准化，2009，(4)：14～17.

[24] 张新东. 关于游乐设施人体束缚装置的思考[J]. 北京：中国特种设备安全.